경이로운 생존자들

경이로운 생존자들

다섯 번의 대멸종을 벗어난
포유류 진화의 여섯 가지 비밀

THE RISE
AND
REIGN
OF THE
MAMMALS

김성훈 옮김 · 박진영 감수

스티브 브루사테 지음

위즈덤하우스

THE RISE AND REIGN OF THE MAMMALS
: A New History, from the Shadow of the Dinosaurs to Us

Copyright ⓒ 2022 by Steve Brusatte
Chapter opener illustrations by Todd Marshall
Paleogeographic maps ⓒ 2016 Colorado Plateau Geosystems Inc.
All rights reserved.

Korean translation rights arranged with Aevitas Creative Management,
New York through Danny Hong Agency, Seoul.
Korean Translation Copyright ⓒ 2025 by Wisdom House, Inc.

이 책의 한국어판 저작권은 Aevitas Creative Management와 독점 계약한 (주)위즈덤하우스가 소유합니다.
저작권법에 의하여 한국 내에서 보호를 받는 저작물이므로 무단 전재 및 복제를 금합니다.

내가 아끼는 작고 소중한 포유류
앤서니에게 이 책을 바칩니다.

추천의 말

포유류에 관한 책이라니, 너무 오랜만이다. 지난 10년 동안 포유류의 진화사를 다룬 책이 우리나라에선 단 한 권도 나오지 않았던 것 같다. 인터넷 서점을 찾아보니 정말이다. 그러니까 《경이로운 생존자들》은 가뭄 뒤에 내리는 단비 같은 책이다. 사막에 나타난 오아시스다. 겨울이 끝나고 찾아온 아름다운 목련이다.

그럼 내용을 간략히 들여다보자. 1장은 '비늘로 뒤덮인 생명체와 석탄늪'이다. 포유류의 조상이 누구였고, 또 어디서 왔는지에 대해 이야기한다. 보통 '포유류' 하면 공룡의 왕국이 멸망한 다음에 등장했다고 생각한다. 하지만 이 책은 몇 발자국 더 나아간다. 아니지, 더 정확하게 말하면 훨씬 더 먼 과거로 여행을 떠난다. 즉, 포유류가 어떻게 포유류가 되었는지를 살펴본다. 포유류가 만들어지는 과정, 진화하는 여정이 흥미롭다. 저자는 무려 3억 2500만 년 전으로 우리를 돌려보내는 것이다. 이 시기를 우리는 석탄기라고 부른다.

아르카이오티리스*Archaeothyris*는 이 석탄기 때 살았던, 도마뱀처럼 생겼지만 도마뱀은 아닌 그런 동물이다. 아르카이오티리스의 머리뼈를 보면 눈 뒤에 한 쌍의 구멍이 뚫려 있다. 이 구멍들을 측두창이라고 부른다. 측두창은 턱을 닫을 때 턱 근육이 볼록볼록하게 튀어나오는 곳이다. 이 구조 덕분에 아르카이오티리스는 머리 크기에 비해 아주 큰 턱 근육을 발달시킬 수가 있었다.

포유류는 이 석탄기 동물로부터 측두창을 물려받았다. 밥 먹을 때 심심하면 양쪽 뺨에 손을 얹어보자. 측두창 밖으로 볼록거리는 턱 근육이 느껴질 것이다. 벌레나 잡아먹던 아르카이오티리스 덕분이다. 우리는 이 동물 덕분에 씹는 재미를 알게 됐다. 먹이를 씹기 시작한 포유류 조상들은 다양한 모습으로 진화할 수 있었다.

'털북숭이 네발동물의 새로운 턱'이라는 제목의 2장은 대멸종 사건에서 시작된다. 지구에서 일어났던 대멸종 중에서 가장 규모가 큰 사건, 바로 페름기 대멸종이다. 이 어마어마한 일은 러시아 일대에서 터진 대규모의 화산활동에서 시작됐다. 화산에서 뿜어져 나온 대단한 양의 온실가스로 인해 지구온난화 현상이 일어났다. 극심한 환경 변화로 당시 생물 종의 90퍼센트가 멸종했다. 영화 〈어벤져스〉에서 타노스가 지구 생명의 반을 없앤 것보다도 더 끔찍한 일이었다. 이래서 페름기 대멸종 사건을 '대멸종의 어머니'라고도 부른다. 이 엄청난 대멸종 사건 때 포유류의 조상은 겨우 살아남았다. 지구온난화로 인한 무더위를 피하기 위해 땅굴을 파기 시작한 녀석들이 이때 등장한다. 대표적인 게 바로 트리낙소돈*Thrinaxodon*인데, 닥스훈트처럼 생긴 귀여운 포유류 조상이다.

2장에서 소개되는 화석 중에 재미난 게 하나 있다. 트리낙소돈과 부상당한 작은 양서류가 나란히 땅굴 속에 누워 보존된 것이다. 트리낙소돈은 더위를 피해 땅굴 속에서 여름잠을 자고 있었을 것이고, 갈비뼈 외상을 입은 양서류는 쉴 곳을 찾다가 이 트리낙소돈의 땅굴로 들어간 것으로 보인다. 2억 5000만 년 된 별난 커플의 모습이다.

3장은 '거대한 공룡이 가지 않은 길'이다. 여기선 공룡 시대를 살았던 포유류들을 보여준다. 공룡들이 판을 치던 지구에서 포유류는 언제나 약자처럼 묘사됐다. 공룡에 지배를 당하는 동물들로 그려지곤 한다. 하지만 그건 사실과 다르다. 포유류는 공룡만큼이나 번성했다. 도코포소르^{Docofossor}는 땅굴을 파고 다녔던 포유류였다. 빌레볼로돈 ^{Vilevolodon}은 팔다리 사이에 늘어난 피부막을 이용해 나무 사이를 활공해 다녔다. 그리고 비버처럼 생긴 카스트로카우다^{Castorocauda}는 넓적한 꼬리를 이용해 물속에서 헤엄을 칠 수 있었다. 이 장에선 공룡 시대에 찬란했던 이들의 모습을 보여준다.

물론 이때 살았던 포유류들은 작았다. 쥐만 하거나 토끼만 한 녀석들이었다. 커봐야 오소리만 한 녀석들이었다. 그런데 그건 어쩔 수 없는 일이었다. 공룡들이 생태계에서 큰 동물의 역할을 맡고 있었기 때문이다. 공룡들이 컸기 때문에 포유류들이 커질 수가 없었던 거다.

하지만 이를 반대로도 생각해볼 수 있다. 포유류들이 작은 동물의 역할을 맡고 있었다. 그래서 공룡들은 큰 몸집을 유지할 수밖에 없었다. 공룡은 포유류 때문에 작은 몸집으로 진화하기가 어려웠다. 쥐만 한 티라노사우루스나 토끼만 한 트리케라톱스가 등장할 수 없었던 건 다 포유류 때문이었다고 할 수 있다. 귀여운 프티 티라노사우루스를 볼 수 없는 건 그러니까 우리 탓이란 거다.

4장 '백악기 육상 혁명의 영웅들'에선 공룡 시대 때 번성했던 두 무리의 포유류를 소개한다. 그 첫 번째 무리가 바로 다구치류다. 다구치류의 겉모습은 오늘날의 쥐나 오소리 같았다. 별 특별할 게 없어 보이지만, 사실 이들의 가장 큰 특징은 이빨이다. 이들의 어금니에는 두 개의 열로 올록볼록하게 돌기들이 돋아나 있었다. 아이들이 갖고 노는, 또는 아이의 마음을 지닌 어른들이 모으는 레고 블록처럼 생겼다.

이 장에서 소개하는 두 번째 무리는 수아강이다. 수아강은 위턱과 아래턱의 이빨이 서로 단단히 맞물리는 어금니를 갖고 있었다. 잘 맞물리는 어금니를 이용해 수아강은 먹이를 자르면서 동시에 갈 수도 있었다. 일석이조의 어금니를 가진 포유류 무리다. 오늘날 살아 있는 포유류의 대부분이 사실 수아강에서 진화한 것이다.

5장은 '지구 역사 속 최악의 하루'다. 단도직입적으로 말하면, 6600만 년 전에 있었던 백악기 대멸종 사건과 이때 어쩌다 포유류들이 살아남았는지에 대해 알아본다. 에베레스트산만 한 소행성이 예고 없이 지구와 충돌했고, 이로 인해 어마어마하게 많은 먼지가 대기를 뒤덮었다. 먼지는 지구 전체를 차디찬 어둠으로 내몰았다. 햇빛이 없어진 세상 속에서 생태계는 붕괴해버렸다. 조류를 제외한 모든 공룡이 이때 자취를 감췄다.

스포일러지만……. 대재앙 속에서 살아남은 건 포유류였다. 포유류는 공룡과 달리 체구가 작았고, 쉽게 숨을 수 있었고, 다양한 걸 먹을 수 있었고, 공룡보다 아주아주 많았다. 공룡이 사라진 세상은 텅텅 비게 됐다. 지구는 이때부터 포유류의 것이 되었다.

5장 마지막에선 재미난 화석 연구 하나가 소개된다. 요즘 학계에서도 '핫한' 분야인데, 바로 화석 동물의 뇌 연구다. 머리뼈에는 뇌가 들어 있던 뇌강이란 공간이 있다. 이 뇌강의 모양은 살아생전의 뇌 모양과 똑같이 생겼다. 그래서 뇌강의 형태를 알아낼 수 있으면 멸종한 동물의 뇌를 연구할 수가 있다. 그럼 뇌강의 모양을 알아내기 위해선 어떻게 해야 할까? 머리뼈 화석을 병원에 데려가 CT 촬영을 해야 한다. 학자들은 공룡 시대가 끝난 직후에 살았던 포유류들의 뇌를 복원해 봤다. 그 결과 그들은 뭔가 재미난 걸 발견했는데……. 여기까지만 이야기해야겠다. 책을 꼭 읽어보시길.

6장의 제목은 '화려한 고립과 진화의 실험'이다. 공룡 시대가 끝나고 어떤 다양한 포유류가 등장하게 됐는지를 보여준다. 여기서 중요한 화석지 하나가 소개되는데, 바로 독일 프랑크푸르트 근처에 있는 메셀 구덩이다. 매우 근사한 곳이다. 자랑할 게 하나 있다면, 11년 전에 나도 여길 답사한 적이 있다. 한국인으로는 처음이었다. 아무튼, 메셀 구덩이는 포유류 화석을 연구하는 사람들 사이에선 성지처럼 여겨지는 곳이다. 여기서 발견되는 화석들이 보존율이 기가 막힌다. 몇 가지 예를 들면 몸을 덮고 있던 털가죽 테두리가 보존된 레스메소돈*Lesmesodon*, 그리고 태아까지 보존된 원시 말 에우로히푸스*Eurohippus*가 있다. 책 속 사진들을 보면 알 것이다. 아름답고 화려한 예술 작품이다.

원래 메셀 구덩이는 오일셰일이라고 불리는 유혈암을 채굴하던 광산이었다. 유혈암에서는 석유를 얻을 수 있었다. 그런데 1970년에 유가가 폭락하면서 이 광산이 망해버렸다. 그 후 독일 정부에서 이곳을 쓰레기 매립지로 만들려고 했지만, 끝내주는 화석들이 발견되는 바람에 이 계획은 무산됐다. 1995년 메셀 구덩이는 유네스코 세계자연유산으로 지정됐는데 독일 최초였다.

7장 '걷는 고래와 하늘을 나는 포유류'에선 정말이지 극단적인 모습으로 진화한 대표적인 포유류들을 소개한다. 바로 코끼리랑 박쥐, 그리고 고래다. 나에게 이 중에서 가장 극단적인 포유류를 골라보라 하면 뻔하다. 난 고래를 택할 것이다. 오늘날의 고래는 몸을 지탱할 수 있는 다리가 없다. 앞다리는 지느러미처럼 변했고 뒷다리는 퇴화했다. 하지만 5000만 년 전에는 상황이 달랐다. 고래의 조상은 길고 가는 네 다리를 갖고 있었다. 발끝에는 발굽이 달려 있었다. 작은 사슴처럼 생긴 너구리만 한 동물이었다. 이랬던 동물이 4300만 년 전에 거대한 고래가 되었다. 걸린 시간은 고작 700만 년. 지구의 역사에선 눈 깜짝할 사이다. 글쎄, 눈 깜짝할 사이에 밤비가 모비 딕이 된 거다. 이보다 더 극단적일 순 없다.

8장의 제목은 '풀이 말을 낳은 이야기'다. 신생대 중반에 기후 변화에 맞춰 진화한 포유류들에 대한 내용을 다뤘다. 공룡 시대가 끝나고 한동안은 덥고 습했던 기후였다. 이때 남아메리카와 호주, 남극대륙이 서로 붙어 있었다. 그런데 약 3300만 년 전에 남극대륙은 다른 대륙들과 분리됐다. 외톨이가 된 남극대륙은 추워졌다. 땅 위에는 두꺼운 빙하가 쌓이기 시작했다. 남극에 빙하가 쌓이자 세상은 건조해지기 시작했다. 나무가 줄어들었고, 대신에 탁 트인 초원이 생겨났다.

초원지대에선 코뿔소라든지 낙타, 말 등의 발굽 동물들이 번성했다. 그리고 이들을 잡아먹는 새로운 포식자들도 생겨나기 시작했다. 강력한 턱 힘을 자랑하는 암피키온과 amphicyonids 라든지, 아니면 우락부락하게 생긴 엔텔로돈과 entelodonts 가 그들이다. 암피키온과는 곰과 개를 섞어놓은 악몽 같은 동물이라 하여 '곰 개'라고도 불린다. 엔텔로돈과 별명이 '지옥의 돼지'인데, 무진장 매운 족발 메뉴 같은 이름이다.

이 장에서 가장 인상 깊게 본 건 뒷부분이었다. 글쎄, 폭발물을 이용해 화석을 발굴하는 학자가 등장한다. 폭파시킨 석회암 바위들을 헬기에 매달아서 연구실로 보낸다. 연구실에 도착한 바위는 아세트산으로 천천히 녹인다. 녹은 바위 속에서 근사한 포유류 화석들이 발견된다. 세상은 넓고 연구 방법은 다양하다.

드디어 9장이다. 9장은 '빙하기를 견딘 웅장한 동물'이다. 지구는 약 250만 년에 걸친 빙하기로 접어들었다. 빙하가 런던과 뉴욕, 시카고 일대까지 두껍게 덮어버렸다. 이 추운 세상에 적응한 포유류들은 거대해져야만 했다. 키가 농구 골대만 한 매머드, 4인용 식탁만 한 뿔을 갖고 있는 사슴, 그리고 폭스바겐만 한 아르마딜로 등이 이때 나타났다. 여기서는 이 별난 빙하기 친구들을 소개한다.

마지막으로 10장은 '자신의 기원을 고민하는 유일한 종'이다. 우리에 대한 장이다. 500만 년 전쯤에 한 유인원이 나무에서 내려왔다. 그리고 이 동물은 두 발로 걷기 시작해 호미닌이 됐다. 이들은 손으로 도구를 만들기 시작했고, 시간이 지나자 뇌도 커졌다. 그리고 불과 수십만 년 전에 우리 종인 호모 사피엔스가 등장했다.

흥미로운 건 우리가 외톨이가 아니었다는 거다. 아프리카에서 진화한 수많은 인류 중 하나였다. 호모 사피엔스가 고향을 떠나 유럽과 아시아에 갔을 때, 우리는 다른 인류 종들을 만났다. 가장 최근에 만난 인류가 네안데르탈인이었다. 네안데르탈인은 4만 년 전에 멸종해버렸다. 그런데 우리는 네안데르탈인과 생각보다 가까운 사이였다. 그들의 DNA는 지금도 우리에게 남아 있다. 아프리카에 사는 이들을 제외하면 거의 모든 사람은 어느 정도의 네안데르탈인 DNA를 갖고 있다.

우리 역시 포유류다. 너무나도 당연한 사실이다. 그런데 바쁘고 복잡한 일상 속에서 자주 잊고 산다. 이 책은 다시, 우리가 포유류임을 일깨워준다. 우리가 누구인지, 어디서 왔는지, 어떻게 지금의 우리가 됐는지를 조곤조곤하게, 때론 유쾌하게 들려준다. 문득 이런 생각이 든다. 우리에게 남은 시간은 과연 얼마나 될까. 따지고 보면 영원한 건

없다. 지구 생명의 역사가 말해주고 있다. 인류는 정말 짧은 시간에 멀리까지 걸어왔다. 이제는 우리가 지나온 길을 되짚어볼 시간이다. 과거를 잊은 자는 미래를 논할 수 없다. 그래서 이 책을 추천한다. 잠시 멈춰 서보자. 우리가 그동안 걸어온 발자취를 함께 되돌아봤으면 좋겠다.

_ 박진영(고생물학자,《박진영의 공룡 열전》저자)

차례

추천의 말	박진영(고생물학자)	6
책머리에	이제 은신처에서 나올 시간	21
1	비늘로 뒤덮인 생명체와 석탄늪	35
2	털북숭이 네발동물의 새로운 턱	83
3	거대한 공룡이 가지 않은 길	131
4	백악기 육상 혁명의 영웅들	175
5	지구 역사 속 최악의 하루	229
6	'화려한 고립'과 진화의 실험	275
7	걷는 고래와 하늘을 나는 포유류	329
8	풀이 말을 낳은 이야기	385
9	빙하기를 견딘 웅장한 동물	435
10	자신의 기원을 고민하는 유일한 종	483
후기	우리의 선택	535
감사의 말		546
참고 문헌		554
그림 출처		614
찾아보기		617

포유류 연대표

고생대

- **석탄기** (359–299)
  - 미시시피기 / 펜실베이니아기
  - 포유류 계통과 파충류 계통이 서로 갈라져 나오면서 최초의 단궁류가 포유류가 등장
- **페름기** (299–252)

중생대

- **트라이아스기** (252–201) — 최초의 포유류
- **쥐라기** (201–145) — 다양한 포유류가 등장했지만 공룡의 지배 아래 계속 작은 동물들로 유지
- **백악기** (145–66) — 소행성 충돌로 공룡이 죽고 포유류는 살아남아 좀 더 몸집을 키우며 다양화

(표기된 연대는 100만 년 전 단위)

신생대

- **고진기**
  - 팔레오세 (66–56)
  - 에오세 (56–34)
  - 올리고세 (34–23)
- **신진기**
  - 마이오세 (23–5) — 진성 영장류를 비롯해서 포유류는 더 현대적인 태반 포유류군이 다양화
  - 플라이오세 (5–2.6) — 최초의 호미닌 (인간 집단)
- **제4기**
  - 플라이스토세 (2.6–0.010) — 마지막 빙하기
  - 홀로세 (0.010, 즉 1만 년 전) — 최초의 호모 사피엔스

시대의 연속

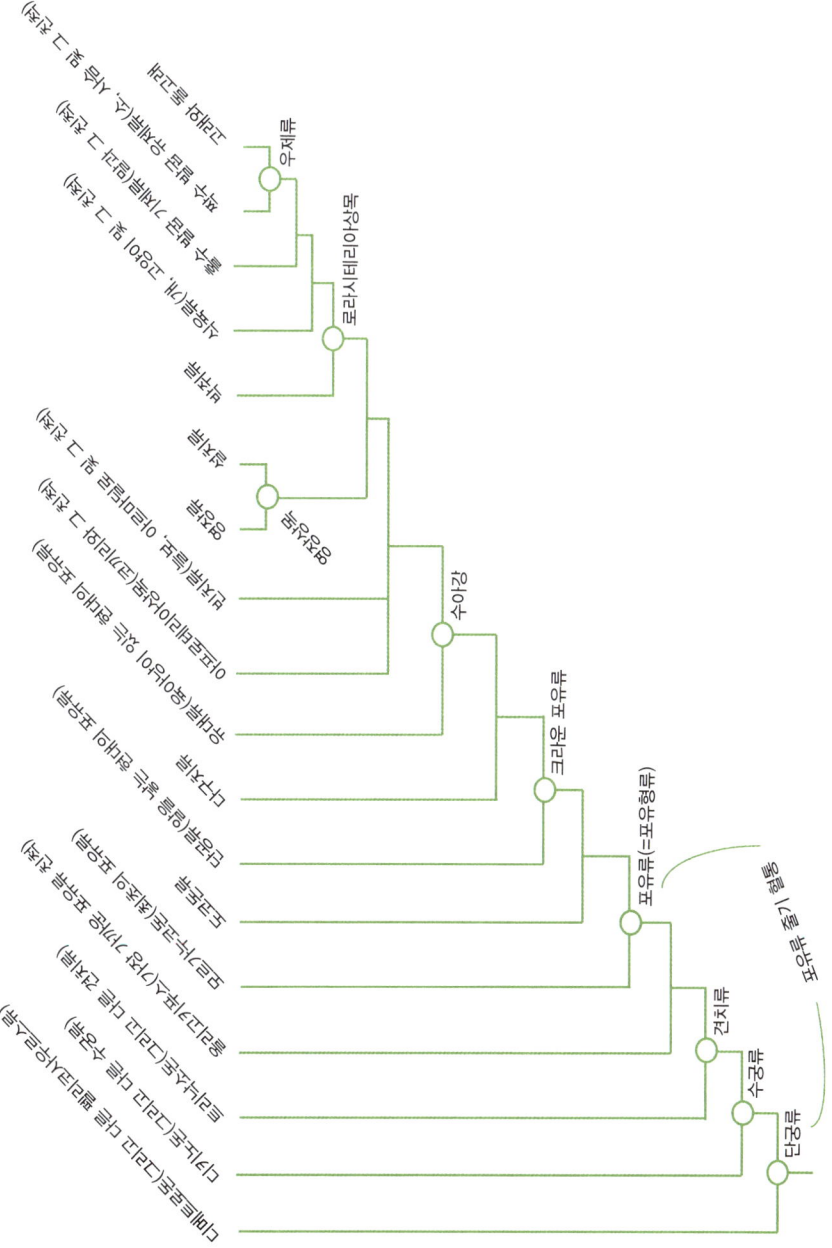

시간에 따른 지구의 지도

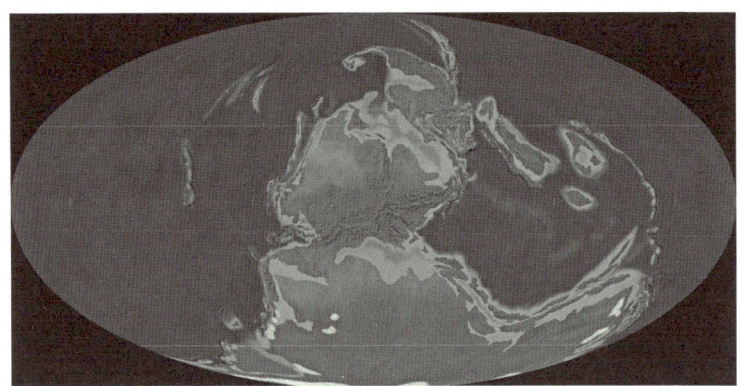

3억 2000만 년 전, 석탄기(펜실베이니아기)

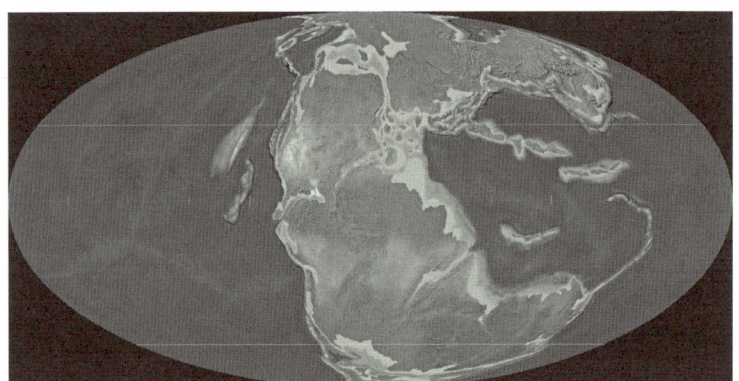

2억 년 전, 트라이아스기 – 쥐라기의 경계

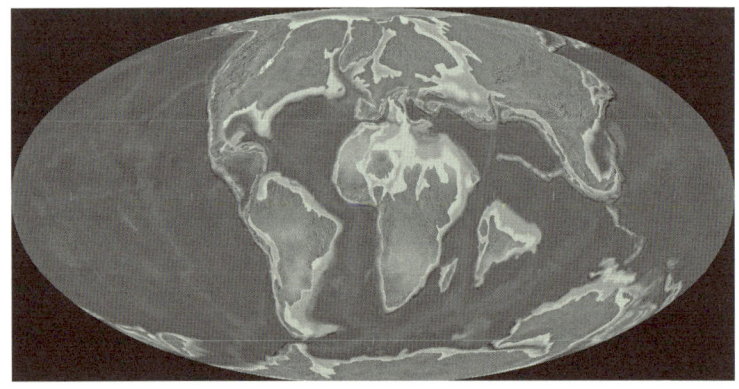

6600만 년 전, 백악기 말 소행성 충돌 시점

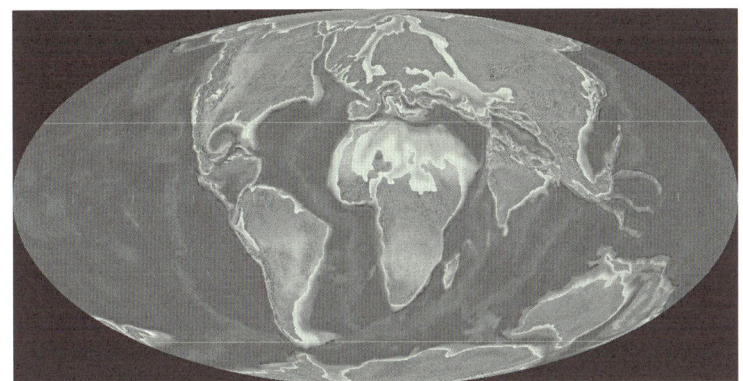

5000만 년 전, 에오세

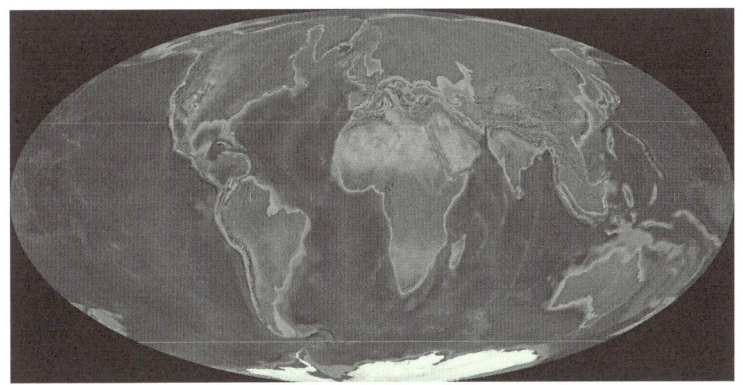

2000만 년 전, 마이오세

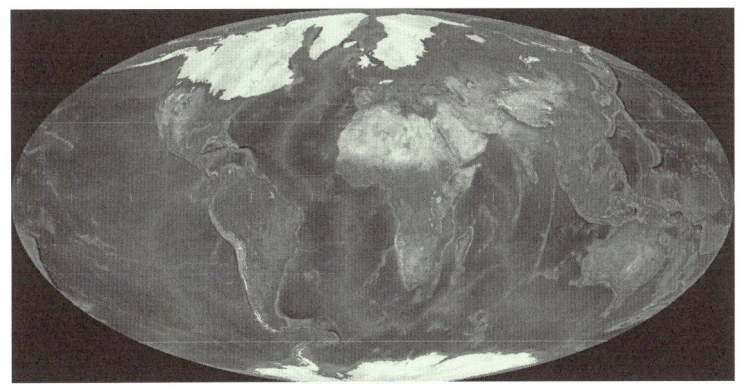

2만 1000년 전, 빙하기의 마지막 전진

책머리에

이제 은신처에서 나올 시간

몇 년 만에 처음으로 어둠을 뚫고 햇살이 내리비쳤다. 회색 구름에서 피어오르는 연기의 그림자가 여전히 대지를 뒤덮고 있었다. 드러난 땅은 모두 폐허였다. 온통 먼지와 진흙이 가득한 황무지만 펼쳐져 있을 뿐, 초록색이나 그 어떤 색도 찾아볼 수 없었다. 바람 속에 정적만이 감돌았고, 나뭇가지, 돌, 부패하고 남은 찌꺼기로 흐름이 막힌 강이 졸졸거리며 흐르는 소리만 이따금 그 침묵을 깨고 들려왔다.

강둑에는 한 맹수의 골격이 놓여 있었다. 골격을 붙잡아주던 살덩이와 힘줄은 사라진 지 오래고, 뼈 위에는 베이지색 곰팡이가 피어 있었다. 비명이라도 지르듯 입이 딱 벌어진 채로, 얼굴 앞쪽의 이빨들은 깨져 흩어져 있었다. 이빨 하나의 크기는 바나나만 했고, 가장자리가 칼처럼 날카로웠다. 이 괴물이 먹잇감을 갈가리 찢고 뼈를 부술 때 사용했던 무기다.

이 뼈의 주인은 한때 공룡의 왕, 폭군 도마뱀tyrant lizard, 대륙의 압제자로 불리던 티라노사우루스 렉스$^{Tyrannosaurus\ rex}$였다. 이제는 이 종 전체가 사라지고 없었다. 다른 생명체도 살아남은 것이 거의 없어 보였다.

하지만 그때, 그 거대한 짐승의 골격 안쪽 어딘가에서 부스럭거리는 소리가 난다. 고음의 찍찍거리는 소리와 가벼운 발소리였다. 티라노사우루스의 갈비뼈 사이로 무언가가 마치 더는 나아가기가 두렵다는 듯이 주저하며 작은 코를 내밀었다. 위험을 예상하는 듯 수염을 실룩거리지만 위험은 느껴지지 않았다.

이제 은신처에서 나올 시간. 그것이 빛을 향해 뛰어올라 뼈 위에 선다.

털로 덮인 거죽, 툭 불거져 나온 눈, 그리고 산봉우리 같은 치아가 가득 달린 길쭉한 주둥이, 채찍을 닮은 꼬리. 이 생명체는 티라노사우루스와 달라도 너무 달랐다.

이 생명체가 잠시 머뭇거리며 목에 난 털을 긁더니 귀를 허공으로 향하게 했다. 그러고는 네 발을 이용해 앞쪽으로 날쌔게 움직였다. 그리고 몸통에 단단하게 박혀 있는 앞발과 뒷발로 공룡의 갈비뼈, 척추를 타고 올라가 머리뼈로 들어갔다.

한때 트리케라톱스 떼를 노려보고 있었을 이 티라노사우루스의 눈이 있던 자리에서 이 털북숭이 생명체가 걸음을 멈췄다. 그리고 흉곽 쪽을 뒤돌아보더니 고음으로 찍찍거리는 소리를 낸다. 그러자 이 야수의 창자 쪽에서 열 마리쯤 되어 보이는 더 작은 털북숭이들이 쏟아져 나온다. 이 새끼들은 어미한테 달려가 그 배에 찰싹 달라붙어 젖을 빨면서 땅 위에서의 첫 시간을 만끽한다.

어미가 새끼들에게 젖을 먹이면서 햇빛을 바라본다. 이제 이 세상은 이 어미와 그 가족의 것이다. 소행성 충돌과 그 후 이어진 길고 어두운 핵겨울로 공룡의 시대는 종말을 고했다. 이제 지구는 다시 치유되고 있었고, 포유류의 시대가 막 시작됐다.

그로부터 대략 6600만 년 후 또 다른 포유류가 곡괭이를 휘두르며 같은 장소에 서 있었다. 세라 셸리^{Sarah Shelley}는 내가 스코틀랜드 에든버러대학교에서 고생물학자로 일을 시작한 후에 내 밑으로 처음 들어온 박사 과정 학생이었다. 우리는 화석 사냥을 하러 뉴멕시코로 가서 포유류가 어떻게 소행성 충돌에서 공룡보다 오래 살아남아 이 세상을 차지하게 됐는지, 그리고 어떻게 우리가 지금 알고, 사랑하고, 때로는 두려워하는 털북숭이 동물이 될 수 있었는지 이해하게 도와줄 뼈, 치아, 골격을 찾아다녔다. 파충류, 조류 등 포유류가 아닌 다른 800만여 종의 동물에게는 미안한 얘기지만 포유류는 지구에서 가장 카리스마 넘치고 사랑받는 생명체다. 아마도 그 이유는 그냥 귀여운 털북숭이 포유류가 많기 때문이겠지만 내 생각에는 더 깊이 파고들어 보면 우리가 그들을 이해할 수 있고, 그들 속에서 우리 자신의 모습을 보기 때문이지 않을까 싶다. 감미로운 목소리로 전하는 데이비드 애튼버러^{David Attenborough}의 다큐멘터리 해설과 함께 텔레비전 화면 속에서 쫓고 쫓기는 치타와 가젤, 자연 관련 잡지 표지에서 새끼들과 함께 놀고 있는 어미 수달, 세상 모든 아이들이 엄마 아빠에게 동물원에 가자고 조르게 만드는 코끼리와 하마, 그리고 수많은 자선단체의 기부 요청에 짜증이 나 있어도 우리의 심금을 울려 기어코 지갑을 열게 만드는 멸종 위기 동물 판다와 코뿔소 이야기, 도시에서도 꿋꿋하게 버티며 살아가고 있는 여우와 다람쥐, 교외 지역에 침입한 사슴 이야기, 농구장보다 긴 몸뚱이로 심연에서 떠올라 몇 층 건물 높이 하늘로 분수를 뿜어내는 거대한 고래, 말 그대로 피를 빨아 마시는 흡혈박쥐, 머리카락을 쭈뼛 서게 만드는 사자와 호랑이, 너무 귀여워 꼭 끌어안고 싶은 고양이와 강아지나 다른 이국적인 반려동물 등등. 그리고 우리가 먹는 음식도 소고기 햄버거, 돼지고기 소시지, 양 갈빗살 등 포유류가 많다. 곰이나 생쥐가 포유류이듯 우리 역시 포유류인 것이다.

호저가 뉴멕시코의 따가운 오후 햇살을 피해 미루나무 한쪽 그늘에서 쉬고 있고, 저 멀리서 프레리도그^{prairie dog}(북아메리카대륙 대초원 지대에 사는 다람쥣과 동물 - 옮긴이) 한 무리가 찍찍거리는 동안 세라는 곡괭이를 휘둘렀다. 곡괭이로 바위를 내리칠 때마다 고약한 황산 냄새가 풍기는 먼지가 안개처럼 날렸다. 그렇게 먼지가 일 때마다 세라는 흙에서 무언가 흥미로운 것이 드러났는지 보려고 기다렸다. 하지만 벌써 한 시간은 족히 지났는데도 곡괭이를 내리칠 때마다 바위만 더 많이 드러날 뿐, 이렇다 할 소득이 없었다. 그러다 한 번의 곡괭이질에

• 세라 셸리와 내가 뉴멕시코에서 공룡이 멸종한 직후에 살았던 포유류의 치아를 수집하고 있다.

질감도 다르고 색깔도 다르고 형체를 갖춘 무언가가 얼굴을 내밀었다. 세라는 무릎을 꿇고 앉아 그것이 무엇인지 살폈다. 그러고는 기쁨이 한껏 담긴 고함을 질렀다. 차마 입에 담지 못할 불경스러운 말이라 여기 옮겨 적지는 않으련다.

세라가 화석을 찾아냈다. 그녀가 학생 시절에 이룬 주요 발견 중 첫 번째 것이었다.

나는 그녀의 전리품을 보려고 달려갔고, 그녀가 내게 끝부분에서 합쳐져 있는 턱뼈 한 벌을 건넸다. 치아는 석고로 덮여 있었고, 앞니 근처에 날카로운 송곳니가, 뒤쪽에 먹이를 갈아 먹는 커다란 큰어금니가 사막의 태양 아래 반짝이는 모습이 눈에 들어왔다. 포유류였다! 그리고 그냥 포유류가 아니라 공룡으로부터 왕관을 물려받았던 바로 그 포유류 종 중 하나였다.

우리는 하이파이브를 하고서 다시 작업을 이어갔다.

세라가 발견한 턱뼈는 판토람다^{Pantolambda}라는 종의 것이었다. 이 종은 몸집이 커서 셔틀랜드 조랑말$^{Shetland\ pony}$ 정도였다. 이 종은 공룡이 멸종하고 200만 년 후, 그러니까 내가 지어낸 허구지만 그래도 있음직한 이야기 속에서, 티라노사우루스의 흉곽 밖으로 바깥세상을 살펴보러 나왔던 그 자그마한 어미 이후로 여러 세대가 흐른 뒤에 살았었다. 판토람다는 이미 티라노사우루스나 브론토사우루스^{Brontosaurus}를 보며 살았던 그 어떤 포유류보다도 몸집이 커져 있었다. 오소리보다 크지 않았던 그 온순한 생명체들 중 일부가 그 작은 몸집과 적응 능력 덕분에 소행성 충돌에서 살아남았고, 그렇게 버티다 나와 보니 공룡이 사라진 세상이 자기를 기다리고 있던 것이다. 이들은 생태계에서 지위가 격상했고, 여기저기로 이동하고 다양화하면서 1억 년 넘게 지구를 지배했던 공룡의 자리를 대신해 머지않아 복잡한 생태계를 형성하기 시작했다.

여기서 발굴한 판토람다는 늪지 가장자리의 정글에서 살았다(그래서 그 화석이 묻혀 있던 바위에서 고약한 냄새가 난 것이다). 이 동물은 이 환경 안에서 몸집이 가장 큰 초식동물이었다. 나뭇잎과 콩으로 배불리 점심식사를 한 후에 시원한 물속을 헤치며 가는 동안 이 동물은 다른 포유류들의 모습이나 소리를 다양하게 접했을 것이다. 머리 위로는 새끼 고양이 크기만 한 곡예사들이 사물을 붙잡을 수 있는 손을 이용해 나뭇가지 사이를 넘나들었다. 늪의 가장자리에서는 괴물 석상의 얼굴을 한 개들이 발톱으로 진흙을 파내며 영양분이 가득 들어 있는 뿌리와 덩이줄기들을 찾고 있었다. 드문드문 있는 숲 지역에서는 우아한 발레리나들이 발굽 달린 발로 초원을 내달렸다. 그리고 이 모든 풍경이 펼쳐지던 동안에 이 팔레오세^{Paleocene} 정글의 빽빽한 아열대 수풀 속에는 보이지 않게 위장을 한 공포의 대상이 숨어 있었다. 살을 발라낼 수 있는 날카로운 이빨과 개처럼 다부진 몸을 한 최상위 포식자였다.

고대 뉴멕시코와 전 세계에서 이런 포유류들이 권세를 누릴 수 있게 된 것은 공룡의 죽음 덕분이었다. 하지만 포유류의 역사는 그보다 훨씬 깊다. 그들은, 아니 우리는 모든 육지가 하나의 초대륙으로 합쳐져 거대한 사막의 열기에 그을리고 있던 2억여 년 전, 공룡과 비슷한 시기에 기원했다. 최초의 포유류는 그 유산이 훨씬 깊어서 약 3억 2500만 년 전 축축한 석탄늪지대로 거슬러 올라간다. 이때 고대 포유류의 계통이 거대한 생명의 계통수에서 파충류 계통과 분리되어 나왔다. 그리고 이 기나긴 지질학적 시간에 걸쳐 포유류는 털, 날카로운 후각과 청각, 큰 뇌와 똑똑한 지능, 빠른 성장과 온혈대사, 독특한 치아 배열(송곳니, 앞니, 작은어금니, 큰어금니), 어미가 새끼에게 젖으로 영양을 공급할 때 사용하는 젖샘$^{mammary\ gland}$ 등 포유류만의 독특한 특성을 발전시켰다.

이 길고 풍부한 진화의 역사를 거치며 오늘날의 포유류가 탄생했다. 현재는 6000종 이상의 포유류가 우리와 세상을 공유하고 있다. 이들은 지금까지 존재했던 수백만 종 중 우리와 가장 가까운 친척들이다. 현대의 모든 포유류는 세 집단 중 하나에 속한다. 오리너구리^{platypus}처럼 알을 낳는 단공류^{monotremes}, 캥거루와 코알라처럼 육아낭 속에서 작은 새끼를 키워내는 유대류^{marsupials}, 그리고 우리처럼 잘 발달된 새끼를 낳는 태반류^{placentals}다. 하지만 이 세 유형은 한때 신록이 무성했던 생명의 계통수가 시간의 흐름과 대멸종으로 가지치기를 당하면서 살아남은 몇 안 되는 생존자들일 뿐이다.

과거에는 다양한 시점에서 날카로운 검 모양의 송곳니가 달린$^{saber-toothed}$ 육식동물(유명한 검치호뿐 아니라 자신의 송곳니를 창처럼 날카롭게 만든 유대류 동물도 있었다), 다이어울프$^{dire\ wolf}$, 거대한 털북숭이 코끼리, 터무니없이 큰 뿔을 가진 사슴 등이 존재했다. 뿔은 없지만 브론토사우루스 같은 긴 목으로 나무 꼭대기 높은 곳에 달린 나뭇잎을 뜯어 먹으며 거의 20톤에 이르는 육중한 몸을 유지했던 거대한 몸집의 코뿔소도 있었다. 이 동물은 육상에 살았던 털 달린 동물 중 가장 크다는 기록을 갖고 있다. 이런 화석 포유류 중에는 익숙한 종이 많다. 이들은 선사시대의 아이콘이자, 애니메이션 영화의 스타이기도 하고, 이름이 있는 자연사박물관이라면 어디든 전시되어 있다.

하지만 대중문화의 스타덤에 한 번도 오르지 못했던 멸종 포유류 중에는 훨씬 매력적인 것들이 있다. 한때는 공룡의 머리 위로 활공을 하던 소형 포유류, 아침식사로 아기 공룡을 잡아먹던 포유류, 폭스바겐 자동차만큼이나 큰 아르마딜로, 덩크슛을 할 수 있을 정도로 키가 큰 나무늘보, 성을 부술 때 사용하는 망치처럼 생긴 거대한 1미터짜리 뿔이 달린 천둥의 야수$^{\text{thunder beast}}$(코뿔소와 비슷하게 생긴 고대의 멸종 포유류 – 옮긴이) 같은 것들이 살았다. 말과 고릴라의 잡종처럼 불경스럽게 생긴 칼리코테리움과^{chalicotheres}라는 괴짜 동물도 있었다. 이 동물은 손가락 관절로 땅을 짚고 걸어 다니면서 길쭉한 손톱으로 나뭇가지를 끌어당겼다. 남아메리카대륙은 북아메리카대륙과 도킹하기 전까지 수천만 년 동안 섬처럼 고립되어 있는 대륙이었고, 발굽이 달린 괴짜처럼 생긴 종이 많았다. 이 동물들은 여러 가지 해부학적 특성이 프랑켄슈타인의 괴물처럼 뒤섞어 있어 찰스 다윈을 당황시켰다. 이들과 다른 포유류들과의 진정한 친척 관계는 고대의 DNA가 발견되면서 요즘에야 밝혀졌다. 코끼리는 한때 미니어처 푸들 정도 크기였고, 낙타, 말, 코뿔소 들은 한때 미국의 사바나 초원지대에서 뛰어놀았고, 고래는 한때 다리가 있어서 걸어 다녔다.

포유류의 역사는 분명 오늘날 보이는 포유류의 역사보다 훨씬 방대하며, 지난 수백만 년에 걸쳐 일어난 인간의 기원과 이동보다도 큰 이야기다. 내가 방금 언급했던 이 모든 환상적인 포유류를 이 책에서 만나보게 될 것이다.

나는 공룡 연구로 과학자 경력을 시작했다. 미국 중서부에서 자란 나에게 가장 매력적인 존재는 티라노사우루스 렉스였고, 그래서 나는 대학에 진학하고 박사학위를 딴 후에 공룡 전문가 자리를 꿰찰 수 있었다. 몇 년 전에 나는 보잘것없는 기원에서 파국적인 멸종에 이르기까지 공룡 진화의 이야기를 《완전히 새로운 공룡의 역사The Rise and Fall of the Dinosaurs》라는 책으로 엮어낸 바 있다. 나는 영원히 공룡을 사랑하고, 계속해서 그들을 연구할 것이다. 하지만 에든버러로 자리를 옮겨 교수가 된 후로 나는 표류하기 시작했다. 공룡의 멸종을 연구했으니 그 뒤에 일어난 일에 집착하게 된 것은 어쩌면 논리적으로 당연한 일인지도 모른다. 결국 나는 포유류에 집착하게 됐다.

대체 왜 그러느냐고 물어보는 사람도 있다. 세상 곳곳에서 아이들은 공룡의 화석을 발굴하는 꿈을 꾸며 자란다. 그런데 대체 왜 공룡 말고 다른 것을 연구한단 말인가? 그것도 하필 포유류를? 내 대답은 간단하다. 공룡은 정말 멋진 존재다. 하지만 우리는 공룡이 아니기 때문이다. 포유류의 역사는 곧 우리의 역사이고, 선조들을 연구함으로써 자신의 가장 깊숙한 본성을 이해할 수 있다. 우리는 어째서 이렇게 생겼고, 어째서 이렇게 자라며, 어째서 지금 같은 방식으로 자식을 키우고, 허리는 왜 아프며, 치아가 부러지면 비싼 돈을 들여 이를 해 넣어야 하는 이유는 무엇이고, 어째서 자기 주변의 세상에 대해 깊은 생각에 잠기고 또 세상에 영향을 미치는지 이해할 수 있다.

그것으로는 충분치 않다면 이것을 생각해보자. 어떤 공룡은 보잉 737 비행기만큼이나 거대했다. 그런데 가장 큰 포유류인 대왕고래blue whale와 그 친척들은 그보다도 훨씬 더 크다. 포유류가 멸종해 우리가 가진 것이라고는 화석 뼈밖에 없는 세상을 상상해보라. 그럼 분명 그 뼈들은 공룡만큼이나 유명하고 상징적인 존재가 되었을 것이다.

우리는 포유류의 역사에 대해 숨 막히는 속도로 더 많은 것을 배워가고 있다. 그 어느 때보다도 많은 포유류 화석이 발견되고, 우리는 CAT 스캐너(컴퓨터 단층촬영), 고해상도 현미경, 컴퓨터 애니메이션 소프트웨어 등의 다양한 기술을 가지고 연구해서 그들이 어떻게 살고, 숨 쉬고, 움직이고, 먹이를 먹고, 번식하고, 진화했는지 밝혀내고 있다. 심지어 다윈을 어리둥절하게 만들었던 남아메리카대륙의 이상한 포유류 같은 일부 화석에서는 DNA를 추출할 수도 있다. 이런 DNA를 연구하면 친자확인 검사처럼 현대의 포유류 종과 이들이 어떤 관계인지 밝힐 수 있다. 포유류 고생물학 분야는 빅토리아 시대 사람들이 창시했지만 지금은 점점 더 다양하고 국제적인 학문 분야로 변모했다. 나는 그저 또 한 명의 공룡 학자일 뿐이었던 나를 포유류 연구의 영역으로 받아들여 환영해준 스승들을 만나는 행운을 누렸다. 그리고 지금은 이 책에 멋진 그림을 그려준 세라 셸리를 비롯한 많은 훌륭한 학생을 가르치며 다음 세대의 포유류 학자들을 양성하는 것을 가장 큰 즐거움으로 삼고 있다. 이들이 계속해서 새로운 발견으로 포유류의 역사를 써나갈 것이다.

이 책에서 나는 우리가 현재 알고 있는 포유류 진화의 이야기를 전하려 한다. 책의 전반부는 포유류가 파충류로부터 갈라져 나온 시점에서 공룡이 멸종할 때까지 포유류 계통 진화의 전반부에 대해 다룬다. 이 기간 동안 포유류는 털, 젖샘 등등 포유류만의 전형적인 특성을 거의 모두 획득하면서 도마뱀처럼 생긴 모습에서 포유류라고 알아볼 만한 존재로 조금씩 바뀌어갔다. 이 책의 후반부에서는 공룡이 죽은 이후에 일어난 일을 다룬다. 포유류가 어떻게 자기에게 찾아온 기회를 포착해서 지구를 지배하고, 끝없이 변화하는 기후에 적응하고, 표류하는 대륙을 타고 움직이면서 오늘날의 믿기 어려울 정도로 풍부한 종으로 발전하게 됐는지 살펴볼 것이다. 지금의 포유류 중에는 달리고, 땅을 파고, 하늘을 날고, 바다를 헤엄치고, 큰 머리로 책을 읽는 등 엄청나게 다양한 종이 존재한다. 이런 포유류의 이야기를 전하면서 우리가 화석의 단서를 이용해 어떻게 이런 이야기를 짜 맞췄는지, 고생물학자가 된다는 것이 어떤 일인지도 함께 보여주고 싶다. 그리고 내 스승님들과 학생들, 그리고 내게 영감을 불어넣고 포유류의 이야기를 이렇게 연대별로 정리할 수 있게 다양한 증거를 발견한 사람들도 소개하려고 한다.

이 책은 인간에만 초점을 맞추지 않는다.《경이로운 생존자들》이 아니어도 그런 책은 많다. 인간이 어떻게 영장류 선조로부터 등장해서, 두 다리로 서고, 머리의 크기를 키우고, 다른 많은 초기 인간 종과 함께 어울려 지내다가 어떻게 이 세상에 널리 퍼져 살게 됐는지 등등 나도 인간의 기원에 대해 이야기할 것이다. 하지만 거기에는 딱 한 장만 할애할 참이다. 사람에게도 말이나 고래, 코끼리와 동일한 만큼만 관심을 기울일 생각이다. 어쨌거나 우리도 결국 포유류 진화가 낳은 여러 놀라운 성과 중 하나에 지나지 않으니까 말이다.

하지만 인간의 이야기를 빠뜨릴 수는 없다. 우리가 비록 하나의 포유류 종일 뿐이고 포유류의 역사에서 차지하는 시간이 그리 길지 않지만, 그에 앞선 어떤 포유류보다도 이 지구에 많은 영향을 미치고 있기 때문이다. 도시를 구축하고, 작물을 경작하고, 고속도로와 비행로를 통해 전 세계를 하나로 연결하는 인간의 놀라운 성공이 우리와 가장 가까운 친척 동물들에게 부작용을 낳고 있다. 호모 사피엔스가 숲에서 나와 전 세계로 퍼져나간 이후로 350종 이상의 포유류가 멸종했고, 오늘날에도 수많은 종이 멸종 위기에 시달리고 있다(호랑이, 판다, 검정코뿔소, 대왕고래 등을 생각해보라). 현재의 속도대로 계속 이런 상황이 이어진다면 모든 포유류 중 절반 정도가 털매머드나 검치호saber-

^toothed tiger^와 같은 운명에 굴복할지도 모른다. 이들은 그 장엄함을 떠올리게 하는 유령 같은 화석만을 남기고 이제 모두 사라졌다.

포유류는 현재 교차로에 서 있다. 지금은 소행성이 공룡을 쓸어버린 이후로 이어져온 그들의(우리의) 역사 중 가장 위태로운 시점이다. 그 얼마나 파란만장한 역사였던가! 우리의 기나긴 진화 기간을 돌아보면 포유류가 겁을 먹고 그늘진 곳에 웅크리고 지내던 시절도 있었고, 세상을 지배하던 시절도 있었다. 번창하던 시절도 있었고, 대멸종에 의해 움츠러들거나 거의 사라질 뻔한 시절도 있었다. 공룡 때문에 기를 못 펴고 살던 시절도 있었고, 다른 생명체들을 기죽이며 살던 시절도 있었다. 생쥐보다 큰 포유류가 없었던 시절도 있고, 지구상에 살았던 가장 큰 동물이었던 시절도 있었다. 찌는 듯한 열기 속에서 간신히 살아남았던 시절도 있었고, 빙하기에 몇 킬로미터 두께의 얼음을 마주하며 살던 시절도 있었다. 그리고 먹이사슬의 바닥을 차지하고 있던 시절도 있었고, 그중 일부, 즉 우리 인간이 의식을 탄생시켜 좋은 쪽으로든 나쁜 쪽으로든 지구 전체에 영향을 미칠 수 있게 된 시절도 있었다.

이 모든 역사가 오늘날의 세상, 우리, 그리고 자신의 미래를 위한 토대가 되어주었다.

스코틀랜드 에든버러에서
스티브 브루사테

1

비늘로 뒤덮인 생명체와 석탄늪

디메트로돈 *Dimetrodon*

비늘로 뒤덮인 생명체들, 새로운 종으로

3억 2500만 년 전 전후로 몇백만 년 사이 어느 시점에 비늘로 뒤덮인 한 생명체 집단이 양치식물과 부러진 나무로 뒤엉켜 바다에 떠다니는 뗏목에 매달려 있었다. 이들은 보통 단독생활을 하면서 정글에 빽빽하게 우거진 식물들 사이에 위장하고 있다가 가끔씩 튀어나와 곤충을 낚아채고 다시 원래의 자리로 돌아가는 것을 좋아하던 동물이었다. 하지만 고난의 시간이 찾아와 이들을 하나로 묶어놓았다. 그들의 세상은 빠른 속도로 변화하고 있었다. 물과 육지 사이 경계에 자리 잡고 있는 천국 같은 늪지대가 바다에 잠기고 있었기 때문이다.

 길어봐야 30센티미터에 불과한 작은 생명체들이 긴장한 표정으로 주변을 둘러보았다. 이들의 행동거지는 도마뱀붙이^{gecko}나 이구아나와 비슷해서 사지가 몸통 측면에서 튀어나와 있고, 가늘고 긴 꼬리를 뒤에 끌고 다녔다. 그중 작은 개체들은 가느다란 앞발가락과 뒷발가락으로 썩어가는 식물들을 붙잡으며 뗏목 위를 돌아다녔다. 나이가 많은 동물들은 몸에 부딪혀 찰랑거리는 파도 속에서 위아래로 까딱거리고, 혀를 날름거리면서 광활한 바다를 그저 물끄러미 바라보고 있었다.

몇 주 전까지만 해도 모든 것이 정상으로 보였다. 이들은 잘 숨겨진 동굴 속에서 습기를 한껏 머금은 숲을 내다보고는 했다. 상상할 수 있는 온갖 색조의 초록 식물들이 그들을 둘러싸고 있었다. 양치식물이 숲 바닥을 발 디딜 틈 없이 빼곡하게 채우고 있었고, 한바탕 반가운 바람이 불어올 때마다 양치식물의 포자들이 눅눅한 공기 속에서 춤을 추었다. 그리고 씨를 맺는 그보다 큰 관목들이 중간층을 형성하고 있었다. 이들 중 일부는 오늘날 상록수의 먼 선조다. 이때는 비가 자주 내렸다. 비가 올 때마다 구슬 크기만 한 이 식물의 씨앗들이 소나기와 함께 바닥으로 쏟아져 내려 걷기 힘들 정도로 두텁게 땅을 뒤덮었다.

이 비늘로 뒤덮인 생명체의 작은 눈으로는 숲의 꼭대기를 구경한 적이 없었다. 그들에게는 숲 꼭대기가 하늘 꼭대기까지 무한히 뻗어 있는 것처럼 보였다. 숲의 맨 꼭대기는 두 가지 유형의 나무로 이루어져 있었다. 두 유형 모두 30미터 정도의 높이로 자랐다. 하나는 칼라미테스^{Calamites}라는 것으로, 대나무처럼 곧게 뻗은 몸통에 바늘처럼 생긴 이파리가 둘러서 난 가지들이 듬성듬성 돋아 있는 수척한 크리스마스트리처럼 생겼다. 또 하나는 레피도덴드론^{Lepidodendron}이라는 것으로, 맨 꼭대기의 이파리 달린 가지 덤불을 제외하고는 두께가 거의 2미터인 몸통이 모두 헐벗었다. 마치 거대한 막대기에 나뭇잎을 붙여 만든 대걸레처럼 생겼다. 이들의 성장 속도는 놀라워서 포자에서 묘목을 거쳐 숲의 꼭대기 높이로 자라기까지 10년에서 15년밖에 안 걸렸다. 그러고는 죽어서 땅속에 묻혀 석탄이 됐고, 그들이 남긴 자리는 다음 세대의 식물들이 차지했다.

이 비늘로 뒤덮인 생명체들은 적어도 오늘날까지 습지림을 집으로 삼았던 동물 수백 종 중 하나였다. 이들은 평범한 종에서 환상적인 종에 이르기까지 다양했다. 곤충이 흔했기 때문에 완벽한 먹이 공급원이 되어주었다. 거미와 전갈들이 흐트러져 있는 나뭇잎과 나무 몸통 위를 기어 다녔다. 원시 양서류들은 어류가 풍부하고 광익류^{eurypterids}가 돌아다니던 개울가를 따라 모여들었다. 광익류는 거대한 전갈처럼 생긴 갑옷으로 무장한 동물로서, 사람만큼 큰 것도 있었고, 호두까기 도구처럼 생긴 집게발로 먹이를 낚아채 잡아먹었다. 그 평온했던 시기에는 이 개울들이 강물로 모여들고, 이 강물은 퍼져서 삼각주를 형성하고, 삼각주는 다시 밀물과 썰물이 오고 가는 기수 해역으로 이어졌다.

가끔씩 소름 끼치게 미끄러지듯 움직이는 소리가 정적을 꿰뚫었다. 아르트로플레우라^{Arthropleura}였다. 이것은 길이가 2미터가 넘는 괴물 같은 노래기로, 포자와 씨앗을 먹고 살았다. 그리고 이따금 훨씬 무시무시한 소리가 늪지에 울려 퍼졌다. 메가네우라^{Meganeura}의 날갯짓 소리였다. 이것은 거대하고 투명한 네 개의 거대한 날개가 달린 비둘기 크기의 잠자리로, 윙윙거리며 벌레 먹잇감을 찾아다녔다. 메가네우라는 너무 배가 고파지면 이 비늘로 뒤덮인 생명체를 공격하기도 했다. 비늘로 뒤덮인 생명체가 숨어 있기를 좋아하게 된 또 하나의 이유였다.

나뭇잎과 잔가지로 엉성하게 만들어진 뗏목에 매달려 있자니 메가네우라의 공격에 대한 두려움은 희미해졌지만, 비늘로 뒤덮인 생명체 무리는 당장 훨씬 큰 위험에 처하게 되었다. 이들은 물에 완전히 둘러싸였고, 해류의 물살이 점점 강해지고 있었다. 멀리 남쪽에서는 거대한 빙원이 녹아내리면서 물을 바다로 쏟아내 해수면의 높이를 올리고 있었다. 전 세계 곳곳에서 해안가에 홍수가 일어나 칼라미테스와 레피도덴드론의 맹그로브만과 그곳에 살던 동물들의 서식지가 물속에 잠겼다. 비늘로 뒤덮인 생명체들은 이런 상황을 알 수 없었다. 죽은 새우들로 이루어진 거품 소용돌이와 몸에 부딪히는 죽은 해파리들을 보며 그들이 느낄 수 있는 것이라고는 자기가 살던 숲이 이제는 존재하지 않는다는 것뿐이었다.

그러다 번개가 번쩍거렸다. 머리 위로 천둥소리가 나더니 거센 폭풍우에 일어난 거대한 파도가 뗏목을 덮쳐 뒤집고, 반으로 쪼개버렸다. 이 난리통에 비늘로 뒤덮인 생명체 중 일부는 파도에 쓸려나갔고, 축 늘어진 그들의 사체가 썩어들어 가는 해파리, 새우의 사체와 합류했다. 하지만 그들 중 대부분은 다시 쪼개진 뗏목 조각 두 개 중 하나로 기어오를 수 있었다. 만에 비가 퍼붓고, 바람이 소리 높여 울부짖는 가운데 해류가 둘로 갈라졌다. 그래서 뗏목 하나는 동쪽으로, 또 하나는 서쪽으로 흘러갔다. 쪼개진 뗏목 조각 두 개, 그리고 그 위에 올라탄 비늘로 뒤덮인 생명체들은 그렇게 서로 반대 방향으로 갈라져 흘러갔다.

며칠 후 폭풍우가 잦아들면서 두 뗏목은 각자 다른 해안가로 쓸려갔다. 새로운 집으로 모험을 나선 두 무리의 생명체는 도전에 직면했다. 이들은 서로 다른 서식지, 기후, 포식자와 맞닥뜨리게 됐다. 여러 세대를 거치는 동안 두 집단 모두 자신의 새로운 환경에 잘 적응해서 각각 새로운 종으로 자리 잡았다. 그리고 양쪽 종 모두 다른 종들을 낳아서 두 개의 큰 계통이 탄생했다. 그중 하나는 눈구멍^{eye socket}(안와)

뒤쪽으로 두 개의 창문 같은 구멍을 발달시켜 더 크고 강력한 턱 근육을 수용할 수 있는 공간을 마련했고, 다른 하나는 넓은 구멍 하나만 발전시켰다.

두개골 구멍이 두 개인 첫 번째 집단은 이궁류^{diapsids}였다. 이들은 결국 도마뱀, 뱀, 악어, 공룡, 새, 거북이(거북이는 구멍을 닫았다)로 진화한다. 두개골 구멍이 하나 있는 두 번째 집단은 단궁류^{synapsids}였다. 이들은 엄청나게 다양한 종으로 변화한다. 그리고 그중에는 수억 년 뒤에 탄생할 포유류도 포함되어 있었다.

진화의 두 가지 증거

지금까지 말한 내용은 지어낸 이야기다. 사건들이 여기 나와 있는 순서대로 정확하게 일어나지는 않았을 것이다. 하지만 석탄기^{Carboniferous Period} 말기 또는 펜실베이니아기^{Pennsylvanian Period}로 불리는 3억 2500만 년 전 즈음에 신록이 무성한 습지림에 살던 비늘로 뒤덮인 작은 선조 생명체 무리가 해수면 상승으로 물에 자주 쓸려갔던 것은 사실이다. 이들이 둘로 갈라져 한 계통수는 파충류로 이어졌고, 또 하나는 포유류로 이어졌다.

어떻게 알게 되었을까? 나처럼 고대의 생명체들을 연구하는 과학자인 고생물학자들은 두 가지 핵심 증거를 확보했다. 나는 이 책에서 이 증거들을 정리해 거기서 드러나는 포유류 진화의 이야기를 여러분에게 전달할 것이다.

첫 번째 증거는 화석과 그 화석을 품고 있던 바위다. 화석은 예전에 살았던 종의 직접적인 증거다. 고생물학자들은 화석을 찾으려고 더위, 추위, 습도, 비, 빈 지갑, 모기, 전쟁터 등등의 장애물과 용감하게 맞서면서 전 세계를 돌아다닌다. 우리 중에는 자신을 지질학적 시간을 파헤치는 탐정이라 생각하는 사람이 많다. 이렇게 비유하면 화석은 범죄 현장에 남은 머리카락이나 지문과 비슷한 셈이다. 화석은 무엇이 어디서, 언제 살았는지 말해주고, 어떤 경우에는 화석이 먹잇감을 덮치는 포식자, 홍수에 쓸려간 희생자, 암울한 멸종에서 살아남은 생존자들이 등장하는 선사시대의 드라마를 드러내어 보여주기도 한다. 사람들에게 가장 익숙한 화석은 체화석body fossil이다. 이것은 뼈, 치아, 조개껍질, 나뭇잎 등 한때 살았던 생명체의 실제 신체 부위다. 그리고 생흔화석trace fossil도 있다. 이것은 발자국, 굴, 알, 문 자국, 분석coprolite(똥화석) 등 생명체의 행동이나 뒤에 남기고 간 것의 흔적이다.

화석이 도로 위에 펼쳐져 있거나 뒤뜰 흙 속에 묻혀 있는 경우는 없다. 화석은 모래가 굳은 사암sandstone이나 점토가 굳은 이암mudstone 안에 들어 있다. 여러 가지 암석이 서로 다른 환경 속에서 형성되는데 일부 암석은 화학적 기법을 이용해서 연대를 추적할 수 있다. 이 방법에서는 방사성 모 동위원소parent isotope와 딸 동위원소daughter isotope의 양을 측정해서 실험실 연구를 통해 알려진 방사성 붕괴 속도를 기준으로 삼아 나이를 계산한다. 이런 방법은 화석으로 남은 생명체가 언제, 어떤 서식지에서 살았는지 이해할 수 있는 중요한 맥락을 제공해준다.

두 번째 유형의 증거는 우리 주변에 널려 있어서 아무런 특별한 기술이 없어도 찾을 수 있다. 바로 우리를 비롯해 다른 모든 생명체가 세포 안에 갖고 다니는 DNA다. DNA는 우리를 지금의 모습으로 만드는 청사진이며, 우리 몸이 어떤 모습을 하고, 우리의 생리학과 성장이 어떤 식으로 이루어지고, 미래의 세대를 어떻게 만들어낼지 제어하는 유전암호다. DNA는 기록보관소 역할도 한다. 우리 유전체를 구성하는 수십억 개의 염기쌍 속에는 진화의 역사가 기록되어 있다. 시간이 흐르며 종이 변화하면 그 DNA도 함께 변한다. 유전자는 돌연변이를 일으키고, 위치를 바꾸고, 켜지고, 꺼진다. DNA의 구간이 이중으로 복제되거나 지워지기도 한다. 그리고 새로운 DNA 조각이 삽입되기도 한다. 그 결과 하나의 공통 선조로부터 두 개의 종이 갈라져 나오고, 각각의 종이 자신의 길을 걸어가며 변화하는 상황에 적응함에 따라 시간이 흐를수록 두 종의 DNA도 차츰 달라진다. 따라서 현존하는 종의 DNA 염기서열을 가져다 나란히 놓고 비교해서 DNA가 가장 비슷한 종끼리 묶어주면 계통수를 작성할 수 있다. 묘수가 하나 더 있다. 임의의 두 종을 가져다가 DNA가 차이 나는 수를 세어본 다음 실험실 연구를 통해 DNA 변화 속도를 파악하면 이를 역으로 계산해서 이 두 종이 언제 서로 분리되어 나왔는지도 알 수 있다.

   나는 이 두 유형의 증거를 모두 이용해서 홍수가 쓸고 간 습지대의 이야기를 구성했다. DNA 연구는 파충류 계통과 포유류 계통이 3억 2500만 년 전 즈음에 서로 갈라져 나왔을 것으로 추측하고 있다. 화석과 암석은 이 잃어버린 세계가 어떤 모습이었는지 말해준다. 오늘날과는 사뭇 다른 풍경이었을 것이다.

   펜실베이니아기 당시 지도를 보여주면 지구라고 알아보기 힘들 것이다. 당시는 두 개의 거대한 육괴밖에 없었다. 하나는 남극을 중심으로 자리 잡은 곤드와나대륙^{Gondwana}이었고, 또 하나는 적도를 끌어안고 동쪽으로는 일련의 작은 섬들을 두르고 있던 로라시아대륙^{Laurasia}

이었다. 수백, 수천만 년에 걸쳐 곤드와나는 우리 손톱이 자라는 속도로 북쪽으로 흘러가다가 로라시아대륙과 충돌했다. 이것이 판게아Pangea 탄생의 시작이었다. 판게아는 포유류와 공룡의 초기 진화 단계가 마침내 펼쳐질 초대륙supercontinent이었다. 두 개의 땅덩어리가 충돌하면서 형태가 바뀌어 적도와 평행하게 뻗은 긴 산맥이 만들어졌다. 규모로 따지면 오늘날의 히말라야와 비슷한 산맥이었다. 오늘날 수수한 모습으로 남아 있는 애팔래치아산맥이 바로 한때 하늘 높이 치솟아 있던 이 산맥의 잔해다.

적도 산맥의 양쪽에 있는 열대지역과 아열대지역은 생명체들의 천국이었다. 이 지역은 석탄늪coal swamp이었다. 이런 이름이 붙은 이유는 산업혁명을 불 지핀 석탄, 특히 유럽, 그리고 미국의 중서부와 동부에서 채굴된 석탄 중 상당 부분이 이 늪지대에서 형성되었기 때문이다. 석탄은 성장 속도가 빠른 그 거대한 레피도덴드론과 칼라미테스가 죽고 땅에 묻힌 다음 압축되어 생긴 것이다. 이 식물들은 오늘날 그와 비슷한 신록의 환경에서 흔히 볼 수 있는 종려나무, 목련, 떡갈나무 등의 식물과는 아주 달랐다. 사실 이 고대의 나무들은 꽃을 피우거나 과일 또는 견과 열매를 맺지 않았다. 이들은 석송, 쇠뜨기 등 요즘에는 하층 식생understory에서 드물게 찾아볼 수 있는 식물로 남아 명맥을 유지하고 있는 원시 식물의 가까운 친척이었다. 먼 옛날 선조들의 영광을 생각하면 지금의 처지가 조금은 서글프다. 펜실베이니아기의 나무들, 그리고 그 가지 주변을 윙윙거리며 날던 거대한 잠자리와 나무 몸통 주변에서 기어 다니던 노래기들이 그렇게 크게 자랄 수 있었던 것은 당시의 공기 중에 산소가 더 많았기 때문이다. 요즘보다 산소가 70퍼센트 정도 풍부했다.

나무들이 거대한 열대우림을 형성했고, 이 열대우림이 성장하는 초대륙을 감싸고 있는 얕은 바다 기슭, 그리고 그곳으로 흘러드는 많은 개울, 강, 삼각주, 하구를 둘러싸고 있었다. 이 늪지대를 하늘에서 보았다면 아마도 현재의 루이지애나주 미시시피강 내포^{bayou}와 비슷한 모습이었을 것이다. 나무 그리고 그보다 작은 식물들이 함께 빽빽하게 뒤엉켜 일부 식물은 그물처럼 얽히고설킨 개울들 사이의 진흙 섬에 자리 잡고 있고, 어떤 식물은 거미줄 같은 뿌리를 물속으로 뻗었을 것이다. 그리고 그 주변으로는 온갖 생명체들이 기고, 뛰고, 날아다니고 있었을 것이다. 하지만 새도, 모기도, 비버도, 수달도, 그리고 그 어떤 털북숭이 포유류도 존재하지 않았을 것이다. 이들은 훨씬 나중에 아주 다른 세상에서 진화해 나올 것이다. 하지만 그들의 선조는 이 석탄늪에서 살고 있었다.

왜 그렇게 많은 나무가 땅에 묻혀 석탄이 됐을까? 늪에 끊임없이 홍수가 났기 때문이다. 해수면 높이가 맥동하며 항상 오르내리고 있었다. 펜실베이니아기는 빙하의 세계였다. 사실 이때는 매머드와 검치호가 세상을 호령하고 있던 가장 최근의 빙하기(이 이야기는 나중에 다루겠다) 이전에 마지막으로 큰 빙하기였다. 그렇다고 지구 전체가 얼어붙은 것은 아니었다. 분명 석탄늪은 그렇지 않았다. 하지만 곤드와나대륙의 남극, 그다음으로 판게아대륙 남쪽에는 거대한 빙원이 존재했다. 이 거대 빙원은 그 존재를 석탄늪에 빚지고 있었다. 무수히 많은 거대한 나무가 성장하면서 대기 중에서 막대한 양의 이산화탄소를 빨아들였고, 그래서 지구를 단열해줄 온실가스가 줄어드는 바람에 기온이 곤두박질쳤다. 수천만 년이 흐르는 동안 빙원의 크기는 커졌다 작아지기를 반복하며 전 세계 해수면의 높이를 조절했다. 얼음이 녹으면 해수면이 상승하면서 늪이 물에 잠겼고, 그러면 나무들이 죽어서 땅에 묻혔다. 그러면 얼음이 다시 커지면서 바다로부터 물을 빨아들여 해수면의 높이가 낮아졌고, 그로 인해 늪지가 번성할 수 있는 공간이 열렸다. 이런 과정이 계속 반복됐다. 이것을 알게 된 것은 펜실베이니아기의 바위에 윤회층^{cyclothem}이라는 바코드가 새겨져 있기 때문이다. 이는 육지와 물속에서 형성된 얇은 층이 반복적으로 나타나고 그 사이마다 탄층$^{coal\ seam}$이 겹겹이 박혀 있는 것이다.

이 시기는 화석이 풍부하게 남았다. 특히 내가 자란 일리노이주 북부에 많았다. 화석들은 윤회층 속에서 탄층 위아래 쪽에 박혀 있었다. 가장 좋은 화석은 일리노이강의 완만한 지류인 메이존크리크$^{Mazon\ Creek}$ 그리고 동쪽의 노천광에서 발견됐다. 펜실베이니아기에는 이곳이 바다와 늪이 만나던 곳이었다. 그래서 열대우림에 살다가 물에 휩쓸려간 동식물들이 바다로 가라앉아 철광석 무덤 속에 갇혔다. 철광석은 녹슨 색깔을 띤 둥글고 납작한 단괴^{nodule}(퇴적암 속에서 특정 성분이 한곳에 엉겨 붙어 주위보다 단단해진 덩어리 - 옮긴이)다. 이것은 개울 바닥이나 광미$^{mine\ tailing}$(광산에서 광물을 추출하기 위해 돌을 잘게 부수어 광물을 가려내고 남은 잔해 - 옮긴이)에서 찾을 수 있다. 10대 시절에 나는 우리 어머니가 자란 고향 윌밍턴의 66번 국도 작은 마을 근처에서 이런 단괴를 찾아다녔다. 나는 폐쇄된 지 오래된 광산의 폐석 더미를 살살이 뒤졌다. 이 광산들은 한 세기도 전에 이탈리아 출신인 우리 증조부, 증조모에게 미국에서 중산층으로서 새로운 삶을 찾아보라고 손짓해 부르던 광산이었다. 나는 단괴를 양동이에 담아 집으로 가져온 다음 시카고 내륙의 추운 겨울 내내 온도가 오르락내리락하는 야외에 두어 얼어붙고 녹기를 반복하게 했다. 그러다가 균열이 시작된 조짐이 보이면 망치로 마지막 마무리를 했다.

운이 좋으면 단괴가 깨져 벌어지면서 그 안에 들어 있던 보물이 드러났다. 한쪽에는 화석이, 그리고 그 반대쪽에는 그 화석을 본뜬 자국이 나왔다. 이럴 때마다 매번 다른 세상에 와 있는 것 같은 기분이었다. 한때는 살아 있었다가 3억 년 전에 죽은 이 생명체의 첫 목격자가 나라는 사실이 짜릿했다! 깨진 단괴에는 양치식물의 이파리, 칼라미테스 나무껍질 조각, 레피도덴드론의 뿌리 등 식물이 들어 있는 경우가 많았다. 나는 해파리를 특히 좋아했다. 메이존크리크의 베테랑 화석 사냥꾼들은 경멸하듯 이것을 '블롭^{blob}(얼룩 – 옮긴이)'이라 불렀다. 나는 새우나 벌레를 찾아내는 날이면 항상 기분이 좋았다.

내가 진정으로 찾고 싶어 했지만 운이 따라주지 않았던 것은 육지에 살던 뼈가 있는 동물인 네발동물^{tetrapod}의 화석이었다. 나는 방과 후나 조용한 주말 오후에 탐독하고 있던 교과서에서 네발동물이 어류로부터 진화해 나와 펜실베이니아기 전인 3억 9000만 년 전에 뭍에 올랐다는 사실을 알게 됐다. 이 최초의 네발동물은 알을 낳으려면 여전히 물로 돌아가야 했던 양서류였다. 메이존크리크에서 개구리와 도롱뇽의 먼 친척인 원시 양서류의 골격이 발견된 적이 있었다.

펜실베이니아기 어느 시점에서 이 양서류로부터 새로운 집단이 분리되어 나왔다. 이들은 양막류^{amniote}였다. 이들은 양막^{amnion}이 있는 알, 즉 양막란을 낳는 더 전문화된 네발동물이었다. 이 알의 내부 막은 배아^{embryo}를 둘러싸서 보호하고 건조되는 것을 막았다. 이 새로운 알이 탄생하면서 그때까지 묶여 있던 막대한 잠재력이 풀려났다. 양막류는 이제 더는 물이라는 족쇄에 묶일 필요 없이 내륙에서 알을 낳을 수 있어, 나무 꼭대기, 땅굴, 초원, 산, 사막 등 새로운 미지의 영역으로 나아갈 수 있게 됐다. 양막이 있는 알이 생기면서 비로소 네발동물은 바다와 진정으로 작별을 하고 육지를 정복할 수 있게 됐다.

파충류 계통과 포유류 계통, 즉 이궁류와 단궁류가 이 양막류로부터 한 부모에서 나온 두 형제처럼 갈라져 나왔다. 이것은 그냥 비유가 아니다. 실제로 새로운 종, 새로운 집단, 새로운 왕국은 이런 식으로 진화되어 나온다. 종은 환경의 변화에 따라 항상 변하고 있다. 이것이 다윈이 말한 자연선택에 의한 진화다. 때로는 한 종의 개체군이 홍수, 불, 새로 형성된 산맥 등에 의해 서로 분리되는 경우가 있다. 각각의 개체군은 자연선택을 통해 계속 변화할 것이고, 충분히 오랫동안 분리되어 있게 되면 자기만의 독특한 방식으로 변화를 겪어 각자 서로 다른 환경에 적응하게 된다. 그럼 더는 생긴 것도, 행동 방식도 같지 않고, 서로 짝짓기를 할 수도 없게 된다. 이 지경까지 오면 이제 한 종이 두 종으로 나뉜 것이다. 이 두 종이 다시 갈라져 네 개의 종으로, 그리고 다시 두 배로…… 이렇게 계속 갈라져 나올 수 있다. 생명은 항상 이런 식으로 다양화하고 있다. 40억 년 넘게 가지치기를 하면서 자라고 있는 나무처럼 말이다. 생명의 가계도를 그림으로 나타낼 때 멸종된 종과 인간의 가계도를 계통망family net, 도로 지도, 삼각형, 혹은 다른 형태의 도식이 아닌 나무 형태의 계통수family tree를 이용하는 것도 이 때문이다.

비늘로 뒤덮인 한 작은 선조 종이 모르는 사이에 둘로 갈라지면서 시작되었을 이궁류 - 단궁류 분리는 척추동물의 진화에서 기념비적인 사건 중 하나였다. 그리고 각각 고유한 두개골 구멍과 턱 근육을 특징으로 하는 이궁류와 단궁류가 메이존크리크 단괴가 형성되던 시기 즈음해서 생성되었음을 나는 알고 있었다. 그리고 망치를 힘껏 두드릴 때마다 나는 이 이야기를 전하는 데 도움이 될 성배 같은 화석을 찾을 수 있기를 간절히 바랐다. 하지만 슬프게도 그런 일은 결코 일어나지 않았다.

하지만 북아메리카대륙의 다른 지역에서 활동하는 화석 사냥꾼들은 더 성공적으로 활동하고 있었다. 1956년에 한 중요한 발견이 이루어졌다. 당시 전설적인 고생물학자 앨프리드 로머Alfred Romer가 이끄는 하버드대학교 현장 연구진이 대서양 해안 근처 노바스코샤주 플로렌스의 버려진 탄광을 조사하고 있었다. 그의 기술자 중 한 명인 어니 루이스Arnie Lewis가 시길라리아Sigillaria라는 나무의 그루터기 화석 몇 개를 찾아냈다. 시길라리아는 레피도덴드론의 가까운 친척으로 꼭대기 부분이 포크처럼 갈라져 있어서 거대한 붓 같은 인상을 준다. 그 그루터기는 살아 있을 때의 모습으로 서 있어서 차오른 바닷물에 진짜 나이인 3억 1000만 년 전이 아니라 바로 어제 잠긴 것처럼 보였다. 물이 차오른 광산의 좁은 갱도를 힘겹게 헤치며 걸어간 연구진은 그루터기 화석 다섯 개를 수집할 수 있었다. 그리고 그 안을 들여다보았을 때 깜짝 놀라고 말았다. 수십 개의 화석 골격이 들어 있었던 것이다! 이 가엾은 생명체들은 바닷물이 밀려들자 나무 안으로 달아났던 것 같다. 그곳이 자기 무덤이 될 줄도 모르고 말이다. 그중 한 나무에는 20마리 이상의 동물이 들어 있었고, 그중에는 초기 육상 네발동물 삼총사인 양서류, 이궁류, 단궁류가 모두 들어 있었다.

단궁류는 루마니아에서 캐나다로 막 이민을 온 석사 과정 학생 로버트 라이스Robert Reisz에 의해 나중에 두 가지 신종 아르카이오티리스Archaeothyris와 에키네르페톤Echinerpeton으로 보고됐다. 이제는 세계적으로 명망 있는 고생물학자 중 한 명인 라이스는 이 초기 단궁류로 초

• 아르카이오티리스.

반 경력을 쌓았다. 그는 이 동물의 가장 중요한 특성을 강조하기 위해 '고대의 창문ancient window'이라는 의미의 아르카이오티리스라는 이름을 골랐다. 그 특성은 바로 눈 뒤쪽에 있는 둥근 비행기 창처럼 생긴 큰 구멍이었다. 이 구멍은 선조보다 더 크고 강력한 턱 폐쇄근jaw-closing muscle을 수용했다. 이 구멍 하나가 단궁류의 의미를 정의하며, 정식 명칭은 측두창lateral temporal fenestra이다. 석탄늪의 선구자부터 오늘날의 박쥐, 뒤쥐, 코끼리에 이르기까지 모든 단궁류가 이 측두창, 혹은 그 변형된 버전을 갖고 있다. 우리 인간도 마찬가지라서 턱을 닫을 때마다 그것을 느낄 수 있다. 음식을 씹으면서 손을 광대뼈에 갖다 대고 뺨의 근육이 수축하는 것을 느껴보자. 이 근육들은 측두창의 잔재를 통과하고 있다. 현대 포유류에서는 이 측두창이 눈구멍과 거의 합쳐졌지만 머리 옆쪽에서 아래턱 꼭대기까지 뻗어 있는 관자근temporal muscle(측두근)을 여전히 단단히 고정하고 있고, 그 덕분에 휙껏 깨물 수 있다. 이 구멍 하나는 이궁류와 갈라져 나온 직후인 단궁류의 역사 초기에 발달해 나왔다. 이궁류는 진화를 계속해서 눈 뒤로 그런 구멍을 두 개 진화시켰다.

아르카이오티리스가 석탄늪을 날렵하게 가로지르는 모습을 보았다면 그다지 특별한 점이 보이지 않았을 것이다. 크기는 주둥이부터 꼬리까지 50센티미터 정도이고 길고 날씬한 몸통에 작은 머리가 달려 있었다. 이들의 사지에 대해서는 잘 알려진 바가 없지만, 보존되어 있는 뼈를 보면 도마뱀이나 악어처럼 사지가 몸통 옆쪽으로 튀어나와 다리를 벌린 자세를 하고 있는 것이 분명하다. 분명 속도를 낼 수 있는 구조는 아니었다. 하지만 더 가까이서 살펴보면 다른 면에서 특별한 점이 보인다. 그 큰 턱 근육이 두개골 안쪽에 숨어 있을 뿐 아니라 그 주둥이에도 일련의 뾰족하게 휘어 있는 치아가 돋아 있었다. 앞에 있는 치아 중 하나는 다른 것보다 눈에 띄게 커서 마치 작은 송곳니처럼 생겼다. 양서류, 도마뱀, 악어는 송곳니가 없다. 이 동물들은 치아가 균일하다. 그래서 턱에 달려 있는 치아가 기본적으로 모두 똑같이 생겼다. 하지만 포유류의 경우에는 치열이 훨씬 다양해서 앞

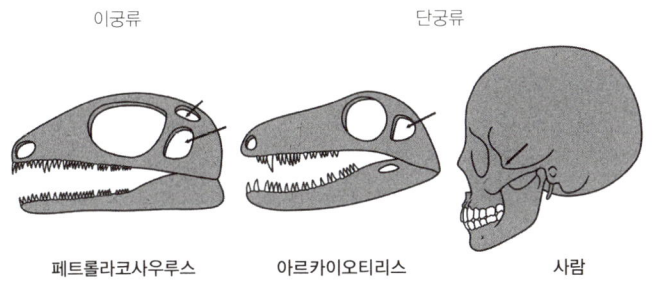

• 육상 척추동물의 두 가지 주요 두개골 유형. 이궁류는 눈 뒤로 턱 근육을 수용하는 구멍이 두 개이고, 사람을 비롯한 단궁류는 구멍이 한 개다. 화살표는 턱의 구멍을 가리킨다.

니^{incisor}(절치), 송곳니^{canine}(견치), 작은어금니^{premolar}(소구치), 큰어금니 ^{molar}(대구치)로 나뉘어 있다. 이런 분업을 통해 치아로 동시에 붙잡고, 씹고, 분쇄할 수 있다. 포유류의 온전한 치열은 여러 진화 단계를 거쳐 나중에 가서야 자리를 잡지만, 아르카이오티리스의 작은 송곳니들은 앞으로 치아의 진화가 일어날 것이라 알려주는 속삭임이었다.

종합해보면 아르카이오티리스의 큰 턱 근육, 날카로운 치아, 송곳니는 커다란 곤충, 그리고 어쩌면 에키네르페톤 같은 다른 네발동물을 잡아먹는 데 사용하는 무기였을 것이다. 이 노바스코샤의 두 번째 단궁류는 몸을 웅크리면 이 책의 페이지 사이에 쉽게 끼워 넣을 수 있을 만한 크기였을 것이다. 하지만 단편적으로 남아 있는 이 동물의 화석을 보면 한 가지 독특한 특성이 드러난다. 이것 때문에 이 동물은 '가시 돋은 파충류$^{spiny\ reptile}$'라는 이름을 갖게 됐다. 이들은 척추를 구성하는 개별 척추뼈에 각각 길쭉한 돌기가 위로 뻗어 있었다. 이 돌기들이 일렬로 배열되어 등뼈를 따라 작은 돛이 만들어졌을 것이다. 이 돛은 과시 행동에 사용되었거나, 추운 날에 몸을 덥히는 태양전지판, 또는 무더운 날에 체열을 방출하는 부채, 또는 완전히 다른 용도로 쓰였을 것이다.

등에 훨씬 큰 돛을 달고 있던 유명한 멸종 동물이 하나 더 있다. 펜실베이니아기 다음에 온 페름기 동안 살았던 디메트로돈^{Dimetrodon}이다. 디메트로돈을 공룡으로 착각하는 경우가 너무 많다. 그래서 공룡 포스터에서 티라노사우루스와 함께 등장하기도 하고, 공룡 장난감 세트에서 브론토사우루스, 스테고사우루스^{Stegosaurus}(검룡)와 함께 놓여 있기도 한다. 하지만 디메트로돈은 공룡이 아니라 단궁류다. 더 구체적으로 말하면 원시 단궁류의 한 종류인 펠리코사우르스류^{pelycosaurs}

혹은 반룡盤龍이다.

  펠리코사우르스류는 단궁류 계통에서 처음 찾아온 진화의 큰 파동이었다. 이들은 커져가는 판게아 초대륙으로 다양하게 진화하며 퍼져 나간 최초의 단궁류이자, 약 3억 년 후에도 측두근 구멍이나 송곳니 등 여전히 포유류를 양서류, 파충류, 조류와 구분해주는 고유한 특성을 최초로 발전시킨 단궁류였다. 이것은 아르카이오티리스와 에키네르페톤에서 이미 보았던 특성이다. 이 두 노바스코샤 종은 가장 오래된 펠리코사우르스류이며, 디메트로돈, 그리고 궁극적으로는 포유류로 이어지는 여정에서 처음 등장한 거대한 왕조의 창립자였다.

석탄 숲이 황폐화된 후

펜실베이니아기가 막을 내릴 즈음에는 여전히 높아지고 있는 산맥 양쪽으로 판게아 적도 영역을 가로지르며 펠리코사우르스류가 살고 있었다. 어떤 것은 곤충을 잡아먹었고, 어떤 것은 작은 네발동물과 어류를, 그리고 몇몇은 그때까지 무시되던 새로운 유형의 먹이인 이파리와 나무줄기를 먹는 실험을 하고 있었다. 이들은 다양화하고 있었지만 자신의 생태계에서는 소수집단이었다. 당시 생태계는 축축한 석탄 숲에서 쉽게 번식할 수 있어서 번성 중이던 양서류로 들끓었다.

  그러다 3억 300만 년 전과 3억 700만 년 전 사이에 석탄기 열대우림 붕괴Carboniferous Rainforest Collapse라는 사건을 맞이해서 세상이 극적으로 변한다. 기후가 더 건조해지고, 기온은 추위와 더위를 넘나들고, 빙원이 녹아 그 후에 뒤따라온 페름기에는 영원히 사라지게 된다. 하늘 높이 치솟던 칼라미테스, 레피도덴드론, 시길라리아 등이 더욱 건조해진 환경에서 성장하기 힘들어지자 석탄늪이 황폐화됐다. 그리고 그 자리를 가뭄에 강한 침엽수, 소철, 그리고 씨앗을 맺는 다른 식물들이 차지했다. 항상 축축하게 젖어 있던 우림이 열대지역에서는 계절을 타는 반건조 기후의 건조지로 바뀌었고, 판게아의 나머지 지역은 사막으로 바싹 말라붙었다. 이것은 암석 기록에도 반영되어 있다. 석탄과 윤회층으로 구성되어 있던 암석이 건조한 기후에서 형성된 녹슨 철 성분이 가득한 적색층 red beds 으로 갑자기 변한 것이다.

이런 변화가 생물다양성 biodiversity 에 막대한 영향을 미쳤다. 식물은 특히나 큰 타격을 받았다. 펜실베이니아기 석탄늪 식물군이 건조한 기후에 더 잘 적응한 종자식물 seed plant 로 변화했을 뿐 아니라 멸종 사건도 있었다. 펜실베이니아기의 식물 종 중 다수가 아예 사라져 후손이나 가까운 친척을 남기지 않았고, 더 작고 덜 인상적인 친척들만 남긴 종도 있었다. 전체적으로 펜실베이니아기 식물군의 절반 정도가 멸종했다. 식물 화석 기록에서 보이는 대멸종은 두 번밖에 없는데 이것이 그중 하나였다. 또 한 번의 대멸종은 페름기 말기에 일어났다. 그 이야기는 잠시 뒤에서 살펴보겠다. 이것은 석탄기 열대우림 붕괴가 식물에게는 공룡을 멸종시킨 백악기 말기의 소행성 충돌보다 더 큰 재앙이었음을 의미한다.

석탄 숲에서 살던 동물들은 어떻게 됐을까? 젊은 연구자 에마 던 Emma Dunne 의 연구에 그 이야기가 나와 있다. 아일랜드에서 자라 박사 학위를 따러 영국으로 간 에마는 새로운 세대의 고생물학자들을 이끄는 리더다. 그녀도 이전에 활동했던 뼈 사냥꾼들처럼 화석을 수집하지만, 거기서 그치지 않고 빅데이터와 고급 통계적 분석법도 전문으로 하고 있다. 겨우 새로운 화석 한두 개 가지고 성급하게 이야기를 지어내고 싶은 유혹은 항상 있기 마련이지만, 에마 세대의 연구자들은 진화의 패턴과 과정을 제대로 이해하기 위해 주식시장 분석가나 투자은행가처럼 생각한다. 이들은 막대한 데이터를 수집하고, 통계 모형을 이용해 불확실성을 고려하고, 직관이 아니라 수치를 이용해 가설들을 대비시켜본다.

이런 정신에 입각해 에마는 1000개가 넘는 석탄기와 페름기의 네발동물 화석의 데이터베이스를 구축해서 그들이 어느 집단에 속하는지, 그리고 어디서 발견됐는지 기록했다. 뼈나 치아가 운 좋게 수억 년 동안이나 보존된 몇 안 되는 장소에서 다시 한번 운 좋게 사람에게 발견된 화석에만 크게 의존하는 고생물학 연구는 표집편향을 피해 가기가 어렵지만, 그녀는 통계 도구를 이용해 이런 표집편향을 제거했다. 마지막으로 그녀는 열대우림이 붕괴하는 동안 양서류, 이궁류, 단궁류 같은 종들의 전체적인 다양성과 분포가 어떻게 변화했는지 테스트하는 통계 모형을 구축했다.

거기서 나온 결과는 불안한 것이었다. 석탄기가 페름기로 바뀌는 동안에 여러 석탄 숲 네발동물이 멸종하면서 생물다양성이 현저히 떨어졌다. 이런 변화는 한 번에 생겼다기보다는 열대지역 석탄 숲을 건조지가 서쪽에서 동쪽으로 점차 대체하면서 수백만 년에 걸쳐 생겼을 가능성이 높다. 이런 서식처의 변화는 붕괴라기보다는 이행으로 보이며, 이동에 유리한 탁 트인 풍경을 더 많이 만들어냈다. 이제 건조한 기후에서도 견딜 수 있는 네발동물은 훨씬 넓은 지역으로 움직일 수 있게 됐다. 펜실베이니아기의 습지 세계를 지배하던 양서류는 여기에 해당하지 않았다. 이들은 번식 전략 때문에 물과 떨어질 수 없었다.

하지만 이궁류와 단궁류는 이런 새로운 현실에 안성맞춤인 초능력을 갖게 됐다. 이들은 배아에게 영양을 공급하고, 습한 상태를 유지하면서 보호해줄 막이 있는 양막란을 낳았다. 이들은 육지를 자유롭게 돌아다니며 기존에는 고립되어 있던 지역들을 연결했으며, 그 과정에서 새로운 종, 새로운 체형, 더 큰 체구, 새로운 식습관, 새로운 행동을 진화시켰다.

석탄늪이 탁 트인 건조지로 변하고 페름기가 펼쳐짐에 따라 지구는 펠리코사우르스류의 행성이 됐다. 펠리코사우르스류가 지배하는 새로운 시대를 텍사스에서 발굴된 수십 개의 골격을 통해 알려진, 돛 달린 등의 상징인 디메트로돈처럼 잘 보여주는 것은 없다. 디메트로돈이 종종 공룡으로 오해를 받는 데는 이유가 있다. 그 몸이 파충류를 닮았기 때문이다. 디메트로돈은 크고 육중한 몸에 긴 꼬리, 날카로운 치아를 갖고 있었고, 옆으로 벌리고 선 뭉툭한 사지로는 빠르게 움직일 수 없었다. 뇌도 공룡처럼 크기가 작은 튜브 모양을 하고 있어서, 포유류가 뛰어난 지능과 감각을 갖도록 해주는 스파게티 질감의 커다란 대뇌와는 달랐다. 이런 특성으로 따지면 디메트로돈은 아마도 펜실베이니아기에 단궁류와 이궁류로 갈라졌던 그 비늘로 뒤덮인 작은 선조 생명체에서 크게 달라지지는 않았던 것 같다.

하지만 다른 특성들을 보면 디메트로돈은 선조와 아주 달랐다. 그런 차이가 가장 분명하게 드러나는 곳은 구강이었다. 이들의 치아는 대부분의 양서류와 이궁류에서 보이는 칼날이나 못처럼 생긴 균일한 치아와는 달랐다. 주둥이 앞쪽에는 크고 둥근 앞니가 있고, 그 뒤로는 커다란 송곳니가, 그리고 마지막에는 뺨을 따라 그보다 작고 날카롭게 휘어진 송곳니뒷니postcanine가 자리 잡고 있었다. 이것은 나무 그루

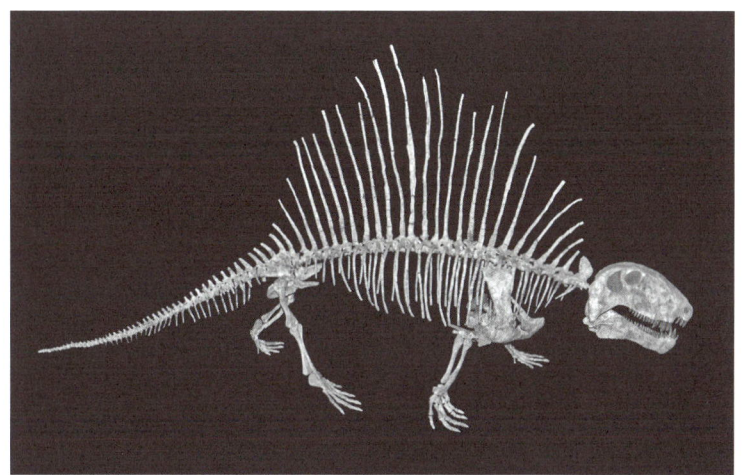

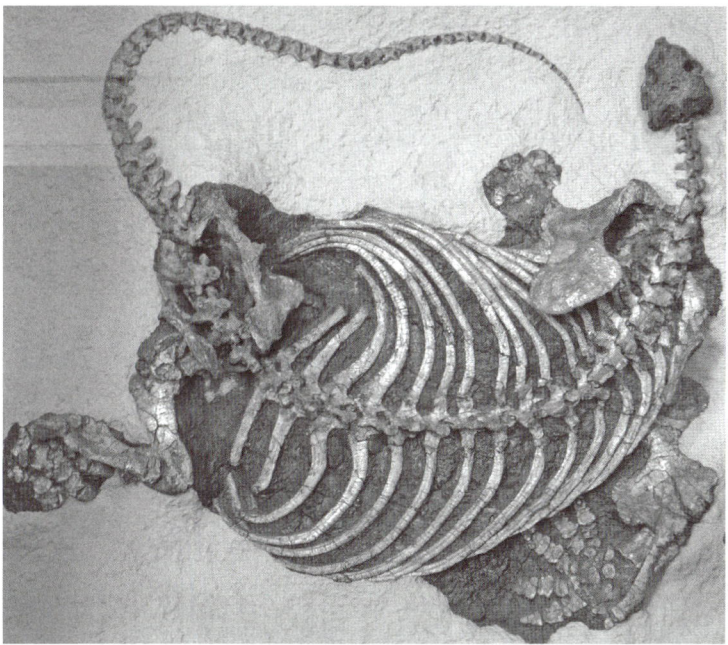

• 포유류의 원시 단궁류 선조인 펠리코사우르스류. 등에 돛이 달린 디메트로돈(위)과 배가 불룩하고 식물을 먹는 카세아과(아래)다.

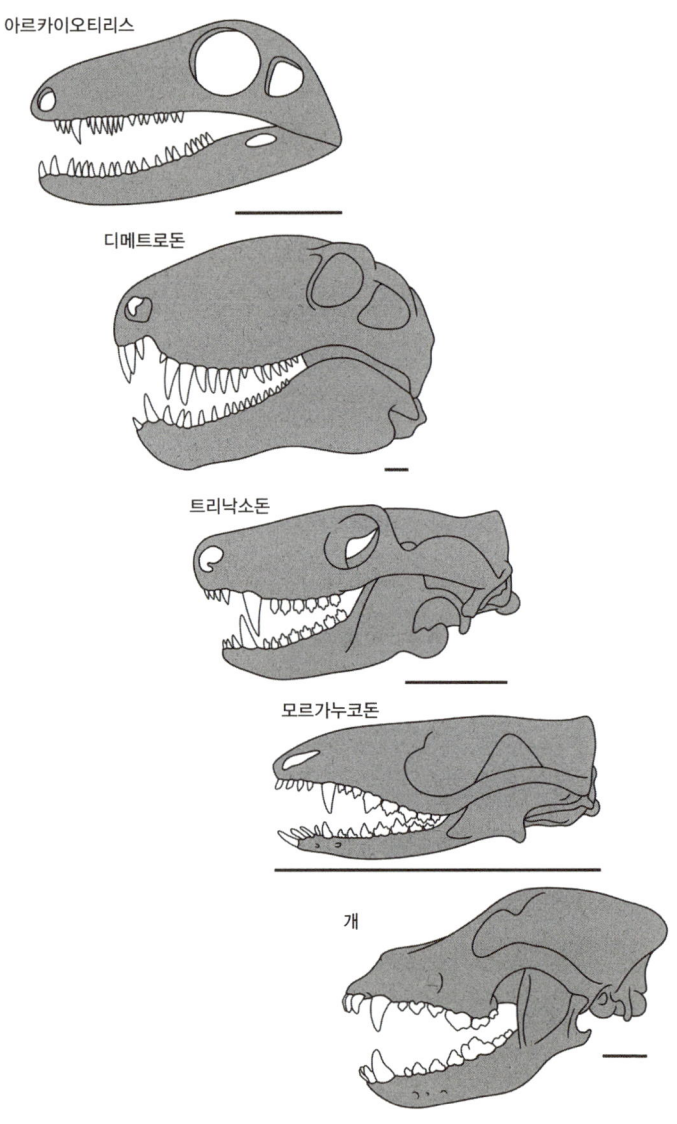

- 단궁류의 역사에서 나타나는 두개골과 치아의 진화. 포유류에서 치아가 더 복잡해지면서 앞니, 송곳니, 작은어금니, 큰어금니로 변하는 과정을 볼 수 있다(척도=3cm).

터기에 숨어 있던 아르카이오티리스 같은 초기 펠리코사우르스류의 송곳니 발달에 뒤이어 전형적인 포유류 치열의 진화에서 또 하나의 전진이었다. 치아의 변화와 더불어 턱 근육도 함께 변화했다. 턱 근육은 크기가 커지고 아래턱에 더 강하고 깊이 부착되어 더 강한 힘으로 물 수 있게 됐다. 척추에서도 변화가 일어나고 있었다. 파충류와 양서류는 옆에서 옆으로 어색하게 파도를 치듯이 움직이는 전형적인 동작을 보여주는데, 디메트로돈의 낱낱의 척추뼈들은 이제 그런 움직임을 제한하는 방식으로 연결됐다.

따라서 디메트로돈은 원시적 특성과 고등한 특성이 혼합되어 있었다. 이 동물은 고대 파충류 스타일의 특성과 포유류의 좀 더 파생된 특성들이 결합된 프랑켄슈타인의 괴물 같은 존재였다. 디메트로돈이 계통수에서 차지하는 위치를 고려하면 충분히 예상할 수 있는 부분이다. 오래된 교과서에는 디메트로돈, 그리고 그와 유사한 동물들이 '포유류와 비슷한 파충류'라고 나와 있다. 이것은 디메트로돈의 특성을 잘 떠올려주기는 하지만 지금은 쓰지 않는 구식 용어다. 외모에서 떠올릴 수 있는 것과 달리 디메트로돈은 파충류가 아니었고, 실제 파충류로부터 진화하지도 않았기 때문이다. 파충류 자체는 이궁류 집단에서 유래했다. 디메트로돈이 가진 파충류 같은 특성은 그냥 아직 떨쳐내지 못한 원시적 특성일 뿐이었다. 과학적 분류에서 사용하는 용어를 빌리자면, 디메트로돈과 다른 펠리코사우르스류는 줄기 포유류stem mammal다. 줄기 포유류란 현대 포유류로 이어지는 진화의 혈통에서 멸종된 종으로서, 오늘날 살아 있는 다른 어떤 집단보다도 포유류와 가까운 종을 말한다. 이 줄기 혈통stem lineage을 바탕으로 포유류의 체제體制, body plan(동물 몸의 근간을 이루는 기본 형식 - 옮긴이)가 수백만 년의 진화적 시간을 거치며 서서히 구축됐다. 파충류가 아님에도 처음에는 파충류처럼 보였던 생명체들이 포유류 줄기 혈통을 따르는 동안 작은 체구에 털이 나 있고 뇌가 큰 온혈 포유류로 모습을 바꾸어갔다.

이것이 무엇을 뜻하는지 알겠는가? 디메트로돈이 티라노사우루스나 브론토사우루스보다는 당신과 나와 더 가까운 친척이라는 의미다.

디메트로돈의 호시절이었던 페름기 초기, 즉 2억 9900만 년 전에서 2억 7300만 년 전까지 포유류는 아직 구현되지 못한 개념, 진화가 아직 조합해내지 못한 것으로 남아 있었다. 실제로 디메트로돈과 그 친척들은 오늘날 우리가 포유류의 전형적인 특성으로 인식할 만한 것들을 진화시키고 있었지만, 그런 특성들이 이들을 포유류로 진화시키고 있던 것은 아니었다. 자연선택은 미래를 계획하지 않는다. 오로지 현재에만 작동해서 생명체를 자신이 직접 맞닥뜨린 상황에 맞게 적응시킬 뿐이다. 지구 역사라는 큰 틀에서 보면 이런 상황은 보통 국소적인 날씨나 지형의 변화, 숲에 새로 등장한 포식자, 새로운 유형의 먹잇감 출현 등과 같은 사소한 것들이다. 디메트로돈과 다른 펠리코사우루스류의 경우에는 진화, 즉 이런 초기의 포유류다운 특성 발달을 상당 부분 식습관이 주도했을 것이다.

디메트로돈은 만만하게 보고 건드릴 수 있는 동물이 아니었다. 연못이 군데군데 고여 있고 강물이 관통하는 신록의 저지대 숲에 살았던 디메트로돈은 자신의 생태계 안에서 최상위 포식자였다. 석탄늪은 사라진 지 오래됐지만, 이 생태계에도 여전히 늪처럼 물이 차 있는 요소가 포함되어 있었다. 길이는 4.5미터, 무게는 250킬로그램 정도 나갔던 디메트로돈은 원하는 것은 무엇이든 먹었다. 디메트로돈의 식단에는 단궁류와 이궁류를 비롯해서 다른 육상 네발동물과 개울 강둑을 따라 움직이던 양서류, 그리고 강에서 헤엄치던 민물 상어 등이 포함되어 있었다. 등에 돛을 달고 있던 이 위협적인 존재는 상록의 수풀과 해안가를 활보하며 새로 진화된 앞니로 먹잇감을 붙잡고, 낫처럼 생긴 송곳니로 물어서 죽이고, 어금니로는 근육과 힘줄을 부수어 삼켰다. 행여 언제든 먹잇감이 탈출을 시도하면 그냥 꽉! 그 거대한 턱 근육으로 물어버리면 그만이었다. 이런 행동을 통해 디메트로돈은 육상에 살았던 크고 강력한 최초의 최상위 포식자 가운데 하나가 됐다. 디메트로돈은 사자와 검치호 등 먼 훗날에 따라올 수많은 포유류 후손이 채우게 될 생태적 지위niche의 창시자였던 것이다.

디메트로돈이 특별히 모험심이 발동하거나 배가 고플 때는 자신의 도플갱어인 또 다른 펠리코사우르스류를 공격하기도 했다. 에다포사우루스Edaphosaurus라는 종이었다. 비슷한 돛을 달고 다니던 이 생명체는 전체 길이는 디메트로돈보다 살짝 짧았지만 체중은 조금 더 나갔고, 배는 통통하고, 머리는 작았다. 하지만 에다포사우루스가 입을 벌리는 순간 이것이 디메트로돈과 다른 종일 뿐 아니라 식습관도 완전히 다르다는 것을 단박에 알아차릴 수 있었을 것이다. 에다포사우루스는 앞니와 송곳니 대신 삼각형으로 생긴 날카로운 치아가 더 균일하게 일렬로 나 있었다. 그리고 입천장과 아래 턱 안쪽 면에는 특이하게 생긴 납작한 치아가 한 벌 더 있었다. 이런 원투펀치 치아는 식물을 먹기에 안성맞춤이었다. 위턱과 아래턱의 어금니가 전정가위처럼 함께 작동해서 이파리와 줄기를 잘라내면, 안쪽에 나 있는 치아들이 그것을 으스러뜨려 가는 역할을 했다.

식물을 먹는다는 것이 그리 특별해 보이지 않을 수도 있다. 요즘 동물 중에는 식물을 먹으며 살아가는 것이 흔하니까 말이다. 하지만 페름기에는 이것이 새로 뜨는 핫한 유행이었다. 에다포사우루스는 초식을 전문적으로 하는 최초의 네발동물 중 하나였다. 열대우림 붕괴가 일어나기 전 펜실베이니아기 선조들도 이런 식습관을 실험하기 시작했지만, 그 후에 계절을 타는 더 건조한 세상이 오고 종자식물이 풍부해지고 나서야 초식이 삶의 방식으로 자리 잡게 됐다. 사실 펠리코사우르스류의 서로 다른 집단들이 각자 독립적으로 식물에 맛을 들이는 방식으로 진화했다. 이것은 초식이 한때의 유행에서 주류로 자리 잡게 될 것임을 알려주는 신호였다. 그런 집단 중 하나인 카세아과^{caseids}는 아마 단궁류 중에도 가장 기묘한 생명체였을 것이다. 작은 머리에 드럼통처럼 생긴 몸통을 하고 있던 이들은 진화가 만들어낸 제대로 기능하는 생명체라기보다는 영화 〈스타워즈〉에 등장하는 외계인처럼 보였다. 하지만 이들은 실제로 존재했던 생명체고 식물을 먹는 데 대단히 능했다. 그리고 그중 일부는 0.5톤짜리 코틸로린쿠스^{Cotylorhynchus}처럼 당시 가장 거대한 단궁류가 됐다. 이 동물은 게걸스럽게 먹어 삼킨 이파리와 잔가지를 모두 소화하기 위해 뚱뚱하고 널찍한 내장이 필요했다. 에다포사우루스와 카세아과는 먹이사슬의 밑바탕을 형성하는 초식동물이라는 거대한 생태적 지위를 열어젖혔다. 나중에 이 자리는 말과 캥거루로 시작해 사슴과 코끼리에 이르기까지 수많은 포유류가 차지한다.

살을 베어 먹는 디메트로돈, 식물을 쓸어 먹는 에다포사우루스, 땅딸막한 카세아과는 페름기 초기에 번성했던 수많은 펠리코사우르스류 중 일부에 지나지 않는다. 수천만 년 동안 세상은, 특히 판게아 다른 지역보다 계절을 덜 타고 더 습했던 열대지역은 그들의 것이었다. 하지만 그러다 정점에 도달한 것처럼 보이는 순간에 펠리코사우르스류는 쇠퇴했다. 그 이유는 분명하지 않지만 아마도 석탄기 열대우림 붕괴와 함께 시작된 온난화와 건조화 추세가 누적되고 남극의 빙원이 마지막으로 사라진 것과 관련이 있을 듯하다. 약 2억 7300만 년 전에 페름기가 초기에서 중기로 넘어가면서 열대지역에 살던 펠리코사우르스류의 다양성이 급감했다. 이 지역이 더 건조해졌기 때문이다. 이것 역시 갑작스러운 대변동이 아니라 수백만 년에 걸쳐 질질 끌며 진행된 죽음의 행진이었다. 고위도 온대지역에서도 큰 변화가 찾아와 종이 거의 완전하게 뒤바뀌었다. 열대지역과 온대지역 모두에서 새로운 유형의 단궁류가 등장해서 종은 신속하게 다양화했다. 그중에는 육식동물과 초식동물도 있었고, 그늘에 사는 동물과 거대한 동물도 있었다.

이들은 수궁류therapsids였다. 수궁류는 디메트로돈과 비슷한 펠리코사우르스류로부터 진화한 다음 더 빠른 성장 속도와 높은 대사율, 날카로운 감각, 더욱 효율적인 이동 방식, 더 강력한 교합력 등 발전된 특성을 가졌다. 이들은 포유류까지 이어지는 진화 경로에서 그다음 큰 단계에 해당한다.

난감하게 생긴 동물 또는 진화 사슬의 연결고리

남아프리카공화국의 카루Karoo는 아름답지만 황량한 곳이다. 끝없이 펼쳐진 파란 하늘이 고요한 분위기를 자아내지만 구름이 없는 풍경은 비가 거의 내리지 않음을 말해준다. 이곳은 낮에는 지글지글 끓다가 밤에는 온몸이 떨려올 정도로 추운 전형적인 사막지대다. 카루에서는 건조한 공기 속에 알로에와 열기에 적응한 다른 관목들이 모래와 돌 틈에서 솟아나 자라고 있다. 최초의 유럽 침략자들은 이곳에 정착하려고 여러 번 시도했지만 무위로 돌아갔다. 물론 원주민들은 그곳에서 살 수 있었지만 네덜란드인과 영국인은 별로 관심을 기울이지 않았다. 원주민들은 한동안은 안전했지만, 식민지 개척자들이 도로와 철길을 깔고 풍차를 들여와 땅속 깊은 곳에서 지하수를 끌어올리자 상황이 달라졌다. 머지않아 카루는 농장 지대가 되었고, 남아프리카공화국 양 목축과 양모 산업의 심장부로 자리 잡았다.

도로 건설은 쉽지 않았다. 인부들은 가혹한 기후를 견뎌야 했을 뿐 아니라 바위도 폭파하며 나아가야 했다. 카루에는 어디에나 바위가 있다. 산과 계곡에 박혀 있는 바위도 있고, 사막 바닥에 흩어져 있는 바위도 있었다. 대부분 고대의 강과 호수, 사구에서 형성된 사암과 이암으로 이루어진 바위가 층층이 웨딩케이크처럼 쌓여 있었고, 어떤 것은 두께가 10킬로미터나 됐다. 석탄기와 페름기부터 그 이후의 트라이아스기와 쥐라기에 이르기까지 카루는 식물과 동물로 가득한 넓은 강 유역이었다. 산에서 흘러 내려온 강이 토해낸 점토와 모래가 그 유역 가장자리에 쌓였다. 이곳은 먹어도 먹어도 배부르지 않는 배고픈 유역이었다. 강이 모래와 점토를 싣고 와서 뱉어놓아도 단층의 움직임 때문에 유역이 계속 떨어져 나갔기 때문이다. 이런 교착 상태가 끝날 무렵 카루는 1억 년이 넘는 지구의 역사를 기록하게 됐다. 석탄기 열대우림 붕괴, 페름기 육지의 건조화(aridification), 빙하 냉동실에서 온실로의 전환, 그리고 초대륙 판게아의 합체에 이르기까지 지질학적 사건들이 일련의 바위 기록으로 남았다.

이런 바위를 뚫고 도로를 내려면 훌륭한 공학자들이 필요했고, 그 최고의 공학자 중 한 명이 앤드루 게디스 베인Andrew Geddes Bain이었다. 스코틀랜드고지에서 태어난 베인은 10대 시절에 대령이었던 삼촌이 당시 영국제국의 일부였던 케이프 식민지Cape Colony로 발령이 나자 삼촌을 따라 남아프리카공화국으로 왔다. 마구 제조인, 작가, 육군 대위, 농부 등 여러 가지 경력을 거치던 그는 군에서 카루의 도로 건설 의뢰를 받았다. 그리고 도로를 깔면 깔수록 베인은 바위에 더 익숙해졌다. 그러다 결국 그는 남아프리카공화국의 상세한 지질학 지도를 처음으로 작성함으로써 자신의 화려한 경력 목록에 지질학자라는 항목을 하나 더 추가했다. 베인은 바위 속에서 발견한 진귀한 것들을 수집하기 시작했다. 그중에는 상아가 달린 개 크기만 한 페름기 동물의 두개골도 있었다. 이 동물은 남아프리카공화국의 현생 사바나 동물상fauna 중 그 어느 것과도 닮지 않았다. 그는 1838년에 포르 보퍼트Fort Beaufort 근처에서 작업을 하다가 이 두개골 중 첫 번째 것을 발견했다. 포르 보퍼트는 선교 목적으로 설립되었다가 나중에 군용 야영지로 바뀐 작은 마을이었다. 그곳에는 화석을 전시할 만한 지역 박물관이 없었기 때문에 그는 일부를 런던으로 보냈고, 지질학회에서 그에게 돈을 지불하기 시작하자 화석들을 계속 전달했다.

 영국의 수도 런던에서 베인의 화석들이 탁월한 해부학자 겸 박물학자였던 리처드 오언Richard Owen에게 들어갔다. 당시 40대 초반이었던 오언은 빅토리아 시대 영국의 과학계 거물이었다. 그보다 겨우 몇 년 앞서서 그는 잉글랜드 남부에서 출토되던 거대한 고대 생물의 골격을 보고하기 위해 '공룡dinosaur'이라는 단어를 만들기도 했다. 몇 년 후 그는 영국박물관의 자연사박물관 관장이 되었고, 인생의 황혼기가 찾아올 때까지 런던의 상류층이 사는 사우스 켄싱턴 지구에 자연사박물관을 설립하는 것을 도왔다. 오언은 왕가의 총애를 받으며 빅토리아 여왕과 앨버트 공의 자녀를 가르쳤다. 그리고 과학 연구로 공로를 인정받아 기사 작위를 받기도 했다. 만약 빅토리아 여왕 시절에 과학적 업적에 주는 메달이나 상이 있었다면 십중팔구 오언이 오랜 경력 중 어느 시점에서는 그것을 수상했으리라 장담할 수 있다. 그의 천재성을 말해주듯, 항상 신랄하고, 편집증적이고, 병적으로 자기중심적이고 위선적인 사람이었던 오언은 싸움을 좋아해서 항상 친구보다는 적을 더 많이 만들었다.

1845년에 오언은 베인의 화석 중 일부에 대해 보고하는 논문을 발표했다. 그리고 그중 하나를 디키노돈^{Dicynodon}이라고 이름 지었다. 이것은 파충류 비슷한 머리에 부리가 달려 있으면서 으르렁거리는 듯한 송곳니 상아도 가진 난감하게 생긴 동물이었다. 그래서 '두 개의 개 이빨'이라는 의미의 이름이 붙은 것이다. 그 이후에 발표된 논문에서 보고된 또 다른 종은 갈레사우루스^{Galesaurus}라고 이름 붙었다. '족제비 도마뱀'이라는 뜻이다. 이 이름은 오언이 화석에서 보았던 내용을 반영한 것이었다. 이 화석은 특이하게도 도마뱀 비슷한 특성과 포유류 비슷한 특성이 뒤섞여 있었다. 그는 특히나 베인의 여러 화석에 들어 있는 치아에 빠져들었다. 이들의 치아는 포유류에서 익숙하게 보이는 앞니, 송곳니, 어금니로 구획이 나뉘어 있었다. 하지만 다른 면에서 보면 이 동물들은 체구나 비율이 파충류와 굉장히 비슷했다. 그래서 오언은 이들을 공룡으로 분류하는 오류를 범했다.

오언은 베인에게 더 많은 화석을 수집할 것을 독촉했고, 자신은 머나먼 식민지에서 화석이 도착하는 대로 연구해 이름 붙이는 일을 이어갔다. 심지어 그는 빅토리아 여왕과 앨버트 공의 네 번째 자식이자

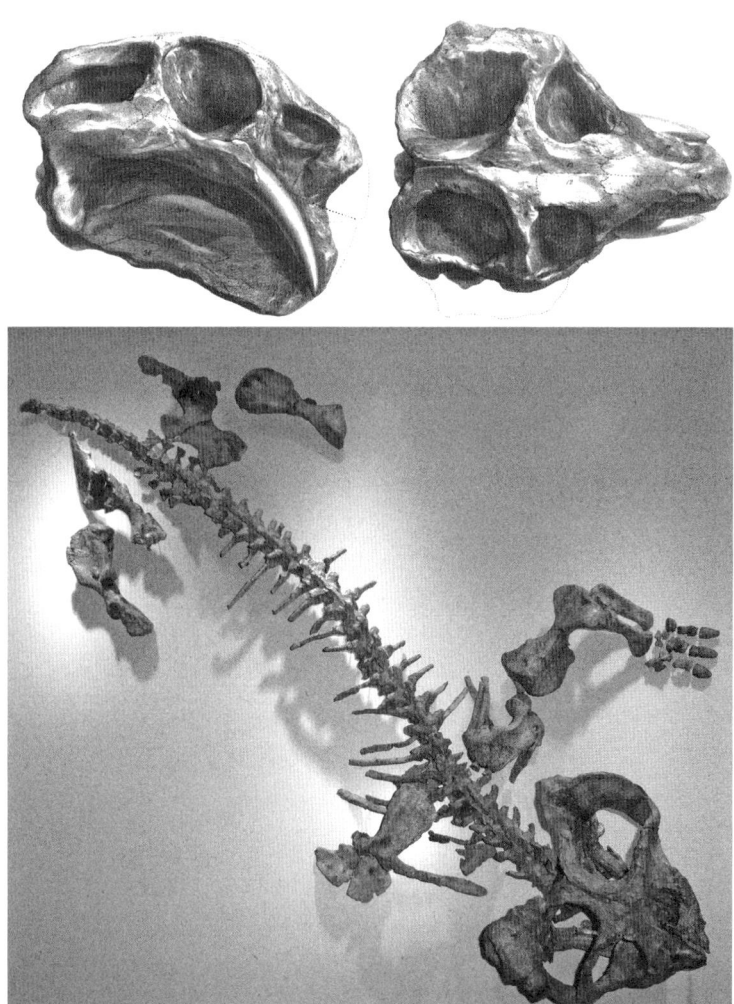

• 포유류 선조인 원시 단궁류 디키노돈류(쌍아류). 리처드 오언의 1845년 논문에 나온 디키노돈이 두개골(위)과 골격(아래)이다.

왕위 계승 서열 2위였던 10대의 왕자 앨프리드를 설득해서 1860년 남아프리카공화국 방문길에 추가로 표본을 더 모아 오게 했다. 왕자는 그의 부탁을 듣고 디키노돈의 두개골 두 개를 가져왔다. 카루 화석의 목록이 점점 길어지고 있었지만 오언은 이 화석들을 어떻게 이해해야 할지 알 수 없었다. 여러 면에서 이 화석들은 포유류와 비슷했다. 그는 자신의 소논문과 강의 그리고 나중에는 1876년에 발표한 남아프리카공화국 화석 목록에서도 이 부분을 인정했다. 그럼에도 오언은 이 화석이 포유류의 선조, 원시적인 파충류 비슷한 동물과 현대의 포유류를 잇는 진화 사슬의 연결고리라는 것을 받아들일 수 없었다. 이것은 그가 진화 자체에 대해 찰스 다윈과 불화를 빚고 있었기 때문이다. 확고한 사회적 보수주의자이자 현상 유지의 열렬한 옹호자였던 오언은 자연선택에 의한 진화라는 다윈의 이론을 받아들이지 않았다. 그는 《종의 기원》에 대해 신랄한 비평을 쓰기도 했다. 이 비평은 과학의 역사에서 상대를 헐뜯으려는 시도 중 가장 크게 실패한 사례로 꼽힌다. 오언도 종이 변화할 수 없다고 생각한 것은 아니었다. 다만 그는 그런 변화의 메커니즘에 대한 다윈의 아이디어가 모두 엉터리라 여겼다. 그리고 여기에는 개인적인 원한도 분명 작용했다.

그렇다면 다윈의 흔들림 없는 옹호자이자 박물학자이고, 종교에 대한 자신의 관점을 설명하기 위해 '불가지론자^{agnostic}'라는 용어를 만들기도 했던 토머스 헨리 헉슬리^{Thomas Henry Huxley}가 오언의 카루 파충류의 포유류다운 특성이나, 포유류가 그로부터 진화했을 가능성을 인정하지 못했던 것도 놀랄 일이 아니다. 그 대신 헉슬리는 지금 와서 뒤돌아보면 터무니없어 보이는 주장을 내놓았다. 포유류가 도롱뇽 유형의 양서류로부터 진화했다는 것이었다. 시간이 흐르면서 오언과 헉슬리는 사소한 일로도 계속해서 다투었다. 1890년대에 두 사람이 모두 세상을 떴지만 논쟁은 여전히 해소되지 않았다. 하지만 대부분의 증거는 오언에게 유리하게 흘러가고 있었다. 이런 단서 중에는 새로 발견된 등에 돛이 달린 '파충류', 즉 디메트로돈도 있었다. 고생물학자 에드워드 드링커 코프Edward Drinker Cope는 디메트로돈과 북아메리카대륙에서 나온 다른 화석들을 기록하면서 파충류와 비슷한 펠리코사우르스류, 오언의 카루 화석, 그리고 오늘날 포유류 사이의 연관성을 옹호했다(에드워드 드링커 코프의 이름은 따로 기억해두자. 모험의 상황에서 그를 다시 만나게 될 테니까 말이다).

오언과 코프의 주장은 마침내 수십 년 후에 베인이 간 길을 따라 남아프리카공화국으로 이민을 간 또 한 명의 스코틀랜드인 로버트 브룸Robert Broom에 의해 정당성을 입증받았다. 그는 방직업으로 유명한 페이즐리에서 태어나 글래스고에서 의사로 수련을 받았다. 몇 년 동안 브룸은 글래스고 조산원에서 산과 전문의로 일했지만, 결핵에 걸릴지 모른다는 두려움이 커져 처음에는 호주, 그다음에는 아프리카로 갔다. 하지만 그를 움직이게 만든 것이 두려움만은 아니었다. 그것은 바로 포유류의 기원을 알아내고야 말겠다는 집착이었다. 브룸은 어린 시절 열정적인 박물학자였고, 대학에서도 비교해부학 강의를 들었다. 거기서 그는 고생물학에 푹 빠졌다. 호주에서 호주대륙의 특이한 유대류 동물상을 연구한 후에 그는 카루에서 '포유류 비슷한 파충류'를 수집하고 연구하기 위해 남아프리카공화국으로 이주했다. 그리고 수십 년 동안 의사로 일하면서 여러 지방 도시를 자주 옮겨 다니며 취미로 화석을 수집했다. 그리고 때로는 도시의 시장으로 일하기도 했다.

20세기 전반부 동안 브룸은 남아프리카공화국에서 가장 저명한 과학자 중 한 명이었다. 그는 카루 화석에 대해 논문을 400편 이상 쓰고, '포유류 비슷한 파충류' 300여 종에 대해 보고했다. 브룸이 도착하기 전에는 카루 화석 대부분이 무계획적인 방식으로 연구되고 있었다. 심지어 오언도 그랬다. 솔직히 그는 자신의 공룡, 현대 포유류의 해부, 빅토리아 시대의 사회적 책임, 다윈과의 싸움에 비해 카루 화석에 우선순위를 낮게 부여했다. 반면 브룸은 이 화석을 자기 평생의 사명으로 여기고 강박적으로 만화책을 수집하는 사람처럼 자신의 과제에 접근했다. 그는 카루 사막을 체계적으로 조사하면서 농부, 도로 토목기사와 친구가 되어 그들에게 화석 골격 알아보는 법을 훈련시켰다. 그런 건설 노동자의 자손 한 명(크루니 키칭 Croonie Kitching의 아들 제임스 키칭 James Kitching)과 그런 농부의 자손 한 명(시드니 루비지 Sidney Rubidge의 손자 브루스 루비지 Bruce Rubidge)이 가업을 뒤로하고 남아프리카공화국에서 가장 저명한 고생물학자 두 명이 된 것만 봐도 그가 어떤 유산을 남겼는지 알 수 있다. 오늘날 루비지와 비트바테르스란드대학교에 있는 그의 동료들은 지역 공동체 및 원주민 학생들과 긴밀하게 연구하면서 브룸의 선행을 이어가고 있다.

브룸의 위대한 성취는 코프가 가설로 제시한 펠리코사우르스류, 페름기의 카루 화석, 그리고 포유류 사이의 연관성을 확실하게 입증하고 있었다. 1905년에 브룸은 카루의 '포유류 비슷한 파충류'를 분류하기 위해 '수궁류'라는 용어를 만들고, 포유류가 이 집단으로부터 진화했다고 힘주어 주장했다. 그러나 1909년과 1910년에 그는 미국을 찾아가 디메트로돈과 다른 펠리코사우르스류의 화석들을 연구했다. 그는 펠리코사우르스류와 수궁류 사이에서 틀림없는 유사성을 목격하고 한 기념비적인 논문에서 그 둘이 가까운 친척관계라는 주장을 폈다. 그리고 그 과정에서 브룸은 그 두 조각을 한데 엮어 펠리코사우르스류 - 수궁류 - 포유류의 연관성을 옹호했다. 그는 수궁류가 펠리코사우르스류보다 더 발전된 형태임을 알아보았다. 특히 잘 발달되고 더 직립한 사지가 그랬다. 이렇게 발달한 사지 덕분에 수궁류는 조금 더 똑바로 서서 배를 땅에서 높이 띄울 수 있었다. 이런 점에서 수궁류는 점진적으로 포유류에 더 가까워지고 있었다. 따라서 펠리코사우르스류가 제일 먼저 왔고, 포유류로 이어지는 진화 경로의 그다음 단계로 수궁류가 왔다.

이 수궁류는 어떻게 생겼을까? 수궁류는 수백 종이 존재하고 갈피를 못 잡을 정도로 다양했다. 오언의 디키노돈은 이미 만나보았다. 이것은 페름기 수궁류 아집단 중에서 가장 다양한 집단의 이름과 비슷하다. 그 아집단의 이름은 디키노돈류^{dicynodonts} 혹은 쌍아류다(디키노돈류, 즉 쌍아류는 동물의 분류에 해당하고, 디키노돈은 그 분류에 속하는 특정 종을 말한다-옮긴이). 오언이 디키노돈이라는 이름을 지었을 때 그 이름은 일종의 유명인사가 되어 새로 발견된 공룡 이구아노돈^{Iguanodon}, 메갈로사우루스^{Megalosaurus}와 함께 런던의 유명한 1854년 수정궁 박람회$^{Crystal\ Palace\ exhibition}$에서 자리를 차지했다. 이 전시회에 소개됐던 디키노돈 조각은 약간 훼손된 상태로 요즘도 볼 수 있다. 이 조각은 빅토리아 시대의 대중에게 선사시대의 세계를 소개하는 데 도움을 주었다. 그리고 여기서 얻은 명성 때문에 생긴 단점도 있었다. 디키노돈류 집단을 대표하는 첫 번째 주자인 디키노돈은 마치 쓰레기 하치장처럼 새로 발견된 일군의 화석을 모두 처박아놓는 분류학 명칭이 되고 말았다. 그 후로 1세기하고도 반세기 동안 168가지 새로운 종이 디키노돈으로 분류되었다. 이것을 두고 브룸은 이렇게 한탄했다. "우리가 다루어야 하는 속^{genus} 중 가장 골치 아픈 속이다." 이것은 그에게 끔찍한 혼란을 안겼다.

이 혼란은 2011년이 되어서야 해소되었는데, 해결사는 브룸만큼이나 강박적이고 꼼꼼한 또 다른 고생물학자 크리스티안 캐머러^{Christian} ^{Kammerer}였다. 내가 크리스티안을 처음 만났을 때 그는 박사학위 학생이었고, 나는 시카고대학교의 학부생이었다. 크리스티안은 캠퍼스의 유명인사였다. 모든 사람이 그가 누구인지 알았고, 그가 얼마나 능력이 뛰어난지 이야기를 듣고 있었다. 일반적인 대학교였다면 이렇게 유명하다는 것은 곧 성적이 좋은 운동선수나 사교모임에서 인기 있는 사람이라는 의미였겠지만, 재미의 무덤인 시카고대학교는 그런 곳이 아니었다. 크리스티안은 시카고대학교의 전설적인 물건 찾기 게임$^{scaven-}$ $^{ger\ hunt}$을 통해 명성을 얻었다. 이 게임은 나흘에 걸쳐 기이하고, 놀랍고, 말도 안 되는 물건을 수집하는 괴짜들의 축제였다. 예를 들면 집에서 만든 원자로 같은 것들이다(실제로 가동되면 보너스 점수가 있다). 크리스티안이 디키노돈이라는 고르디우스의 매듭$^{Gordian\ knot}$(복잡한 매듭처럼 풀기는 힘들지만 발상의 전환을 통해 쉽게 풀 수 있는 문제−옮긴이)을 풀어야 하는 순간이 왔을 때 이런 수집가 정신이 그에게 큰 도움이 됐다.

여러 해에 걸친 꼼꼼한 연구 끝에 디키노돈에 대한 크리스티안의 리뷰 논문이 완성됐다. 우리 두 사람의 학자 여정은 이상하게 서로 얽혀 있는데, 그는 그 여정의 다음 정류장이었던 미국 자연사박물관의 우리 사무실에서 내 맞은편에 앉아 이 논문을 썼다. 그 논문에서 그가 정당한 디키노돈으로 인정한 종은 단 둘밖에 없었다. 한때는 디키노돈으로 불렸던 다른 것들은 모두 다양한 모양과 크기의 종으로 구성되어 아주 무성한 계통도를 이루고 있는 디키노돈류의 먼 혈통에 속했다. 오랜 시간 동안 디키노돈이라는 쓰레기통 속에 믿기 어려울 정도의 다양성이 감춰져 있었던 것이다.

디키노돈류는 수가 가장 많은 단궁류였고, 전 세계적으로 페름기 중후기 육상 생태계의 대부분 기간 동안 가장 수가 많은 척추동물이었다. 이들은 초식동물이었고 아마도 큰 사회적 집단을 이루어 살았을 것이다. 디키노돈류는 대개 바다코끼리 비슷한 송곳니 상아를 제외하면 치아의 대부분이 결여되어 있었고, 그 치아를 이파리와 줄기를 뜯어 먹을 수 있는 부리로 대체했다. 이들은 이파리와 줄기를 뒤쪽 각진 방향으로 강하게 물어서 분쇄했다. 다리는 짧고, 배는 뚱뚱하고, 꼬리는 터무니없이 작았던 이들이 가지에 달린 이파리를 훑어 먹거나 상아나 뭉툭한 앞다리로 덩이줄기를 파내고 있으면 그 모습이 워낙 독특해서 잘못 알아볼 일은 없었을 것이다.

짧은 시간 동안 디키노돈류는 초식동물로서의 생태적 지위를 또 다른 수궁류 아집단인 디노케팔리아류^{dinocephalians}와 공유했다. 무시무시한 머리가 달린 이 짐승은 못생긴 두개골 때문에 이런 이름이 붙었다. 이들의 두개골은 크고 육중했으며, 나무옹이 같은 혹 또는 뿔로 덮여 있었다. 두개골의 뼈는 대단히 두껍고 치밀했다. 그중 한 종인 모스콥스^{Moschops}는 두개골의 뼈 두께가 12센티미터나 됐다. 아마도 이 머리뼈는 짝이나 영역을 두고 싸움을 벌일 때 라이벌과 박치기를 하는 데 사용했을 것이다. 두 우두머리 수컷이 서로 격렬하게 박치기를 하는 동안 나머지 무리는 그 주변에 모여 구경하고 있었을 장면을 생각하니 무시무시하다. 이들은 기괴하게 생긴 머리, 다부진 몸, 활처럼 굽은 등 때문에 모리스 샌닥$^{Maurice Sendak}$의《괴물들이 사는 나라$^{Where the Wild Things Are}$》에 나오는 등장인물 같은 모습이었을 것이다. 디노케팔리아류 중에는 초식동물도 있었지만 무시무시한 육식동물도 있었다는 것을 생각하면 더욱 소름이 돋는다. 그중 하나인 안테오사우루스

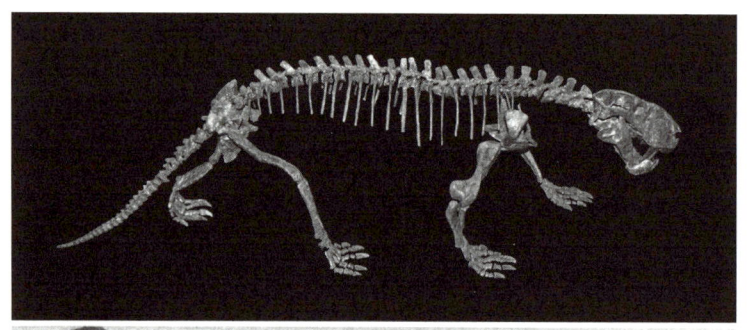
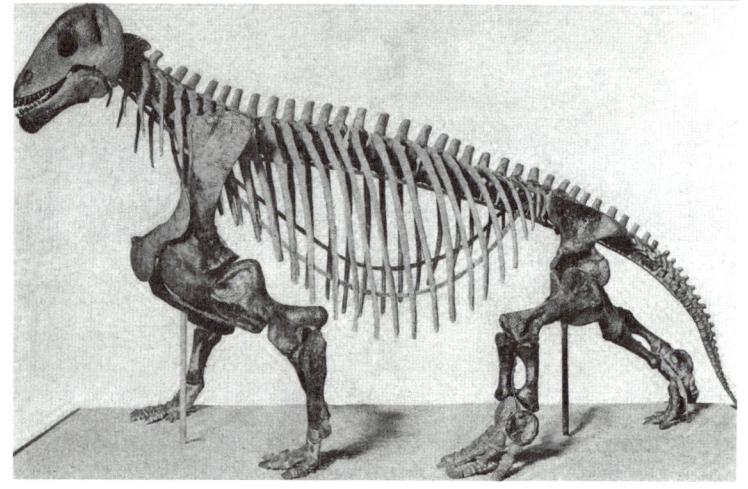

• 원시 단궁류 포유류 선조인 수궁류. 검치 고르고놉스류(위)와 박치기 선수 디노케팔리아류 모스콥스(아래)다.

*Anteosaurus*는 길이는 5미터, 무게는 0.5톤까지 자랐다. 이는 일반적인 북극곰의 크기와 같다. 이것은 현대 포유류가 등장하기 전까지 살았던 단궁류 포식자 중 가장 큰 축에 속했다.

또 다른 유형의 수궁류 포식자도 있었다. 크기는 조금 작지만 아마도 더 흉포했을 것이다. 바로 페름기 중후기에 공포의 대상이었던 고르고놉스류^{gorgonopsian}다. 이들은 작은 개 크기에서 이노스트란케비아

Inostrancevia 같은 괴물에 이르기까지 크기가 다양했다. 이노스트란케비아는 길이가 3.5미터, 체중은 300킬로그램, 머리의 길이는 60센티미터 정도였다. 이들이 가진 무시무시한 무기는 검치 형태의 거대한 송곳니였다. 턱을 터무니없을 만큼 크게 빌릴 수 있어서 송곳니로 먹잇감의 가죽과 숨통을 뚫을 충분한 공간을 확보할 수 있었다. 하지만 우리와 같은 진성 포유류인 검치호와 달리 고르고놉스류는 평생 치아가 새로 났다. 그래서 혹시 일이 잘못돼서 송곳니가 부러진다고 해도 다시 자라면 그만이라는 자신감을 가지고 먹잇감을 공격할 수 있었을 것이다. 그리고 몸부림치는 먹잇감을 붙잡을 수 있는 날카로운 앞니와 다른 수궁류에 비해 훨씬 뒤쪽, 옆쪽으로 불룩 튀어나와 있는 확장된 근육이 이들의 무기를 완성해주었다. 하지만 그리 똑똑하지는 못했다. 이들은 펠리코사우르스류 선조가 가진 튜브 모양의 특별할 것 없는 뇌를 그대로 유지하고 있었기 때문이다.

고르고놉스류와 다른 수궁류들이 승승장구했다. 나중에 공룡과 포유류가 세상의 지배권을 차지했던 것처럼 페름기 중후기의 세계는 그들의 것이었다. 다양한 수궁류가 함께 복잡한 생태계를 형성했고, 이 생태계는 지구 역사상 처음으로 물과 완전히 분리됐다. 여러분도 기억하겠지만 펠리코사우르스류는 초기 페름기에 이 여정의 중간 기착지였다. 하지만 이들은 여전히 호수와 개울 근처에 살았으며 상어와 다른 어류들을 포함하는 먹이사슬의 일부였다. 하지만 카루 수궁류들은 전반적인 생태적 구조에서 현대의 아프리카 사바나 동물상과 그리 다르지 않은 공동체를 구성하고 있었다. 관목을 먹는 디키노돈류 무리가 먹이 피라미드의 바닥을 형성해서 그 수가 육식성의 고르고놉스류보다 10배 많았다. 육상 식물은 1차 생산자였고, 식물을 먹는 수궁류는 1차 소비자였고, 고기를 먹는 수궁류는 최상위 포식자였다. 오늘날의 사바나에서 풀 - 누영양^{wildebeest} - 사자 삼총사로 이루어진 먹이사슬과 별다를 것이 없었다.

디키노돈류에서 디노케팔리아류에 이르기까지, 고르고놉스류에서 아직 언급하지 않은 다른 많은 아집단에 이르기까지 이 모든 다양한 수궁류는 하나의 공통 선조로부터 진화했다. 이 공통 선조는 육식을 하는 중간 크기의 펠리코사우르스류였다. 아마 무게는 50~100킬로그램 정도 나갔을 것이고, 페름기 초기 - 중기 경계보다 앞서서 살았다. 이 선조, 그리고 그로부터 나온 초기 수궁류들은 항상 여름인 축축한 열대지방과는 거리가 있는 온대지역에서 나온 것으로 보인다.

이들 초기 수궁류들은 무언가 특이한 것을 하기 시작했다. 체온을 끌어올리기 시작해서 더 잘 조절할 수 있게 된 것이다. 그 이유는 불분명하다. 어쩌면 고위도에 살다 보니 계절에 따른 기후 변화에 대응해야만 했고, 자기 내부의 용광로를 미세 조정하는 편이 한파와 열파 모두에서 살아남는 데 유리했는지도 모른다. 아니면 배고픔 때문이었는지도 모른다. 수궁류의 펠리코사우르스류 선조는 다리를 벌린 자세여서 이동속도가 느렸기 때문에 아마도 '앉아서 기다리는' 포식자였을 것이다. 이들은 대부분의 시간을 꾸물거리다가 가끔씩 갑자기 먹잇감을 덮쳐서 잡아먹었다. 하지만 일부 수궁류는 두 발로 직접 넓은 영역을 돌아다니며 적극적으로 먹이를 찾아다니기 시작했다. 이런 사냥 방식은 더 많은 에너지를 사용했고, 따라서 더 높은 대사율이 필요했을 것이다. 논란은 계속 이어지고 있다. 하지만 페름기에 수궁류의 생리학이 변화하고 있었던 것만큼은 분명하다. 이유가 무엇이었든 간에 이 동물들은 대부분의 포유류가 가진 능력 중 하나를 발전시키는 중요한 첫 단계를 밟고 있었다. 바로 온혈대사warm-blooded metabolism, 과학 용어로는 내온대사endothermic metabolism다.

아직 완전한 온혈동물은 아니었지만 수궁류가 펠리코사우르스류 선조보다 더 빨리 성장하고 대사가 활발했다는 증거가 있다. 그것을 보여주는 최고의 단서는 뼈를 살라미 소시지보다 얇은 조각으로 떠서 슬라이드 위에 올려놓고 현미경으로 그 질감을 살펴보면 나온다. 질감의 종류가 다르면 성장의 속도가 다르다는 의미다. 어떤 뼈는 나무처럼 그 안에 나이테가 들어 있는 경우도 있다. 이것을 보면 그 동물이 죽을 때 몇 살이었는지 알 수 있다. 남아프리카공화국의 고생물학자 아누스야 친사미투란Anusuya Chinsamy-Turan은 이 뼈 조직학bone histology 분야의 선구자 중 한 명이다.

아누스야는 아파르트헤이트 시대(예전 남아프리카공화국의 인종차별 정책 - 옮긴이)에 프리토리아Pretoria(남아프리카공화국의 행정 수도 - 옮긴이)에서 자랐다. 그는 과학 교사가 되는 것이 꿈이었지만 아누스야 같은 배경을 가진 젊은 여성에게 고등교육의 기회는 제한되어 있었다. 그녀는 자신의 야망을 버리는 대신 비트바테르스란드대학교에 지원하면서 그녀의 말로는 선의의 거짓말을 했다. 비트바테르스란드대학교는 비백인 학생들에게 대부분 백인으로 구성된 대학교에 입학하고 싶어 하는 설득력 있는 이유를 제시할 것을 요구했다. 그녀는 고인류학paleoanthropology을 공부하고 싶다고 말했다. 비트바테르스란드대학교는 이 분야에서 이름을 떨치고 있었는데, 남아프리카공화국에서 호미닌hominin(현생 인류, 그리고 분류학상 인간의 선조로 분류되는 종족 - 옮긴이) 화석 기록이 풍부하게 발굴된 덕분이었다. 그래서 그녀는 고생물학 강의를 들어야 했다. 그런데 놀랍게도 아누스야의 작은 거짓말이 오히려 열정으로 바뀌었다. 그녀는 학업을 계속해 박사학위까지 받았고, 화석 뼈의 질감을 해독해 성장 속도를 결정하는 분야에서 세계적인 전문가가 됐다. 그리고 2005년에는 과학에 기여한 공로를 인정받아 남아프리카공화국 올해의 여성으로 선정됐다.

아누스야와 그녀의 동료 상하미트라 레이^{Sanghamitra Ray}, 제니퍼 보타^{Jennifer Botha}는 수궁류의 뼈를 정말 많이 잘랐다. 특히 디키노돈류와 고르고놉스류의 갈비뼈와 사지뼈를 많이 잘라보았다. 이들은 이 뼈들이 무늬가 뒤엉켜 무계획적으로 배열된 섬유층판뼈^{fibrolamellar bone}라는 뚜렷한 질감을 갖고 있음을 발견했다. 이렇게 무작위 배열이 생긴 것은 빠른 성장에 따르는 결과다. 뼈가 워낙 빨리 침착되다 보니 콜라겐과 미네랄이 무작위 패턴으로 쌓인 것이다. 이것은 성장 속도가 느린 동물에서 보이는 더 규칙적인 층판뼈^{lamellar bone}와는 다르다. 층판뼈의

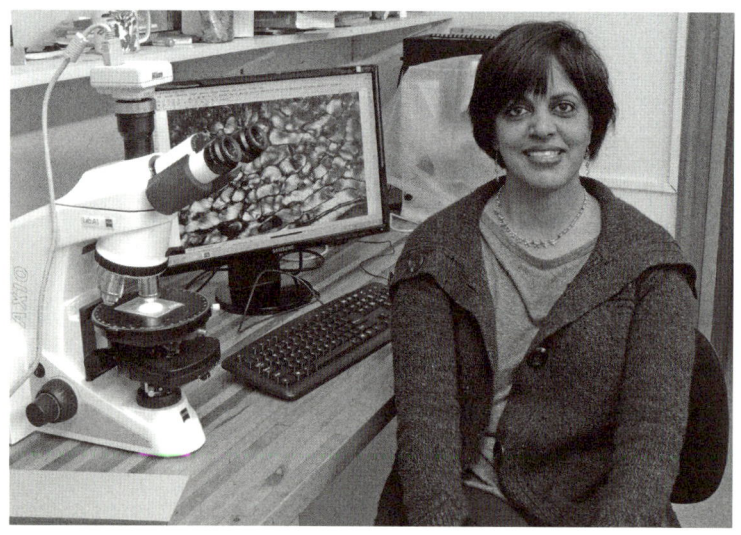

• 자신의 연구실에서 뼈의 현미경 이미지를 연구하는 아누스야 친사미투란.

경우에는 미네랄 결정이 질서정연한 층으로 형성된다. 섬유층판뼈가 널리 퍼져서 존재한다는 것은 이 수궁류가 적어도 연중 일부 시기에는 급속한 성장을 보였다는 의미다. 뼈에 성장선이 나 있는 것을 보면 성장이 때때로 멈추었던 것이 분명하다. 아마도 겨울이나 건기에 성장이 멈추었을 것이다. 따라서 이 수궁류들은 전형적인 파충류 종과 비교했을 때 성장 속도가 빨랐고 체온도 어느 정도 통제할 수 있었지만 완전한 온혈 포유류처럼 지속적으로 높은 체온을 유지할 수는 없었을 것이다.

수궁류가 대사율을 끌어올리고 체열을 더 잘 통제할 수 있었다는 또 다른 단서가 있다.

털이다.

수궁류는 털을 발명한 것으로 보인다. 수궁류의 뼈가 들어 있는 똥 화석을 조사해보면 그 안에 털과 비슷한 구조물이 뒤엉킨 덩어리도 있다. 여기에 대해서는 논란이 있지만 이것이 털이 맞는다면 수궁류의 것이었을 가능성이 있다. 그리고 그와는 상관없이 털이 존재했다는 더 강력한 증거가 있다. 수궁류의 화석에는 얼굴뼈에 구멍과 홈이 자국처럼 나 있는 경우가 많다. 이것은 오늘날 포유류의 수염으로 혈관과 신경을 공급하던 뼈 속 관canal의 망과 비슷하다. 그렇다고 수궁류가 몸 전체에 털이 돋은 털북숭이였다는 말은 아니다. 그랬을 수도 있지만, 털이 듬성듬성 초라하게 나 있었거나, 머리와 목 근처처럼 좁은 영역에 국한해서 나 있었을 가능성이 높다. 어쨌든 여기서 요점은 털이 수궁류에서 기원한 것으로 보인다는 점이다.

털은 포유류의 새로운 특성 중에서 가장 본질적인 것에 해당한다. 털은 살집 많고 분비샘이 발달한 우리의 피부에서 근본적인 요소이고, 오늘날까지도 파충류에서 유지되고 있는 우리 네발동물 선조들의 비늘 덮인 외피와는 굉장히 다르다. 털은 수염 같은 감각 보조 도구, 또는 과시용 구조물, 또는 분비샘을 기반으로 하는 방수 시스템의 일부로 시작했을 가능성이 높다. 그러다 나중에는 몸을 코팅해서 열을 보존하는 용도로 변경됐다. 일단 동물이 몸에 많은 털을 갖게 되었다는 것은 적어도 체열 중 일부가 내부에서 생산됐기 때문에 그 열이 달아나는 것을 막으려고 최선을 다했다는 말이다. 체열 생산은 비용이 많이 드는 작업이다. 집에 난방을 빵빵하게 틀어놓고 싶은데 다음 달에 감당 못 할 액수의 난방비 고지서를 받고 싶지 않다면 창문을 다 닫아야 한다. 포유류에게는 바로 털이 그 닫힌 창문이었다.

수궁류의 빨라진 성장 속도와 높은 대사율은 진화적으로 대단히 중요한 획득 성질이었으며, 수궁류의 해부학과 생물학에 생긴 일련의 다른 변화와도 관련되어 있다. 사지가 몸통 아래쪽으로 더 들어와서 꼿꼿해진 자세를 취하게 됐다. 이는 브룸이 수궁류를 그들의 펠리코사우르스류 선조와 비교하면서 알아차렸던 부분이다. 디키노돈류는 뒷다리는 꼿꼿이 서 있었지만 앞다리는 옆으로 퍼져 있었다. 이것은 어깨와 고관절의 모양만 봐도 알 수 있지만 공룡이 걸어 다닌 흔적인 보행렬 화석을 통해서도 알 수 있다. 화석에 찍힌 발자국을 보면 앞다리는 벌리고 걷고, 뒷다리는 좁게 벌리고 걷고 있음을 알 수 있다. 하지만 거기서 더 진화한 고르고놉스류는 앞다리와 뒷다리 모두 더 곧게 서 있었다. 사지는 또한 더욱 유연해졌다. 수궁류에서는 스크루처럼 생긴 불편한 어깨관절이 사라졌다. 이 관절 때문에 펠리코사우르스류는 앞다리의 가동 범위가 제약되어 앞다리를 옆으로 넓게 벌리고 느리게 걸어야 했다. 하지만 이런 제약이 사라지자 앞다리로 달리기,

땅파기, 기어 올라가기 등 온갖 새로운 일들을 할 수 있게 됐다.

이런 변화는 다른 변화와 조화롭게 일어나고 있었고, 많은 경우 어느 변화가 어느 변화를 주도한 것인지 밝히기 어렵다. 저명한 초기 포유류 전문가 톰 켐프Tom Kemp는 이것을 '상관 진보correlated progression'라 불렀다. 수궁류의 여러 가지 해부학적, 기능적, 행동학적 측면이 일제히 함께 변하고 있었고, 그 과정에서 이 동물은 오늘날의 포유류에서 찾아볼 수 있는 특징들을 단계별로 진화시키고 있었다. 바꿔 말하면 이들은 페름기가 펼쳐지는 동안 점진적으로 더 포유류 비슷한 존재가 되어가고 있었다.

페름기 말에는 오랜 세월 진행된 상관 진보에 의해 새로운 유형의 수궁류가 만들어졌다. 이것은 디키노돈류와 고르고놉스류 선조보다 크기가 더 작고, 사지는 더 꼿꼿이 서고, 성장 속도도 더 빠르고, 대사율도 높았다. 이들의 치아, 턱 근육, 뇌, 감각 체계도 마찬가지로 변화하고 있었다. 이 생명체는 견치류cynodonts였다. 이들은(오언의 '족제비 도마뱀', 갈레사우루스도 여기 포함된다) 포유류로의 진화에서 그다음으로 내디딘 큰 발자국이었다.

2

털북숭이 네발동물의 새로운 턱

트리낙소돈 *Thrinaxodon*

트리낙소돈

멀리서 천둥이 울리고 빗줄기가 쏟아지는 가운데 동물 한 마리가 굴에서 머리를 내밀었다. 이 동물은 코를 씰룩거리더니 수염을 바람 쪽으로 향한다. 떠날 때가 됐다. 그것도 신속하게.

이 족제비 크기의 생명체 트리낙소돈^{Thrinaxodon}은 몇 달 전에 땅굴을 팠다. 대지가 바싹 말라붙어 있었다. 비가 오지 않은 지도 몇 달째. 강은 바닥을 드러냈고, 한때 그 강둑을 뒤덮고 있던 양치식물과 석송들은 시들어 껍질만 남았다. 회오리 모래폭풍이 계곡을 휩쓸며 마지막으로 남은 먹을 만한 이파리와 뿌리를 필사적으로 찾아다니던 배불뚝이 초식동물 무리를 묻었다. 그중 일부는 죽어서 미라가 된 채로 모래 언덕 위로 비어져 나왔고, 그들의 날카로운 상아 때문에 이 디스토피아적인 장면이 훨씬 불길한 분위기를 풍겼다.

그즈음에는 분명 남은 먹이가 없었다. 곤충의 모습도, 맛있는 양서류의 냄새도 없이 사체에서 뜯어 먹을 바싹 말라붙은 살덩어리밖에 남지 않았다. 그래서 이 털북숭이 생명체도 땅굴을 파고 들어가 잠시 그 안에 웅크리고 앉아 귀한 에너지를 아끼며 상황이 나아질 때까지 기다리는 것 말고는 별다른 수가 없었다.

그런데 이제 마치 누가 스위치라도 켠 것처럼 계곡에 우기의 장대비가 퍼붓고 있었다. 강이 불어 강둑이 무너지고 물이 땅굴로 들어와 트리낙소돈이 쉬고 있던 둥그런 방을 천천히 채웠다. 바깥에는 초록색 새싹들이 불어난 강물이 모래사구 여기저기에 쌓아놓은 진흙을 뚫고 머리를 내밀고 있었다. 생명이 돌아오고 있었고, 몇 달 동안의 건기는 이제 머나먼 기억이 됐다. 하지만 이곳은 극과 극을 오가는 세상이다. 비가 오래 내리지는 않을 것이다. 트리낙소돈은 이 기회를 놓치지 말아야 했다.

대사를 가동하려면 우선 먹어야 했다. 트리낙소돈은 식탐이 많은 동물이었다. 이 식탐 덕분에 빠른 성장에 필요한 에너지를 공급하고, 땅굴 속에 웅크리고 휴면 상태로 있는 동안 높은 체온을 일정하게 유지하는 데 필요한 에너지도 비축할 수 있었다. 오랜 기간 굶은 탓에 평소보다 배고픔이 더했다. 이 동물은 날카로운 교두^{cusp}(치아에서 날카롭게 융기되어 있는 부분 - 옮긴이)가 여러 개 솟아 있는 자신의 치아를 곤충의 외골격이나 강 근처에 모여든 작은 양서류의 점액질 피부 속에 박을 생각을 하니 벌써 기분이 좋아졌다.

이제 배를 채운 동물은 그다음으로 중요한 과제에 나설 수 있게 됐다. 짝을 찾는 일이었다. 이 트리낙소돈은 지난 우기가 끝날 무렵에 태어났다. 1년도 안 된 시간이다. 태어나고 몇 주 동안은 어미, 형제들과 가까이 붙어서 곤충들을 실컷 잡아먹으며 계곡의 지형을 익히다가 혼자 자립했다. 그리고 땅굴을 파기 좋은 범람원을 찾았고, 더는 더위를 감당하기가 힘들어지자 그 땅굴 속에 들어가 웅크리고 있었다. 비가 다시 내리기 시작한 지금이 아마도 짝짓기를 할 유일한 기회일 테다. 태어나고 무기력한 상태로 있다가 최후의 만찬을 폭식으로 즐긴 후에 번식을 하고 마무리하는 짧고 이상한 삶 속에서 찾아오는 단 한 번의 기회인 것이다.

하지만 적어도 짝이 될 후보감은 많았다. 강 양쪽 평지에 트리낙소돈의 땅굴이 여기저기 많이도 흩어져 있었으니까 말이다. 이 땅굴 속 침실들은 마치 달의 분화구 같은 무늬로 지표면에 작은 구멍들을 내고 있었다. 우리의 트리낙소돈은 주변에서 자신의 동족들이 땅굴에서 머리를 내밀고 코를 실룩거리며 털이 난 얼굴 위로 비를 맞는 모습을 볼 수 있었다. 그들 모두 수염에 잔뜩 힘을 주고 무슨 일이 벌어지는 것인지 알아내려 애쓰고 있었다. 이들은 모두 똑같은 질문을 던지고 있었다. 나갈까, 말까?

우리의 트리낙소돈은 결단을 내렸다. 이 동물은 몸을 구멍 크기에 맞추기 위해 사지를 몸통에 바짝 붙이고 꿈틀거리며 땅굴에서 나왔다. 그리고 질척거리는 개펄에서 앞다리와 뒷다리를 넓게 벌려 버티고 섰다. 땅굴에 물이 차오르는 것을 지켜보던 트리낙소돈은 불확실한 미래를 향해 총총걸음을 뗐다. 그 미래에 먹이와 짝이 기다리고 있을지 없을지는 알 수 없는 일이었지만, 어느 쪽이든 모든 건 곧 끝나게 될 것이다.

자기는 몰랐지만, 이 트리낙소돈은 아주 흥미로운 시대를 살고 있었다. 사실 트리낙소돈에게는 생명, 진화, 지구의 역사에서 자신이 어느 자리에 와 있는지 추론할 지능이 없었다. 하지만 사람들 역시 흥미로운 시대를 살더라도 현재에 너무 매몰되어 있거나, 다음 식사에 뭘 먹을까 고민하거나, 가족 걱정이나 다른 온갖 생각에 빠져 그 사실을 깨닫지 못하기는 매한가지다. 모든 혼란이 종결되고 뒤돌아볼 수 있는 여유가 생기기 전까지는 자기가 대격변을 지나왔다는 사실조차 눈치채지 못할 때가 많다. 곧 밝혀지듯이, 이 트리낙소돈은 지구 역사에서 가장 큰 대변동을 헤치며 살고 있었다. 재앙 같은 멸종 사건으로 시작된 수만 년에서 수십만 년에 이르는 이 짧은 기간은 멈칫거리며 회복기에 들어섰고, 결국 수궁류 선조 무리로부터 포유류가 만들어지는 데 도움을 주었다.

대멸종기, 뜻밖의 영웅

트리낙소돈은 2억 5100만 년 전 즈음, 트라이아스기 아주 초반에 살았던 견치류다. 견치류는 포유류 '줄기 혈통'의 일부였다. 이들은 상아가 달린 디키노돈류(위의 이야기에 등장하는 미라), 박치기 선수 디노케팔리아류, 검치 고르고놉스류와 함께 수궁류 집단에 속했다. 수궁류는 펠리코사우르스류로부터 진화했고, 펠리코사우르스류는 석탄 숲 시기에 단궁류 계통과 이궁류 계통으로 갈라진 비늘로 뒤덮인 생명체로부터 나왔다. 그리고 이 비늘로 뒤덮인 생명체의 기원은 어류로부터 진화해 육지로 기어올라 양막란을 발달시킨 그 네발동물로 거슬러 올라간다.

이것들은 모두 지난 장에서 알아본 내용이다. 하지만 생명의 기원은 그보다 훨씬, 아주 훨씬 먼 옛날로 거슬러 올라간다. 어류는 최초의 척추동물로부터 진화했다. 이 척추동물은 5억 4000만 년에서 5억 2000만 년 전 사이 캄브리아기 대폭발$^{Cambrian\ Explosion}$이라는 진화적 변화의 소용돌이 동안 뼈로 자신의 몸을 보강하기 시작한, 물고기처럼 헤엄치는 동물이었다. 이것은 홍합, 조개 등의 연체동물^{mollusk}, 그리고 성게와 불가사리 같은 극피동물^{echinoderm}, 새우와 게 등의 절지동물^{arthropod} 등 오늘날 아주 익숙한 해양생물 종들이 자체적으로 골격을 발명하고 번성하기 시작하던 시기와 때를 같이한다. 그 이전에는 약 6억 년 전에 시작된 에디아카라기^{Ediacaran} 동안에 살았던 부드러운 몸체를 가진 선조가 있었는데, 이 선조들은 물방울처럼 생긴 몸으로 사암에 유령 같은 탁본을 남겨놓았다. 이들은 최초의 동물이었고, 여럿이 한데 뭉쳐 크고 복잡한 다세포 형태를 만들어내는 능력이 있던 세균으로부터 진화해 나왔다. 이것은 약 20억 년 전에 일어난 일이다. 이때는 최초의 단세포 세균이 등장한 지 20억 년 정도가 지난 시점이었다. 그리고 최초의 단세포 세균의 등장은 우주의 가스 구름과 먼지로부터 지구가 형성된 지 겨우 5억 년 후에 발생했다.

  생명은 40억 년에 걸친 진화의 장관을 연출해왔으며, 물론 오늘날에도 그 장관은 계속 이어지고 있다. 이 전체 기간 중에 자칫하면 생명이 완전히 멸종되어 지구가 황무지 행성으로 남을 뻔한 시기가 있었다. 2억 5200만 년 전과 2억 5100만 년 전 사이, 즉 페름기가 트라이아스기로 넘어가던 시기였다. 이때는 트리낙소돈이 땅굴에 숨어 있던 때로부터 그리 멀지 않은 과거였다. 트리낙소돈은 현재 남아프리카공화국의 카루 지역에서 생명이 재앙으로부터 고통스럽게 회복해가던 그 시기에 살고 있었던 것이다.

페름기 말기는 모든 대멸종의 어머니였다. 그리고 이때 모든 종의 90퍼센트 정도가 사라졌다. 어쩌면 더 많았을 수도 있다. 화석 기록으로 남은 다른 멸종 사건들과는 달리 이 경우는 범인이 분명했다. 바로 화산이다. 지구의 맨틀 내부 깊숙한 곳에 자리 잡은 마그마의 핫스폿에서 힘을 얻은 이른바 거대화산^{megavolcano}이 저지른 짓이었다. 이 마그마는 현재는 시베리아지만 당시는 판게아 초대륙의 북쪽 가장자리였던 지역 밑에 머물고 있던 것이었다. 이 화산 분출은 지금까지 인류가 목격했던 화산들과는 차원이 달랐다. 이런 화산과 맞닥뜨리지 않은 것이 인간으로서는 참으로 다행스러운 일일 만큼, 그 크기와 규모는 터무니없을 정도였다. 땅속 균열에서 수십만 년 동안 용암이 뿜어져 나왔다. 그물망처럼 사방으로 뻗어 연결된, 각각의 크기가 길게는 몇 킬로미터에 이르는 이 화산 분출구들에서 피가 흐르듯 용암이 흘러나왔다. 마치 지구를 거대한 정글도로 난자해놓은 것 같은 모습이었다. 용암 기둥이 솟구치던 시기와 조용한 시기가 반복되다가 모든 것이 끝날 즈음에는 판게아 북부 수백만 제곱킬로미터의 땅 위에 용암이 굳어서 생긴 현무암 딱지가 앉았다. 2억 5000만 년 넘게 침식이 이루어진 오늘날에도 이 현무암은 250만 제곱킬로미터의 땅을 뒤덮고 있다. 이는 서유럽과 맞먹는 크기다.

이 화산 폭발이 수궁류 세계의 평화를 갈가리 찢어놓았다. 이때는 초기 포유류 선조들이 판게아를 가로질러 행진을 이어가던 시기다. 상아, 부리, 박치기용 머리, 날카로운 송곳니를 갖춘, 그 형태도 크기도 믿기지 않을 만큼 놀라운 종이 아주 많이 존재했다. 으르렁거리는 포식자에서 식물의 맛을 즐기는 미식가에 이르기까지 다양한 종이 온갖 것을 먹고, 수많은 생태적 지위를 채우며 살고 있었다. 첫 번째 화산이 끓어오르기 직전 페름기 늦은 말기의 시점에서 바라보면 수궁류가 영원히 세상을 지배할 것처럼 보였을지 모른다. 하지만 운명은 그렇게 흘러가지 않았다.

페름기 말기에는 많은 수궁류가 화산에서 그리 멀지 않은 지금의 러시아 지역에 살고 있었다. 고르고놉스류는 날카로운 검치를 디키노돈류의 살덩이리 깊숙이 찔러 넣고 있었고, 견치류도 양치류 종자식물seed fern 숲속에서 도사리고 있었다. 이들은 화산 분출의 직접적인 피해자가 됐을 것이다. 그리고 그중 다수가 B급 재난 영화의 한 장면처럼, 말 그대로 용암에 집어삼켜지고 말았을 것이다. 하지만 희생자가 이들만 있는 건 아니었다. 이 화산들은 겉모습보다도 훨씬 치명적인 존재였기 때문이다. 부글거리는 용암과 함께 침묵의 살인자들이 쏟아져 나오고 있었다. 이산화탄소와 메탄 같은 독성 기체가 대기 중으로 스며들어 전 세계로 퍼져나갔다. 이것은 온실가스다. 온실가스는 복사를 흡수해서 다시 지구로 되돌려 보내는 방식으로 대기 중에 열을 가두어 고삐 풀린 말처럼 지구온난화를 가속한다. 수만 년 만에 기온이 섭씨 5~8도 상승했다. 비록 현재 진행되고 있는 온난화보다는 속도가 느리지만 오늘날의 상황과 비슷하다(분명 이 말에 독자들 모두 잠시 고개를 갸웃거리고 있을 것이다). 하지만 이것은 바다를 산성화시켜 산소를 고갈시키고도 남을 수준이었다. 이 때문에 껍질을 두른 무척추동물과 다른 해양 생명체들이 널리 죽어나갔다.

육지라고 상황이 나을 것은 없었다. 무엇이 죽고, 무엇이 살고, 얼마나 빨리 회복됐는지 등 이때 일어났던 일들을 보여주는 가장 좋은 기록은 카루에서 나왔다. 화산이 폭발하고 대기가 따뜻해지면서 트라이아스기 이른 초기에 카루의 기후는 더 뜨겁고 건조해졌다. 계절의 변화가 뚜렷해지고 하루 중 기온 역시 요동쳤다. 카루는 사실상 오늘날의 사막과 다를 바 없는 곳으로 변했다. 하지만 한 가지 큰 차이가 있었다. 이따금 우기가 몰아쳤다는 점이다. 이 우기는 판게아를 가로지르며 찾아왔다. 식물들이 두 번째이자 마지막 대멸종을 견뎌내는 동안 양치류 종자식물인 글로소프테리스^{Glossopteris}와 늘푸른나무인 겉씨식물^{gymnosperms}이 지배하고 있던 다양한 페름기 숲이 붕괴했다. 약 5000만 년 앞선 석탄기 열대우림 붕괴 이후에 딱 한 번 있었던 대멸종이었다. 이들은 양치식물과 석송류로 대체됐다. 이 식물들은 석탄늪의 레피도덴드론의 친척이지만 크기가 훨씬 작았다. 이들은 씨앗이 아닌 포자로부터 빠른 속도로 자랐기 때문에 계절과 강우의 심한 변동에 더 잘 적응할 수 있었다. 식물군이 변하면서 구불거리며 넓게 흐르던 페름기의 수계가 사라지고 트라이아스기에 와서는 여러 갈래로 나뉘고 교차하면서 더 빠른 유속으로 흐르는 수계로 바뀌었다. 강둑을 안정시켜줄 큰 나무의 뿌리가 없었기 때문에 이 강들은 우기에는 대지를 여기저기 훑으며 지나갔고, 건기에는 졸졸 흐르는 개울물이 됐다.

이런 일련의 환경 변화가 카루에 살던 동물들, 특히 수궁류에게는 재앙이었다. 멸종 이전에는 몇몇 초식 디키노돈류가 먹이사슬의 바닥을 형성하고, 이것을 머리에 못생긴 혹과 작은 뿔이 달린 또 다른 유형의 수궁류인 비아르모수쿠스류^{biarmosuchians}라는 작은 포식동물이 잡아먹고, 그 위에 최상위 포식자인 고르고놉스류가 자리 잡고 있는 번성하는 생태계가 존재했다. 그리고 견치류 중 가장 오래된 것으로 알려진 다람쥐 크기의 카라소그나투스^{Charassognathus} 같은 희귀 견치류는 마찬가지로 벌레나 어류를 먹고 살며 풍부하게 존재하던 파충류, 양서류와 함께 체구 작은 척추동물의 생태적 지위를 공유했다. 하지만 기후가 변화하면서 숲의 규모가 줄어들고, 지표면 식물군의 70~90퍼센트가 사라졌다. 이 때문에 생태계 전체가 사상누각처럼 무너졌다. 먹이그물이 단순해져서 트라이아스기 이른 초기에는 몇몇 초식동물과 육식동물로만 구성되어 있었다. 그렇게 그 후로 500만 년 정도 흥망의 주기를 거치다가 화산 분출이 멈추고 기온이 정상화되면서 마침내 먹이그물이 안정될 수 있었다.

수궁류가 맞이할 운명에는 세 가지가 있었다. 첫째는 멸종이었다. 이것이 고르고놉스류에게 일어난 일이었다. 고르고놉스류는 검치 송곳니로 트라이아스기의 먹잇감들을 공포에 떨게 만들 기회를 얻지 못했다. 둘째는 생존은 하되 쇠퇴하는 것이었다. 이것이 디키노돈류에게 일어난 일이다. 디키노돈류는 파괴를 이겨내고 다시 다양화하는 데 성공했지만, 페름기의 성공을 재현하지 못하고 점점 쇠약해지다가 트라이아스기 말에 찾아온 다음 대멸종에서 비참한 운명에 종지부를 찍게 된다. 셋째는 생존과 지배다. 견치류가 이 길을 걸었다. 견치류는 화산 폭발, 지구온난화, 건조화, 우기, 숲의 붕괴, 내부로부터 무너진 생태계를 견디며 500만 년에 걸쳐 묵묵히 회복했고, 또 그 과정에서 그만큼 강인해졌다. 이들은 트라이아스기의 나머지 5000만 년 동안 계속해서 다양화하며 엄청나게 다양한 종들을 만들어냈다. 그중에는 큰 종도 있고, 작은 종도 있고, 육식 종도 있고 초식 종도 있었다. 이 견치류 계통 중 하나가 포유류로 이어지면서 그 과정에서 더욱 포유류다운 특성을 발전시켰다.

견치류가 몇몇 디키노돈류 사촌들과 함께 살아남을 수 있었던 이유는 무엇일까? 나는 그 해답을 구했던 순간을 정확히 기억한다. 2013년 로스앤젤레스에서 열린 척추동물 고생물학회 연례모임에서 있었던 일이다. 나는 그때 막 박사학위를 마무리하고 에든버러에서 새로 교수로 일하기 시작한 상태였다. 나는 앨프리드 셔우드 로머상$^{Alfred\ Sherwood\ Romer\ Prize}$ 시간에 내 박사 연구 논문을 발표하고 있었다. 이 상은 지난 장에서 살펴보았던 노바스코샤로 탐험대를 이끌고 가서 초기 단궁류가 가득 들어 있는 나무 그루터기를 발견한 하버드대학교의 전설적인 고생물학자의 이름을 따서 붙인 것이었다. 로머상은 우리 분야를 졸업한 학생들에게는 최고의 상이었고, 나는 조류가 공룡으로부터 기원한 것에 대해 다룬 연구로 심사의원들에게 큰 감동을 선사할 수 있기를 바랐다. 하지만 슬프게도 결국 나는 그 상을 받지 못했다. 하지만 그 누구보다도 자격이 있는 한 동료에게 돌아갔다. 애덤 후텐로커$^{Adam\ Huttenlocker}$였다. 그는 내가 발표하고 몇 번의 순서가 지난 후에 자리에서 일어났고, 페름기 말기에 견치류가 살아남은 미스터리를 설명해 청중의 이목을 사로잡았다. 애덤이 자리에 앉을 즈음 나는 내 운명을 받아들였다. 이번에도 역시 포유류(이 경우는 원시 포유류)가 공룡을 이길 수밖에 없는 운명이었던 것이다.

　애덤은 대멸종 동안에, 그리고 그 후에 일어난 특이한 진화적 현상에 대해 설명했다. 릴리풋 효과$^{Lilliput\ effect}$였다. 이것은 《걸리버 여행기》에 나오는, 난쟁이 인간들이 살고 있는 가상의 섬 이름을 따랐다. 릴리풋 효과란 대멸종에서 살아남은 동물들의 체구가 줄어들어 그 후로 번성하는 것을 말한다. 이런 일이 항상 발생하진 않지만 견치류와 그 가까운 친척에서는 일어났고, 이것이 그들의 인내력에서 큰 부분을 차지했다. 애덤은 카루 수궁류 화석의 막대한 데이터베이스를 모아서 페름기 늦은 말기 수궁류 선조에 비해 트라이아스기 이른 초기 수궁류의 최대 체구와 평균 체구가 모두 현저하게 줄어들었음을 발견했다. 이런 차이가 생긴 것은 화산이 폭발하고 온도가 끓어오르자 몸집이 큰 종이 더 많이 멸종했기 때문이다. 아무래도 이 불안정한 시기에는 체구가 큰 것이 장애물로 작용한 듯싶다. 따라서 대부분의 수궁류보다 체구가 작았던 견치류는 이 혼란에서 살아남을 가능성이 더 높았다.

체구가 작은 것이 왜 유리했을까? 첫째, 체구가 작으면 쉽게 땅굴 속으로 숨어 혹독한 날씨, 변덕스러운 기온, 모래폭풍 등이 끝나기를 기다릴 수 있었다. 그리고 이들은 땅굴도 팔 수 있었다. 멸종층extinction layer 위의 카루 암석은 바람에 날려 온 먼지에 묻힌 미라들이 산재해 있는, 범람원에 형성된 이암인데 이곳을 보면 땅굴 화석이 가득하다. 그리고 그중 일부는 내부에 골격이 들어 있다. 그중에는 이 장 앞부분에 나온 이야기 속의 영웅인 트리낙소돈의 골격도 있다. 이 땅굴 무덤 중에는 트리낙소돈이 부상당한 작은 양서류와 나란히 누워 있는 놀라운 것도 있었다. 이 작은 도롱뇽 사촌은 갈비뼈에 외상을 입었지만 웅크린 채 잠이 든 트리낙소돈과 함께 쉬면서 치유되고 있었다. 땅굴은 좁은 공간이고, 트리낙소돈은 날카로운 치아를 가진 포식자다. 그런데 그 안에서 또 다른 생명체가 포식자에게 들키지 않고 부상을 회복할 수 있었다니 말이 안 되는 것 같다. 이것을 만족스럽게 설명하려면 트리낙소돈이 여름잠을 자고 있었다고 생각할 수밖에 없다. 에너지를 아끼며 건기를 이겨내기 위해 몇 주, 혹은 몇 달 동안 휴면 상태로 누워 있었던 것이다.

둘째, 작은 체구는 성장과 대사의 여러 가지 다른 측면과 연관되어 있다. 애덤 및 동료 연구진과 함께 연구하고 있는 제니퍼 보타는 중요한 2016년 연구에서 이 부분을 제시했다. 트리낙소돈 같은 트라이아

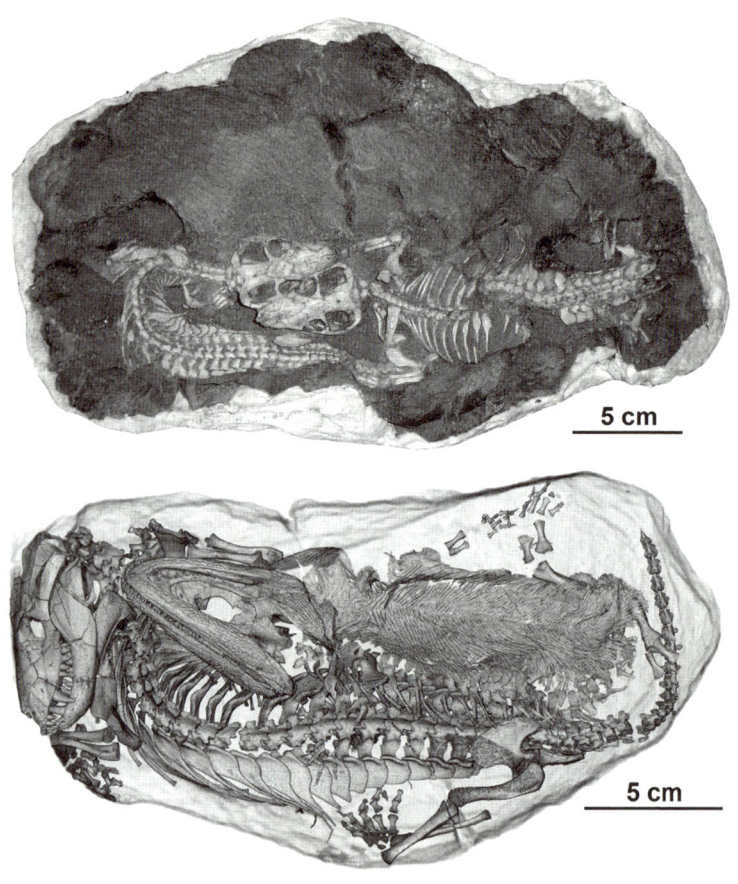

• 트리낙소돈의 골격(위)과 땅굴 속 한 양서류 옆에서 화석화된 트리낙소돈의 CT 스캔 이미지 (아래).

스기 이른 초기의 견치류는 어린 나이에 번식을 시작했고 수명이 아주 짧아서 길어야 2년을 넘지 못했을 것이다. 어떻게 알 수 있을까? 현미경으로 얇은 뼛조각을 조사하는 뼈 조직학이 그 열쇠를 쥐고 있다. 페름기의 수궁류들은 대부분 뼈 속에 생장선이 많다. 이것은 이들이 성체 크기에 도달하는 데 여러 해가 걸렸다는 의미다. 하지만 트라이아스기 이른 초기의 견치류는 생장선이 훨씬 적었고, 사실 트리낙소돈의 경우는 보통 아예 없었다. 이들은 분명 미친 듯한 속도로 성장하고 성적으로 성숙해서 번식하고 모두 1년 안에 죽었다. 사실상 이들은 이른 나이에 죽는 것을 보상하기 위해 일찍 새끼를 낳은 셈이다. 어느 트리낙소돈 개체도 나이를 많이 먹지 못했지만 종의 존속을 위해서는 이것이 더 나은 전략이었다. 빨리 성장하고 이른 나이에 번식을 시작함으로써 이들은 짝짓기 시기까지 살아남을 확률이 더 높았고, 따라서 이 가혹하고 변덕스러운 세상에서 다음 세대에 자신의 유전자를 확실히 물려줄 수 있었다.

    트리낙소돈과 다른 견치류들은 멸종을 유예받을 수 있는 강력한 패를 갖고 있었던 것 같다. 트리낙소돈의 골격은 멸종의 지평선extinction horizon 30미터 위쪽에서 수십 개씩 나타나기 시작한다. 이는 이들이 멸종의 지평선에서 수만 년 안쪽으로 카루 분지 전역에서 번성했었다는 의미다. 트리낙소돈은 기존에 멸종한 카루 생태계에서 보기 드문 요소였던 페름기의 선조들로부터 진화했는지도 모른다. 아니면 판게아의 열대지방 사이에 존재하는 지역에서 이주해 왔을 가능성이 더 높다. 그곳의 가혹한 페름기 기후 때문에 이들이 가뭄에 더 잘 대처할 수 있게 미리 적응되어 있었을 것이다. 트라이아스기 이른 초기의 바위에서는 트리낙소돈 골격이 너무 많이 나와서 트리낙소돈, 그리고 그와 비슷하게 풍부했던 디키노돈류인 리스트로사우루스Lystrosaurus가 재앙종disaster species으로 여겨진다. 이들은 다른 대부분의 종은 감당할 수 없는 대멸종 이후의 가혹한 환경에서 특히나 잘 적응했다. 이들은 그런 환경을 좋아했던 것으로 보이며, 그 안에서 꽃을 피웠다. 따라서 트리낙소돈과 리스트로사우루스는 트라이아스기 초기의 지하철 쥐와 바퀴벌레에 해당했다고 할 수 있다.

하지만 현대의 유해동물과 비교하는 것은 트리낙소돈에게 너무 가혹한 일이다. 이 동물은 진정한 챔피언이었으며, 선사시대 최악의 대량 학살이라는 어두운 밤을 뚫고 살아남은 몇 안 되는 용기 있는 동물이었다. 그 덕에 포유류 계통이 미처 진화할 기회를 얻기도 전에 불꽃이 꺼져버리는 일을 막을 수 있었다.

트리낙소돈은 뜻밖의 영웅이었다. 60미터도 안 되는 길이에 아마도 수염이 나 있고, 적어도 일부가 털에 뒤덮여 있었을 트리낙소돈은 남들의 눈에 띄지 않는 굴속에 자리를 잡고 그 안에서 많은 시간을 보냈을 것이다. 하지만 이 동물도 먹고 살려면 결국 굴 밖으로 나와야 했을 것이고, 곤충이나 작은 사냥감을 좋아했다. 수궁류 선조들처럼 트리낙소돈도 앞니, 송곳니, 어금니 한 벌을 갖고 있었다. 하지만 차이점도 있었다. '삼지창 치아'를 의미하는 트리낙소돈이라는 이름을 갖게 된 이유도 이런 차이 때문이었다. 이 동물의 어금니는 클립아트에 들어 있는 산맥 이미지처럼 생겨서, 중앙에 하나의 봉우리가 있고, 양옆으로 작은 봉우리가 나란히 솟아 있었다. 이런 봉우리를 교두라고 하는데, 날카로운 교두가 세 개 나 있어서 곤충의 외골격에 구멍을 내거나 살을 찢고 들어가는 데 안성맞춤이었다. 이 교두가 세 개 달린 치아는 파충류나 양서류처럼 트리낙소돈의 짧은 수명 내내 새로운 치아로 교체됐다.

하지만 여러 면에서 트리낙소돈은 수궁류 선조에 비해 포유류다운 특징이 현저했다. 걸을 때도 다리를 반쯤 벌린 자세로 배를 땅에서 멀리 띄워 더 꼿꼿이 서서 걸었다. 그 덕분에 더 빨리 달리고, 운동 수행 능력도 좋아지고, 굴속에서 자리를 잡기도 더 편안했다. 이들의 개개 척추뼈 역시 모두 균일하게 생긴 것이 아니라 갈비뼈를 수용하는 구간과 그렇지 않은 구간으로 나뉘어 유연성이 좋아졌다. 그래서 여름잠을 자는 동안 몸을 둥글게 웅크릴 수 있었다. 턱 폐쇄근은 거대했고 두개골 지붕에서 튀어나온 시상능$^{sagittal\ crest}$이라는 뼈판에 단단하게 고정되어 있었다. 트리낙소돈이 갓 부화해서 성체가 될 때까지 빠른 속도로 성장하면서 이 시상능의 크기도 확장됐기 때문에 무는 힘도 훨씬 강력해졌다. 몇몇 트리낙소돈이 함께 보존된 화석들이 있는 것으로 보아 이들이 집단을 이루는 사회적 동물이었음을 알 수 있다. 그리고 성체가 작고 어린 개체들과 함께 화석화한 경우도 있었다. 이는 어미가 새끼들을 보살피며 키웠다는 증거다.

트리낙소돈에서 마지막으로 중요한 한 가지가 더 남아 있다. 이들은 카루 분지만 고집하지 않았다. 이들의 화석은 남극대륙에서도 발견된다. 이들이 고약한 트라이아스기 초기 세계에 굉장히 잘 적응해서 판게아대륙 곳곳으로 퍼지고 있었다는 신호다. 이제 지구는 하나의 거대한 바다에 둘러싸인 완전히 통합된 하나의 대륙이 되었다. 그리고 화산이 식고 생태계가 대멸종으로부터 회복하면서 견치류들은 이 새로운 무대에서 주인공이 될 준비를 마쳤다.

공룡이 몸집을 키워가는 동안

다른 많은 작가들처럼 발터 퀴네$^{Walter\ Kühne}$도 자신의 최고 작품 중 일부는 감옥에서 썼다. 작디작은 치아를 좋아하는 고생물학자인 그가 거기까지 가게 된 사연이 참으로 흥미진진하다.

퀴네는 1911년에 미술 교사의 아들로 베를린에서 태어났다. 베를린의 프리드리히빌헬름대학교, 그리고 나중에는 할레대학교에서 고생물학을 공부하다가 그는 두 가지 일로 유명세를 타게 됐다. 하나는 중세 교회 종에 대한 관심이었다. 그래서 퀴네는 여행 잡지에 교회 종에 대해서 과하게 열정적인 글을 한 편 쓰기도 했다. 그리고 또 하나는 공산주의에 대한 공감이었다. 후자는 이제 막 공포정치를 시작하고 있던 나치 당국에서 훨씬 관심이 많았다. 그것으로 젊은 퀴네는 9개월 동안 투옥된다. 그가 철창에 갇힌 첫 번째 경험이었다. 그리고 1938년에는 어쩔 수 없이 영국으로 망명을 가게 된다.

가엾은 정치 망명자가 낯선 외국 땅에서 어떻게 아내와 함께 먹고살까? 자연스럽게 그는 화석을 수집하게 됐다. 퀴네는 홀웰Holwell 근처의 한 동굴에서 트라이아스기의 포유류 치아가 몇 개 발견됐다는 얘기를 들었다. 홀웰은 19세기 중반에 몇백 명 정도가 모여 살던 마을이었다. 보아하니 작은 치아 몇 개 찾아보겠다고 몇 달을 그곳에서 돌멩이들을 뒤적이고 싶어 하는 고생물학자는 거의 없는 것 같았다. 그

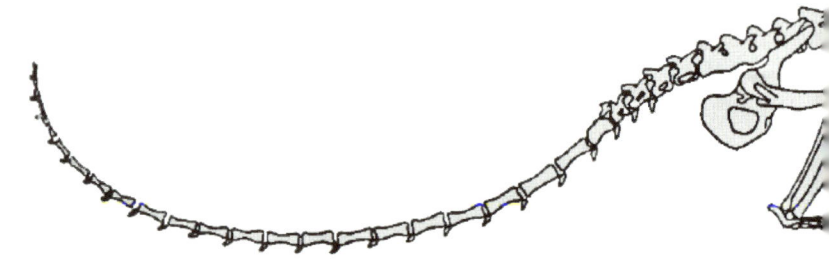

• 1956년 논문에 실린 발터 퀴네의 올리고키푸스 그림.

리고 영국박물관의 큐레이터에게는 그따위 동굴은 신경 쓰지 말라는 소리를 들었다. 큐레이터가 그에게 이렇게 말했다고 한다. "영국의 화석 광상fossil deposit은 모두 알려질 만큼 알려져 있으니 거기서 무언가 중요한 것을 새로 발견해보겠다고 꿈꾸는 건 어리석은 일입니다."

퀴네는 단념하지 않았다. 돈도 급했고, 포유류에 대한 집착도 있었다. 그에게는 몇 가지 장점이 있었다. 학생 시절에 키운 화석에 대한 안목이 있었고, 또 그보다 훨씬 중요한 것도 가졌다. 바로 인내심이었다. 그는 홀웰로 가서 동굴을 채우고 있던 2톤 이상의 진흙을 기쁜 마음으로 채취하고 씻어서 조사해보았다. 그의 아내 샬럿의 도움 덕분에 작업이 쉬워졌다. 그녀에게 작은 치아에 대한 관심이 얼마나 컸는지(혹은 없었는지)에 대해서는 역사에 기록되어 있지 않다. 퀴네의 성실함이 결국 성공했다. 그들은 두 개의 작은어금니를 발견했다. 퀴네는 당장 그것을 들고 의기양양하게 케임브리지대학교로 찾아가 고생물학자 렉스 패링턴Rex Parrington에게 보여주었다. 퀴네에게 대단히 큰 인상을 받은 패링턴은 그를 정식으로 고용했다. 이때부터 퀴네는 포유류의 치아를 하나 발견할 때마다 5파운드씩 돈을 받게 됐다.

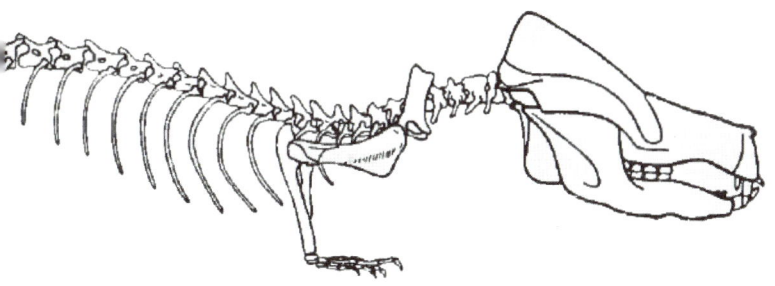

2. 털북숭이 네발동물의 새로운 턱　101

자신감이 차오른 퀴네와 샬럿은 영국 남부의 다른 동굴과 균열로 수색 범위를 넓혔다. 그리고 머지않아 1939년 8월에 두 사람은 브리스틀 남부의 목가적 풍경이 펼쳐진 서머싯 시골의 멘디프 구릉Mendip Hills에서 새로운 화석들을 찾아냈다. 두 사람은 포유류와 아주 비슷한 견치류인 올리고키푸스Oligokyphus의 치아와 뼈 수십 개를 수집했다. 올리고키푸스의 이름은 몇십 년 전에 독일에서 나온 치아 두 개만 가지고 지어진 것이었다. 두 사람은 다음의 위대한 발견을 위해 계속 화석을 찾아 나섰다. 9월에 망치와 지질도를 손에 든 퀴네는 대서양 해변까지 가서 석회암 절벽을 꼼꼼히 조사하기 시작했다. 당시 그가 예전의 조국 독일이 막 폴란드를 침공했다는 사실을 알고 있었는지는 불분명하다.

해안을 순찰하던 영국 병사들은 세계 대전이 시작된 것을 분명 알고 있었을 것이다. 이들은 한 독일인이 손 한가득 지도를 가지고 영국의 바닷가를 방황하고 있는 게 이상해 보여 체포했다. 그렇게 해서 발터 퀴네는 결국 두 번째로 투옥되었다. 이번에는 그레이트브리튼섬과 아일랜드 사이의 아이리시해에 있는 한 점인 맨섬Isle of Man의 포로수용소였다. 이 포로수용소는 1941년부터 1944년까지 그의 집이 됐다.

그래도 다행스러운 일이 하나 있다면, 이즈음 퀴네가 영국 주류 과학계의 존경을 받고 있었다는 점이다. 런던이 독일로부터 대공습을 받은 지 얼마 지나지 않아 영국박물관의 큐레이터와 과학자들은 멘디프 동굴 추가 조사단을 꾸려서 상당히 많은 뼈와 치아를 새로 발굴했다. 아이러니하게도 이들은 한때 열정이 넘치던 독일인 퀴네에게 영국에서 화석 수집을 하는 것은 소용없는 일이라 말리던 그 사람들이었다. 이들은 이 화석 중 2000개 정도를 포로수용소로 보냈다.

발터의 말을 빌리면, 그에게는 자기 마음대로 쓸 수 있는 시간이 꽤 많았다. 그래서 그는 화석을 펼쳐 놓은 다음 뼈들을 이어 붙여 올리고키푸스의 골격을 상당 부분 조립해냈다. 화석에 대해 꼼꼼하게 보고하느라 그는 늘 바빴고, 전쟁의 기운이 한풀 꺾이고 구금에서 풀려날 즈음에는 이미 자신이 발견한 내용에 대해 글을 쓰기 시작한 상태였다. 이 글이 결국 1956년에 올리고키푸스에 대한 논문으로 완성된다. 이 논문은 여전히 포유류가 되기 직전의 견치류에 대한 기준이 되는 연구 중 하나로 남아 있다.

미니어처 닥스훈트 종의 한배 새끼 중 가장 작은 녀석만 한 크기와 모양을 하고 있던 올리고키푸스는 포유류도 아니고 포유류의 직계 선조도 아니었다. 그보다는 포유류의 사촌 정도라 생각하면 될 것이다. 이것은 트릴로돈과tritylodontids라는 고등 초식 견치류 아집단에 속했다. 트릴로돈과는 계통수에서 포유류 바로 옆자리를 차지하고 있다. 가까운 사촌들이 그런 것처럼 트릴로돈과와 최초의 포유류는 체형과 행동이 아주 유사했다. 예를 들면 여전히 다리를 살짝 벌리고 있었던 다른 견치류와 달리 양쪽 모두 사지가 몸통 바로 아래 위치해 완전히 꼿꼿하게 서서 걸을 수 있었다. 트릴로돈과와 포유류 모두 약 2억 2000만 년 전에 시작된 후기 트라이아스기 동안에 일어난 견치류 다양화 맥동의 일부였다. 이때는 트리낙소돈이 페름기 말의 대멸종을 견뎌내고 포유류 계통이 가장 취약했던(이때까지는) 시기에 그 계통을 인도하고 족히 3000만 년이 지났을 때였다. 그 3000만 년 동안 아주 많은 변화가 있었다. 견치류가 극심한 날씨, 그리고 그보다 더 극심한 경쟁의 미로를 헤쳐가고 있는 동안 포유류의 줄기 혈통은 계속해서 포유류다운 특성들을 축적해갔다.

가장 큰 변화는, 그러니까…… 작아지는 것이었다. 견치류는 이미 페름기 말에 작은 체구로 덕을 본 적이 있었기 때문에 좋은 것을 계속 밀어붙였다. 트라이아스기를 지내는 동안 포유류 계통은 점진적으로 작아졌다. 처음에는 트리낙소돈처럼 족제비 크기에서 시작했던 것이 트라이아스기 말기 즈음에는 대부분 쥐나 생쥐 크기의 다양한 종으로 바뀌어 있었다. 이 규칙에 예외도 있었다. 계통수의 옆가지로 가끔씩 올리고키푸스와 그 형제인 트릴로돈과처럼 더 큰 종이 출현하기도 했다. 이들은 식물을 소화하기 위해 더 큰 내장이 필요했기 때문이다. 그렇지만 트라이아스기의 견치류 진화는 대체로 소형화의 행군이었다.

견치류의 체구는 왜 작아졌을까? 일단 이들은 트라이아스기의 새로운 세계에서 혼자가 아니었다. 다른 동물들도 페름기 말기의 재앙에서 살아남았으며, 이들 모두 회복 중인 판게아대륙 안에서 공간을 차지하기 위해 경쟁하고 있었다. 이 진화의 용광로에서 포유류뿐 아니라 거북이, 도마뱀, 악어 등 현재도 포유류와 함께 계속 살아가고 있는 익숙한 많은 동물도 등장했다. 거기에 더해서 무언가 더 무시무시한 것이 화산활동에서 살아남은 고양이 크기의 초라한 선조로부터 다양화하며 초대륙 판게아에서 세력을 확장하고 있었다.

바로 공룡이었다.

공룡의 창시자들은 악어 사촌들과 함께 패권을 두고 싸우고 있었고, 그래서 둘은 계속 몸집을 키워갔다. 트라이아스기가 끝날 무렵에는 레셈사우루스^{Lessemsaurus}같이 길이가 9미터에 무게가 10톤이나 나가는 목이 긴 공룡도 생겨났다. 이 공룡은 브론토사우루스 같은 거대한 용각류^{sauropods}의 원시적인 친척이었다. 그리고 이들을 잡아먹고 사는 칼처럼 날카로운 치아를 가진 다양한 육식공룡들도 생겨났다.

공룡이 몸집을 키워가는 동안 포유류 선조들은 점점 작아졌다. 이것은 포유류와 공룡의 운명이 서로 엮여 있었다는 반복적으로 전개되는 스토리라인의 시작이었다.

체구가 작아지면서 거기에 맞추어 포유류 계통의 많은 견치류가 야행성으로 변했다. 칠흑 같은 한밤중에 기어 나와 서로 어울리는 것은 자기를 한입에 삼키거나 밟아 죽일 수 있는 공룡을 피하는 훌륭한 전략이었다. 아마도 공룡은 주행성 동물이었을 것이다. 밤의 생태적 지위로 옮겨 가는 건 그리 어렵지 않았을 듯하다. 페름기 펠리코사우르스류와 수궁류 등 포유류 줄기 혈통의 초기 단궁류 다수가 이런 생활방식을 처음 시도했던 것으로 보이니까 말이다. 하지만 어둠에 따라오는 대가가 있었다. 포유류 선조들은 날카로운 시력을 포기하고 사실상 냄새, 촉각, 청각에 올인했다. 대부분의 포유류는 색을 보지 못한다. 이것이 대부분의 포유류가 칙칙한 갈색, 황갈색, 회색 털을 갖고 있는 이유다. 어차피 자신의 짝이나 경쟁상대가 색을 보지도 못하는데 낮에 활동하는 시력 좋은 조류나 파충류처럼 화려한 색상으로 치장할 이유가 무엇인가? 우리가 보기에는 이상할 수도 있다. 우리는 색을 볼 수 있으니까 말이다! 하지만 우리는 포유류 중에서 대단히 예외적인 존재다. 인간은 우리와 가장 가까운 일부 영장류 친척들과 함께 색을 볼 수 있는 몇 안 되는 현대 포유류 종 가운데 하나다. 투우사는 황소를 향해 빨간 천을 휘두르지만 정작 황소에게는 그 천이 검은색으로 보인다.

공룡을 피하는 것 말고도 이유는 많았다. 작은 체구는 포유류 선조들에게 다른 이점도 부여해주었을지 모른다. 판게아는 하나로 합쳐진 땅덩어리였지만 집으로 삼기에는 그리 안전한 곳이 아니었다. 기온이 뜨겁고 극지방에 빙원이 존재하지 않았으며, 대륙의 내부 중 상당 부분은 끝없는 공허가 펼쳐져 있었다. 적도에서는 열기에 데워진 거친 상승기류가 메가몬순megamonsoon이라는 강력한 기상체계에 동력을 공급했다. 그 과장된 이름이 암시하듯 메가몬순은 오늘날 열대 폭풍우의 초대형 버전이었다. 이론적으로 원시 포유류는 극지에서 극지까지 걸어 다닐 수 있었지만 정말로 그랬다면 바보 같은 일이 됐을 것이다. 메가몬순은 판게아대륙을 강수량, 바람, 기온 등 기후에 따라 서로 다른 지역으로 나누는 데 도움을 주었다. 적도 지역은 찜통같이 덥고 습한 지옥 같은 장소였고, 그 양쪽으로는 지나다닐 수 없는 사막이 경계를 이루고 있었다. 하지만 중위도 지역은 살짝 시원하고, 사막보다는 훨씬 습했기 때문에 급속히 진화 중인 판게아의 동물 중 다수가 이곳에서 살았다. 이런 위험한 세상에서 작은 체구가 생존 전략이 되었는지도 모른다. 체구가 작을수록 숨기도 쉽고, 굴을 파기도 쉽고, 메가몬순과 그것이 초래하는 대학살을 잠을 자며 피하기도 쉬웠다.

견치류의 체구가 작아진 이유가 무엇이든 간에 그로 인해 그들의 생물학과 진화 경로에도 심오한 변화가 찾아왔다. 체구가 작아지면서 성장, 대사, 식단, 섭식 방식 등 여러 측면에서도 변화가 생겼다. 이들은 수궁류 선조들로부터 높은 체온과 항진된 대사를 물려받았지만, 이제는 완전한 온혈성을 발전시켰다. 이들은 이미 강력한 턱 근육과 교합력을 갖고 있었다. 이것은 훨씬 오래된 펠리코사우르스류 선조가 남긴 유산이지만, 이제는 호흡을 이어가며 동시에 신속하게 대량의 먹이를 먹을 수 있는 방법을 혁신해냈다. 호흡을 하느라 쉴 필요 없이 계속 먹을 수 있게 된 것이다.

이것은 톰 켐프가 페름기 수궁류에서 설명했던 진화의 '상관 진보'

가 이어져 내려온 것이었다. 많은 것들이 조화롭게 함께 변화하고 있어서 무엇이 무엇을 주도하고 있는지 분리해내기가 어렵다. 어쩌면 체구가 작아지면서 갑작스러운 기후 변화를 완충하기 위해 더 높은 체온이 필요해졌거나, 먹이를 적게 구해서 처리할 수 있는 효율적인 방법이 필요해졌을 수도 있다. 어쩌면 온혈성을 유지하기 위해서 이 견치류들은 에너지를 공급하려고 더 많이 먹어야 했을 수도 있고, 반대로 더 많이 먹은 덕분에 에너지를 공급하게 되었을 수도 있다. 즉 턱과 근육의 변화가 먼저 찾아와서 더 많이 먹을 수 있게 되자 온혈 생리학이 발달할 풍부한 에너지를 공급할 수 있었던 것일지도 모른다. 하지만 우리가 아는 건 그냥 작은 체구, 온혈대사, 더 강력하고 효율적인 깨물기가 한 묶음으로 동시에 발달했다는 것이다.

이런 일이 일어났다는 것을 어떻게 알았을까? 트리낙소돈을 올리고키푸스 및 포유류와 연결해주는 놀라울 정도로 풍부한 트라이아스기 견치류의 화석 기록이 우리를 인도해주었다.

먼저 생리학과 대사를 생각해보자. 지난 장에서 이 주제를 가볍게 다루기는 했지만 더 자세한 설명을 할 만한 가치가 있는 주제다. '온혈'은 온갖 다양하고 정교한 체온 조절 메커니즘을 편하게 뭉뚱그려서 지칭하는 용어다. 온혈동물은 피가 따뜻하고 냉혈동물은 피가 차가운 것이 아니다. 사실 평균적인 온혈 포유류와 평균적인 냉혈 도마뱀의 체온을 재보면 아마도 비슷한 값이 나올 것이다. 햇빛 화창한 날이라면 오히려 도마뱀의 체온이 더 높게 나올 수도 있다. 냉혈동물은 환경에 의존해서 체온을 올리기 때문이다. 즉 이들의 체온은 날씨의 변화, 계절의 변화, 심지어 밤낮 기온의 변화와 양지·음지의 변화에도 휘둘린다는 얘기다. 온혈동물, 전문용어로 내온동물은 이런 불리한 조건으로부터 해방됐다. 이들은 에너지를 생산하는 미토콘드리아$^{mito-chondria}$를 세포에 더 많이 꾸려 넣어 자체적으로 열을 생산함으로써 주변 환경보다 높은 체온을 유지할 수 있었다. 우리는 한겨울 추위에 외출할 때마다 이것을 경험하고 있다. 춥다고 말 그대로 얼어 죽지는 않으니까 말이다.

사실상 온혈동물들은 자체적으로 내부에 용광로를 갖고 있는 셈이다. 그리고 이 용광로는 늘 켜져 있어서 항상 뜨겁게 돌아가고 있다. 그 덕분에 더 높은 대사율, 더 빠른 성장, 더 활력 넘치는 생활방식, 더 뛰어난 지구력, 더 뛰어난 운동 수행 능력을 얻게 됐다. 예를 들면 포유류는 도마뱀보다 달리기 속도를 여덟 배 빠르게 유지할 수 있고, 훨씬 넓은 지역을 돌아다니며 먹이를 구할 수 있다. 하지만 이런 초능력에는 비용이 따라붙는다. 온혈동물은 안정시 대사율$^{resting\ metabolic\ rate}$이 더 높다. 쉬는 동안에 냉혈동물보다 더 많은 칼로리를 태운다는 의미다. 물론 달릴 때, 점프를 할 때, 사냥감을 쫓을 때, 포식자를 피해 달아날 때, 나무를 탈 때, 굴을 팔 때, 그리고 온혈대사 덕분에 쉬워진 다른 수많은 활동을 할 때처럼 활발하게 움직일 때는 훨씬 더 많은 칼로리를 태운다. 그래서 이들은 체구가 비슷한 냉혈동물에 비해 훨씬 많은 칼로리를 섭취해야 하고, 더 많은 산소를 들이마셔야 한다.

하지만 동물이 꼭 온혈 아니면 냉혈이어야 하는 것은 아니다. 그 중간도 있다. 오늘날의 포유류와 조류는 완전한 온혈동물이다. 이것은 세 가지 의미가 있다. 이들은 체온을 내부적으로 조절하고, 외부의 온도와 상관없이 체온이 높고 일정하다. 이런 유형의 시스템은 단번에 진화하지 않고 시간의 흐름 속에서 이행기를 거치며 진화했다. 그 과정에서 이들의 선조들은 자신의 용광로에서 열을 생산하고 온도를 조절하는 데 점점 능숙해졌다. 포유류의 경우 페름기 수궁류가 위도가 더 높은 곳에서 계절성 기후에 적응하면서 이 과정이 시작됐다. 아마도 페름기 말에는 정교한 체온 조절과 빠른 성장이 이들이 살아남는 데 필요한 핵심 요소였을 것이다. 특히 트리낙소돈 같은 견치류가 그랬다. 그리고 트라이아스기 동안에 이 견치류들은 완전한 온혈성을 향해 계속 나아갔다.

트라이아스기가 펼쳐지는 동안 견치류가 완전한 온혈동물이 되어가고 있었다는 증거는 대단히 풍부하다. 빠른 성장을 말해주는 불규칙한 질감의 섬유층판뼈가 포유류의 계통을 따라 점점 흔해지고 있었다. 견치류의 진화 과정 전반에서 뼈세포와 뼈 속에서 혈관이 통과하는 관이 더 작아졌다. 이는 이들의 적혈구도 마찬가지로 작아지고 있다는 신호로서, 또 하나의 포유류다운 특성이다. 덕분에 이 세포들은 더 많은 산소를 더 신속하게 취할 수 있었다. 한 기발한 연구에서는 뼈와 치아를 부수어 페름기와 트라이아스기의 다양한 동물 종의 산소 조성을 측정해보았다. 산소 원자(O) 중 가장 안정적인 것은 더 가볍고 더 흔한 ^{16}O와 더 무겁고 희귀한 ^{18}O, 이 두 가지가 있다. 두 산소의 차이는 중성자neutron의 숫자다. 두 산소 원자의 비율은 뼈와 치아가 성장한 온도에 따라 달라진다. 사실상 이 산소 원자 비율은 고대 온도계라 할 수 있고, 이것이 전하는 신호는 분명하다. 트라이아스기의 견치류는 다른 대부분의 수궁류를 비롯해서 함께 살았던 동물들보다 체온이 더 높고 일정했다.

견치류는 이런 난방비를 어떻게 감당했을까? 다른 온혈동물들과 똑같았다. 더 많은 산소와 더 많은 칼로리를 섭취한 것이다. 포유류에 이르는 과정에서 견치류는 산소와 칼로리의 섭취를 증가시킬 수 있는 여러 가지 해부학적 특성을 취득했다.

견치류가 '캐리어의 제약 Carrier's constrain'이라는 성가신 문제에서 자유로워졌다는 것이 결정적이었다. 이것은 다리를 벌리고 걸을 때 몸을 왼쪽, 오른쪽으로 꿈틀거리며 걸어야 하는 양서류와 파충류를 괴롭히는 문제다. 이렇게 몸을 옆으로 구부리며 걸으면 항상 한쪽 폐가 확장될 때 다른 한쪽은 눌리기 때문에 움직이는 도중에 호흡을 하기가 어려워진다. 그래서 속도와 기민성이 크게 제약될 수밖에 없다. 앞에서 보았듯이 견치류는 더 꼿꼿하게 서는 자세를 발전시켰을 뿐 아니라 척추에도 뼈로 된 브레이크를 만들었다. 이 브레이크는 척추가 옆으로 너무 크게 움직이지 않도록 막아준다. 이런 골격의 변화가 걷는 방식을 완전히 바꿔놓았다. 이제 이들의 사지는 옆에서 옆으로 움직이는 대신 앞뒤로 움직였고, 척추도 미끄러지듯 나가는 뱀처럼 좌우로 움직이는 것이 아니라 통통 튀는 가젤 영양처럼 위아래로 구부러졌다. 그래서 이제 이들은 움직이면서도 편안하게 호흡할 수 있게 됐다.

척추는 또 다른 방식으로도 변화를 겪었다. 양서류와 파충류의 척추뼈는 모두 거의 동일한 반면, 견치류는 척추를 서로 다른 구역으로 나누어 각각에 특화된 기능을 부여했다. 몸통을 따라 있는 척추 중 흉추에서 요추로 이행되는 지점에서 갑자기 갈비뼈가 사라졌다. 이것은 폐로 공기를 끌어들이는 강력한 근육인 횡격막의 존재를 말해주는 증거다.

변화는 두개골에서도 일어나고 있었다. 견치류는 2차 구개 secondary palate를 발달시켰다. 이것은 구강을 덮고 있는 딱딱한 지붕으로, 구강을 비강 nasal passage과 분리해준다. 그래서 이제 공기는 폐로 이어지는

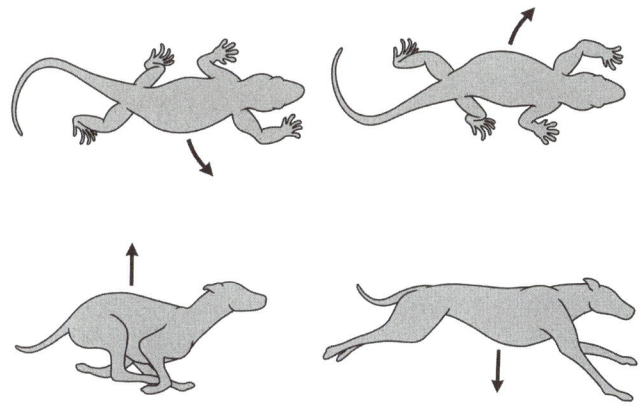

- 옆에서 옆으로 움직이는 파충류(위)와 위아래로 움직이는 포유류(아래)의 이동 방식 차이. 화살표는 운동의 방향을 가리킨다.

자기만의 정교한 경로를 갖게 되었고, 그 덕분에 견치류들은 먹으면서 동시에 숨을 쉴 수 있었다. 새로 생긴 비강 안에는 별난 새 구조물이 생겨났다. 이것은 비갑개^{turbinate}라는 것으로, 공기가 통하는 비강 가운데로 연골이나 뼈가 구불구불하게 튀어나와 있는 것이다. 언뜻 보면 공기의 흐름을 막는 방해물 같아 보인다. 하지만 사실 이것은 대량의 공기를 호흡할 때 체온을 일정하게 유지해주는 핵심 구조물이다. 일부 비갑개는 혈관으로 덮여 있어서 들이마신 공기가 폐에 도달하기 전에 습하고 따뜻하게 만든다. 우리도 두개골 안쪽 콧구멍과 목구멍 뒤쪽 사이에 비갑개를 갖고 있다. 춥디추운 겨울에 아무리 차고 건조한 공기를 들이마셔도 비갑개가 그 공기를 순식간에 열대우림처럼 따뜻하고 습하게 만들어준다. 이것은 그 역으로도 작용해서 숨을 내쉴 때 소중한 수분을 다시 되찾아준다.

미묘해 보이는 이 모든 해부학적 변화들이 더해져 중요한 변화로 이어졌다. 폐가 더 많은 산소를 섭취할 수 있게 된 것이다. 그리고 그와 동시에 견치류들은 새로운 무는 방식을 통해 칼로리 섭취도 증가시키고 있었다.

첫 번째 단계에서는 턱 폐쇄근을 별개의 여러 가닥으로 나눈 것으로 보인다. 그 덕분에 더 강력하고 복잡한 턱 운동이 가능해졌다. 관자근temporalis(측두근), 깨물근masseter(교근), 날개근pterygoideus(익돌근) 등으로 나뉜 포유류의 대표적인 씹는 근육들이 크기가 커지면서 더 많은 공간과 단단한 고정이 필요했다. 위쪽 두개골의 뼈들이 단순화되면서 사실상 하나의 구조물로 굳어졌다. 우리가 양서류와 파충류처럼 느슨하게 관절로 연결된 수십 개의 개별 머리뼈 대신 하나의 '두개골'을 갖고 있는 이유도 바로 이 때문이다. 먼 옛날 석탄늪 시절에 진화해서 단궁류 계통을 정의해주는 구멍인 측두창이 눈구멍과 합쳐지면서 근육을 수용할 하나의 주요 공간이 마련됐다.

하지만 정말로 중요한 변화는 아래턱에서 일어나고 있었다. 포유류의 선조들은 이름도 다양한 여러 개의 뼈로 구성된 복잡한 하악mandible을 갖고 있었다. 우선 치아가 주로 나 있는 치골dentary bone이 있고, 위쪽 두개골과 함께 입을 닫는 관절을 형성하는 관절골articular bone, 그리고 각골angular bone, 상각골surangular bone, 전관절골prearticular bone, 비골splenial bone, 척골coronoid bone 등 여러 가지 뼈가 있다. 하지만 우리 인간을 비롯해서 모든 포유류는 단 하나, 치골만 있다. 이것은 모두 트라이아스기 견치류에게서 일어난 일 때문에 생긴 것이다. 턱 근육이 크기가 커짐에 따라 위치를 옮겨 치골에만 부착됐다. 이것은 완벽하게 말이 된다. 치아가 있는 뼈는 치골밖에 없기 때문에 이런 식으로 근육을 재

배열하면 더 세게 물 수 있고, 무는 주기biting cycle 동안에 치열의 서로 다른 부분에서 최대 교합력bite force을 더 정확하게 최적화할 수 있다.

하지만 이렇게 하려면 뼈 그 자체를 완전히 새로 설계해야 했다. 치골은 커지고, 또 훨씬 깊어졌다. 치골에서 근육 부착을 위한 테두리인 커다란 근육돌기coronoid process가 치열 한참 위쪽으로 돋아 나왔다. 한편 이제 아래턱의 다른 모든 뼈들은 더는 근육을 고정하는 역할을 하지 않았기 때문에 위축되기 시작했다. 이들은 크기가 작아지며 뒤로 이동해서 결국에는 치골과 느슨하게만 연결됐다. 심지어 그중 일부는 귀의 등자뼈stapes와 접촉해서 턱을 움직이는 역할에서는 은퇴하고, 그 대신 소리를 귀로 전달하는 것을 돕기 시작했다.

하지만 여기에는 한 가지 큰 문제가 있었다. 위턱과 연결되는 관절이 여전히 관절골 위에 자리 잡고 있었다는 점이다. 관절골은 사용이 점점 줄어들고 있었다. 관절골이 연결되어 있는 위쪽 두개골의 뼈인 방형골quadrate 역시 점점 작아지고 있었다. 일부 견치류는 위쪽 두개골과의 접촉을 강화하기 위해 아래턱의 상각골 위에 버팀 구조물을 발달시켰지만 상각골 역시 위축되고 있는 중이었기 때문에 별 도움이 되지 않았다. 공학자라면 턱을 다무는 시스템을 절대 이런 식으로 설계하지 않았을 것이다. 이런 구조가 작동을 할 수 있었던 것은 이 견치류의 몸집이 워낙 작아지고 있어서 몸집이 컸던 선조들만큼 강한 물기 스트레스를 감당할 필요가 없었기 때문이다.

견치류는 어떻게든 해법을 찾아야 했고, 찾아냈다. 그리고 그것이 포유류를 정의하게 된다.

턱관절의 발달이 게임 체인저가 되다

분류하는 것은 사람이 하는 일이다. 자연은 사물에 이름표를 붙이지 않지만 인간은 그것을 고집한다. 그래서 생쥐는 포유류, 뱀은 파충류, 티라노사우루스는 공룡이라 부른다.

포유류, 파충류, 공룡. 이들 각각은 생명의 계통수 위에 존재하는 집단이지만 어떻게 정의되는 것일까?

현대에 국한해서 세상을 바라보면 포유류를 정의하기는 쉽다. 생쥐, 코끼리, 사람, 박쥐, 캥거루, 그리고 수천 가지 다른 종들은 독특한 일련의 특성을 공유하고 있다. 예를 들면 우리는 모두 털이 있고, 온혈 대사를 하고, 큰 뇌를 가지고 있고, 치아가 앞니, 송곳니, 작은어금니, 큰어금니로 분화되어 있고, 새끼에게 젖을 먹인다. 하지만 앞에서 보았듯이 이런 포유류다운 속성들은 1억 년이 넘는 기간 동안 야금야금 진화해 나왔다. 석탄늪의 펠리코사우르스류가 수궁류를 낳고, 수궁류가 작은 견치류가 되어 페름기 말 대멸종에서 살아남고, 견치류는 트라이아스기를 거치는 동안 크기가 더 작아졌다. 그럼 이렇게 이어지는 진화 계통에서 포유류인 것과 아닌 것의 경계선을 어디에 그어야 할까?

20세기 중반에 페름기와 트라이아스기의 새로운 단궁류 화석이 쏟아져 나오자 고생물학자들은 집단적으로 결론에 도달했다. 이들은 포유류를 핵심적인 혁신을 발전시킨 최초의 생명체로부터 진화해 나온 모든 동물이라 정의했다. 그 혁신이란 아래턱의 치골과 위쪽 두개골의 인상골squamosal bone 사이에 생긴 새로운 턱관절이었다. 이 새로운 턱 경첩은 턱 뒤쪽에서 뼈가 끝없이 작아지고 있는 문제를 해결해준 단순하면서도 우아한 해법이었다. 발터 쿠네의 올리고키푸스는 치골 – 인상골 연결이 없었기 때문에 포유류가 아니다. 하지만 계통수 위에서 나온 한 가지인 모르가누코돈*Morganucodon* 같은 종은 이런 연결을 갖고 있다(모르가누코돈은 쿠네가 웨일스의 한 동굴에서 발견한 또 다른 종이다). 따라서 이 동물은 관례에 따라 포유류에 해당한다. 새로운 턱 관절을 갖고 있던 선조로 계보를 추적할 수 있는 트라이아스기의 동물, 그리고 우리를 비롯해서 나중에 진화한 동물들 모두 포유류다.

조금은 불만족스럽고 주관적이라 느껴질 수도 있다. 어떤 면에서 보면 그렇다. 하지만 이 고생물학자들이 아무 특성이나 무작위로 골라서 거기에 포유류라는 이름을 붙인 것은 아니다. 이들은 현대의 모든 포유류에서 나타나는 전형적인 특징 중 양서류, 파충류, 조류와 우리를 깔끔하게 나누어주는 것을 하나 고른 것이다. 새롭고 더 강력한 치골 – 인상골 관절이 발달한 것은 진화적으로도 큰 전환점이었다. 뒤에서 보겠지만 이것은 포유류의 섭식, 지능, 번식에도 도미노처럼 이어지며 일련의 변화를 촉발했다. 이것은 포유류 만들기라는 지난한 진화의 조립 과정에서 최후의 작업이자, 레고 성 모형 완성을 위한 마지막 퍼즐 조각이었다.

이 시점에서 잠시 가던 길을 멈추고, 위에서 말한 정의는 현대의 대부분의 고생물학자들이 사용하는 정의가 아님을 인정해야겠다. 지난 20년 동안 포유류를 다른 방식으로 정의하려는 움직임이 있었다. 크라운 집단*crown group* 정의를 이용하는 방법이다. 이 접근 방식은 오늘날 여전히 살아 있는 모든 포유류, 즉 6000종이 넘는 단공류, 유대류, 태반류를 모두 취합해서 이들의 가장 최근의 공통 선조를 계통수에서 추적한다. 이 선조를 포유류와 포유류가 아닌 종을 가르는 경계선, 고

속도로 진출 차선으로 여기는 것이다. 이런 '크라운' 정의는 장점을 갖고 있다. 특히 단순하다는 점이다. 하지만 단점도 있다. 오늘날의 포유류처럼 생기고, 행동하고, 자라고, 대사하고, 먹이를 먹고, 새끼를 먹고, 털 고르기를 했던 수백 종의 화석 동물은 현대 포유류의 공통 선조가 계통수에서 갈라져 나오기 이전에 진화했던 동물들이다. 크라운 정의에서는 이런 화석 동물은 포유류가 아닌 것이 된다. 모르가누코돈이 그런 경우다.

여기서 솔직하게 고백하겠다. 과학 학술 원고를 쓸 때는 나도 크라운 집단 정의를 이용한다. 내 연구 논문에서는 모르가누코돈을 포유류라 부르지 않고, '기반 포유형류$^{basal\ mammaliaform}$' 또는 '비포유류 포유형류$^{nonmammalian\ mammaliaform}$'라고 부른다. 보시다시피 용어를 다루기가 금방 불편해진다. 크라운 집단에서 살짝 벗어나 있는 거의 포유류에 가까운 이 동물들의 이름 때문에 거추장스러워지지 않도록 나는 그냥 치골-인상골 턱관절을 가진 동물을 모두 포유류라 부르겠다. 부디 내 동료들이 이런 나를 용서해주기를 바란다.

정의의 문제는 차치하고 트라이아스기 말기에 일어난 가장 중요한 일은 모르가누코돈 같은 견치류가 턱의 딜레마에 대한 해법을 찾아냈다는 것이다. 이들의 치골은 워낙 크고 깊어졌기 때문에 아마도 필연적으로 위쪽 두개골과 접촉하게 됐을 것이다. 그리하여 공, 그리고 공이 들어가는 홈으로 이루어진 관절$^{ball-and-groove\ joint}$로 새로운 턱 경첩이 만들어졌다. 이리하여 계속 약해지고 있던 두개골과 아래턱뼈 사이의 관절이 강화됐다. 이제는 계속 작아지는 관절골과 방형골 사이의 연결 지점만 있는 것이 아니라 치골과 인상골 사이에도 두 번째 지렛목이 생겼다. 한동안은 양쪽 관절이 공존하면서 치골-인상골 경첩이 방형골 – 관절골 관절 바깥에 존재했다. 그러다 결국에는 방형골과 관절골이 너무 작아져서 더는 입을 열 때 아무런 역할도 하지 않게 됐다. 그래서 이들은 크기가 거기서 훨씬 더 줄어들어서 결국에는 턱의 나머지 부분과 떨어져 나오게 되었다. 하지만 그대로 사라지는 대신 깜짝 놀랄 새로운 기능을 도맡게 된다. 그 부분은 다음 장에서 다루겠다.

치골 – 인상골 관절은 판도를 바꾸는 게임 체인저였다. 두개골에 간

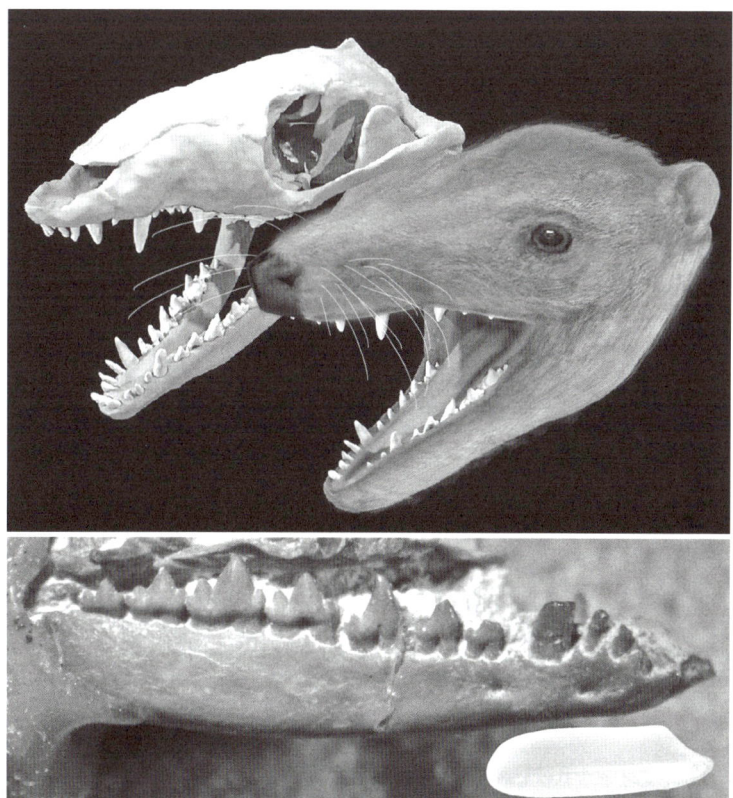

• 최초의 포유류 중 하나인 모르가누코돈. CAT 스캔을 바탕으로 재구성한 두개골과 머리(위), 그리고 아래턱 화석(아래)이다. 쌀알과 크기를 비교해보자.

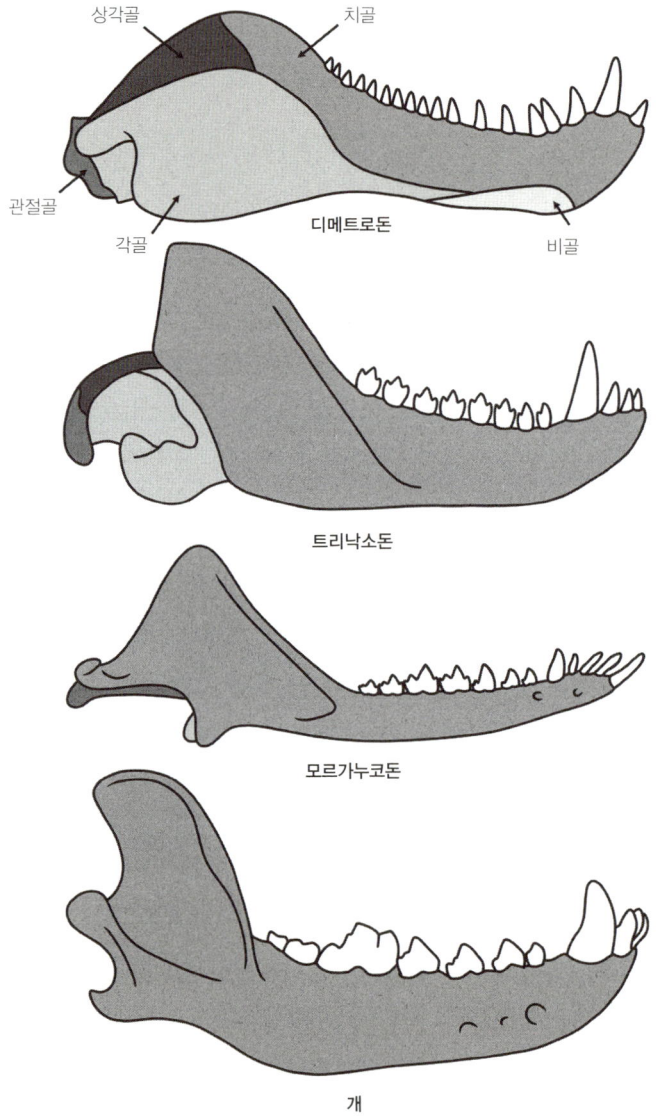

- 시간의 흐름에 따른 단궁류 턱뼈의 크기 감소와 단순화. 결국 포유류의 단일 아래턱뼈(치골)로 완성된다.

당간당하게 붙어 있던 턱이 갑자기 확실한 고정을 얻은 것이다. 견치류 진화 과정 초기에 크기가 커진 턱 근육에 의해 작동하는 이 새로운 관절은 훨씬 강하게 물 수 있게 했다. 그리고 관자근, 깨물근, 날개근이 꼭두각시를 부리는 세 개의 줄처럼 작용해서 훨씬 잘 통제된 방식으로 물 수 있게 됐다. 그래서 이 턱은 최대의 교합력을 특정 시간에 특정 치아에 정확히 집중할 수 있었다. 이것이 완전히 새로운 먹이 섭취 방식을 가능하게 만들었다. 우리는 당연하게 여기지만 동물들 사이에서는 대단히 희귀한 방법이다. 바로 씹기chewing다. 이 초기 포유류는 먹이를 씹어서 으깸으로써 먹이 처리를 대부분 구강 안에서 해결할 수 있었다. 사실상 먹이가 위에 들어가기도 전에 소화가 시작되는 것이다. 이것은 더 많은 칼로리를 효율적으로 섭취하는 또 하나의 방법이었다.

다양한 펠리코사우르스류, 수궁류, 견치류 등 지금까지 만나본 포유류의 선조들은 대부분 턱의 맞물림이 아주 단순했다. 이들은 도마뱀, 또는 육식을 하는 공룡과 비슷해서 그냥 턱을 열고 닫는 게 전부였다. 그저 턱이 위아래로 움직이면서 먹이를 토막 낸 것이다. 이것은 꽉 물고 찢어서 먹는 방식이었다. 찢어낸 먹이는 구강 속에서 별다른 가공을 거치지 않고 그대로 삼켜졌다. 올리고키푸스 같은 일부 고등 견치류는 예외였다. 이들은 입을 다무는 동안에 아래턱을 뒤로 움직여 식물을 갈아 먹는 방법을 찾아냈다. 하지만 이런 경우는 드물었다.

하지만 트라이아스기의 포유류는 먹이 가공 기계가 되어 있었다. 이들은 턱이 위아래, 앞뒤, 양옆으로 움직일 수 있었다. 이들은 평영 수영의 잘 조화된 동작 단계와 비슷하게 연속적인 세 가지 행동으로 이루어진 씹는 동작을 발전시켰다. 먼저 입을 닫으면서 아래턱이 위쪽, 안쪽으로 움직여 위턱에 다가간다(평영의 파워 스트로크). 그리고 나서 입을 벌리면서 아래로 움직인다(리커버리 스트로크). 그다음에는 살짝 바깥쪽으로 움직인 후에(준비 스트로크) 다시 앞의 과정을 반복한다. 이 모든 것이 입을 열고 닫는 동안에 바깥으로, 안으로 움직일 수 있는 아래턱의 독특한 능력 덕분에 가능해졌다. 당신의 턱을 이리저리 움직여보면서 모든 방향으로 잘 움직이는지 느껴보자. 당신은 지금 머나먼 트라이아스기 선조들이 새로이 개척한 씹는 동작을 경험하고 있는 것이다.

복잡하고 조화로운 턱의 움직임은 방정식의 일부일 뿐이다. 씹기 위해서는 이 포유류들의 윗니와 아랫니가 한데 만나야 했다. 이것을 교합^{occlusion}이라고 하며, 포유류의 교합은 공룡이나 파충류와 조건이 달랐다. 공룡과 파충류의 경우는 일반적으로 위턱의 치아가 아래턱의 치아를 바깥쪽으로 덮으면서 물거나, 지그재그로 서로의 틈새에 들어가지만 입을 다물었을 때 치아가 실제로 접촉하지는 않는다. 포유류는 완전히 다르다. 지금 입을 다물어보면 알 수 있다. 우리의 앞니는 윗니가 아랫니를 살짝 덮으면서 물리지만 뺨을 따라 나 있는 어금니들은 윗니와 아랫니가 견고하게 서로 맞물린다. 우리 치아는 워낙 강력하게 맞물리기 때문에 완전히 입을 다물면 턱이 사실상 잠긴 상태가 된다. 윗니와 아랫니가 이렇게 긴밀하게 맞물려 넓게 접촉하기 때문에 씹기에 필요한 표면적이 나오는 것이다. 모르가누코돈 같은 트라이아스기 포유류가 어금니를 작은어금니^{premolar}와 큰어금니^{molar}로 나누어 전형적인 포유류 치열을 완성하는 마지막 단계를 거치며 이런 교합이 발달했다.

하지만 교합의 탄생으로 새로운 문제가 생겼다. 윗니와 아랫니는 서로 정확하게 맞물려야 한다. 즉 한쪽 치아의 봉우리가 맞닿는 치아의 계곡으로 정확히 맞아 들어가야 한다. 그렇지 않으면 정확히 맞물리지 않기 때문에 씹기의 효율이 떨어지거나, 최악의 경우는 아예 씹는 것이 불가능해진다. 포유류의 선조들처럼 평생 치아를 새로 가는 동물이 씹으려 들 때 이런 문제가 생긴다. 윗니와 아랫니가 완벽하게 맞물린다고 해도 윗니가 빠져버리면 아랫니는 교합을 이룰 파트너가 없어지게 된다. 물론 윗니는 다시 자라나겠지만 시간이 걸릴 것이고, 자라는 동안에는 계속 모양이 바뀌기 때문에 온전한 크기가 될 때까지는 아랫니와 정확히 맞물리지 않는다. 분명 이것은 씹어 먹는 동물에게는 효과적이지 못한 방식이다. 그래서 포유류는 다시 한번 기발한 해결책을 내놓았다. 이들은 평생 이를 새로 가는 것을 멈추고, 무제한으로 치아를 새로 만들어내던 선조들의 방식을 평생 쓰는 단 두벌의 치아와 바꾸었다. 형성기 동안에는 유치 한 벌로 살다가 성체가 되면 영구치로 사는 것이다. 이것을 디피오돈트형diphyodonty이라고 한다. 다음에 혹시 치아가 깨져서 치과에서 비싼 돈을 주고 이를 해 넣어야 하는 경우가 생기면 이 트라이아스기의 선조를 욕하면 된다.

  최초의 포유류에서 이런 일이 일어났다는 건 어떻게 아는 것일까? 이번에도 역시 화석이 그 이야기를 들려주었다. 우선 모르가누코돈과 다른 초기 포유류의 두개골 화석을 보면 윗니와 아랫니가 맞아떨어지는 것을 볼 수 있다. 작은어금니와 큰어금니가 사실상 서로 완전히 맞물린다. 거기에 더해서 세 개의 봉우리가 튀어나와 있는 모르가누코돈과 다른 트라이아스기 포유류의 어금니를 보면 마모면wearing facet이 보인다. 이것은 맞닿는 치아와의 반복적인 접촉으로 형성된 평평한 표면으로, 줄무늬가 나 있다. 이 포유류들은 치아를 마모시킬 때 섭

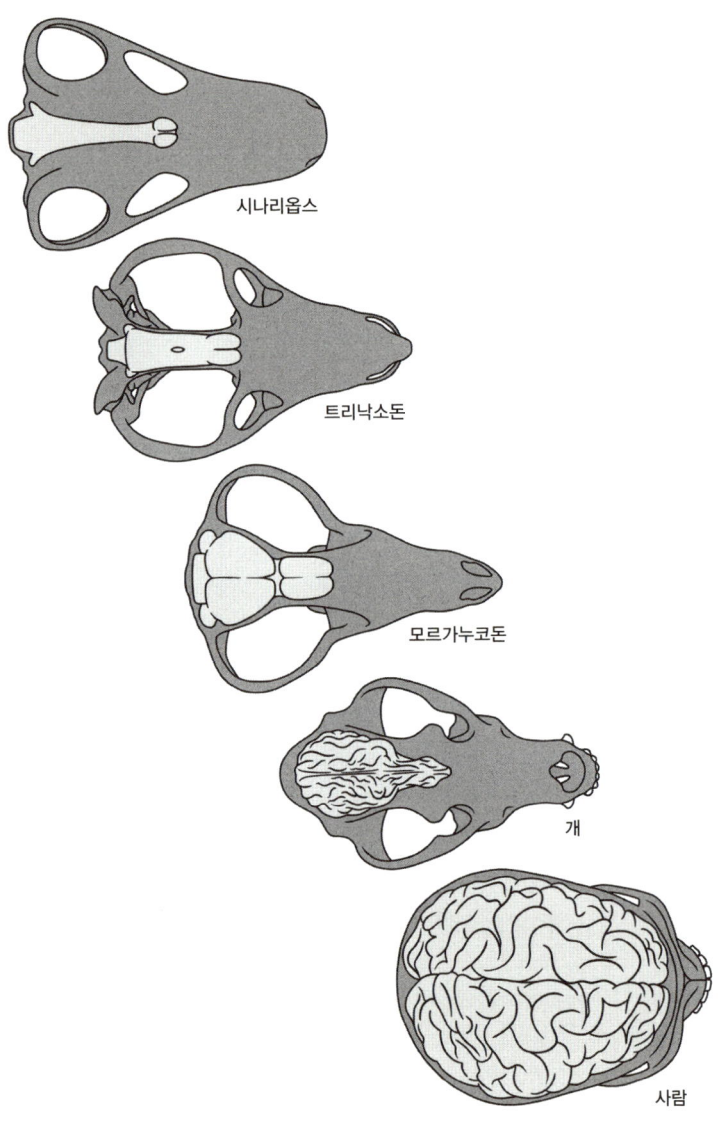

- 시간의 흐름에 따른 단궁류의 뇌 크기 증가. 결국 주름이 잡히고 대뇌의 신겉질이 커진 포유류의 큰 뇌가 등장했다.

세한 균형을 유지했다. 치아가 너무 많이 닳아버리면 토막밖에 남지 않을 것이다. 더는 새로운 치아를 만들 수 없는 동물에게 이것은 재앙이다. 하지만 적당하게 마모된 치아는 날카로운 가장자리를 가진 평평한 판이 된다. 그럼 이를 물었을 때 그 날카로운 가장자리가 가위의 양쪽 날처럼 작용해서 씹을 때 음식을 절단할 수 있다.

교합되는 치아를 바탕으로 안정적으로 씹을 수 있는 이런 이른 초기 포유류의 화석은 다른 면에서도 주목할 만한 가치가 있다. 이들은 두개골 속에 큰 공간을 갖고 있었다. 그리고 이 공간에 펠리코사우르스류, 수궁류, 견치류 선조들보다 훨씬 큰 뇌가 들어 있었다. 크기 증가의 대부분이 앞쪽에서 일어나서, 튜브 모양이었던 선조들의 뇌가 대뇌반구가 불룩하게 튀어나온 현대 포유류의 더 둥근 형태로 바뀌었다. 엑스레이 CAT 스캔 영상을 이용해서 모르가누코돈의 뇌를 디지털로 재구성한 적이 있다. 그 결과 더 크고 통통한 형태 말고도 포유류의 핵심 특성 두 가지가 보였다. 후각을 조정하는 후각망울^{olfactory} ^{bulb}이 거대하다. 그리고 소뇌^{cerebrum} 위쪽으로 새로운 구조물을 뽐내고 있다. 이것은 6층의 신경조직으로 구성된 신겉질^{neocortex}로서, 포유류의 가장 절묘한 발명품 중 하나다. 신경학자들은 신겉질을 포유류의 감각 통합, 학습, 기억, 지능에서 핵심적인 요소라 말한다. 따라서 최초의 트라이아스기 포유류들은 씹기도 더 잘하게 됐지만 동시에 머리도 똑똑해지고 있었다. 어쩌면 먹이 섭취 증가가 더 크고 복잡한 뇌를 키워내는 데 도움이 되었을 수도 있고, 아니면 뇌가 확장되면서 턱 근육의 위치 변화를 강요했고, 그 덕분에 정교하게 턱을 움직이고 강하게 무는 것이 가능해졌는지도 모른다. 어느 경우든 먹이 섭취와 지능 양쪽 모두에 생긴 이 기념비적인 변화가 최초의 트라이아스기 포유류에서 조화롭게 펼쳐지고 있었다.

  모르가누코돈은 이 포유류의 첫 번째 파동 중 가장 잘 알려진 동물로, 트라이아스기에 꽃을 피워 쥐라기까지 지속된 기초 포유류 혈통의 대표적 사례였다. 그 이름은 1949년에 퀴네가 웨일스 동굴의 9킬로그램짜리 자갈 포대에서 찾아낸, 1밀리미터나 될까 말까 한 깨진 치아 하나를 바탕으로 지은 것이다. 그는 포로수용소에서 풀려난 후에 인생의 반전을 겪어 런던대학교의 강사가 되어 있었다. 퀴네가 1952년에 베를린의 교수 자리를 맡기 위해 독일로 돌아간 후로는 부부 연구자 케네스 커맥Kenneth Kermack과 도리스 커맥Doris Kermack이 웨일스 남부에서 연구를 진행해 뼈와 치아 수백 개를 추가로 발견했다.

  한편 중국에서는 베이징 푸런가톨릭대학교의 고생물학자-사제 연구진은 자체적으로 초기 포유류에 대해 탐구하고 있었다. 그중 한 명인 에드가 욀러Edgar Oehler 신부는 윈난으로 가서 아래턱이 온전히 보존된 2.6센티미터 길이의 두개골을 발견했다. 그는 그것을 다시 베이징의 해럴드 리그니Harold Rigney 신부에게 보냈다. 리그니는 화석을 공부하고 있었는데, 마오쩌둥의 새로운 정부에서 얼마 전에 창립한 중국 공산당 비밀경찰이 그를 찾아와 체포하고 4년 동안 감옥에 가두었다. 리그니는 퀴네만큼 운이 좋지 못해서 감옥에서 고생물학을 연구하는 것이 불가능했다. 공산당이 중국의 종교기관들을 제거하는 데 진심이었기 때문이다. 리그니는 결국 뒷문 외교를 통해 감옥에서 풀려나 미국으로 돌아왔다. 그리고 그곳에서 중국 공산당의 눈을 피해 빼돌려 놓았던 그 두개골과 재회할 수 있었다. 그는 몇 년 동안은 그 두개골을 제쳐두고 《붉은 지옥에서의 4년Four Years in a Red Hell》이라는 품위 있는 제목의 자서전을 집필했다. 그리고 그다음에는 1963년에 발표한 유명한 논문에서 그 두개골에 대해 보고하며 모르가누코돈이라는 신종이라 공표했다. 웨일스에서 발굴된 뼈와 치아의 기록이 늘어나면서 이 멋진 화석 덕분에 모르가누코돈은 초기 포유류 혈통의 전수자로 자리 잡게 된다.

다른 초기 포유류도 있었다. 트라이아스기와 쥐라기에 살았던 온갖 다양한 종들이었다. 그중 상당수가 영국에서 나왔고 모르가누코돈과 마찬가지로 잉글랜드와 웨일스의 동굴에서 발견됐다. 이 사체청소동물scrounger들이 땅 밑에서 살았던 것일 수도 있지만, 그보다는 홍수에 떠내려가다가 지각에 균열과 틈새가 여기저기 지뢰밭처럼 깔려 있는 곳에 떨어지면서 시간이 흐르는 동안 그 뼈들이 이 선사시대의 납골당에 차곡차곡 쌓인 것일 가능성이 높다. 그중 하나를 퀴네가 발견한 것이었지만 그는 처음에는 알아차리지 못했다. 이것은 그가 영국으로 추방당한 직후에 발견해서 케임브리지대학교의 렉스 패링턴에게 팔았던 그 치아 두 개였다. 패링턴은 이 치아를 에오조스트로돈Eozostrodon이라는 신종으로 명명했다. 그리고 다이앤 커맥Diane Kermack이 웨일스의 동굴에서 또 하나를 발견하고 퀴네를 기려 쿠에네오테리움Kuehneotherium이라고 명명했다.

그리고 퀴네와는 아무런 상관이 없는 것도 있었다. 남아프리카공화국에서는 자수성가한 여성으로서 케이프타운대학교에서 공부한 후에 남아프리카공화국 박물관 관장의 연구보조원이 된 아마추어 고고학자 아이오네 루드너Ione Rudner가 놀라운 두개골과 골격을 발견했다. 이것은 메가조스트로돈Megazostrodon으로 명명됐다. 그리고 지구 반대편에서는 하버드대학교 교수이자 전직 미해병대 출신인 패리시 젠킨스Farish Jenkins가 북극곰을 쫓기 위해 연구 현장에 총을 가지고 가 연구 캠프를 마치 부대처럼 운영하면서 그린란드에서 모르가누코돈과 비슷한 포유류의 턱뼈와 치아를 발견했다. 중국에서 발견된 최상급 하드로코디움^{Hadrocodium}처럼 좀 더 최근에 발견된 것도 있다. 머리 크기가 손톱만 하고 체구가 종이 클립에 올라앉을 수 있을 만큼 작은 이 동물은 체중이 0.5~2그램으로, 현존하는 가장 작은 포유류인 태국의 뒤영벌박쥐$^{bumblebee\ bat}$와 대략 같은 크기다.

최초의 포유류는 번성하고 있었다. 이들은 큰 뇌와 새로 진화한 씹기 능력을 이용해서 아찔한 속도로 다양화하고 있었다. 이들은 판게아대륙 전체로 퍼져나가 머지않아 글로벌 현상으로 자리 잡았다. 포유류는 메가몬순과 사막에 국한되지 않고 초대륙 전체에 넓게 퍼져나간 최초의 주요 동물군 중 하나였다. 이들 중 대다수는 아마도 곤충을 잡아먹었을 것이다. 이들의 작은 체구와 강력하고 정교한 깨물기는 날렵하게 벌레를 낚아채어 잡아먹는 생태적 지위에 더할 나위 없이 잘 맞아떨어졌다. 하지만 이들이 모두 똑같은 곤충을 먹은 것은 아니었다. 팸 길$^{Pam\ Gill}$과 그 동료들은 모르가누코돈과 쿠에네오테리움의 치아 마모를 비교해보고 쥐라기 이른 초기 웨일스 지역에서 공존했던 이 두 종이 서로 다른 먹이를 전문적으로 잡아먹었다는 사실을 깨닫게 됐다. 모르가누코돈은 딱정벌레처럼 껍데기가 단단한 곤충을 잡아먹은 반면, 쿠에네오테리움은 나비처럼 부드러운 먹잇감을 선호했다. 이것은 포유류의 진화 과정 곳곳에서 반복적으로 나타나게 될 경향의 첫 신호탄이었다. 즉 새로운 유형의 포유류 집단이 등장할 때 보통 음지에서 다양화하고 있던, 곤충을 잡아먹는 작은 동물에서 시작되는 경향을 말한다.

1억 년의 진화

패리시 젠킨스는 장총을 걸머지고 포유류의 턱을 수집하는 때가 아니면 아이비리그의 멋쟁이 교수였다. 그는 말쑥한 정장을 입고 강의했다. 그는 연기자로서도 능숙해서 천연덕스러운 유머감각과 다양한 소품 활용으로 여러 세대의 학생들을 즐겁게 만들었다. 특히 그가 사람이 사용하는 다양한 스타일의 이동 방식 사례를 보여주기 위해 에이허브 선장(《모비 딕》의 등장인물 - 옮긴이)의 보철 다리를 보여주었던 일화는 특히나 유명하다. 하지만 그에게 배웠던 학생들의 뇌리에 가장 강하게 남아 있는 것은 젠킨스가 그린 정교한 두개골과 골격 그림이었다. 파워포인트가 나오기 전 시절에 그림은 그의 가장 중요한 교육 도구였다. 그는 강의가 있기 여러 시간 전, 가끔은 하버드대학교 캠퍼스의 야행성 포유류들이 종종걸음으로 잡아먹을 곤충을 찾아다니던 동도 트지 않은 새벽에 강의실에 나와 칠판 위에 분필로 자신의 걸작 그림을 그렸다.

젠킨스의 가장 유명한 그림은 메가조스트로돈이다. 이 그림은 전문 화가에 의해 완벽하게 다듬어진 모습으로, 아이오네 루드너가 10년 전에 찾아냈던 골격에 대해 보고한 1976년 논문에 처음 등장했다. 이것은 과학의 고전적 이미지 중 하나로 자리 잡아서 교과서, 그리고 지금은 대다수의 사람들이 선호하는 파워포인트 강의에서도 자주 등장한다. '체 게바라Che Guevara' 하면 떠오르는 그 상징적인 이미지처럼 이 그림도 그냥 한 개체를 넘어서 훨씬 더 큰 무언가를 상징하고 있다. 이 그림은 최초의 포유류가 판게아대륙으로 퍼져나가며 하나의 왕국을 열던 그 혁명의 초상화다.

• 초기 포유류 메가조스트로돈을 그린 패리시 젠킨스의 혁명적인 이미지.

뒤쥐나 생쥐 정도의 작은 크기였던 메가조스트로돈이 무언가에 깜짝 놀랐다. 이 동물은 나무 밑동에서 경계심을 내비치며 유연한 몸통 밑으로 자랑스럽게 다리를 꼿꼿이 펴고 서 있다. 망설임의 순간이다. 나무 위로 기어올라 잔가지 사이로 사라지려는 듯 뒷발은 나무 위를 향하고 있다. 하지만 앞발은 바깥쪽을 향하고 있다. 따라서 여차하면 땅을 가로질러 달아나는 쪽을 선택할 수도 있다. 이 동물은 무언가를 감지했다. 아마도 위험이겠지만, 입이 벌어져 있는 것으로 보아 어쩌면 맛난 벌레를 발견했는지도 모른다. 턱에는 앞니, 송곳니, 작은어금니, 큰어금니가 풀세트로 갖추어져 있다. 치아는 크기는 작지만 날카롭고, 위턱과 아래턱의 치아들이 금방이라도 닫힐 것 같은 모양새다. 눈구멍의 크기가 작은 것으로 보아 환경을 감지할 때 틀림없이 시각이 아닌 다른 감각에 더 의존했을 것이다. 이 동물의 관심을 끈 것이 무엇이었든지 간에, 어떤 소리를 들었거나 냄새를 맡은 것이 분명하다.

만약 우리가 지금 이 골격에 살을 붙인 모습을 보았다면 정체를 금방 알아볼 수 있었을 것이다. 이것은 누가 뭐래도 분명한 포유류였다. 이 동물은 털로 덮여 있었고, 똑바로 서서 앞뒤로 종종걸음을 쳤고, 씹는 용도로 사용하며 평생에 한 번만 가는 포유류의 치아가 풀세트로 갖추어져 있었다. 이 동물은 날렵해서 나무를 기어오르거나 땅 위로 이동할 수도 있었고, 온혈동물이었거나 온혈동물로 진화하는 중이었기 때문에 추운 한밤중에 곤충을 사냥할 때도 안락한 체온을 유지할 수 있었다. 그리고 머리 안에는 큰 뇌가 들어 있어서 뛰어난 지능과 날카로운 감각을 부여해주었고, 소리도 더 잘 들을 수 있었다.

당신이 숲길을 걷고 있거나 지하철을 놓치지 않으려고 달려가고 있는데 이 작은 생명체가 당신 앞에서 달리고 있었다면, 십중팔구 생쥐 한 마리라고 생각했을 것이다.

이리하여 1억 년이 넘는 진화 기간 동안 펠리코사우르스류, 수궁류, 견치류 선조들이 쌓아온 다양하고 놀라운 적응 능력들을 상속한 포유류가 등장했다. 이 새로운 포유류들은 전 세계로 퍼져나가 판게아를 차지할 준비가 되어 있었다. 수궁류 선조들이 페름기 말 화산 대폭발 때문에 잃어버렸던 권세를 되찾아 오겠노라고 말이다.

하지만 과연?

초대륙이 분리되기 시작했고, 공룡은 몸집이 점점 커지고 더 흉폭해지고 있었다. 이 새로운 포유류는 그 모든 진화적 혁신에도 불구하고 선택지가 제한되었다.

살아남으려면 몸을 숨기고 사는 삶에 능해져야만 했다.

3
거대한 공룡이 가지 않은 길

빌레볼로돈 *Vilevolodon*

가장 놀라운 유형의 화석

윌리엄 버클랜드William Buckland는 청중을 사로잡는 법을 아는 사람이었다.

19세기 초기에 그는 옥스퍼드대학교의 괴짜 교수였고, 그의 지질학과 해부학 강의는 누구나 보아야 할 구경거리였다. 그는 학사복을 완전히 갖춰 입고 통로를 바쁘게 오가며 절단된 동물의 신체 부위를 학생들에게 건네주어 돌려보게 하고 큰 소리로 질문을 던졌다.

그의 집은 뼈, 박제동물, 조개껍질, 그리고 다른 진기한 물품으로 가득한 수집가의 소굴이었고, 한때 그는 개인적으로 동물원을 유지하기도 했다. 저녁 파티에서는 손님들에게 영국제국 식민지 곳곳에서 가져온 정체 모를 고기를 대접하고, 애완 곰에게 자기처럼 학사복을 입혀서 사람들 앞에 내놓았다. 흑표범 고기, 돌고래 고기와 함께 토스트위에 얹은 생쥐 고기는 빠지지 않는 단골 메뉴였다. 가끔 그의 친구들은 운이 좋으면 타조 고기나 악어 고기로만 배를 채워도 됐지만, 버클랜드는 분명 이런 고기는 따분하다 여겼을 것이다.

보시다시피 그의 인생 목표는 모든 동물의 고기를 먹어보는 것이었다. 무엇이든 그 대상이 될 수 있었다. 만약 그에 관한 전설을 믿을 수 있다면 사람 고기도 예외는 아니었다. 전설에 따르면 요크 대주교 Archbishop of York가 그에게 은으로 만든 장식장에 들어 있는 소금에 절인 심장을 보여주었다고 한다. 세간의 소문에 그것은 루이 16세의 심장이었다. 그리고 버클랜드는 이렇게 말했다고 전해진다. "나는 온갖 이상한 것들을 먹어보았지만 왕의 심장은 한 번도 먹어본 적이 없습니다." 그는 그 심장을 잡아 게걸스럽게 먹었고, 그 모습에 경악한 관중은 말도 못 하고 서서 지켜보았다.

하지만 오늘밤 그는 지금까지 했던 그 어떤 것보다도 큰 쇼를 선보일 예정이었다.

1824년 초겨울 어느 저녁, 버클랜드는 런던지질학회에서 연자로 나섰다. 그는 박물학자, 신학자, 빅토리아 시대 이전 사회의 귀족 암석 수집가 명사들로 구성된 회원제 모임의 회장으로 막 선출된 상태였다. 쇼맨십의 대가였던 버클랜드는 자신의 취임 연설을 사람들의 기억에 각인시키고 싶었고, 여기에 쓸 에이스 패를 갖고 있었다. 여러 해 동안 그가 스톤스필드 Stonesfield라는 예스러운 마을 근처의 잉글랜드 시골 지역에서 석회암 평판을 채석하는 노동자들이 발견한 거대한 화석 뼈를 구했다는 소문이 돌았다. 판처럼 평평하고 넓적하게 생긴 이 암석층은 기와로 쓰기에 안성맞춤이었지만, 떠도는 소문이 진실이라면 그 안에 가끔 뼈와 치아 같은 것이 파묻혀 있었다. 이제 거의 10년에 걸쳐 연구를 진행해온 버클랜드는 공식적으로 그것을 발표할 준비가 되어 있었다.

그는 청중에게 극적이고 과장된 수사법을 동원해서 실제로 석회암 속에 뼈가 들어 있었고 아주 크다고, 당시 영국에 살던 그 어떤 동물의 뼈보다도 크다고 말했다. 이들은 도마뱀 비슷한 거대 맹수에 속하는 것처럼 파충류 같은 모양과 신체 비율을 가지고 있었다. 이 생명체는 회원들이 보고 경험했던 것과는 전혀 다른, 신화 속의 용에서나 볼 법한 모습이었다. 근본적으로 새로운 존재였고, 버클랜드는 이것을 보고할 완벽한 이름을 생각해냈다. 거대한 도마뱀이라는 뜻의 메갈로사우루스$_{Megalosaurus}$였다.

황홀경에 빠진 청중은 아직 이해하지 못했지만, 버클랜드는 방금 최초의 공룡을 세상에 발표한 것이었다.

이날 저녁은 과학의 역사에서 기념비적이었다. 이때를 계기로 공룡에 대한 인류의 끝없는 사랑이 시작됐다. 이 일화는 수없이 많은 이야기 속에서 회자되었지만, 그날 버클랜드가 중요한 발표를 하나 더 했다는 사실은 빠져 있는 경우가 많다. 이것은 몸집으로 보면 훨씬 작지만 공룡만큼이나 혁명적인 발견이었다. 석회암 평판 속에는 커다란 뼈 사이로 또 다른 유형의 화석이 묻혀 있었다. 이것을 버클랜드는 그답지 않은 절제된 표현으로 '가장 놀라운' 유형의 화석이라 생각했다. 2.5센티미터가 될까 말까 한 두 개의 작은 턱뼈에 뾰족한 치아들이 일렬로 나 있었다.

이것은 누가 보아도 확실한 포유류의 뼈였고, 그 크기는 생쥐나 뒤쥐의 하악골$_{mandible}$ 정도였다. 버클랜드가 보기에 이 치아는 주머니쥐$_{opossum}$의 그것과 섬뜩할 정도로 비슷했다. 아마도 그는 저녁 만찬을 통해 접해보아서 주머니쥐의 생김새는 잘 알고 있었을 것이다. 이 턱뼈는 거대한 파충류와 원시 포유류가 한때는 나란히 함께 살았음을 보여주는 증거였다. 즉, 포유류가 사람들이 생각했던 것보다 훨씬 깊은 역사를 갖고 있다는 첫 번째 신호였다.

고생물학이 신사들의 취미 활동에서 하나의 과학 학문으로 진화하던 형성기에 한동안 격렬한 논쟁 대상이 되었던 것은 버클랜드의 공룡이 아니라 그 작은 턱뼈였다. 19세기 초중반의 주요 인물 중 많은 이가 이 턱뼈에 대해 한마디씩 꼭 했다. 그중에는 나중에 카루에서 나온 최초의 '포유류 비슷한 파충류'에 대해 보고하고 버클랜드의 메갈로사우루스와 빅토리아 시대 잉글랜드 곳곳에서 나오는 다른 거대 파충류를 분류하기 위해 '공룡'이라는 이름을 만들어낸 성질 급한 해부학자 리처드 오언도 포함되어 있었다. 버클랜드, 오언, 그리고 다른 사람들은 이 턱의 정체에 대해 수십 년 동안 논쟁을 벌였다. 이것은 종이 시간의 흐름에 따라 진화했는지 여부를 두고 벌어진 진화론 전쟁에 포함된 하나의 전투였다.

하지만 결국에는 인기투표에서 공룡이 승리를 거둔다. 티라노사우루스 렉스, 트리케라톱스, 브론토사우루스는 누구나 아는 이름이 된 반면, 파스콜로테리움^{Phascolotherium}과 암피테리움^{Amphitherium}이라는 종에 속한 버클랜드의 작은 턱뼈들은 그냥 과학자들의 어휘 목록으로 밀려났다. 이것이 냉혹한 발견의 현실이었다. 19세기가 지나는 동안 잉글랜드와 유럽의 다른 곳에서 거대한 공룡 뼈들이 계속 발굴됐고, 나중에는 앤드루 카네기$^{Andrew\ Carnegie}$처럼 명성에 굶주린 기업가의 자금 지원을 등에 업은 석유 채굴업자들에 의해 미국 서부의 불모지에서 거대한 골격들이 나왔다. 한편 쥐라기부터 백악기까지의 구간에서 나오는 포유류 화석들은 드물고, 대부분 개별 치아나 턱뼈 조각에 국한되어 있어서 별다른 영감을 주지도 못했다. 완전한 골격은 없었고, 설사 있었다 한들 생쥐만큼 작은 크기들이라서 절대 비행기 크기의 디플로도쿠스^{Diplodocus}만큼 대중에게 영감을 불어넣을 수는 없었을 것이다.

사정이 그러니 쥐라기와 백악기의 포유류가 별 볼 것 없는 칙칙한 존재로 평판을 얻게 된 것도 당연해 보인다. 사람들은 이 포유류를 두고 외모도, 행동도 생쥐 같아서 공룡의 기나긴 그늘 속에서 간신히 목숨만 부지하고 살던 특별할 것 없는 칙칙한 일반종이라 말했다. 이들은 공룡이라는 드라마에 등장하는 엑스트라에 지나지 않았다.

나를 비롯해 화석에 매료된 대부분의 젊은이 역시 쥐라기 포유류보다는 공룡에 끌리는 것이 당연했다. 10대 시절의 집착이 내 직업이 됐고, 그 바람에 몇 년 전에는 중국의 북동부 변두리를 찾아가 이런저런 박물관을 뛰어다니며 랴오닝성의 깃털 달린 공룡을 연구하기도 했다. 솜털 같은 털과 깃털 달린 날개로 감싸여 있는 이 놀라운 골격 화석은 쥐라기와 백악기 동안의 화산 폭발에 의해 형성됐다. 평소와 같은 일상을 살다가 폼페이 화산 폭발에 파묻힌 사람들과 비슷한 방식으로 화산재와 흙에 파묻혀 죽은 공룡들에게는 안타까운 일이었지만, 그 덕분에 화석이 믿기 어려울 정도로 세부적인 부분까지 그대로 보존되었으니 고생물학자에게는 행운이었다. 이 화석은 어찌나 자세한지 깃털에 색을 부여하는 색소를 담고 있는 멜라닌소체^{melanosome}까지 보존되어 있었다. 이 여행에서 나의 임무는 비듬 한 조각만큼 작은 깃털 표본을 내 연구실로 가져가서 학생들과 함께 고배율 망원경으로 살펴보면서 멜라닌소체를 확인하고, 이 공룡이 한때 무슨 색이었을지 알아맞히는 것이었다.

여행을 시작하고 며칠이 지난 어느 날 오전에 베이퍄오 익룡박물관의 어두운 복도에서 깃털을 긁어내고 나니 휴식이 필요해졌다. 그때 슬프게도 2018년에 세상을 뜬 중국 최고의 공룡 사냥꾼이자 내 친구인 뤼쥔창^{Lü Junchang}이 박물관장과 눈빛을 교환했다. 중국어로 소리 낮춰 몇 마디가 오고가더니 뤼쥔창이 내게 따라오라고 손짓을 했다. 그가 말했다. "비밀리에 보여드릴 게 있습니다. 이건 공룡이 아니에요!"

우리는 박물관을 나와 차에 올랐다. 그리고 자전거와 국수 자판기가 뒤엉켜 있는 베이퍄오시의 좁은 도로를 구불구불 운전해 나아갔다. 차로 급하게 휙 방향을 틀고 나니 숨겨져 있던 좁은 길이 나왔다. 그 길은 작은 뜰로 이어져 있었다. 갑자기 차가 멈추더니 내게 내리라고 했다. 박물관장이 아파트로 보이는 건물 1층에 난 철창으로 덮인 출입구를 가리켰다. 사람들이 밀집해서 살고 있는 세월의 흔적이 보이는 건물이었다. 나는 문을 여는 그를 보며 자기 돈으로 박물관을 지어서 그 안을 화석으로 채워 넣을 정도로 돈이 많은 사업가가 이렇게 초라한 곳에서 살 리는 없다고 생각했다.

조명이 입구 통로를 비추자 이상한 장면이 눈에 들어왔다. 그 방은 내가 상상했던 버클랜드의 2세기 전 옥스퍼드 집의 모습이었다. 상자와 목상자 들이 바닥에 흩어져 있고, 탁자와 작업대 위에는 신문이 탑처럼 위태롭게 쌓여 있었다. 망치, 끌, 붓이 여기저기 흩뿌려져 있었고, 그와 함께 접착제 병, 작은 비닐봉투 들도 널브러져 있었다. 그리고 화석이 있었다. 그것도 아주 많이. 그 화석들은 기와로 쓰면 딱 좋겠다 싶은 2.5센티미터 정도 두께의 석회석판에 파묻혀 있었다. 이것은 그냥 평범한 아파트가 아니라 지역 농부들로부터 구입한 화석을 박물관

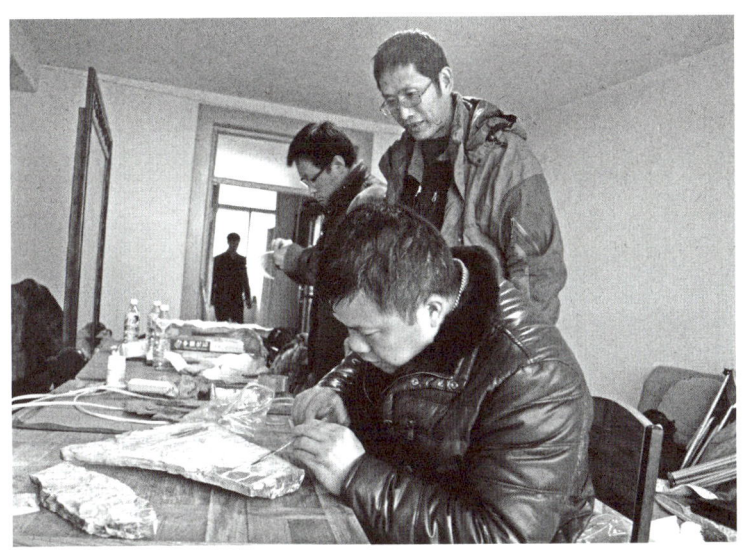

• 뤼준창(가운데)과 그의 연구진이 중국 베이파오시의 신비로운 포유류 화석을 내게 보여주고 있다.

에 전시하기 전에 깨끗이 씻어내는 임시 연구실 겸 작업장이었다.

 박물관장의 조수 한 명이 몸을 수그려 옆방으로 들어가더니 퍼즐 조각처럼 아귀가 딱 맞는 석판 두 개를 가지고 나왔다. 그가 어지러이 놓여 있는 신문지를 옆으로 밀고 그 위에 석판을 올려놓았다. 그리고 조명등을 가지고 왔다. 그가 등으로 그 보물을 비추며 내게 가까이 와서 보라고 했다.

 작은 화석 조개껍질이 점점이 박혀 있는 회색의 석회암 표면에 사과 정도 크기의 갈색 얼룩이 있었다. 나는 더 가까이 들여다보았다. 그 갈색 물체는 털이었다. 그리고 그 가운데로는 척추가 이어져 있었다.

 포유류의 화석이었다! 약 1억 6000만 년 전 쥐라기 시대에 깃털 달린 공룡과 함께 살았던 포유류다. 어떤 의미에서 보면 이 포유류는 고

3. 거대한 공룡이 가지 않은 길   **139**

정관념과 부합했다. 이것은 날개 달린 공룡 중 한 마리가 철썩 때려잡거나 밟아 죽일 수 있을 정도로 체구가 작았다. 하지만 그보다 훨씬 중요한 또 다른 의미에서 보면 이 화석은 쥐라기나 백악기 포유류에 관한 고정관념의 틀을 깨뜨리고 있었다. 척추 양쪽으로 튀어나와 앞다리와 뒷다리 사이로 펼쳐진 피부막이 존재했던 것이다. 날다람쥐의 날개막과 아주 비슷했다.

 이 동물은 생쥐와 비슷하게 생긴 별 특징 없는 포유류가 아니라 나무 사이로 활공할 수 있는 포유류였다. 분명 공룡과 함께 살았던 포유류는 멀리 버클랜드부터 고생물학자들이 오랫동안 생각했던 것과 달리 훨씬 흥미로운 존재였다.

트라이아스기에서 살아남은 두 승자

포유류가 쥐라기와 백악기에 공룡의 머리 위로 활공을 시작하려면 그 전에 먼저 트라이아스기에서 살아남아야 했다. 그 사정은 공룡도 마찬가지였다. 이것은 결코 만만한 일이 아니었다.

 트라이아스기에 견치류 선조로부터 모르가누코돈 같은 최초의 포유류가 새로운 턱관절, 온전한 포유류의 치열, 씹는 능력, 작은 체구, 커진 뇌, 온혈대사 등의 특성을 발달시키며 진화하는 동안에 지구 역시 변하는 중이었다. 깊은 곳에서 올라오는 압력이 판게아대륙을 잡아당기고 있었다. 한 힘은 동쪽에서, 또 한 힘은 서쪽에서 당겼다. 변화는 느리게 진행됐고, 그래서 지표면에서 사는 포유류는 수백만 년이 지나도록 감지하지 못하고 있었다. 그러다가 어느 날 갑자기 이것이 재앙으로 들이닥쳤다. 트라이아스기가 끝나는 약 2억 100만 년 전에 초대륙이 중앙을 따라 지퍼가 열리듯 쪼개지기 시작했다. 북아메리카대륙이 유럽과 분리되고, 남아메리카대륙은 아프리카와 분리됐다. 현대의 대륙들은 판게아대륙의 균열로 생겨났고, 그 균열선이 지금의 대서양으로 남았다. 하지만 새로 갈라지고 있는 육괴^{陸塊} 사이의 틈을 바닷물이 밀려 들어와 채우기 전에 지구가 피를 토하듯 용암을 먼저 뱉어냈다.

약 60만 년 동안 거대화산이 미래의 대서양 해저를 따라 분출했다. 네 번에 걸쳐 이루어진 격렬한 화산활동으로 새로운 대륙의 가장자리가 불길에 휩싸였다. 오늘날 뉴욕시 근처나 모로코 사막의 현무암 바위 절벽으로 남아 있는 용암류$^{lava\ flow}$와 마그마 분출구$^{magma\ vent}$는 모두 더하면 두께가 900미터에 이르기도 했다. 이는 엠파이어스테이트 빌딩 높이의 두 배에 해당한다. 하지만 약 5000만 년 전 페름기 말에 일어났던 경우와 비슷하게, 진짜 무서운 것은 용암이나 화산재가 아니라 화산 분출구를 따라 지구 깊숙한 곳에서 대기 중으로 뿜어져 나온 기체들이었다. 이산화탄소와 메탄 같은 온실가스가 지구온난화에 촉매로 작용했다. 그래서 페름기 말처럼 온도가 급상승하면서 바다를 산성화시켜 얕은 바다에서 산소를 고갈시켰고, 그에 따라 육상과 바다 생태계의 붕괴를 초래했다. 다시 한번 대멸종이 일어났다. 이번에는 적어도 30퍼센트의 종이 죽었다. 하지만 아마도 그보다 훨씬 더 많이 죽었을 것이다.

이 멸종에서 몇몇 주목할 만한 희생자가 있다. 상아가 달린 마지막 디키노돈류도 여기 포함된다. 디키노돈류는 포유류의 가까운 사촌으로서 페름기에 다양화한 수궁류의 잔류 동물들이었다. 이들은 위태위

태하게 트라이아스기로 넘어가 코끼리 크기만 한 폴란드의 리소위키아*Lisowicia*와 같이 불룩한 배로 터벅터벅 걸으며 식물을 먹는 초식동물로 다시 다양화했다. 많은 양서류가 소멸했고, 트라이아스기에 공룡과 경쟁하던 악어의 사촌들도 거의 모두 죽어나갔다.

하지만 위대한 두 생존자가 있었으니, 바로 포유류와 공룡이었다. 공룡이 살아남은 이유는 여전히 풀리지 않는 의문으로 남아 있으며, 공룡 연구자들이 논쟁을 벌이는 가장 큰 미스터리 중 하나다. 악어 경쟁자들이 줄어들면서 경쟁으로부터 자유로워져 그랬을 수도 있고, 이 공룡들이 기온의 요동으로부터 보호해주는 깃털이 생겨난 덕분이거나, 성장률이 빨라서 알에서 태어나 성체까지 빨리 성숙할 수 있었던 덕분일 수도 있다. 하지만 포유류의 경우 어째서 이들이 이런 재앙에서 버틸 준비가 되어 있었는지 쉽게 이해할 수 있다. 이들은 작은 체구, 빠른 성장, 날카로운 감각과 지능, 나무나 굴에 숨을 수 있는 능력 등 완벽한 패를 들고 있었다. 쥐가 어둡고 폐쇄된 지하철 터널 속에서 독한 매연을 맡으며 살아도 아무 문제가 없는 것처럼 모르가누코돈과 비슷한 유형의 포유류 역시 지구온난화를 계속해서 헤쳐 나갔다.

화산의 스위치가 꺼지고 새로운 대륙들이 조금씩 서로 멀어져감에 따라 지구도 언제나처럼 건강을 회복했다. 트라이아스기가 쥐라기로 넘어가면서 공룡과 포유류는 예전보다 훨씬 빈 곳이 많은 새로운 세계를 탐험할 수 있게 됐다. 공룡은 몸집을 점점 더 키워가는 방식으로 반응했다. 그래서 쥐라기 중반에는 코끼리 다섯 마리를 합친 것보다도 크고 목이 긴 공룡이 등장해서 말 그대로 걸을 때마다 지축을 뒤흔들었다. 공룡 역시 다양화하면서 계통도에서 머리에 환상적인 볏이 달린 지프차 크기의 수각류*theropods*, 등에 골판을 달고 있으며 낮게 달린 식물을 먹던 검룡류stegosaurs, 몸이 갑옷과 송곳으로 덮여 있었던 탱크 같은 곡룡류ankylosaurs, 배를 가를 수 있는 발톱과 솜털 같은 털가죽이 있었던 혈기왕성한 랍토르raptors 등 온갖 새로운 집단이 꽃을 피웠다. 그리고 쥐라기 중반에는 날개를 퍼덕거려 하늘로 날아오른 비둘기 크기의 생명체도 등장했다. 이들이 최초의 새였다.

반면 포유류들은 여전히 작은 체구로 남았다. 주변에 수많은 공룡들이 득실거리고 있었으니 그래야만 했을 것이다. 하지만 공룡처럼 이들도 다양한 식습관, 행동, 이동 방식을 가진 여러 가지 신종으로 다양화했다. 이들은 땅 밑, 덤불 속, 어둠 속, 나무 꼭대기, 그늘 등에 숨어 있던 생태적 지위를 채우는 데 선수가 됐다. 거대한 공룡의 손길이 닿지 않는 곳이라면 어디든 포유류가 존재했고, 또 번성하고 있었을 것이라 장담할 수 있다.

이 시기 동안 포유류의 계통도는 기하급수적으로 성장했다. 그래서 계통수를 보면 몸통에서 모르가누코돈 같은 이른 초기 트라이아스기 포유류와 가지 끝에 자리 잡고 있는 현대의 포유류 종 사이에서 이른바 단절된 가지dead end branch라는 것이 얽히고설키며 돋아났다. 하지만 이런 표현은 공정하지 못하다. 잠시 뒤 알아볼 도코돈류docodonts와 하라미야비아류haramiyidans 등의 집단이 단절된 가지라 여겨지는 이유는 그저 지금까지 살아남지 못했기 때문이다. 우리는 살아남아 뒤돌아볼 수 있는 자의 특권을 누리고 있을 뿐이다. 쥐라기와 백악기 동안에 이 초기 포유류 집단은 엄청난 속도로 진화하면서 현대 포유류와 동일한 여러 가지 섭식과 이동 방식을 실험해보았다. 이 포유류들은 그들의 시간, 그들의 장소에서 결코 한물간 존재들이 아니었다.

랴오닝성의 특별한 포유류들

나는 쥐라기와 백악기 포유류에 대한 고루한 고정관념이 산산이 깨어질 즈음에 그들에 대해 입문하게 됐다.

때는 고등학교 1학년이었던 1999년 봄, 나의 집착 대상은 공룡이었다. 부활절 휴일에 피츠버그에 있는 카네기 자연사박물관에 가면 어떻겠냐고 부모님께 물었는데, 부모님은 그 이유를 이해하지 못했지만 반대하지는 않으셨다. 카네기 자연사박물관은 앤드루 카네기가 용병들이 미국 서부에서 수집한 거대한 공룡들을 전시하려고 지은 사원이었다. 전시회를 보는 것만으로는 만족할 수 없었던 나는 화석 수집의 뒷얘기를 알아보고 싶었고, 누구한테 부탁해야 하는지도 알고 있었다.

2주쯤 전에 카네기 자연사박물관의 큐레이터 중 한 명인 뤄저시$^{Luo\ Zhe-Xi}$가 뉴스에 나왔다. 뤄와 그의 중국인 동료들은 백악기의 놀라운 신종 포유류에 대해 보고했다. 그 포유류 화석의 길이는 몇 센티미터에 불과했고, 가는 꼬리에 기동성이 있는 사지, 그리고 곤충을 먹을 때 사용하는 교두 세 개짜리 치아를 갖고 있었다. 그들은 이것을 화석이 발견된 중국 지역인 랴오닝성의 옛 이름을 따서 제홀로덴^{Jeholodens}이라 불렀다. 화석 골격으로부터 이 동물의 얼룩덜룩한 털북숭이 몸통을 복원해서 그린 상상도가 미국 전역의 여러 잡지와 신문에 등장했고, 내 기억으로는 일리노이주 시골의 우리네 작은 마을 신문에도 등장했던 것 같다. 공룡은 아니었지만 그래도 나는 이 동물을 멋지다고 생각했고, 그래서 카네기 박물관의 웹사이트를 샅샅이 뒤져 뤄의 이메일 주소를 찾아냈다. 그리고 되면 좋고 아니면 말고 식으로, 개인적으로 방문할 수 있겠느냐는 요청 메일을 보냈다.

뤄는 신속하게 답장을 해주었다. 바쁘고 유명한 과학자였는데도 너그러운 마음씨가 느껴졌다. 그리고 얼마 후 상쾌한 4월 아침에 우리 가족은 박물관 입구에서 그를 만났다. 한 시간 넘게 그는 우리를 데리고 다니면서 화석 뼈가 쌓여 있는 뒷방들을 구경시켜주었고, 내가 공룡에 대해 그에게 끊임없이 질문을 던졌는데도 귀찮아하는 기색이 없었다. 여정이 끝날 무렵 그는 우리 신문에 등장했던 그림을 그린 화가인 마크 클링글러Mark Klingler를 소개해주었다. 마크가 고개를 끄덕였고, 뤄는 우리에게 중국을 계속 주목해야 한다고 말했다. 그가 주식시장에서 돈 좀 벌어보려는 내부 거래자같이 건방진 미소를 지으며 말하기를, 제홀로덴은 그저 시작일 뿐이라고 했다. 랴오닝성 곳곳에서 농부들이 깃털 달린 공룡과 함께 새로운 포유류를 굉장히 많이 발견하고 있었다. 어떤 것은 제홀로덴처럼 1억 3000만 년 전에서 1억 2000만 년 전 사이의 백악기 동물이었고, 제홀 생물군Jehol Biota이라는 공동체를 형성했다. 어떤 동물들은 훨씬 나이가 많았다. 이들은 1억 5700만 년 전에서 1억 6600만 년 전 사이에 얀리아오 생물군Yanliao Biota이라는 초기 공동체를 형성했던 쥐라기 포유류였다.

그리고 20년이 넘는 세월 동안 나는 뤄의 예상이 현실로 바뀌는 것을 경외심과 존경심으로 지켜보았다. 중국에서 포유류 화석이 계속 나왔고, 우리가 지금 말을 하고 있는 이 순간에도 그렇다. 랴오닝성의 몇몇 새로운 포유류들이 《네이처》《사이언스》 같은 유력 학술지를 매년 장식하고 있다. 거의 모든 화석이 우호적인 라이벌 관계를 발전시킨 두 연구진 중 한 곳에서 보고됐다. 두 연구진 모두 미국으로 건너온 중국 태생의 고생물학자가 대장을 맡고 있다. 하나는 뤄의 연구진이다. 이 연구진은 내 모교인 시카고대학교에 적을 두고 있다. 그리고

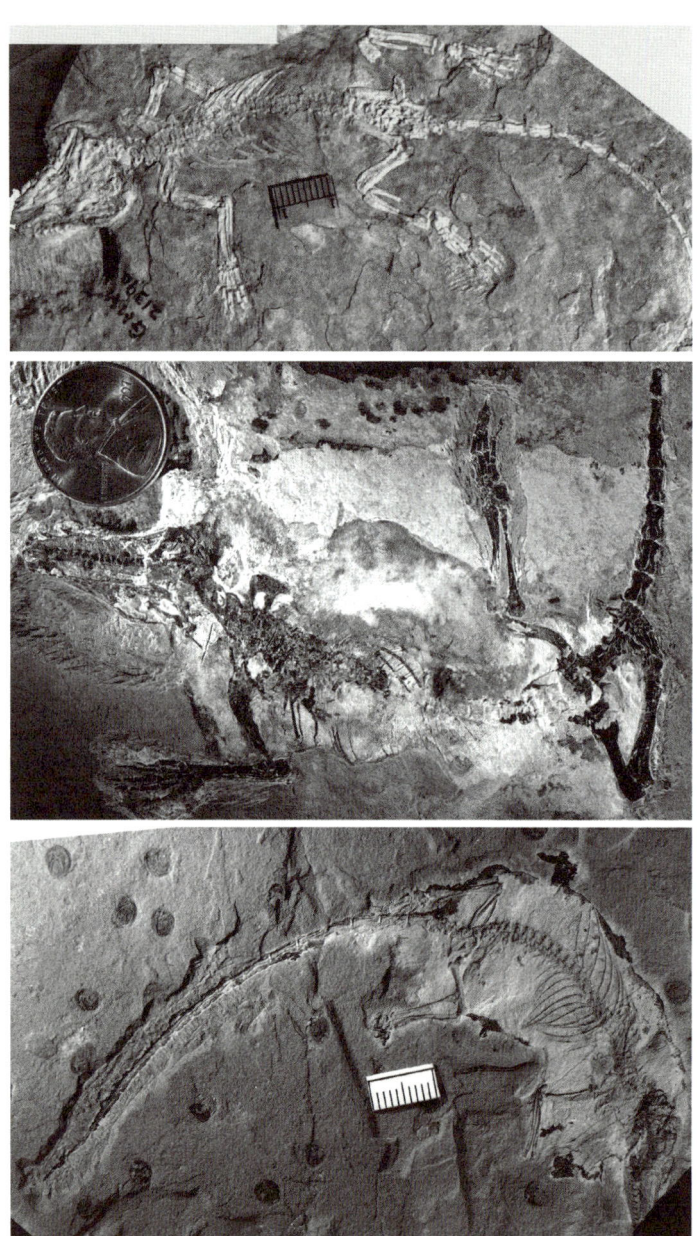

• 중국 랴오닝성에서 발굴된 놀라울 정도로 보존이 잘 된 포유류 화석. 제홀로덴(위), 아길로도코돈(가운데), 미크로도코돈(아래).

미국 자연사박물관의 큐레이터인 멩진^Meng Jin이 이끄는 연구진이다. 나는 박사학위를 이곳에서 땄다. 나는 공룡 마니아로 경력을 시작했지만 내 연구는 점점 화석 포유류 쪽으로 기울었고, 포유류 분야에서 나를 가르쳐준 겸손한 세계적인 전문가 뤄, 멩과 함께했던 것을 영광으로 생각한다.

랴오닝성의 포유류들이 그리도 특별한 이유는 그냥 치아와 턱뼈만 나온 것이 아니기 때문이다. 사실 치아와 턱뼈밖에 없다는 점은 버클랜드, 그리고 뤄와 멩의 세대 이전에 쥐라기와 백악기 화석을 연구하던 모든 포유류 고생물학자들에게는 정말 골칫거리였다. 반면 랴오닝성에서 나온 화석 중에는 뼈와 연조직이 정교하게 보존된 완전한 골격이 많았다. 이것 역시 공룡의 깃털을 돌로 바꾸어놓았던 것과 같은 신속한 화산 매장 덕분이었다. 이런 골격들은 치아와 턱뼈 화석만으로는 결코 알아낼 수 없는 무언가를 밝혀주었다. 쥐라기와 백악기의 포유류들은 상상 가능한 온갖 방식으로 엄청난 다양성을 보여주었다. 딱 하나 한계가 있다면 체구였다. 대부분은 단편적인 화석 치아 기록을 바탕으로 예측했던 바와 같이 뒤쥐나 생쥐 정도의 크기였고, 현재 우리가 아는 것 중 오소리보다 큰 것은 없었다. 하지만 그중에서 적어도 레페노마무스^Repenomamus라는 백악기 종 하나만큼은 무언가 비범한 일을 할 수 있을 정도로 몸집이 컸다. 이 화석은 위 속에 아기 공룡의 뼈가 담긴 채로 발견됐다. 그리하여 공룡 대 포유류에 관한 그 오랜 이야기가 완전히 뒤집어졌다. 사실 일부 공룡은 포유류를 두려워하며 살았던 것이다.

얀리아오 생물군에서 나온 두 유형의 포유류는 뜻하지 않았던 쥐라기의 다양성을 잘 보여주는 사례다. 이 두 포유류는 포유류에서 처음 등장한 두 개의 큰 방사^{radiation}인 도코돈류와 하라미야비아류였다. 양쪽 모두 백악기를 살아남지 못했지만, 운명이 살짝 다르게 펼쳐져 그들 중 몇몇이 오늘날까지 살아남았다면 아마도 오리너구리 같은 단공류로 여겨졌을 것이라 상상할 수 있다. 살짝 이상하고, 살짝 원시적이기도 한 초기 포유류 다양화 파동의 흔적이지만, 그럼에도 진성 포유류이기 때문에 귀여운 온라인 동영상이나 동물원에서 꼭 보고 가야 하는 매력 덩어리로 명성을 얻었을 것이다. 계통수에서 이들의 가지는 이제 단절되었지만 그 당시에는 도코돈류와 하라미야비아류 모두 번성했다.

일부 얀리아오 도코돈류가 어떤 모습이었는지 살펴보자. 민첩하게 기어 다니던 작은 동물 미크로도코돈^{Microdocodon}이 있었다. 이 동물은 일반적인 생쥐나 뒤쥐처럼 보였고 무게는 10그램 미만이었을 것이라고 감히 말할 수 있다. 하지만 이것은 이런 포유류들이 취할 수 있는 가장 정통적인 형태였다. 또 다른 종인 아길로도코돈^{Agilodocodon}은 날씬한 사지에 긴 손가락, 휘어진 손톱, 그리고 대단히 유연한 손목을 갖고 있었다. 이것은 모두 현대 영장류처럼 나무를 기어오르는 동물의 전형적인 특징이다. 도코포소르^{Docofossor}는 육중한 팔꿈치 관절, 수가 줄어든 손가락뼈, 삽처럼 생긴 손톱, 넓은 손 등 완전히 다른 골격을 갖고 있었다. 이것은 땅을 파기 좋게 적응한 것으로, 땅속으로 굴과 터널을 파고 사는 오늘날의 황금두더지$^{golden\ mole}$에서 볼 수 있는 특징이다. 그리고 그다음으로는 카스트로카우다^{Castorocauda}가 있다. 이 동물은 비버처럼 길고 넓적하고 편평한 꼬리와 물갈퀴가 달린 발을 갖고 있었다. 이들의 어금니는 일부 초기 고래처럼 다섯 개의 휘어진 교두가 줄지어 나 있었다. 이것은 미끄러운 어류나 해양 무척추동물을 잡아

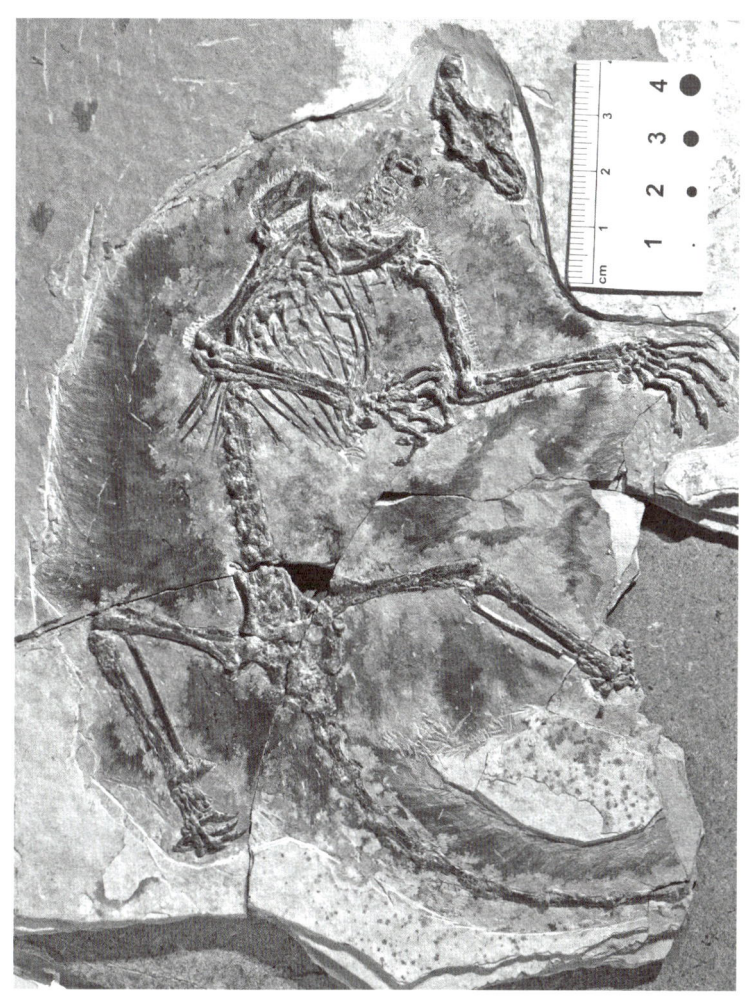

• 중국 랴오닝성 쥐라기에 살았던 활공하는 하라미야비아류 마이오파타기움.

먹고 살기에 안성맞춤인 치아 형태다. 카스트로카우다는 물속에서 헤엄도 치고, 물가를 따라 느릿느릿 걸어 다닐 수도 있는 반수생동물이었다.

하라미야비아류는 다른 방식으로 놀라웠다. 이들의 어금니에는 교두가 평행하게 여러 줄로 나 있어서 일련의 높이가 낮은 띠줄$^{\text{low strip}}$을 형성했다. 이들의 턱은 뒤쪽 방향으로 강하게 움직였다. 이것을 후방작용 운동$^{\text{palinal motion}}$이라고 한다. 이렇게 하면 위쪽 어금니의 교두열을 아래 어금니 교두열에 대고 가는 효과가 난다. 그래서 씨앗, 이파리, 나무줄기, 기타 식물 부위를 갈아 먹을 수 있는 표면이 생긴다. 그럼 이들은 어떤 먹이를 먹었을까? 높은 나무 꼭대기에 있는 것을 먹었다. 하라미야비아류 중에는 내가 베이퍄오시의 아파트를 작업실로 개조한 곳에서 비밀리에 보았던 것처럼 활공하는 게 많았기 때문이다. 이들은 포유류 최초의 공중곡예사로서 가지에서 가지로, 나무에서 나무로 날아다닐 수 있었다.

몇몇 종, 그중에서도 빌레볼로돈$^{\textit{Vilevolodon}}$, 마이오파타기움$^{\textit{Maiopatagium}}$, 아르보로하라미야$^{\textit{Arboroharamiya}}$는 세 가지 피부막을 갖고 있는 것이 발견됐다. 그중 제일 주된 것은 척추에서 바깥쪽으로 연장되어 앞다리와 뒷다리 사이에 펼쳐져 있었고, 나머지 두 개는 각각 목과 앞다리, 뒷다리와 꼬리를 연결했다. 이 세 가지가 합쳐져 일련의 에어포일 날개가 만들어졌다. 이것은 현대의 가죽날개원숭이$^{\text{flying lemur}}$, 즉 피익류^{dermopteran}와 비슷하게 생겼다(영명으로는 여우원숭이를 뜻하는 'lemur'가 들어가 있지만 진성 여우원숭이가 아니라 비영장류 집단의 포유다). 하지만 거기서 끝이 아니다. 하라미야비아류는 긴 손가락과 발가락을 갖고 있는데 서로 길이가 거의 비슷하고, 발톱 아래쪽에는 인대가 붙었던 긴 홈이 나 있다. 이는 이들이 거꾸로 매달릴 수 있었음을 암시한다. 바꿔 말하면 박쥐가 쉴 때처럼 손과 발로 나뭇가지나 동굴 천장에 매달릴 수 있었다는 것이다. 이들은 오늘날의 박쥐처럼 겁 많고 약취

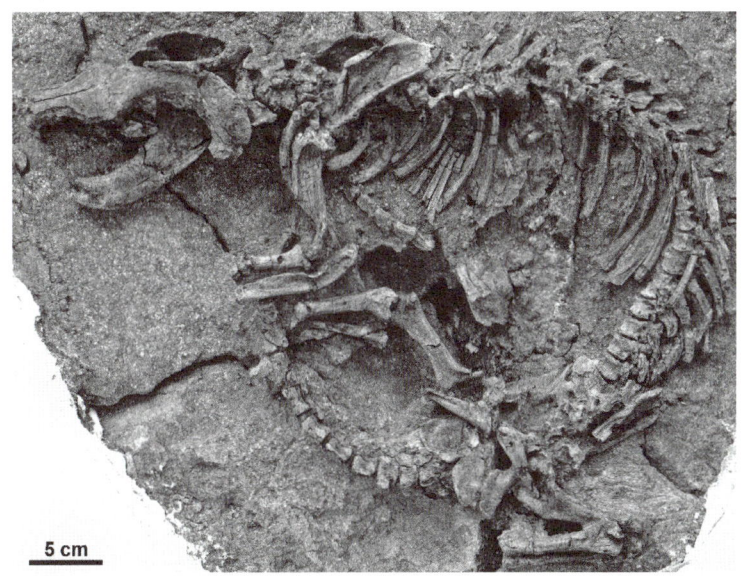

• 중국 랴오닝성에서 나온 공룡을 잡아먹던 백악기 포유류 레페노마무스.

가 나는 거대한 무리를 이루었을지도 모른다.

땅에서 민첩하게 움직이면서 사는 종, 나무를 타고 오르는 종, 굴을 파는 종, 헤엄을 치는 종, 활강을 하는 종, 물고기를 잡아먹는 종, 식물을 우적우적 씹어 먹는 종, 씨앗을 갈아 먹는 종 등 쥐라기에 도코돈류와 하라미야비아류는 이미 현대 포유류에서 보이는 수많은 생활방식을 실험하며 숲에서 호숫가, 지하에 이르기까지 수많은 생태적 지위를 채우고 있었다. 이들은 특색 없이 밋밋한 일반종이 아니었다. 분명 공룡만큼이나 큰 생태적 다양성을 갖고 있었을 것이다. 어쩌면 더 다양했는지도 모른다! 다만 크기가 작았을 뿐이다.

이것을 깨닫고 나자 쥐라기와 백악기의 세계에 대해 근본적으로 새로이 해석하게 됐다. 포유류는 체구를 소형화하는 데 공룡보다 더 뛰어났다. 당시 가장 작은 공룡은 비둘기 크기 정도의 원시 조류였다. 스테고사우루스도, 티라노사우루스도, 뿔 달린 공룡이나 오리 부리가 달린 공룡도 도코돈류나 하라미야비아류의 평균 크기에 가깝게 줄어들지는 않았다. 공룡 때문에 포유류가 계속 체구를 키우지 못한 것도 사실이지만, 포유류는 반대로 공룡의 체구 소형화를 막았다. 이것 역시 못지않게 인상적인 부분이다.

스카이섬에서의 화석 사냥

쥐라기에 일어났던 일은 중국만이 아니라 전 지구적인 이야기였다. 대륙이 쪼개지는 과정에서 도코돈류, 하라미야비아류, 그리고 초기에 갈라져 나온 다른 포유류 집단이 전 세계로 퍼져나가고 있었다. 사실 이런 다양화를 주도한 것은 판게아대륙의 분리였는지도 모른다. 새로 떨어져 나온 땅덩어리들이 각자 자기만의 고유한 포유류 공동체의 고향으로 자리 잡게 된 것이다. 이런 포유류의 화석들이 전 세계 많은 장소에서 발견된다. 그중에는 내가 좋아하는 화석 사냥터도 있다. 바로 스코틀랜드의 스카이섬 Isle of Skye이다.

  내가 험준한 바위투성이 정상과 안개 낀 황야지대, 파도에 깎여 나간 절벽의 스카이섬을 처음으로 찾아간 것은 에든버러대학교에서 교수직을 시작하고 몇 달이 지났을 때였다. 이번에도 역시 나를 그곳으로 이끈 것은 공룡이었다. 1980년대에는 절벽에서 공룡의 발자국 화석이 하나 떨어졌고, 1990년대에는 목이 긴 용각류의 육중한 사지뼈 하나가 바닷가 사암 바위 밖으로 튀어나와 있는 것이 발견됐다. 이것은 그 마법의 풍경 속에 공룡의 화석들이 숨어 있음을 보여주는 최초의 희미한 단서였다. 그 후로 몇 년에 걸쳐 우리는 더 많은 화석을 찾아냈다. 수백 개의 용각류 발자국이 찍힌 무도장, 검룡류와 육식성 수각류가 남긴 흔적들, 초기 오리부리 공룡의 발자국으로 보이는 흔적, 버클랜드의 메갈로사우루스와 비슷한 포식자의 칼날처럼 날카로운 치아, 그리고 아직 정체가 확인이 안 된 수많은 뼈들이 지금 내 연구실에 자리 잡고 있다. 타이핑을 하고 있는 지금도 내 학생들이 공기드릴과 치과 장비들을 사용해 콘크리트처럼 단단한 무덤에서 뼈를 발굴하고 있다.

나와 우리 연구진은 스카이섬에 새로 들어온 사람들이었다. 우리보다 앞서서 들어온 다른 고생물학자들이 있었다. 하지만 충격적이게도 그들은 대부분 공룡에는 관심이 없었다. 헤브리디스 제도Hebrides의 쥐라기 화석은 1850년대에 휴 밀러Hugh Miller에 의해 처음으로 보고됐다. 헤브리디스 제도는 스코틀랜드 서쪽 해안과 나란하게 이어져 있는 열도다. 밀러는 직업이 참 많았다. 그는 회계사 겸 석공 겸 작가 겸 바위 전문가 겸 복음주의 교회 사제였다. 어느 여름에 그는 베시호Betsey라는 배를 타고 헤브리디스 제도의 이 섬 저 섬을 돌아다니며 지질학을 연구하고 설교를 했다. 스카이섬 남쪽 에익섬Isle of Eigg에서 그는 녹슨 쇠처럼 붉은 바위로 덮인 해변에 도착했다. 그 바위는 사방에 매끈한 검은색의 조각이 튀어나와 있었다. 그는 때 이른 죽음을 맞이한 후 1856년에 에든버러에서 출판되어 큰 호평을 받은 자신의 여행기《베시호 유람선 여행기The Cruise of the Betsey》에서 당시를 이렇게 들뜬 말투로 회상했다. "그것은 뼈, 진짜 뼈였다." 그 뼈들은 대부분 플레시오사우루스plesiosaurs(수장룡류)라는 국수처럼 긴 목을 가진 바다에 살던 파충류의 것이었던 반면, 그중에는 악어와 어류의 것도 있었다. 이 동물들은 공룡이 육지에서 활보하고 다니는 동안 육지에서 떨어진 앞바다에서 살았다.

그로부터 한 세기 넘게 지난 1970년대 초에 밀러의 글이 마이클 월드먼Michael Waldman이라는 학교 교사인 또 다른 화석 사냥꾼에게 영감을 불어넣어 그의 학생들을 스카이섬으로 데리고 오게 만들었다. 에익섬보다 크고 해안을 따라 쥐라기 시대의 바위가 훨씬 많이 노출되어 있는 스카이섬이 화석을 찾을 가능성이 더 높아 보였다. 머지않아 월드먼은 교두가 달린 치아가 가득한 1센티미터 될까 말까 한 턱뼈를 발견해서 자신의 직감이 옳았음을 증명했다. 이것은 포유류의 턱이었다. 이것으로 그는 도코돈류 신종의 이름을 붙였다. 보레알레스테스Borealestes. '북방의 도적'이라는 뜻이었다. 그 후로 10년 동안 월드먼과 그의 스승인 브리스틀대학교의 포유류 전문가 로버트 새비지Robert Savage는 스카이섬으로 돌아와 더 많은 포유류 화석을 수집했다. 특히 평소에 자주 나오는 치아와 턱뼈를 많이 찾아냈다. 하지만 무슨 이유에서인지 이들은 이것을 보고하는 데 관심을 보이지 않았고, 1980년대의 어느 시점에 그 화석들이 사라진 것으로 보였다.

그즈음 나는 스카이섬으로의 첫 여정을 계획 중이어서 미리 정찰을 하려고 스코틀랜드 국립박물관의 창고를 방문했다. 이 창고는 박물관의 화석 소장품이 대부분 보관되어 있는 곳이었다. 나는 형태, 색상, 질감 등 스카이섬에서 우리가 마주칠지도 모를 화석의 유형을 눈에 익혀두고 싶었다. 그래서 나는 그런 상황이라면 대부분의 고생물학자들이 했을 일을 했다. 실제로는 아무런 계획도 없이 서랍들을 샅샅이 뒤지며 조금이라도 흥미로워 보이는 화석이 있으면 관찰하고 사진을

• 우리 연구진 중 한 명인 모지 오군칸미|Moji Ogunkanmi가 작은 화석을 찾기 위해 스코틀랜드 스카이섬 쥐라기 바위를 면밀히 조사하고 있다.

찍는 일 말이다. 대부분의 화석은 뼛조각, 치아가 들어 있는 병, 정체를 알 수 없는 돌이 든 자루 등 내가 예상했던 것들이었다. 그리고 서랍을 하나 더 열었는데 나는 그 자리에서 얼어붙고 말았다.

분필 색깔에 축구공만 한 크기의 석회암 덩어리가 있었다. 표면은 그것이 발견된 해안가에서 조류에 셀 수 없이 씻겨 내려가서 생긴 흔적이 자국처럼 그려져 있었다. 그 중앙에는 사과 정도 크기의 덩어리 속에 검고 반짝이는 뼈들이 뒤죽박죽 엉켜 있었다. 내 눈에 척추에서 나온 척추뼈, 갈비뼈, 사지 뼈가 들어왔다.

포유류의 골격이었다!

여기 랴오닝성에서 최초의 골격이 보고되기 적어도 15년 전에 월드먼과 새비지가 수집했지만 분실한 줄 알았던 바로 그 표본 중 하나가 있었다. 그때만 해도 치아와 턱만 발견되고 골격이 나오지 않아 쥐라기 포유류들은 모두 치아와 턱으로만 만들어진 것이 아닐까 하는 생각이 들 지경이었다. 그런데 그 두 사람은 골격을 가지고 있었다. 그럼에도 그것으로 아무것도 하지 않았다. 그나마 이 표본들은 국립박물관으로 옮겨져 미래의 연구자들을 위해 안전하게 보관될 수는 있었다.

즉시 나는 화석 연구를 위한 지원금 신청서를 작성했다. 그것이 스코틀랜드 고생물학의 꽃이며, 초기 포유류 진화에 관해 중요하고도 새로운 통찰을 줄 수 있음을 절절한 문장으로 호소했다. 하지만 신청서 검토 담당자는 나만큼 여기에 열정이 있는 사람이 아니었고, 내가 젊은 대학교수 시절에 처음 작성했던 10여 통의 지원금 신청서처럼 이번 신청서도 거절당했다. 나는 다른 전략이 필요했기 때문에 스코틀랜드 국립박물관의 고생물학자 친구인 닉 프레이저 Nick Fraser, 스티그 월시 Stig Walsh 와 힘을 합쳐 그 골격에 초점을 맞춘 박사학위 프로젝트를 제안했다. 우리 중에는 쥐라기 포유류 전문가가 없었기 때문에 이 동물들에 대해 그 누구보다도 잘 알고 있는 또 다른 동료를 참여시켰다. 바로 뤄저시였다. 그렇게 해서 나는 10대 시절에 내게 처음으로 화석 포유류를 소개해주었던 사람과 연구를 진행하게 됐다. 우리는 함께 이 프로젝트를 감독하게 됐다.

이제 우리에게 필요한 것은 박사학위 지원생을 찾는 것밖에 없었다. 그리고 우리는 훌륭한 학생을 찾아냈다. 엘사 판치롤리 Elsa Panciroli 라는 스코틀랜드고지 출신의 젊은 여성이었다. 그녀는 해양환경 보존단체에서 일을 하다가 고생물학을 공부하려고 대학에 갔다. 그녀는 집에서 그렇게 가까운 곳에서 중요한 화석을 연구할 기회가 생겼다는 것에 열광해서 지원서에 이렇게 적었다. "이 프로젝트가 스코틀랜드의 표본을 가져다 더 폭넓은 맥락에서 살펴본다는 사실이 저를 들뜨게 합니다." 그 후로 몇 년 동안 엘사는 CAT 스캔을 이용해서 개별 뼈를 분리한 다음, 디지털 기술을 통해 다시 조립해서 완전한 관절을 갖춘 골격을 완성하면서 공들여 화석을 연구했다. 그녀는 이것이 보레알레스테스임을 확인했다. 월드먼의 턱뼈와 짝을 이룰 몸통이었다. 엘사가 영국에서 화석 연구자들의 모임으로는 가장 큰 2018년 고생물학회 모임에서 자신의 연구를 발표했을 때 청중은 큰 인상을 받았고, 그녀는 학생 연구자 중 최고의 강연을 한 사람에게 돌아가는 회장상을 받았다.

스카이섬과 에익섬에서 나온 포유류, 공룡, 해양생물, 그리고 기타 다양한 화석들 덕분에 그 당시의 생명에 대해 생생한 그림을 그릴 수 있었다. 고대의 스코틀랜드는 아직 좁은 상태였던 대서양의 한가운데 자리 잡은 한 섬의 일부였다. 당시 대서양은 유럽이 북아메리카대륙으로부터 멀어짐에 따라 빠르게 넓어지고 있었다. 하늘 높이 치솟은 산 정상에서 흘러내린 거친 물살이 강을 이루고, 이 강이 육지를 여기저기 떠돌다가 넓게 뻗어 있는 삼각주를 지나 수정처럼 파란 바다로 흘러들어 갔다. 모래해변과 석호^{lagoon}가 해안의 가장자리를 두르고 있었고, 이곳에서 포유류와 공룡이 악어, 도롱뇽과 함께 뒤섞여 살았다. 한편 휴 밀러의 플레시오사우루스는 앞바다로 헤엄쳐 나갔다. 보레알레스테스는 중국의 사촌 카스트로카우다처럼 석호의 아열대 바다에서 헤엄을 치며 물고기를 잡아먹고, 곤충으로 식단을 보충하고 싶거나 플레시오사우루스를 피하고 싶을 때는 뭍에 오르기도 하면서 살았는지도 모른다.

적어도 순전히 육중한 크기로만 보면 공룡이 이 세계의 지배자였던 것은 맞다. 우리 연구진이 몇 년 전에 발견한 용각류의 발자국은 크기가 자동차 타이어만 했다. 이 발자국은 목을 2층 높이까지 뻗을 수 있는 야수가 만든 것이었다. 내 생각에 용각류의 발자국 하나 안에 보레알레스테스가 적어도 몇십 마리는 들어갈 수 있을 것 같다. 한 번의 발걸음으로도 이 공룡은 도코돈류의 한 무리 전체를 쓸어버릴 수 있었다. 하지만 보레알레스테스는 이 고대의 섬에서 살았고, 그저 살아남기만 한 것이 아니라 번성했던 여러 포유류 종 중 하나였다. 공룡의 시대였던 것은 맞지만, 숨어 있는 더 작은 생태적 지위 안에서는 이미 포유류의 시대가 펼쳐지고 있었다.

젖, 가장 포유류다운 물질

수많은 종, 중국의 숲에서 스코틀랜드 석호에 이르기까지 전 지구적인 분포, 깜짝 놀랄 정도로 다양한 식단, 서식지, 생활방식 등 도코돈류와 하라미야비아류의 엄청난 다양성을 보면 이들을 포유류 진화의 단절된 가지라며 격하하는 것은 어리석은 일이다. 안타깝지만 나 역시도 글과 강의에서 이런 실수를 저질렀다.

하지만 이 문구에 문제가 있는 또 다른 이유가 존재한다. 오늘날까지 살아 있는 도코돈류와 하라미야비아류가 없는 것은 사실이지만, 이 집단은 포유류 계통수의 몸통에서 가지치기해서 나왔고, 바로 그 몸통이 오늘날의 포유류에 이르는 경로였다는 점이다. 그 몸통을 따라가며 쥐라기와 백악기의 종들은 여러 가지 특성을 습득했고, 이런 특성들은 펠리코사우르스류, 수궁류, 견치류, 모르가누코돈 같은 유형의 포유류가 이미 발전시켜놓은 특성들과 함께 우리를 비롯한 오늘날의 포유류를 정의하는 청사진의 기본 구성요소가 됐다. 우리는 이런 새로운 특성 중 상당수를 도코돈류와 하라미야비아류의 화석에서 찾아볼 수 있다.

털에서 시작해보자. 앞에서 살펴보았듯이 털은 페름기 수궁류인 디키노돈류와 견치류에서 처음 등장했을 가능성이 높다. 이 털은 몸을 빽빽하게 덮고 있었던 것이 아니라 감각용 수염이나 과시를 위한 구조물, 또는 피부 방수 시스템의 일부로 존재했다. 하지만 수궁류 똥 화석에 들어 있던 털 비슷한 가닥이나 주둥이 수염이 있을 만한 자리에 나 있는 구멍이나 홈 등 정황상의 증거만 있다. 그러나 도코돈류와 하라미야비아류를 모두 포함해 랴오닝성에서 나온 쥐라기와 백악기 포유류 골격 중 다수가 털로 몸 전체가 뒤덮여 있었다는 사실은 부정할 수 없다. 이것은 그냥 추측이 아니다. 공룡의 깃털이 그랬던 것처럼 이 동물의 털도 화산활동의 보존 작용 덕분에 뼈를 둘러싼 채 그 자리에 온전히 자리 잡고 있었기 때문이다.

따라서 이 포유류들이 완전한 온혈동물이었다는 사실은 반박이 불가능하다. 자신의 몸 전체를 털로 뒤덮을 필요가 있는 동물은 오직 열을 스스로 만들어 체온을 일정하게 유지하는 내온동물밖에 없기 때문이다. 사실 냉혈동물에게는 이런 털이 오히려 해로울 수 있다. 햇살이 뜨거운 날에 체온이 과열될 수 있기 때문이다. 수궁류-견치류-포유류로 이어지는 진화의 경로에서 완전한 온혈성이 정확히 언제 진화했는지를 두고 아직도 논란이 많다. 내가 앞 장에서 제시한, 트라이아스기 견치류가 내온성의 첫 단계를 밟았다는 시나리오가 앞으로의 연구에서는 틀렸음이 입증될 수도 있다. 어쨌든 도코돈류와 하라미야비아류가 쥐라기에서 잡다한 생활방식을 펼칠 즈음에는 포유류가 우리가 지금 갖고 있는 것과 동일한 유형의 세련된 고에너지 대사를 발전시킨 상태였음이 분명하다.

계통수의 이 부분에서 발달하고 있던 포유류의 훨씬 정교한 또 다른 특성이 있다. 사실 포유류가 포유류라는 이름을 갖게 된 까닭이 바로 이것이다. 이 특성은 우리를 다른 모든 동물과 차별화해준다. 바로 젖샘mammary gland이다. 우리의 피부에서 가장 크고 복잡한 구조물이 바로 이 젖샘이며, 포유류의 어미는 이것을 가지고 젖분비lactation 혹은 수유授乳라는 과정을 통해 새끼에게 영양분을 공급한다.

새끼에게 젖을 먹이는 데는 많은 이점이 따른다. 모유는 놀라울 정도로 영양분이 풍부한 식량원이기 때문에 어미나 새끼 모두 밖으로 나가서 먹이를 채집하거나 사냥을 다닐 필요가 없다. 어미는 모유 공급을 비축할 수 있고, 새끼에게 먹이는 타이밍도 조절할 수 있다. 이것은 날씨나 계절의 변화로 먹이 공급이 부족해진 상황에서 완충작용을 해준다. 예를 들어 새끼에게 벌레를 잡아다 먹이는 조류의 어미는 그런 행운을 누릴 수 없다. 가뭄이 생겨서 벌레를 찾아보기 힘들면 새끼들이 곤란에 처한다. 언제든 공급할 수 있는 식량원이 존재함으로써 새로 태어난 포유류 새끼는 빠르게 성장할 수 있고, 어미와 새끼 간에 유대감도 강화할 수 있다. 이런 유대감은 인지 발달과 사회성 발달에서 대단히 중요하다. 후자는 나도 직접 목격하고 있다. 이 글을 쓰고 있는 순간에도 내 다섯 살배기 아들은 아내와는 정답게 대화를 나누면서 나는 완전히 무시하고 있다.

젖분비가 어떻게 진화했는지에 대해서는 많은 이론이 나와 있다. 다윈도 이 미스터리에 대해 고민하며 많은 시간을 보냈다. 현재는 두

개의 중요한 이론이 나와 있다. 첫 번째는 피부의 분비샘이 갓 태어난 새끼를 세균 감염으로부터 보호하기 위해 항균성 액체를 분비하기 시작했고, 이것이 나중에 완전한 식량원으로 발달했다는 이론이다. 두 번째는 젖이 처음에는 포유류의 작은 알이 마르지 않도록 습하게 유지하는 데 사용되었지만 갓 부화한 새끼가 그것을 먹기 시작하면서 자연선택에 의해 젖이 새끼의 영양 공급원으로 바뀌었다는 이론이다.

맞다. 당신이 제대로 읽은 것이다. 알이 있었고, 알에서 부화한 새끼가 있었다.

우리는 포유류라고 하면 직접 새끼를 출산하는 동물이라 생각하는데 익숙해져 있지만, 이것은 수아강^{therians}이 갖춘 고등 능력이다. 수아강은 우리와 같은 태반류와 유대류를 아우르는 파생 집단이다. 오리너구리와 바늘두더지^{echidna} 같은 단공류처럼 현존하는 가장 원시적인 포유류는 알을 낳는다. 우리가 지금까지 얘기했던 트라이아스기, 쥐라기, 백악기의 포유류 모두 그랬을 가능성이 높다.

초기 포유류의 실제 알 화석이 아직은 나오지 않았지만, 포유류와 가장 가까운 친척이며 지난 장에서 만나본 발터 퀴네의 올리고키푸스를 포함하는 집단인 트릴로돈과 견치류는 분명 알을 낳는 동물이었다. 2018년의 연구로 포유류 진화에 대한 우리의 관점을 바꾸고 있는 또 한 명의 똑똑한 박사학위 학생 에바 호프먼$^{Eva\ Hoffman}$이 트릴로돈과 카이엔타테리움^{Kayentatherium}의 가족 화석을 보고하기 위해 자신의 지도교수인 팀 로우$^{Tim\ Rowe}$와 팀을 이루었다. 어미 한 마리와 적어도 38마리, 어쩌면 그보다 많은 수의 작은 새끼들이 옹기종기 모여 있다가 홍수에 파묻혔다. 포유류에 가까운 이 고양이 크기의 동물이 수십 마리의 새끼를 출산으로 낳았을 리는 없으니 이 새끼들은 알에서 부화한 것이 틀림없다. 그리고 어미가 이 새끼들을 모두 젖을 먹여 키웠을 리도 없다. 적어도 젖만 먹여서 키울 수는 없었을 것이다. 아마도 이 가족은 함께 먹이를 찾아 나섰다가 이런 운명을 맞이했을 것이다.

그렇다면 젖분비는 언제 진화했을까? 지금까지는 가장 훌륭하게 보존된 랴오닝성의 포유류 중에서도 화석화된 젖샘을 갖고 있는 것은 발견된 적이 없다. 다행히도 포유류가 새끼 시절에 젖을 마신 것이 틀림없음을 보여주는 다른 증거들이 존재한다.

첫 번째 증거는 디피오돈트형이다. 디피오돈트형은 유치와 영구치 두 벌의 치아만 갖는 것을 말한다. 지난 장에서 살펴보았듯이 디피오트형은 트라이아스기에 모르가누코돈 비슷한 포유류에서 처음 등장했다. 유치를 '젖니$^{milk\ teeth}$'라고 부르는 이유가 있다. 유치는 빈약하게 형성되어 입을 다물었을 때 윗니와 아랫니의 교두가 제대로 교합되지 않는 경우가 많다. 그리고 치열도 완전하지 않아서 유치열에서는 큰어금니(때로는 다른 치아도)의 전구 치아가 나오지 않는다. 그래서 큰어금니는 새끼가 젖을 뗀 이후에야 형성된다. 따라서 유치는 씹고, 부수고, 가는 용도로는 수준 이하의 기능을 보여준다. 하지만 새끼가 완전히 액체로 된 것을 먹고 산다면 문제될 것이 없다.

그보다 더 진지한 문제가 하나 더 있다. 대부분의 신생아가 잇몸을 드러내며 웃는 것이나, 이가 날 때 불편해서 우는 것을 볼 때 알 수 있듯이, 치아가 없는 상태에서 태어나는 포유류가 많다. 턱이 더 커지고 강해져야 첫 유치가 나올 수 있기 때문이다. 그렇지 않아도 취약하기 그지없는 이 어린 개체들은 적어도 몇 주에서 몇 달은 버티며 살아남아야 그나마 유치가 나와서 씹는 흉내라도 낼 수 있다. 하지만 이 경우도 젖이 그 해결책이 될 수 있다. 씹을 필요 없이 빨고 삼키기만 하면 되니까 말이다.

이것이 젖분비의 두 번째 증거가 되어준다. 빨기에 필요한 골격 구조들이 바로 그 증거다. 하나는 2차 구개다. 이것은 구강의 딱딱한 입천장으로, 트라이아스기 견치류에서 진화했다. 구개가 구강과 기도를 분리해주기 때문에 아무리 나약한 새끼라도 젖을 마실 때 질식하지 않는다. 그뿐이 아니다. 젖을 먹을 때 새끼는 어미의 젖꼭지를 자기 혀로 구강 깊숙이 끌어당겨 보통은 젖꼭지를 구개에 대고 강하게 누른다. 그럼 젖이 나온다. 하지만 구개만으로는 충분하지 않다. 젖이 나올 정도로 충분한 힘을 제공하려면 새끼에게는 근육이 발달한 인두throat(목구멍)와 함께 대단히 가동성이 좋고 복잡한 목뿔뼈hyoid bone(설골)가 필요하다. 이것이 있어야 인두의 연골을 잡아주고 근육을 고정할 수 있다. 이런 유형의 독특한 목뿔뼈 시스템이 처음으로 분명하게 등장한 것은 도코돈류였다. 랴오닝성에서 나온 아주 작은 미크로도코돈이 그 사례다.

이런 증거들을 종합하면 어미들은 포유류의 역사 초기부터 새끼에게 젖을 먹이기 시작한 것이 틀림없다. 아마도 모르가누코돈 같은 최초의 포유류가 트라이아스기에 여기저기 뛰어다니던 시절 즈음이었을 수도 있고, 쥐라기에 도코돈류가 번성하던 시절에는 분명 그랬다. 이와 같은 시기에 큰 뇌가 등장한 건 우연이 아닐 것이다. 큰 뇌는 대사적으로 비용이 많이 들기 때문에, 젖처럼 영양도 풍부하고 지속적으로 언제든 공급 가능한 먹이라면 더 많은 신경조직, 특히 포유류의 지능과 감각 통합sensory integration이 일어나는 초고속 처리 센터인 6층 구조의 신겉질을 꾸리는 데 필요한 에너지를 공급할 수 있었을 것이다.

가장 포유류다운 물질인 젖은 어릴 때 우리의 생명을 유지해주었을 뿐 아니라 우리를 똑똑하게도 만들어줬다. 하지만 지능은 포유류가 갖추고 있는 여러 가지 신경감각 무기 중 하나일 뿐이다.

포유류의 귓속뼈는 어디서 왔을까?

일찍이 16세기에 해부학자들은 해부용 시신의 고막 바로 안쪽에 있는 가운데귀 공간 middle ear cavity (중이 공간)에서 무언가 특이한 점을 발견했다. 그 안에는 뼈 세 개가 들어 있었는데, 각각 쌀알 하나 정도 크기여서 누가 봐도 신체에서 가장 작은 뼈임을 쉽게 알아볼 수 있었다.

이것이 가장 특이한 점이었다. 뼈라면 무릇 튼튼하고 견고해야 하는 법이다. 뼈는 몸의 버팀목 역할을 하고, 중요한 장기를 보호하고, 말 그대로 근육에서는 뼈대 역할을 한다. 자기 뼈를 눈으로 볼 수는 없지만 느낄 수는 있다. 뼈는 얼굴의 윤곽을 만들어내고, 허리의 윤곽을 빚어내며, 불거져 나온 팔의 근육들도 들어올리고, 주먹을 쥐면 두둑 소리를 내고, 나이가 들면 삐걱거린다. 그리고 오싹하고 신비로운 무덤 장식으로 죽음을 상징한다.

그런데 귓속의 뼈들은 이 가운데 어느 하나에도 해당하지 않았다. 이들의 정체는 무엇이며, 대체 왜 거기 존재하는 것인가?

정체가 무엇이든 이것이 우리에게만 있는 건 아니었다. 후대의 해부학자들은 다른 포유류에서도 이와 동일한 세 개의 뼈를 확인했다. 하지만 오직 포유류에만 있었다. 이 뼈들은 예외 없이 항상 작았기 때문에 마치 정식으로 뼈라고 불릴 자격이 없다는 듯 귀에 있는 작은 뼈라는 뜻의 이소골 auditory ossicle, 즉 귓속뼈로 불리게 됐다. 이들은

'malleus망치뼈', 'incus모루뼈', 'stapes등자뼈'로 라틴어 이름을 갖게 됐다. 이런 이름은 별자리 이름을 지을 때 곰을 닮아서 곰자리, 게를 닮아서 게자리라고 부르는 것처럼 닮은 물건의 이름을 따서 지어진 것이다. 해부학자들이 계속해서 포유류의 귀를 해부해보니 세 개의 소골편이 또 다른 작은 뼈인 엑토팀파닉 ectotympanic과 연관되어 있다는 것을 알게 됐다. 이것은 고리와 비슷하게 생겼다고 해서 그냥 '고리ring'라는 직관적인 별명을 얻었다.

몸에 들어 있는 뼈의 수를 셀 때는 망치뼈, 모루뼈, 등자뼈를 잊어버리기 쉽다. 그리고 고리에 대해서는 아무도 얘기하지 않는다. 사람에서는 이 뼈가 넓은 관자뼈temporal bone(측두골)와 융합되어 있기 때문이다. 관자뼈는 눈과 뺨 뒤로 머리의 옆면 대부분을 형성하고 있는 뼈다. 하지만 이 뼈의 작은 크기에만 초점을 맞추면 그 중요성을 간과하기 쉽다. 과학자와 의사는 나중에야 이 사실을 이해하게 됐다.

엑토팀파닉 고리는 고막을 지지해준다. 고막은 탬버린의 목재 프레임처럼 공중에서 오는 음파를 받아주는 팽팽한 막이다. 망치뼈, 모루뼈, 등자뼈는 고막과 속귀inner ear(내이) 사이에서 연쇄를 이루고 있다. 고막은 망치뼈와 접촉하고 있고, 망치뼈는 모루뼈와 가동관절mobile joint을 이루고 있고, 모루뼈는 등자뼈와 접촉하고 있고, 등자뼈는 달팽이관cochlea을 때린다. 달팽이관은 실제로 음파를 처리해서 청각신호를 뇌로 보내는 속귀의 부드러운 부분이다. 이 귓속뼈 연쇄는 세 가지 핵심적인 기능을 한다. 우선 전화선처럼 소리를 고막(수용기)에서 달팽이관(처리기)으로 전달하는 역할을 한다. 그리고 확성기 여러 개를 꼬리를 물고 이어놓은 것처럼 이 소리를 증폭시켜준다. 그리고 다른 나라로 여행을 갈 때 가져가는 전원 플러그 어댑터처럼 공기로 전파되던 음파를 달팽이관 내부의 액체를 따라 전달되는 파동으로 전환해준다. 이런 미세한 파동의 움직임이 달팽이관에 들어 있는 작은 털을 자극하면, 그 털의 움직임이 전기신호로 바뀌어 신경을 통해 뇌로 중계된다. 그럼 우리는 이것을 '소리'로 감각하게 된다.

고리, 망치뼈, 모루뼈, 등자뼈는 포유류에서 가장 발전된 신경감각 기능 중 하나를 가능하게 한다. 바로 폭넓은 소리를 들을 수 있는 능력이다. 특히 고주파수의 소리를 잘 들을 수 있다. 조류, 파충류, 양서류 모두 소리를 들을 수 있다. 이들 모두 음파를 취해서 달팽이관 속에서 액체파로 전환한다. 하지만 이들은 절대 포유류만큼 잘 들을 수 없고, 그렇게 폭넓은 주파수의 소리를 들을 수도 없다. 이들은 그런 역할을 등자뼈 하나가 모두 감당하기 때문이다.

그럼 망치뼈, 모루뼈, 고리, 이 세 가지 다른 뼈는 어디서 왔을까? 포유류가 더 잘 들을 수 있게 하려고 진화가 이 세 가지 뼈를 완전히 새로 빚어냈을까? 그렇게 생각할 만도 하다. 자연선택이 특정 목표에 부합하는 새로운 구조물을 창조해내는 경우도 종종 있기 때문이다. 뿔이나 수염 같은 것이 그런 사례다.

하지만 포유류 배아의 발달 중인 귀를 들여다보기 시작한 19세기 초반의 해부학자들은 무언가 놀라운 것을 깨달았다. 가진 도구가 확대경보다 나을 것이 없었던 독일의 발생학자 카를 라이헤르트^{Karl Reichert}는 망치뼈와 모루뼈의 형성이 가운데귀 안에서 시작되지 않는다는 것을 관찰했다. 사실 이 뼈는 귀 근처에 있지도 않았다. 오히려 턱의 뒤쪽 끝에 자리 잡고 있었다. 그리고 이른 단계의 배아에서는 이 두 개의 뼈가 위쪽 두개골과 아래쪽 턱뼈 사이에서 실제로 관절을 이루고 있었다.

비포유류 척추동물에서 턱관절을 형성하는 뼈는 이름을 갖고 있다. 관절골과 방형골이다. 라이헤르트는 무언가 단순하면서도 심오한 것을 깨달았다. 포유류 발달 초기에는 망치뼈와 모루뼈가 포유류의 관절골 및 방형골과 크기, 모양, 위치가 사실상 동일했다. 이것이 의미하는 바는 하나밖에 없었다. 망치뼈와 모루뼈가 바로 관절골과 방형골이다. 이것들은 사실 턱뼈다.

같은 독일인이었던 해부학자 에른스트 가우프Ernst Gaupp는 당대의 많은 위대한 뼈 전문가들이 그랬듯이 라이헤르트의 연구를 한발 더 전진시켜 포유류 귀 발달의 통합 이론을 만들어냈다. 현재는 모든 의대에서 가르치는 이 이론은 두 사람의 이름을 모두 따서 '라이헤르트–가우프 이론Reichert–Gaupp theory'이라 부른다. 배아 연구 기술이 발전하면서 가우프는 현미경을 이용해서 발달 중인 귓속뼈를 세세한 부분까지 더 잘 추적할 수 있었다. 그는 망치뼈가 관절골이고, 모루뼈가 방형골이라고 했던 라이헤르트의 주장이 사실이었음을 확인했고, 마침내 엑토팀파닉 고리의 미스터리도 해결했다. 이것 역시 아래턱 뒤쪽 끝, 파충류의 각골에 해당하는 위치에서 발달을 시작했다. 따라서 엑토팀파닉 고리가 바로 각골이다. 이 역시 턱뼈인 것이다.

그것이 뜻하는 바는 의미심장했다. 포유류의 귓속뼈 중 새로 발명된 것은 없었다. 즉, 턱뼈였다가 진화가 청각이라는 새로운 기능으로 용도를 변경한 것이었다.

현대의 생물학자들은 CAT 스캔, 그리고 뼈, 연골, 근육 등의 서로 다른 조직들이 모두 다른 색으로 염색되는 현미경 슬라이드 절편을 이용해서 배아의 발달을 믿기 어려울 정도로 자세하게 연구할 수 있다. 따라서 현재는 포유류의 성장 과정에서 무슨 일이 일어나는지 잘 이해하고 있다. 발달이 지속되고 초기 단계의 배아가 말기 단계의 배아, 그리고 이어서 갓 난 새끼로 태어나는 과정에서 망치뼈와 모루뼈가 변한다. 이 둘은 모두 성장을 멈추고 두개골의 나머지 대부분의 뼈보다 이른 시기에 단단한 뼈로 변한다. 이들은 뒤쪽, 안쪽으로 이동하면서 일부 미세한 인대 말고는 턱과의 연결이 모두 단절된다. 그리고 고실^{tympanic bulla}이라는 뼈로 된 거품 안에 쌓이게 된다. 한편 엑토팀파닉 고리는 턱의 뒤쪽 각에서 하나의 띠로 시작했다가 둥글게 말려 망치뼈와 모루뼈 쪽으로 이동하고, 모루뼈는 등자뼈와 접촉한다. 이런 일이 일어나는 동안 아래턱의 치골과 위쪽 두개골의 인상골 사이에서 새로운 관절이 생겨나고, 이것이 처음에는 빨기, 나중에는 씹기에 쓰이는 경첩 역할을 하게 된다.

  보통 이 모든 것은 자궁 속에서 일어난다. 예를 들어 인간의 경우 망치뼈와 모루뼈는 엄마 배 속에서 8개월 차에 뼈와의 연결이 단절된다. 하지만 희귀한 사례이기는 해도 치골 – 인상골 관절이 발달하지 못해서 성인이 귀의 망치뼈 – 모루뼈 관절을 통해 입을 다무는 경우도 더러는 있다. 하지만 주머니쥐 같은 유대류는 좀 터무니없는 일을 한다. 이들의 새로 태어난 연약한 새끼는 치골과 인상골이 완전히 형성되기 전이지만 육아낭에 들어가자마자 바로 젖을 빨기 시작해야 한다. 그래서 태어나고 처음 20일 동안은 망치뼈와 모루뼈 사이의 관절을 1차 관절로 사용한다. 이 시기 동안에는 귀가 물리적으로 젖 빨기에 힘을 보태고 있는 것이다. 이런 일이 일어나는 동안 치골과 인상골 사이에서 2차 관절이 발달하고 짧은 기간 동안 두 개의 관절이 나란히 함께 기능하다가 망치뼈와 아래턱 사이의 연결이 단절된다. 그 후로 망치뼈와 모루뼈는 청각 용도로만 사용되고, 치골과 인상골은 턱

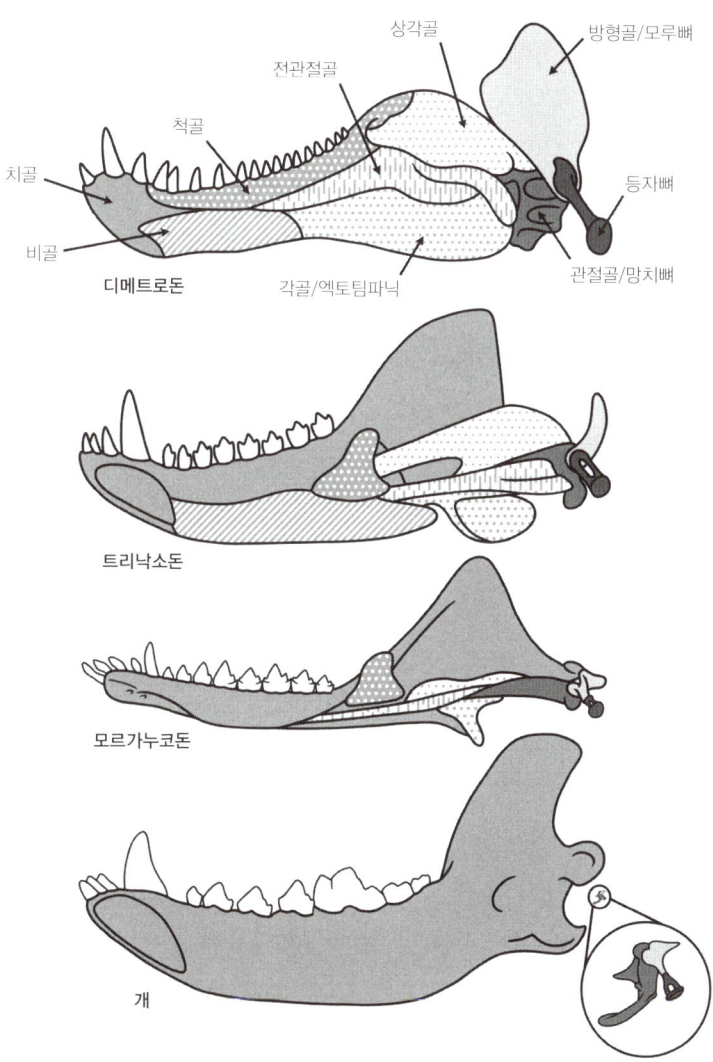

- 포유류 선조의 턱뼈가 포유류의 작은 귓속뼈로 전환되는 과정.

을 다무는 용도로만 사용된다.

턱뼈가 더 작아지고 뒤로 움직이면서 입을 다무는 기능을 잃고, 치골과 인상골 사이에서 더 강력한 새로운 턱관절이 발달한다. 이 순서가 왠지 낯이 익다 싶을 것이다. 이미 지난 장에서 살펴본 내용이라 그렇다.

다시 떠올려보자. 견치류의 진화 과정에서 방형골, 관절골, 그리고 턱 뒤에 자리 잡고 있던 여러 개의 더 작은 뼈가 크기가 축소되면서 새로 더 튼튼한 치골-인상골 턱관절이 그 자리를 대체했다. 이것은 포유류를 정의하는 바로 그 특성이다. 수백만 년에 걸친 견치류의 역사에서 나타났던 이런 진화 순서가 오늘날 성장하는 포유류 개체 한 마리의 발달 과정에도 판박이처럼 반영되어 있다. 생물학자들의 말마따나 개체발생ontogeny이 계통발생phylogeny을 되풀이한다. 바꿔 말하면 배아의 발달 과정이 턱뼈가 귓속뼈로 변화하는 진화의 여정을 저속촬영으로 담아낸 영화와 같다는 것이다.

화석도 이런 이야기를 전하고 있다. 견치류에서 모르가누코돈 유형의 초기 포유류를 거쳐 현대 포유류에 이르기까지 턱뼈가 어떻게 귓속뼈로 다시 만들어졌는지 보여주는 이행 순서가 존재한다. 이것을 보면 어떻게 이런 일이 일어나게 됐는지 해명할 수 있다.

우선 간략하게 다시 검토해보자. 펠리코사우르스류, 수궁류, 그리고 최초의 견치류는 정상적인 파충류 스타일의 턱을 갖고 있었다. 치골이 치아를 수용하고 있고, 관절골을 비롯해서 치골 뒤쪽의 다양한 뼈들이 턱뼈의 뒤쪽 부분을 구성하고 있었다. 관절골은 위쪽 두개골이 방형골과 접촉해서 턱관절 경첩을 형성했다. 앞 장에서 보았듯이 견치류 진화 기간 동안 치골은 점점 크고 강해진 반면, 치골 뒤쪽 뼈들은 위축되었기 때문에 필연적으로 새로운 치골-인상골 관절 경첩을 구축할 수밖에 없게 됐다. 이 새로운 관절은 처음에는 모르가누코돈 같은 동물에서 나타났고, 이런 관절을 갖고 있는 종을 포유류라 부른다. 이것이 비포유류와 포유류를 가르는 경계선이다(이 책에서는 이런 정의를 따르고 있다).

이 최초의 포유류에서는 턱관절이 두 개였다. 새로 만들어진 치골-인상골 관절과 선조들로부터 물려받은 방형골-관절골 관절이었다. 치골-인상골 관절이 턱을 다무는 일을 대부분 도맡아 했기 때문에 이 동물의 강력한 교합력과 정교한 씹기는 주로 이 관절에서 나왔다. 하지만 방형골-관절골 관절도 여전히 턱관절의 부하를 일부 감당하고 있었다. 그와 동시에 방형골과 관절골이 뒤쪽으로 이동해서 방형골이 등자골과 만나게 된다. 이 등자골이 파충류, 양서류, 조류에서 고막에서 달팽이관까지 소리를 전달해주는 고대의 귓속뼈 middle ear bone 다. 따라서 모르가누코돈 유형의 포유류에서는 방형골-관절골 관절이 두 가지 기능을 담당하고 있었다. 이것은 소리를 귀로 전달하는 역할과 함께 턱을 다무는 기능에도 참여하고 있었다. 아주 정교한 균형이었지만 오래 지속하기에는 적합하지 않은 균형이었다.

일부 화석은 중간적인 조건을 보여준다. 가장 눈에 띄는 예는 30센티미터 크기의 리아오코노돈 *Liaoconodon* 이라는 생명체다. 이 생명체는 랴오닝성 화산에 파묻힌 채로 발견되어, 맹진과 그의 연구진이 보고했다. 치골과 인상골이 유일한 기능성 턱관절을 형성하고 방형골, 관절골, 각골은 모두 뒤쪽, 안쪽으로 이동해서 작은 귓속뼈가 됐다. 턱과 귀는 분리되어 있는 것처럼 보이지만 분리가 완전하지는 않다. 관절골과 각골이 아주 얇은 띠 같은 뼈를 통해 치골과 연결되어 있다. 아마도 이게 섬세한 귓속뼈를 뒷받침하는 데 도움을 주었을 것이다. 하지만 이들은 여전히 턱에 물리적으로 묶여 있었기 때문에 여전히 씹는 동작에 영향을 받았다.

진화의 그다음 단계는 명확하다. 귀와 턱 사이를 연결하고 있던 띠 같은 뼈를 끊어서 그 둘 사이를 단절할 필요가 있었다. 랴오닝성에서 발견되어 멩진과 그의 동료 마오팡유안$^{Mao\ Fangyuan}$, 그리고 그 연구진이 보고한 또 하나의 포유류인 오리골레스테스^{Origolestes}에서 이것을 볼 수 있다. 앞서 존재했던 두 개의 턱뼈가 지금은 턱에서 완전히 분리되었기 때문에 이제 그 둘을 새로운 이름인 망치뼈와 엑토팀파닉 고리로 부를 수 있다. 이 작은 한 걸음이 정말 혁명적인 것이었다. 이제 턱이 청각 기능을 방해할까 봐 걱정할 필요 없이 자기만의 길을 따라 움직일 수 있어서 물기와 씹기가 더 효율적으로 됐다. 귀 역시 자기만의 길을 갈 수 있게 되어 턱의 간섭 없이 고주파수의 소리를 훨씬 더 잘 들을 수 있게 됐다.

턱과 귀가 완전히 떨어져나감으로써 '분리된 가운데귀$^{detached\ middle\ ear}$'가 만들어졌다. 가지 사이를 활공하고, 박쥐처럼 무리를 지어 살기도 한 매우 다양했던 쥐라기 포유류인 하라미야비아류가 분리된 가운데귀의 화석 증거를 최초로 보여주었다. 이제 턱으로부터 자유로워진 귓속뼈가 가운데귀 공간 속에 자리를 잡아 자기를 보호해주는 거품인 고실에 둘러싸임으로써 기능적으로 위쪽 두개골의 일부가 됐다. 속귀의 달팽이관도 바위뼈^{petrosal}(밀도가 바위처럼 높아서 이런 이름을 갖게 됐다)에 둘러싸이게 됐다. 고실과 바위뼈 모두 노이즈 캔슬링 헤드폰처럼 작용해서 포유류가 씹는 동안에도 여전히 아주 잘 들을 수 있게 해준다. 다음에 저녁식사를 하면서 텔레비전을 볼 때는 이 점을 기억하자.

이야기의 마지막 반전이 하나 남았다. 턱뼈에서 귓속뼈로의 이행이 아주 깔끔하고 쉬워 보인다. 마치 포유류가 트라이아스기, 쥐라기, 백악기 동안에 스스로를 완벽하게 만들어가는 과정에서 점진적인 변화를 거쳐서 간 것처럼 말이다. 하지만 모든 화석을 계통수 위에 배치하고 그들의 해부학적 특성을 지도로 그려보면 더 복잡한 이야기가 등장한다. 분리된 가운데귀는 단 한 번이 아니라 여러 번에 걸쳐 진화해 나왔다. 적어도 세 번이고, 어쩌면 네 번, 아니 다섯 번 이상일 수도 있다. 계통수의 몸통을 따라가는 포유류 진화 중에 턱뼈가 작아지면서 귀로 옮겨 간 단계가 있었다. 하지만 이들은 여전히 가닥 같은 뼈를 통해 턱에 부착되어 있었다. 이 중간에 낀 단계는 씹기를 위해서도, 청각을 위해서도 최적의 상태가 아니었다.

흥미롭게도 독립적으로 귀를 분리시킨 다른 포유류 집단 중 일부는 망치뼈와 모루뼈 사이 관절의 모양이 다르다. 어떤 것은 우리처럼 서로 맞물리는 시스템을 갖고 있어서 망치뼈 위에 있는 공이 모루뼈 위에 있는 구멍socket 속으로 맞물려 들어가는 형태를 하고 있다. 반면 단공류 같은 포유류는 단순하게 서로 겹쳐진 관절을 갖고 있다. 아직 논란이 있는 한 가지 아이디어가 있다. 귀의 연결이 서로 다른 이유는 서로 다른 관절 연결에서 진화해 나왔기 때문이라는 것이다. 턱관절의 관절 연결 방식이 다르면 서로 다른 평면에서 움직일 수 있다.

이것이 말이 되게 하려면 한 가지 방법밖에 없다. 이 포유류 집단들이 애초에 씹기 방식을 서로 별개로 발전시켰어야 한다. 이들은 어떤 유형으로 씹고 있든지 간에 방형골-관절골 관절과 치골-인상골 관절을 모두 각자의 씹기 방식에 적합한 형태로 구성했다. 그래서 어떤 것은 턱이 앞뒤로 비질을 하듯이 씹었고, 어떤 것은 좀 더 자유롭게 양옆, 위아래로 움직일 수 있는 것도 있었다. 그러다가 각각의 집단이 독립적으로 턱과 귀를 단절시켰다. 아마도 씹기를 능률적으로 만들기 위한 수단이었을 것이다. 관절을 두 개 갖고 있으면 둘이 하나처럼 조화롭게 작동해야 하는데, 이것은 잘해야 쓸데없는 것을 하나 더 달고 있는 셈이고, 최악의 경우에는 오히려 장애물로 작용할 수 있다. 자전거 페달을 빨리 밟아야 하는데 거추장스럽게 처음 연습할 때나 쓰는 보조바퀴를 달고 있는 것과 비슷하다. 차라리 근육이 잘 발달되어 있는 견고한 턱관절 하나만으로 씹는다면 훨씬 효율적일 것이다. 그게 바로 치골 - 인상골 관절이다. 관절골 - 방형골 관절은 턱의 기능에서 자유로워져 망치뼈 - 모루뼈 관절이 되었고, 소리를 고막에서 달팽이관으로 전달하는 일에만 전념할 수 있게 됐다. 하지만 이것은 자기 선조들의 턱 운동 형태에 의해 영원히 제약을 받게 될 것이다.

 포유류는 어째서 여러 번에 걸쳐 턱을 귀와 분리시키려 들 정도로 씹는 일에 몰두했을까? 쥐라기에는, 특히 백악기에는 새로운 먹이가 많았기 때문이다. 맛있는 새로운 곤충이 떼로 나타났고, 이 곤충들이 색상이 밝고 아름다운 완전히 새로운 유형의 식물을 꽃가루받이해주었다. 그럼 이 식물들은 온갖 종류의 맛있는 꽃, 열매, 이파리, 뿌리, 씨앗을 만들어냈다.

 현대의 세 가지 포유류 집단, 즉 태반류, 유대류, 단공류는 선조를 찾아 거슬러 올라가면 이 시기로 이어진다. 이때는 백악기 육상 혁명Cretaceous Terrestrial Revolution이라는 진화와 생태계 변화가 광란의 왈츠처럼 펼쳐졌다.

4

백악기 육상 혁명의 영웅들

크립토바타르 *Kryptobaatar*

사막에서 바늘 찾기? 고비사막에서 화석 찾기

우리가 바르샤바 변두리의 오두막에 차를 댔을 때 나는 완전히 지쳐 있었다. 덥수룩한 수염에 머리는 기름으로 떡이 졌고, 손톱 밑에는 검은 흙먼지가 가득 껴 있었다. 내 이마는 햇볕에 그을려 껍질이 벗겨지기 시작했다. 나는 에어컨도 없는 밴 차량 뒷좌석에서 시원한 바람을 조금이라도 붙잡으려고 브이넥 플란넬 셔츠를 계속 열어두었다.

때는 2010년 7월 중순. 나는 박사학위 학생으로 동유럽에 가서 영국의 고생물학자 리처드 버틀러Richard Butler, 그리고 우리의 폴란드인 친구 그제고시 니에치비에즈키Grzegorz Niedźwiedzki, 토마시 술레이Tomasz Sulej와 함께 현장 연구를 진행하고 있었다. 우리는 트라이아스기의 공룡을 찾아 일주일하고 반 정도를 폴란드와 리투아니아 여기저기로 정처 없이 돌아다니다가 폴란드의 수도로 다시 돌아왔다.

행운은 우리 편이 아니었다. 폴란드에서 보낸 여정의 전반부 동안에 우리는 화석을 그리 많이 찾지 못했다. 그리고 다시 리투아니아로 향했다. 몇 시간이나 운전을 했을까? 갑자기 밴이 털털거리더니 멈춰 버렸다. 교류 발전기 고장이었다. 불행 중 다행으로 잔머리를 잘 굴리는 정비공을 만나 북동부 폴란드의 평지에서의 낙오자 신세는 면할 수 있었다. 그 정비공이 다행히도(?) 차 주인이 외출하고 없는 또 다른 차량의 엔진에서 대체 용품을 찾아낸 덕분이었다. 그다음 날 밤에 우리는 리투아니아에 도착해서 체크인을 하고 호텔에 투숙했다. 배고프고 지친 우리는 화석을 수집 못 하고 잃어버린 하루를 한탄했지만 내일은 더 나을 거라며 스스로 위로했다. 하지만 그렇지 못했다. 우리가 작업하는 점토 채굴장에 비가 쏟아붓는 바람에 화석을 수집하거나 바위의 지도를 제작하는 것이 거의 불가능했다. 그제고시가 치아를 하나 찾아내기는 했지만 그게 다였다. 그나마 그것은 공룡의 치아도 아니었다.

우리는 오두막으로 가서 초인종을 눌렀다. 나는 뚱한 기분이었다. 일이 참 지독히도 안 풀린다고 생각했다. 하지만 머지않아 그렇지 않다는 것을 이해하게 될 참이었다.

삐걱하고 문이 열리더니 작은 포유류 한 마리가 튀어나왔다. 대회 출전이라도 하듯이 예쁘게 단장한 포메라니안 강아지가 높은 소리로 짖어댔다. 그 강아지는 일직선으로 내 발목을 향해 달려와서는 잠시 바짝 달라붙어 있었다.

현관에 한 할머니가 나타나서 영국식 억양으로 강아지의 버릇없는 행동을 사과했다. 그 할머니가 수줍은 듯 미소를 지으며 작은 포유류들은 너무 까분다고 말했다. 그녀는 150센티미터 남짓한 키에 가냘

폰 여성이었고, 등을 구부리고 걸었다. 머리는 백발이었고, 손은 주름져 있었으며, 눈빛은 친절했다. 좁은 하얀색 벨트와 커다란 빨간색 버튼으로 여민 하늘거리는 줄무늬 드레스가 그녀의 가녀린 골격을 가려주었다. 외모나 몸가짐이 우리의 여행길에 마을을 통과하면서 보았던 길가의 여느 할머니들과 다를 것이 없어 보였다. 듣자하니 할머니는 막 85세가 되셨다고 했다.

할머니가 우리에게 안으로 들어오라고 손짓했다. 안쪽 식탁 위에는 케이크, 과자, 차가 준비되어 있었다. 살짝 더 큰 키에 가르마를 탄 백발 머리를 한 남편이 우리와 함께 자리했다. 고단한 현장 연구 뒤에 찾아온 반가운 휴식이었다.

입 안 가득 케이크를 문 채로 우리는 고장 난 밴이며 폭우와 더위, 저녁 끼니를 거른 일, 얼마 안 되는 화석 등 겪은 고생에 대해 할머니에게 얘기했다. 할머니는 내내 고개를 끄덕이다가 우리의 딱한 넋두리가 끝나자 빙그레 웃으며 말했다.

"고비사막에서는 그보다 더했다우."

이 할머니를 지나가며 보았거나 그저 잡담이나 몇 마디 나누고 끝났다면 몰랐겠지만, 사실 이 친절한 할머니는 세계 최고의 화석 수집가 중 한 명으로, 한때는 공룡과 포유류의 흔적을 쫓아 모래사막 깊숙한 곳으로 탐험을 가기도 했고, 여성이 이끄는 최초의 대규모 화석 사냥 탐험대 중 하나에서 대장을 맡기도 했었다.

이 여성의 이름은 조피아 키엘란야보로프스카 Zofia Kielan-Jaworowska이고 나의 영웅이다. 사실 나는 화석 수집보다 이 만남을 더 고대하고 있었다. 조피아의 부엌에 앉아서 그녀가 한 고생과 모험 이야기를 듣고 있자니 우리가 현장 연구를 하면서 겪었던 고생은 고생도 아니었다.

• 2010년에 폴란드에 있는 조피아 키엘란야보로프스카의 집에서 그녀를 만나고 있는 리처드 버틀러와 나(위). 1970년에 몽고 고비사막에서 촬영한 조피아의 사진(아래).

조피아는 1925년에 바르샤바 동부에서 태어났다. 나치가 침공했을 때 그녀는 10대였다. 나치가 폴란드인들이 교육을 받는 것을 달가워하지 않았기 때문에 그녀는 고등학교를 졸업한 후에 비밀 강의를 들으며 대학 교육을 시작해야 했다. 그녀가 바르샤바대학교에서 동물학을 몰래 공부하고 있던 1944년에 지역 저항군이 독일을 상대로 전투를 벌였다. 도우러 오겠다고 약속했던 소련군은 도착하지 않았고, 20만 명 정도의 사람이 죽고 도시는 대부분 파괴됐다. 이 사건은 바르샤바 봉기로 알려지게 됐다. 이 암울한 2개월 동안 조피아는 학업을 중단하고 간호병으로 일하면서 부상당한 사람들을 돌보았다.

전쟁이 끝나면서 대학은 1945년에 다시 열었지만, 대학교 건물 자체가 별로 남은 것이 없었다. 강의는 도시 여기저기서 무작위로 열렸고, 그중에는 그 파괴에서 살아남은 로만 코즈워프스키Roman Kozlowski 교수의 아파트도 있었다. 코즈워프스키 교수의 집에서 이루어진 한 강의에서 중앙아시아 탐사Central Asiatic Expeditions에 대한 이야기가 나왔다. 이것은 카리스마 넘치는 탐험가 로이 채프먼 앤드루스Roy Chapman Andrews의 지휘 아래 1920년대에서 1930년대 초반에 몽고로 화석 수집을 위해 떠난 장기 여행이었다. 소문에 따르면 앤드루스가 영화 〈인디아나 존스Indiana Jones〉의 주인공에 영감을 불어넣은 인물이라고 한다. 이 탐험은 한마디로 전설이었다. 이때 앤드루스와 그의 미국 연구진은 강도들을 피해 다니고 모래폭풍과 정면으로 맞서며 새로 발명된 자동차를 이용해 사막 깊은 곳으로 뚫고 들어가 붉은 사암에서 보물 같은 화석들을 찾아냈다. 최초의 공룡 둥지 화석, 악랄하기 그지없는 벨로키랍토르Velociraptor 최초의 골격, 10여 개에 달하는 포유류 두개골 등 이들의 발견은 엄청났다. 특히 포유류의 두개골은 당시에는 그

때까지 발견된 백악기 포유류의 기록 가운데 가장 완벽한 것이었다.

조피아는 이 이야기에 도취되어 고생물학을 자신의 직업으로 삼기로 마음먹었다. 앤드루스의 발자취를 따라가겠다는 꿈은 참으로 대담했지만 몽고는 너무 멀리 떨어져 있었고, 집과 가까운 곳에도 화석이 있었다. 코즈워프스키 교수의 제안에 따라 그녀는 삼엽충^{trilobite}을 연구했다. 삼엽충은 단단한 외골격을 갖고 있는 벌레처럼 생긴 절지동물로, 공룡과 포유류가 육지에 살기 수억 년 전에 바다에서 떼 지어 다니던 생명체다. 거의 15년 동안 그녀는 여름이면 중부 폴란드에서 이 작은 화석들을 수집하며 보냈다. 그리고 그동안에도 고비사막에 대한 로망은 전혀 사라지지 않았다.

1960년대 초반에 조피아는 삼엽충과 다른 무척추동물에 관한 한 세계 최고의 전문가가 되어 있었다. 그녀는 관리직에도 선발되어 코즈워프스키 교수가 은퇴하고 난 후에는 바르샤바 고생물학 연구소의 소장이 됐다. 그 덕분에 그녀는 새로운 연구 아이디어를 제안할 수 있는 영향력 있는 위치에 올랐다. 당시는 냉전이 절정이던 시절이었고, 폴란드 당국은 자기네 과학자들이 몽고 등 다른 공산국가의 동지들과 협력관계를 맺기를 간절히 바라고 있었다.

조피아는 기회를 놓치지 않고 폴란드와 몽고가 합동으로 떠나는 고비사막 탐험을 제안했다. 별로 승산은 없어 보였다. 그녀는 공룡이나 포유류 전문가가 아니었을 뿐 아니라, 여성이었다. 그때까지 그 어디에서도 여성이 그런 대규모 고생물학 탐사를 지휘해본 적은 없었다. 하지만 제안은 받아들여졌고, 갑자기 연구진을 꾸려야 할 상황이 됐다. 그녀는 다른 몇몇 젊은 여성을 끌어들였다. 그중에는 할슈카 오스물스카$^{Halszka\ Osmólska}$, 테레사 마리안스카$^{Teresa\ Maryańska}$, 막달레나 보르숙비아위니카Magdalena Borsuk-Bialynicka 등 나중에 스스로의 힘으로 저명한 고생물학자의 자리에 오른 여성 세 명도 있었다. 이들은 폴란드에서 멀리 떨어진 곳에서 연구를 해본 경험이 거의 없었고, 그중에는 사막을 한 번도 보지 못했던 사람도 많았다. 그럼에도 그들은 포기하지 않았고, 마찬가지로 나중에 존경받는 고생물학자가 된 젊은 몽고인 연구자 뎀베린 다시제베그Demberlin Dashzeveg, 린첸 바스볼드Rinchen Barsbold, 알탕게렐 펄Altangerel Perle과 합류해서 막강한 탐사대를 구성했다. 이들은 1963년에서 1971년까지 여덟 차례 탐사를 떠났다.

참으로 어려운 여정이었다. 그늘에서도 온도가 섭씨 40도 이상으로 올랐다가 밤이 되면 영하로 곤두박질쳤다. 한 장소에서 다른 장소로 이동하는 데만 여러 날이 걸리는 경우가 많았다. 길은 대부분 비포장이었고, 조피아의 탐험대를 화석 사냥 지점으로 인도해줄 것이라고는 달랑 지도 한 장, 나침반, 오래된 자동차 바퀴자국밖에 없었다. 물이 귀했기 때문에 어떻게 캠프에 충분한 물을 댈 것인지가 물류와 관련된 계획에서 굉장히 큰 부분을 차지했다. 캠프는 보통 가장 가까운 우물로부터도 거친 지형을 따라 수십 킬로미터 떨어져 있었다. 폴란드 국영업체 공장에서 빌린 바퀴 여섯 개짜리 트럭은 튼튼하기는 했지만 거추장스러웠고, 승차감이 좋지 않았다. 한번은 조피아가 장거리 여정에서 열린 창 가까이에 너무 오래 앉아 있다가 바람에 고막이 터져서 치료를 받기 위해 폴란드로 긴급히 대피해야 했던 경우도 있었다. 그런 상황에서도 탐험은 이어졌고, 테레사 마리안스카가 내장 역할을 대행했다. 하지만 조피아는 몇 주 만에 다시 돌아왔다.

고비사막에서의 8년 동안 조피아의 연구진은 많은 화석을 찾아냈다. 이 중 다수는 공룡이었고, 그것이 내가 처음에 그녀를 나의 우상

• 1968년에 조피아 키엘란야보로프스카와 그녀의 연구진이 고비사막에서 소형 포유류 화석을 찾고 있다.

으로 삼았던 이유였다. 이들은 치명적인 싸움에 휘말린 벨로키랍토르 한 마리와 그 사냥감, 그리고 뼈 무게만 12톤이나 나가는 목이 긴 용각류, 티라노사우루스의 가장 가까운 사촌인 타르보사우루스*Tarbosaurus*의 수많은 골격을 찾아냈다. 나는 박사학위 논문을 준비할 때 바르샤바에서 이 골격을 조사하며 일주일을 보내기도 했다.

조피아와 그녀의 탐험대가 유명해진 것은 공룡 덕분이었다. 하지만 조피아가 정말로 원한 것은 포유류였다. 그녀는 앤드루스의 탐사대에서 수집한 작은 두개골을 보며 경외감을 느끼고 포유류들이 공룡의 발밑에서 살아가던 혼탁한 시절에 일어났던 포유류 진화의 초기 단계를 밝히는 데 이것이 대단히 중요하다는 것을 알아차렸다. 그녀는 다른 부분도 깨달았다. 앤드루스의 탐사대가 욕심 낸 것은 신문 헤드라인에 실리고 박물관 전시에서 대박을 칠 거대하고 화려한 화석이었다. 그들이 고비사막에서 가져온 포유류들은 당시에 나와 있는 비슷한 화석 가운데 최상의 것이었지만, 그들에게 이것들은 공룡을 찾는 데 혈안이 되어 사막 바닥을 샅샅이 뒤지다가 생각 없이 집어 올린 부차적인 대상에 지나지 않았다. 포유류 화석을 찾기 위한 전략도 따로 없었다. 그런데도 두개골 몇 개와 부분적인 골격들이 발견됐다. 이것이 의미하는 바는 하나밖에 없었다.

그곳에는 더 많은 포유류가 자기를 알아봐줄 고생물학자가 올 날을 기다리고 있는 것이 분명했다.

조피아가 바로 그 고생물학자였다. 그녀는 바닥에 엎드려 말 그대로 바위에 코를 박고 확대경으로 들여다보면서 작은 두개골, 턱뼈, 치아를 찾는 일에 전념했다. 이것은 허리가 나가고, 무릎이 멍들고, 눈이 뻑뻑해지는 고된 작업이었고, 앤드루스의 마초적인 공룡 사냥 같은 화려함도 전혀 없었지만 효과가 있었다. 1964년에 그녀의 연구진은 아홉 개의 포유류 두개골을 찾아냈다. 이것은 앤드루스의 탐사대가 10년 동안의 탐사에서 찾아낸 것과 거의 비슷한 개수였다. 그리고 이것은 시작일 뿐이었다.

1970년에 조피아는 연구진을 이끌고 바룬 고요트 지층^{Barun Goyot Formation}의 암갈색 바위 노출 지대로 갔다. 이곳은 제2차 세계 대전이 끝난 후에 고비로 탐험을 나갔던 러시아 고생물학자들이 화석의 불모지대라 생각했던 곳이다. 하지만 조피아는 확대경을 사용하는 자신의 방법을 적용하면 그들의 생각이 틀렸음을 증명할 수 있을 것이라는 직감이 있었다. 그리고 머지않아 그녀의 직감이 옳은 것으로 밝혀졌다. 몇 시간 만에 할슈카 오스물스카가 멋진 포유류 두개골을 찾아냈다. 이것은 앤드루스, 러시아 탐험대, 조피아의 예전 연구팀이 발견했던 그 무엇과도 닮지 않았다. 신종이었다! 캠프로 돌아와 빠르게 점심 식사를 한 후에 조피아는 더 크게 대원을 꾸려 크홀산Khulsan이라는 곳으로 갔다. 이곳은 머지않아 조피아의 말로는 자기들만의 지상낙원이 됐다. 그날 오후에만 포유류 두개골 다섯 개를 찾아냈다. 이들은 그 후로 열흘 동안 머물면서 두개골 17개를 더 찾아냈다. 2주도 안 되는 시간 동안 이들은 백악기 포유류에 관한 한 세계 최고의 화석 기록을 모을 수 있었다.

폴란드에서 짧게 겨울 휴식을 취한 후에 그녀의 탐험대는 열정에 부풀어 1971년 봄에 다시 몽고로 돌아갔다. 이들은 곧장 자기들만의 지상낙원으로 향했고, 첫날에 조피아는 포유류 두개골 세 개를 더 발견했다. 그 뒤 수색 범위를 넓혀 헤르멘차브Hermiin Tsav라는 곳에서 또 다른 화석 지대를 찾아냈다. 그리고 그곳에서 또 다른 화석 사냥꾼 집단과 우연히 마주쳤다. 소련에서 파견한 대규모 연구진이었다. 이들은 지난 몇 년 동안 사막에서 넓게 퍼져 활동하면서 최고의 화석 지대를 잠식해 들어오고 있었다. 자원도 더 풍족하고 정치적 연줄도 더 좋았다. 어쨌거나 소련은 초강대국이었고, 폴란드는 위성국가였으니까 말이다. 그리고 그들은 수완도 더 뛰어나서, 조피아와 함께 작업해왔던 젊은 몽고 과학자 중 일부를 자기네 편으로 끌어들였다. 한동안 이 몽고인들은 시간을 나누어 경쟁 관계인 두 단체 사이를 오가며 두 마리 토끼를 다 잡으려고 했지만, 결국 1971년 말이 되자 그런 긴장 상황을 계속 이어갈 수 없었다.

조피아는 몽고과학아카데미의 회장에게 호출되어 갔고, 그는 나쁜 소식을 전했다. 이제는 몽고 과학자들이 소련하고만 연구를 진행할 수 있다는 통보였다. 폴란드-몽고 연합 탐사가 이것으로 종료됐다. 조피아는 그런 결정 뒤에 숨어 있는 냉전의 정치에 대해 당황스러움을 느끼며 나중에 이렇게 적었다. "내게는 정말 참담한 소식이었다. 하지만 우리에게는 몽고에서 가져온 화석들이 있음을 떠올리고는 앞으로 몇 년은 그것을 보고하는 데 집중하면 된다고 스스로를 위로했다."

그 화석 중에는 180개 정도의 백악기 포유류도 들어 있었다. 크훌산, 헤르멘차브 그리고 다른 지역에서 여러 해에 걸쳐 작업한 화석을 모두 합친 것이었다. 단연코 역사상 가장 방대하고, 가장 완벽하고, 가장 다양하고, 가장 극적인 백악기 포유류 화석 모음이었다. 조피아는 그 후로 몇십 년을 이 두개골과 골격을 보고하면서 보냈고, 작업을 대개 집에 있는 작업실에서 진행했다.

다과를 마친 후에 그녀가 우리를 그곳으로 데려갔다. 벽에는 색이 들어간 바인더들이 줄지어 정리되어 있었다. 이것은 포유류 진화에 관한 위대한 발표들을 범주별로 꼼꼼하게 모아놓은 도서관이었다. 그리고 치아, 턱뼈, 그리고 다른 포유류 신체 부위가 가득 들어 있는 투명 플라스틱 상자도 있었다. 모두 크기가 작았다. 이 화석 중 그녀가 키우는 포메라니안의 절반이라도 되는 것은 없어 보였다.

조피아가 등을 켜고 선반에서 상자를 하나 꺼냈다. 그녀가 살짝 떨리는 손으로 뚜껑을 열어 턱이 들어 있는 작은 플라스틱 튜브를 꺼냈다. 그 턱뼈에는 교두로 덮인 납작한 어금니들이 박혀 있었다. 그녀가 표본을 현미경 아래 놓고는 몸을 탁자에 기대고 자세히 들여다보기 위해 천천히 그 위로 몸을 구부렸다.

"아마 신종일 거예요." 그녀가 이렇게 말하며 우리에게도 한번 보라고 했다. 마지막 폴란드-몽고 연합 탐사 이후로 거의 40년이나 지났건만 조피아에게는 아직도 연구할 것들이 남아 있었다. 그녀는 2015년 3월까지 작업을 이어가다가 90번째 생일을 한 달 남기고 아직도 연구를 기다리는 몽고 화석을 집 안 가득 남겨둔 채 세상을 떴다.

다구치류, 큰어금니로 백악기를 씹다

조피아와 그녀의 연구진이 수집한 포유류 화석들은 울란바토르에서 차로 이틀 정도 거리인 몽고 남부 지역에 펼쳐진 절벽, 작은 골짜기, 침식 불모지, 기타 사막 지형으로 형성된 바위에서 찾아낸 것이다. 이 바위들은 대부분 사암과 이암이고, 그중에는 무성한 숲에 흘러든 강의 바닥에 퇴적되어 생긴 것도 있는 반면, 어떤 것은 지금의 몽고에 갖다 놓아도 어색하지 않을 고대의 모래언덕이나 오아시스가 남긴 잔재다. 이 바위들은 모두 8400만 년 전에서 6600만 년 전 사이 백악기 말의 샹파뉴절$^{Campanian\ stage}$과 마스트리히트절$^{Maastrichtian\ stage}$ 동안 형성됐다. 이때는 우리가 지난 장에서 살펴보았던 최초의 다양한 포유류 집단인 쥐라기의 도코돈류와 하라미야비아류의 호시절 이후로 족히 8000만 년이 흘렀을 때다.

이 시기에 많은 변화가 있었다. 1억 4500만 년 전에 쥐라기가 백악기에 자리를 내주었다. 이 변환기는 거대화산이나 또 다른 지질학적 재앙에 의해 촉발된 것이 아니었고, 당시는 특별히 눈에 띄는 대멸종이나 생태계 붕괴도 없었다. 그 대신 대륙, 바다, 기후에 그보다 느린 변화가 있었다. 이런 변화들이 점진적으로 누적되어 새로운 백악기 세상의 도래를 알렸다. 약 1000만 년에 걸쳐서 해수면의 높이가 낮아졌다가 다시 높아졌다. 온실 같았던 쥐라기 말기의 뜨거운 열기가 차 갑게 식었다가, 다음에는 건조해졌다가, 다시 백악기 초기에는 정상으로 돌아왔다. 그리고 그동안 대륙도 쉬지 않고 움직였다. 오래된 판게아대륙이 더욱 균열을 일으켜 새로운 땅덩어리들이 1년에 몇 센티미터라는 감지하기 어려운 속도로 움직이면서 점점 더 멀어졌다. 이 속도에 8000만 년을 곱하면 백악기 말기에는 대륙들이 지금과 비슷한 위치에 자리를 잡게 된다.

하지만 지도가 지금과 같은 모습은 아니었다. 남아메리카대륙은 북아메리카대륙과 크게 떨어져 있었지만 남극대륙에 아슬아슬하게 연결되어 있었다. 그리고 남극대륙은 호주와 거의 맞닿아 있었다. 인도대륙은 아프리카 동쪽 해안으로 떨어져 있는 섬 대륙이었고, 빠른 속도로 북쪽을 향하고 있었다. 빙원이 없었기 때문에 해수면 높이가 높았고, 유럽은 열대 바다에 주근깨처럼 얼굴을 내밀고 있는 섬들에 지나지 않았다. 또 다른 바다는 멀리 북아메리카대륙까지 이어졌고, 가끔은 멕시코만에서 북극까지 뻗어 북아메리카대륙을 서쪽의 라라미디아Laramidia대륙과 동쪽의 애팔래치아Appalachia대륙으로 나누기도 했다. 유럽의 섬들은 북아메리카대륙과 아시아대륙 사이에 놓인 편리한 징검돌이었지만, 이 북쪽 땅과 남쪽 대륙 사이에는 광활한 바다가 장벽처럼 가로막고 있었다.

조피아의 고비사막 포유류들은 아시아대륙의 광활한 땅 한가운데서 살았을 것이다. 이 땅은 가끔씩 베링해협을 가로질러 라라미디아대륙과 연결되기도 했다. 서쪽으로는 유럽의 다도해에 접근하기도 쉬웠다. 그리고 그녀가 사막에서 찾아낸 거의 200개에 이르는 포유류 화석은 여러 종, 여러 아종에 속하는 다양한 동물군으로 구성되어 있다. 어떤 것은 포유류 역사의 초기 단계에서 넘어온 고대의 잔존 후손이고, 어떤 것은 선조로부터 파생된 훨씬 새로운 특성을 갖고 있어서 오늘날의 태반류와 유대류로 이어지는 고대 계통으로 분류된다. 하지만 이들 중 대다수는 다구치류multituberculates다.

다구치류는 도코돈류와 하라미야비아류의 쇠퇴 이후 포유류의 다양화에서 그다음으로 찾아온 큰 파동이었다. 이들은 하라미야비아류로부터 진화해 나왔을지도 모른다. 양쪽 집단 모두 교두가 길게 열을 지어 있는 비슷한 큰어금니를 갖고 있었고, 씹기 스트로크chewing stroke도 비슷해서 턱이 뒤로 움직이면서 가는 동작을 취했다.

다구치류는 전형적인 백악기 포유류였다. 적어도 북반구 대륙에서는 그랬다. 발견된 종이 100종이 넘고, 고비사막에서 발견된 모든 포유류 화석 중 70퍼센트가 다구치류다. 조피아는 몇몇 신종을 보고했다. 대부분 크홀산, 헤르멘차브, 그리고 또 한 곳의 멋진 장소에서 그녀의 연구진이 발견한 것을 바탕으로 이루어졌다. 이 멋진 장소는 로이 채프먼 앤드루스가 대원들이 그곳에서 첫 화석을 발견했을 때 '불타는 절벽Flaming Cliffs'이라고 불렀던 사암 능선으로, 이 능선이 사막 하늘을 배경으로 불타는 주황색의 형상을 하고 있었다. 고비사막의 다구치류 중에 크립토바타르Kryptobaatar가 있다. 가장 흔한 변종으로, 조피아가 1970년에 명명한 몇몇 두개골과 골격을 통해 알려졌다. 그 연구 논문에서 그녀는 또한 슬로안바타르Sloanbaatar와 캄프토바타르Kamptobaatar도 소개했다. 나중에 그녀는 카톱스바타르Catopsbaatar, 네멕트바타르Nemegtbaatar, 불간바타르Bulganbaatar, 쿨산바타르Chulsanbaatar, 네소브바타르Nessovbaatar의 이름도 지어주었다. 이름에서 어떤 패턴이 보일 것이다. '바타르baatar'는 영웅을 의미하는 몽고어다. 몽고의 수도 울란바토르Ulaanbaatar도 같은 뿌리에서 나온 말로, 과거 공산주의의 유물인 '붉은 영웅'이라는 뜻이다. 아마도 내가 조피아의 작업실을 방문했을 때 그 상자 안에는 또 다른 신종으로 확인되기를 기다리던 더 많은 '바타르' 후보감들이 숨어 있었을 것이다.

조피아는 1971년에 수집을 멈추어야 했지만, 그 후로 다른 연구진이 새로운 고비사막 다구치류들을 무수히 발견했다. 1990년에 몽고 공산당이 무너지고 난 후에 거의 곧바로, 미국 자연사박물관 대원들이 앤드루스의 중앙아시아 탐사를 재현했다. 이 탐사대를 이끈 사람은 마이크 노바체크Mike Novacek와 마크 노렐Mark Norell이었다. 마이크 노바체크는 《시간 여행자Time Traveler》 같은 여행기 대중과학서적으로 내 10대 시절에 영감을 불어넣어 주었던 사람이고, 마크 노렐은 나중에 내 박사학위 지도교수가 된 분이다. 그 후로 이들은 30년 동안 매년 고비사막으로 돌아가 포유류 두개골을 찾다가 결국에는 수백 개를 모으며 조피아의 기록을 넘어섰다. 그중 다수는 이들이 발견한 오하털거트Ukhaa Tolgod라는 놀라운 장소에서 나왔다. 이곳은 4제곱킬로미터 정도의 백악기 모래사구 지역이다. 모래사구와 모래사구 사이 오아시스에서 살던 수천 마리의 포유류, 도마뱀, 공룡, 거북이가 갑작스러운 사막 폭우로 사구가 무너지는 바람에 모래에 그대로 파묻혀버렸다. 예상한 바와 같이 대부분의 포유류는 다구치류였고, 그중에는 또 다른 신종 바타르인 톰바타르Tombaatar도 있었다.

지금 몽고의 백악기로 돌아가 모래사구 꼭대기에서 햇볕을 쬐거나, 거대한 공룡을 피해 사막 오아시스의 덤불 속에 숨었다면 분명 다구치류에게 둘러싸이게 될 것이다. 그 동물들은 하수관 속의 시궁창 쥐, 버려진 건물 속의 생쥐, 들판에 사는 들쥐와 비슷하게 생겼을 것이다. 그 동물들이 항상 눈에 보이는 것은 아니지만, 소리를 듣고 어딘가에 숨어 있다는 걸 확신할 수 있다. 이들은 구멍 속에 들어가 있거나, 그늘 속에 숨어 있거나, 땅굴 속이나 나뭇잎 더미 사이를 기어 다니고 있다.

쥐라기와 백악기 포유류들은 설치류와 닮은 동물이라는 부적절한 고정관념에 여전히 붙잡혀 있다. 하지만 다구치류와 관련해서만큼은 이런 비교가 적절하다. 그들은 뻐드러져 나온 앞니를 갖고 있어서 오늘날의 생쥐, 시궁창쥐와 동일한 방식으로 썹고, 갉아 먹고, 움직일 수 있었다. 어떤 것은 길쭉한 사지로 땅 위를 재빠르게 움직일 수 있었고, 어떤 것은 땅굴을 팠고, 어떤 것은 깡충깡충 뛸 수 있었다. 그중에는 발목을 비틀 수 있어 발을 뒤쪽으로 향하게 할 수 있는 것이 많았다. 그래서 우리 집 창문 밖에 있는 다람쥐들처럼 머리를 아래로 하고 나무를 우아하고 안전하게 내려올 수 있었다. 하지만 다구치류는 설치류가 아니었다. 설치류는 우리처럼 태반 포유류인 반면, 다구치류는 계통수 위에서 단공류 집단, 그리고 유대류 더하기 태반류 집단 사이에 자리 잡은 원시적인 집단이었다. 이들은 현대의 쥐, 생쥐, 뒤쥐와는 독립적으로 설치류 같은 전문성을 진화시켰다. 그래서 아마 이들도 설치류와 동일한 생태적 지위를 채웠을 것이다. 백악기 동안 다구치류는 생쥐에서 기니피그에 이르는 크기의 동물 역할을 훌륭하게 수행했다.

이들은 어째서 그렇게 성공적이었을까? 이들은 씹기의 챔피언이어서 여러 가지 유형의 먹이, 특히 식물을 실컷 먹어치울 수 있는 자기만의 독특한 섭식 스타일을 발달시켰다.

다구치류는 턱뼈에 도시의 스카이라인처럼 솟아난 대단히 복잡하고 다양한 형태의 치아를 갖고 있었다. 주둥이 앞쪽에 달린 앞니는 뻐드렁니처럼 바깥쪽으로 삐죽 튀어나와 있다. 그 뒤에는 보통 빈 공간이 있고, 그 뒤로는 적어도 하나의 크고 가는 톱니 모양의 작은어금니가 자리 잡고 있다. 이 작은어금니는 테이블톱(테이블 상판 위에 톱날이 올라와 있고, 그 위로 나무를 밀어서 자르는 공구 - 옮긴이)의 날처럼 위로 돌출되어 있다. 치열의 나머지 부분은 레고 블록과 비슷하게 길쭉한 교두들이 줄지어 나 있는 크고 평평한 큰어금니로 구성되어 있다. '많은 혹'이라는 의미의 'multiberculate^{다구치류}'라는 이들의 이름도 이런 독특한 형태의 큰어금니(구치)에서 나온 것이다.

이 치아들이 여러 가지 도구가 모두 들어 있는 스위스 군용 칼처럼 함께 작동해서 먹이를 분쇄한다. 앞니는 먹이를 모아서 섭취하고, 설치류 등 많은 종에서는 갉아 먹기도 가능하다. 작은어금니는 먹이를 부수고 조각낸다. 위아래로 똑바로 움직이는 운동을 통해 아래턱의 작은어금니가 날카로운 가윗날처럼 위쪽 작은어금니와 만나 먹이를 자른다. 하지만 가장 흥미로운 동작은 큰어금니에서 일어난다. 턱을 다물면 아래턱은 위쪽 두개골에 대해 뒤로 움직일 수밖에 없도록 제약되어 있다. 그래서 아래위 큰어금니가 접촉한 후에 미끄러지게 된다. 그럼 위아래 치아에 길게 줄지어 있는 교두들이 서로 갈리면서 그 사이에 낀 먹이는 무엇이든 갈려나가게 된다. 이렇게 후방으로 이루어지는 파워 스트로크는 아래턱의 아주 앞쪽에 부착되어 있는 커다란 폐구근$^{mouth-closing\ muscle}$에 의해 조정된다. 이 근육은 설치류를 비롯해서 다른 대부분의 포유류보다도 훨씬 앞쪽에 위치하고 있다. 이런 긴 근육을 수용하려니 필연적으로 턱이 길어질 수밖에 없었고, 따라서 주둥이도 함께 길어져 다구치류는 긴 코에 눈은 크고 볼이 토실토실한 전형적인 얼굴을 갖게 됐다.

　최초의 다구치류는 도코돈류와 하라미야비아류가 호황을 누리던 쥐라기 중후기에 살았다. 하지만 다구치류가 제 역량을 제대로 발휘하게 된 것은 백악기 동안이었다. 특히 백악기 마지막 2000만 년 동안 그들은 엄청나게 수가 늘어나서 작은 생태적 지위를 떼로 지배하게 됐다. 조피아가 고비사막에서 수집한 그 모든 두개골과 골격이 그것을 보여주는 사례다.

　백악기가 펼쳐지는 동안 다구치류는 식습관을 바꾸어갔다. 큰어금니는 크기가 커지면서 더 화려한 형태가 되고 교두가 더 많아졌다. 다음 장에서 제대로 만나볼 그레그 윌슨 만틸라Greg Wilson Mantilla와 그 동료들은 한 기발한 연구에서 지리정보시스템Geographic Information Systems, GIS이라는 지도제작법을 이용해서 백악기 말기 동안에 교두의 정상은 높아지고, 계곡은 깊어지고, 표면의 질감이 더 구불구불해지는 등 다구치 큰어금니의 풍경이 점점 더 복잡해졌음을 보여주었다. 현대 포

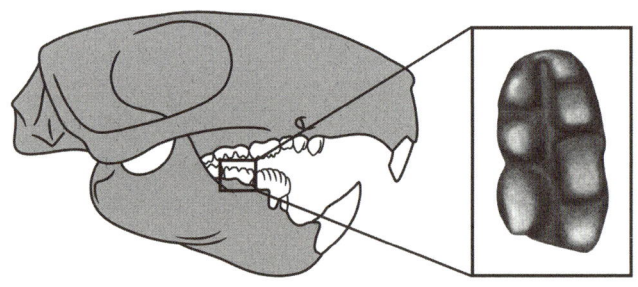

• 백악기 다구치류의 두개골. 그와 함께 레고 블록처럼 생긴 큰어금니의 씹는 면을 확대한 모습이 나와 있다.

유류의 연구를 보면 육식동물에서 잡식동물을 거쳐 초식동물로 넘어가는 식습관 스펙트럼을 따라 치아의 복잡성이 심화하는 것으로 나온다. 따라서 이 백악기 말기의 다구치류는 식물을 먹는 것에 점점 전문화되어감에 따라 훨씬 더 복잡하고 화려한 바로크 양식의 치아를 발전시키고 있었던 것이다. 그 과정에서 그들은 조피아가 발견한 바타르 부대처럼 신종의 무리로 갈라지면서 점점 더 다양해졌다. 그리고 평균적으로 보면 여전히 작았지만 체구도 1킬로그램 정도로 커져서 우리가 품에 편안하게 안을 수 있을 정도가 됐다.

 이 시기에 다구치류는 먹을 수 있는 새로운 식물을 쫓아 대륙 북쪽 지역에서 퍼져나갔다. 라라미디아 아대륙 헬크리크 지층$^{Hell\ Creek}$의 백악기 말기 생태계에서 티라노사우루스 렉스와 트리케라톱스가 전투를 벌이고 있는 동안 적어도 6종, 잘하면 그 이상의 종이 식물을 씹어 먹으면서 살았다. 수천 킬로미터 떨어진 곳에서는 코가이오논과 ^{kogaionids}라는 토착 과科가 유럽의 섬에 서식했다. 이들은 제일 처음에 하체그섬$^{Hațeg\ Island}$이라는 히스파니올라섬^{Hispaniola}(서인도제도 중에서 둘째로 큰 섬으로 면적은 7만 6483제곱킬로미터이며 대한민국의 약 3분의 1 크기다 - 옮긴이)과 비슷한 크기의 섬에 쏠려와 새로운 섬 환경에 적응했던 것 같다. 그리고 그다음에는 바다에 모자이크처럼 점점이 박혀 있는 땅덩어리들을 건너다녔던 듯하다.

 2009년에 아들과 함께 강을 따라가며 화석을 사냥하던 마차시 브레미르$^{Mátyás\ Vremir}$가 공룡 화석을 찾았다. 그는 이것이 마크가 고비사막에서 수집했던 육식동물의 화석과 닮았다고 생각하고 마크에게 이메일을 보냈다. 그리고 결국 마크는 추운 겨울날에 루마니아의 수도 부쿠레슈티로 비행기를 타고 날아왔다. 그리고 우리는 마차시의 공룡이 고비사막에서 발견한 벨로키랍토르와 가까운 친척관계인 신종임을 확인했다. 이것이 결국 매년 초여름에 현장 연구 탐사를 진행하는 장기적인 공동연구로 이어졌다. 우리의 현장 연구진에는 중국에서 수많은 랴오닝성 포유류를 보고했던 멩진, 상냥한 목소리에 천연덕스러운 유머감각을 지닌 루마니아의 고생물학자 졸탄 치키사바$^{Zoltán\ Csiki\text{-}Sava}$, 그리고 여러 해에 걸쳐 꾸역꾸역 스며든 많은 사람이 포함됐다. 사실 우리는 공룡보다 포유류의 화석을 더 많이 찾아냈다. 이 포유류들 역시 몽고와 비슷한 성향을 보였다. 모두 다구치류였기 때문이다. 하지만 이들에게는 뜻하지 않았던 고유한 특이점들이 있었다.

하체그섬의 다구치류는 적어도 다섯 종이 존재했고, 이제 곧 보고될 것이 몇 종 더 있는데 모두 유럽의 섬에만 살았던 코가이오논과 무리에 속한다. 이들의 뼈와 치아는 완만한 트란실바니아의 구릉 여기저기에 있는 여러 화석 지역에서 발견된다. 그중 가장 놀라운 화석 지역은 푸이^{Pui} 마을 근처에 있는 '멀티베드$^{Multi\text{-}Bed}$'라는 별명을 가진 골격 무덤이다. 뱀파이어가 나올 것 같은 으스스한 분위기에 어울리게 사체들은 약 50센티미터 두께의 암갈색 이암층 안에서 발견됐다. 이것은 백악기 말기에 범람원 위의 토양 층위$^{soil\ horizon}$(토양이 알갱이 크기, 흙덩어리의 모양 등에 의해 지표면에 거의 평행하게 층지어 나뉘어 있는 것 - 옮긴이)였다. 어쩌면 다구치류는 랍토르를 피해 안전한 곳을 찾아 이곳으로 굴을 파고 들어왔을지도 모른다. 하지만 이 굴은 그대로 그들의 무덤이 되어버렸다. 어쩌면 강물이 차오르면서 산 채로 묻혔을 수도 있다.

백악기의 이 범죄 현장의 경우는 홍수가 범인일 거라 추측을 할 따름이지만, 지금의 멀티베드에서 문제를 일으키는 범인은 누가 봐도 홍수였다. 보르밧강Bârbat River이 하얀 거품을 내며 거칠게 흘러내리면서 뼈가 묻힌 지층을 집어삼키고 있어서 우리가 얼마나 낙담했는지 모른다. 그러니까 최고의 화석들이 강바닥에 그대로 노출되어 있다는 의미다. 그래서 손상 없이 골격을 수집하기가 사실상 불가능했고, 이곳에서 아무리 많은 화석을 찾아낸다 한들 하얀 뼛조각이 강물을 따라 하류로

• 루마니아 현장 연구.
멀티베드에서의 화석 수집(위)과
마차시 브레미르가 강에서
화석을 수집하는 모습이다(아래).

4. 백악기 육상 혁명의 영웅들   **197**

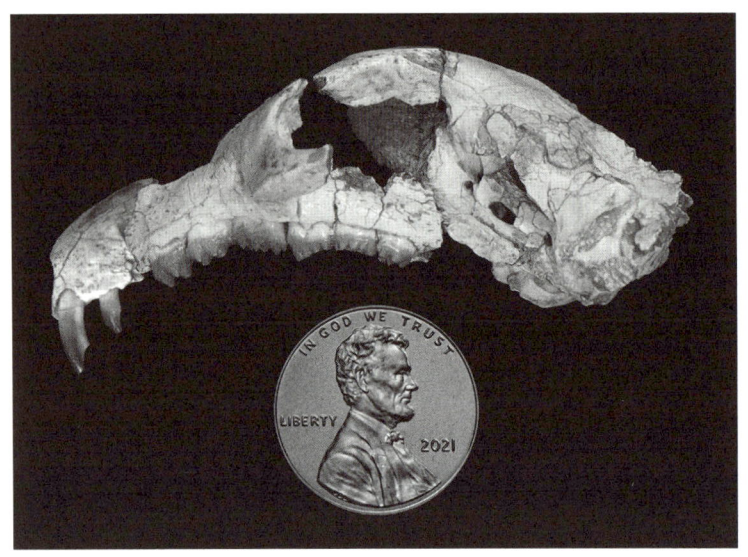

• 뇌가 콩알만 한 다구치류 리토보이.

흘러가는 모습을 그냥 지켜보고 있는 게 결코 마음 편한 일은 아니었다. 그냥 그렇게 사라져버릴 조각들이었다. 매일, 매시간, 어쩌면 매분마다 뼈들이 강바닥에서 뜯겨 나와 물살에 실려 가고 있었다.

  우리 연구진은 최선을 다했고, 다행히도 마차시는 놀라울 정도로 재능이 뛰어난 수집가였다. 그는 뼈를 찾는 데는 초인적인 능력을 가졌는데, 내가 함께 일해본 그 어떤 고생물학자보다도 눈이 날카로웠다. 그는 가끔 물속을 보기 위해 고글을 착용하기도 했지만 플라스틱 청량음료수 병으로 즉석에서 만든 발명품을 더 선호했다. 그는 그것을 망원경처럼 사용했다. 그는 일단 하얀색 형체를 찾아내면 작살잡이의 속도와 정확성으로 잽싸게 손을 물속으로 집어넣어 손톱으로 바위를 파내며 최대한 많이 건져냈다. 그의 손은 떨림 없이 아주 안정적이었다. 마차시가 얼마나 많은 카페인과 니코틴을 섭취하고 있는지 생각하면 놀라운 일이었다. 필요에 의해 나온 그의 방식이 골격 전체를 구해낼 수는 없었지만 한번은 거의 그럴 뻔한 적도 있었다.

2014년 6월 어느 날 우리는 현장 연구진을 둘로 나누었다. 나는 망치와 끌을 이용해서 공룡의 알이 들어 있는 둥지 두 개를 떼어내는 일을 맡았다. 그리고 마차시와 마크, 그리고 몇 명은 작업이 너무 지루해져서 캠프 야영지를 정리하고 푸이 마을로 가서 햇살 좋은 여름 오후에 강물 속을 걸어 다니며 멀티베드에서 작은 뼈들을 찾아보기로 했다. 그날 저녁 게스트하우스에서 다시 만났을 때 나는 온몸이 쑤시고 진이 빠져 있었지만 마차시는 들떠 있었다. 그가 점보 사이즈의 루마니아 맥주 한 병을 따더니 건배를 하고는 자기가 찾은 것을 우리에게 보여주었다. 교두가 여러 개 달린 큰어금니가 나 있는 두개골이었다. 그리고 거기에 더해서 포유류의 사지, 척추, 갈비뼈도 있었다. 무게는 140~170그램으로 손 안에 쉽게 움켜쥘 수 있는 크기였다. 그래서 강에서 그렇게 많은 뼈를 움켜쥘 수 있었을 것이다. 나는 내 현장 일지에 이렇게 적었다. "유럽에서 나온 최고의 백악기 포유류 표본??!!"

실제로 그것은 유럽의 섬에서 발견된 가장 보존이 잘 되고, 가장 완벽한 코가이오논과이고, 고비사막이 아닌 다른 곳에서 발견한 최고의 다구치류 가운데 하나였다. 2018년에 우리는 이것을 리토보이^{Litovoi}라는 신종으로 이름 붙여주었다. 드라큘라의 실존 인물인 블라드 체페슈$^{Vlad\ the\ Impaler}$와 지위가 같은 13세기 루마니아 통치자의 이름을 딴 것이었다.

놀라운 일이 한 가지 더 있었다. 추가로 연구하려고 그 뼈들을 뉴욕으로 가져간 마크는 질 좋은 화석을 찾아냈을 때 요즘에는 많은 고생물학자가 일상적으로 하는 일을 했다. 내부의 해부학을 자세히 관찰하기 위해 CAT 스캐너에 넣어본 것이다. 컴퓨터 스크린에 나온 이미지는 우리를 어안이 벙벙하게 만들었다. 뇌의 공간이 작았던 것이다. 깜짝 놀랄 정도로 작았다. 뇌의 부피를 측정해보았더니 리토보이는 지금까지 기록된 그 어느 포유류보다도 작은 뇌를 갖고 있어서 체구 대비 뇌 크기 비율이 다른 비코가이오논과 다구치류보다는 포유류의 선조인 원시 견치류와 더 비슷했다.

그 이유를 알 것 같았다. 리토보이가 섬에서 살았다는 것을 기억하자. 섬은 살기에 고된 장소다. 적어도 본토와 비교하면 공간도 좁고, 자원도 별로 없을 때가 많다. 섬으로 떠내려간 많은 현대 포유류는 새로운 고향의 제약에 적응하기 위해 자신의 생물학과 행동의 측면들을 바꾸는 것으로 알려져 있다. 가장 흔한 게 뇌의 변화다. 뇌 크기가 작아지는 경우가 많다. 이는 아마도 에너지를 절약하기 위함일 것이다. 큰 뇌를 유지하는 데는 많은 비용이 들기 때문이다. 리토보이는 아주 먼 백악기 생명체임에도 현대 포유류가 갖추고 있는 고등 생존 기법을 구사할 수 있었던 것으로 보인다.

다구치류가 백악기 말기에 번성했음을 보여주는 또 다른 눈에 띄는 사례가 있다. 이들은 적응 능력이 대단히 뛰어나서 환경의 변화에 따라 치아, 식습관, 심지어 뇌도 미세조정할 수 있었다. 그리고 2021년에 발견된 집단 서식지 화석에서 볼 수 있듯이 사회적 집단을 이루어 함께 굴을 파고 둥지를 틀기도 했다. 이들은 체구가 작아서 공룡이 여전히 확보하고 있는 세상에 대놓고 나설 수는 없었지만, 백악기의 밑바닥은 그들의 세상이었다.

속씨식물의 혁명

다구치류는 그 모든 재능과 성공에도 불구하고 백악기 동안 급속하게 변화하는 많은 동물 중 하나였다. 이런 진화의 서곡을 지휘한 것은 식물이었다. 그렇다고 아무 식물이나 다 그런 것은 아니었다.

이 음악을 통제한 것은 백악기 진화의 원동력인 새로운 유형의 특별한 나뭇잎이었다. 이것은 속씨식물^{angiosperms}로, 꽃을 피운다 하여 현화식물$^{flowering\ plant}$이라고도 한다. 힘차게 지휘봉을 휘두르는 오케스트라 지휘자처럼 속씨식물은 곤충, 공룡, 포유류, 그리고 다른 동물들을 예상치 못했던 새로운 방향으로 이끌어 결국 지구를 뒤바꿔놓는 진화적 움직임을 만들어냈다. 그 결과 오늘날에는 속씨식물이 주류로 자리 잡게 됐다. 단연코, 지구의 거의 모든 육상 풍경에서 속씨식물은 압도적으로 우위를 점하고 있는 식물 유형이다. 이들은 우리의 정원을 꾸미고, 집을 짓는 뼈대도 제공하고, 사랑하는 이에게 주는 로맨틱한 선물도 되어준다. 그리고 과일에서 대부분의 채소, 밀, 옥수수 등의 곡물에 이르기까지 우리가 먹는 식량도 상당 부분 담당하고 있다. 곡물은 우리가 풀을 길들여 재배한 아주 특별한 속씨식물에 해당한다.

나는 음악에 비유했지만 다른 고생물학자들은 반란에 비유하기를 좋아한다. 이들은 약 1억 2500만 년 전부터 8000만 년 전 사이, 백악기 중기부터 후기 사이의 기간을 백악기 육상 혁명이라 부른다. 이때는 다양화와 격변의 시기로, 원시 공동체에서 좀 더 현대적인 세상으로 변모하면서 알록달록한 꽃, 향기 나는 열매, 윙윙거리는 곤충, 지저귀는 새, 그리고 우리 이야기의 주인공인 여러 가지 새로운 포유류 등으로 숲에 활력이 넘쳤다. 이 새로운 포유류 중에는 오늘날의 태반류와 유대류의 직계 선조도 포함되어 있었다.

이 반란의 주인공은 설마 싶을 정도로 온순하기 그지없는 혁명가였다. 상록수 숲의 그늘이나 호수의 변두리에서 살고 있던 작은 초본류^{herb}와 관목들이었다. 이 겸손해 보이는 속씨식물은 열매, 꽃, 그리고 좀 더 효율적인 성장 방식을 발전시킴으로써 먹이 피라미드의 밑바닥을 차지하여 생태계 전체의 구조를 바꾸어놓았다. 이번에도 비유를 해보자면, 이들은 왕을 거꾸러뜨리고 새로운 정부 체계를 창조한 소작농이었던 셈이다. 그리고 비밀스러운 반란을 통해 이것을 이루었다. 이들은 외부에서 침입해 들어온 것도 아니었고, 재앙을 틈타 그 이후에 주도권을 잡은 것도 아니었다. 항상 그곳에 있으면서 그늘진 유배지에서 때를 기다렸다. 내부로부터의 반란이었던 것이다.

이것은 전형적인 약자의 성공 이야기다. 속씨식물은 오래전, 아마도 트라이아스기 말기나 쥐라기 초기에 기원한 것으로 보인다. 현대 현화식물의 DNA에서 보이는 엄청난 양의 변이가 축적되려면 그 정도 기간이 있어야만 가능하다. 하지만 그들은 약 1억 4000만 년 전에서 1억 3000만 년 전 정도의 초기 백악기 이전에는 화석으로 등장하지 않는다. 그리고 그 시기에도 현미경으로 관찰되는 꽃가루 정도만 확인됐다. 실제 식물의 첫 화석은 깃털 달린 공룡과 털북숭이 포유류처럼 랴오닝성의 1억 2500만 년 된 바위 속, 폼페이 스타일의 화산 무덤에서 나왔다. 이것은 잡초 같은 식물로, 여린 줄기와 섬세한 잎을 가지고 있어서 집 정원에서 흔히 키우는 백리향이나 오레가노를 닮았다. 속씨식물은 이렇게 주목을 끌지 않는 모습으로 남아 있었으며, 아마도 대부분 늪지나 습지에 국한되어 살았을 것이다. 그러다 약 1억 년 전에서 8000만 년 전에 이들의 크기가 커지기 시작하고, 그들만의 전형적인 특성인 꽃과 열매를 진화시키면서 덤불 관목에서 키 큰 나무에 이르기까지 온갖 식물로 다양화하고, 숲을 만들어냈다. 백악기가 끝날 즈음 속씨식물은 식물군의 80퍼센트 정도를 차지했으며 종려나무나 목련 같은 익숙한 형태로도 꽃을 피웠다.

속씨식물의 혁명 성공 비결은 수많은 인간의 혁명과 마찬가지로 재능과 타이밍의 조합이었다. 재능이라는 측면을 살펴보면 이들은 쇠뜨기, 양치식물, 상록수(소나무와 그 친척들) 등의 다른 식물들과 차별되는 여러 가지 적응 특성을 갖고 있었다. 속씨식물의 꽃과 열매는 곤충에 의한 꽃가루받이와 광범위한 확산을 촉진했다. 이들은 밀도가 높아진 잎맥을 통해 더 많은 물을 운반할 수 있었고, 기공^{stoma}(이산화탄소를 흡수하는 이파리 위의 작은 구멍)의 수가 증가해서 광합성을 하는 동안 자체적인 먹이를 만드는 데 필요한 원재료를 더 많이 들여올 수 있어 빠르고 효율적으로 성장할 수 있었다. 하지만 환경이 함께 변화하지 않았다면 이런 재능도 소용이 없었을 것이다. 판게아가 쪼개짐에 따라 트라이아스기에 영구적으로 자리 잡아 쥐라기까지 계속 이어지던 적도 양측의 건조지대가 백악기 중반에 와서는 군데군데만 작게 남게 됐다. 새로 형성된 대륙 대부분이 더 균일하고 습한 환경을 갖추게 됐고, 고위도의 온대지역들은 더는 사막에 의해 열대와 분리되지 않게 됐다. 이것이 속씨식물이 퍼져서 번성하기에 이상적인 환경을 조성해주었다.

다구치류에게는 새로 등장한 풍부한 속씨식물이 하늘이 내려준 양식이었다. 조피아의 바타르들과 마차시의 뇌가 콩알만 한 리토보이는 교두가 여러 개 돋아 있는 큰어금니를 이용해서 이파리, 줄기, 새싹, 열매, 꽃, 뿌리, 그리고 성장 속도가 빠른 이 속씨식물 혁명가들의 다른 부위를 뒤쪽 방향으로 씹어 먹었을 것이다. 이 식물은 일반적으로 양치식물의 잎이나 솔잎보다 영양이 더 풍부했다. 다구치류가 백악기 후기에 번성했던 이유가 바로 이것이었다. 이들은 새로운 초록 식물을 먹이로 활용하기 위해 교두가 여러 개 달린 더 크고 복잡한 치아를 발달시키고 있었다. 그리고 이 과정에서 서로 다른 식물을 전문적으로 먹는 수십 가지 신종으로 다양화했다.

다재다능한 포유류, 수아강의 진화

하지만 이것은 이야기의 일부일 뿐이다. 속씨식물의 진화를 따라 꽃가루 매개자pollinator가 함께 왈츠를 추듯 공진화하고 있었다. 많은 새로운 곤충 집단, 특히 나방, 말벌, 파리, 딱정벌레, 나비, 개미, 그리고 거기에 더해서 거미 및 기어 다니는 다른 소름끼치는 벌레들이 진화해 나왔다. 앞에서 보았듯이 곤충은 오랫동안 많은 포유류가 좋아하는 먹이였다. 이것은 모르가누코돈 같은 최초의 포유류로까지 거슬러 올라간다. 백악기에 수많은 새로운 곤충들이 넘쳐났으니 포유류가 그것을 이용하려 든 것도 당연한 일이다. 그 과정에서 한 포유류 집단이 새로운 유형의 큰어금니를 과시했다. 곤충의 딱딱한 외골격을 부수어 그 안에 들어 있는 영양 풍부한 육즙을 뽑아 먹기 좋게 생긴 어금니였다.

이들은 수아강 포유류therian mammal였다. 수아강은 대반류와 유대류를 아우르는 큰 집단이다. 이들의 새로운 큰어금니 디자인이 백악기 육상 혁명 동안에 시작되어 오늘날까지도 계속 이어지고 있는 그들,

아니 우리의 성공 열쇠였다. 큰어금니가 뭐가 그리 대수냐고 생각할 수 있지만, 이 큰어금니야말로 인류와 거의 모든 현대 포유류의 탄생을 도운 산파였다.

수아강의 큰어금니는 트리보스페닉^{tribosphenic}이었다. 고대 그리스어에서 갈기^{grinding} 또는 마찰^{friction}을 의미하는 '트리보^{tribo}'와 자르기^{shearing} 또는 쐐기를 의미하는 '스펜^{spehn}'을 결합해서 만든 용어다. 이 새로운 큰어금니는 진화의 놀라운 발명품이었다. 그 이름이 암시하듯 두 가지 기능을 같이 수행할 수 있기 때문이다. 이 치아는 갈면서 자를 수 있다. 다구치류는 선조로부터 파생된 더 발전된 치열을 통해 쥐라기와 백악기의 다른 포유류보다 앞서나갈 수 있었다고 앞쪽에서 말했다. 이들의 치열에는 자르는 용도의 작은어금니와 가는 용도의 큰어금니가 통합되어 있었다. 수아강은 여기서 한발 더 나갔다. 이들은 한 번의 씹기 동작(스트로크)으로 자르기와 갈기를 동시에 하는, 그것도 둘 다 아주 잘하는 큰어금니를 발달시켰다. 다구치류는 턱 전체가 스위스 군용 칼 역할을 했다면, 수아강은 치아 하나하나에 여러 가지 도구가 꾸러미로 갖추어져 있었다.

트리보스페닉 큰어금니는 여러 번의 진화 단계를 거치며 만들어졌다. 그 토대는 모르가누코돈 같은 트라이아스기와 쥐라기 최초의 포유류가 갖고 있는 큰어금니 모양이었다. 이 치아를 옆에서 보면 봉우리가 세 개 있는 산처럼 생겼다. 아래 큰어금니에 달린 이 세 개의 교두에 수아강은 세 개를 더 보탰다. 여섯 개의 교두는 별개의 두 영역으로 나뉘어 있다. 치아 앞쪽에 있는, 세 개의 뾰족한 첨탑이 솟아 있는 듯 보이는 '트리고니드^{trigonid}' 세트와 치아 뒤쪽에 조금 둔하게 솟은 세 개의 교두가 감싸듯 둘러싸고 있는 '탈로니드^{talonid}' 분지^{basin}

다. 한편 위 큰어금니도 달라졌다. 이 치아에서는 혀 쪽에 프로토콘protocone이라는 큰 교두가 하나 새로 돋아났다. 이 교두는 입을 다물었을 때 자기와 대응하는 아래 큰어금니의 탈로니드 분지에 꼭 맞게 들어간다.

　이 새로운 배열은 여러 가지 장점을 갖고 있었다. 그중 가장 중요한 것은 위 큰어금니가 아래 큰어금니를 때릴 때 자르면서 동시에 갈 수 있다는 것이다. 자르기는 대부분 아래 큰어금니 앞쪽의 트리고니드 교두를 연결하는 능선에서 일어난 반면, 갈기는 절굿공이로 절구통을 내리칠 때처럼 위 큰어금니의 프로토콘이 아래 큰어금니의 탈로니드 분지를 때릴 때 일어난다. 그래서 이 트리보스페닉 치아는 선조들의 치아에 비해 벌레를 와삭와삭 씹어 먹기에 훨씬 좋았다. 한 번의 턱 스트로크에서 곤충의 껍데기가 트리고니드에 의해 잘려나가고, 탈로니드에 의해 갈려나갔다. 그래서 수아강 포유류는 더 많은 벌레를 더 빠르게 먹을 수 있었고, 딱딱한 껍데기를 덮고 있는 곤충에서 더 많은 영양분을 뽑아낼 수 있었다.

　교두와 능선으로 이루어진 트리보스페닉 치아는 적응성도 뛰어났다. 교두의 크기, 형태, 위치만 살짝 바꿔줘도 새로운 씹기용, 으깨기용 도구를 만들 수 있어서 수아강 포유류들은 훨씬 다양한 먹이 선택권을 누릴 수 있었고, 환경 변화에도 더 신속하게 적응할 수 있었다. 트리보스페닉 포유류에 관한 전문적 문헌을 읽을라치면 치아와 관련된 능선, 교두, 혹, 융선ridge, 구groove의 이름이 등장하면서 혀가 비비 꼬이는 온갖 용어에 정신이 하나도 없어진다. 하지만 트리보스페닉 치아는 믿기 어려울 정도로 정교하고 다양하기 때문에 용어가 그만큼 많이 필요하다. 그래서 관련 용어가 다른 포유류나 공룡, 혹은 다른 그

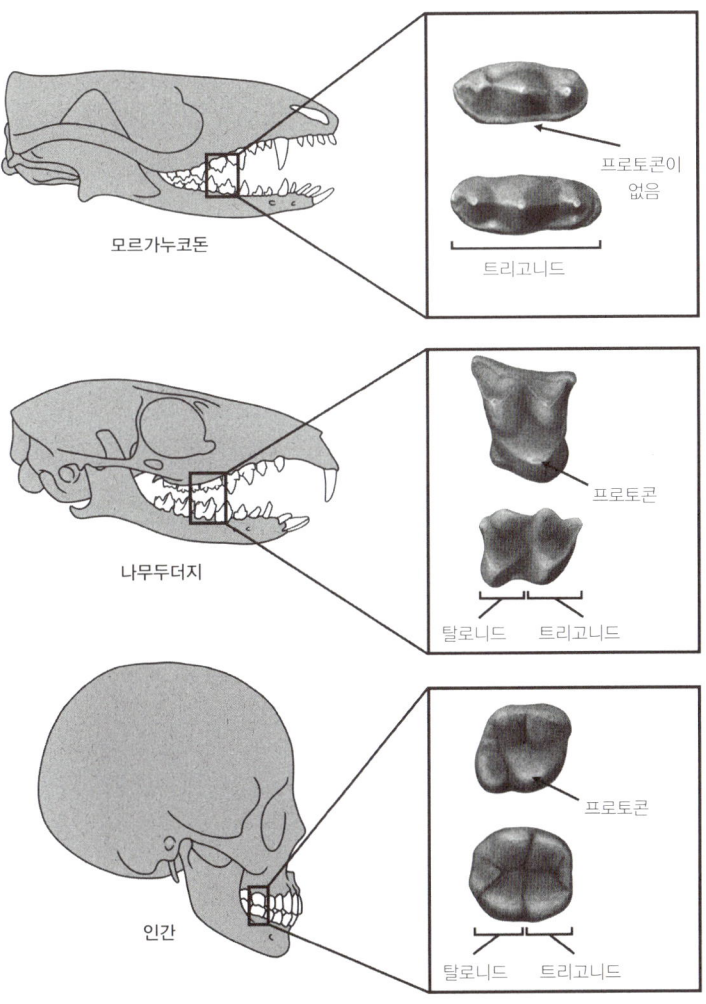

- 트리보스페닉 큰어금니의 진화. 삽입된 박스는 각각의 종에서 위 큰어금니와 아래 큰어금니의 씹는 면(교합면)을 보여준다. 초기 포유류에서는 간단하게 세 개의 봉우리 모양이었던 큰어금니(위 그림)가 수아강에 와서는 위쪽 어금니의 프로토콘이 여섯 개의 교두 아래 큰어금니의 분지로 딱 맞게 들어가는 더 복잡한 트리보스페닉으로 바뀌었다. 우리 인간도 이런 치아(아래)를 갖고 있다!

어떤 동물보다도 많다.

수아강의 다재다능함은 놀랍다. 트리보스페닉의 기본 설계에서 출발해 이들은 기본적인 트리보스페닉 큰어금니 형태를 유지하고 있는 식충동물 뒤쥐에서부터 먹이를 자르고 저미서 먹는 육식성의 갯과 동물과 고양잇과 동물, 물고기를 먹는 돌고래, 우리를 비롯한 잡식성 영장류에 이르기까지 온갖 식습관을 갖고 있는 현대의 수많은 종으로 다양화했다. 거울을 보면 당신의 아래쪽 어금니가 앞쪽과 뒤쪽으로 나뉘어 있고, 양쪽 모두 낮은 언덕으로 경계 지워져 있는 것을 볼 수 있다. 이것이 트리고니드와 탈로니드이고 언덕은 교두다. 당신과 나도 트리보스페닉 동물이다! 사람의 경우는 교두가 완만해서 트리고니드와 탈로니드의 차이가 확실하지 않다. 이것은 우리처럼 가리지 않고 다양하게 먹는 잡식성 식습관에 이상적인 구성이다. 하지만 잊지 말자. 이것은 곤충을 잡아먹던 우리의 머나먼 선조가 개척한 고대의 트리보스페닉 설계에서 변형되어 나온 것이다. 이번에도 역시 진화의 혁신이 곤충을 잡아먹는 생태적 지위에서 생겨났다. 이 생태적 지위는 포유류의 실험과 다양화의 거대한 산실이었다.

사실 트리보스페닉 큰어금니는 백악기 육상 혁명이 아니라 그보다 훨씬 앞서서 생겨났다. 확실한 트리보스페닉 치아를 갖고 있는 가장 오래된 화석은 쥐라마이아*Juramaia*다. 쥐라마이아는 나무를 타던 뒤쥐 크기의 동물로 랴오닝성의 1억 6000만 년 된 쥐라기 중후기의 얀리아오 지층Yanliao beds에서 나왔고, 뤄저시와 그의 연구진이 보고했다. 따라서 수아강은 도코돈류, 하라미야비아류, 다구치류도 자기만의 고유한 치열과 섭식 스타일을 진화시키고 있던 쥐라기 초중기에 트리보스페닉 큰어금니를 발달시킨 것으로 보인다. 이때는 모두 정신없이 진화하고 있을 때라 아무리 뛰어도 제자리 지키기밖에 안 되는 시기였다. 이 초기 포유류들이 쥐라기에 자원을 두고 서로 경쟁을 벌일 때 트리보스페닉 큰어금니는 곤충을 잡아먹는 작은 포유류에게 대단히 유용한 도구였지만, 아직 게임 체인저는 아니었다. 그로부터 수천만 년 후에 백악기 육상 혁명이 찾아와 속씨식물의 폭발적 번성으로 곤충의 다양화가 촉발되고, 벌레만 가득 올라온 뷔페 밥상이 차려진 후에야 이것이 게임 체인저 역할을 했다. 보잘것없는 작은 체구로 식충동물이라는 생태적 지위 안에서 오랜 세월 잉태 기간을 보내고 난 후에야 갑자기 트리보스페닉 수아강은 자신이 새로 등장한 수많은 곤충을 잡고, 자르고, 으깨어 먹을 수 있는 완벽한 도구를 갖추었음을 알게 된 것이다. 수아강이 번성하면서 원시적인 교두 세 개짜리 치아를 가진 포유류들은 쇠퇴하기 시작했고 결국에는 멸종의 길을 걸었다.

　백악기에 와서 성공하기 오래전 이른 시기부터 트리보스페닉 수아강은 후수류*metatherians*와 진수류*eutherians*라는 두 개의 집단으로 쪼개져 있었다. 후수류는 현대의 유대류 및 그와 제일 가까운 화석 친척을 포함하는 집단이다. 진수류는 우리와 같은 태반류 및 그 가까운 친척을 포함하는 집단이다.

　요즘에는 유대류와 태반류를 혼동할 일이 없다. 캥거루와 코알라 같은 유대류는 아주 여린 새끼를 낳은 후에 보통 육아낭에서 더 발달시키는 반면, 태반류는 처음부터 잘 발달된 새끼를 낳는다. 하지만 이런 생식의 차이는 나중에 생겨났을 가능성이 높다. 후수류와 진수류가 쥐라기에 각자의 길로 나뉘어 가고 오랜 시간이 지난 후에 말이다. 최초의 후수류와 진수류는 놀라울 정도로 비슷하게 생겼다. 랴오닝성의 시노델피스*Sinodelphys*를 두고 벌어진 논란이 그 점을 잘 보여준다. 뤄와 그 연구진은 이 동물을 가장 오래된 후수류로 보고했지만, 나중에 다른 연구자들에 의해 진수류로 새로 확인됐다. 초기 수아강은 서로 구분하기가 정말 힘들었다. 모두가 깃털처럼 가벼운 몸으로 나무를 기어오르고, 트리보스페닉 치아로 곤충을 씹어 먹던 동물이었기 때문이다. 최초의 후수류와 진수류를 차별화하는 차이는 치아의 수, 유치가 영구치로 변화하는 패턴 등과 같은 사소한 것밖에 없었고, 이런 부분을 화석에서 구분하기는 어렵거나 불가능한 경우가 많다.

수천만 년이 지나 백악기 육상 혁명 동안에 마침내 진수류와 후수류 사이에 차이가 생겨났다. 양쪽 집단 모두 백악기 후기 몽고의 모래사구, 오아시스, 강둑에서 여전히 더 흔했던 다구치류와 함께 살았다. 최초의 화석은 1920년대에 앤드루스의 탐험대가 보고했지만, 나중에 조피아의 연구진과 미국 박물관 대원들이 훨씬 상태가 좋은 두개골과 골격을 찾아냈다. 잘람브달레스테스^{Zalambdalestes}는 고비사막 진수류의 원형이고, 흔히 기르는 저빌^{gerbil}(반려동물로 키우는 게르빌루스쥐)만 한 크기의 털북숭이 동물로서 긴 다리로 주변을 돌아다니며 곤충에 몰래 접근해 긴 주둥이로 낚아챈 후에 트리보스페닉 치아로 맛있게 먹었다. 델타테리디움^{Deltatheridium}은 후수류의 대표 격이다. 크기는 잘람브달레스테스와 같았지만 생김새와 행동거지가 많이 달랐다. 머리는 살구만 한 크기였지만 델타테리디움은 불뚝 튀어나온 턱 근육과 크고 날카로운 송곳니, 위아래로 커다란 큰어금니를 갖고 있었고, 탈로니드 분지의 크기는 줄어들었지만 자르는 용도의 교두와 능선은 칼처럼 커져 있었다. 이들은 적응이 뛰어난 트리보스페닉 큰어금니를 단두대 칼로 바꾸어 양서류, 도마뱀, 기타 포유류 등 작은 척추동물 사냥감의 살을 잘라 먹었다. 아마도 초본식물을 먹는 다구치류의 고기가 특히

• 잘람브달레스테스와 델타테리디움.

나 맛있었을 것이다.

　백악기가 끝날 무렵 다구치류와 수아강은 더 원시적인 치열을 가진 다른 포유류들의 수가 줄어들고 있는 곳에서 둘 다 성공을 거두었고, 북반구 대륙 전체에서 승리를 거두며 전진했다. 하지만 새로 등장한 아프리카대륙, 남아메리카대륙, 호주대륙, 남극대륙, 인도대륙 등 남반구의 땅에서는 어땠을까? 어쩌면 다구치류와 수아강은 백악기에 한 번도 그쪽으로 진출하지 않았는지도 모른다. 이것은 가능성 있는 시나리오다. 쥐라기와 백악기에는 판게아의 북쪽과 남쪽 구간이 서로 반발하는 자석처럼 점점 갈라지고 있었기 때문이다. 백악기 육상 혁명이 일어난 시점에서는 북쪽과 남쪽이 테티스해$^{Tethys\ Sea}$라는 적도의 넓은 수로로 나뉘어 있었다.

　수십 년에 걸쳐 고비사막, 유럽의 섬, 북아메리카대륙의 범람원에서 백악기 포유류의 비밀이 파헤쳐지고 있는 동안 남반구의 동물상에 대해서는 알려진 것이 거의 없었다. 그러다 1980년대와 1990년대에 사람을 감질나게 만드는 화석들이 일부 등장했다. 치아와 턱뼈 몇 개에 지나지 않았지만 기이했다. 어쩌면 북쪽 동물상에 익숙해져 편견을 갖고 있던 고생물학자들에게만 그렇게 보였는지도 모르겠다. 남쪽에서 나온 치아 중 일부는 초식동물의 것이었지만 구불구불한 법랑질enamel(치아의 제일 바깥쪽을 싸고 있는 단단한 층으로 몸을 구성하는 조직 중에서 가장 단단하다 – 옮긴이) 주름을 가진 이들의 키 큰 큰어금니는 다구치류보다는 작은 말의 치아와 더 비슷했다. 더 당황스러운 점은 다른 큰어금니들은 트리고니드와 탈로니드를 갖춘 트리보스페닉 치아로 보였지만 교두의 형태와 위치가 특이했다는 것이다. 이 다구치류는 수아강이었을까? 아니면 완전히 다른 무엇이었을까?

오리너구리는 어디서 온 것일까?

존 헌터John Hunter는 에든버러대학교의 중퇴자 중 두 번째로 유명한 사람일 것이다. 인기로 찰스 다윈을 능가하기는 어렵다. 1820년대에 다윈은 의대를 다 다니지 못하고 중퇴했다. 그의 아버지는 다윈을 의사로 만들 계획을 갖고 있었지만, 다윈이 피를 너무 무서워한 것이 큰 결점이었다. 가을마다 나는 에든버러대학교에서 진화론 1학년 과정을 수강하는 학생들에게 졸업할 때까지 어떻게든 붙어만 있으면 중퇴한 다윈을 뛰어넘을 수 있다고 얘기해준다.

다윈과 마찬가지로 헌터도 결국에는 일이 잘 풀렸다. 1754년에 학교를 중퇴한 후에 그는 옛날부터 갈 곳이 없어 방황하는 수많은 젊은 이들이 했던 일을 했다. 해군에 입대한 것이다. 그는 사병에서 수병, 하급장교까지 빠르게 승진했고, 대영제국의 바다를 지배하는 몇십 년 동안 항상 쉬지 않고 무언가를 하고 있었다. 그는 7년 전쟁Seven Years' War 동안에는 프랑스와 싸우며 서인도제도와 동인도제도까지 갔고, 적어도 한 번은 남양Southern Ocean(남극 주위를 둘러싼 해양－옮긴이)을 일주했으며, 미국독립혁명American Revolution 동안에도 몇몇 전투에 참가했다. 요크타운에서 워싱턴 군에게 항복을 한 이후에 영국은 더는 자기 죄수들을 미국 식민지에 떠넘길 수 없었기 때문에 새로운 계획이 필요했다. 그래서 1787년에 1함대The First Fleet가 최근에 개척한 식민지 중 하나인 호주의 머나먼 해안으로 항해를 시작했다. 여섯 척은 죄수를, 세 척은 보급품을, 그리고 두 척은 해군 전투 병력을 태우고 갔다. 이 호위함 중 하나인 HMS 시리우스호HMS Sirius의 선장을 헌터가 맡았다.

헌터는 호주를 좋아하게 됐지만 그것은 복잡한 관계였다. 함대가 1788년 초에 호주에 도착하고 보니 이들의 새로운 집은 얘기로 들었던 것보다 훨씬 상황이 안 좋았다. 그래서 헌터는 열악한 호주 남동부 해안보다 머물기에 더 적합한 땅을 찾으러 나섰다. 그는 패러매타강Parramatta River을 탐사했다. 이 강은 잘 보호되고, 접근하기도 편하고, 풍부한 민물과 비옥한 토양에 둘러싸인 한 만의 주요 지류였다. 결국 이 만은 범죄자 식민지의 중심지가 된다. 그들은 이곳을 시드니라고 불렀다. 헌터는 영국으로 다시 소환되어 취미생활을 즐기듯 프랑스와 싸우는 왕립 해군의 활동에 더 참가하다가 다시 호주로 돌아가기를 청했다. 다. 이번에는 배의 선장이 아니라 뉴사우스웨일스 식민지의 총독으로 가는 것이었다. 신청은 받아들여졌고, 그는 1795년에 총독으로서 임기를 시작했다. 하지만 그리 오래가지는 못했다. 1799년 말에 그는 부패한 군 장교들이 범죄자들과 작당해서 술을 거래하는 것을 막지 못한 책임을 물어 해직되고 말았다. 이 거래는 부패 관료들에게 막대한 수익을 가져다주는 것이어서 결국에는 이 때문에 반란이 일어났다.

그는 정치인으로서는 무능한 사람이었다. 진정한 열정이 다른 곳에 있었다는 점도 그런 무능에 한몫했다. 다윈과 마찬가지로 헌터도 열정적인 박물학자였다. 그는 바다에 체류하는 시간을 이용해 전 세계의 식물과 동물을 관찰했다. 총독 시절에 그는 정기적으로 동물의 가죽과 식물 표본을 영국으로 보냈고, 새로운 물품을 보낼 때마다 호주가 유럽이나 신세계와는 근본적으로 다른, 대단히 특이한 식물상과 동물상을 가지고 있다는 것이 더욱 분명해졌다. 다른 대륙과 멀찍이 떨어져 있는 이 섬 대륙은 그 자체로 하나의 생태계였다. 그곳의 포유류 중에는 작디작은 무기력한 새끼를 낳아 육아낭에서 키우는 유대류가 많았다. 이것은 유럽인들에게 익숙한 여우, 오소리, 곰, 생쥐 등에서는 찾아볼 수 없는 육아 방식이었다. 그리고 호주의 털북숭이 동물상 중에는 훨씬 더 기이한 것도 있었다.

1797년 어느 날 부패한 장교들의 반란을 진압하고 있어야 할 시간에 헌터는 호주 원주민 사냥꾼이 시드니 북쪽에 있는 야라문디 석호Yarramundi Lagoon에 도사리고 있는 무언가를 쳐다보는 모습을 꼼짝 않고 지켜보며 앉아 있었다. 그 사냥꾼은 마멋groundhog만 한 크기에 짙은 갈색 털로 덮인 이 생명체가 반복적으로 숨을 쉬러 올라오는 모습을 보고 있었다. 그러다 한 시간 정도 기다린 끝에 그는 때가 됐다고 판단했다. 그 사냥꾼은 신속한 손목 동작으로 흙탕물 속에 짧은 창을 던졌고, 그 동물은 손과 발을 저어 멀리 달아나버렸다. 헌터 총독은 혼란스러웠다. 그는 나중에 자신이 본 생명체를 그림으로 그리고 자기가 생각할 수 있는 최고의 설명으로 제목을 붙였다. "물과 땅에서 살아가는 두더지와 비슷한 생물." 다만 이 동물은 두더지보다 훨씬 몸집이 컸고, 손과 발에 물갈퀴와 날카로운 손발톱이 있었고, 비버처럼 짧고 통통한 꼬리가 있었다. 하지만 그 얼굴은 오리처럼 생겨서 치아 대신 부리를 갖고 있었다. 사실 이 동물은 두더지와 전혀 닮지 않았다. 하지만 그럼 대체 무엇이었을까?

헌터는 어렵게 그 동물을 한 마리 잡아서 증류주에 담가 영국으로 보냈다. 뉴캐슬에 도착한 표본은 돌풍을 일으켰다. 이 동물은 일부는 포유류, 일부는 새, 일부는 파충류, 일부는 어류 같았다. 그 보송보송한 털가죽을 보면 포유류가 맞는데, 젖샘이 없는 것 같았다. 그리고 이 동물이 알을 낳는다는 소문도 있었다. 알이라니, 가장 포유류답지 않은 번식 방법이었다. 호주 원주민들은 그것이 사실이라고 맹세했다. 이들은 오랫동안 이 동물에 대해 알고 지냈고, 이 생물이 새처럼 둥지를 짓는 오리와 쥐의 잡종이라 생각했다. 하지만 영국의 주류 과학계에서는 그 말을 믿으려 하지 않았다. 목사를 하다가 박물관 큐레이터를 하게 된 조지 쇼$^{George\ Shaw}$는 1799년에 헌터가 보낸 표본을 보고하고 '오리너구리^{platypus}'라는 이름을 붙여준 사람이다. 하지만 그는 심지어 이것이 정말 존재하는 동물이라고 확신하지도 못했다. 쇼를 비롯해서 많은 사람이 이것이 가짜 동물일 가능성이 높다고 생각했다. 사기꾼이 여러 동물의 신체 부위를 꿰매서 만든 프랑켄슈타인의 괴물이라고 말이다.

영국이 호주 동부를 더 꼼꼼히 탐사하면서 오리너구리를 목격한 정

• 태즈메이니아의 한 개울에서 헤엄치고 있는 오리너구리.

착민들의 수도 늘어났다. 더는 이 동물의 존재를 부정할 수 없었다. 이것은 실재하는 동물이었다. 이 동물은 강과 호수에 살고, 물갈퀴가 달린 손으로 추진력을 얻고, 꼬리로 방향을 조절하며 물속을 헤엄쳤다. 늘 배가 고픈 이 동물은 30초 정도 물속으로 잠수했다가 입에 한가득 새우, 벌레, 가재를 물고 올라왔다. 그로부터 한 세기 이상 지난 후에 연구자들은 이 동물의 주둥이가 움직임과 전기 자극을 감지하는 수만 개의 수용체가 촘촘하게 박혀 있는 경보 시스템이라는 것을 밝혀냈다. 그 덕분에 오리너구리는 시각, 후각, 청각을 끈 상태에서도 물속으로 잠수해 진흙바닥을 부리로 쓸면서 스텔스 모드로 숨어 있는 먹잇감들을 감지할 수 있다. 정착민들의 관찰에 따르면 가끔씩 오리너구리는 물가로 올라와 정원용 갈퀴처럼 물갈퀴에서 뾰족하게 튀어나와 있는 길고 날카로운 발톱으로 굴을 팠다. 이 굴은 오리너구리의 안식처이자, 듣기로는 암컷 오리너구리가 새끼를 기르는 장소이기도 했다.

아비 노릇을 열심히 하는 타입은 아닌 수컷들은 발목에 박차 같은 돌출부가 나와 있었다. 이것은 짝짓기 계절에 다른 수컷들을 상대로 우위를 차지하려고 독을 주입하는 관이었다. 짝짓기가 끝나면 수컷들은 암컷이 새끼를 어떻게 하든지 상관 않고 떠나갔다.

오리너구리의 정확한 정체를 밝히는 열쇠를 쥐고 있는 미스터리는 바로 암컷이 새끼를 낳고 기르는 방식이었다. 이상한 포유류일까, 아니면 다른 무엇일까? 거의 한 세기 동안 논란이 끊이지 않았고, 지저분하게 흘러가는 경우도 많았다. 당시 유럽 최고의 박물학자와 해부학자들이 이 논란에 뛰어들었고, 그중에는 우리 이야기에서 이미 여러 번 이름이 등장했던 까탈스러운 리처드 오언도 포함되어 있었다. 이 논쟁의 두 가지 요점은 오리너구리가 새끼에게 젖을 먹이느냐는 것과 이들이 알을 낳느냐는 것이었다. 젖을 먹인다면 포유류라는 의미지만, 알을 낳는다면 이는 포유류로 분류하기 곤란하게 만드는 증거였다.

당신도 예상하겠지만 오언은 오리너구리가 알을 낳는다는 호주 사람들의 주장에 귀를 기울일 시간이 없었다. 그는 오리너구리가 포유류라 확신했고, 그가 생각하기에 포유류라면 출산을 하는 것이 자명했다. 그래서 영국의 육군중위 로더데일 몰Lauderdale Maule이 1831년에 둥지에서 암컷 한 마리와 딸을 두 마리 잡아 어미의 배에 난 작은 구멍에서 젖이 흘러나온다고 보고하자 오언은 환호했다. 하지만 이어서 몰이 둥지에서 알 껍데기 조각을 보았다고 하고, 다른 관찰자들도 실제로 암컷이 알 두 개를 낳는 것을 보았다고 하자 오언은 비웃었다. 그는 그것은 자연분만이 아니라며 조롱했다. 그는 암컷이 두려움 때문에 유산한 것이 분명하다고 생각했다. 이것은 과학자가 선입견과 개인적 감정 때문에 상식을 저버린 안타까운 사례다. 런던에서 왕족들과 어울려 살면서 살아 있는 오리너구리는 한 번도 본 적이 없었던 그가 수천 년 동안 그 동물과 함께 살아왔던 사람들의 말을 귀담아 듣지 않은 것이다.

결국은 오리너구리가 알을 낳는다는 것을 모두가 인정해야 했다. 1884년에 80세의 오언이 윌리엄 콜드웰$^{William\ Caldwell}$이라는 젊은 동물학자의 섬뜩한 보고에 찬성한 것은 일종의 임종 고백과 비슷한 것이었다. 2개월에 걸쳐 콜드웰은 150명의 호주 원주민을 모아 보이는 족족 오리너구리, 그리고 알을 낳는다는 말이 도는 호주의 또 하나의 별난 털북숭이 동물인 바늘두더지$^{spiny\ echidnas}$를 도살하게 했다. 정말 제국주의 최악의 과학이었다. 그렇게 해서 1400마리 정도의 동물이 살해됐고, 호주 원주민들은 끔찍한 대우를 받았다. 이 대학살이 벌어지는 동안 콜드웰 자신도 알을 낳고 있는 암컷을 한 마리 쏘아 죽였다. 알 하나는 어미의 사체 옆에서 발견됐고, 다른 알들은 아직 암컷의 자궁 속에 들어 있었다.

이제는 오리너구리와 바늘두더지가 새나 파충류처럼 알을 낳지만 포유류처럼 젖을 먹이는 별종이라는 것이 분명해졌다. 이들에게는 그리스어로 '구멍 하나'라는 의미의 단공류^{monotremes}라는 이름이 붙었다. 이들이 소변, 대변, 번식 모두에 사용하는 다목적 구멍이 하나 있음을 지칭하는 이름이었다. 이즈음에는 다윈의 진화론이 널리 받아들여지고 있었기 때문에 해부학자들은 이 단공류가 의미하는 바가 무엇인지 이해할 수 있었다. 이것은 유대류와 태반류보다는 덜 발전되어 머나먼 파충류 선조로부터 물려받은 원시적 특성을 상당수 가지고 있지만(예를 들면 알 낳기) 자기만의 독특한 특성도 여럿 갖고 있는(예를 들면 감각이 있는 부리) 특이한 포유류였다. 그리고 이 동물들은 지구에서 혼자 작게 고립되어 있는 호주와 뉴기니에서만 살았다. 다른 어떤 야생지역에서도 살아 있는 단공류나 알을 낳는 포유류가 관찰된 적이 없었다.

한 가지 미스터리는 해결됐지만 또 다른 미스터리가 떠올랐다. 진화적인 의미로 볼 때 단공류는 대체 어디서 온 것일까? 오리너구리와 바늘두더지의 성체는 치아를 갖고 있지 않기 때문에 더 어려운 수수께끼가 됐다. 해부학자들은 오랫동안 치아에 나 있는 정교한 교두와 능선을 모두 비교해서 포유류의 계통수를 만들어왔기 때문이다. 알고 보니 그 비밀은 아기 오리너구리의 턱 안쪽에 숨어 있었다. 새끼 오리너구리는 짧은 시간 동안 치아가 돋았다가 부리로 다시 흡수된다. 이 해답을 알고 나니 또 다른 미스터리를 해결하는 데 도움이 됐다. 남반구 대륙의 백악기 화석 기록에서 특유의 트리보스페닉 비슷한 치아를 남기고 있던 포유류의 정체가 무엇이냐는 미스터리였다.

추론이 도미노처럼 연쇄적으로 꼬리를 물었다. 첫 번째 도미노는 1970년대에 호주 남부에서 발견된 두 개의 위쪽 큰어금니였다. 이 치아의 교두는 로프^{loph}라는 특이할 정도로 두꺼운 능선으로 연결되어 있었다. 오늘날의 새끼 오리너구리에서도 거의 동일한 형태의 로프가 잠깐 등장한다. 오브두로돈^{Obdurodon}이라고 명명된 이 화석 치아는 1500만 년에서 2000만 년 전의 것이었고, 발견 당시에는 화석 기록 중 가장 오래된 오리너구리였다. 이어서 오브두로돈의 따로 떨어져 있는 아랫니가 발견됐고, 그다음에는 완전한 두개골이 발견됐는데, 그것을 통해 아래쪽 큰어금니 역시 로프가 있음이 밝혀졌다. 고생물학자들이 이제 검색용 이미지를 갖게 됐고, 더 오래된 바위에서 그와 비슷한 로프가 있는 치아를 찾아낸다면 단공류의 기원을 더 먼 과거로 추적할 수 있게 됐다.

1980년대 초반에 큰 돌파구가 마련됐다. 인구가 2000명이나 될까 말까 한 먼지투성이 오지 마을 라이트닝 리지Lightning Ridge에서 한 광부가 1억 년 정도 된 백악기 사암과 이암을 체로 치고 있었다. 이 사람은 청록색의 반짝이는 무엇을 찾고 있었다. 이곳은 중요한 오팔opal(단백석) 산지였고, 그 광부는 자기가 찾던 것을 찾았다. 그것은 오팔이었지만 구체나 방울, 또는 원석으로 쉽게 자를 수 있는 형태가 아니었다. 이 놀랍기 그지없는 오팔은 2.5센티미터 정도의 길이에 양옆으로 납작한 막대기 형태를 하고 있었고, 한쪽 끝에는 우락부락한 것이 세 개 튀어나와 있었다. 그 막대기 형태는 치골이었고, 우락부락 튀어나온 구조물은 교두와 능선이 있는 세 개의 큰어금니였다. 이것은 얕은 바다의 모래 속에 묻혔다가 용해되어 실리카silica로 대체되고, 다시 오팔로 변한 포유류의 턱뼈였다. 상상하기도 쉽지 않은 도무지 있을 법하지 않은 화석이었다.

이것은 또한 엄청나게 중요한 화석이었다. 1985년에 마이클 아처Michael Archer와 그 동료들이 보고해 스테로포돈Steropodon으로 명명됐을 때, 이 화석은 몇 가지 기록을 새로 세웠다. 이것은 오브두로돈의 치아와 그와 비슷한 연대의 화석들보다 오래된 호주 최초의 포유류 화석이었고, 따라서 공룡의 시대에서 나온 호주와 뉴질랜드 최초의 포유류였다. 그리고 이것은 남반구 대륙들을 통틀어 초기 백악기에서 나온 최초의 포유류 표본이었다. 남아메리카대륙, 아프리카대륙, 남극대륙, 인도대륙에서는 그 시기에 나온 화석이 보고된 바 없었기 때문이다. 그리고 우리 이야기에서 중요한 점은, 이것이 가장 오래된 단공류라는 사실이었다. 이 역시 오늘날의 새끼 오리너구리와 멸종된 오브두로돈에서 보이는 확실한 로프 치아를 갖고 있었다. 그뿐 아니었다. 턱 한쪽 끝에 있는 빈 공간은 나중에 커다란 턱뼈관$^{\text{mandibular canal}}$의 가장자리로 해석됐다. 이 관은 오리너구리의 치골 전체에 걸쳐 뻗어 있으며 전기 감각을 갖고 있는 부리에 분포하는 동맥과 신경의 치밀한 네트워크가 이곳을 거쳐 간다. 따라서 이 작고 반짝이는 화석은 단공류의 기원이 훨씬 먼 과거로 거슬러 올라간다는 것을 증명해주었다.

스테로포돈의 큰어금니에는 주목할 만한 다른 무언가도 있었다. 요즘의 새끼 오리너구리에서 일시적으로 생겼다 사라지는 더욱 분화된 치아에서는 확실하게 드러나지 않는 특성이다. 이들은 트리보스페닉이었다. 아니면 적어도 아처와 그의 연구진이 보고한 바로는 그랬다. 아래 큰어금니는 앞쪽으로 날카로운 교두와 능선이 있는 트리고니드 부위, 뒤쪽으로는 탈로니드 스타일의 분지가 있었다. 하지만 위 큰어금니에 대해서는 알 수 없었다(지금도 마찬가지다). 그래서 이들에게 트리보스페닉 설계에서 필수적인 절굿공이 역할을 하는 프로토콘이 있었는지는 불분명하다.

그 후로 20년에 걸쳐 고생물학자들이 남반구 대륙을 가로지르며 포유류 사냥에 나서자 비슷한 치아들이 다른 곳에서도 나오기 시작했다. 첫 번째 주자는 호주 남동부 끝에 있는 빅토리아주였다. 이곳에서 슈퍼스타 고생물학자 부부 톰 리치$^{\text{Tom Rich}}$와 퍼트리샤 비커스 리치$^{\text{Pat Vickers-Rich}}$는 1.3센티미터 정도의 섬세한 턱뼈를 보고하고, 아우스트리보스페노스^{Ausktribosphenos}라는 이름을 붙여주었다. 이것은 스테로포돈^{Steropodon}과 마찬가지로 초기 백악기에 살던 종이었다. 그리고 다음에는 마다가스카르에서 존 플린$^{\text{John Flynn}}$(뉴욕에 있을 때 내 대학원 교수님 중 한 분이셨다)과 그의 연구진이 2.5밀리미터 정도의 길이에 치아가 세 개 달린 아래턱 조각을 찾아내어 암본드로^{Ambondro}라고 불렀다. 이것은 호주에서 발견된 종들보다 훨씬 오래돼서, 거의 1억 7000만 년 전 쥐라기 중반의 것이었다. 이 역시 세계기록을 보유하게 됐다. 이것은 마다가스카르에서 발견된 가장 오래된 포유류의 연대보다 두 배나 오래된 것이다. 마다가스카르는 호주와 마찬가지로 섬 지역으로, 오늘날에는 독특한 동물상을 과시하고 있지만 포유류 화석 기록은 형편없는 곳이다. 그리고 몇 년 후에 아스팔토밀로스^{Asfaltomylos}라는 쥐라기의 또 다른 턱뼈가 세상의 빛을 보게 됐다. 이번에는 아르헨티나에서 나왔다.

이 포유류들은 대체 무엇이었을까? 이들의 화석은 거의 웃기다 싶을 정도로 빈약했다. 고작해야 부러진 경우가 많은 아래턱뼈 몇 개와 치아가 전부였다. 그리고 남반구의 대륙에 거리로는 수천 킬로미터, 시간으로는 7000만 년에 걸쳐 있었다. 그리고 이 무슨 운명의 장난인지 가장 중요한 위 큰어금니는 항상 빠져 있었다. 이래서는 알아낼 수 있는 것이 많지 않았다. 스테로포돈은 분명 단공류와 친척관계였는데 이 종들도 모두 그럴까? 아니면 그중 일부는 수아강이었을까? 어쨌거나 이들의 아래 큰어금니는 실제로 트리보스페닉처럼 보였다. 리치 부부는 더 나아가 가능한 여러 가지 계통학적 설명 중 하나로 이 일부 고대 종과 현대의 고슴도치 사이의 연관성을 제안하기도 했다.

앞에서 소개했다시피 랴오닝성과 고비사막의 수많은 화석들을 연구한 포유류 베테랑 전문가 뤄저시와 조피아 키엘란야보로프스카 얘기를 다시 해보자. 이들은 이제 미국의 동료 리처드 시펠리$^{Richard\ Cifelli}$와 함께 연구하고 있었다. 힘을 합친 세 사람은 수십 년 동안 포유류 치아의 꼭대기와 계곡을 현미경으로 세밀하게 조사하며 보냈다. 이들이 남반구에서 나온 치아들을 들여다보았더니 무언가 수긍되지 않는 부분이 있었다. 아래 큰어금니가 앞과 뒤로 나뉘어 있는 것은 사실이었고, 이것을 트리고니드와 탈로니드로 부르는 것도 어려운 일이 아니었다. 하지만 법의학적으로 그 치아들을 조사해보았더니 수아강 포유류의 트리고니드 및 탈로니드와는 미묘하게 차이가 있어 보였다. 이 수수께끼를 분명하게 밝히기 위해 뤄, 조피아, 시펠리는 남반구 큰어금니의 가장 잘 알려진 대표 주자를 포함해서 모르가누코돈과 같이 교두 세 개짜리 큰어금니를 가진 원시적인 종부터 진수류와 후수류 계통의 화석과 현대 수아강, 그리고 단공류에 이르기까지 포유류 치아의 막대한 데이터를 구축했다. 이들은 각각의 치아를 대상으로 존재 여부, 크기, 형태, 교두 및 능선 그리고 로프의 위치 등과 관련된 치아 해부학의 수십 가지 미묘한 특성들을 평가해보았다. 이들이 파생된 고유의 유사성을 공유하는 종들을 하나로 묶으며 계통수를 구축하는 컴퓨터 알고리즘으로 데이터를 돌려보았더니 충격적인 결과가 나왔다.

남반구의 치아들은 수아강과 하나의 집단으로 묶이지 않았다. 그 대신 아우스트리보스페노스와 암본드로 같은 남반구 종들은 모두 단공류 계통에서 스테로포돈과 묶여 더 넓은 '단공류 줄기 집단monotreme stem group'을 이루었다. 뤄의 연구진은 '남반구 쐐기southern wedges'라는 의미로 오스트랄로스페니다류Australosphenida라고 불렀다.

바꿔 말하면 두 유형의 트리보스페닉 치아는 서로 같지 않으며 독립적으로 진화한 수아강 버전과 단공류 버전이 존재한다. 아마도 양쪽 모두 비슷한 이유로, 즉 자르는 능력을 키우고 가는 능력도 조금 추가하기 위해 쥐라기 중기에 진화해 나왔을 것이다. 수아강 버전은 북반구에서 진화하여 유대류와 태반류의 선조들이 백악기 육상 혁명 동안에 번성할 수 있게 해주었고, 대단히 적응성이 뛰어난 치아 설계 덕분에 우리의 구강을 비롯해서 오늘날에도 계속 유지되고 있다. 단공류 버전은 남반구에서 진화했고, 쥐라기와 백악기 동안에 적도 아래 지역에서 널리 퍼졌다가 그 후로는 사실상 사라지고, 새끼 오리너구리가 둥지를 떠나면서 해체되는 유령 같은 치아 잔재로만 남았다.

계통수에서 무언가 주목할 만한 다른 것이 있었다. 수아강과 오스트랄로스페니다류는 멀리 떨어져 있고 그 사이에 여러 가지 다른 포유류 혈통이 배치되어 있다는 점이다. 오스트랄로스페니다류는 도코돈류에서 그리 멀지 않은 계통수의 뿌리 가까이 있었다. 모르가누코돈 같은 트라이아스기 말기와 쥐라기 초기 종에서 몇 걸음 떨어지지 않은 곳이었다. 반면 수아강은 나무의 꼭대기 쪽에 있었다. 단공류와 수아강은 모두 오늘날까지 살아 있지만 그 둘 사이에는 셀 수 없이 많은 멸종 혈통이 자리를 잡고 있다. 그중 다수는 다구치류처럼 더는 존재하지 않는 이른바 단절된 가지들이다.

나에게는 이것이 암시하는 바가 조금 으스스하게 느껴졌다. 단공류는 적어도 쥐라기 중기까지 거슬러 올라가는 기나긴 혈통의 산물이며, 한때는 여기저기를 주름잡고 다니던 호주 집단의 마지막 생존자다. 이들이 지금까지 집요하게 살아남았다는 사실 자체가 기적 같아 보인다. 단공류 혈통이 백악기에 싹이 잘려나가서 오리너구리나 바늘두더지가 오늘날까지 버티지 못하는 대안의 역사는 어렵지 않게 상상해볼 수 있다. 그럼 굴을 파고 사는 털북숭이 동물이 알을 낳고, 배에서 새어 나오는 젖으로 새끼를 먹이던 포유류 진화의 초기 흔적을 살펴볼 기회를 우리는 아예 얻지 못했을 것이다. 아니면 도코돈류나 다구치류 혈통의 한 줄기가 세상 외딴 어느 한 구석에서 오늘날까지 살아 있는 다른 역사도 상상해볼 수 있다. 우리는 오리너구리와 바늘두더지가 지금까지 살아남았다는 사실에 감사해야 한다. 이것은 주변 동네가 모두 젠트리피케이션gentrification(낙후된 지역이 개발되는 과정에서 고급 주택과 대형 문화, 상업 시설이 들어오면서 저소득 원주민이 밖으로 내몰리는 현상−옮긴이)되고 있는데도 자신의 낡은 아파트를 포기하지 않고 꿋꿋이 지켜낸 노부부와 비슷한 상황이다.

내가 여기서 다루는 내용은 남반구 대륙에서 나온 쥐라기와 백악기 포유류의 화석이 극히 드물다는 점에서 아직까지도 계속 펼쳐지고 있는 이야기다. 하지만 최근의 몇몇 발견을 통해 입증되었듯이, 발견을 기다리는 화석들이 있다.

그중 하나가 마다가스카르에서 나온 빈타나^{Vintana}다. 이것은 2014년에 데이비드 크라우스$^{David\ Krause}$와 그 연구진이 행운을 의미하는 마다가스카르 언어를 따서 지어준 이름이다. 이것은 내가 앞에서 넌지시 얘기했던 말의 것처럼 생긴 그 이상한 치아에 관한 수수께끼를 마침내 풀어준 행운의 발견이었다. 여러 해 동안 고생물학자들에게는 남반구 여기저기서 발견된 치아 조각만 있었다. 이 조각들은 교합면에 두터운 법랑질이 복잡하게 주름이 져 있고, 반복적인 마찰로 인해 닳아 있는 경우가 많은 키가 크고 튼튼한 큰어금니 조각이었다. 이들은 곤드와나테리움류^{gondwanatheria}라는 자체적인 집단으로 분류됐다. 이 포유류들은 분명한 초식동물이었다. 이들은 치아 마모 패턴을 통해 알 수 있듯이 다구치처럼 후방으로 씹는 동작을 채용했다. 빈타나는 곤드와나테리움류가 눈이 크고, 민첩하고, 교합력이 강한 초식동물임을 밝혀주었다. 그리고 이들은 광대뼈가 넓어서 큰어금니를 서로 가는 데 필요한 근육을 받쳐주기도 좋았다. 크라우스가 2020년에 골격과 두개골이 연결되어 있던 그와 가까운 친척 아달라테리움^{Adalatherium}을 보고하면서 이런 이미지를 확인할 수 있었다. 이 곤드와나테리움류들은 그 자체로 별개의 집단이었지만 계통수에서 다구치류와 가까운 곳에 자리 잡고 있었다. 본질적으로 이들은 다구치류의 오랫동안 연락이 끊긴 남반구 사촌으로서 다구치류와 비슷하게 속씨식물을 먹는 생태적 지위를 채우고 있었다.

백악기에는 드리올레스테스상과^{dryolestoids}라고 하는 또 다른 성공적인 남반구 포유류가 있었다. 이들은 유대류와 태반류의 가까운 친척이지만 트리보스페닉 큰어금니가 없었기 때문에 수아강은 아니다. 가장 오래된 드리올레스테스상과는 북아메리카대륙과 유럽대륙의 쥐라기 바위에서 나오지만, 그들이 정말로 번성했던 곳은 백악기의 남아메리카대륙이었다. 2011년에 기예르모 루지어$^{Guillermo\ Rougier}$와 그의 동료들은 크로노피오^{Cronopio}라는 신종을 발견했다고 발표했다. 두 개의 두개골이 발견됐는데, 긴 주둥이와 커다란 송곳니, 그리고 머리의 근육들을 수용하는 깊은 함몰 부위를 갖고 있었다. 이 근육은 날카로운 교두가 달린 치아로 먹이를 씹을 때 턱을 회전시켰을 것이다. 이들은 아마도 곤충을 잡아먹었겠지만 북반구의 수아강이나 트리보스페닉과 비슷한 남반구의 단공류와는 스타일이 달랐다.

이것이 약 6600만 년 전 백악기 말기의 현황이었다. 체구는 아직 작았지만 포유류가 어디에나 있었고, 체중이 9킬로그램 정도 나가는 빈타나가 가장 큰 포유류였다. 그래 봤자 티라노사우루스나 다른 육식공룡에게는 한입거리였겠지만 말이다. 수아강과 다구치류는 아시아의 심장부에서 북아메리카대륙의 산악지역, 유럽의 섬에 이르기까지 북반구에서 안락하게 자리를 잡고 있었다. 그중에는 트리보스페닉 치아로 벌레를 먹어치우던 식충동물도 있고(진수류), 꽃이나 과일, 그리고 속씨식물의 다른 부위를 먹고 사는 초식동물도 있었고(다구치류), 가끔은 육식동물도 있었다. 이들은 날카롭게 변형된 트리보스페닉 큰어금니로 먹잇감의 근육과 심줄을 잘라 먹었다(후수류). 쪽빛의 테티스해를 가로질러 남쪽으로는 비슷한 역할을 채우고 있는 다른 포유류가 존재했다. 트리보스페닉 큰어금니를 그대로 흉내 낸 단공류 계통의 식충동물들이 있었고(오스트랄로스페니다류), 주둥이가 긴 다른 식충동물도 있었고(드리올레스테스상과), 초식동물도 있었다(곤드와나테리움류).

북쪽에서 남쪽으로 눈부시게 밝은 불덩어리 하나가 하늘을 환하게 밝혔을 때 이 동물들은 모두 그곳에 있었을 것이다. 이 주요 포유류 집단들은 모두 적어도 당분간은 살아남을 테지만, 상황은 결코 예전 같지 않을 것이다.

5

지구 역사 속 최악의 하루

엑토코누스 *Ectoconus*

초심자의 행운? 말도 안 되는 발견

현장 연구에서는 도저히 설명할 수 없는 어떤 법칙들이 존재한다. 큰 골격은 항상 꼭 미처 수집할 시간이 남지 않은 마지막 날에 발견된다. 몇 시간 동안 뒤져도 아무것도 찾지 못하다가 화장실에 잠깐 볼일을 보러 다녀오면 자기가 아까 쪼그리고 앉아 있던 바로 그곳에서 멋진 두개골이나 턱뼈를 발견한다. 그리고 최고의 화석을 찾는 사람은 교수가 아니라 학생인 경우가 많다.

  뉴멕시코의 불모지에서 진행한 우리의 2014년 현장 연구 기간 동안에도 이 마지막 법칙이 통했다. 5월 약 열흘간 우리 연구진은 흰색과 분홍색으로 층이 져 있는 차코 협곡Chaco Canyon 바로 북쪽 포코너스Four Corners 지역의 작은 언덕과 도랑을 탐사했다. 차코 협곡은 1000년 전에 고대 푸에블로족Pueblo이 바위로 거대한 도시를 건설했던 곳이다.

오늘날 이곳은 나바호족Navajo이 신성시하는 땅이다. 어느 날 아침 우리는 그들이 '새매 샘물sparrowhawk spring'이라는 뜻의 킴베토Kimbeto라고 부르는 말라붙은 개울에 갔다. 이곳에는 6560만 년 된 이암에 화석들이 가득했다. 이 화석들은 바싹 마른 땅 위로 버섯처럼 솟아나 날카로운 눈을 가진 누군가가 뽑아주기를 기다리고 있었다.

1학년 신입생 딱지를 뗀 지 며칠밖에 안 된 캐리사 레이먼드Carissa Raymond는 여러 대원 중 한 명이었다. 캐리사는 담당 교수인 로스 시코드Ross Secord가 현장 연구 조교로 뽑은 네브래스카대학교 파견단의 일원이었다. 당시 캐리사는 고생물학 강의를 아직 한 번도 듣지 않은 상태였지만 로스 교수의 지질학 강의에서 성적이 워낙 출중했기 때문에 로스 교수가 그녀에게 화석 수집에 도전할 기회를 준 것이었다. 햇살이 이글거리는 그날 아침 우리는 모두 킴베토에 흩어져 화석을 찾고 있었는데, 캐리사의 진홍색 네브래스카대학교 콘허스커스 미식축구팀 티셔츠가 상쾌한 파란 하늘을 배경으로 등대처럼 도드라져 보였다. 얼추 800미터도 더 떨어진 거리에서도 땅을 쳐다보면서 돌아다니고 있는 그녀의 모습을 볼 수 있었다. 베테랑 화석 사냥꾼이라면 사막에서 일할 때는 차분한 색의 옷을 입어야 한다는 것을 잘 알지만, 그녀는 아직 그런 것을 배우지 못했다. 이번이 첫 화석 사냥 여행인데 그런 노하우를 아는 게 더 이상하지 않겠는가?

첫 며칠이 캐리사에게는 순탄치 않았다. 그녀의 눈은 화석 치아에서 빛이 반짝이며 반사되는 방식, 진흙에 침식된 턱뼈가 만들어내는 형태 등에 아직 익숙해지지 않은 상태였다. 이런 것은 익숙해지는 데 시간이 걸리고, 쉽게 배울 수 있는 것도 아니다. 그런 본능은 경험을 통해 익혀야 한다. 그래서 빈손으로 실망하는 날이 길어지는 경우가 많다. 그러다 어느 순간 무언가 번쩍하면서 화석이 바위에서 공중부양이라도 하고 있는 것처럼 보이는 날이 온다. 패기가 넘치고 눈도 젊은 학생이 이런 열반의 경지에 일단 한번 도달하고 나면 에이스 화석 사냥꾼이 될 수 있다.

캐리사의 그 순간은 바로 오늘이 될 것이다. 언덕을 넘어 더 평평한 땅으로 걸어가면서 그녀는 침식에 드러난 지평선 위 가파른 절벽에 검정, 황갈색, 빨간색 띠가 번갈아 생긴 줄무늬를 바라보았다. 그러고는 말라붙은 진흙이 다각형 도형으로 갈라지고, 바람에 날려 온 돌들이 먼지처럼 흩뿌려져 있는 사막의 길을 내려다보았다. 조심하지 않으면 그 돌을 밟아서 미끄러질 수도 있었다. 그녀의 눈동자가 표면을 훑었다. 돌, 돌, 그리고 다시 돌.

그러다 무언가 다른 것이 눈에 들어왔다. 반짝인다. 그리고 검은색이다. 그윽하고 진한 검은색이다. 그리고 형태도 이상하다. 그리고 하나 더, 또 하나 더 눈에 들어온다. 일렬로 있다. 이것은 돌이 아니었다. 화석이었다! 화석 치아다. 치아가 일렬로 이어져 턱을 이루고 있었다. 큰 치아는 레고 블록 또는 옥수수 속대처럼 생겨서 곡식의 낟알처럼 생긴 교두가 평행하게 세 줄로 이어져 있고, 줄과 줄 사이는 날카로운 틈으로 나뉘어 있었다.

캐리사가 사이렌 경보를 울렸고, 킴베토 여기저기 흩어져 있던 우리 연구진이 그 자리로 모여들었다. 뉴멕시코 자연사×과학박물관의 큐레이터이자 우리 탐사의 리더였던 톰 윌리엄슨Tom Williamson이 가장 멀리 있었기 때문에 제일 늦게 도착했다. 캐리사가 그에게 그 치아를 건넸다.

"씨X! 이건 말도 안 돼!" 내가 니콘 카메라의 동영상 촬영 기능을 이용해 녹화하고 있다는 사실을 모르고 그가 이렇게 소리쳤다.

톰은 이 지역에서 25년 정도 화석을 수집해왔다. 그는 백과사전 같은 지식과 사진 같은 기억으로 무장하고 있기 때문에 거의 모든 화석을 무심히 한 번 보기만 해도 무엇인지 알아맞힐 수 있었다. 그 치아나 뼈가 유형이 무엇인지, 어느 종의 것인지 말이다. 우리는 마치 신탁을 기다리는 사람들처럼 그의 말을 기다렸다.

그는 그것이 다구치류라고 했다. 설치류처럼 생겼지만 실제로 설치류와 가까운 친척관계는 아닌 그 초식동물 집단의 한 구성원이자, 조피아 키엘란야보로프스카가 고비사막에서 수십 개씩 발견했던 그 동물이었다. 치아를 보면 알 수 있었다. 큰 교두가 몇 줄로 나 있는 레고 블록 같은 치아를 갖고 있는 것은 다구치류밖에 없다. 이들은 위아래 턱의 치아를 서로 맞대고 갈아서 식물을 분쇄했다. 여러분도 기억하시다시피 이 치아는 그들이 백악기에 속씨식물의 열매와 꽃을 먹으면서 더 다양해지고 번성할 때 사용했던 비밀 무기다.

하지만 캐리사의 다구치류에는 무언가 이상한 점이 있었다.

"크네. 진짜 커!" 톰이 흥분과 당혹감이 뒤섞인 목소리로 말을 이어갔다.

조피아의 고비사막 다구치류는 뒤쥐와 쥐 정도 크기였고, 그 큰어금니는 작은 동전 하나로 충분히 덮을 수 있는 사이즈였다. 다른 대부분의 백악기 다구치류의 체구도 이 범위에 들어갔다. 하지만 캐리사가 발견한 화석에 들어 있는 큰어금니는 손톱의 두 배 정도 크기여서 내 엄지손가락 전체 길이에 가까웠다. 이것은 이 동물의 체중이 10~12킬로그램으로 현대 설치류 중 두 번째로 몸집이 큰 비버 정도였음을 암시한다.

• '원시 비비' 킴베톱살리스. 두개골과 치아의 화석(위) 그리고 2014년 발견 이후에 화석을 수집하고 있는 캐리사 레이먼드와 로스 시코드(아래).

그 후로 우리는 그 지역을 샅샅이 뒤져서 머리 양쪽의 턱뼈를 모두 모았다. 그 턱뼈에는 큰어금니와 작은어금니에 더해서 앞니, 그리고 뇌를 둘러싸고 있던 위쪽 두개골의 일부도 들어 있었다. 앨버커키의 연구소로 돌아온 우리는 화석을 씻고, 붙이고, 사진 찍고, 측정하는 일에 돌입했다. 그리고 약 1년 후에 발견된 장소의 이름을 따서 '킴베톱살리스^{Kimbetopsalis}'라는 신종으로 보고했다. 우리는 이것이 발음하기 좀 번거롭다고 생각해서 '원시 비버$^{Primeval\ Beaver}$'라는 별명을 붙여주었다.

대대적인 언론의 공세에 캐리사는 어쩔 줄 몰라 하며 기자에게 이렇게 말했다. "멋진 일인 건 알았지만 이렇게 멋진 일인지는 몰랐죠." 그녀의 인터뷰는 미국 공영 라디오$^{National\ Public\ Radio,\ NPR}$ 방송을 탔고, 《워싱턴 포스트》에도 관련 기사가 실렸다.

이런 기사에서 톰도 자주 인용된다. 그가 한 기자에게 이렇게 고백했다. "제가 발견했으면 얼마나 좋았을까 싶어요." 내게 이 고백은 전혀 새삼스러울 것이 없었다. 톰, 그리고 어린 나이부터 주말 캠핑 여행을 다니면서 화석 냄새 맡는 법을 훈련해온 그의 쌍둥이 아들 라이언과 테일러는 현장에 나갔다가 하루가 끝날 즈음이면 아이스박스 주변에 모여 토르티야칩을 살사 소스에 찍어 먹으며 누가 제일 좋은 화석을 찾았는지를 두고 티격태격하곤 하는 사람들이니까 말이다.

하지만 톰도 낙담만 하고 있지는 않았을 것이다. 그 전날에 그도 인상적인 화석을 발견했기 때문이다. 만약 캐리사가 킴베톱살리스의 치아를 찾아내지 않았더라면 그해의 화석상은 그 화석에 돌아갔을지도 모를 일이다. 우리가 도착한 지 한 시간도 안 돼서, 오전에 앨버커키에서 차로 도착한 다음 오후에 잠깐 정찰 겸 조사를 나갔다가 톰은 바위처럼 보이지 않는 깨진 조각 몇 개가 침식된 사막 바닥에서 튀어나와 있는 것을 발견했다. 가까이 가서 보니 그 조각들이 퍼즐 조각처럼 이가 맞았다. 톰은 그것이 엑토코누스^{Ectoconus}라는 동물의 위팔뼈^{humerus} 일부임을 바로 알아볼 수 있었다. 이 동물은 뉴멕시코의 이 지역을 처음으로 연구한 고생물학자 중 한 명이 1884년에 보고한 종이었다.

톰이 나를 불렀고, 나는 세라 셸리를 소리쳐 불렀다. 세라 셸리는 이 책의 도입부에서 만나보았고, 멋진 그림으로 이 책에 활력을 불어넣어 준 내 제자로, 내가 에든버러대학교에 있을 때 박사 과정 학생이었다(세라는 톰에게도 원격으로 공동 지도를 받고 있었다). 우리는 뼈를 부수지 않고, 피부가 사막의 돌에 까지지 않게 조심하면서 손과 무릎을 바닥에 대고 엎드렸다. 그리고 수건과 핀 바이스$^{pin\ vise}$를 이용해서 위팔뼈 조각 주변을 긁으며 더 깊숙한 곳으로 이암을 파고들었다. 파낼수록 더 많은 뼈가 발견됐다.

그렇게 팔을 따라가다 보니 결국 전신 골격이 드러났다!

우리는 그 주변으로 도랑을 파서 뼈들을 젖은 석고에 적신 붕대로 덮었다. 이 석고가 굳으면 보호용 주물이 된다. 그리고 망치, 끌, 곡괭이를 꺼내 석고로 봉인한 뼈를 바위에서 깨끗하게 떼어냈다. 학계에 몸담은 과학자들은 보통 이런 육체노동에 나설 일이 별로 없다. 하지만 이 일은 재미있었다. 그리고 근처에서 내가 엑토코누스의 치아를 발견했을 때도 재미있었다. 아마도 다른 개체에서 나온 치아일 것이다. 하지만 우리가 찾아낸 골격에는 머리가 없었으니 아무도 장담할 수는 없는 일이었다.

지금까지 포유류의 경우에서 자주 보아온 대로 이번에도 역시 치아를 통해 엑토코누스가 계통수에서 어디쯤 위치하는지 알아낼 수 있다. 이 동물에게는 다구치류에서 보이는 여러 줄로 나 있는 교두가 없

• 2014년에 세라 셸리와 톰 윌리엄슨이 고대 태반류인 엑토코누스의 골격을 보호용 석고 덮개로 봉하고 있다.

다. 그 대신 치아가 트리보스페닉이다. 즉 위 큰어금니가 아래 큰어금니에 절굿공이와 절구통처럼 맞아떨어진다. 이것은 이 동물이 자르면서 동시에 갈 수 있는 수아강 포유류(유대류와 태반류 집단)의 전형적 특징인 치아를 가지고 있었다는 말이다. 거기에 더해서 치아의 수를 통해 이것이 진수류임을 알 수 있다. 태반류 혈통의 한 구성원이라는 얘기다. 어쩌면 이것은 우리 인간처럼 진성 태반 포유류였을 수도 있다. 어쩌면 엑토코누스의 어미는 자궁 속 태반으로 새끼에게 영양을 공급하고 보호해서 잘 발달된 상태의 새끼를 낳는지도 모른다.

 엑토코누스가 캐리사의 킴베톱살리스와 분명하게 다른 점이 또 하나 있었다. 엑토코누스가 몸집이 상당히 더 컸다. 우리가 수집한 골격은 크기는 돼지만 하고 우람한 어깨와 골반띠$^{\text{pelvic girdle}}$, 튼튼한 앞다리뼈를 가지고 있었다. 이 마치 발굽으로 형태를 바꾸려고 애쓰고 있는 것처럼 보이는 발톱이 달린 앞다리뼈는 분명 강력한 근육의 뼈대 역할을 했을 것이다. 뼈의 크기로 보아 이 동물이 살아 있을 당시 체중은 100킬로그램 정도였을 것으로 추측할 수 있다. 우리가 지금까지 얘기했던 그 어느 화석 포유류보다도 훨씬 큰 체구다.

그 여정에서는 하나도 찾지 못했지만 같은 바위에서 세 번째 유형의 포유류 화석이 발견된다. 이들은 지금까지 치아를 통해서만 알려졌다. 이 치아는 너무 작아서 치아 하나를 볼펜 끝에 올려놓을 수 있을 정도다. 이들은 수아강 집단 중 유대류 계통인 후수류로, 트리보스페닉 치아를 갖고 있었다. 그런데 정말 이상하게도 뉴멕시코의 다구치류와 진수류는 선조들보다 몸집이 훨씬 큰 데 반해 후수류는 더 작고 온순해 보였다.

다구치류, 진수류, 후수류, 그게 전부다. 킴베토에서 뉴멕시코의 인접 불모지까지 1880년대부터 수집된 수만 점의 포유류 화석은 종으로는 100종이 넘는데 모두 예외 없이 이 세 집단 중 하나에 속한다. 우리가 앞 장에서 살펴보았던 다른 포유류는 하나도 없다. 모르가누코돈 비슷하게 총총걸음으로 돌아다니던 동물도, 도코돈류나 하라미야비아류도, 산봉우리처럼 생긴 세 개의 교두가 일렬로 나 있던 트리보스페닉 치아를 가진 수아강의 선조도 하나 없다. 알을 낳는 단공류 역시 없다. 그들은 남반구에 속한 집단이니까 놀랄 일은 아니지만 말이다. 하지만 뉴멕시코의 모든 포유류는 계통수 중에서 이 세 개의 가지로 국한되어 있고, 그럼에도 불구하고 대단히 놀라웠다. 이들은 그 어느 시기보다도 다양성이 풍부했다. 종도 더 많았고, 체구의 크기, 식습관, 행동 등도 기존의 그 어떤 생태계 포유류보다 다양했다.

그리고 흥미로운 점이 하나 더 있다. 킴베톱살리스의 치아와 엑토코누스의 골격을 담고 있는 이암 바로 아래 있는 바위는 유사한 강 범람원과 숲 환경에서 퇴적된 다른 이암으로, 살짝 더 오래돼서 6690만 년 정도 됐다. 이 층에는 티라노사우루스 렉스, 트리케라톱스의 뿔 달린 친척들, 알라모사우루스 *Alamosaurus* 같은 괴물 용각류, 오리 부리가 달린 공룡 등의 뼈가 가득 들어 있다. 이 바위에서 부서진 공룡 뼛조각이 떨어져 나와 사막의 바닥에 흩어져 있기 때문에 밟지 않고 지나가기가 불가능할 정도다. 하지만 킴베토 바위나 그 위의 어느 바위에서도 비조류 공룡 non-bird dinosaur(현재는 새를 공룡의 일종으로 생각하고 있어서 과거에 멸종한 공룡을 새와 구분하기 위해 비조류 공룡이라 부르기도 한다 - 옮긴이)의 흔적을 발견한 사람이 아무도 없다. 뼈 하나, 뼛조각 하나도 없고, 하다못해 치아나 발자국 화석조차 없다.

마치 공룡은 증발해버렸지만 포유류는 그렇지 않은 것처럼 보인다. 그리고 이제는 포유류들이 트라이아스기, 쥐라기, 백악기 그 어느 때보다도 체구가 커져 있었다.

백악기 최악의 하루

우리가 킴베토에서 수집한 킴베톱살리스, 엑토코누스, 그리고 다른 포유류들은 연대로 보면 팔레오세의 화석들이다. 팔레오세는 백악기 직후의 구간이지만 이 두 시대는 완전히 다른 세계로 보인다. 소설에서 연이은 두 장에서 이야기가 깔끔하게 이어지지 않는 다른 등장인물이 나오는 셈이다. 여기서 그 등장인물은 공룡과 포유류의 화석이다. 상황이 이렇게 된 이유는 백악기가 끝나고 팔레오세가 시작되면서 스토리 라인이 극적으로 요동을 쳤기 때문이다. 이 두 시기가 나뉜 것은 단일 재앙으로는 지구 역사상 가장 큰 재앙 때문이었다. 말 그대로 지구가 겪어야 했던 최악의 하루라 할 것이다.

소행성, 아니 어쩌면 혜성이었는지도 모르지만 확실하지는 않다. 어쨌든 화성 궤도 너머, 혹은 그보다 더 먼 태양계 구간에서 소행성이 날아왔다. 소행성의 폭은 10킬로미터로 에베레스트산의 크기만 했고, 맨해튼섬보다는 세 배 정도 넓었다. 물론 우주의 거대한 크기와 비교하면 먼지 하나에 지나지 않은 것이었지만 적어도 지난 5억 년 동안 우리가 살고 있는 태양계 한 구석에 접근했던 천체 중에는 가장 큰 것이었다. 이것이 달리는 자동차에서 쏜 산탄총 같은 무작위 궤적을 따라 하늘을 가르며 돌진해 왔다. 이 소행성은 총알보다 10배나 빠른 속도로 날아가고 있었다.

어디를 향해도 이상하지 않은 소행성이었지만 운명의 장난으로 이 우주 돌덩어리는 지구를 향해 곧장 날아왔다. 이 소행성은 아슬아슬하게 지구 대기의 상층을 스치듯 지나 우주의 어둠 속으로 사라졌을 수도 있었다. 아니면 지구에 가까워지면서 중력에 의해 해체되었을 수도 있었다. 아니면 지구를 비스듬히 치면서 빗나갔을 수도 있었다. 하지만 이 가운데 어떤 일도 일어나지 않았다. 이 소행성은 현재의 멕시코 유카탄반도에 핵폭탄 10억 개 이상의 힘으로 충돌하면서 지각에 깊이 40킬로미터, 폭 160킬로미터짜리 구멍을 뚫어놓았다. 이 흉터는 지금도 관광도시 칸쿤에서 멀지 않은 멕시코만 해안에 걸쳐진 칙술루브 운석공Chicxulub Crater으로 남아 있다.

일단 6600만 년 전 소행성과 지구의 만남 이후로는 모든 것이 결코 예전과 같을 수 없었다.

우선 물리학적인 문제가 있다. 이 충돌에서 방출된 에너지는 어디론가 가야 했고, 결국 상상할 수 없는 규모의 열, 빛, 소음으로 전환됐다. 충돌지점에서 반지름 약 1000킬로미터 안에 존재하는 모든 것이 곧바로 증발해버렸다. 수많은 공룡, 포유류, 기타 동물들이 이런 식으로 최후를 맞이하여 유령이 됐다.

뉴멕시코의 종들은 유카탄반도에서 2400킬로미터 정도 떨어진 곳에 살아서 살짝 운이 좋았다. 이들은 그냥 인류가 한 번도 경험해보지 못한 거대한 규모의 허리케인 폭풍과 지진, 그리고 하늘에서 비처럼 쏟아지는 뜨거운 유리 탄환 정도로 만족해야 했다. 이 유리 탄환은 충돌이 일어나는 동안 먼지와 바위가 액화되어 만들어졌다가 다시 땅으로 떨어지면서 굳은 것이었다. 이 녹은 탄환들이 쏟아지는 동안 하늘은 붉게 물들었고 대기는 오븐처럼 뜨거워졌다. 이것은 숲을 자연발화시킬 정도의 열기였고, 육지 여기저기서 들불이 미친 듯이 일었다. 하나만 일어나도 재앙인 일들이 동시다발적으로 일어났고, 충돌지점에 가까울수록 그 영향력은 더욱 컸다. 뉴멕시코의 동물들이 이 혼돈의 몇 시간 동안 얼마나 죽어나갔을지 짐작하기는 힘들다. 하지만 아주 많았을 것이다. 아니면 대부분이었을지도.

소행성 충돌의 즉각적인 영향에서 살아남은 존재들도 장기적인 파급 효과에 대처해야만 했다. 들불에서 피어오른 검댕과 연기가 대기로 흘러들어 아직 유리 탄환으로 굳지 않은 잔여 먼지들과 뒤섞였다. 이 독성 칵테일이 지구의 공기를 순환시켜주던 높은 고도의 대기 흐름을 차단해 지구 전체를 차디찬 어둠으로 내몰았다. 이렇게 핵겨울이 몇 년간 지속됐다. 들불에서 간신히 살아남은 식물들도 이제는 광합성에 필요한 햇빛이 차단되다 보니 시들다가 죽어갔다. 숲이 붕괴하자 생태계도 사상누각처럼 무너졌다. 하지만 여기서 끝이 아니었다. 이미 수천 년 동안 용암과 가스를 배출하고 있던 인도대륙의 화산들이 초강공 모드로 돌입했다. 질소와 황의 증기가 물과 결합해 산성비를 만들었고, 이 산성비가 산으로 부식된 땅에서 바다로 침출되어 오염시켰다. 이런 것들 모두 전 지구적인 죽음의 사신들이었고, 그 운명의 날 이후로 몇 년, 몇십 년 동안은 충돌지점에서 아무리 멀리 떨어진 존재라 해도 결코 안전하지 않았다.

하지만 마지막 잔인한 한 방이 기다리고 있었다. 소행성이 여러 세대에 걸쳐 생명체들을 계속 죽일 수 있는 방법을 찾아낸 것이다. 물리적인 파괴력만으로는 성이 안 찼는지 소행성이 하필이면 탄산염 지대에 충돌했다. 탄산염 지대는 산호와 조개껍질이 있는 생명체에 의해 얕은 바다에 형성된 광활한 바위 지대로, 칼슘, 탄소, 산소로 이루어져 있다. 이 탄산염 암반이 소멸하는 과정에서 탄소와 산소가 풀려나와 이산화탄소로 대기 중에 퍼졌다. 이런 현상을 이미 페름기와 트라이아스기의 말기에 목격한 바 있고, 현재도 경험하고 있다. 이산화탄소는 온실가스라서 대기, 지표면, 바다의 온도를 높인다. 기껏해야 몇십 년 만에 핵겨울이 지구온난화로 바뀌었다. 그리고 몇천 년 동안 지글지글 끓는 듯한 열기 때문에 생태계가 회복되기 어려웠다.

이때가 40억 년이 조금 넘는 지구의 역사 중에서 생존에 가장 위험한 시기였다는 데 나는 추호의 의심도 없다. 이 소행성은 궁극의 연쇄살인범이었다. 이 소행성은 몇 초 안으로 작동하는 에너지 펄스, 충돌 이후로 몇 시간에서 며칠 동안 내린 뜨거운 유리 비, 수십 년에 걸친 핵겨울, 그리고 몇천 년에 걸친 지구온난화까지 휘두를 살인병기가 너무도 많은 강력한 킬러였다. 이렇게 많은 장애물을 뚫고 살아남으려면 상당한 재능과 행운이 함께 필요했을 것이다. 그리고 그런 동물은 많지 않았다. 대략 75퍼센트의 종이 멸종했고, 이로써 이것은 역사상 최악의 대멸종 중 하나로 기록됐다.

공룡은 몇몇 새를 제외하면 살아남지 못했다. 뉴멕시코의 바위에서 공룡의 화석이 그렇게 순식간에 사라져버린 이유도 이 때문이다. 목이 긴 플레시오사우루스처럼 바다를 지배하는 여러 대형 파충류 집단도 무릎을 꿇었다. 백악기 말까지 새들이 공중이라는 생태적 지위로 들어오지 못하게 막고 있던 하늘을 나는 파충류 익룡 pterosaurs도 사라졌다. 악어, 도마뱀, 거북이, 개구리 등 다른 동물들은 살아남았지만 상처가 컸다. 많은 식물이 소멸했고, 바다에 살던 미세 플랑크톤들도 높은 비율로 사라져 육상과 수중 모두에서 먹이사슬의 밑바탕이 영원히 바뀌게 됐다. 그리하여 팔레오세에는 생태계를 완전히 새로 구축해야 했다.

그럼 포유류는? 물론 그들이 살아남았다는 것은 알고 있다. 아니면 우리가 지금 여기 없을 테니까 말이다. 하지만 이것은 '공룡은 죽고 포유류는 살아남다'라는 교과서적인 문장보다는 훨씬 복잡하고 매력적인 이야기다. 포유류에게 소행성 충돌은 가장 큰 파멸의 순간이자 돌파구였다.

포유류는 소행성 충돌에서 어떻게 살아남았을까

포유류는 거의 죽어서 사라질 뻔했다. 이들도 거의 공룡의 길을 걸을 뻔했다. 이들이 이룩한 모든 것, 즉 털과 젖, 귓속뼈로 변한 턱뼈, 그리고 온갖 다양한 형태의 치아 등 진화적 유산 전체가 영원히 묻힐 뻔했다. 그리고 털매머드, 잠수함 크기의 고래, 르네상스, 그리고 이 책을 읽고 있는 당신 등 이들이 그 후로 이룩할 모든 것이 시작도 못 해보고 지워질 뻔했다. 정말 구사일생이었고, 그 모든 게 지질학적 시간의 심연에 비하면 티끌 같은 소행성 충돌 며칠, 몇십 년, 몇천 년 후에 일어난 일에 달려 있었다.

포유류의 역사에서 가장 위태로웠던 이 시기에 무슨 일이 있었는지 우리는 잘 알고 있다. 소의 고장인 몬태나주 북동부, 미주리강과 그 지류들이 평야를 깎아내어 산쑥 향기 가득한 황무지로 만들어놓은 그곳에 화석 보관소가 있다. 이 화석 보관소는 가시철사 울타리를 두르고 쇠똥으로 뒤덮인 언덕투성이 풍경을 만들어내고 있는 이암과 사암 속에 세워져 있다. 이 바위는 백악기가 끝나던 시점에서 팔레오세가 시작하던 시기에 걸쳐 있는 대략 300만 년 동안 고대의 로키산맥에서 물을 받아 동쪽으로 흘러 북아메리카대륙을 절반으로 나누는 해로로 유입되던 강들에 의해 형성됐다. 층층이 쌓여 있는 이 바위와 그 속의 화석들은 단일 생태계가 소행성 충돌 이후에 어떻게 변했는지를 보여주는 둘도 없는 기록이다.

빌 클레멘스Bill Clemens(슬프게도 2020년 말에 세상을 떴다)는 출입을 통제하는 목장 주인들과 친구가 되면서 거의 반세기 동안 이 땅에서 연구했다. 한 해 한 해가 지날 때마다 그와 그의 학생들은 백악기 시대의 헬크리크 지층과 팔레오세 시대의 포트유니언 지층Fort Union Formation의 바위에서 수만 개의 치아, 턱뼈, 뼈 화석 수집품을 모았다. 이 수집품은 아직도 많아지고 있다. 하지만 운명이 조금만 달라졌어도 빌은 기회를 잡지 못했을지도 모른다. 멸종 전문가가 되어가는 동안에 그는 자기만의 기괴한 폭력과 마주했다.

샌프란시스코 베이 에어리어^Bay Area 토박이인 빌은 1967년에 캘리포니아대학교 버클리캠퍼스에 교수로 들어갔다. 이 지역 사람인 그에게는 꿈같은 직장이었다. 그리고 같은 해에 또 한 명의 젊고 잘나가는 사람이 수학과 교수로 들어왔다. 그의 이름은 시어도어 카진스키^Ted Kaczynski였다. 하지만 그는 그가 아직 우편물 폭탄을 부치는 정체불명의 인간이었을 때 FBI에서 붙여준 별명으로 더 잘 알려져 있었다. 바로 유나바머^Unabomber다. 1996년에 카진스키가 붙잡혔을 때 빌의 연구현장에서 560킬로미터 정도 떨어진 몬태나주 서부 깊숙한 숲속, 다 허물어져 가는 판잣집에서 공격 대상 목표가 담긴 목록이 발견됐다. 빌의 이름도 1967년 이후로 대학에 새로 고용된 다른 사람들의 이름과 함께 그 명단에 올라 있었다. FBI에서 빌과 면담을 했는데, 빌은 자기는 카진스키를 전혀 모른다고 했다. 아무래도 명단에 그의 이름이 오른 것은 엉뚱한 시간과 엉뚱한 장소의 문제일 뿐 그 이상도 이하도 아니었던 것 같다. 때로는 이런 우연이 치명적인 결과를 낳기도 하지만 다행스럽게도 명단에서 빌의 이름까지 가기 전에 카진스키가 투옥됐다.

"빌 교수님은 그 일에 별로 동요하지 않는 것 같았지만, 저는 그 후로 10년 동안은 상자를 열 때 막대기를 썼어요." 앤 웨일^Anne Weil이 내게 말했다. 나는 여러 해 동안 늦은 봄이면 몇 주씩 앤과 함께 뉴멕시코에서 시간을 보냈다. 그곳에서 앤은 우리 현장 연구진의 다구치류 상근 전문가로 활동해왔다. 하버드대학교에서는 전직 아이스하키 선수였고 일류 작가로서 새로운 포유류 발견에 대한 요약 글을 《네이처》에 종종 기고하는 앤은 현재 오클라호마 주립대학교에 교수로 있지만 FBI 면담이 있었던 당시에는 빌의 대학원생이었다. 그녀는 빌이 그동안 지도교수를 맡았던 학생 수십 명 중 한 명이다. 앤은 오늘날 이 분야에서 가장 저명한 여성 고생물학자 중 한 명이다. 빌의 화석보다는 오히려 그가 키운 제자들이 그가 남긴 가장 훌륭한 유산이 될 것이다.

그레그 윌슨 만틸라$^{Greg\ Wilson\ Mantilla}$는 빌의 또 다른 제자다. 그레그는 미시간주에서 자라 의사가 될 계획으로 대학에 갔다. 만약 축구 선수의 길을 걷지 않았더라면 의사가 됐을지도 모른다. 그것이 터무니없는 꿈도 아니었다. 그는 스탠퍼드 축구팀의 주장이었으니 말이다. 그러던 어느 날 그의 형 제프가 그레그를 화석 발굴 현장에 데리고 갔다. 제프는 가장 큰 용각류 공룡을 연구해서 이름을 알린 고생물학자였다. 그것은 사람을 빠져들게 만드는 경험이었고, 그레그는 자기도 고생물학자가 되어야겠다고 결심했다. 하지만 공룡이 아니라 제프 형의 거대한 공룡으로부터 왕좌를 빼앗아 온 작은 포유류를 연구하는 고생물학자가 되겠다고 마음먹었다. 그레그는 현재 워싱턴대학교의 교수이고, 지난 몇 년 빌이 은퇴를 준비하는 동안 빌의 몬태나 현장 연구를 책임졌다.

빌, 그레그, 앤, 그리고 그들의 동료가 수집한 화석들은 백악기 늦은 말기 몬태나가 어떤 곳이었는지 떠올릴 수 있게 해준다. 그것은 공룡이 지배하던 세상이었다. 그 점에 대해서는 의문의 여지가 없다. 티라노사우루스 렉스와 뿔이 세 개 달린 트리케라톱스, 오리 부리를 한 초식동물 에드몬토사우루스^{Edmontosaurus}, 탱크처럼 장갑으로 무장한 곡룡류, 벨로키랍토르의 가까운 사촌 등 공룡 중에서도 제일 유명한 것

• 몬태나에서 그레그 윌슨 만틸라(뒤쪽)와 빌 클레멘스(앞쪽)가 포유류 화석을 수집하고 있다.

들이 일부 헬크리크 바위에서 발견된다. 그런데 티라노사우루스 렉스가 헬크리크 숲과 강 범람원에서 헤비급 챔피언이었던 것은 반박할 여지가 없지만, 라이트급을 지배한 챔피언은 포유류였다. 디델포돈 *Didelphodon*이라는 유대류 계통의 후수류였다. 오랫동안 티라노사우루스의 신봉자였던 나로서는 인정하기 고통스러운 일이지만, 체급을 따지지 않고 싸움 능력으로만 보면 아마도 이 녀석이 공룡계의 폭군보다 더 흉포한 싸움꾼이었을 테다.

백악기 포유류 중에서만 따지면 디델포돈은 5킬로그램 정도로 육중한 체중이었다. 이 정도면 먼 친척인 현대의 주머니쥐의 체구다. 이 동물의 큰어금니는 자르는 칼날이었고, 작은어금니는 둥글납작해서 으깨기 좋았고, 송곳니는 두꺼운 쐐기못 같았다. 그레그는 2016년에 디델포돈의 새로운 멋진 두개골 화석을 보고하면서 두개골과 치아의 측정치와 현대 포유류에 사용하는 수학방정식을 이용해 교합력을 추정해보았다. 그 결과는 놀라웠다. 디델포돈의 송곳니는 개와 늑대보다 더 강했고, 체급에 따른 차이를 보정하기 위해 체구에 맞추어 표준화해보면 교합력이 그레그가 연구했던 현대의 그 어떤 포유류보다도 강했다. 늑대, 사자, 혹은 태즈메이니아데블Tasmanian devil(유대목 주머니고양잇과의 포유류 - 옮긴이)보다도 강했다. 디델포돈은 아마도 헬크리크 생태계에서 하이에나와 비슷한 역할을 담당해서 살아 있는 먹잇감도 죽이고 죽은 사체도 먹어치우는 흉포한 포식자 겸 청소동물이었을 것이다. 이들은 먹잇감의 뼈를 부수어 움직일 수 없게 만들고 그 안에 들어 있는 영양분을 한 방울도 남기지 않고 뽑아 먹었을 것이다. 이들의 식단에는 다른 포유류, 딱딱한 껍데기가 있는 거북이, 심지어 아기 공룡 등 이들이 좋아하는 작은 동물이면 무엇이든 올라와 있었다.

   디델포돈은 지금까지 헬크리크에서 알려진 포유류 31종 중 하나다. 이 포유류들은 디델포돈처럼 육식을 전문으로 하는 종에서 속씨식물을 우적우적 씹어 먹는 다양한 초식동물과 잡식동물, 그리고 뒤쥐 크기의 작은 식충동물에 이르기까지 먹이사슬 밑바닥 근처에서 다양한 생태적 지위를 채웠을 것이다. 이 포유류의 대다수는 디델포돈 같은 후수류(12종)나 다구치류(11종)였다. 태반류 계통의 포유류인 진수류는 덜 흔해서 8종만 확인됐고, 이들에게서는 다른 포유류에서 보이는 다양한 체구나 풍부한 식습관을 찾아볼 수 없었다. 이 진수류들은 후수류가 최상위 포식자이고 다구치류가 주요 초식동물인 덤불숲 생태계에서 근근이 살아가는 비주류 집단이었다.

백악기 마지막 200만 년을 기록하고 있는 층들을 훑어보며 헬크리크의 바위층을 따라 위로 가보면 상황은 안정적이다. 새로운 종이 생기고 죽고 하면서 포유류의 다양성에서 살짝 출렁임은 있다. 아마도 이것은 인도대륙 화산과 인접 바다 해안가의 변화 때문에 초래된 작은 기후 변화에 대한 반응이었을 것이다. 하지만 전체적으로 보면 백악기 늦은 말기의 포유류들, 특히 후수류와 다구치류는 잘 살고 있었다. 일반적으로 체구는 여전히 작았지만 종이 다양했고, 여러 생태적 지위에서 편안하게 자리를 잡고 있었다. 그들에게 문제가 있었다는 흔적은 보이지 않았다.

그러다 모든 것이 변한다. 바위 속에 이리듐이 포화된 얇은 선이 하나 그어져 있다. 이리듐은 지표면에서는 희귀하지만 우주에는 흔한 원소다. 이것은 소행성 충돌이 남긴 화학적 지문인 셈이다. 모든 공룡이 갑자기 사라지고 만다. 그리고 헬크리크 지층이 포트유니언 지층에 자리를 내어준다. 백악기가 팔레오세로 바뀐 것이다.

최초의 팔레오세 바위에서는 비참한 장면이 펼쳐진다. 소행성 충돌 약 2만 5000년 후로 추정되는 화석 현장이 존재한다. 이곳을 Z-라인 채석장이라고 한다. 여기서는 죽음의 악취가 풍긴다. 공룡만 모두 사라진 것이 아니라, 포유류도 마찬가지로 대부분 사라졌다. 겨우 7종만 존재했는데, 모두 현미경을 써야만 제대로 볼 수 있을 정도로 작은 치아를 갖고 있었다. 그중 3종이 굉장히 흔했다. 한 종은 메소드마^{Mesodma}라고 하는 다구치류, 한 종은 틸라코돈^{Thylacodon}이라는 후수류, 한 종은 프로케르베루스^{Procerberus}라는 진수류였다. 이들은 재앙종이다. 앞에서 이야기 초반에 페름기 말 대멸종 이후에 등장한 이런 종류의 동물을 본 적이 있다. 이들은 혼란을 즐기는 유형의 동물로, 어둡고 더러운 곳에서 번성하는 바퀴벌레 격의 포유류라 할 수 있다. 이 세 종의 포유류와 그 직계 선조는 열파와 들불, 뜨거운 비, 핵겨울, 지구온난화에서 모두 살아남은 생존자였다. 이들은 포유류의 성화를 간직하고 백악기 말 대멸종이라는 길고 어두운 밤을 살아남은 자들이었다. 하지만 이들이 팔레오세 이른 초기에 번성했던 것이 회복의 신호였다고 오해해서는 안 된다. 이것은 생태계가 균형을 잃고 건강하지 못했다는 신호였다.

몬태나의 다른 몇몇 화석 지대를 보면 그 후로 10만 년에서 20만 년 동안 무슨 일이 일어났는지 드러난다. 이렇게 범위를 넓혀서 관찰해야만 비로소 소행성 충돌이 불러온 파괴의 진정한 규모를 이해할 수 있다. 이 시기의 포유류 화석을 모두 한데 모으면 23종이 나온다. 그중 9종은 다구치류였다. 이들이 그렇게 심각한 멸종을 겪지는 않았다는 의미다. 하지만 후수류는 단 한 종밖에 없다. 백악기에 그렇게도 풍부하고 다양했던 이 유대류 계통의 포유류는 거의 완전하게 말살될 뻔했지만 간신히 살아남은 한 종 덕분에 국소적으로나마 명맥을 유지할 수 있었다. 그들의 자리를 진수류가 차지했다. 기존의 백악기 선수 명단에는 8종밖에 이름을 올리지 못한 비주류였던 이 태반류 계통의 포유류가 팔레오세 이른 초기에 와서는 13종으로 늘어났다.

팔레오세의 이 진수류 중 하나가 우리의 선조였을 것이다. 어쩌면 몬태나 종 중 하나였을지도 모르고, 아니면 다른 곳에 살고 있었는지도 모른다. 한마디로, 이 용기 있는 한 선조가 그 고난을 이겨내지 못했더라면 우리가 지금 여기에 존재할 수 없었을 것이다.

몬태나 진수류는 어디서 왔을까? 대부분은 분명 먼 곳에서 이주해 온 것으로 보인다. 그 아래 백악기 바위에서는 이들의 뚜렷한 선조가 나오지 않기 때문이다. 어쩌면 당시에는 북아메리카대륙과 땅으로 연결되어 있던 아시아대륙에서 왔을지도 모른다. 어쩌면 몬태나보다 소행성 충돌지점에서 훨씬 멀어서 충돌 첫날과 그 이후 몇 주 동안의 파괴에 그나마 덜 영향을 받은 아시아대륙이 떼죽음을 당한 북아메리카대륙 포유류 공동체를 다시 채우는 데 도움을 주었는지도 모른다. 사실 소행성 충돌 이후에 많은 종이 북아메리카대륙으로 이동했던 것으로 보인다. 어떤 종은 스타인벡의 장편소설《분노의 포도》에 등장하는 톰 조드Tom Joad와 그의 가족처럼 파괴된 고향을 떠나 더 나은 삶을 찾아 왔을 것이다. 어떤 종은 끔찍한 인디언 살해 이후에 금 채굴과 땅 투기를 위해 미국 서부로 향한 사람들과 같았을 것이다. 이들은 기회가 찾아왔음을 감지하고 주인이 사라진 빈 공간을 차지하기 위해 달려들었다. 이유가 무엇이었든, 우리의 진수류 선조들도 그 이민자들 중 한 명이었을 가능성이 높다.

전체적으로 볼 때 몬태나의 백악기 포유류와 팔레오세 포유류를 비교하면 그 수가 암울하다. 백악기 늦은 말기에 살던 네 종 중 세 종이 환경의 파괴 그 자체를 버텨내지 못하거나 후손을 남기지 못해 사라졌다. 북아메리카대륙 서부의 백악기, 팔레오세 화석 산지를 모두 고려하면 더 암울한 통계가 나온다. 포유류 종 중 겨우 7퍼센트만 살아남았다. 이 수치는 겉보기보다 훨씬 더 충격적이다. 이주해 온 다른 종들까지 포함한 수치이기 때문이다. 한 종이 몬태나에서는 죽었지만 콜로라도에서는 살아남았다면 생존자 범주에 포함된다. '소행성 충돌 룰렛'이라는 게임을 상상해보자. 총알을 넣는 약실이 10개인 총이 있는데 그중 아홉 개에 총알이 들어 있다. 이제 차례가 오면 총을 자기 머리에 대고 방아쇠를 당긴다. 그래도 생존 확률이 10퍼센트니까 우리 선조들이 소행성 충돌 이후에 찾아온 새로운 세상에서 실제로 마주해야 했던 생존 가능성보다는 살짝 낫다.

여기서 한 가지 의문이 자연스레 따라온다. 대체 무엇 때문에 그 일부 포유류는 버틸 수 있었을까? 희생자와 생존자를 보면 그 대답은 분명해 보인다. 팔레오세의 생존자들은 대부분의 백악기 포유류보다 체구가 작았고, 이들의 치아를 보면 잡식을 했음을 알 수 있다. 반면 희생자는 육식 또는 초식 성향이 더 강한 전문종specialist에 체구가 더 큰 종들이었다. 디델포돈이 그 예다. 이들은 백악기 늦은 말기에는 굉장히 적응을 잘했지만, 소행성이 모든 것을 난장판으로 만들자 이런 적응성이 오히려 불리하게 작용했다. 하지만 체구가 작은 일반종generalist들은 가리지 않고 먹는 식성을 이용해서 씨앗, 썩어가는 식물, 부패하는 고기 등 눈에 보이는 것은 무엇이든 먹었을 것이다. 그리고 백악기에 더 넓은 지역에 퍼져서 살았던 종, 그리고 생태계 안에서 더 풍부하게 존재했던 종들이 생존 가능성이 더 높았던 것으로 보인다.

이것은 결국 카드 게임 시나리오로 귀결된다. 나는 앞에서 포유류 선조들이 기존의 대멸종에서 살아남을 수 있었던 이유를 설명하면서 이 비유를 사용했다. 그 비유가 여기서 특히나 적절하게 맞아떨어진다. 소행성이 예기치 않게 난데없이 백악기 세상을 무너뜨렸을 때 지구는 하나의 도박판이 됐고, 생존은 결국 확률 게임으로 귀결됐다. 공룡은 죽을 수밖에 없는 데드 맨스 핸드dead man's hand(포커에서 에이스 두 장과 '8' 두 장이 들어 있는 패. 불행을 의미한다 - 옮긴이) 패를 받아들였다. 공룡은 대부분 체구가 커서 쉽게 땅굴 속으로 피할 수도, 물속에 숨을 수도 없었고, 고도로 전문화된 식습관을 가지고 있었다. 많은 포유류도 패가 나쁘기는 마찬가지였다. 특히 체구가 크고 입맛이 까다로운 디델포돈 같은 종이 그랬다. 하지만 극히 일부이긴 하지만 다행히도 우리의 진수류 선조를 포함한 일부 포유류는 훨씬 나은 카드를 쥐고 있었다. 이들은 체구가 작았고, 쉽게 숨을 수 있었고, 다양한 것을 먹을 수 있었고, 넓은 영역에 퍼져서 살았으며 그 수가 아주, 아주 많았다. 어느 하나의 패만으로는 승리를 장담할 수 없었지만, 그 패들을 모두 합치니 도박에서 이길 수 있었다.

하지만 진화의 포커 게임에서 이기는 것이 전부는 아니었다. 그렇게 딴 판돈으로 무엇을 할 것인지도 중요했다. 악어, 거북이, 개구리도 살아남았지만 결코 포유류가 도달한 정점에는 가닿지 못했으니까 말이다. 로열플러시 패를 받아 든 그 소수의 포유류는 자기에게 찾아온 그 행운을 헛되이 흘려보내지 않았다. 다재다능한 능력, 진화 능력, 방랑벽 등 그들에게는 살아남은 다른 집단들을 신속하게 능가할 수 있게 도와준 무언가가 있었다. 길어야 몇만 년 만에 이 포유류 중 일부는 재앙종으로서 번성하고 있었다. 어떤 포유류는 주변으로 퍼져나가 멸종으로 생긴 빈 자리를 채웠다. 해당 지역에서 살아남은 동물과 이주해 들어온 종들이 서로 상호작용하고 환경과도 상호작용하면서 진화했고, 새로운 종으로 갈라져 나왔다. 그리고 그중에서도 가장 중요한 점은 몸집이 커졌다는 것이다. 소행성 충돌 이후 약 37만 5000년에서 85만 년 만에 기온이 안정되고 생태계가 회복되면서 포유류들은 몬태나에서 번성하고 있었다. 백악기에 존재했던 것보다 더 많은 종이 존재했고, 발굽이 달린 다부진 체격의 다양한 포유류와 긴 사지로 나무를 타는 포유류 무리를 비롯해서 완전히 새로운 집단도 생겼다.

몬태나에서 나온 이 새로운 포유류들의 화석도 좋았지만, 뉴멕시코에서 나온 화석은 훨씬 좋았다.

뼈 전쟁

1874년 7월 25일에 콜로라도 푸에블로 기차 종착역에서 탐사대 한 무리가 남쪽으로 향하는 여정을 시작했다. 이들은 말 등에 올라타 있었고, 그 뒤로는 노새들이 따랐다. 이 노새들은 인적이 드문 산악지대, 사막고지대, 그리고 여전히 나바호족과 다른 아메리카 원주민들의 땅이고 이들이 앞으로 가로지를 예정인 황무지에서 적어도 몇 주는 버틸 정도의 보급품을 싣고 있었다. 이 여섯 명 중에는 두 명의 과학자와 한 명의 조수, 지도제작자, 입이 거친 마부, 그리고 요리사가 있었다. 이들의 임무는 콜로라도와 뉴멕시코가 만나는 산후안강 San Juan River 주변 지역의 지형을 지도로 제작하는 것이었다. 이때만 해도 콜로라도와 뉴멕시코는 미국의 주가 아니었다. 이것은 서경 100도 서쪽의 광활한 땅을 지도로 작성하기 위해 미의회에서 의뢰한 휠러 조사 Wheeler Survey의 일환이었다. 이 지도를 작성하는 동안 대원들은 아메리카 원주민 부족의 인구를 조사하고, 철도와 군사시설 부지를 평가하고, 광물자원을 찾아내는 일도 함께 진행했다.

명목상 탐사대의 대장은 H. C. 애로 H. C. Yarrow라는 동물학자였지만 실질적인 권한을 갖고 있었던 사람은 폭력적인 성격으로 탐사대를 지휘한 필라델피아 출신 고생물학자 에드워드 드링커 코프 Edward Drinker Cope였다. 30대 중반에 날카로운 눈매와 턱 아래로 늘어뜨린 턱수염이 특색인 코프는 미국의 저명한 화석 전문가 중 한 명이었고, 콜로라도, 와이오밍, 캔자스 등지에서 다른 조사도 담당했던 베테랑이었다. 그보다 1년 앞서 그는 뉴멕시코에서 흥미로운 새로운 포유류 화석이 나왔다는 소문을 듣고 자기가 직접 그 지역을 탐사해보아야겠다고 마

• 뉴멕시코에서 '푸에르코 이회토'을 발견하고 2년 후인 1876년에 촬영한 에드워드 드링커 코프.

음먹고 있었다. 그는 지도제작자 조지 휠러$^{George\ Wheeler}$가 지도 제작을 위한 탐사대를 꾸린다는 소식을 듣고 자기도 끼워달라고 간청했다. 코프가 권위를 따르지 않는 독단적인 사람으로 평판이 자자해서 자기가 원하는 곳이라면 명령을 무시하고 어디든 화석의 흔적만 쫓아다닐 것을 알고 있었던 휠러는 그를 받아들이기를 주저했다. 코프는 계속해서 아버지에게 굽실거리며 돈을 빌려 탐사대의 재정에 보탰다. 그리고 마침내 휠러도 고집을 꺾고 코프가 탐사대의 지질학자로만 활동하고 다른 것은 하지 않는다는 조건 아래 그를 받아들였다. 코프도 이 조건에 동의했지만 분명 두 사람 모두 결코 지킬 생각이 없는 약속임을 알고 있었을 것이다.

푸에블로에서 떠난 지 3주도 안 돼서부터 코프는 이미 말을 듣지 않았다. 그는 포유류의 치아를 찾아내고서는 수집을 마무리하기 전에는 절대 탐사대와 함께 북쪽으로 가지 않겠다고 고집을 부렸다. 애로는 마지못해 허락했고, 이것은 코프를 더 대담해지게 만들 뿐이었다. 한 달 후에 그는 서쪽에 세상을 놀라게 한 화석 산지가 있다는 이야기를 우연히 들었다. 그곳은 아로요 블랑코Arroyo Blanco라는 장소에 있는, 탐사대의 경로와는 한참 떨어진 황무지 구간이었다. 이번에는 코프가 그냥 탐사대를 떠났다. 그는 대원 세 명과 노새 한 마리, 그리고 일주일 치 보급품을 가지고 인디언 부족의 영토로 향했다. 화석에 대한 소문은 사실로 드러났다. 악어, 거북이, 상어, 그리고 적어도 여덟 가지 유형의 포유류 화석이 나왔다. 코프는 이 화석이 말 같은 일부 현대 포유류 집단의 초기 구성원임을 알아보고, 그들이 에오세Eocene에서 나온 것이라 추론했다. 지금은 에오세가 공룡이 멸종하고 대략 1000만 년 후에 시작되어 5600만 년 전에서 3400만 년 전까지 이어진 시대임을 알고 있다. "제가 이룩한 가장 중요한 지질학적 발견이었습니다." 며칠 후에 코프는 이렇게 아버지에게 편지를 썼다. 이때는 그가 탐사대의 지질학자라는 구실을 모두 벗어던진 때였다는 점을 고려하면, 참으로 역설적인 표현이 아닐 수 없다.

화석을 마음에 들 때까지 잔뜩 수집한 후에 코프는 의기양양하게 돌아와 개인적으로 휠러를 만나러 갔다. 표면적으로는 그에게 사과하기 위한 것이었다. 하지만 휠러에게는 더 심각한 문제가 있었다. 그는 충격적인 소식을 전했다. 코프가 탐사대를 버리고 떠난 후에 지도제작자가 사고로 사망했고, 얘로는 워싱턴으로 소환됐다는 것이었다. 휠러는 격분해서 코프에게 이제는 혼자 알아서 하라고 했다. 지금은 상상하기도 힘든 일이지만 코프는 공식적인 문책은 피했다. 하지만 휠러의 탐사에 두 번 다시 초대받지 못했다.

때는 9월 중순이었다. 코프는 갑자기 모든 제약에서 자유로워졌고, 날씨가 고약해지기 전에 탐사할 수 있는 시간이 적어도 한 달은 더 남아 있었다. 그는 남쪽으로 갔고 10월 말에는 나시미엔토^{Nacimiento}라는 천막 도시를 지나갔다. 그곳에서는 인부 수천 명이 트라이아스기의 석화된 통나무들을 채굴하고 있었다. 그것이 화석이어서가 아니라 그 속에 구리가 스며들어 있었기 때문이다. 코프는 푸에르코강$^{Rio\ Puerco}$의 말라붙은 수로를 건너다가 회색과 검은색의 진흙에서 일부 석화된 나무가 튀어나와 있는 것을 보았다. 이 나무는 채굴되고 있는 통나무들과는 달랐고, 코프는 이 진흙이 트라이아스기 바위, 그리고 자신의 '가장 중요한' 화석을 담고 있던 에오세 바위 사이에 위치하고 있음을 알아볼 수 있었다. 그는 이것을 기록하고 그 진흙을 강의 이름을 따서 '푸에르코 이회토$^{Puerco\ marls}$(이회토는 점토와 석회로 구성된 흙을 말한다 – 옮긴이)'라고 불렀다. 그는 여기에도 포유류의 화석이 있을지도 모른다고 생각했지만, 눈이 오기 전에 미리 푸에블로의 철도 종착역으로 돌아가야 해서 찾아볼 수는 없었다.

휠러의 탐사는 다음 해에도 이어졌고, 더는 코프를 받아줄 수 없었기 때문에 그들은 데이비드 볼드윈$^{David\ Baldwin}$이라는 지역 개척자를

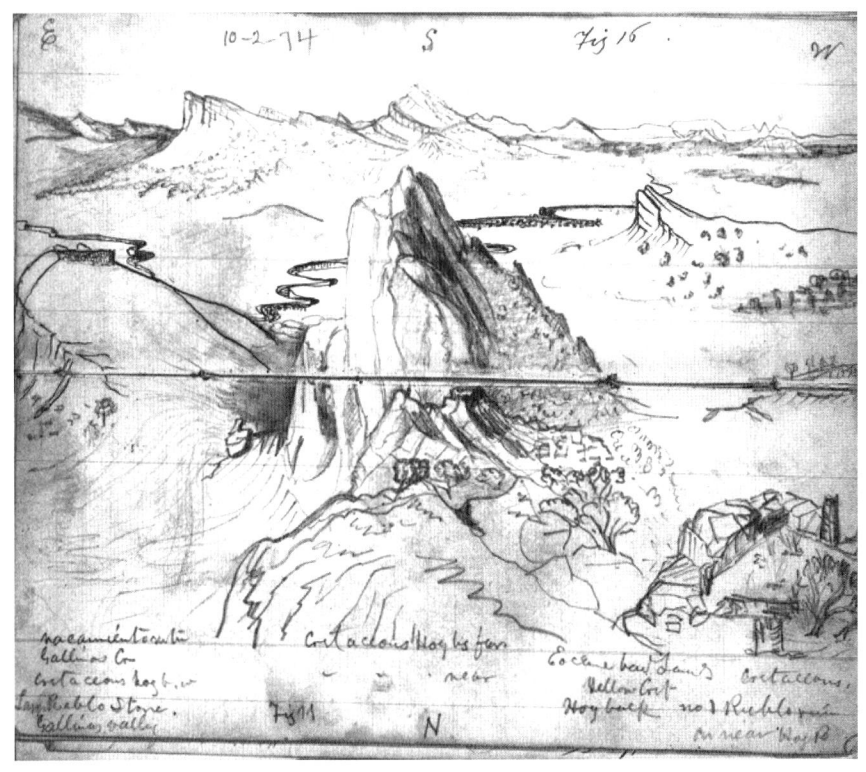

• 코프의 1874년 현장 노트 중 한 장. 화석이 풍부한 뉴멕시코의 바위가 묘사되어 있다.

고용했다. 볼드윈은 파악하기 어려운 인물이었다. 출생기록과 사망기록도 없고, 평생을 대부분 혼자서 지냈던 것으로 보인다. 그가 탐사대에 합류하기로 했다는 것 자체가 놀라운 일이었다. 그는 대개 당나귀 한 마리만 데리고 오지로 모험을 떠나고, 보통은 눈을 녹여 식수로 사용할 수 있는 한겨울을 선호하기 때문이다. 전설에 따르면 그는 멕시코 카우보이처럼 차려 입고, 곡괭이를 어깨에 둘러메고, 부대에 담아 간 옥수숫가루로 끼니를 때웠다고 한다.

휠러의 탐사에서 일에 대한 감을 익힌 후에 볼드윈은 새로운 임무를 부여받고 1876년에 뉴멕시코의 산후안 지역으로 돌아왔다. 그는 권위를 경멸하고 요구하는 것이 많은 동부해안의 한 젊은 고생물학자를 위해 혼자 화석을 수집하기로 되어 있었다.

하지만 그 고생물학자는 코프가 아니었다. 코프의 라이벌인 예일대학교의 오스니얼 찰스 마시Othniel Charles Marsh였다.

코프와 마시가 뼈 전쟁Bone Wars을 벌이며 생긴 불화는 과학계에서 악명이 높은 사건으로, 한때는 스티브 커렐Steve Carell과 제임스 갠돌피니James Gandolfini를 경쟁 관계인 두 과학자로 출연시켜 할리우드 영화로 제작할 예정이었으나 갠돌피니가 갑작스럽게 사망하는 바람에 중단되기도 했다. 공룡에 대한 책을 아무것이나 집어 들고 읽어보면 필연적으로 한때는 친구 사이였던 이 뼈 사냥꾼들의 슬픈 이야기를 들을 수 있다. 이들은 탐욕, 자존심, 명성 때문에 치열한 라이벌로 사이가 틀어져 서로의 연구를 방해하고, 서로의 화석을 파괴하고, 언론에서 서로를 헐뜯었다. 오늘날 이들의 불화는 대체로 공룡을 두고 벌어진 싸움으로 기억되고 있다. 아마도 브론토사우루스, 디플로도쿠스, 스테고사우루스 등 공룡 어휘에서 제일 유명한 이름들이 코프와 마시가 상대방을 한 발이라도 앞서려고 필사적으로 경쟁했던 1870년대와 1880년대의 정신없던 시절에 발견됐기 때문일 것이다.

하지만 사실 이들의 다툼 중에는 포유류 화석에 관한 것이 많았다. 두 사람은 각각 말, 영장류, 그리고 다른 현대적 포유류 집단의 가장 오래되고 원시적인 화석을 찾으려고 혈안이 되어 있었다. 그런 점을 생각하면 마시가 볼드윈이 1876년과 1880년 사이에 자기에게 보낸 화석에 왜 그렇게 반응했는지 의문이 든다. 그는 그 화석을 무시해버렸다. 그리고 돈 역시 지불하지 않았다. 이에 볼드윈은 당연한 행동으로 반응했다. 그와의 관계를 깨고 코프와 새로 동맹을 맺은 것이다. 이것은 마시가 저지른 가장 큰 실수였다. 동맹을 바꾼 지 얼마 되지 않아 볼드윈이 코프의 '푸에르코 이회토'에서 포유류를 발견했기 때문이다. 마지막으로 알려진 공룡과 코프가 1874년에 발견한, 좀 더 현대적인 느낌이 나는 에오세 포유류 사이에 샌드위치처럼 끼어 있던 이 뼈와 치아는 공룡의 시대를 쓸어버리고 포유류의 시대를 열어젖힌 과도기 동물상transitional fauna에 관한 첫 기록이었다.

그 후로 10년 동안 볼드윈과 그의 당나귀는 뉴멕시코 사막을 돌아다니며 '푸에르코 이회토'를 추적하고 수천 개의 화석을 수집했다. 볼드윈이 포유류를 찾아낸 장소 중에는 나바호족이 킴베토라고 부르는 말라붙은 개울 바닥도 있었다. 이 장의 첫 장면에서 2014년에 우리 현장 연구팀이 작업했던 그곳이다. 볼드윈은 자신이 발견한 것을 모두 필라델피아에 있는 코프에게 보냈다. 코프는 볼드윈에게 돈만 지불한 것이 아니라, 존경심도 함께 보냈다. 마시는 화석에 무관심했던 반면, 코프는 볼드윈이 포유류 화석을 제공하는 족족 열정적으로 보고하고 이름을 붙였다. 1881년에서 1888년까지 코프는 볼드윈의 포유류에 대해 41편의 논문을 발표했고, 거의 100종의 신종을 보고했다. 이 연구는 성급하게 이루어져 엉성한 경우가 많았지만, 그것은 단지 시작일 뿐이었다.

그 후로 125년 동안 뉴멕시코 이 지역에서 발견이 계속 이어졌고, 지금도 진행 중이다. 이곳을 지금은 산후안 분지San Juan Basin라고 부른다. 나시미엔토의 광산 마을은 오래전에 버려졌고, 지금은 많은 아메리카 원주민들이 강제로 정착한 나바호족 보호구역에서 그리 멀지 않은 쿠바의 도시로 대체됐다. 이제 '푸에르코 이회토'는 백악기 말 대멸종 이후로 첫 1000만 년인 팔레오세의 포유류에 대한 세계 최고의 기록으로 널리 인정받는 나시미엔토 지층Nacimiento Formation의 일부로 간주되고 있다. 요즘 이 지역의 현장 연구는 톰 윌리엄슨이 이끌고 있다. 그는 코프와 볼드윈의 전설에 매료되어 대학원생 신분이었던 1990년대 초반에 이곳으로 거처를 옮겼다. 톰은 포유류 화석 밑에서 발견된 백악기 공룡도 연구한다. 내가 학부생이었을 때 그와 만나게 된 것도 티라노사우루스 렉스에 대한 그의 연구를 통해서 이루어진 것이다. 우리는 우정을 쌓기 시작했고, 톰은 여러 해에 걸쳐 나를 꼬드긴 끝에 포유류 화석을 연구하도록 설득하는 데도 성공했다. 내가 지금 포유류 고생물학자라는 직함을 달고 있는 것도 오로지 그의 덕분이다. 나로서는 평생 그에게 감사할 일이다.

톰의 연구를 통해 이제 우리는 뉴멕시코의 팔레오세 포유류가 어떻게 포유류의 멸종과 생존, 그리고 다양화라는 더 넓은 이야기 속으로 녹아 들어가는지 이해할 수 있게 됐다. 킴베토의 화석들의 연대는 6560만 년 전으로 거슬러 올라간다. 이는 이들이 소행성 충돌 이후로 기껏해야 38만 년 후에, 그리고 몬태나 재앙종 동물상 이후로는 20만 년 후에 살았다는 의미다. 지질학적으로 따지면 이것은 긴 시간이 아니다. 하지만 킴베토 포유류들이 전체적인 종의 수나 일련의 행동과 먹이공급원, 그리고 서식지나 이동 방식, 그리고 특히나 체구라는 측면에서 봤을 때 그 전에 살았던 모든 포유류를 무색하게 만들기에 충분한 시간이었다.

코로나19 팬데믹으로 2020년 5월에 예정되어 있던 현장 연구가 취소된 이후에 우리 연구진은 화상 채팅을 통해 디지털로 옛날 일을 회상했다. 그리고 톰이 이렇게 설명했다. "백악기 포유류를 찾는 것은 아주 드문 일이라서 그것을 찾으려면 여기저기 기어 다니고, 먼지들을 모아 체로 거르면서 치아를 수집해야 했어요. 그리고 몬태나의 팔레오세 이른 초기를 연구할 때도 모든 것을 체로 거르면서 수집해야 했지요. 하지만 뉴멕시코의 푸에르코 암반에서는 상황이 극적으로 변했습니다! 갑자기 커다란 포유류 턱뼈들이 여기저기 널려 있는 거예요!"

우리는 이 킴베토 포유류 중 둘은 이미 만나보았다. 우선 캐리사 레이먼드의 '원시 비버', 킴베톱살리스가 있다. 이것은 식물을 갈아 먹는 다구치류로, 백악기의 그 어떤 다구치류보다도 몸집이 컸다. '다구치류'라는 이름을 지은 사람은 코프다. 그는 볼드윈이 푸에르코 이회토에서 발견한 대략 비버 크기의 또 다른 종인 타에니올라비스^{Taeniolabis}를 참고해서 1884년에 이 이름을 지었다. 지난 세기 수많은 다른 현장 연구 대원들이 그랬던 것처럼 볼드윈 역시 안 뒤집어본 킴베토의 바위가 없었다. 그래서 캐리사의 킴베톱살리스 발견이 더더욱 인상적인 것이다.

그리고 다음에는 엑토코누스가 있다. 이것은 톰이 발견한 골격을 통해 보고됐지만, 원래 그 이름은 1884년에 마찬가지로 코프가 볼드윈의 또 다른 수집품을 가지고 지었다. 엑토코누스는 킴베토 생태계에서 가장 큰 동물이었고, 몸통 둘레가 돼지만 했다. 이것은 콘딜라스^{condylarth}에 속했다. 이것 역시 코프가 발명한 용어인데 분류하기 어려운 팔레오세와 에오세의 포유류를 모아놓은 모호한 분류로, 이 분류에 해당하는 동물들은 일반적으로 원시적인 골격과 다부진 체구를 갖고 있었다. 톰, 그리고 나와 이 골격을 발굴했던 세라 셸리는 엑토코누스와 다른 콘딜라스로 박사학위를 땄다. 그리고 그녀는 그녀다운 유머감각으로 엑토코누스를 이렇게 묘사했다. "진짜 뚱뚱한 양과 돼지를 닮은 동물로, 긴 꼬리, 그리고 통통한 체구에 비해 작은 머리를 갖고 있었다." 이 동물의 커다란 작은어금니와 큰어금니는 높이가 낮고 둥글둥글한 교두를 갖고 있어서 등을 마사지할 때 쓰는 울퉁불퉁한 마사지공과 비슷하게 작동했을 것이다. 하지만 이 경우에는 그 교두가 질긴 식물을 부드럽게 다지는 역할을 했다. 엑토코누스는 지상에서 너무 느리지도, 너무 빠르지도 않은 속도로 덤불에서 덤불로 느긋하게 걸어 다녔을 것이다. 하지만 발톱들이 작은 발굽처럼 보이기 시작한 것을 보면, 이 동물이 속도가 더 빨라지는 방향으로 진화하고 있음을 느낄 수 있다.

엑토코누스는 킴베토에서 나온 수십 종의 태반류 계통 진수류 중 하나다. 다구치류나 얼마 남지 않은 작은 후수류가 아니라 이들이 확실한 지배자였다. 진수류에 대해 설명하려면 몇 장을 할애해도 모자랄 것이다. 이들은 엄청나게 다양했고, 복잡한 먹이그물을 형성하고 있었기 때문이다. 팔레오세 기간 동안 이들은 종려나무, 그리고 끝이 길고 뾰족한 거대한 이파리를 가진 다른 나무들이 빽빽하게 우거진 습지대 정글에서 살았다. 이것은 이 나무들이 계속해서 빗물을 떨구고 있었다는 신호다. 숲은 키가 제일 큰 종려나무부터 아래로는 축축한 토양을 완전히 뒤덮은 양치식물과 꽃을 피우는 관목에 이르기까지 식물이 빽빽하게 차 있었다. 1년 내내 기온이 무덥고 습했기 때문에 이 식물들은 너무도 잘 자랐다. 또한 강우량의 계절 차이가 심해서 우기에는 숲이 물에 흠뻑 더 젖었다. 여전히 솟아오르고 있던 로키산맥에서 흘러나온 강물이 정글을 가로지르면서 강둑 위로 흘러넘쳐 웅덩

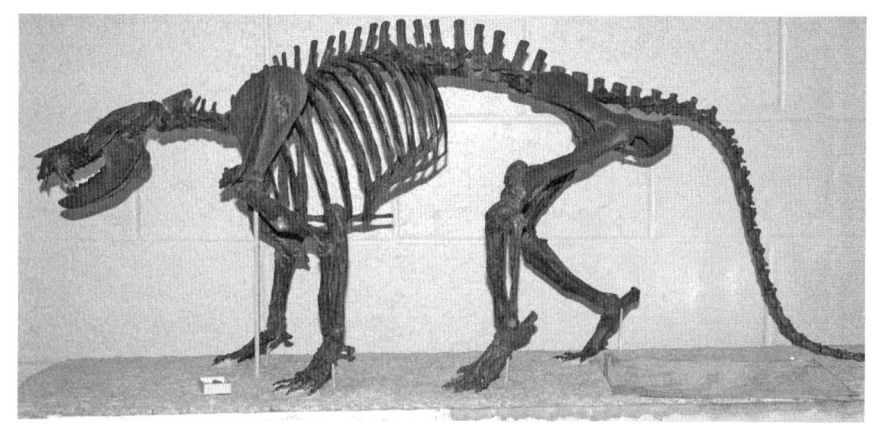
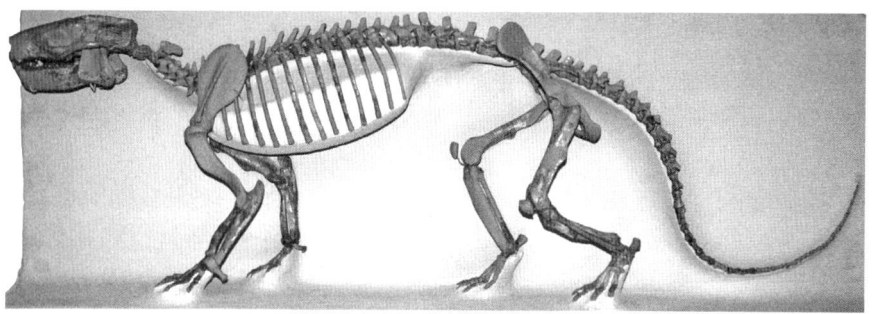

• 두 종의 고대 태반 포유류. 엑토코누스(위)와 판토람다(아래)다.

  이를 만들었다. 그리고 가끔 포유류가 그 안에 갇혀서 뼈와 치아가 화석으로 남았다.

  이 정글 세계에서 살았던 또 다른 진수류인 에오코노돈^{Eoconodon}은 엑토코누스와 비슷한 이름을 갖고 있다. 이것 역시 코프의 다부진 콘딜라스 중 하나로 분류된다. 하지만 둘의 유사성은 딱 여기까지다. 에오코노돈은 팔레오세 뉴멕시코에서 공포의 대상이었다. 크기는 늑대만 하지만 몸은 더 좋았던 이 짐승은 먹이사슬의 최정상에 있었다. 이 동물은 턱이 엄청나게 크게 벌어지기 때문에 뱀의 이빨처럼 생긴 송

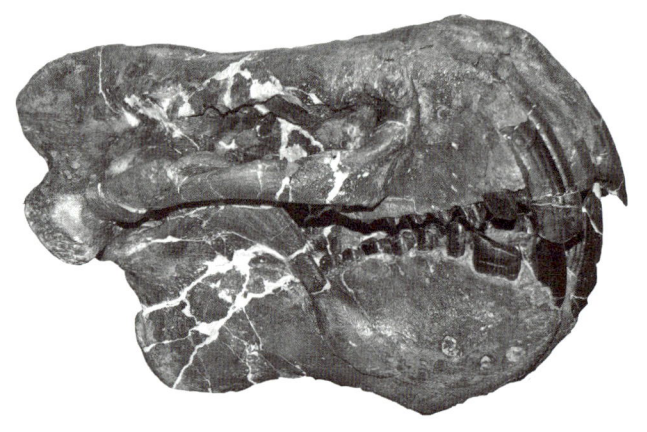

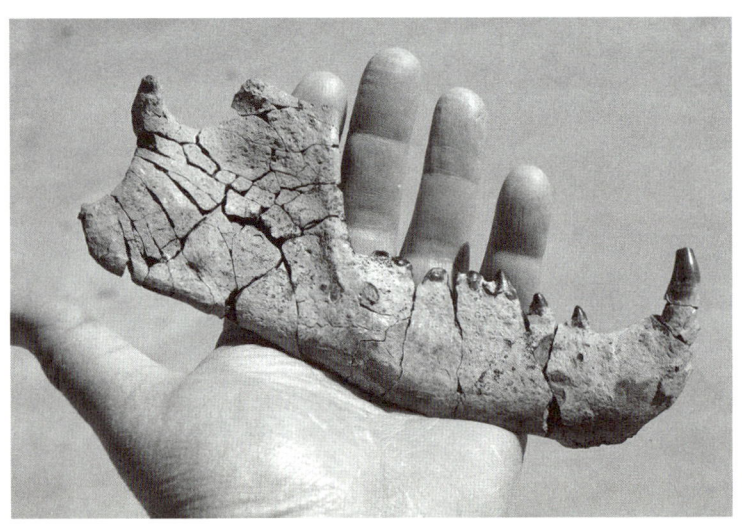

• 스틸리노돈의 두개골(워르트마니아의 타이니오돈타류 사촌)과 에오코노돈의 턱뼈(아래).

곳니로 먹잇감을 꽉 물 수 있었다. 먹잇감이 피를 흘리며 꼼짝 못 하고 있는 동안 에오코노돈은 날카로운 교두가 뒤쪽을 향하고 있는 작은어금니로 먹잇감의 피부와 근육을 저며내고, 곰의 이빨을 닮은 커다란 큰어금니로 뼈를 박살냈을 것이다. 엑토코누스도 맛있는 먹잇감이었을 테지만 아마도 속도가 빨라서 대부분은 도망칠 수 있었을 것이다.

오소리만 한 크기의 또 다른 진수류인 워르트마니아*Wortmania*는 쉬운 표적이었다. 이 동물은 아마도 팔레오세 미인대회에서 상을 받기는 힘들었을 것이다. 세라의 직설적인 표현에 따르면, "이 동물은 아마도 정말 못생겼을 것이다". 워르트마니아는 땅을 잘 파는 근육질 동물이었다. 이 동물은 발톱이 달린 거대한 앞발을 이용해 흙을 파낸 다음 거대한 턱과 큰 송곳니로 덩이줄기를 캐 먹었다. 탄탄한 몸으로 터벅터벅 걸어 다녔던 워르트마니아는 굴 속에 있을 때는 안전했을 것이고, 아마도 일대일 전투에서는 까다로운 상대였을 테지만 에오코노돈이 숲속의 빈터에서 추격해 잡을 수만 있다면 그것으로 게임 오버였다. 워르트마니아는 팔레오세에 뉴멕시코에서 살았던 몇몇 타이니오돈타류*taeniodonts* 중 하나였다. 이들은 치관이 길어진 치아를 발전시킨 최초의 포유류에 속한다. 흙으로 뒤덮인 뿌리나 덩이줄기 같은 질긴 식물을 먹어야 하는 동물에게 이것은 하늘이 내린 선물이었다. 포유류는 치아가 평생 새로 나지 않기 때문에 딱딱한 먹이를 먹는 데 위험이 따른다. 치아가 부러진다면 그대로 사망 선고가 될 수 있기 때문이다. 따라서 오랜 시간에 걸쳐 씹으면서 천천히 마모되는 키 큰 치아를 진화시킨 것은 똑똑한 우회 전략이었다.

킴베토 화석이 형성되고 약 100만 년 후에 새로운 유형의 진수류가 뉴멕시코 화석 기록에 등장한다. 그 이름은 판토람다*Pantolambda*로, 전형적인 판토돈타류*pantodonts*였다. 판토돈타류는 팔레오세와 에오세에 번성했던 수수께끼 집단이다. 이름은 당신의 예상대로 코프가 1870년대에 지었지만, 처음 인정받은 화석은 런던 주변의 진흙바닥에서 건져 올린 두 개의 치아였다. 이것은 우리 이야기에 다시 등장하는 또 한 명의 빅토리아 시대 악당 리처드 오언이 1840년대에 보고했다. 당시에 판토람다는 몸집이 엑토코누스의 두 배 정도로, 오늘날 소 중에서 가장 크기가 작은 품종인 베추르 소$^{Vechur\ cow}$ 정도 되는 야수였다. 6400만 년 전 즈음에 육중한 몸으로 뉴멕시코를 걸어 다니던 이 동물은 그때까지 그곳에 살았던 포유류 가운데 가장 컸다. 하지만 판토람다는 온화한 거인이었다. 비록 목은 뭉툭하고 짧았지만, 기린처럼 느릿느릿하게 이파리를 따 먹었다. 원통처럼 넓은 가슴, 넓은 골반, 스포츠팬들 사이에서 인기가 많은 커다란 손 모양 응원도구를 떠올리게 하는 거대한 앞발과 뒷발 등, 멀리서 이 동물의 윤곽을 보았다면 무척 우스꽝스러웠을 것이다. 그리고 가까이서 보았다면 작은 머리에 깊은 턱, 주둥이 앞쪽에 쏠려 있는 눈, 과도한 크기의 원뿔 모양 송곳니 때문에 더 바보처럼 보였을 것이다. 이 큰 송곳니는 아마도 짝을 유혹하거나 경쟁상대를 위협할 때 사용했을 테다. 판토람다의 골격들은 함께 뒤섞여 발견됐다. 이는 이들이 무리를 지어 살았음을 암시한다. 아마도 대단히 사회적인 동물이었을 것이다.

    이 팔레오세 진수류들은 모두 우리 생식 생물학의 경이로움 중 하나를 부여받았을 가능성이 높다. 바로 임신 기간 동안에만 일시적으로 존재하면서 태아와 엄마를 이어주는 기관인 태반이다. 태반이 포유류만의 것은 아니다. 태반은 산란 대신 출산을 선택했던 다양한 종에서 스무 번 정도 진화해 나왔다. 심지어 어류 중에도 있었다. 그 이유는 어렵지 않게 이해할 수 있다. 알은 본질적으로 성장하는 배아가 발달하는 데 필요로 하는 모든 영양을 담고 있는 난황이 포함된 자체

돌봄 꾸러미^{care package}다. 일단 어미가 알을 낳으면 그 알을 지켜줄 수는 있지만 알 껍데기를 뚫고 들어가서 추가적인 영양을 공급할 수는 없다. 하지만 출산의 경우에는 배아 그리고 이어서 태아가 세상에 나올 때까지 어미의 몸속에서 자란다. 태아는 이 기간 동안 먹을 것과 산소를 취할 수 있어야 하고, 거기에 더해서 배설물도 내보내야 한다. 태반이 이런 재주를 부린다. 태반은 아기의 식료품 저장실이자, 허파이자, 배설계로 동시에 역할을 하는 궁극의 멀티태스킹 전문가다. 그리고 아기가 태어난 다음에는 태반만출^{afterbirth}이라는 것을 통해 그냥 버리면 그만이다.

포유류의 태반은 새끼를 낳는 어류나 파충류의 태반에 비해 특별하다. 이것은 너무도 절묘해서 현존 포유류 중 가장 다양하고 중요한 가지의 이름에도 들어가 있다. 설치류, 박쥐, 고래, 말, 곰, 개, 강아지, 코끼리 같은 다른 파생 진수류와 함께 우리는 '태반 포유류^{placental mammal}'에 해당한다. 지금 살아 있는 모든 포유류 중에 단공류나 유대류가 아닌 것은 모두 태반류로 분류된다. 하지만 이것은 조금 부적절한 명칭이다. 사실 유대류도 아주 짧은 시간이지만 새끼를 만드는 과정의 일부로 태반을 만들기 때문이다. 이런 유대류에서는 수정된 난자가 잠시 껍질에 싸여 있다가 다음에는 자궁에서 부화해 어미의 자궁에 착상해서 태반을 통해 영양을 공급받는다. 그리고 보잘것없는 벌거숭이 새끼로 태어나 안전한 어미의 육아낭에서 발달을 이어간다. 유대류의 태반은 아주 작고, 영양을 공급하는 한 장의 막으로만 구성되어 있다. 반면 우리 같은 태반 포유류의 경우에는 아주 크고 복잡한 태반을 갖고 있다. 이 태반은 먹이 공급과 배설물 처리를 위한 막이 따로 분리되어 있다. 이 정교한 태반이 아주 오랜 기간 동안 임신을 유지할 수 있게 해주는 덕분에 태반 포유류는 잘 발달된 큰 새끼를 출산할 수 있다.

출산을 직접 목격해본 사람이라면 잘 알고 있겠지만 태반은 혈관으로 뒤덮여 탯줄에 연결된 케이크 모양의 연조직 덩어리다. 보통 이런 것은 화석이 되지 못한다. 하지만 태반은 골격을 통해 자신의 존재를 알린다. 단공류와 유대류는 골반에서 복강으로 튀어나와 있는 상치골epipubis이라는 삼각형 모양의 뼈가 있다. 한때는 이것을 육아낭을 지지해주는 뼈라 생각해서 '유대류 뼈marsupial bone'라 부르기도 했다. 하지만 지금은 이 뼈가 사지를 움직이는 근육을 고정하거나, 매달려서 젖을 빠는 작은 새끼 여러 마리를(부화한 것이든 출산한 것이든) 받쳐주는 등의 다른 기능을 담당하고 있는 것으로 밝혀졌다. 상치골은 포유류의 일부 견치류 선조, 다구치류, 심지어는 고비사막에서 발견된 백악기 진수류 등 많은 화석 종에서 발견된다. 이는 태반 포유류의 직계 선조인 최초의 진수류가 단공류처럼 알을 낳거나, 유대류처럼 여러 마리의 작은 새끼를 출산해서 번식했음을 암시한다.

하지만 우리를 비롯해서 다른 현존 태반 포유류는 상치골이 없다. 우리의 태반, 그리고 배 속에서 더 오래, 더 크게 발달하는 새끼가 복강에서 너무 많은 공간을 차지하기 때문에 이런 뼈가 들어갈 자리가 없다. 게다가 우리는 계속해서 젖꼭지를 물고 매달려 있는 여러 마리의 새끼 떼를 받쳐주기 위해 상치골을 갖고 있을 필요도 없다. 엑토코누스와 에오코노돈, 워르트마니아, 판토람다, 그리고 뉴멕시코와 다른 곳에서 나온 모든 팔레오세 진수류는 상치골이 없다. 이는 이들이 크고 복잡한 태반을 진화시켰으며, 따라서 우리처럼 진성 태반 포유류였다는 강력한 증거다. 어쩌면 이것이 멸종 후에 그들이 성공을 거둘 수 있었던 비밀 중 하나일 것이다.

하지만 이 팔레오세 태반 포유류들이 특별히 똑똑하지는 않았다. 나의 동료이자 뇌강brain cavity의 X선 이미지를 촬영해서 뇌의 3D 모형을 구축하는 데는 달인인 프랑스인 고생물학자 오르넬라 베르트랑Ornella Bertrand이 이끄는 우리 연구진이 연구한 CAT 스캔을 보면 판토돈타류와 이 팔레오세 포유류 대다수가 대단히 작은 뇌를 갖고 있었다. 물론 이들의 뇌는 도마뱀과 개구리, 악어의 뇌와 비교하면 정말 큰 것이었다. 어쨌거나 이 팔레오세 종들은 포유류였고, 앞에서 보았듯이 최초의 포유류들은 새끼에게 젖을 먹이기 시작하자마자 감각 처리를 담당하는 신겉질이라는 새로운 구조를 갖추며 더욱 커진 뇌를 발달시켰기 때문이다. 하지만 체구가 비슷한 현존 포유류와 비교하면 팔레오세 종들의 뇌는 아주 작았고, 신겉질은 더 작았다. 언뜻 생각하면 말이 안 되는 것 같다. 백악기 말기 대멸종에서 살아남아 그 후로 번성했던 포유류들은 똑똑한 지능과 예리한 감각을 이용해서 성공한 게 아니었던가? 안타깝게도 그렇지 않았던 듯싶다. 오히려 이 팔레오세 포유류들이 덩치를 급속히 키우는 바람에 뇌가 그 속도를 따라잡지 못했다. 그 후로 1000만 년이 지나 에오세가 된 이후에야 현대 태반 포유류의 전형적 특징인, 대뇌 표면을 상당 부분 뒤덮는 커다란 신겉질을 갖춘 거대한 뇌가 등장했다.

팔레오세 포유류가 번성할 수 있었던 이유는 뇌가 아니라 체력으로 설명할 수 있다. 1억 년 넘게 제한된 작은 체구의 생태적 지위에 갇혀 살면서 울버린wolverine 크기 이상으로 몸집을 키울 수 없었던 포유류가 갑자기 자유로워졌다. 그 이유는 뻔하다. 이제 공룡이 사라졌기 때문이다. 이제는 포유류를 막아설 것이 없었고, 지구의 역사에서는 말 그대로 딸꾹질 한 번의 짧은 순간이나 마찬가지인 몇십만 년 만에 태반 포유류가 한때는 트리케라톱스, 오리 부리 공룡, 랍토르들이 차지하던 역할을 도맡게 됐다. 그리고 킴베토 화석이 형성될 즈음, 그리고 판토람다의 시기에 들어서는 확실히 공룡은 머나먼 기억으로 남았다. 마치 공룡이란 것이 한 번도 존재하지 않았던 것 같은 상황이었다. 그리고 구멍을 내는 치아를 가진 육식동물에서 이파리를 씹어 먹는 대형 초식동물, 게걸스럽게 식물을 갈아 먹는 초식동물, 땅굴을 파는 근육질의 동물, 거기에 더해서 땅 위를 깡충깡충 뛰어다니고, 나무 위를 거닐고, 나뭇가지를 기어오르는 수많은 다른 동물에 이르기까지 포유류가 먹이사슬 전체를 구성하게 됐다. 포유류의 세상이 된 것이다.

다만 이것이 전적으로 정확한 이야기는 아니다. 공룡의 한 종류는 실제로 살아남았다. 바로 새다. 조류도 자체적으로 승리의 패를 잡고 있었다. 이들은 체구가 작고, 신속하게 번식할 수 있었고, 위험이 닥치면 날아서 달아날 수 있었고, 씨앗을 먹기에 완벽한 부리를 갖고 있었다. 씨앗은 숲이 붕괴된 이후에도 영양 많은 먹이 공급원으로 토양 속에 오래 남아 있었을 것이다. 뉴멕시코에서는 종이처럼 섬세하고 얇은 팔레오세 조류들의 뼈가 포유류들과 나란히 발견된다. 그리고 대멸종 이후의 이 선구자들은 자기 나름의 성공을 누리면서 오늘날 현존하는 1만 가지 이상의 종을 낳았다. 이는 포유류 종보다 두 배나 되는 수다! 하지만 숫자만 보아서는 현혹되기 쉽다. 조류가 우리 세계에서 다양한 부분을 차지하고 있음은 부정할 수 없지만, 포유류처럼 세상을 지배하지는 못하고 있다. 역사상 가장 큰 새였고 지금은 멸종되어서 볼 수 없는 마다가스카르의 코끼리새 elephant bird 는 체중이 500~730킬로그램 나갔지만, 지축을 흔들며 아프리카 사바나를 가로

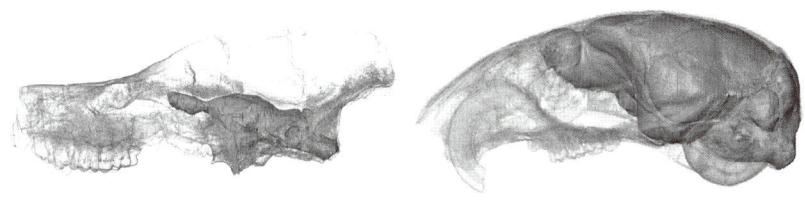

• 포유류 두개골 화석의 CAT 스캔을 연구하고 있는 오르넬라 베르트랑(위)과 고대 태반류 아르크토시온 *Arctocyon*의 작은 뇌(왼쪽 아래) 그리고 현존 땅다람쥐의 훨씬 큰 뇌(오른쪽 아래)를 보여주는 디지털 모형.

지르는 6톤 무게의 진짜 포유류 코끼리에 비하면 왜소해 보이는 수준이다. 대부분의 새는 손 안에 쉽게 쥘 수 있고, 창틀에 둥지를 틀 수 있을 만큼 작다. 이들은 대멸종 이전에 시작되었으나 그 후로 속도를 더한 진화의 소형화 추세가 정점을 찍은 존재들이다.

그래서 진화적 역할이 뒤집어졌다. 새들은 점점 작아지고 포유류는 점점 커진 것이다. 포유류는 그냥 공룡의 자리를 대신한 데서 그치지 않고, 어떤 면에서는 스스로 공룡이 됐다. 포유류의 시대가 시작된 것이다.

6
'화려한 고립'과 진화의 실험

에우로히푸스 *Eurohippus*

에오세의 역사를 담은 메셀 구덩이

독일 중부, 프랑크푸르트에서 남동쪽으로 차로 조금만 가면 메셀^{Messel}이라는 곳에 큰 구덩이가 하나 있다. 구덩이는 넓이가 0.4제곱킬로미터 정도에 깊이가 60미터 정도인 단층 점토^{gouge}이고, 나무가 우거진 평평한 풍경을 하고 있다. 1700년대에 이곳 지역민들이 케로겐^{kerogen}으로 포화된 검은 이판암$^{shale\ rock}$을 발견했다. 이 케로겐에서 기름을 얻을 수 있었다. 제국이 무너지고 두 번의 세계 대전이 지나는 거의 2세기에 걸쳐 사람들은 이곳에서 유혈암$^{oil\ shale}$을 채굴했는데, 1970년대에 들어서면서 채산성이 맞지 않게 됐다. 그리하여 광산은 문을 닫았지만, 구덩이는 남았다.

 이 구덩이는 흉물스러웠다. 정부에서는 이 구덩이를 없애고 싶어 프랑크푸르트에서 발생하는 쓰레기를 버리는 매립지로 사용하자고 제안했다. 하지만 지역민들은 반대했고, 20년 동안 법적 다툼을 벌인 끝에 당국이 뒤로 물러섰다.

매립지가 되는 대신, 이 구덩이는 유네스코 세계문화유산이 됐다. 유엔이 문화적, 역사적, 과학적으로 뛰어난 영향력을 갖고 있다고 판단해 유네스코 세계문화유산으로 지정한 곳은 전 세계적으로 1100곳 정도밖에 없다. 이 메셀 구덩이가 세계문화유산으로 지정된 이유는 광산, 또는 해당 지역에서 있었던 인류의 역사와는 아무런 상관도 없다. 오직 검은 이판암 안에서 발견된 화석 때문이었다. 이 화석들은 에오세 중기인 약 4800만 년 전의 훨씬 오래된 역사적 이야기를 들려준다. 이때는 최초의 태반 포유류 공동체가 팔레오세의 뉴멕시코에서 번성했던 시간이다.

이 세계, 그리고 그곳에 살았던 생명체들, 그리고 그들이 삶을 살아간 방식을 상상해볼 수 있다. 여기 가상의 것이기는 하지만 실제 메셀 화석을 바탕으로 꾸며본 이야기를 소개한다.

독일의 이 지역이 오늘날의 인도네시아처럼 군도였던 에오세의 어느 봄날 저녁, 암말 한 마리가 갈망을 느꼈다. 지난여름이 물러갈 무렵에 이 암말은 임신을 했고, 이제 배 속에 새끼를 데리고 다닌 지도 200일이 넘었다. 배는 불러 있었고, 발목도 마찬가지로 부어서 통증 없이 걷기가 무척 어려웠다. 숲의 덤불 사이를 달리는 데 익숙해져 있는 동물에게는 참으로 이상한 감각이었다. 처음이었지만 이 암말은 새끼가 곧 태어나리라는 것을 본능적으로 느끼고 있었다.

그 순간 암말은 허기를 느꼈다. 무언가 특별한 허기였다. 암말은 근처 호숫가 얕은 물에 피어 있는 수련의 하얀색, 보라색의 달콤한 꽃이 먹고 싶어졌다. 암말은 아열대지역에서 하루 중 가장 뜨겁고 습도 높은 오후 내내 아무것도 먹지 않았지만, 그러고 싶어서 그런 것은 아니었다. 그냥 누워 있는 것 말고는 아무것도 할 수 있는 에너지가 없었다. 태양이 저물고 저녁의 시원한 기운이 숲으로 내려앉자 암말은 갈망이 솟구치는 것을 느꼈다. 지금이 무언가를 먹기에는 가장 좋은 시간이 되리라. 하지만 이 계획에는 한 가지 문제가 있었다. 호수는 몇 킬로미터나 떨어져 있었고, 정글 중에서도 가장 울창한 수풀 지대를 통과해야만 도달할 수 있었다. 지금쯤이면 포식자들도 저물녘의 사냥을 시작했을 것이다.

암말이 밀려오는 어둠에 눈을 적응하며 주변을 둘러보았다. 자기네 무리가 스무 마리 정도 숲 속 작은 풀밭에 흩어져 있는 것이 보였다. 모두들 테리어종 강아지만 한 크기에 대부분 굵은 갈색 털로 덮여 있지만, 굽은 등의 윤곽을 따라서는 검은 털이 길게 줄무늬처럼 나 있었다. 이들은 발굽으로 균형을 잡으면서 네 다리로 당당하게 서 있었고, 뻣뻣하고 뭉툭한 꼬리털로 치며 모기를 쫓고 있는 개체들이 많았다. 일부는 이미 땅에 코를 처박고 앞니로 이파리와 열매를 뜯고, 혀로 입 안을 쓸어내리면서 씹고 있었다. 모두들 귀를 쫑긋 세우고 덤불에서 포식자가 부스럭거리는 소리와 자기 무리에서 나오는 소리에 귀를 기울이고 있었다. 이들은 사회적인 종이어서 무리의 리더가 히힝거리며 고음의 소리로 내는 명령을 따랐다. 리더는 수컷과 암컷 모두 있었다.

이 암말은 무리에서 지위가 높지 않았지만 다른 말들에게 부탁해 보아야겠다고 느꼈다. 어쩌면 수련 꽃을 찾으러 가는 길에 합류할 개체가 있을지도 모른다. 암말이 큰 소리로 울자 그 소리가 풀밭의 정적을 뚫고 퍼져나갔다. 무리 중 일부는 짜증 난 듯 고개를 들었다가 다시 저녁식사를 이어갔다. 그리고 나머지 개체들은 그냥 암말의 소리를 무시했다. 아무래도 임신이 불러온 식탐을 충족시키는 일은 암말 혼자 해야 할 것 같았다. 그래서 암말은 엉덩이부터 시작해서 작은 발굽으로 몸을 일으켜 세웠다. 그리고 무리를 뒤로하고 혼자 정글로 천천히 걸어 들어갔다. 암말은 곧 수풀에 가려 보이지 않았다.

숲은 가지각색의 잡초와 관목, 나무로 가득했다. 양치식물과 소나무도 있었지만, 초록 식물 대부분은 속씨식물이었고, 봄이어서 꽃도 피어 있었다. 목련의 분홍색 꽃이 황혼 빛을 받아 반짝였고, 월계수와 장미의 향기가 공기 중에 퍼져 있었다. 오후에 폭우가 내린 터라 공기는 후덥지근했다. 육두구 나무, 종려나무, 겨우살이^{mistletoe}, 층층나무^{dogwood}, 헤더^{heather}, 차나무$^{tea-tree}$, 스위트검^{sweetgum}(소합향의 일종 - 옮긴이), 너도밤나무, 자작나무, 그리고 시큼한 열매가 꽃 사이로 튀어나와 있는 감귤나무 등이 있었다. 포도 덩굴이 나무의 몸통을 뱀처럼 타고 오르면서 숲의 중간층을 크고 넓적한 이파리로 질식할 듯 빽빽하게 덮고 있었고, 숲 꼭대기에서는 아직도 빗물이 뚝뚝 떨어지고 있었다. 그리고 콩 꼬투리, 호두, 캐슈넛이 위에 매달려 있었다. 몇 달 후면 이 열매들이 숲의 바닥을 뒤덮어 이 암말의 무리와 정글을 집으로 삼은 다른 많은 동물들에게 풍성한 먹이를 공급해줄 것이다.

암말이 월계수밭을 지나는데 머리 위 가지에서 탁탁거리는 소리가 들린다. 암말이 다른 털북숭이 동물과 눈길이 마주쳤다. 몸의 길이는 1미터 정도지만 몸통보다 꼬리가 더 길고, 갈고리처럼 생긴 발톱으로 나무 몸통을 기어올랐다. 그 동물이 털이 수북한 꼬리를 뒤로 내밀어 중심을 잡으면서 가지 위에서 균형을 잡더니 머리를 앞으로 내밀고 커다란 끌 같은 앞니로 이파리를 갉아 먹기 시작했다. 그 사이 스위트검 나무 더 높은 곳에서는 또 다른 동물이 나무 꼭대기 사이로 더 능숙하게 움직이고 있었다. 이파리를 갉아 먹는 동물보다는 체구가 좀 작았고, 나뭇가지에 더 자신 있게 매달려 있었다. 그 동물의 손과 발은 컸고, 손가락과 발가락 끝에는 날카로운 발톱 대신 편평한 손톱이 돋아 있었다. 그 동물의 손에는 나머지 네 손가락과 맞닿는 엄지손가락opposable thumb이 있어서 한 손으로는 그 엄지손가락과 길고 가는 나머지 손가락으로 가지를 움켜쥐고, 반대쪽 손으로는 과일을 잡았다. 그 과일은 완전히 익지는 않았지만 그래도 먹을 만해 보였다.

　나무 꼭대기에서 일어나는 활동에 너무 깊이 빠져 있다 보니, 암말은 훨씬 더 신기한 동물의 존재를 한참 후에야 알아차렸다. 그 동물은 개미의 둥지 앞에 자리 잡고 있었다. 근육질에 다부진 몸을 하고 있는 그 동물이 그르렁거리며 앞다리를 휘둘러 삽 같은 발톱으로 둥지를 허물었다. 당황한 개미 무리가 숲 바닥에서 썩어가는 나뭇잎 위로 흩어지자 이 개미둥지 파괴자가 뱀처럼 긴 혓바닥으로 입술을 핥더니 치아가 없는 좁은 주둥이로 개미를 빨아들이기 시작했다. 암말은 이런 것은 본 적이 없었다. 이 개미 사냥꾼의 등에는 이상한 각도로 털이 삐져나와 있었지만 대부분의 몸통은 비늘로 덮여 있었다. 비늘 하나하나는 꼭 기타 피크처럼 생겼는데, 이 비늘들이 서로 겹치며 돋아 있어 이 생명체를 강하면서도 유연한 장갑으로 덮어 보호해주고 있었다.

　암말은 이 개미 대소동에 너무 정신이 팔려서 잠시 자기가 수련을 먹고 싶어 한다는 사실조차 잊고 있었다. 그렇게 너무 오랫동안 방심하는 바람에 밤의 포식자 중 한 마리가 암말의 존재를 눈치채고 말았다. 몽구스 크기의 이 육식동물은 양치식물 속에 숨어서 강렬한 붉은 눈으로는 상황을 지켜보고, 수염으로는 미풍에 흘러오는 냄새를 읽었다. 이미 도마뱀과 개구리를 몇 마리 잡아먹었지만 여전히 배가 고팠기 때문에 칼날처럼 생긴 어금니는 언제든 다음 코스의 저녁식사를 씹어 먹을 준비가 되어 있었다. 이 사냥꾼은 둘을 저울질해보았다. 비늘로 덮인 동물은 맛있기는 하겠지만 이빨로 저 장갑을 뚫으려면 고생을 좀 할 것 같았다. 제 주변을 전혀 의식하지 않고 있는 듯한 저 통통한 암말이 훨씬 나은 선택이 될 것 같았다.

숨어 있던 포식자가 이빨을 드러내고 뛰어나오다가 다른 선택지가 있음을 깨달았다. 암말의 왼쪽으로 발굽 비슷한 발톱을 가진 또 다른 동물이 있었다. 하지만 발톱이 암말은 세 개인 데 반해 이 동물은 네 개였다. 그 동물 역시 주변 상황에 무신경한 채 길고 가는 다리로 서서 곰팡이로 덮인 썩은 과일을 꿀꺽꿀꺽 삼키고 있었다. 이 동물이 암말보다 더 우둔하고 무방비 상태로 보였기 때문에 사냥꾼은 계획을 바꾸어 그 동물을 덮쳤다. 암말은 시끄러운 소리에 다시 정신을 차렸다. 정말 아슬아슬한 순간이었다. 아무래도 가던 길을 가는 편이 나을 것 같았다.

암말은 기지와 어미로서의 본능을 최대한 발휘해서 계속 움직였다. 이번에는 다른 데 한눈을 팔지 않았다. 저 멀리서 수련이 손짓했다. 몇 분 후에 암말은 헤더밭을 뚫고 나왔다. 그러자 갑자기 어둠이 희미한 달빛으로 밝아졌다. 숲의 풍경이 걷히고 이제 암말의 눈앞에 호수가 펼쳐졌다.

동심원의 파장이 검푸른 수면을 가로지르며 물을 지저분하게 보이게 만들었던 녹조를 씻어냈다. 깊은 곳에서는 물고기가 헤엄을 치면서 거품이 올라오고, 거북이가 숨을 쉬려고 물 위로 얼굴을 내밀었다. 하늘 높은 곳에서는 불타는 노을이 뿜는 마지막 빛을 배경으로 날아다니는 동물의 실루엣이 보였다. 그중 일부는 분명 쏙독새과의 새였다. 이들은 날아다니는 나방과 잠자리를 잡아먹으며 꽥꽥 울음소리로 다가온 어둠을 맞이하고 있었다. 하지만 다른 동물도 있었다. 이들은 손가락 사이로 뻗어 있는 피부로 만들어진 넓은 날개를 갖고 있고, 몸은 털로 덮여 있고, 초음파를 방출하며 쏙독새 사이로 급강하해서 벌레를 잡아 교두가 날카로운 큰어금니로 그 딱딱한 껍데기를 뚫었다.

그리고 그 순간 암말은 보았다. 보름달로 거의 차오른 달빛이 호수와 땅이 만나는 수평선 너머로 춤을 추듯 올라와 수련 꽃의 알록달록한 꽃잎을 비추었다. 배가 요동쳤다. 새끼의 발길질이 느껴졌다. 숲에서 배운 교훈을 마음에 새기며 암말은 포식자를 경계하며 조심스럽게 물가로 다가갔다. 악어 몇 마리가 물속에서 첨벙거리고 있었지만, 암말이 보기에 악어들은 호수 한가운데 있어서 위협이 될 것 같지는 않았다. 또 다른 털북숭이 생명체가 설치고 있었지만 두려워할 대상은 아니었다. 30센티미터 정도 되는 작은 동물이었다. 등과 옆구리를 뾰족한 털이 빽빽하게 덮고 있었다. 이 동물 역시 해가 지는 호숫가로 먹이를 찾으러 나왔지만 수련 꽃이 아니라 물고기가 그 대상이었다.

암말이 물가 진흙에 발굽을 담그고 따뜻한 물속으로 천천히 들어갔다. 그리고 수련밭에 몸을 담갔다. 기분 좋게 히힝 울고 난 후에 암말은 본격적으로 할 일을 시작했다. 암말은 게걸스럽게 먹어댔다. 처음에는 제일 맛있는 꽃만 골라서 따 먹었지만 이내 포기하고 입에 들어오는 것은 꽃이든, 잎이든, 줄기든 가리지 않고 먹었다. 암말은 더없이 행복했다. 이것이 바로 이제 곧 어미가 될 암말이 새로운 생명을 출산할 힘을 내는 데 필요한 것이었다. 이제 그 시간이 분명 가까워져 있었다. 배를 채운 암말은 안전한 무리로 돌아가려고 뭍으로 방향을 들었다.

하지만 뭔가 이상하다. 물 밖으로 첫 걸음을 내딛는 순간, 몸이 기우뚱했다. 암말은 방향감각을 잃고 엉덩이로 주저앉았다. 그리고 다시 일어나려고 했지만 그럴 수가 없었다. 순식간에 모든 것이 캄캄해졌다. 그리고 암말, 그리고 배 속의 새끼는 메셀 호수의 녹조 낀 물속으로 천천히 미끄러져 들어갔다.

완벽한 포유류 계통수 그리기

에오세의 메셀 호수는 그냥 평범한 호수가 아니었다. 이 호수는 땅속 깊은 곳에서 스미어 나오던 마그마가 지하수와 접촉해 증기 폭발을 일으켰을 때 형성된 분화구로 만들어졌다. 주변 우림에서 물을 받아 흐르던 강이 이 분화구를 물로 채웠고, 시간이 지나면서 이 물은 더 깊어지고 층이 형성됐다. 종종 아무런 경고도 없이 호수에서는 무언가 꾸르륵 하고는 보이지 않는 가스의 구름이 산소가 없는 심연에서 올라왔다. 그 가스는 화산가스일 때도 있었고, 세균이나 조류가 만든 부산물일 때도 있었다. 어떻게 만들어진 것이든 그 가스는 독성이 강해서 지나는 길에 있는 모든 생명체를 신속하게 질식시켰다. 호수 수면 근처에서 헤엄치던 동물, 물가에서 어정거리던 동물, 물 위로 드리운 가지에 매달려 있던 동물, 수면 위로 날아다니던 동물, 그리고 얕은 물에서 수련을 뜯어 먹던 동물까지 모두 죽었다.

물리적 흔적을 남기지 않는 살인자에게 쓰러진 동물들은 아무런 외상도 입지 않은 모습으로 깊게 고인 호수 물속으로 미끄러져 들어갔다. 깊은 물속은 부패를 촉진할 산소가 없었기 때문에 사체는 호수 밑바닥에 자리 잡은 상태에서 그 위로 천천히 진흙에 덮여 정교하기 그지없는 화석으로 남게 됐다. 이런 화석은 그냥 골격만 남기는 것이 아니라 털, 위 속에 들어 있는 마지막으로 먹은 먹이, 그리고 때로는 태어나지 않은 배 속의 새끼 등 실제 동물처럼 보이는 흔적을 남긴다. 이런 식으로 해서 생태계 전체가 이판암 속에 파묻힌 채로 동물과 함께 바다으로 가라앉은 녹조류에서 스미어 나온 케로겐에 물들었다. 수천 점에 이르는 메셀 화석에는 꽃부터 벌레, 어류, 거북이, 도마뱀, 악어, 새, 포유류에 이르기까지 온갖 것이 들어 있다.

앞의 이야기에 이름을 적지는 않았지만 내가 쓴 글에 등장한 포유류가 어떤 유형인지 알아본 사람들도 있을 것이다. 암말은 말 그대로 말이다. 이것은 에우로히푸스^{Eurohippus}라는 종으로, 순종 말의 발목 높이까지밖에 오지 않는 작은 종이다. 자궁 안에 초음파 사진 속 태아처럼 몸을 웅크리고 있는 임신 말기의 새끼 한 마리와 그 주변을 둘러싼 태반의 흔적이 함께 남아 있는 메셀 에우로히푸스 골격이 몇 개 있다. 꼬리에 풍성한 털이 달려 있고 이파리를 갉아 먹던 동물은 아일루라부스^{Ailuravus}라는 설치류다. 아마 다람쥐처럼 보였을 것이다. 나머지 네 손가락과 맞닿는 엄지손가락을 가지고 나무에서 자유롭게 살아가던 동물은 다위니우스^{Darwinius}라는 영장류다. 이 동물은 우리의 초기 친척이다. 개미를 핥아 먹던 동물은 알려진 최초의 천산갑^{pangolin} 중 하나인 에오마니스^{Eomanis}다. 오늘날 천산갑은 그 비늘이 아시아 전통의학에서 인기 있는 재료로 사용되는 바람에 멸종 위기에 처해 있다. 그 포식자는 레스메소돈^{Lesmesodon}이다. 이 동물의 관계에 대해서는 논란이 있지만 아마도 원시적인 식육류^{carnivoran}였을 것이다. 식육류는 개와 고양이 집단이 속한 집단이다. 이 포식자가 잡아먹은, 과일을 먹던 다리 긴 동물은 메셀로부노돈^{Messelobunodon}으로, 소, 양, 사슴과 친척관계이고 발톱의 수가 짝수인 우제류^{artiodactyl} 동물이다. 뾰족한 털이 나 있고 물고기를 먹는 동물은 고슴도치 혈통의 마크로크라니온^{Macrocranion}이다. 그리고 호수 위에서 초음파 방향정위^{echolocation}를 이용해 곤충을 잡아먹던 날개 달린 동물은 당연히 박쥐다. 메셀 지역에서도 알려진 박쥐가 몇 종 있고, 이들은 유혈암에서 가장 흔하게 발견되는 화석에 해당한다.

이 포유류 공동체는 종이 더 많아서 생태, 식습관, 체형, 행동 등이 팔레오세 뉴멕시코 동물상이나 팔레오세의 다른 어떤 포유류 생태계보다도 훨씬 다양했다. 팔레오세가 백악기보다 더 다양했던 것처럼 에오세도 팔레오세보다 더 풍요로웠다. 그리고 그것 말고도 메셀의

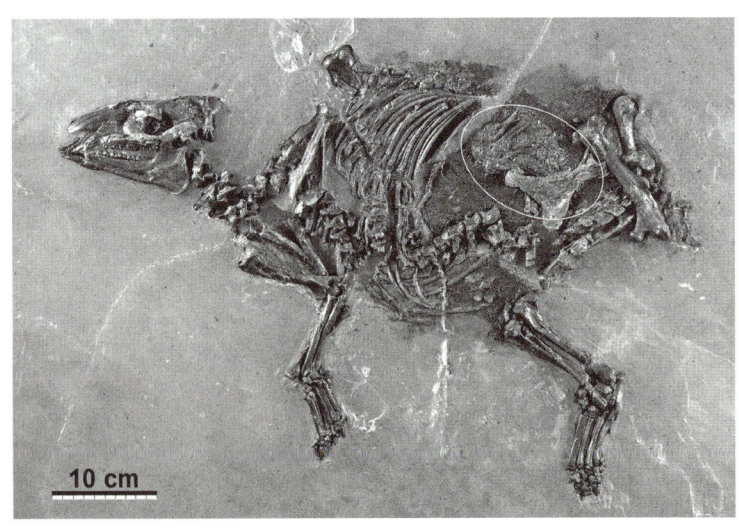

• 배 속의 새끼(동그라미)와 함께 보존된 메셀의 암말 에우로히푸스.

포유류는 두드러지는 특징이 두 가지 더 있다.

첫째, 내 이야기에 등장하는 모든 포유류는 태반류다. 메셀의 정글에는 유대류의 일원인 후수류도 살고 있었지만 그냥 배경인물에 불과한 수준이라서 언급할 가치가 별로 없다. 고대 호수에서 발굴한 동물 골격 수천 점 가운데 후수류는 겨우 다섯 점뿐이다. 이들은 사물을 잡을 수 있는 꼬리와 강력한 발을 이용해서 주머니쥐처럼 나뭇가지에 매달릴 수 있었지만 설치류와 영장류에게 나무 위 생태적 지위로부터 밀려나고 있던 것이 분명하다. 이것은 더 큰 진화의 그림을 반영하고 있다. 후수류는 백악기 말기 대멸종으로 큰 타격을 받은 후에 유럽, 아시아, 북아메리카대륙에서 수천만 년 동안 간신히 살아남았다가 북반구 전체에서 사라지고 말았다. 그나마 다행히 남아메리카대륙과 호주대륙으로 흩어진 덕분에 명맥을 유지해서 다시 그곳에서 꽃을 피울 수 있었다. 이 이야기는 뒤에서 다시 살펴보겠다. 그럼 백악기에 대단히 흔한 주요 집단이었으며, 대멸종에서도 살아남았고, 팔레오세에 들어 몸집이 더 키웠던 다구치류는 어떻게 됐을까? 메셀에서는 이들의 흔적도 보이지 않는다. 골격도, 턱뼈도, 심지어 그들의 전형적 특징인 레고 블록 모양의 큰어금니도 보이지 않는다. 메셀 호수에 보물 같은 화석이 매장되는 동안 다구치류는 멸종의 길을 걸었고, 약 3400만 년 전 에오세가 끝날 즈음에는 사라져 있었다.

메셀 동물상의 두 번째 중요한 측면은 이 태반류가 우리도 알아볼 수 있는 것들이었다는 점이다. 우리는 이 동물들을 현존하는 주요 집단으로 분류할 수 있다. 우리의 영웅인 암말 에우로히푸스는 말이고, 복슬 꼬리를 가진 아일루라부스는 설치류고, 나뭇가지를 잡고 다니는 다위니우스는 영장류고, 등등. 하지만 공룡이 멸종하고 첫 1000만 년

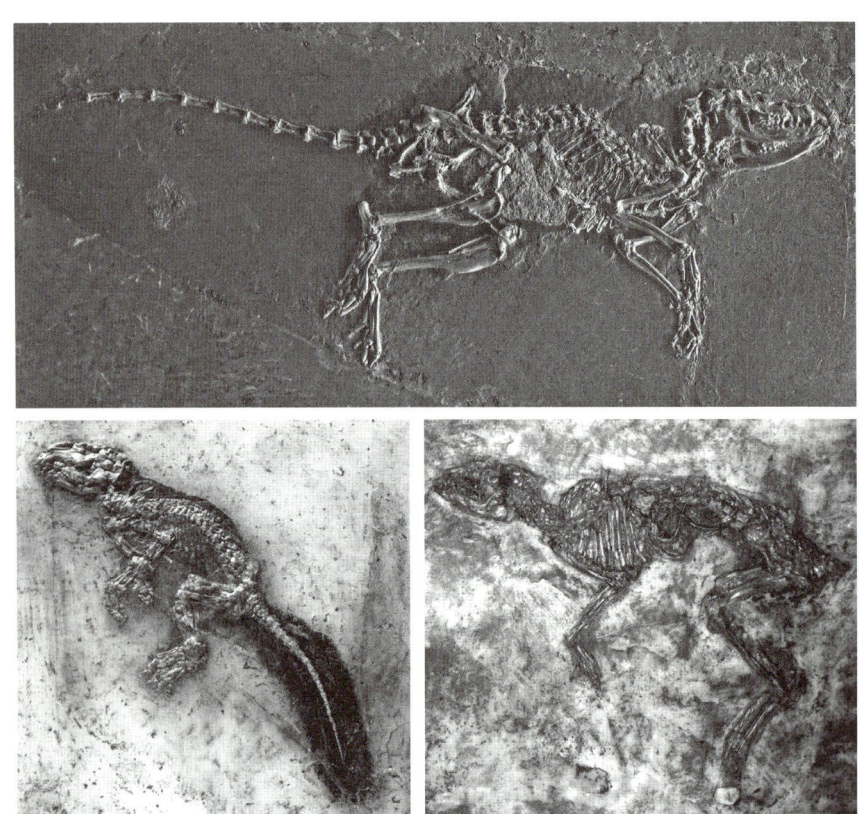

• 메셀 포유류 화석의 몽타주. 마크로크라니온(위), 레스메소돈(왼쪽 아래), 메셀로부노돈(오른쪽 아래)이다.

후에 존재했던 팔레오세 포유류는 그렇지 않았다. 지난 장에서 보았듯이 팔레오세 뉴멕시코에도 태반류가 아주 많았지만 이들은 이상하게 생겨서 분류하기가 까다롭다. 소행성이 충돌하고 몇십만 년 후에 포유류 시대의 커튼을 열어젖혔던 세 가지 핵심 집단인 콘딜라스, 타이니오돈타류, 판토돈타류를 어디에 분류해야 할까? 이들은 분명 갉아 먹는 용도로 사용하는 설치류의 앞니, 영장류의 맞닿는 엄지손가락 등 오늘날의 태반류 집단이 갖고 있는 특성을 공유하지 않는다. 그 대신 이들은 원시적이고 비슷비슷해 보인다. 그래서 이들을 간단히 '고대' 태반류라고 그냥 뭉뚱그려 부르기도 한다. 1800년대 말에 이들의 화석이 처음 발견된 이후로 에드워드 코프와 일군의 고생물학자들은 포유류 계통수 위에서 이들의 위치를 찾아주려고 노력해왔다.

과학자들이 포유류의 계통수를 제작해온 지도 너끈히 한 세기가 넘었다. 포유류 계통수에 대한 합의된 관점은 350쪽 분량의 성명서로 보강한 조지 게일로드 심슨George Gaylord Simpson의 획기적인 1945년 분류체계에 의해 공고하게 다져졌다. 심슨은 20세기 고생물학의 거장 중 한 명이었고, 고대의 종들도 오늘날 작동하는 것과 동일한 자연선택의 법칙에 지배받는다는 것을 입증해보임으로써 화석을 진화생물학의 중심에 올려놓았다. 방문판매업에 조금씩 손을 대보던 심슨은 대학에 입학해서 화석의 매력에 푹 빠졌다. 그리고 차를 운전할 줄도 모르면서 22세의 나이에 운전기사로 첫 현장 탐사에 나선다. 그리고 몇 년 만에 그는 미국 자연사박물관의 큐레이터가 됐고, 코프의 팔레오세 암반 위에 있는 에오세 바위에 초점을 맞추어 뉴멕시코로 정기 현장 연구를 나갔다. 제2차 세계 대전 동안에는 심슨의 경력이 중단됐다. 이때 그는 북아프리카와 이탈리아에서 정보장교로 복무했다. 그는 청동성 훈장을 두 개나 받았을 뿐 아니라, 수염을 밀라는 조지 패튼George Patton 장군의 명령에 유럽 주재 미국 최고 사령관이었고 나중에 미합중국 대통령이 된 드와이트 아이젠하워Dwight Eisenhower에게 직접 진정을 내서 불복했노라고 주장하기도 했다.

심슨은 권위 있는 인물이었고, 그의 계통수는 수십 년 동안 하나의 복음과도 같았다. 이 계통수는 1992년에 미국 자연사박물관에 있는 그의 후계자 중 한 명인 마이크 노바체크에 의해 업데이트됐다. 노바체크는 고비사막에서 백악기 포유류 화석을 수집하면서 앞에서 만나본 인물이다. 노바체크가 작성한 계보는 대체로 심슨의 것과 비슷했다. 오리너구리처럼 알을 낳는 단공류가 가장 원시적인 포유류였고, 그 뒤를 육아낭이 있는 유대류, 태반류가 따랐다. 태반류 중에서 코끼리는 홀수 발굽의 말과 짝수 발굽의 소 등 발굽이 있는 포유류와 한 무리로 묶였다. 박쥐는 나무에 사는 뇌가 큰 동물 무리에서 영장류와 가까운 곳에 자리 잡았다. 개미를 핥아 먹는 천산갑은 개미핥기와 나무늘보 옆에 자리를 잡았다. 그리고 벌레를 잡아먹는 식충류^{Insectivora}라는 주요 집단도 있었다. 여기에는 전 세계에 분포하는 작고 성장이 빠른 동물들이 다수 포함되어 있다. 이런 상관관계들은 대부분 직관적으로 이해할 수 있었다. 노바체크의 계통수는 심슨의 계통수와 마찬가지로 해부학을 바탕으로 이루어졌기 때문이다. 발굽, 또는 곤충에 구멍을 낼 수 있는 뾰족한 교두가 달린 큰어금니 같은 특정 특성을 공유하는 포유류들이 한 무리로 묶였다. 논리적으로는 이상이 없어 보였다. 진화는 자연선택을 통해 포유류의 몸을 빚어냈으므로 한 무리의 종이 모두 발굽을 갖고 있다면 그것은 이들의 선조가 같다는 신호였다.

하지만 계통수에 대한 이런 접근방식은 한 가지 심각한 문제를 갖고 있었다. 바로 수렴진화$^{convergent\ evolution}$다. 서로 다른 두 생명체가 비슷한 환경의 압력에 직면하면 동일한 특성을 독립적으로 진화시킬 수 있다. 발굽을 예로 들어보자. 발굽이 오늘날 발굽을 달고 있는 모든 종의 공통 선조에서 딱 한 번만 진화해야 한다는 법은 없다. 그보다는 몇 번에 걸쳐 독립적으로 발달해 나왔을 수도 있다. 서로 친척관계가 먼 다른 종이라도 탁 트인 평야에서 더 빠르게 달려야 살아남을 수 있었다면 말이다. 뾰족한 교두가 달린 큰어금니도 마찬가지다. 아마도 곤충을 맛있게 여기는 포유류 집단이 다양하게 많았을 것이기 때문에 진화가 같은 일을 여러 번 반복했을 수 있다. 곤충의 딱딱한 껍데기를 부수기에 기계적으로 적합한 치아를 여러 번 만들어낸 것이다. 형태는 기능을 따르기 때문에 이런 치아들은 여러 번의 독립적인 진화 과정에서 나온 산물이라 하더라도 자연히 서로 닮게 된다. 이렇게 비슷한 큰어금니를 보고 그 치아를 가진 생명체들이 가까운 친척관계라고 오해하기 쉽다. 실제로는 식습관과 생태가 비슷한 것일 뿐인데 말이다. 심슨과 노바체크도 이런 결점을 알고 있었지만 이들에게는 수렴진화로부터 공통의 선조를 분리해낼 수 있는 도구가 없었다.

여기서 DNA가 구세주로 나타났다. 하지만 한참 후인 1990년대가 되어서야 등장했다. 이때는 과학 역사상 가장 위대한 성취 중 하나인 인간 유전체 프로젝트Human Genome Project의 시대였다. 이것은 인간의 유전암호를 지도로 작성해서 모든 인류의 공통 토대를 밝히는 프로젝트였다. 이때는 또한 DNA 지문분석이 법 집행에서 흔히 사용되는 기법으로 자리 잡아서 그 덕분에 많은 살인자를 감방에 가둘 수 있었던 시대이기도 했다. 이 모든 것의 뒤에는 유전자 염기서열 분석 기술의 발전이 있었다. 이 기술은 본질적으로 인간의 조직을 기계에 집어넣으면 그 기계가 화학반응을 이용해서 A, C, G, T 등의 글자로 이어지는 유전암호를 줄줄이 판독해내는 기법이다. 이와 동일한 기술을 동물의 조직에도 적용할 수 있었고, 머지않아 계통수 구축에 필요한 완벽한 증거들이 넘쳐나게 됐다.

A, C, G, T를 각각 하나의 특성으로 생각할 수 있다. 발굽이나 뾰족

한 큰어금니의 분자 버전이라 생각하는 것이다. 한 무리의 동물이 갖고 있는 유전체genome의 염기서열을 분석해 쭉 나열한 후에 서로 비교하면서 DNA가 제일 비슷한 종끼리 묶어서 계통수를 만들 수 있다. 실질적으로 이것은 다른 종에게는 없지만 특정 종끼리는 공유하는 DNA 돌연변이를 바탕으로 종들을 묶어서 계통수를 구축한다는 의미다. 발굽이나 치아의 발달과 마찬가지로 각각의 돌연변이도 별개의 진화적 사건이다. 해부학적 특성처럼 DNA도 수렴진화의 영향을 받을 수 있다. 하지만 이것은 그렇게 큰 문제가 되지 않는다. 서로 비교해볼 수 있는 염기쌍이 잠재적으로 수십억 개 존재하기 때문에 몇 안 되는 수렴 돌연변이는 쉽게 걸러낼 수 있다. 게다가 DNA를 이용해 해부학적 수렴의 사례를 밝혀낼 수도 있다. 만약 두 동물이 서로 독립적으로 발굽을 진화시켰다면 아마도 서로 다른 유전적 경로를 통해 그렇게 했을 것이다. 예를 들면 찰스 다윈이라는 한 인물을 두고 두 명의 역사가가 각자 자기만의 언어로 그 사람의 외모를 설명하는 것처럼 말이다.

마침내 고생물학자들은 두 포유류가 공유하는 해부학적 특성이 선조가 같아서 그런 것인지, 따라서 그것을 계통수 구축에 이용할 수 있는 것인지, 아니면 수렴이 만들어낸 착시 효과인지 가려낼 방법을 갖게 됐다. 그리고 더 나아가 고생물학자들은 해부학적인 문제를 전혀 고민하지 않고도 분자생물학자들과 함께 DNA를 이용해서 계통수를 구축할 수 있게 됐다.

분자생물학자 마크 스프링거Mark Springer와 공동 연구자 네트워크에서 1990년대 말과 2000년대 초반에 DNA에 기반한 최초의 포유류 계통수를 발표했을 때 고생물학자들은 충격을 받았다. 심슨이 제시했던 태반류 간의 친척관계가 상당 부분 붕괴되면서 해부학적 수렴이 만들어낸 착시일 뿐이라는 것이 드러났다. 유전자는 천산갑이 개미핥기, 나무늘보가 아니라 개, 고양이와 가까운 친척관계임을 보여주었다. 박쥐 또한 영장류와 가까운 친척이 아니라 개, 고양이, 천산갑에 더해서 발굽이 말처럼 홀수인 기제류perissodactyls와 소처럼 짝수인 우제류까지 포함하는 더 큰 무리의 일부였다. 후자의 두 집단은 모두 발굽을 가지고 있지만 계통수 여기저기에 발굽이 있는 다른 포유류들이 흩어져 있다. 예를 들면 코끼리와 한 무리로 엮이는 작고 귀여운 바위너구리hyraxes가 있다. 따라서 발굽은 실제로 여러 번 진화해 나왔다. 하지만 '이건 정말 미쳤다' 싶은 식충동물에 비교하면 아무것도 아니다. 심슨과 노바체크는 한때 이들이 하나의 집단으로 구성되어 있다고 생각했다. 하지만 실제로 보니 DNA 계통수 전반에 흩어져 있었다. 황금두더지golden mole와 텐렉tenrec(마다가스카르에 사는 고슴도치의 일종 – 옮긴이) 같은 동물은 바위너구리, 코끼리와 가까운 친척관계였다. 이것은 해부학만으로는 누구도 예상하지 못했던 특이하기 짝이 없는 조합이었다. 따라서 식충동물과 곤충 잡아먹기를 가능하게 해준 독특한 큰어금니는 서로 다른 여러 포유류 계통에서 여러 번에 걸쳐 새로 발명된 것이다.

   이제 스프링거의 계통수는 심슨의 계통수를 밀어내고 표준으로 자리 잡았다. 이 계통수에서는 태반류가 네 가지 기본 집단으로 나뉜다. 계통수의 밑바닥 근처에서 두 개의 혈통이 갈라져 나온다. 하나는 황금두더지, 텐렉, 바위너구리, 코끼리에 땅돼지aardvark와 매너티manatee까지 포함하고 있는 뜻하지 않은 조합으로 구성되어 있다. 이 집단에는 아프로테리아상목Afrotheria이라는 명칭이 부여됐다. 그 구성원 대다수가 오늘날 아프리카에 살고 있고 화석 기록을 봐도 그들이 한동안 그곳에서 계속 살아왔음을 알 수 있기 때문이다. 이른 시기에 갈라져 나온 두 번째 집단은 빈치류^{Xenarthra}다. 여기에는 개미핥기, 나무늘보, 아르마딜로 등 대부분 남아메리카대륙의 종이 포함되어 있다. 계통수의 꼭대기에는 유럽대륙, 북아메리카대륙, 아시아대륙에 널리 분포하고 있는 북반구 종으로 구성된 두 개의 다양한 집단이 존재한다. 하지만 여기에는 적도 이남에 사는 일원도 포함되어 있다. 첫 번째 집단은 로라시테리아상목^{Laurasiatheria}이다. 이것은 개, 고양이, 천산갑, 기제류, 우제류, 고래, 박쥐가 포함되어 있는 집단이다. 두 번째 집단은 영장상목^{Euarchontoglires}이다. 인간이 다른 영장류 사촌들과 함께 여기에 속한다. 그리고 토끼와 설치류도 여기에 속한다.

따라서 계통수의 전체적인 구조는 해부나 생태보다는 지리를 반영하고 있다. 태반류 하위집단의 역사는 대체로 특정 대륙이나 땅덩어리에서 펼쳐졌고, 이렇게 따로 살다가 이 하위집단들이 식습관이나 생활방식에서 서로 수렴하는 경우가 많았다. 이는 대륙이 더 가까웠던 때에 하위집단들이 갈라져 나왔다가, 대륙들끼리 멀어지면서 아프로테리아상목과 빈치류가 각각 아프리카와 남아메리카대륙에 고립되었음을 암시한다. 반면 북반구의 집단들은 백악기 이후로 북아메리카대륙, 유럽대륙, 아시아대륙을 간헐적으로 연결해주던 고위도의 육교$^{land\ bridge}$를 통해 더 자유롭게 왕래할 수 있었다. 이런 일반적인 패턴에 덧붙여 분산 사건$^{dispersal\ event}$이 일어나서 일부 아프로테리아상목(매너티, 매머드 등)과 빈치류(아르마딜로 등)를 북쪽으로, 영장류와 설치류 같은 북반구 종을 남쪽으로 퍼뜨렸다. 이런 지리적 패턴과 분산에 대해서는 이 책의 나머지 부분에서 얘기할 것이다.

스프링거 계통수의 지리적 구조만으로는 아쉽다는 듯 DNA 증거는 또 다른 함축적 의미를 제시했고, 고생물학자들은 다시 놀라고 말았다. 이 책의 첫 부분에서 펜실베이니아기 석탄늪지대에서 포유류 계통이 파충류 계통에서 갈라져 나온 이야기를 하면서 얘기했듯이 DNA를 시계로 이용할 수 있다. 정상적으로 DNA 돌연변이가 축적되는 속도를 아는 상태에서(이 속도는 연구실 실험이나 다른 기법을 이용해서 추정할 수 있다) 두 종의 DNA를 줄 세워 놓고 몇 개나 차이가 나는지 세어보면 역산을 통해 두 종이 마지막 공통 선조로부터 언제 갈라져 나왔는지 알아낼 수 있다. 이것을 초등학교 수학 문제와 비슷하게 생각할 수 있다. 갑돌이와 갑순이가 500킬로미터 떨어져 있는데, 이들이 지금까지 일주일에 100킬로미터씩 멀어졌다는 것을 알면 두 사람이 5주 전부터 멀어지기 시작했음을 알 수 있다. 스프링거의 연구진이 이런 원리를 자신의 DNA 계통수에 적용해보았더니 또 다른 충격이 그들을 기다리고 있었다. 현대의 태반류 계통 중 상당수, 즉 아프로테리아상목과 로라시테리아상목 같은 기본 집단뿐 아니라 영장류와 설치류 같은 개별 혈통도 백악기나 팔레오세 이른 초기부터 기원한 것이 분명했다. 많은 경우에서 이것은 그들의 화석이 처음 등장하는 시기보다 더 오래전이다. 이는 기록으로 남지 않은 방대한 역사가 존재한다는 것을 암시한다.

이것은 흥미로운 가능성을 제시하고 있다. 어쩌면 콘딜라스, 타이니오돈타류, 판토돈타류 같은 팔레오세의 고대 태반류 중 일부가 현대 태반류 집단의 초기 역사에서 아직까지 오리무중으로 비어 있는 화석일지도 모른다는 것이다. 이들은 현존 태반류 집단을 정의하는 특징적인 해부학적 특성을 아직 발달시키지 못한 탓에 현대 태반류와 연결하기 어려웠던 것뿐이다. 이것이 새로운 개념은 아니다. 코프 시절에도 고생물학자들은 이런 식으로 생각했고, 일부 콘딜라스가 기제류와 우제류 혈통의 초기 구성원이며, 백악기 말 소행성이 충돌하고 머지않은 시기에 나무를 타며 살았던 일부 포유류가 원시 영장류였다는 합리적인 증거도 존재한다. 우리를 가로막는 가장 큰 장애물은 화석으로 알 수 있는 것은 보통 해부학뿐이고 보시다시피 해부학은 오해의 소지가 있다는 사실이다. 이 기이한 팔레오세 종의 DNA 표본만 구할 수 있다면 친자확인 검사로 친아빠를 찾아주는 토크쇼 프로그램처럼 신속하고 확실하게 문제를 해결할 수 있을 것이다. 이것은 1990년대의 DNA 혁명 덕분에 가능해진 일이다.

통합 계통수master family tree를 구축하려면 더 많은 연구가 필요하다. 특히 화석의 해부학에서 나온 증거와 현존하는 종의 해부학과 DNA에서 나온 증거를 결합하는 연구가 필요하다. 이것이 바로 지금 우리 연구실에서 진행하고 있는 대형 프로젝트다. 몇 번의 시도 끝에 나는 유럽연구이사회로부터 통합 계통수를 구축해서 고대 팔레오세 종들의 자리를 찾아주기 위한 연구 자금을 지원받을 수 있었다. 우리는 뉴멕시코에서 나의 동지였던 세라 셸리와 톰 윌리엄슨을 비롯해서 포유류 뇌 전문가 오르넬라 베르트랑, 포유류 해부학 전문가이자 내가 좋아하는 포유류 동물학 스승인 존 위블John Wible, 그리고 297쪽 사진에 소개되어 있는 몇몇 뛰어난 박사학위 과정 학생 등 그 연구를 담당할 최고의 연구진을 구성하고 있다. 만약 누군가 그 비밀을 알아낼 사람이 있다면 그것은 분명 우리일 것이다. 글을 쓰는 이 시점에서는 우리가 무엇을 발견하게 될지 나도 모르겠다.

하지만 우리가 지금 알고 있는 바에 따르면 메셀 호수가 에오세에

• 포유류의 계통학을 연구하는 우리 연구진의 학생과 동료들. 뒷줄에 한스 퓌셸Hans Püschel, 세라 셸리, 소피아 홀핀Sofia Holpin, 페이지 드폴로Paige dePolo, 조이 키니고풀루Zoi Kynigopoulou, 톰 윌리엄스. 앞줄에 얀 야네카Jan Janecka, 나, 존 위블(그리고 그가 좋아하는 천산갑).

동물의 사체를 바닥에 묻고 있을 즈음에는 현존하는 핵심적인 태반 포유류 집단이 모두 등장한 상태였고, 그중 다수가 번성하고 있었다는 것이다. 팔레오세가 에오세로 이행하는 과정에서 고대의 동물상이 현대화됐다. 그리고 이번에도 역시 환경의 급속한 변화가 그 촉발 인자였다.

지구온난화가 빚은 진화의 모습

팔레오세는 온실 세상이었다. 뉴멕시코의 고대 태반류는 열대우림 정글에서 살았다. 오늘날 같은 지역을 뒤덮고 있는 건조한 불모의 화산용암지를 상상하기 힘든 신록이 무성한 생물군계biome였다. 당시에는 중위도 지역 중 상당 부분이 소행성 충돌 이후로 새로 진화해 나온 현화식물 나무로 구성된 아열대숲으로 뒤덮여 있었다. 악어들은 고위도 지역에서 햇볕을 쬐었다. 고위도 지역도 얼음이 없이 온대 삼림지대로 덮여 있었다. 얼음이 있다 해도 솟아오르고 있던 로키산맥과 같은 아주 높은 산 정상에만 국한되어 있었다. 이 모든 것은 대기를 가득 채운 이산화탄소 때문이었다. 이 이산화탄소가 지구를 덥히고 있었다.

그러다가 5600만 년 전에 팔레오세가 에오세로 넘어가면서 온실이 더 뜨거워졌다. 하늘로 더 많은 이산화탄소가 주입되면서 지구의 온도가 섭씨 5도에서 8도 정도 높아졌다. 북극의 평균 육상온도가 섭씨 25도 정도로 치솟았고, 이제는 북극권 위에서도 악어와 거북이가 종려나무 그늘 아래서 느긋하게 휴식을 즐겼다. 적도의 기온은 섭씨 40도를 돌파해서 저위도의 넓은 해역이 너무 뜨거워 생명체가 살 수 없는 접근 금지 구역으로 변했다. 공룡을 죽인 소행성 충돌 이후로 이때가 지구가 가장 뜨거웠던 때였고, 그 후로도 이때만큼 뜨거웠던 적은 없었다. 이 모든 일이 아주 빠르게 일어났다. 탄소의 분출은 기껏해야 2만 년 정도가 걸렸고, 20만 년 안으로 지구온난화가 정점을 찍었다가 가라앉았다. 하지만 이 정도면 전 세계의 환경을 교란하고 포유류 진화의 경과를 바꾸어놓기에 충분했다.

팔레오세 - 에오세 최대온난기Paleocene-Eocene Thermal Maximum 또는 약자로 PETM이라고 하는 이 잠깐 동안의 기후 변화는 지질학적 기록으로 남은 대표적인 지구온난화 사건이다. 현재의 기후 변화를 더 잘 이해해 지구가 어떻게 반응할지 예측해보려는 수많은 과학자가 PETM을 연구해왔다. 이것은 분명 우리가 현재 겪고 있는 곤경을 이해하기에 가장 적합한 고대의 사례라 할 수 있다. 하지만 그 이유는 달랐다. 현재 일어나는 온난화의 책임은 우리가 석유와 천연가스를 태워 이산화탄소를 내뿜어서 생기는 것이지만, PETM은 선사시대의 여러 열파가 그랬던 것처럼 화산활동에 의한 것이었다.

당신이 이 글을 읽는 동안에도 북대서양 밑에서는 마그마가 맨틀과 지각을 뚫고 새어 나와 차가운 바닷물과 만나면서 딱지가 생기듯 현무암을 만들어내고 있다. 아직도 자라고 있는 이 현무암 덩어리는 이름을 갖고 있다. 아이슬란드다. 이곳은 유럽대륙과 북아메리카대륙이 팔레오세 말기에 분리되기 시작한 그 지점을 표시하고 있다. 그때까지만 해도 그린란드는 유럽대륙과 이어져 있었다. 그러다 마그마 기둥이 솟아올라 두 땅덩어리를 밀어서 떨어뜨리면서 북대서양의 길을 트기 시작했다. 이것은 1억 4000만 년 전 최초의 포유류가 출몰하던 시기부터 시작된 판게아 해체의 마지막 과정 중 하나였다.

마그마는 지표면으로 올라오는 과정에서 지각으로 스며들어 퍼지며 암상^{sill}이라는 수평판을 수천 개 형성했다. 그리고 그 과정에서 만나는 유기물질을 말 그대로 모두 구워버렸다. 그럼 휘발유를 태우는 엔진처럼 그 과정에서 온실가스인 이산화탄소, 그리고 더 강력한 온실가스인 메탄이 만들어진다. 수조 톤의 탄소가 대기로 스미어 나와 이산화탄소의 농도를 이미 이글거리고 있던 팔레오세 때보다 두 배에서 여덟 배 정도 높였다. 기온이 치솟으면서 그때의 상황을 말해주는 화학적 지문을 바위 속에 남겨놓았다. 즉 산소의 가벼운 동위원소인 ^{16}O보다 중성자를 더 많이 갖고 있어 무거운 동위원소인 ^{18}O의 비율이 급속하게 떨어진 것이다. 우리는 실험실 연구를 통해 이 두 동위원소의 비율이 고대 온도계로 작동한다는 것을 알게 됐다. 이 온도계는 팔레오세-에오세 경계 당시 기온이 섭씨 5~8도 올랐음을 정확하게 가리키고 있다.

이런 격렬한 지구온난화는 생태계와 그 속에 포함된 포유류에게 큰 반향을 일으킨다. 이것은 관광객들이 옐로스톤 공원으로 가는 길에 가로지르는 웅장한 빅혼Bighorn산맥의 서쪽, 와이오밍 북쪽 빅혼 분지에서 팔레오세–에오세 경계에 걸쳐 있는 세계 최고의 포유류 화석을 연구해보면 알 수 있다. 필립 진저리치Philip Gingerich와 그의 수많은 학생과 동료(그중에는 켄 로즈Ken Rose, 존 블로흐Jon Bloch, 에이미 추Amy Chew, 로스 시코드도 있다)는 이 화석들을 기록하면서 경력을 쌓았으며 PETM을 견뎌낸 포유류의 골격, 턱뼈, 치아 수천 점을 발굴해냈다.

오늘날 빅혼 분지는 불모지이지만 PETM 당시에는 신록이 우거진 습한 숲이어서 팔레오세 뉴멕시코의 숲과 다르지 않았다. 기온이 오르기 전에 이 숲은 상록침엽수, 그리고 호두나무, 느릅나무, 월계수 같은 현화식물이 다양하게 뒤섞여 있었다. 아이슬란드의 화산들이 탄소를 내뿜으면서 지구는 뜨거워졌고, 에오세 이른 초기의 와이오밍은 더 건조해졌다. 침엽수들은 시들어 뜨거운 기온에도 잘 버틸 수 있는 나무로 대체됐다. 특히 열대지역에서 북쪽으로 600킬로미터에서 1500킬로미터 정도를 이주해 온 콩과 식물들이 많아졌다. 그러다 마그마 기둥의 속도가 느려지면서 요즘처럼 조금씩 흘러나오는 상태로 남게 됐다(이것이 아이슬란드의 간헐온천, 그리고 가끔씩 항공편을 취소시키는 화산재 분출의 원천이다). 솟구쳐 나오던 산소가 조금씩 가늘게 흘러나오는 수준으로 바뀌었다. 그리하여 기온이 안정화됐고, 다시 폭우가 내리기 시작했다. 그리고 침엽수도 돌아왔다.

기온이 출렁이고, 식물군이 변하고, 건조해졌다가 비가 다시 돌아오는 등 이 20만 년에 걸친 대격변이 완전히 새로운 포유류 공동체를 만들어냈다. 와이오밍의 팔레오세는 뉴멕시코의 팔레오세와 비슷해서 고대 태반류가 지배했다. 바위의 탄소 조성 변화가 화산활동의 시작을 알려주는 그때에 이들은 번성하고 있었다. 그러다 급격한 온난화가 바위의 산소 조성에 기록으로 남아 있는 그 후 1만 년에서 2만 7000년 사이에 수십 종의 새로운 포유류가 갑자기 빅혼 분지에 등장했다. 그중에서 가장 주된 종들은 영장류, 짝수 발굽의 우제류, 홀수 발굽의 기제류 등 우리가 PETM 삼총사라고 부르는 세 가지 현대 태반류 집단의 첫 구성원들이었다.

이와 똑같은 삼총사가 유럽대륙과 아시아대륙에서도 같은 시기에 등장했다. PETM이 대규모 이동을 촉발했던 것으로 보인다. 이 삼총사의 화석은 메뚜기 떼처럼 난데없이 나타나기 때문에 정확히 어떻게 이동한 것인지 파악하기가 힘들다. 이들은 아시아에서 등장한 다음 유럽대륙과 북아메리카대륙으로 진출한 것일까? 아니면 그 반대로, 혹은 아예 다른 경로로 진출한 것일까? 이들은 뉴멕시코의 콘딜라스 같은 고대 태반류에서 더 일찍 진화해 나왔지만 고립된 계곡이나 산맥에 갇혀 있다가 온난화 덕분에 자유로워져 북극 통로를 통해 북쪽으로 퍼진 것일까? 아니면 기온과 환경의 변화에 의해 촉발된 광란의 진화 속에서 PETM 기간 그 자체에서 발생한 것일까? 아직 확실히는 모르고 있다. 우리가 아는 것이라고는 상황이 대단히 신속하게 전개됐으며 화산활동이 잦아들 즈음에는 가장 대표적인 현대 포유류 집단 중 세 가지가 북반구 대륙 전체에 널리 분포했다는 것이다.

PETM 삼총사의 도착으로 세상이 바뀌었다. 빅혼 분지에서는 새로 이주해 온 동물들이 숲을 차지했다. 새로 온 종들이 거의 곧바로 생태계를 구성하는 개체 중 절반 정도를 차지했고, 그와 함께 자신의 습관도 함께 가져왔다. 이들은 평균적으로 토착종보다 체구가 더 컸고, 식습관 역시 잡식성과 식충성이 강했던 현지 종에 비해 이파리를 먹는 동물, 과일을 먹는 동물, 고기를 먹는 동물 등의 범주로 더 깔끔하게 나뉘었다.

이주 동물들은 새로운 적응 능력도 뽐냈다. 와이오밍 최초의 영장류인 테일라르디나*Teilhardina*는 큰 눈, 그리고 나뭇가지를 움켜쥘 수 있는 손톱과 발톱, 나무 꼭대기 사이로 우아하게 움직일 수 있게 해주는 유연한 발목을 갖고 있었다. 가장 이른 시기에 등장한 우제류인 디아코덱시스*Diacodexis*는 크기는 토끼만 했지만 외모는 사슴처럼 생겼다. 이 동물의 몸은 속도 내기에 적합하게 만들어졌다. 다리는 길고 가늘었고, 끝에는 발굽이 달려 있었다. 이 동물의 주된 발목뼈인 복사뼈*astragalus*는 각각의 끝에 깊은 홈이 나 있어서 발이 옆으로 회전하는 일 없이 앞뒤로만 폈다 구부렸다 할 수 있었다. 이런 홈이 있는 도르래 구조는 소에서 낙타에 이르기까지 오늘날의 우제류에서 나타나는 전형적인 특성이며, 발목이 탈구되지 않고 빠른 속도로 달릴 수 있게 해준다. 선구자 격인 와이오밍의 기제류인 시프립푸스*Sifrhippus*라는 작은 말은 다른 방식으로 빨리 달릴 수 있었다. 이 동물 역시 긴 사지에 발굽이 달려 있었지만, 더 유연한 어깨와 고관절을 갖고 있어서 빽빽한 덤불 사이를 뛰어다닐 때 기동성이 더 좋았다. 가까운 친척이며 나중에 온난화 파동이 지나고 난 후에 에오세에 살았던 메셀의 암말 에우로히푸스와 비슷했다. 그리고 일반적으로 이 이주 동물들은 상대적으로 우둔했던 팔레오세의 고대 태반류에 비해 뇌가 더 컸다.

지구온난화를 견디는 동안 이 이주 동물 다수, 그리고 현지 동물 일부에게 무언가 특이한 일이 생겼다. 왜소화한 것이다. 그러다 기온이 내려가자 다시 커졌다. 이런 패턴을 제일 먼저 눈치챈 사람은 필립 진 저리치였다. 그리고 그다음에는 그의 대학원생 중 한 명인 로스 시코드가 이유를 알아냈다. 지금은 네브래스카대학교에 교수로 있는 로스는 우리 뉴멕시코 탐사대원 중 한 명이고, 더 자유분방한 분위기였던 우리 탐사대에 빅혼 분지 탐사대 캠프에서 일할 때 몸에 익은 규율을 이식했다. 그의 텐트는 항상 깔끔하게 정리되어 있었고, 티끌 하나 없이 깨끗한 주방 텐트에서 요리한 저녁식사는 항상 시간에 맞춰 나왔고, 전통적인 롤빵으로 만든 것이든, 부리토 안쪽에 잘게 잘라 넣은 것이든, 파스타 위에 얹어서 내놓는 것이든(솔직히 고백하자면 이탈리아계 미국인의 감성을 갖고 있는 나로서는 파스타 위에 얹은 핫도그를 보면 항상 화가 났다) 항상 어떤 종류의 핫도그가 포함되어 있었다. 나는 로스를 진심으로 존경한다. 그는 포유류의 미묘한 해부학적 차이에 대한 전문지식을 바위 속에 들어 있는 탄소와 산소 동위원소를 판독하는 노하우와 결합해서 고대 포유류를 환경의 맥락 위에 올려놓고, 그들이 온도와 기후의 변화에 따라 어떻게 변화했는지 이해하는 보기 드문 고생물학자다.

2012년에 발표한 획기적 연구에서 로스는 빅혼 분지 포유류 화석에 대해 조사했다. 그는 PETM 동안에 팔레오세 현지 동물의 40퍼센트 정도가 몸집이 작아졌다가 대부분은 다시 커졌다는 것을 발견했다. 더욱 눈에 띄는 것은 이주 동물, 특히 작은 말 시프리푸스의 운명이었다. 이 최초의 말 정착자는 화산이 탄소를 분출하자마자 바로 빅혼 분지로 들어왔고, 체구가 평균 5.6킬로그램 정도로 작았다. 그러다가 기온이 올라가자 이 말들은 훨씬 더 작아졌다. 30퍼센트 정도가 줄어 평균 체중이 3.9킬로그램 정도에 불과했다. 이는 역사상 존재했던 말 중 가장 작은 것이다. 약 13만 년 동안 이들은 이 상태에 머물다가 기후가 개선되자 급속히 몸집을 75퍼센트 정도 불려서 평균 7킬로그램 정도가 됐다. 이런 몸집 크기 변화의 추세는 바위의 산소 동위원소 고대 온도계에서 나타나는 기온의 추세와 거의 완벽하게 맞아떨어진다. 세상이 더워지자 이 말들은 점차 크기가 작아지다가 세상이 시원해지자 다시 커졌다.

시간적 척도가 아니라 공간적 척도에서 일어나는 경우이기는 하지만 오늘날에도 비슷한 현상이 나타나고 있다. 더운 지역에 사는 동물들은 더 추운 기후에 사는 동시대의 동물보다 크기가 작은 경우가 많다. 이런 생태학적 원리를 베르크만 법칙Bergmann's rule이라고 한다. 그 이유를 아직 완전히 이해하고 있는 것은 아니지만 아마도 체구가 작은 동물은 큰 동물에 비해 부피 대비 표면적이 넓어서 과잉 체열을 신속하게 발산할 수 있기 때문일지도 모른다. 로스의 연구에서 흥미로운 점은 오늘날 기온이 상승함에 따라 많은 포유류가 몸집이 작아질 것으로 예측할 수 있다는 점이다. 여기에는 인간도 포함된다. 어쨌거나 우리도 포유류이기 때문에 PETM 삼총사에 속하는 소형 말이나 우리 영장류 친척과 동일한 생태적, 진화적 압력에 종속될 수밖에 없다. 그리고 뒤에서 보겠지만 인간도 과거에 왜소화된 적이 있다.

삼총사 동물이 와이오밍에 대량으로 서식하며 널뛰는 기온에 따라 몸집도 함께 널뛰는 동안 숲은 그 어느 때보다도 종이 다양해졌다. 그리고 그 상태로 머물렀다. 이주종들이 유입되었어도 토착종들을 전멸시키지는 않았기 때문이다. 콘딜라스, 판토돈타류, 타이니오돈타류 같은 고대 태반류는 1000만 년 넘는 시간 동안 새로운 종들과 나란히 함께 살았다. 역설적이게도 앞에서 살펴보았던 페름기 말과 트라이아스기 말 화산활동에 의한 기후 변화와 달리 PETM의 지구온난화는 대멸종을 불러오지 않았다. 하지만 시간이 흐르면서 PETM 이주의 결과가 서서히 나타나기 시작했다. 고대 태반류가 한동안은 살아남을 수 있었으나 사형 선고는 이미 내려진 상태였다. 미래는 원숭이, 소, 말의 것이었다.

에오세 나머지 기간 동안 정말로 번성했던 것은 말과 그들의 기제류 친척들이었다. 오늘날 기제류는 훨씬 다양한 우제류 사촌들에 비하면 규모가 보잘것없다. 홀수 발굽의 말, 코뿔소, 맥tapir 등은 20종도 안 되는 데 반해 짝수 발굽의 소, 낙타, 사슴, 돼지, 고래(고래는 뭍에 살던 우제류로부터 진화했다. 이 부분은 다음 장에서 다룬다) 등은 거의 300종이나 된다. 이들 집단은 발굽을 바탕으로 정의되지만 소화계에서도 차이가 있다. 기제류는 후장발효동물hindgut fermenter이기 때문에 식물에 들어 있는 셀룰로스 성분을 위를 통과시킨 다음에 분해한다. 우리 인간도 그렇고 대부분의 포유류가 이렇게 한다. 반면 우제류에서는 분해의 대부분이 위에서 일어난다. 이들의 위는 멀티플렉스 영화관처럼 네 개의 방으로 이루어져 있다. 소들이 되새김질을 하는 이유가 바로 이것이다. 이들은 먹이를 삼킨 다음 위의 처음 두 개의 방에서 이것을 처리한 다음 입속으로 끌어올려 조금 더 씹은 다음 다시 위 전체를 통과시킨다. 이렇게 함으로써 이들은 먹이에 들어 있는 영양분을 최대로 추출할 수 있다. 질이 낮고 질긴 식물을 먹을 때 아주 실용적인 전략이다. 하지만 에오세는 여전히 숲의 시대였기 때문에 초원은 훨씬 후에야 확산됐다. 과일과 이파리가 풍부했던 이 세계는 기제류가 번성하기에 유리했다.

말, 코끼리, 맥은 모두 에오세에 나왔지만, 당시에 가장 주목할 만한 기제류는 지금은 멸종되고 없는 두 집단이었다. 이들은 거대한 체형 때문에 우리의 상상력에 불을 지피는 환상적인 짐승 중에서도 가장 환상적인 동물이 됐다. 그중 하나인 브론토테리움과brontotheres는 에오세를 넘기지 못했다. 나머지 하나인 칼리코테리움과chalicotheres는 아프리카에서 100만 년 전까지도 살아남았다. 이들은 이곳에서 우리의 호미닌 선조들과 접촉이 있었을지도 모른다. 아니면 사냥을 당했거나.

'천둥의 야수'를 뜻하는 브론토테리움과는 에오세에서 가장 큰 포유류였고, 지난 시절의 거대한 공룡을 실제로 모방하려고 했던 최초의 포유류다. 천둥의 야수라는 별명에는 두 가지 의미가 있다. 이 뿔이 달린 털북숭이 거대동물은 걸어 다닐 때 실제로 지축을 흔들었을 것이다. 거기에 더해서 뇌우가 칠 때 구름에서 튀어나와 버펄로 무리를 인디언 사냥꾼들에게 몰아준다는 수족Sioux 인디언의 전설에 등장하는 '천둥의 야수Thunder Beasts'를 암시하는 이름이기도 하다. 우리에게는 조금 억지스럽게 들리겠지만, 이 이야기는 그저 신화만은 아니다. 북아메리카대륙 정착민들이 땅과 금을 훔칠 셈으로 보호구역으로 강제 이주시키기 전까지만 해도 수족은 북아메리카대륙 서부 평원에 살았다. 이들은 화석에 둘러싸여 있었다. 그들은 화석의 존재를 알고 수집했으며, 오늘날의 우리처럼 그것을 이해하려고 했다. '뼈 전쟁'에서 에드워드 코프의 큰 경쟁자였던 오스니얼 찰스 마시는 수족의 족장 빨간 구름Red Cloud과 친구였고, 이 부족이 처한 곤경에 대해 상당히 많은 시간을 들여 미국 정부에 로비를 하는 등 까칠한 뼈 사냥꾼답지 않은 품격 있는 행동을 보여준 바 있다. 수족 사람들은 마시의 대원들에게 브론토테리움과의 턱뼈 화석을 보여주며 '천둥의 야수' 이야기를 들려주었다. 1873년에 멸종된 이 기제류에게 브론토테리움과라는 이름을 공식적으로 제안한 사람이 바로 마시였다.

　최초의 브론토테리움과는 에오세 말의 소형 종처럼 보이는 초라한 동물이었다. 그러다가 미친 듯이 진화가 일어났다. 에오세를 지나는 동안 브론토테리움과는 풍선이 커지듯 몸집을 키웠, 가장 큰 개체는 어깨 높이가 2.5미터, 주둥이부터 꼬리까지 길이가 5미터, 체중은 2톤 또는 3톤까지 나갔다. 이 정도면 대략 현대 아프리카의 둥근귀코끼리$^{\text{forest elephant}}$ 크기다. 몸집을 불려감에 따라 브론토테리움과의 몸은 뚱뚱하고 다부진 체형으로 바뀌고, 다리는 그리스신전의 기둥처럼 두꺼워졌고, 주둥이에는 뿔이 돋아나기 시작했다. 끝부분에서 양 갈래로 나뉘는 뿔을 가진 브론토테리움과가 많았다. 반면 위로 휘어지며 자라는 무시무시한 1미터짜리 공성 망치 같은 뿔을 가진 개체도 있었다. 오늘날의 뿔 달린 포유류들과 마찬가지로 이 뿔도 몸싸움이나 정면대결에서 상대를 위협하는 도구로 사용됐다. 수십 마리의 골격이 함께 보존된 집단 사망 화석이 발견된 것을 보아도 알 수 있듯이 브론토테리움과는 사회적 동물이어서 무리를 지어 이동했다. 이 수백 마리의 괴물 같은 짐승 무리가 꿀꿀거리며 키 작은 말 사촌들은 닿을 수 없는 높이에 있는 맛난 이파리와 과일을 찾아 에오세의 숲을 헤집고 다니면서 양치식물과 덤불을 짓밟아 길이 없던 곳에 길을 만드는 장면을 상상해보라.

　브론토테리움과가 특별한 생명체이기는 했지만 칼리코테리움과에 비하면 아무것도 아니었다. 칼리코테리움과는 분명 이 세상에 살았던 포유류 중에 가장 있을 법하지 않은 동물일 것이다. 이것은 말과 고릴라가 짝짓기를 했을 때 나올 법한 생명체였다. 1830년대에 이들의 뼈가 처음 발견됐을 때 사람들은 두 가지 서로 다른 동물의 뼈라고 생

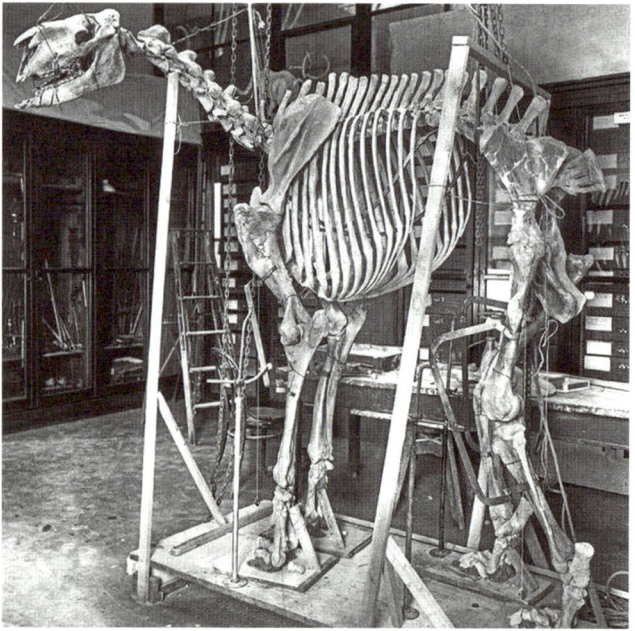

• 기이하게 생긴 기제류 멸종 동물. 미국 자연사박물관에 전시된 브론토테리움과(위)와 칼리코테리움과(아래).

각했다. 그래서 하나는 말의 머리를 가진 동물인데 발굽은 어디 갔는지 알 수 없고, 또 하나는 휘어진 긴 손톱을 갖고 있는 이상한 개미핥기 같은 종인데 두개골이 보이지 않는 거라 여겼다. 그러다 반세기 후에 퍼즐을 모두 맞춰보고 나서야 이 머리와 손톱이 동일한 동물의 것임을 깨닫게 됐다. 팔은 긴데 다리는 짧고, 날카로운 손톱이 땅에 쓸리지 않도록 손가락 관절로 땅을 짚고 걸었던 환각에서나 볼 것 같은 괴짜 같은 동물이었다. 이 손톱은 방어용이나 먹이를 잡는 용도가 아니었다. 그 대신 칼리코테리움과는 엉덩이를 땅에 대고 앉아 나무에 기대어 손톱으로 나뭇가지를 아래로 잡아당겼다. 이들은 성체가 되면 앞니를 잃었다. 아마도 기린처럼 물건을 잡을 수 있는 긴 혀가 움직일 수 있는 길을 터주기 위함이었을 것이다. 이들은 긴 혀로 나뭇가지에서 잎을 훑어 먹었다. 우리 선조들이 이런 동물과 맞닥뜨렸을 때 무슨 생각을 했을지 상상해보라. 지금 우리가 이들을 만나볼 수 없다는 것이 참으로 애석한 일이다. 이들이 멸종을 피해 살아남았다면 분명 코끼리, 판다와 함께 동물원에서 인기를 독차지했을 것이다.

에오세에 칼리코테리움과, 브론토테리움과, 그리고 다른 기제류들이 다양화되고 있을 때 다른 집단들이 여기에 합류했다. PETM 삼총사의 다른 구성원들뿐 아니라 오늘날 대단히 중요한 두 개의 집단이 추가됐다. 바로 설치류^{rodents}와 식육류^{carnivorans}였다. 둘 다 기온이 급상승하기 전 팔레오세 동안에 기원했지만 이들이 삼총사와 함께 넓게 퍼져나간 것은 그 이후였다.

파라미스^{Paramys} 같은 초기 설치류는 다람쥐와 프레리도그를 섞어놓은 것처럼 생겼고 대부분 나무에서 살았다. 이들은 현대의 쥐, 생쥐, 비버, 그리고 그 친척들이 보이는 두 가지 전형적인 특징을 갖고 있었다. 턱을 앞뒤로 미끄러뜨리며 먹이를 씹을 수 있는 능력과 갉아먹을 수 있도록 평생 자라는 앞니다. 설치류의 두개골을 X선으로 촬영해보면 앞니가 거대한 것을 볼 수 있다. 잇몸 밖으로 튀어나와 있는 것은 앞니의 끝부분에 불과하다. 치아 대부분은 턱 속에 숨어 있다. 그 뿌리가 뒤쪽으로 휘어져 들어가면서 큰어금니까지 닿아 있는 경우도 많다. 이런 우월한 섭식 적응 능력이 설치류가 기존에 다양한 종으로 존재하면서 공룡의 시대와 팔레오세 상당 기간 동안 식물을 갉아 먹고 씹어 먹는 생태적 지위를 지배하고 있던 다구치류와의 경쟁에서 승리하는 데 도움이 되었는지도 모른다. 에오세가 끝날 즈음, 다구치류는 멸종했고 설치류는 현대의 놀라운 다양화를 향해 길을 가고 있었다. 오늘날 설치류는 2000종이 넘는다. 이는 모든 포유류의 40퍼센트 정도에 해당한다.

식육류는 이런 설치류나 작은 말, 그리고 위험을 감당할 마음이 있

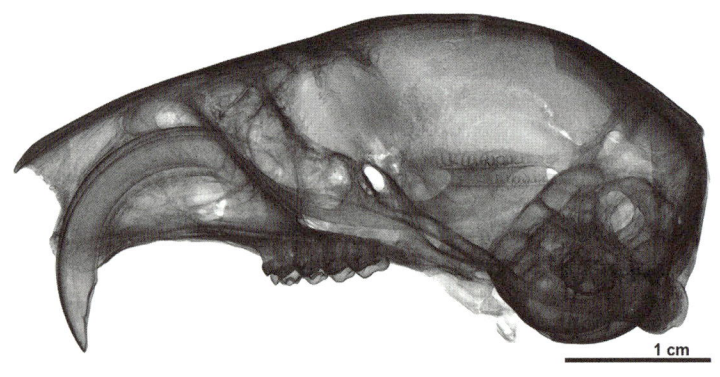

• 붉은다람쥐red squirrel의 X선 이미지. 극단적으로 길게 휘어져 있는 앞니가 보인다. 그 뿌리가 턱 깊숙한 곳까지 연장되어 있다.

다면 브론토테리움과까지 잡아먹었다. 식육류는 갯과와 고양잇과를 포함하는 집단이다. 팔레오세의 상당 기간 동안 포식자의 생태적 지위를 채우는 것은 뉴멕시코에서 나온 에오코노돈같이 날카로운 송곳니를 가진 고대 콘딜라스였다. 식육류는 그들보다 한 가지가 더 나았다. 살을 자르고 뼈를 부술 수 있는 새로운 치아 도구를 진화시킨 것이다. 이들은 칼날을 닮은 커진 어금니(작은어금니나 큰어금니)를 갖고 있었다. 이 이른바 열육치carnassial teeth라는 것은 입안에 위아래 턱에 양쪽으로 하나씩 네 개가 존재한다. 그리고 식육류가 입을 다물 때는 위아래 짝이 맞물리며 작동한다. 감히 용기를 내어 고양이의 입속을 들여다본다면 다른 여러 치아들을 밀어내고 자리를 차지한 이 무시무시한 열육치를 볼 수 있다. 개가 뼈를 씹어 먹는 모습을 보면 앞쪽의 송곳니나 앞니가 아니라 입 양쪽에 있는 이 열육치를 사용해서 골수를 부서 먹는 것을 볼 수 있다. 새로 생긴 면도날처럼 날카로운 치아 덕분에 식육류는 고대 육식동물의 자리를 대신 차지했고, 그 후로 지금까지 사자, 호랑이, 하이에나, 늑대 등으로 먹이사슬의 꼭대기 자리를 지켜왔다.

    PETM에서 그리 오래되지 않은 시점에 우리에게 익숙한 생태계가 등장했을 것이다. 그리고 메셀 포유류가 호수의 독가스에 질식하고 있을 즈음에는 확실히 그랬을 것이다. 우리를 갑자기 에오세 중반으로 데려다 놓는다 해도 너무 낯설지는 않을 듯싶다. 물론 브론토테리움과 칼리코테리움과 같은 동물을 마주하면 뭔가 잘못됐다는 생각이 들겠지만, 말, 영장류, 설치류, 그리고 작은 개를 닮은 육식동물들이 존재했을 것이다. 하지만 이것은 아시아, 유럽, 북아메리카 등의 북반구 대륙에 해당하는 상황임을 기억해야 한다. 남반구의 대륙들은 백악기 이후로 바다에 의해 북반구 대륙과 분리되었기 때문에 아주 다른 생태계를 갖고 있었다. 사실 남아메리카대륙은 당시에 섬 대륙이었기 때문에 자체적인 진화의 드라마를 쓰고 있었다.

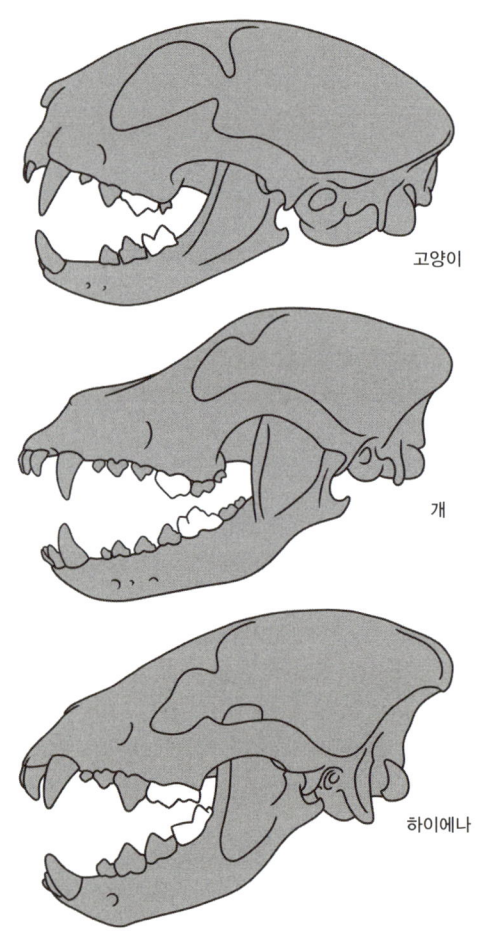

고양이

개

하이에나

• 식육류의 칼날처럼 생긴 열육치(하얀색).

찰스 다윈의 기이한 남아메리카 유제류

북아메리카대륙 평원의 수족처럼 남아메리카대륙의 토착민들도 종종 석화된 거대한 뼈와 마주쳤다. 수족은 이런 뼈를 '천둥의 야수'라며 숭배했지만 남아메리카대륙의 부족들은 오히려 욕했다. 이들은 이 뼈가 신이 홀딱 반해서 바람을 피운 고대의 거인들이라 여겼다. 이 이야기는 1500년대 초부터 남아메리카대륙의 상당 부분을 잔인하게 식민지로 만든 스페인 정복자들에게, 그다음에는 가톨릭교회 선교사들에게 전해졌다.

 1832년에 또 한 명의 기독교 여행자가 지금의 아르헨티나와 우루과이의 대서양 해변에 나타났다. 그는 케임브리지대학교를 갓 졸업한 귀족다운 몸가짐의 23세 영국인이었다. 에든버러에서 의대를 중퇴하고 난 후에 이 사내는 아버지에게 신학을 공부하라는 압박을 받고 있었다. 신학 학위를 받는다면 영국 성공회의 교구 주임 사제로 조용한 삶을 살아야 할 운명이었는데, 이것은 생각하기도 싫은 끔찍한 일이었다. 그런 참에 비글호Beagle라는 배를 타고 세계를 일주할 기회가 찾아오자 그는 망설임 없이 뛰어들었다. 그가 맡은 직책은 그리 화려하지 않았다. 선장의 저녁식사 말동무였다. 선장은 노동자 계층의 선원들과 함께 식사하는 자리를 피하고자 함께 대화를 나눌 또 다른 상류층 사람을 원했던 것이다. 이 배가 1831년에 플리머스에서 출항할 때만 해도 그 후로 5년 동안 어떤 일이 벌어질지, 그리고 이 갈 곳 없이 방황하던 목사 후보자가 이 여행을 하면서 관찰한 내용을 글로 써서 서구 문명의 핵심 가치를 얼마나 크게 뒤흔들지 예상한 사람은 아무도 없었다.

찰스 다윈의 비글호 여행은 전설이 됐다. 대부분의 이야기에서 영웅적인 클라이맥스는 에콰도르 서쪽 해안에서 멀리 떨어져 있는 갈라파고스제도에서 벌어진다. 다윈은 이곳에서 깨달음을 얻은 것으로 묘사되고 있다. 각각 다른 섬에 살고 있는 많은 종의 핀치finch(참새목에 속하는 조류-옮긴이)가 특정 먹이를 먹기 좋게 전문화된 고유한 부리를 갖고 있는 것을 보고 이 종들이 자연선택을 통해 진화했음을 깨닫게 됐다고 말이다. 그런데 이상하게도 다윈은 《종의 기원》을 쓸 때 이 이야기로 시작하지 않았다. 그 대신 자신이 남아메리카대륙 본토에서 보았던 다른 것을 넌지시 언급한다. 화석이었다. 비글호가 해안을 따라 항해하며 항구에 정박할 때마다 다윈은 밖으로 나가 내륙으로 모험을 떠났다. 그리고 이런 모험을 하다가 대형 포유류의 화석 뼈를 수집해 오기도 했다. 해부학 전문가가 아니었던 그는 이 뼈들을 영국으로 보냈고, 영국에서는 또 한 명의 젊은 박물학자가 이 뼈 화석을 연구했다. 그는 한때 다윈의 친구였지만 훗날 다윈을 가장 격렬하게 비판하는 사람이 된다. 또다시 등장한 우리의 악당, 리처드 오언이다.

다윈 같은 비전문가가 보기에도 이 포유류 중에는 바로 알아볼 수 있는 것들이 있었다. 이 뼈는 그 지역에 전해 내려오는 전설처럼 거인이 아니라, 나무늘보와 아르마딜로의 것이었다. 이것은 오늘날 남아메리카대륙 전체에 걸쳐 살고 있는 두 종의 특이한 태반 포유류 집단이었지만 이들이 유럽에는 살지 않는다는 것은 다윈도 알고 있었다. 하지만 현대의 나무늘보, 아르마딜로와 똑같지는 않았다. 많은 경우에서 이들은 몸집이 더 컸고, 나무늘보는 특히 더 그랬다. 이들은 분명 다른 종이었다. 다윈은 흥분했다. 여기 현재 남아메리카대륙에 살고 있는 동물과 분명 비슷하지만 죽었든 살았든 다른 어디에도 사실상 존재하지 않는, 지금은 멸종한 이상한 포유류가 있는 것이다. 다윈이 서두에서 적은 글에 따르면 이것은 "현재의 거주 동물과 과거의 거주 동물 간의 관계"를 가리키고 있다. 다윈은 핀치보다는 포유류 혈통의 이런 연속성, 즉 "같은 대륙 안에서 죽은 것과 살아 있는 것 사이에서 나타나는 이런 놀라운 관계"야말로 시간의 흐름 속에서 종이 변화한다는 자신의 이론을 뒷받침하는 핵심 증거라 여겼다.

하지만 그의 포유류 화석 중에는 당혹스러운 것도 있었다. 그중 하나는 오언이 마크라우케니아*Macrauchenia*라고 명명한 것으로, 길이는 3미터 정도에 체중은 1톤이 넘고, 긴 목과 쭉 뻗은 다리를 갖고 있었다. 일종의 낙타처럼 보이기는 했지만 발이 훨씬 크고 튼튼해서 코뿔소를 더 닮았다. 더더욱 이상한 것은 오언이 톡소돈*Toxodon*이라 부른 동물인데, 역시 1톤이 넘게 나갔다. 이 동물의 다부진 체형을 보면 코뿔소나 하마가 생각났지만 설치류처럼 치관이 높고 평생 자라는 치아를 갖고 있었으며, 뒤로 젖혀진 콧구멍은 매너티 같은 수생동물을 떠올리게 했다. 다윈은 이것을 '아마도 지금까지 발견된 가장 이상한 동물 중 하나'일 것이라 말했다. 그는 이 동물에서 여러 해부학적 특성이 혼란스럽게 조합되어 있는 것은 오늘날 별개의 집단으로 분류되어 있는 포유류들이 한때는 하나로 뒤섞여 있었다는 것을 의미한다고 추측했다. 이것은 여행을 하면서 그로 하여금 시간의 흐름에 따라 종이 어떻게 변화하는지 생각하게 만든 또 하나의 관찰이었다.

철학적인 고려사항은 차치하고 이 포유류들의 정체는 대체 무엇이었으며, 어떻게 분류해야 할까? 비글호 여행이 있고 수십 년 후에 한 형제들이 이 질문에 대한 해답을 찾아 나섰다. 아메히노 형제는 아르헨티나에서 가난한 이탈리아 이민자의 자식으로 태어났다. 그래서 부

• 찰스 다윈의 기이한 남아메리카 유제류. 톡소돈(위)과 마크라우케니아(317쪽)다. 그림은 윌리엄 스콧의 1913년 논문에서 발췌했다.

유했던 다윈과 달리 아메히노 형제는 정직한 노동을 통해 연구비를 마련해야 했다. 후안 아메히노$^{Juan\ Ameghino}$는 책방을 운영하면서 거기서 나오는 돈으로 카를로스 아메히노$^{Carlos\ Ameghino}$가 파타고니아에 다녀올 여비를 마련해주었다. 카를로스는 그곳에서 화석을 수집해 왔고, 플로렌티노 아메히노$^{Florentino\ Ameghino}$는 그 화석을 연구했다. 카를로스는 수천 점의 포유류를 발견했다. 플로렌티노는 그중 많은 것이 다윈의 마크라우케니아, 톡소돈과 비슷하다는 것을 알아차렸다. 이들은 희귀동물이 아니었다. 그보다는 익숙한 북반구 포유류 집단에 끼워 맞출 수 없는 독립적이고 이상한 남아메리카대륙 포유류 집단이 존재했다. 플로렌티노는 이들이 연대로는 백악기에 해당한다고 생각하고, 오늘날의 남아메리카대륙 종만이 아니라 모든 포유류 종의 선조인 원시 동물이라 여겼다. 하지만 어떤 사람들은 그것들을 남아메리카대륙의 고유종으로 바라보기 시작했다. 이 동물들이 백악기 이후, 남아메

리키대륙이 자체로 하니의 섬이었던 팔레오세에서 아주 최근까지 살았던 동물임이 분명해지자 이런 관점이 더 확실하게 굳어졌다.

이 포유류들은 다윈의 남아메리카 유제류(유제류는 발굽이 있는 포유류를 말하며 기제류와 우제류를 아우른다 – 옮긴이)라고 알려졌다. 이들 중에는 발굽으로 걷는 종이 많았기 때문이다. 발굽은 각각의 발가락 끝의 발톱이나 마지막 뼈가 변형된 것이다. 다윈의 유제류는 놀라울 정도로 다양했다. 지금까지 무릎에 올려놓고 반려동물로 키울 만한 크기부터 체중이 3톤이나 나가는 것까지 서로 다른 크기로 수백 종이 발견됐다. 다양한 종이 영양, 낙타, 말, 코뿔소, 하마, 코끼리, 설치류, 토끼 등의 특성, 또는 뜻하지 않은 조합의 특성을 뽐낸다. 마치 진화가 북반구 종으로 이루어진 한 무더기의 가지를 새로 배열해 다시 붙여놓은 것처럼 말이다. 다윈의 마크라우케니아와 톡소돈이 그것을 잘 보여주는 사례이며, 하마의 몸통에 코끼리처럼 위아래 상아와 코끼리 코를 가지고 있었던 거대한 피로테리움 ^{Pyrotherium}도 마찬가지다. 북반구 종을 닮았지만 북반구 집단의 한 특성만을 가지고 있고 나머지 골격은 공유하는 특성이 없어서 피상적으로만 닮은 종들도 있었다. 예를 들어 호말로도테리움 ^{Homalodotherium}은 환각 속에서나 볼 법하게 손가락 관절로 걸었던 칼리코테리움과처럼 손에 낫같이 생긴 손톱을 갖고 있었다. 어떤 종은 북반구 종의 특화된 특성을 완전히 새로운 수준으로 끌어올렸다. 앙증맞게 생긴 토아테리움 ^{Thoatherium}은 현대의 말처럼 발굽이 달린 발가락 하나로만 걸었다. 다만 말은 주로 사용하는 발가락 양옆으로 두 개씩 발가락의 흔적이 남아 있는 데 반해 토아테리움은 그렇지 않았다.

다윈의 유제류는 6000만 년 넘게 살았고 거의 현대까지도 살아남았지만 최후의 생존자가 약 1만 년 전 빙하기 멸종에 희생당하고 말았다. 여기에 대해서는 뒤에서 더 알아보겠다. 이들 중에는 발굽으로 빠르게 땅 위를 가로질러 달리는 종이 많았고, 점프를 하거나, 땅을 파거나, 평평한 발굽으로 터벅터벅 걷거나, 반수생으로 물속을 걸어 다니는 종도 있었다. 모두 초식을 했던 것으로 보이지만 어떤 것은 부드러운 잎을 전문적으로 먹고, 어떤 것은 모래처럼 거친 잎을 먹었다. 그

중 몇몇은 팔레오세 늦은 말기나 에오세 동안에 남극대륙으로 넘어갔다. 이때는 양쪽 대륙에서 손가락처럼 가늘게 뻗어 나온 땅이 살짝 맞닿아 있다가 천천히 멀어졌기 때문이다. 하지만 그런 경우를 제외하면 유제류는 중앙아메리카와 남아메리카에서만 발견됐다. 허위 보고가 몇 번 있기는 했지만, 다른 곳에서는 이들의 뼈나 치아가 단 한 개도 나타나지 않았다(규칙을 증명해주는 한 가지 예외가 있었는데, 이 부분은 뒤에서 다시 다루겠다).

이런 답변 모두 다윈의 유제류의 정체가 무엇이냐는 가장 근본적인 질문에는 답을 주지 않는다. 비글호가 영국으로 돌아온 이후로 이 질문이 고생물학자들을 계속 괴롭혀왔다. 계통수에서 이들의 자리를 어디에 잡아줄 것이며, 그들이 누구의 선조냐를 두고 큰 논란이 계속되어왔다. 이들은 홀수 발굽인 기제류나 짝수 발굽인 우제류 같은 북반구 대륙의 발굽 포유류와 친척일까? 이들은 발굽을 가지고 있지만 앞에서 보았듯이 발굽은 포유류의 역사에서 여러 번 진화해 나왔다. 따라서 발굽은 계통 확인의 신뢰성 있는 증거가 될 수 없다. 어쩌면 이들은 코끼리 같은 육중한 포유류, 혹은 또 다른 집단에서 이상하게 파생되어 나온 설치류 같은 혈통과 친척관계가 아닐까? 아니면 이들은 북반구의 태반류와는 아무런 관계가 없고, 계통수에서 오래전에 갈라져 나온 독자적인 가지를 차지하고 있는지도 모른다.

2015년이 되어서야 이 미스터리가 드디어 풀렸다. 분자생물학자 집단 두 곳이 다윈의 마크라우케니아와 톡소돈에서 단백질을 추출해 내는 데 성공했다. 보통 화석에서 그런 연조직을 찾는 것은 불가능하지는 않아도 대단히 어렵다. 하지만 다윈의 두 포유류 모두 빙하기까지 살아남았고, 그래서 그들의 뼈는 팔레오세나 에오세의 더 오래된 골격에 비해 훨씬 더 온전하게 보존될 수 있었다. 이들의 단백질을 데이터베이스에 입력해 계통수를 구축해보니 두 종 모두 현대의 기제류와 한 집단으로 묶였다. 그리고 2년 후에는 훨씬 더 강력한 유형의 증거가 나왔다. 마크라우케니아의 DNA가 나온 것이다.

친자확인 검사 결과 다윈의 유제류, 아니면 적어도 그들 중 대부분은 말, 코끼리, 맥과 가까운 사촌 관계임이 밝혀졌다. 이들은 팔레오세에 북아메리카대륙과 남아메리카대륙에 걸쳐진 섬들을 넘나들던 뉴멕시코 콘딜라스 같은 고대 태반류 선조들로부터 진화했을 가능성이 있다. 그러다 팔레오세가 에오세로 넘어가면서 남아메리카대륙이 북아메리카대륙과 제대로 분리됐고, 북반구 종들과 남반구 종들이 각자의 길을 가게 됐다. 북반구의 종들은 북아메리카대륙에서 PETM 동안에 이동하면서 왜소화했다가 다시 커졌고, 아시아와 유럽으로 퍼져 그곳에서 일부 종은 메셀 호수를 따라 핀 수련에 맛을 들였다. 남반구의 종들은 자유롭게 자체적인 진화를 이어갔고, 그 과정에서 일부 특이한 특성들을 획득했지만 이들 역시 북쪽 형제들과 마찬가지로 발굽, 상아, 코끼리코, 발가락 하나짜리 발, 평생 자라는 치아 등을 수렴진화시켰다. 이들은 북쪽 혈통과 단절되었기 때문에 진화의 실험이 양쪽에서 따로 진행됐고, 그에 따라 다윈의 유제류는 수렴 특성이 살짝 다른 버전으로 발전했고, 그 특성들을 조합하는 방식도 달랐다. 에오세부터 빙하기까지 진화를 이어감에 따라 다윈의 유제류는 오래전에 헤어진 북쪽의 사촌들과 점점 더 달라졌다.

다윈의 유제류는 섬 시설 남아메리카내륙 포유류 공동체의 한 부분이다. 이들은 조지 게일로드 심슨의 말을 빌리면 '화려한 고립 splendid isolation' 속에서 발전했다. 이 포유류 중 일부는 다윈의 유제류처럼 지금은 멸종했다. 어떤 것들은 오늘날의 아마존 열대우림, 안데스 초원, 파타고니아 팜파스 대초원의 특징적 구성 요소로 남아 있다.

그중에는 다윈의 다른 화석, 즉 나무늘보와 아르마딜로도 있다. 이들은 개미핥기와 함께 더 넓은 집단인 빈치류의 일부다. 빈치류가 태반 포유류 계통수의 네 가지 기본 집단 중 하나임을 기억하자. 이들은 계통수 밑바닥 근처에서 갈라져 나온 가장 원시적인 태반류다. 빈치류의 영문명인 'Xenarthra'는 척추뼈 사이에 추가로 존재하는 관절 xenarthrous articulation을 지칭하는 이름이다. 이 관절은 척추를 강화하고 안정시켜주는데, 아마도 땅굴을 파던 선조들로부터 이어져 내려온 적응 능력일 것이다. 이 선조는 백악기 늦은 말기나 팔레오세 초기에 아마도 다윈의 유제류의 선조들과 함께 북아메리카대륙에서 넘어간 후에 섬이었던 남아메리카대륙에서 다양화해 30종 정도 되는 오늘날의 빈치류로 이어졌을 것이다.

빈치류는 포유류계의 포토제닉상 감이라 할 수 있다. 나무늘보는 에너지를 소비하지 않는 게으른 생활방식으로 욕을 먹지만, 발톱이 달린 길쭉하고 여윈 사지로 나무에 거꾸로 매달려 이파리를 우적우적 씹어 먹는 모습과 털가죽에 초록색 이끼가 낀 모습을 보면 정말 귀여운 동물이라는 사실은 부정하기 힘들다. 이 이끼는 녹조 green algae 로서, 나무늘보의 색이 나무 꼭대기의 색과 자연스럽게 어우러져 재규어의 시선을 피할 수 있게 도와준다. 아르마딜로는 또 다른 면에서 기억할 만하다. 이들은 골편 osteoderm 이라는 타일로 뒤덮인 정말 포유류답지 않은 몸을 갖고 있다. 이 골편들은 피부 속에서 자라서 축구공을 덮는 육각형, 오각형 천 조각처럼 서로 맞물린다. 재규어가 공격하려 들면 어떤 아르마딜로는 몸을 딱딱한 공처럼 둥글게 말아서 버틴다.

오늘날 나무늘보와 아르마딜로를 괴롭히는 재규어는 좀 더 최근인 200~300만 년 전에 남아메리카대륙에 도착한 이주민이다. 남아메리카대륙이 섬 대륙일 때는 고양잇과, 갯과, 곰과 동물이 존재하지 않았다. 그 대신 수천만 년 동안 빈치류와 다윈의 유제류들은 팔레오세에서 수백만 년 전까지 포식동물의 생태적 지위를 채우고 있던 완전히 다른 종류의 포유류에게 괴롭힘을 당했다. 이들의 정체를 알면 깜짝 놀랄 것이다. 심지어 이들은 태반류도 아닌, 작디작은 새끼를 육아낭에서 키우는 유대류 혈통의 후수류였다. 후수류는 북반구 대륙에서 멸종하면서 우리 이야기에서 거의 탈락할 뻔했지만, 남아메리카대륙에서 그리고 나중에는 호주대륙에서 생명을 부여받았다. 태반류가 아직 완전히 장악하지 못한 외딴 곳에서 새로 태어난 것이다. 섬이라는 왕국에서 그들은 백악기 말기부터 소행성 충돌이 모든 것을 바꾸어놓기까지 누렸던 권세를 다시 되찾았다.

남아메리카대륙의 후수류 육식동물을 스파라소돈타류sparassodonts라고 하며, 1800년대 말에 플로렌티노 아메히노가 처음 보고했다. 이들의 살아 있는 모습을 보았다면 아마도 후수류인 것을 몰라봤을 것이다. 적어도 배에 주머니가 있는지 확인해보기 전에는 그럴 테다. 이들은 우리가 요즘에 익숙한 유대류인 캥거루나 코알라와 닮지 않고, 족제비, 개, 고양이, 하이에나, 곰 같은 태반류와 똑 닮았다. 그중 하나인 틸라코스밀루스*Thylacosmilus*는 위턱에 거대한 검치 송곳니를 갖고 있었다. 이 동물은 이 치아를 사냥감의 배를 찢어발겨 내장을 파먹는 데 사용했다. 당신이 이 동물을 직접 보았다면 유명한 빙하기의 거대 고양잇과 동물 검치호가 틀림없다고 생각했을 것이다. 이것은 수렴진화의 또 다른 사례로, 전체적인 화석 기록에서 가장 눈에 띄는 것 중 하나다. 갯과나 고양잇과 같은 진정한 식육류 동물은 팔레오세와 에오세에 남아메리카대륙에 올 수 없었지만 후수류는 올 수 있었고, 그래서 태반류를 모방하게 됐다. 아니면 혹시 북반구에 살던 태반류가 후수류를 모방하고 있었던 것은 아닐까? 어쨌거나 틸라코스밀루스 같은 스파라소돈타류는 결국 남쪽으로 이동해 온 재규어나 다른 실제 태반류 포유류로 대체됐지만, 그 사촌 중 상당수가 약 100종의 주머니쥐와 다른 유대류 동물 종으로 남아메리카대륙에 남아 있다.

유대류 검치호와 다른 스파라소돈타류가 다윈의 유제류를 잡아먹었다. 먹잇감의 뼈에서 발견된 물린 자국이 이들의 치열과 일치하는 것을 통해 이 사실을 알 수 있었다. 나무늘보와 함께 아르마딜로도 맛있는 표적 대상이었을 것이다. 아르마딜로의 살가죽을 뚫을 수만 있었다면 말이다. 이 주머니 달린 포식자들이 잡아먹은 또 다른 대상도 있었다. 큰 뇌를 갖고 있고 날씬한 팔다리로 나무에 매달려 살던 동물, 그리고 뻐드렁니를 갖고 있고 낙엽 속에서 굴을 파고 정글 개울에서 첨벙거리던 동물이었다.

영장류와 설치류를 말한다. 이들은 이상한 유대류 버전이 아니라 진짜 태반류였다. 이들은 어디서 왔을까?

친자검사를 해보면 답이 나온다. 그 결과는 놀라웠다. 이들은 아프리카에서 왔다. DNA와 화석 증거를 바탕으로 계통수를 작성해보니 남아메리카대륙의 영장류와 설치류가 다양한 아프리카 집단 안에 자리 잡고 있었다. 따라서 이들은 수천만 년 앞서 백악기에 남아메리카대륙에서 떨어져 나온 대륙에서 온 이민자였다. 이 이민자들이 이동하던 에오세에는 이 대륙이 적어도 1500킬로미터의 대서양으로 분리되어 있었다.

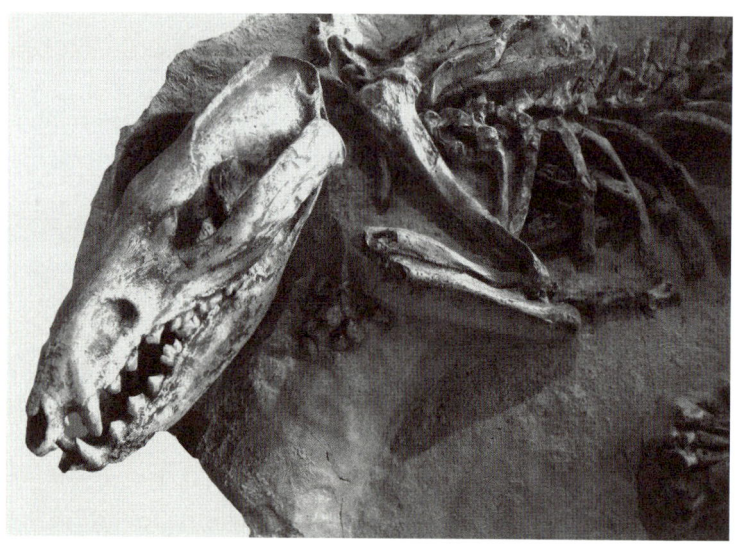

• 포식자였던 스파라소돈타류 유대류. 검치를 갖고 있던 틸라코스밀루스(위)와 리콥시스(아래).

에오세에는 아프리카 역시 섬 대륙이었고, 코끼리나 다른 아프로테리아상목으로 구성된 자체적인 태반류 동물상을 갖추고 있었다. PETM 지구온난화 이후로 시간이 좀 흐른 후에 영장류와 설치류가 아프리카에서 아시아로 이동했다. 이것은 이해하기 어렵지 않다. 그 둘을 분리하는 것이 지중해의 전신인 좁은 테티스해 수로밖에 없었고, 유럽의 섬들이 그 사이에서 징검다리 역할을 해주었을 테니까 말이다. 하지만 좀처럼 이해하기 힘든 부분이 있다. 당시의 영장류와 설치류가 아프리카대륙에서 남아메리카대륙까지 서쪽으로 어떻게 이동할 수 있었느냐는 것이다. 한마디로 육상 경로는 존재하지 않았기 때문에 그 피난민들은 분명 바다 여기저기로 흩어졌을 것이다. 아마도 폭풍에 아프리카 해안에서 떨어져 나온 썩어가는 식물로 만들어진 뗏목을 타고 떠다니다가 남아메리카대륙 해안에 도달했을 것이다. 어쩌면 도중에 섬을 몇 개 징검다리 삼아 움직였을 수도 있고, 내내 그 구명보트 뗏목에 머물렀을 수도 있다. 어느 경우든 그들은 먹을 것이 없다시피 하고 뜨거운 뙤약볕에 노출된 상태에서 파도에 출렁이며 몇 주를 버텨야 했을 테다. 다른 이주 동물들처럼 이들도 분명 강인하고 회복력이 강했고, 이런 특성이 새로 집으로 삼은 머나먼 타향에서 성공의 밑거름이 되어주었을 것이다.

모두 있음 직하지 않은 이야기 같아 보인다. 하지만 요즘에도 소형 포유류가 나뭇잎으로 만들어진 뗏목을 타고 물을 건너가 새로운 땅에 정착하는 것이 관찰된다. 생물학자들은 이런 장거리 엑소더스를 웨이프 분산$^{\text{waif dispersal}}$이라는 용어로 부른다. 여기서 '웨이프^{waif}'는 자신의 비참한 삶을 뒤로하고 먼 곳으로 떠나는 노숙자나 고아를 낮춰 부르는 말이다. 나는 내가 좋아하는 운동인 미식축구에 비유하는 쪽을 선호해서, 헤일메리 분산Hail Mary dispersal이라 부른다. 미식축구 경기가 거의 끝나서 몇 초밖에 남지 않았고 점수를 더 따야 이길 수 있는 상황인데 자기 팀 진영 깊숙한 곳에서 벗어나지 못하고 있으면, 지는 팀은 절박해진다. 그럼 쿼터백에게 남은 선택지는 하나밖에 없다. 공을 경기장을 가로질러 힘껏 패스하고는 최선의 결과를 바라는 것이다. 보통 공은 제대로 전달되지 못하지만, 어쩌다 한 번씩은 엔드존end zone(선수가 공을 가지고 가로지르면 터치다운을 득점하는 구역 – 옮긴이)에 있는 리시버receiver한테 날아간다. 그럼 터치다운이다! 아마 성공 확률은 100분의 1 정도밖에 안 될 것이다. 하지만 시간과 기회가 충분히 주어진다면 도저히 불가능해 보이는 일도 현실이 될 수 있다. 그렇게 해서 미식축구팀은 경기에서 이기고, 식물 뗏목과 그 위에 올라탄 포유류는 바다 반대편 땅에 도착한다.

아프리카대륙에서 남아메리카대륙으로 간 영장류와 설치류의 이동은 포유류의 역사 경로를 바꿔놓은 우연한 사건 중 하나였다. 오늘날 신세계원숭이New World monkey와 천축서소목caviomorph 설치류가 존재하게 된 것은 바로 이 있을 법하지 않은 여정 덕분이었다. 60여 종이 넘는 이 원숭이는 중앙아메리카와 남아메리카 정글을 구성하는 일원이다. 짖는원숭이howler monkey 같은 종은 시끄러운 불협화음으로 열대우림을 뒤덮는다. 거미원숭이spider monkey 같은 종은 나무에 꼬리를 감아 매달릴 수 있는 유일한 영장류고, 체장은 15센티미터, 체중은 200그램 정도 나가는 피그미마모셋은 가장 작은 영장류라는 기록을 갖고 있다. 천축서소목은 기본적으로 남아메리카대륙이 자기 앞에 내던질 수 있는 모든 환경에서 굴을 파고, 나무를 기어오르고, 달리고, 헤엄치며 살아가는 수백 가지 종으로 구성되어 있다. 그중에는 벨벳 같은 털을 가진 친칠라^{chinchilla}와 오늘날 살아 있는 설치류 중 가장 커서 크기가 개만 한 카피바라^{capybara}도 있고, 그보다 훨씬 컸지만 지금은 멸종하고 없는 소만 한 크기의 요세포아르티가시아$^{Josepho artigasia}$도 있었다(이 이름은 우루과이 건국의 아버지 이름을 딴 것이다). 그리고 기니피그도 있다. 우리가 어린 시절에 키웠던 반려동물이 에오세 뗏목 이민자의 후손이었던 것이다.

드넓은 바다를 횡단하는 것은 나로서는 감히 이해도 할 수 없는 불굴의 용기와 담력이 있어야 가능한 행동이다. 하지만 에오세의 포유류는 그보다 더 무모한 일도 저질렀다. 원숭이와 설치류가 파도를 타고 바다를 건너는 동안 다른 태반 포유류들은 거대한 크기로 몸집을 키우고 있었고, 또 어떤 것은 하늘로 날아오르기 위해 날개를 진화시키고 있었으며, 또 어떤 것은 사지를 지느러미로 바꾸어 길이는 훨씬 짧지만 더욱 놀라운 이동을 실천에 옮겼다. 육상동물에서 완전한 수생동물로 이동한 것이다.

7

걷는 고래와 하늘을 나는 포유류

데이노테리움 *Deinotherium*

배낭여행객들이 역사상 가장 큰 동물의 뼈를 발견하다?
2831년 7월 25일 자 '뉴마이애미 통신사'

플로리다 사막에서 배낭여행을 하던 한 가족이 지구 역사상 가장 큰 동물의 것일지도 모를 거대한 뼈 화석을 우연히 발견했다.

현장으로 불려간 고생물학자들은 이 야수가 30미터가 넘는 길이에 체중은 100톤이 넘을 것이라 추정하고 있다.

뉴마이애미 기후 및 환경 연구소 롤라 브리커$^{\text{Lola Bricker}}$ 교수의 말이다. "정말 놀랍습니다. 이렇게 큰 것은 처음 봅니다. 동물이 얼마나 커질 수 있는지 규정하는 법칙을 깨는 사례입니다."

조각 나 흩어진 뼈들이 축구 경기장보다 넓은 지역을 덮고 있다. 이 뼈는 마치 잠수함처럼 관 모양으로 길게 생긴 이름 없는 동물의 것이다.

이 동물의 갈비뼈 옆에 서 있으니 교수의 키가 30센티미터 정도는 작아 보인다. "제 계산이 맞는다면 현존하는 가장 큰 동물보다 적어도 두 배는 큰 동물입니다."

과학자들은 물고기의 지느러미처럼 생긴 동물의 앞다리 조각은 찾아냈지만 지금까지 뒷다리는 흔적도 찾지 못했다고 말한다. 이 동물의 거대한 머리는 거의 온전하게 보존되어 있다. 턱은 활처럼 생겼고 치아가 없다.

브리커 교수가 배낭여행을 하던 가족이 뼈를 발견했을 때 촬영한 사진을 가리키며 말했다. "가족 전체가 그 동물의 입에 들어가고도 남네요." 이 사진은 사람들 사이에서 널리 회자됐지만 많은 전문가가 조작된 사진이라고 무시했다.

이 동물이 무엇을 먹고 어떻게 움직였는지는 여전히 수수께끼다. 과학자들은 이 뼈가 플로리다가 걸프만과 대서양을 나누는 신록이 무성한 반아열대기후의 반도였던 약 5000년 전 바다 밑바닥에서 형성된 이암 안쪽에서 발견됐다고 한다.

브리커 교수의 말이다. "저는 이 동물이 수중에서 살았다고 확신합니다. 그리고 귓속뼈를 보면 포유류였다는 것을 알 수 있습니다. 하지만 지금 당장 알 수 있는 것은 그게 전부입니다."

그녀는 뼈를 발굴해서 연구소에서 다시 조립할 계획이지만 연구에 필요한 자원이 부족할 것을 염려하고 있다.

"인력이 적어도 20명은 필요합니다. 그리고 뼈를 모두 발굴하는 데도 6개월 정도가 걸릴 겁니다. 그리고 제 대학교에서 그것을 연구할 충분히 큰 공간도 찾아야 하는 상황이죠." 그녀가 돈 많은 후원자들에게 연구비를 지원해줄 것을 간청하며 말했다.

브리커 교수는 그런 노력이 틀림없이 가치가 있을 것이라 주장한다. 이런 발견은 아이들에게 영감을 불어넣어 자연에 관심을 갖게 만들기 때문이다.

그녀가 말했다. "이런 동물이 살아 있는 모습을 본다고 상상하실 수 있겠어요? 이런 동물과 함께 살고 있다고 생각해보세요. 정말 입이 딱 벌어질 겁니다."

브리커 교수는 뼈를 옮기기 전에 이 거대한 짐승의 정체를 파악할 수 있기를 바라고 있다.

"제 동료는 이 말을 듣고 비웃을지도 모르겠지만, 오래전 전설을 보면 바다에 살던 고래라는 거대한 괴물이 나옵니다. 어떤 이야기에서는 길이가 30미터가 넘는 대왕고래에 대해 말합니다. 우리는 항상 그건 신화일 뿐이라 생각했는데 어쩌면 아닐지도 모르겠습니다."

가장 극단적인 포유류

이 가짜 뉴스는 분명 조금 과장된 허구의 이야기다. 바라건대 플로리다가 사막이 되지 않고, 우리가 남긴 역사 기록과 단절되는 일도 없기를. 그리고 제발 고래도 멸종되는 일이 없기를! 하지만 고래가 멸종해서 미래의 세대가 그 뼈 화석을 발견했다고 상상해보자. 우리가 거대한 공룡의 화석을 보며 그러는 것처럼 그들도 분명 머나먼 과거의 이 놀라운 동물을 살아 있는 실물로 볼 수 있다면 얼마나 좋을까 생각하며 경이로워할 것이다.

우리 중 많은 이가 지금 당장도 놀라운 많은 동물이 이 지구에서 우리와 함께 살아가고 있다는 것을 이해하지 못하고 있다. 솔직히 말하면 나도 여기에 포함된다. 이런 동물 중에는 포유류가 많다. 대왕고래는 이런 '극단적인 포유류' 중에서도 가장 극단적인 동물이다. 이것은 그냥 현존하는 최대의 포유류가 아니라 지구 역사상 가장 큰 동물이다. 그 누구도 이보다 큰 동물의 화석을 찾지 못했다. 즉 대왕고래가 지구의 역사를 통틀어 헤비급 세계기록 보유자라는 말이다.

이것은 단순하지만 정말 심오한 말이니까 다시 한번 되풀이해보자. 역사상 살았던 가장 큰 동물이 지금 당장 우리 곁에 살아 있다! 지금까지 지구에는 수십억 년 역사 동안 수십억 종의 동물이 살았지만 우리는 이런 말을 입에 담을 수 있는 특권을 누리는 몇 안 되는 종 중 하나다. 대왕고래와 같은 공기로 숨을 쉬고, 같은 물에서 수영하고, 같은

• 지구에 살았던 가장 거대한 동물 대왕고래. 런던 자연사박물관에 전시된 골격(334쪽)으로, 고래 고생물학자 트래비스 파크Travis Park가 두개골 옆에서 포즈를 잡고 있다(위).

별을 바라볼 수 있다는 것은 얼마나 영광스러운 일인가!

지금 이 글을 읽고 있는 동안에도 대왕고래는 바다를 가르고 있다. 대왕고래는 북극 최북단을 제외하고는 이동 범위가 거의 전 세계를 아우르기 때문에 모든 바다를 빠짐없이 돌아다닌다. 덩치가 제일 큰 늙은 대왕고래는 길이가 30미터가 넘고 체중은 보통 100톤에서 110톤 정도 나간다. 보잉 737 비행기의 최대 이륙 중량보다도 족히 20톤은 더 나가는 무게다. 그리고 가장 거대한 공룡보다도 30톤에서 40톤 정도 더 나갈 것이다. 대왕고래의 어미는 쾌속정 크기의 3톤짜리 새끼를 낳는다. 이 새끼는 반년쯤 자라면 15톤 정도 나간다. 성체는 315미터 깊이까지 잠수할 수 있고 한 시간 넘게 숨을 참을 수 있으며, 숨을 쉬러 수면으로 올라왔을 때는 분수공에서 2층 건물 높이로 물을 뿜을 수 있다. 부풀릴 수 있는 거대한 입을 한 번 벌리면 뒷마당 수영장을 채우고 남을 정도의 물을 들이마실 수 있으며, 하루에도 몇 번씩 이렇게 물을 들이마셔서 2톤 정도의 크릴을 걸러 먹는다. 크릴은 새우처럼 생긴 작은 갑각류로, 대왕고래는 이 크릴을 먹이로 삼아 자신의 대사에 필요한 에너지를 공급한다. 대왕고래는 똑똑하고 사회적인 동물이다. 이들의 저음 발성은 동물계에서 가장 강력한 소리로, 심해를 뚫고 1500킬로미터를 퍼져나갈 수 있다.

하지만 상황이 썩 좋지는 않다. 지난 2세기 동안 포경에 의해 대왕고래 개체군이 99퍼센트 줄어든 것으로 추정되고 있다. 한때는 수십만 마리에 이르던 공동체가 이제는 기껏해야 수만 마리만 남았다. 진부한 얘기로 들리겠지만 너무 늦기 전에 그들이 존재한다는 사실에 기뻐하고, 아직 기회가 있을 때 보호하기 위해 최선을 다하자. 아니면 그들도 브론토사우루스의 길을 가게 될 것이다.

대왕고래에 대해 얘기할 때는 호들갑을 떨지 않을 수 없다. 다른 고래, 또는 코끼리 같은 거대한 육상 포유류나 박쥐처럼 놀라운 일을 하기 위해 새로운 몸을 만들어낸 소형 포유류 등 다른 극단적인 포유류에 대해 얘기할 때도 마찬가지다. 박쥐는 날개를 힘차게 퍼덕여서 하늘을 날 수 있는 유일한 포유류이고, 익룡, 조류와 함께 비행 방법을 찾아낸 셋밖에 없는 척추동물이다. 코끼리, 박쥐, 고래 등 이 극단적인 포유류들은 모두 에오세에 두각을 보이기 시작해서 기나긴 진화의 여정을 통과한 후에야 결국 현재의 놀라운 모습에 갖추게 됐다.

코끼리를 생각하기

코끼리는 오늘날 육상에 사는 가장 큰 포유류다. 사실은 포유류만이 아니라 종류를 막론하고 가장 크다. 가장 큰 종인 아프리카덤불코끼리African bush elephant는 어깨높이가 3미터 정도로 농구 골대와 같은 높이다. 가장 큰 수컷의 체중은 5톤 또는 7톤으로 대략 포드 F-150 픽업트럭의 두 배다. 아프리카덤불코끼리 한 마리가 운동장 시소 한쪽 끝에 앉아 있다면 반대쪽에 사람이 100명 정도 올라타야 균형이 맞을 것이다. 코끼리가 대왕고래처럼 크지는 않지만, 이들은 고래는 신경 쓸 필요 없는 불리한 조건을 감당해야 한다. 바로 중력이다. 대왕고래는 물의 부력을 이용해서 수동적으로 떠 있지만, 코끼리는 자신의 네 다리로 체중을 떠받치며 움직이고, 짝을 짓고, 새끼를 낳아야 한다.

오늘날 살아 있는 코끼리 종은 세 종뿐이고, 사하라 이남 아프리카, 인도, 동남아시아에 흩어져 살고 있다. 이들은 털매머드와 마스토돈

mastodon 같은 종과 함께 한때 전 세계에 널리 퍼져 살며 번성하던 동물 집단이 남긴 안타까운 흔적이다. 그 집단 중에는 아프리카덤불코끼리보다 두 배나 무거워 역사상 최대의 포유류였던 것도 있다(뒤에서 보겠지만 아마도 최대가 맞을 것이다). 하지만 코끼리들은 전 세계로 퍼져나갔다가 쇠퇴하기 전에 수천만 년 동안 아프리카에 갇혀 살았으며, 이는 거대한 아프로테리아상목 방사의 일부였다.

지난 장에서 살펴보았듯이 아프로테리아상목은 태반 포유류 계통수에서 네 가지 주요 가지 중 하나다. 나무늘보와 아르마딜로가 속한 집단인 빈치류처럼 아프로테리아상목은 계통수 뿌리 근처에서 가지치기해 나왔기 때문에 원시적인 태반류 집단이다. 그리고 역시나 빈치류와 마찬가지로 팔레오세와 에오세의 아프로테리아상목 초기 역사도 대부분 나머지 세상과 차단된 채 하나의 땅덩어리에서 펼쳐졌다. 나무늘보와 아르마딜로는 다윈의 이상하게 생긴 유제류, 검치 유대류와 함께 섬 대륙인 남아메리카대륙에서 살았다. 코끼리와 다른 아프로테리아상목 역시 섬 대륙에서 살았다. 그리고 그 이름에서 알 수 있듯이 그 대륙은 아프리카였다.

수천만 년 동안 아프리카는 고립된 요새였다. 약 1억 년 전 백악기에 예전 판게아의 남쪽 절반에 해당하는 곤드와나대륙의 나머지와 떨어져 나온 이후에 아프리카는 혼자였다. 그 서쪽으로는 계속 넓어지는 대서양이 있었고, 가끔 뗏목을 탄 원숭이와 설치류가 그 바다를 건너가기도 했다. 남쪽과 동쪽으로는 인도양이 있었다. 인도양은 남극대륙과 호주내륙을 둘러싸고 있었고, 그보다 작은 섬이 에오세에 인도양을 가로질러 아시아대륙과 충돌하러 가고 있었다. 그리고 아프리카섬 북쪽으로는 남반구와 북반구를 나누던 따뜻한 적도의 바다 테티스해가 있었다. 테티스해는 통과할 수 없는 장벽이 아니었다. 가끔 북반구의 동물들이 아프리카 북쪽 해안에 인접한 유럽의 여러 섬을 가로질러 남쪽으로 움직일 수 있었다. 하지만 쉽지 않은 여정이었을 것이다. 아프리카대륙의 호젓한 단독생활이 마침내 2000만 년 전에 끝났다. 아라비아가 유라시아대륙과 도킹하면서 왼쪽에만 테티스해가 남아서 현재의 지중해가 됐다.

코끼리는 많은 아프로테리아상목 동물 중 하나다. 이들의 가족 앨범에 들어 있는 다른 동물로는 수생동물 매너티, 발굽 달린 귀여운 바위너구리, 개미를 먹는 땅돼지, 땅속에 사는 황금두더지, 마다가스카르(와 그 근처 섬)에 살던 텐렉, 코끼리의 코를 가진 작은 설치류처럼 생긴 코끼리땃쥐*elephant shrew* 등이 있다. 아무리 봐도 이상한 조합이라는 생각이 들 수밖에 없다. 아프로테리아상목을 한 집단으로 묶어줄 명확한 해부학적 특성이 별로(사실 거의) 없다. 어떤 과학자는 어쩌면 이들이 특이한 형태의 단일 치아 교두를 공유하거나, 척추의 발달 방식에서 미묘한 측면을 공유할지도 모른다고 주장한다. 하지만 말 그대로 '어쩌면'이다. 그렇지만 아프로테리아상목의 중요한 증거는 유전학적 증거이고, 이것은 대단히 강력하다. 코끼리–매너티–바위너구리–텐렉 집단을 확인한 것은 1900년대 말과 2000년대 초에 최초의 DNA 계통수가 나오면서 밝혀진 사실 중에서도 놀라운 내용이었다. 그리고 이 증거는 시간의 검증과 더욱 정교해진 통유전체 분석에서도 살아남았다. 전통 해부학과 사람들로서는 원통할 일이지만 친자검사는 결정적인 증거이고, 아프로테리아상목은 실제로 존재하는 분류다.

현대의 아프로테리아상목 동물들이 서로 너무도 달라 보이는 이유는 아주 오래전에 원시적인 공통 선조로부터 다양화해 나와 아프리카 섬 대륙에서 다양한 생태적 지위를 채웠기 때문이다. 이 선조는 아마도 뉴멕시코 콘딜라스와 비슷하게 생겼던 개만 한 크기의 고대 태반류였을 것이다. 그리고 백악기 늦은 말기나 소행성 충돌 직후인 팔레오세 초반에 북쪽에서 테티스해의 섬들을 가로질러 이동했을 가능성이 높다. 일단 공룡이 사라지고 나자 먹이사슬에서 새로운 취직자리가 갑자기 우후죽순으로 생겨났고, 아프로테리아상목은 그 기회를 잡았다. 이들은 숲 바닥, 초원, 나무 꼭대기, 테티스해의 해안을 따라 다양한 생태적 지위에 적응했다.

이것은 북반구에서 독립적으로 일어났던 일과 아주 유사했다. 북반구에서는 태반류의 네 가지 주요 하위집단 중 또 하나인 로라시테리아상목이 다양화하고 있었다. 북반구에 발굽 달린 기제류와 우제류가 있었다면 아프리카에는 바위너구리가 있었다. 북반구에는 개미를 잡아먹는 천산갑과 땅굴을 파는 두더지가 있었다면 아프리카에는 땅돼지와 황금두더지가 있었다. 그리고 북반구에 뒤쥐와 고슴도치가 있었다면 아프리카에는 코끼리땃쥐와 '마다가스카르 고슴도치'라고도 불리는 텐렉이 있었다. 그리고 바로 뒤에서 살펴보겠지만 고래는 북반구에서 진화한 반면, 아프리카 해우류(sirenian, 매너티 집단)도 육상동물에서 수생동물로 진화하는 비슷한 변화를 겪었다. 이것은 수렴진화의 또 다른 아름다운 사례다. 원시 태반류는 갑자기 공룡이 사라진 세상에서 서로 다른 장소에 격리됐다. 이들은 멀리 떨어져 있어서 유전자를 뒤섞거나 공유할 수 없었다. 그럼에도 아프로테리아상목과 로라시테리아상목은 비슷한 생태적 지위에 적응하며 다양화하는 과정에서 비슷한 진화 경로를 선택했다.

지금에 와서 아프로테리아상목의 다양화 과정을 이해하기는 어렵다. 좀 더 최근에 아프리카와 유라시아가 연결된 후로 얼룩말과 누영양, 사자와 하이에나의 선조 같은 북반구 포유류가 이동하면서 많은 부분 덧씌워졌기 때문이다. 하지만 팔레오세에는, 특히 에오세와 그 이후에 이어진 올리고세 막간에 아프리카는 아프로테리아상목의 왕국이었다. 분명 아주 볼만했을 것이다.

바위너구리는 성경에도 바위에 집을 짓는 미물이라고 언급되어 있다. 하지만 북반구 대륙에 사는 우리에게는 들어본 적도 없는 생소한 종이다. 현재는 북아메리카산 마멋^{woodchuck}과 비슷하게 생겨서 발굽으로 바위투성이 노두를 기어오르는 작달막한 초식동물이나 발에 있는 흡입판으로 나무를 타는 동물로 아프리카와 중동지역에만 다섯 종이 남아 있다. 하지만 에오세와 올리고세에는 아프리카 바위너구리가 수십 종 존재했다. 이들은 체중 2.2킬로그램짜리에서 1.3톤으로 코뿔소만 한 크기의 티타노히락스^{Titanohyrax}에 이르기까지 다양했다. 어떤 것은 잡식성이었고, 어떤 것은 식물을 베어 먹을 수 있는 복잡한 치아를 갖고 있었고, 어떤 것은 씨앗과 견과에 특화되어 있었다. 안틸로히락스^{Antilohyrax}는 죽마처럼 길쭉한 다리로 숲을 질주하며 영양을 흉내 냈을 것이고, 어떤 것들은 돼지처럼 긴 주둥이로 땅을 파헤치는 종도 있었을 것이다. 이 히락스 종들은 나중에 누영양, 혹멧돼지^{warthog}, 하마, 코뿔소가 자리할 생태적 지위를 채우고 있었다. 사실상 이들은 현대 아프리카의 익숙한 발굽 포유류의 히락스 버전이었다.

한편 해안을 따라서는 최초의 해우류가 물속에 발가락을 담그고 있었다. 이들은 튼튼한 다리를 가진 육상동물로 시작했다. 이 튼튼한 다리는 얕은 물에서 개헤엄을 치는 데도 유용했다. 에오세를 거치면서 이들은 완전한 수생동물로 진화해서 앞발은 지느러미가 되고, 뒷다리는 지워져 커다란 노처럼 생긴 꼬리로 대체됐다. 이 꼬리를 위아래로 저으면 조금 어색하기는 해도 물살을 뚫고 헤엄치는 데 필요한 추진력을 얻을 수 있었다. 해우류는 전 세계로 퍼져나간 최초의 아프로테리아상목이다. 이들은 테티스해 연안과 그 너머로 이동하면서 노스캐롤라이나에서 헝가리, 파키스탄에 이르기까지 곳곳에 화석을 남겼다. 하지만 히락스와 마찬가지로 한때 위대했던 이들의 위용을 지금은 거의 찾아볼 수 없다. 현재는 카리브해, 서부 아프리카, 아마존에 국한되어 사는 매너티 세 종, 그리고 인도양과 태평양 남서부에 사는 듀공 한 종만 남았다. 이들은 천천히 헤엄치며 수중 식물을 먹는 느린 생활 방식 때문에 그물에 걸리거나 배와 충돌해서 죽는 경우가 많다.

우리가 신경 쓰지 않는다면 매너티와 듀공은 멸종의 길을 걸을지

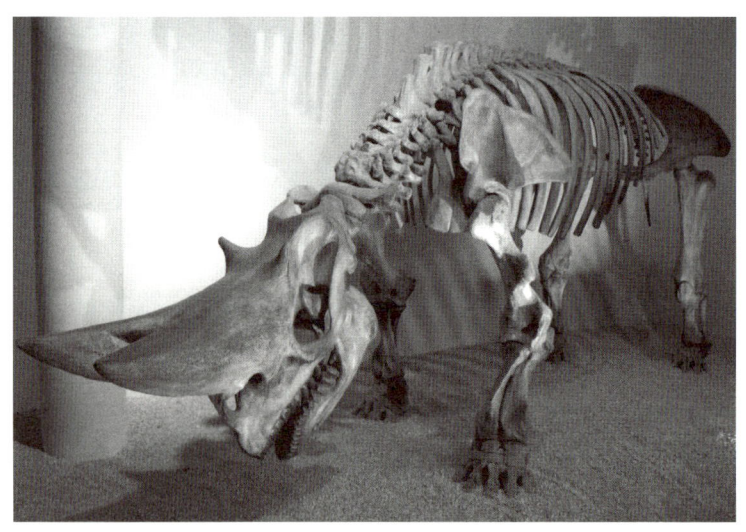

• 별나게 생긴 아프로테리아상목의 멸종 동물 아르시노이테리움.

도 모른다. 그렇게 된다면 슬프게도 이들은 한때 다양한 종으로 세상을 지배하다가 결국은 사라진 다른 수많은 아프로테리아상목과 같은 길을 걷게 될 것이다. 그런 종 중 가장 기억할 만한 것이 바로 아르시노이테리움^{Arsinoitherium}이다. 이 종은 환상적인 동물의 전당에 올라간 멸종 포유류 중 하나다. 스테로이드 주사로 근육을 키운 코뿔소처럼 보이는 이들은 이마에 거대한 뿔이 두 개 돋아 있었고, 이 각각의 뿔은 애니메이션 〈심슨 가족〉에 나오는 마지 심슨 여사의 헤어스타일처럼 나머지 머리 부분보다 상당히 컸다. 기제류라 발굽이 홀수인 코뿔소의 뿔과 달리 아르시노이테리움의 뿔은 케라틴 성분이 아니라 뼈로 만들어졌고, 속이 비어 있었다. 그리고 앞쪽으로 크게 기울어져 있었기 때문에 걸을 때 전방 시야가 분명 제한되었을 것이다. 어쩌면 그것은 별 문제가 아니었을지도 모른다. 겁이 날 정도로 거대한 초식동물이었기 때문에 아마도 두려워할 포식자가 별로 없었을 것이기 때문이다. 이 터무니없을 정도로 큰 뿔의 용도는 짝을 유혹하거나 경쟁상대를 위협하는 것 말고는 달리 생각하기가 어렵다.

그리고 물론 코끼리도 있다. 히락스, 매너티, 아르시노이테리움보다도 더 상징적인 아프로테리아상목인 이 집단은 한때는 위풍당당했지만 지금은 예전의 영광을 잃고 전락해버렸다.

모든 거대동물이 그렇듯 코끼리도 처음에는 작고 하찮은 동물에서 시작했다. 프랑스의 고생물학자 에마뉘엘 기에브랑$^{Emmanuel\ Gheerbrant}$과 모로코 동료들은 모로코 인산염 광산에서 나온 일련의 전이화석$^{transitional\ fossil}$들을 연구했다. 이 연구는 이 동물이 어떻게 거대한 몸집을 키워갔는지 보여준다. 에리테리움^{Eritherium}이라는 이 멸종된 코끼리 중 가장 오래된 것은 약 6000만 년 전 팔레오세 중기에 살았다. 이

에리테리움

다오우이테리움

누미도테리움

· 코끼리 진화의 순서.

것은 별 볼 일 없는 동물이었다. 어깨높이는 20센티미터에 체중은 5킬로그램 정도였으니까 말이다. 작은 반려동물 개 앞에서도 겁을 먹고 꼬리를 내릴 크기고, 요즘 코끼리가 밟으면 한 방에 납작해질 것이다. 하지만 이 동물의 큰어금니는 코끼리에서 나타나는 주요 특징의 흔적을 보여주기 시작했다. 혀 쪽에서 뺨 쪽까지 치아의 정면을 가로질러 연장되는 가로능선$^{transverse\ crest}$이 교두들을 연결하고 있다. 이 이른바 로프라는 것이 치아의 마모면에 식물을 가루 내는 데 안성맞춤인 주름진 모양을 부여해준다.

팔레오세가 에오세로 넘어가고, PETM 지구온난화가 찾아왔다가 물러가면서 모로코 코끼리들의 작았던 몸집이 커졌다. 그리고 치아에 있는 로프가 더 현저해졌다. 제일 먼저 찾아온 것은 에리테리움보다 세 배 정도 크고, 압도적으로 치아에 주름이 자글자글한 포스파테리움^{Phosphatherium}이었다. 그다음에는 체중을 제대로 불려 200킬로그램 정도 나갔던 최초의 코끼리 다오우이테리움^{Daouitherium}이 있다. 숲이 사바나와 초원으로 변하기 한참 전인 5500만 년 전에 숲을 한가로이 걸어 다니던 시절에 이 동물은 그때까지 존재했던 아프리카 포유류 중에 제일 컸다. 포스파테리움과 다오우이테리움 모두 뼈드렁니처럼 튀어나온 앞니를 갖고 있었다. 이것은 진화의 다음 단계에 알제리의 누미도테리움^{Numidotherium} 같은 종에서 상아가 자라나리라는 힌트였다. 누미도테리움은 키가 1미터가 넘고 체중은 300킬로그램 정도였다. 이 시점에서 코끼리는 이마가 넓어지고 콧구멍이 뒤쪽으로 이동하면서 맥의 코같이 생긴 작은 신축성 있는 코^{proboscis}를 고정시켰다. 여기서 진화가 조금 더 만지작거리자 작은 코가 코끼리코^{trunk}로 바뀌었다. 보기에는 좀 우스꽝스러울지 몰라도 코끼리코는 게임 체인저였다. 이 덕분에 코끼리는 몸 전체를 움직이지 않아도 먹이와 물을 구할 수 있게 됐고, 이것이 몸집을 훨씬 불릴 수 있는 잠재력을 열어주었다.

이들은 점점 몸집을 키워나갔다. 약 3400만 년 전인 올리고세 초반에 팔라이오마스토돈^{Palaeomastodon}은 체중이 2.5톤으로, 무게에서 현재의 아프리카 둥근귀코끼리(현존하는 가장 소형 종)를 넘어섰다. 팔라이오마스토돈의 위쪽 상아는 아래로 휘어 있었지만 아래쪽 상아는 턱에서 수평으로 위쪽 상아 너머로 뻗어 있어서 반대 교합^{underbite}을 이루었다. 이것은 올리고세(3400만 년 전~2300만 년 전)와 그 이후의 마이오세^{Miocene}(2300만 년 전~500만 년 전) 동안에 코끼리들이 발전시킨 셀 수 없이 다양한 상아 형태 중 하나일 뿐이다. 아래쪽 상아가 주걱이나 삽을 닮은 종도 있었고, 위쪽과 아래쪽의 상아가 거대한 핀셋처럼 입에서 길게 튀어나와 있는 종도 있었고, 데이노테리움^{Deinotherium}이라는 종은 위쪽 상아는 없어졌지만 아래쪽 상아가 뒤쪽으로 휘어져 마치 병따개처럼 생겼다. 이런 상아 형태는 아마도 두 가지 역할을 했을 것이다. 다양한 형태 덕분에 종마다 서로 다른 식물을 먹도록 전문화할 수 있었다. 예를 들어 데이노테리움의 병따개 같은 상아는 가지에 걸어 나무에서 뜯어내는 역할을 할 수 있었다. 그리고 상아는 무리에 자신의 힘이나 매력을 광고하는 과시용으로도 사용되었다.

마이오세 코끼리 중 일부는 거대해져서 몸무게가 현존하는 코끼리 종을 넘어섰고, 그 과정에서 아라비아가 유라시아와 만났을 때 아프리카 너머로 퍼졌다. 데이노테리움은 어깨높이가 4미터 정도였고 체중은 14톤까지 나갔다. 이것은 아프리카덤불코끼리 체중의 두 배다. 하지만 이런 데이노테리움도 당시의 가장 큰 코끼리가 아니었다. 가장 거대

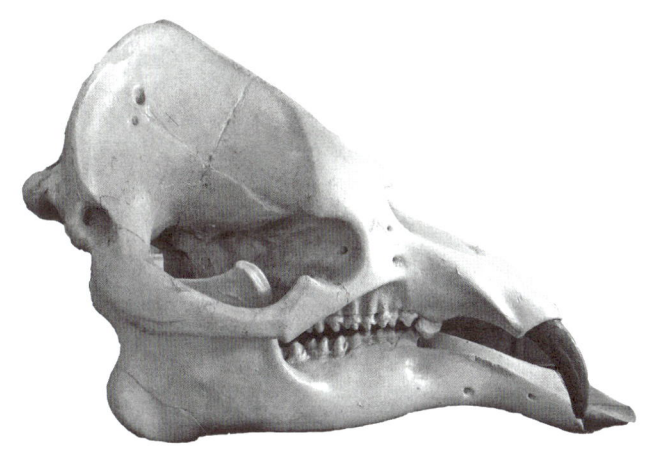

• 멸종한 코끼리 팔라이오마스토돈(위)과 데이노테리움(아래).

한 코끼리라는 타이틀은 나중에 나타난 팔라이올록소돈^{Palaeoloxodon}에게 돌아간다. 이 코끼리는 키가 5미터가 넘고 체중은 22톤 정도 나갔다. 뼈만으로 추측한 수치는 항상 불확실할 수밖에 없지만, 이 수치가 정말 맞는다면 팔라이올록소돈은 육상에 살았던 가장 거대한 포유류에 해당한다. 이 정도면 대부분의 교과서에서 역대 최대 포유류라 생각하고 있는 파라케라테리움^{Paraceratherium}이라는 뿔 없는 코뿔소의 기록을 넘보는 크기다. 이 코뿔소는 에오세와 올리고세의 경계 근처에 살았으며 키는 4.8미터, 체중은 17톤 정도 나갔을 것으로 생각하고 있다.

궁극적으로 보면 왕관을 누가 차지할 것인지는 중요하지 않다. 팔라이올록소돈 같은 코끼리와 파라케라테리움 같은 코뿔소는 둘 다 거대했다. 이들은 아마도 전체적인 크기로 보면 서로 꽤 비슷했을 것이고, 이는 포유류 진화의 패턴이 더욱 폭넓었음을 말해준다. 3400만 년 전 에오세 - 올리고세 경계 즈음해서 육상동물은 사상 최대의 크기에 도달했고, 그 후로 지금까지 코뿔소, 그리고 다음에는 다양한 코끼리 집단이 번갈아 타이틀 벨트를 차지해왔다. 이는 전체적인 육상 포유류의 체구에 어떤 한계가 존재함을 암시한다. 여기에는 여러 가지 복합적인 요인이 작용할 것이다. 첫째는 식습관이다. 몸집이 가장 큰 포유류는 항상 초식동물이고, 일반적으로 동시대에 공존하는 가장 큰 포식자보다 10배 정도 무겁다. 엄청나게 몸집을 키우려면 꾸준한 칼로리 공급원이 필요하고, 그 가장 좋은 방법은 식물을 엄청나게 먹어 대는 것이다. 고기보다 식물이 구하기가 훨씬 쉽기 때문이다. 둘째는 기온과 관련이 있다. 몸집이 큰 동물은 과열의 위험을 안고 있다. 그리고 커질수록 문제가 심각해진다. 어쩌면 팔라이올록소돈과 파라케라테리움의 체구가 기능적 한계에 가까웠을지도 모른다. 그보다 커지면 포유류가 충분한 먹이를 구할 수 없거나, 체열을 신속하게 배출할 수 없게 되는지도 모른다. 그리고 그 외로 다른 제한 요인이 존재할 가능성도 있다. 하지만 더 큰 육상 포유류의 화석이 하나만 발견돼도 우리는 앞에서 말한 내용에 대해 다시 생각해보아야 할 것이다.

또 다른 의문이 생겼을지도 모르겠다. 어째서 육상 포유류는 공룡만큼 커지지 않았을까? 팔라이올록소돈과 파라케라테리움도 목이 길었던 가장 거대한 공룡의 체중과 비교하면 그 절반도 되지 않는다. 이 수수께끼를 간단하게 설명할 방법은 없지만, 나는 폐와 관련이 있지 않을까 의심하고 있다. 포유류의 폐는 밀물과 썰물처럼 팽창하고 수축함에 따라 호흡이 들고 나간다. 숨을 쉬면서 가슴이 부풀었다 가라앉았다 할 때마다 이것을 느낄 수 있다. 하지만 새는 다르다. 새의 경우에는 공기가 폐를 통과해 빠져나간다. 그래서 공기가 한 방향으로만 흐른다. 이 놀라운 공학적 업적을 가능하게 한 것은 풍선처럼 생긴 기낭_{air sac}이다. 기낭은 폐와 연결되어 정확한 순서에 따라 공기를 폐로 이동시킨다. 새가 숨을 들이마시면 산소가 풍부한 공기의 일부는 직접 폐를 통과하고 그 나머지는 기낭으로 들어간다. 그리고 기낭이 수축할 때는 그 안에 들어 있는 여전히 산소가 풍부한 공기가 숨을 내쉬는 동안에 폐를 통과한다. 이는 조류, 그리고 그와 동일한 폐를 갖고 있었던 거대한 공룡은 숨을 들이마실 때나 내쉴 때 모두 산소를 얻을 수 있다는 의미다. 따라서 공룡은 크기가 비슷한 포유류보다 숨을 쉴 때마다 더 많은 산소를 흡수할 수 있다. 거기서 끝이 아니다. 기낭은 몸 곳곳으로, 심지어 뼈로도 확장되어 에어컨 역할도 하고, 골격의 무게를 줄이는 역할도 한다. 따라서 대형 공룡은 호흡이 더 효율적이고, 몸도 더 쉽게 식힐 수 있고, 골격도 더 가볍고 유연했다. 내 생각에는 이것이 육상 포유류가 공룡처럼 거대한 크기로 자라지 못한 이유가 아닐까 싶다.

오늘날의 아프리카와 인도의 코끼리들은 공룡만큼은 안 되지만 객관적으로 측정해보면 어떻게 재더라도 진짜로, 진짜로 크다. 이들의 몸 전체는 체구에 맞게 맞춤형으로 설계되어 있다. 이들의 다리는 거대한 몸통을 받치기 위해 고대 그리스 신전의 기둥처럼 두껍다. 우스꽝스러울 정도로 펄럭거리는 귀는 냉각 패널로 작용해서 과도한 체열을 외부로 내보내는 데 도움을 준다. 이들은 포유류의 전통적인 치아 구성을 변화시켜 길게 자라난 상아와 신발 크기의 작은어금니와 큰어금니로 바꾸어놓았다. 이 어금니는 너무 커서 각각의 턱에 한 번에 한 두 개 정도만 들어갈 수 있다. 그래서 순차적 교체$^{serial\ replacement}$라는 완전히 새로운 방식의 치아 성장이 필요했다. 이들의 턱은 컨베이어 벨트처럼 작동한다. 새로운 어금니가 턱 뒤쪽에서 나오면 앞으로 점차 이동한다. 그리고 씹는 활동에 의해 점점 닳다가 결국은 턱 앞쪽에서 빠지고 그 뒤에 나온 새로운 치아로 교체된다. 이런 방식으로 코끼리는 하루에 몇백 킬로그램이나 되는 많은 양의 식물을 먹으며 자신의 체중을 유지할 수 있다. 코끼리의 존재는 다른 생명체들에게도 영향을 미친다. 이들은 엄청난 대식가이기 때문에 나무를 뿌리째 뽑아내어 사바나를 초원으로 바꾸어놓는다. 그리고 코끼리는 물을 찾기 위해 땅을 파서 물구덩이를 만들어내는데, 이 물구덩이가 새로운 작은 생태계의 생명줄이 되어준다.

하지만 코끼리가 덩치만 컸지 머리는 멍청한 골리앗이라 착각하면 안 된다. 코끼리가 정말 인상적인 이유는 몸만 뛰어난 게 아니라 머리도 뛰어나기 때문이다. 몸집이 큰 동물이다 보니 뇌의 절대적인 크기도 마찬가지로 크다. 하지만 이들의 뇌는 상대적으로 봐도 크다. 코끼리의 뇌는 체구와 상대적인 크기로 따지면 영장류와 비슷하다. 영장류, 고래와 함께 코끼리는 빅 브레인 클럽$^{Big\ Brain\ Club}$에 속한다. 이는 체중 대비 뇌의 크기가 커서 여러모로 머리를 쓸 줄 아는 포유류를 말한다. 코끼리는 장기기억 능력이 탁월하고, 상아로 도구를 만들 줄도 알고, 복잡한 사회적 행동과 문제 해결 능력을 보여주며, 거울에 비친 자신의 모습도 알아볼 수 있다. 이들은 주파수가 낮은 초저음 발성을 이용하거나 아예 작은 지진을 일으켜 서로 간에 장거리 소통을 할 수도 있다. 코끼리가 무리에 소속된 구성원이 아프거나 죽어가면 걱정하고, 선조나 사촌들의 뼈를 보고 관심을 갖는 등 일종의 공감 능력을 갖고 있다고 주장하는 생물학자도 있다.

이런 다양한 능력을 지니고 있음에도 코끼리가 할 수 없는 것이 한 가지 있다. 영화 스크린 속 영웅 덤보^{Dumbo}는 귀를 퍼덕여 하늘 위로 솟구쳐 날 수 있었지만 아프리카와 아시아의 실제 코끼리들은 분명 날지 못한다. 하긴, 지금까지 살았던 어떤 포유류도 하늘을 날지 못하기는 마찬가지였다. 단 한 집단을 빼고는 말이다. 바로 박쥐다.

박쥐는 어떻게 하늘을 날게 됐을까?

뉴욕에서 박사학위 과정을 밟고 있을 때 내 사무실은 센트럴파크 서쪽에 있는 미국 자연사박물관에 있었다. 내가 그곳에 있던 이유는 공룡 때문이었다. 미국 자연사박물관은 세계 최대의 공룡 자료를 소장했고, 그중에는 티라노사우루스 렉스의 가장 유명한 골격들도 있었다. 나는 목재 보관함이 벽을 두르고 있는 높은 천장의 복도를 따라 공룡 자료 보관실을 걷다가 가끔 우연히 낸시 시몬스 Nancy Simmons 와 마주쳤다.

나는 당시는 낸시와 잘 알고 지내는 사이가 아니었기 때문에 박물관에서 거의 5년을 지내는 동안 그녀와 대화를 나누어본 적이 한두 번에 지나지 않았던 듯하다. 그리고 지금은 그것을 정말 후회한다. 내 연구 초점이 공룡에서 포유류로 점점 넘어가면서 그녀의 연구를 자주 접하게 됐고, 결국 그녀는 내 과학 영웅 중 한 명으로 자리 잡았기 때문이다.

파트타임이긴 하지만 낸시 역시 고생물학자다. 대학원생 시절에 그녀는 다구치류에 관한 세계적 전문가 중 한 명이 되는 것으로 경력을 시작했다. 백악기에 티라노사우루스 렉스의 발밑에 살면서 뼈드렁니로 꽃을 씹어 먹고 살던 포유류인 그 다구치류 말이다. 그러다가 놀랍게도 그녀는 노선을 바꾸어 세계적인 박쥐 전문가가 됐다. 내가 박사학위 과정을 시작하기 몇 달 전에 그녀는 세상을 놀라게 할 발견을 발표해서《네이처》표지에 실렸다. 5250만 년 전 에오세 초기에 살았던 세계에서 가장 오래되고, 가장 원시적인 박쥐인 오니코닉테리스 Onychonycteris 였다. 하지만 낸시가 오래된 뼈를 보고하는 데 보내는 시간은 많지 않았다. 그녀는 대부분의 시간을 동남아시아와 신열대구 Neotropics (멕시코 남부, 중앙아메리카, 남아메리카, 서인도제도를 포함하는 생물 지리구-옮긴이)의 정글을 헤치고 다니며 살아 있는 새로운 박쥐 종을 찾고, 박쥐의 피와 다른 조직의 표본을 수집하고 DNA를 채취해서 계통수를 만드는 작업을 했다.

박쥐는 따로 소개할 필요가 없는 동물이다. 박쥐를 좋아하는 사람

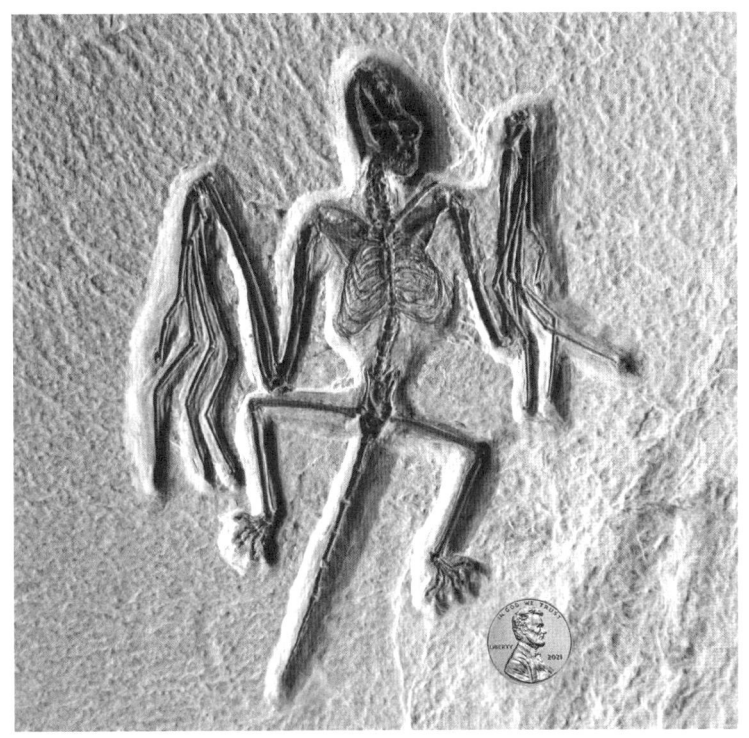

• 낸시 시몬스가 보고한 가장 오래된 박쥐 화석 오니코닉테리스.

이든 박쥐만 보면 소름이 돋는 사람이든, 박쥐가 하늘을 제대로 날아다니는 하나밖에 없는 포유류라는 것은 익히 알고 있다. 날다람쥐와 피익류(영장류가 아닌데도 '가죽날개원숭이'라는 잘못된 이름이 붙었다), 또는 내가 앞에서 중국 작업실에서 비밀리에 보았던 화석, 지금은 멸종됐지만 쥐라기와 백악기에 살았던 하라미야비아류 등 일부 다른 포유류도 피부로 만들어진 막을 가지고 하늘로 솟구쳐 오르거나 활공을 할 수 있다. 하지만 박쥐는 동력비행을 채용한 유일한 포유다. 이들은 능동적으로 날갯짓을 해서 공중으로 날아오르는 데 필요한 양력과 추진력을 만들어낸다.

날개를 퍼덕이며 나는 것은 쉬운 일이 아니다. 척추동물의 역사에서 동력비행이 단 세 번만 진화한 이유도 그 때문이다. 세 가지 경우 각각이 하늘로 몸을 띄우는 방법에 대한 새로 다른 실험이었다. 익룡은 넷째 손가락을 길게 늘여서 피부로 만들어진 거대한 돛을 지탱했다. 조류의 공룡 선조는 팔 전체를 늘려서 깃털이 달린 날개airfoil를 고정했다. 반면 박쥐는 손가락 대부분을 길게 늘여서 손 날개를 만들어냈다. 박쥐의 날개는 설계가 기발하다. 손가락 사이로 뻗어 있는 피부는 얇고 유연하다. 그리고 가슴뼈breastbone(흉골)에 부착된 큰 근육들을 수축해서 날개를 퍼덕인다. 그 덕분에 박쥐는 빠른 비행이 가능하다. 어떤 박쥐는 시속 160킬로미터를 기록한 적도 있다. 그리고 장애물 주변에서 매끄러운 기동이 가능하다. 이것은 대부분 밤에 활동하는 동물에게는 대단히 유용한 능력이다.

비행은 박쥐의 초능력이다. 그 덕분에 땅에 묶여 사는 포유류는 접근할 수 없는 서식지와 먹잇감에 도달할 수 있었다. 분명 이것이 바로 박쥐가 오늘날 이토록 다양한 형태로 풍부하게 존재할 수 있는 가장 큰 이유일 거다. 현존하는 포유류 다섯 종 중 한 종은 박쥐다. 합치면 총 1400종 정도로, 설치류 다음으로 다양하다. 박쥐는 종만 많은 것이 아니다. 이들은 공존의 명수이기도 하다. 열대지역에서는 100종 이상의 박쥐가 동일한 생태계에서 살고 있는 것으로 알려져 있다. 그리고 이 박쥐 종 중에는 개체 수가 엄청나게 풍부한 것도 있다. 박쥐가 귀신처럼 무섭게 느껴지는 한 가지 이유는 셀 수 없이 많은 개체가 동굴이나 다리 밑에 거꾸로 매달려 촘촘한 군락을 이루어 사는 경우가 많기 때문이다. 이들은 하도 촘촘히 포개져 있다 보니 멀리서 보면 거대한 담요처럼 보인다. 이들에게서 나는 악취와 엄청난 양으로 쌓인 구아노 배설물을 보고서야 이들이 동물임을 알아볼 수 있다. 나는 이런 박쥐 군락 하나를 찾아가서 보았던 그 장관을 절대 잊지 못할 것이다. 텍사스 오스틴의 콩그레스 애비뉴 다리 아래는 박쥐 150만 마리 정도가 함께 모여 살고 있다. 해 질 무렵이면 이 박쥐들이 저녁 곤충 사냥을 나가려고 일제히 날갯짓을 하며 하늘로 날아오른다. 이것은 그때까지 본 적이 없었던 생물학적 퍼포먼스였다. 하지만 박쥐가 감염과 질병에 취약하고, 인간에게 옮을 수 있는 바이러스를 배양하는 인큐베이터로 악명이 높은 이유도 바로 이런 공동생활 때문이다.

박쥐는 하늘을 나는 초능력을 어떻게 진화시켰을까? 놀랍게도 박쥐가 어떻게 날개와 비행 능력을 발전시켰는지에 관해 우리는 거의 아는 것이 없다. 다만 DNA 친자검사를 통해 박쥐가 북반구 로라시테리아상목에 속하며, 계통수에서 개나 고양이 같은 식육류, 그리고 기제류와 우제류 같은 발굽 달린 포유류와 가깝다는 것을 알고 있다. 당연한 얘기지만 박쥐는 말이나 개와는 눈곱만큼도 닮지 않았다. 따라서 사지로 걸어 다니는 포유류에서 손 날개로 날아다니는 포유류로 바뀌며 일련의 과도기를 거치는 멸종 종들이 분명 존재했을 것이다. 그런데 문제는 이런 진화적 변화 과정을 보여주는 화석이 많지 않다는 것이다. 낸시 시몬스의 오니코닉테리스처럼 에오세에 등장한 최초의 박쥐 골격은 이미 박쥐의 형상을 갖추고 있었다. 이들은 작은 머리, 작고 탄탄한 체구, 작은 꼬리, 그리고 양손에서 뻗어 나온 넓은 날개 등 누가 봐도 한눈에 알 수 있는 배트맨 로고 윤곽을 하고 있다. 이들은 깃털처럼 가벼운 동물이어서 예외적인 상황이 아니면 그 섬세한 골격이 보존되기 힘들었다. 예를 들면 오니코닉테리스는 에오세 후기

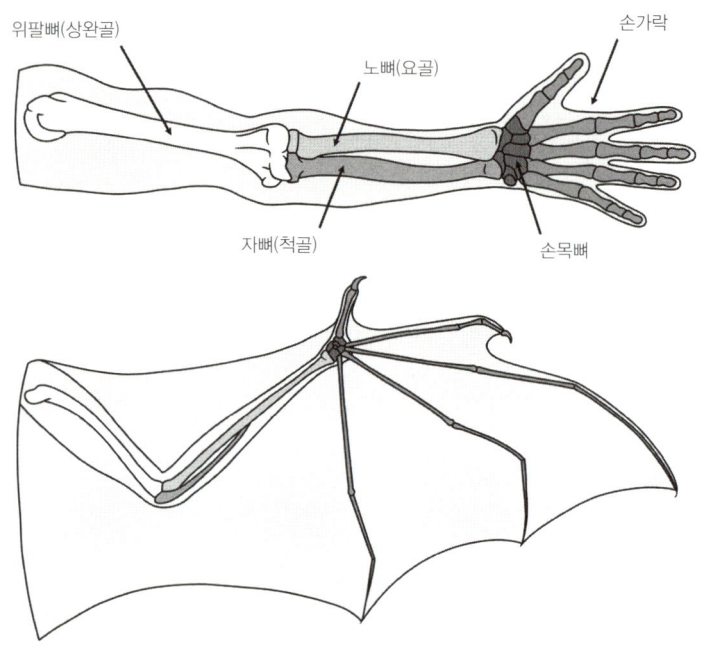

• 박쥐의 날개와 사람의 팔 비교.

에 독일의 메셀 호수에 묻힌 박쥐들처럼 와이오밍 호수의 평화로운 심연에 묻혔다. 운 좋게 잘 보존된 이 에오세 박쥐의 선조들은 아마도 체구가 더 작고, 죽은 이후에 분해되기가 쉬웠을 것이다. 그리고 우리에게 그들의 화석을 발견할 만큼 운이 따라주지 않았다. 지금까지는 그렇다.

처음으로 날개를 뻗어 하늘로 날아오른 박쥐의 진짜 선조 화석은 아직 찾지 못하고 있지만, 오니코닉테리스와 다른 초기 박쥐로부터 추론할 수 있는 부분은 있다. 오니코닉테리스를 처음 보고할 때 낸시와 그 동료들은 이 종이 현대의 박쥐 종보다 훨씬 더 원시적이라는 것을 깨달았다. 물론 이들도 손 날개가 있고, 가슴뼈에 날개 근육이 달라붙는 부착능선attachment ridge을 가지고 있어서 하늘을 날 수 있었다. 하지만 이들의 날개는 독특한 모양을 하고 있었다. 이 날개는 현대 박쥐의 더 넓고 우아한 날개에 비해 길이가 짧고 튼튼했다. 이는 오니코닉테리스가 기동성이 떨어져서, 공중에 머물 수 있는 양력을 발생시키려면 아주 빠른 속도로 날아야 했음을 의미한다. 아마도 이 동물은 술에 취한 나비처럼 날개를 퍼덕였다가 활강하기를 반복하는 이상한 비행 스타일을 갖고 있었을 것이다. 해부학적으로 특이한 점이 또 있었다. 이들의 손 날개를 치우고 보면 오니코닉테리스는 날다람쥐 같은 활강 동물에서 보이는 전형적인 신체 비율을 가졌다. 게다가 날개 손가락에 발톱이 없는 현대의 박쥐와 달리 모든 손가락에 날카롭게 휜 발톱을 갖고 있었다. 이는 이 동물이 네 발로 기민하게 나무를 탔다는 증거다.

이런 단서들을 종합해보면 박쥐가 나무에 살면서 활공을 하던 선조로부터 진화해왔다고 추측할 수 있다. 이 선조가 손가락의 길이를 키워 손 날개를 만들면서 동력비행을 하는 동물이 된 것이다. 이 새로 생긴 날개가 모든 것을 바꾸어놓았다. 활공 동물의 피부 날개와 비교하면 이 동물은 양력과 추진력을 얻을 수 있는 표면적이 두 배 정도 넓어서 더 정교하고 오랜 비행이 가능했다. 그래도 최초의 동력비행은 서툴렀을 것이다. 오니코닉테리스는 현존 박쥐에 비해 공기역학적 효율이 떨어졌기 때문에 양력을 얻으려면 힘을 더 많이 써야 했고, 나뭇가지나 다른 장애물을 쉽게 피해 다닐 만큼 기동성이 뛰어나지도 못했다. 하지만 그러다가 어떤 문턱을 넘어섰고, 이제 박쥐는 제대로 된 날갯짓을 하게 됐다. 그리고 그 시점 이후로는 자연선택을 통해 더 넓은 날개로 더 많은 양력을 얻어 더 멀리, 더 기동성 있게 날 수 있는 박쥐로 진화했다.

여기까지의 이야기는 훌륭하다. 그리고 우리가 현재 알고 있는 내용을 바탕으로 보면 합리적인 추측이다. 하지만 이 이야기를 증명하려면 궁극적으로 지상 동물 – 활공 동물 – 동력비행 동물로 이어지는 중간 종들의 화석이 필요하다.

박쥐가 정확히 어떻게 손 날개를 얻어서 날갯짓을 시작했는지는 알 수 없지만, 일단 하늘을 날 수 있게 되자 이들이 전 세계로 신속하게 퍼져나갔다는 것은 분명하다. PETM 지구온난화가 있고 겨우 몇 백만 년밖에 지나지 않은 에오세 초기 말에 이미 박쥐는 자신의 화석을 북아메리카대륙(오니코닉테리스 등), 유럽대륙, 아프리카대륙에 남기고 있었다. 심지어 이미 오늘날처럼 세상의 변방에 존재하는 섬이었던 호주대륙, 그리고 당시에는 아직 아시아대륙과 결합되지 않은 섬이었던 인도에서도 나타난다. 따라서 박쥐는 최초로 전 세계적인 태반 포유류가 됐다. 그 시점까지 팔레오세와 에오세의 진화를 지휘해온 지리적 족쇄를 처음으로 깨뜨리고 나온 것이다. 그 이유는 뻔하다. 박쥐는 하늘을 날 수 있기 때문에, 육상동물의 이동을 방해하거나 아예 불가능하게 만들었던 바다라는 장벽을 쉽게 넘어 퍼져나갈 수 있었다. 이들은 침입종처럼 전 세계로 급속히 퍼져 토종 동물들이 자체적으로 하늘을 나는 포유류를 진화시키기 전에 두 개의 거대한 섬 대륙이었던 남아메리카대륙과 아프리카대륙까지 나아갔다. 기이한 유대류 박쥐나 아프로테리아상목 박쥐가 존재하지 않고 로라시테리아상목의 박쥐만 존재하는 이유도 아마 그 때문일 것이다. 안타까운 지고!

지구 곳곳으로 퍼져나가며 지금의 분포처럼 남극대륙을 제외한 모든 대륙, 그리고 얼지 않는 거의 모든 땅에서 살게 되자, 박쥐의 체구, 날개 모양, 비행 스타일, 식습관, 생태 등도 함께 다양해진다. 약 4800만 년 전 에오세 중반에는 수백 마리의 박쥐가 메셀 호수의 독성 있는 진흙으로 떨어졌는데, 그들의 놀라운 화석은 다양성을 제대로 보여주고 있다. 그중에는 일곱 가지 알려진 종이 있고, 그들의 날개 모양과 화석화된 위 속 내용물은 생활방식이 다양했음을 알려준다. 그중에는 좁은 날개로 호수 위 탁 트인 하늘 높이 솟아 오른 종도 있었고, 넓은 날개로 숲 바닥에 우거진 덤불 사이로 쏜살같이 날아다니던 저돌적인 종도 있었고, 그 중간 형태의 날개를 가지고 나무 사이 열린 공간 속을 맴돌던 종도 있었다. 어떤 종은 나방과 다른 날아다니는 곤충을 잡아먹은 반면, 어떤 종은 나뭇가지에서 딱정벌레나 이동이 별로 없는 벌레들을 잡아먹었다.

메셀의 박쥐들은 모두 현존하는 여러 박쥐 종이 사용하는 두 번째 초능력을 채용했던 것으로 보인다. 바로 반향정위다. 이것은 고출력의 생물학적 음파탐지 시스템이다. 우리 인간이 갖고 있는 감각의 레퍼토리에서는 이것과 비교할 만한 것이 아예 없다. 박쥐는 후두에서 고음의 소리를 방출하거나 혀로 소리를 낸 다음 돌아오는 반향을 듣고 머릿속에서 소리의 풍경을 그려낸다. 이렇게 해서 그들은 어둠 속에서도 볼 수 있다. 박쥐는 이 여섯 번째 감각을 이용해서 숨어 있는 포식자, 맛있는 벌레, 피해 다녀야 할 나뭇가지를 파악할 수 있다. 후두를 통해 반향정위를 하는 박쥐에게는 두 가지가 필요하다. 첫째, 이 반향을 들을 수 있는 큰 코일이 감긴 달팽이관이 귀에 있어야 한다. 둘째, 후두와 귀가 확실히 연결되어 있어야 한다. 이것은 고막의 고리 뼈를 둘러싸고 있는 붓유리질뼈stylohyal bone라는 연장된 후두 뼈를 통해 이루어진다. 이렇게 연결되어 있으면 신경계가 밖으로 내보내는 소리와 들어오는 반향 소리를 비교할 수 있다. 그리고 이 연결은 그런 소리를 내는 후두 근육도 지탱해준다. 이런 전형적인 해부학적 특성들을 화석에서도 관찰할 수 있다. 메셀의 박쥐들은 반향정위를 할 수 있었지만 낸시의 오니코닉테리스는 할 수 없었음을 알 수 있는 것도 이런 화석 덕분이다. 따라서 반향정위 능력은 비행 이후에 진화해 나왔을 가능성이 높다.

비행과 마찬가지로 처음 시도한 반향정위는 그리 대단하지 않았다. 메셀 박쥐 중에는 반향정위를 하지 않는 종보다 살짝 클까 말까 한 달팽이관을 갖고 있는 종도 있었다. 아마도 이 정도면 일반적인 방향 파악이나 확연한 장애물을 피하는 용도로만 사용할 수 있는 저해상도의 반향 검출만 가능했을 것이다. 시간이 지나면서 이 시스템이 자연선택에 의해 미세조정되면서 조악하고 거친 그래픽에 용량도 제한되어 있던 1990년대의 오락실 게임이 현대적인 게임 콘솔 수준으로 진화했다. 달팽이관이 커지면서 더욱 진화한 박쥐들은 어둠 속에서도 더 선명하게 볼 수 있었고, 그저 사물을 피하는 것을 뛰어넘어 초음파탐지를 적극적으로 활용해서 나는 도중에 곤충을 덮칠 수 있게 됐다. 오늘날의 박쥐는 가장 세련된 공중 사냥꾼에 해당한다. 이들은 칠흑 같은 어둠 속에서도 벌레가 허둥대는 소리를 들을 수 있고, 둘 다 날고 있는 상황에서도 그 위치를 정확하게 파악해서 낚아챌 수 있다. 박쥐에게는 반향정위가 운명이었다. 이것은 박쥐가 조류를 배제하고 밤하늘의 주인이 될 수 있게 해준 티켓이었다. 새는 일찍이 공룡 시절부터 진화해 나왔지만 몇몇 종을 제외하고는 반향정위를 발전시키지 못해

밤의 생태적 지위를 정복할 수 없었다.

반향정위를 하는 박쥐들이 모두 초음파탐지로 곤충만 찾아다니는 것은 아니다. 그것을 이용해 다른 유형의 먹이를 찾는 종도 있다. 그중에서 가장 악명 높은 것은 사람들이 두려워하는 흡혈박쥐. 이들은 실제로 피를 먹는다. 중앙아메리카와 남아메리카에 사는 흡혈박쥐 세 종은 오로지 피만 먹고 사는 유일한 포유류다. 이런 특이하기 그지없는 식습관을 흡혈식hematophagy이라고 한다. 자연에서 이 박쥐처럼 소름끼치는 것도 없다. 이 박쥐들은 반향정위, 그리고 호흡 리듬을 감지할 수 있게 조정된 뇌를 이용해서 잠을 자는 희생자를 찾아낸다. 그리고 아무 의심 없이 잠들어 있는 표적을 향해 조용히 날아간다. 물론 이 과정은 어둠 속에서 이루어진다. 희생자 근처에 착륙한 흡혈박쥐는 네 발을 이용해 천천히 기어간 다음, 코에 있는 열감지 수용체를 이용해서 아래에 피가 흐르는 피부의 위치를 찾아낸다. 그리고 뾰족한 치아로 공격해서 구멍을 뚫은 다음 흘러나오는 피를 혀로 핥아 먹는다. 이들은 30분 정도 실컷 피를 빨아 먹지만 피를 너무 많이 흘리게 하지 않으려 조심한다. 그래야 숙주가 살아남아 다음에도 피를 빨아 먹을 수 있을 테니까 말이다. 이 희생자는 보통 새나 소, 말이지만 인간도 공격하는 것으로 알려져 있다. 겨우 그 정도로 사람들이 겁을 먹겠냐는 듯 흡혈박쥐는 무리를 이루어 산다. 낮 동안에는 수백, 수천 마리가 동굴 천장에 함께 매달려 있다가 밤이 되면 움직인다. 100마리로 구성된 무리면 1년에 소 25마리분의 피를 빨아 먹을 수 있다.

에오세의 박쥐 중에서 피를 빨아 먹는 종이 있었을까? 알 수 없는 일이다. 이것은 포유류의 진화와 관련된 여러 가지 미해결 문제 중 하나다. 젊은 고생물학도로서 자신의 이름을 날리고 싶은 사람이 있다면 팔레오세나 에오세 이른 초기의 박쥐 화석을 찾아보기를 권한다. 그리고 그 화석을 찾아내면 그중 한 종의 이름은 낸시의 이름을 따서 짓기를 제안한다. 우리의 뉴멕시코 팀도 앞에서 캐리사 레이먼드가 발견했던 '원시 비버'의 공식 이름을, 낸시가 박쥐로 연구의 초점을 옮기기 전 경력 초기에 다구치류를 연구했던 것을 기려 킴베톱살리스 시몬세*Kimbetopsalis simmonsae*라고 명명했다. 박쥐가 땅을 달리던 동물에서 활공 동물로, 그리고 이어서 동력비행 동물로 어떻게 변해갔는지 보여주는 과도기 화석이 나올 때까지 많은 내용이 베일에 가려져 있을 것이다. 하지만 그와는 아주 다르면서도 마찬가지로 놀라운 과도기를 거친 또 다른 포유류 집단이 존재한다. 이 경우에는 그 과정이 어떻게 일어났는지 단계별로 보여주는 화석이 존재한다.

걷는 고래

기자 피라미드는 사하라사막의 뜨거운 햇살과 바람을 견디며 4000년 넘게 그 자리를 지켰다. 피라미드는 많은 고대 이집트의 건축물과 마찬가지로 파라오보다 혈통이 훨씬 오래된 석회암으로 만들어졌다. 칼슘이 풍부한 이 단단한 바위는 4000만 년보다 더 오래된 에오세에 테티스해 수로의 따뜻하고 조용한 바다에서 형성됐다. 아프리카 북부가 땅이 되고, 다시 사막이 되고, 다시 인류 문명의 요람이 되기 한참 전에 이 잃어버린 세계에 살던 생명체들은 자신의 흔적을 화석으로 남겼다. 기자 피라미드를 쌓아올린 바위 덩어리들은 조류algae 조각, 현미경으로 봐야 할 수준으로 작은 플랑크톤의 껍질, 석화된 달팽이들로 가득하다. 남서쪽으로 160킬로미터 정도 떨어진 거리에 야자나무로 둘러싸여 나일강으로부터 물이 유입되는 파이윰 오아시스$^{\text{Fayum Oasis}}$가 있는데, 이곳에는 에오세의 지층에서 훨씬 웅장한 화석들이 튀어나와 있다.

아랍어로 '와디 알히탄$^{\text{Wadi al-Hitan}}$'은 '고래의 계곡'이라 번역할 수 있다. 이것은 비유가 아니다. 마치 에오세의 해저가 땅으로 밀고 들어와 돌로 변하기라도 한 것처럼 사막의 노면에 고래 골격이 흩어져 있다. 고래가 헤엄치는 가장 가까운 바다도 160킬로미터 이상 떨어져 있는, 세계에서 가장 건조한 지역 중 한 곳에서 수천 마리의 고래가 모래 위에서 열기에 달궈지고 있는 모습이 너무 어울리지 않아 현실이 또 다른 현실과 충돌하고 있는 것 같다. 이들은 실제로 물 밖으로 나온 고래다. 마치 고래가 달의 분화구에 주저앉아 있는 것처럼 비현실적인 장면이다. 그 골격들 중에는 고대의 뼈 치고는 더 바랄 수 없을 정도로 잘 보존된 것이 많다. 거대한 몸통이 완벽히 배열된 상태로 보존되어 있고, 치아가 드러난 머리는 부드럽게 굽은 척추와 연결되어 있고, 갈비뼈는 옆으로 튀어나와 있다. 뱀처럼 구불구불한 몸통의 윤곽을 따라가다 보면 어깨에서 납작한 지느러미가 튀어나오고, 뒤쪽의 척추는 꼬리로 변해 있고, 마지막으로 꼬리가 가늘어지기 시작하면서 나머지 골격에서 떨어져 나온 작은 뼈들이 나타난다.

골반, 그리고 다리다.

이상한 일이다. 현대의 고래에서는 다리를 볼 수 없다. 앞에 달린 지느러미로 방향을 조정하고 꼬리$^{\text{fluked tail}}$로 추진력을 내서 헤엄치기 때문이다.

15미터 길이의 바실로사우루스^{Basilosaurus}, 그보다 작은 사촌인 도루

• 이집트 와디 알히탄 사막에 놓여 있는 고래 골격 화석.

돈^{Dorudon}, 그리고 몇몇 다른 종은 보통 고래가 아니다. 이들은 고래가 걸어 다니던 시절을 떠올리게 만든다. 와디 알히탄의 종들은 바다에 살았지만 육지에서 살던 선조들의 다리를 유지하고 있었다. 이 선조들은 에오세에 1000만 년에 걸쳐 물로 진출하면서 단거리 선수처럼 긴 다리가 달려 있던 몸통을 잠수함 형태의 수영 기계로 바꾸어놓았다. 그리고 두 번 다시는 육지로 돌아오지 않았다. 그 과정에서 몸집이 더 커지고, 파도에도 더욱 잘 적응해서 점차 육상 포유류의 전형적인 신체 부위를 잃고 완전한 수중 생활에 필요한 신체 부위를 얻었다.

이것은 생물학 교과서라면 어디서나 등장하는 주요 진화적 전이$^{major\ evolutionary\ transition}$의 대표적인 예다. 주요 진화적 전이란 한 유형의 생명체가 완전히 다른 외모와 행동 방식을 가진 생명체로 바뀌면서 새로운 생활방식에 적합한 몸을 갖게 되는 것을 말한다. 이것은 이론 속에만 존재하는 이야기가 아니다. 바실로사우루스와 도루돈을 비롯해서 고래가 변해가는 모습을 단계별로 보여주는 일련의 화석 골격이 존재한다. 누군가 화석 기록에는 전이화석$^{transitional\ fossil}$ 또는 잃어버린 고리$^{missing\ link}$가 없다고 주장하는 사람이 있으면 걸어 다니는 고래 이야기를 좀 전해주기 바란다.

고래의 역사에 대해 더 깊이 파고들기 전에 확실한 것부터 짚고 넘어가자. 고래는 물고기처럼 생겼다. 고래를 거대한 물고기로 착각한다고 해서 그리 부끄러울 일은 아니다. 나는 학교에 들어가고 여러 해가 지난 후에야 고래가 포유류라는 것을 이해했다. 이들이 물고기를 닮은 이유는 수렴진화를 통해 동일한 생활방식, 즉 물속에서 헤엄치고, 먹고, 번식하는 것에 맞추어 몸의 형태를 바꾸었기 때문이다. 이것이 의미하는 바는 에오세에 육지에서 바다로 전이하는 과정에서 포유류다운 전형적인 특성과 행동 중 다수가 지워지거나 용도 변경되어 고래가 다른 포유류와 별로 닮지 않게 됐다는 거다. 따라서 고래는 모든 포유류 중에서 가장 포유류답지 않은 동물이지만, 분명 포유류다. 자세히 들여다보면 그 표지를 볼 수 있다. 이들은 포유류를 정의하는 하나의 아래턱뼈와 세 개의 귓속뼈를 갖고 있고, 젖샘이 있어서 새끼에게 젖을 먹이고, 피부는 매끈하지만 입 주변에 있는 수염의 형태로 털의 흔적을 유지하고 있다(일부 종은 새끼일 때만 수염이 있다). 더군다나 고래는 태반 포유류다. 이들은 태반으로 영양을 공급해서 크고(종종 아주 크고) 잘 발달된 새끼를 출산한다. 믿지 못하겠다면 그 증거가 있다. 바로 배꼽이다. 배꼽은 자궁 속에 있을 때 태반에서 연장되어 나온 탯줄이 붙어 있던 자리다.

그렇다면 고래는 포유류가 맞는데 대체 어떤 유형의 포유류인 것일까? 다르게 말해보자면 고래는 어떤 종류의 육상 포유류로부터 진화해 나왔을까? 이 질문이 수천 년 동안 사상가들을 혼란스럽게 만들었다. 아리스토텔레스는 고래가 물고기가 아니란 것을 알았지만 진화론이 나오기 오래전이었던 그 시대에는 고래가 다른 종으로부터 생겨났다는 것을 개념화할 방법이 없었다. 다윈은 고래가 입을 벌리고 헤엄치면서 수면에서 곤충을 걸어 먹던 곰에서 진화해 나왔을지도 모른다고 추측했다가 너무 터무니없고 민망한 생각이라 나중 펴낸 《종의 기원》에서는 그 내용을 삭제해버렸다. 1945년에 유명한 포유류 계통수를 그리면서 조지 게일로드 심슨은 이 질문에 대한 대답을 뒤로 미루면서 고래를 다른 집단과 밀찍이 분리해서 자체적인 가지로 고립시켰다. 그러다 마침내 20세기 후반부에 고래의 선조로 유망한 후보가 화석 기록에서 나타났다. 메소닉스과mesonychids라는 팔레오세의 고대 태반류였다. 이들의 두껍고 날카로운 치아는 고래 화석의 치아와 비슷했다. 하지만 치아의 유사성을 바탕으로 추측한 관계는 수렴진화라는 문제 때문에 확실치 않은 경우가 많아서 이들의 관계 역시 항상 애매했다.

진짜 해답은 20세기 말에 등장했다. 이 수수께끼는 화석과 DNA 친자확인 검사 모두를 통해서 해소됐다. 이 경우는 앞에서 얘기했던 수많은 다른 사례와 달리 두 가지 모두 동일한 결론으로 이어졌다. 결국 고래는 짝수의 발굽을 갖고 있는 포유류 집단인 우제류의 일원이었다.

처음에는 DNA 검사를 통해 고래가 소, 양, 하마, 낙타, 사슴, 돼지, 그리고 다른 발굽이 갈라진 초식동물과 함께 묶였다. 그리고 이어서 화석이 그것을 입증해주었다. 2001년에 에오세에서 나온 원시적인 걸어 다니는 고래 골격 몇 개가 우제류의 가장 전형적인 특성을 가지고 있는 것이 밝혀졌다. 발목에 있는 복사뼈의 양쪽 끝에 깊은 홈이 있는 도드래 구조를 갖고 있었던 것이다. 지난 장에서 살펴보았듯이 우제류는 PETM 지구온난화가 한창이던 에오세 초기에 기원할 때 이런 독특한 형태의 발목을 발전시켰다. 이런 발목 덕분에 이들은 발목이 탈구되지 않고 빠르게 달릴 수 있었다. 다른 포유류, 심지어 속도광인 말이나 개도 이런 구조는 갖고 있지 않다. 물론 현대의 고래도 이런 구조를 갖고 있지 않다. 이들은 발목의 흔적을 모두 잃어버렸기 때문이다. 육지에서 물로 옮겨 가는 과정에 있었고, 이미 뒷다리는 거의 사라지다시피 했던 고대의 고래가 이런 구조를 갖고 있었던 이유는 딱 하나, 우제류 선조로부터 물려받아 간직하고 있었기 때문이었다. 우리의 맹장처럼 이 구조도 한때는 기능을 담당했다가 지금은 흔적만 남아 있었던 것이다. DNA와 달리 복사뼈는 실물로 존재하기 때문에 고래가 우제류임을 크게 의심하던 고생물학자들도 바로 설득할 수 있다는 점 역시 좋았다.

이것은 다음 질문으로 이어진다. 그럼 고래는 어떤 유형의 우제류로부터 진화했을까? DNA 친자확인 검사가 일부 해답을 제공한다. 고래의 현존하는 가장 가까운 친척은 하마다. 하지만 하마와 고래는 정말 닮은 구석이 없다. 대왕고래와 강에 사는 하마의 공통 선조가 대체 어떻게 생겼을지 상상이나 할 수 있겠는가? 게다가 최초의 하마는 바실로사우루스와 도루돈이 이미 에오세의 바다를 헤엄치고 있던 시기보다 몇백만 년 후인 마이오세에 살았다. 이것은 하마가 고래의 선조가 아니라 사촌 간이었다는 의미다. 이들의 실제 선조는 화석 기록으로 남아 있는 전이종transitional species이었다. 바실로사우루스와 도루돈을 포함해서 이 종들은 사슬처럼 이어져 있다. 여기서 고생물학자들은 드디어 꼬투리를 잡았다는 듯 회심의 미소를 지을 수 있다. 고래가 어떻게 물로 들어갔는지 밝혀주는 증거는 DNA가 아니라 화석밖에 없기 때문이다. 이것은 아기 사슴 밤비가 어떻게 고래 모비 딕이 되었느냐는 소설 같은 이야기다.

이야기는 이집트 고래가 등장하기 100만 년 전, 테티스해의 파도 너머 동쪽에서 시작된다. 인도대륙은 여전히 섬이었지만 그 상태가 오래 지속될 상황은 아니었다. 인도대륙은 적도 해협을 가르며 북쪽으로 빠르게 전진해서 아시아대륙과 정면으로 충돌할 운명이었다. 이 충돌은 테티스해가 닫히는 첫 번째 사건이었다. 지금으로부터 대략 5000만 년 전에서 5300만 년 전 사이에는 두 대륙 사이에 끼어서 좁게 이어진 열대 수역만 남아 있었다. 이 지역은 곧 두 대륙이 충돌해

인도히우스

파키케투스

암불로케투스

로드호케투스

바실로사우루스

• 고래 진화의 순서.

서 접히면서 두 개의 대륙 덩어리를 연결하는 봉합선인 히말라야산맥을 이루게 될 참이었지만, 이곳은 그 전까지 몇백만 년을 조용한 바다로 남아 있었다. 여긴 인도대륙에서 흘러나오는 강물이 유입되고 햇살이 좋은 얕은 바다였다. 이 소박한 장소가 진화의 역사에서 가장 위대한 실험 중 하나가 진행될 무대였다.

인도 섬 대륙에 고립된 여러 포유류 중에 인도히우스^{Indohyus}라는 너구리 크기만 한 우제류가 있었다. 이 동물은 아기 사슴의 몸통에 개의 주둥이를 갖고 있고, 죽마처럼 길쭉한 다리로 포식자를 피해 숲 바닥을 살금살금 숨어 다니고 이파리를 씹어 먹으며 변변치 않은 삶을 살던 앙증맞은 동물이었다. 이 동물은 이중 도르래 같은 발목으로 통통 튀어 다니며 자기를 쫓는 포식자들을 속도로 앞지를 수 있었다. 하지만 가끔씩 더 유능한 포식자 때문에 깜짝 놀랄 때가 있었다. 그 포식자는 발이 아니라 날개로 사냥하는 육식성 조류였다. 하지만 이 발굽 달린 조그만 포유류에게도 재주가 있었다. 오늘날 아프리카 쥐사슴$^{African\ mouse\ deer}$처럼 이들도 개울이나 호수로 뛰어들어 한동안 물속에 숨어 있을 수 있었다. 이 동물은 훌륭한 수영 선수는 못 되지만 물을 피난처로 삼았고, 기회가 되면 포식자가 사라질 때까지 기다리는 동안 수생식물을 씹어 먹었을지도 모른다. 솔직히 지금까지 한 이야기는 재미 삼아 써본 허구지만, 화석에서 얻은 정보를 바탕으로 창작한 내용이다. 화석은 인도히우스의 생활방식을 밝혀줄 뿐 아니라 거대한 대왕고래와는 달라도 너무 다른 앙상한 체격을 가진 이 보잘것없는 생명체가 고래의 신조였다는 사실을 보여준다.

최초의 인도히우스 화석은 인도, 파키스탄, 중국이 영토 분쟁을 벌이고 있는 히말라야 국경지대인 카슈미르^{kashmir}에서 인도의 지질학자

A. 랑가 라오^A. Ranga Rao가 수집해 1971년에 보고했다. 화석의 내용물은 치아 몇 개와 턱뼈의 일부에 불과해서 라오는 죽을 때까지도 자기가 발견한 것이 어떤 유형의 동물인지 거의 알지 못했다. 하지만 그의 미망인은 집요했다. 그녀는 카슈미르 발굴지에서 나온 바위를 상당수는 열어보지도 않은 상태로 상자에 담아 보관하다가 네덜란드계 미국인 고생물학자 한스 테비센^Hans Thewissen에게 전해주었다. 처음에는 테비센도 그 바위에 별 관심이 없었다. 그러다 그가 고용한 기술자가 우연히 바위 중 하나를 쪼개서 안에 묻혀 있던 두개골을 찾아냈다. 테비센은 자기 눈으로 보고도 믿을 수 없었다. 세 개의 귓속뼈를 감싸고 있는 속이 빈 융기^bulla가 안쪽 벽이 두껍게 휘어져 있는 소라 껍데기 같은 모양이었다. 두개골 뒤쪽에 박혀 있는 뼈 하나는 해부학자가 아니고는 이름도 알 수 없는 것이었지만 두 가지 큰 함축적 의미를 갖고 있었다.

첫째, 계통학적으로 보면 이 특이하게 생긴 융기는 인도히우스를 고래와 이어준다. 거의 모든 포유류는 섬세한 융기를 갖고 있고, 어떤 것은 달걀 껍데기처럼 얇아서 거품처럼 보인다. 하지만 고래는 다르다. 소라 껍데기처럼 생긴 고래의 융기는 바위처럼 단단하다. 도르래 모양의 복사뼈가 우제류의 상징이듯, 이런 융기도 고래만의 상징이다. 인도히우스처럼 DNA 증거가 나올 수 없는 오래된 동물에서 이 융기는 해부학이 제공할 수 있는 최고의 가족 증명서나 다름없었다.

둘째, 이 융기는 인도히우스의 생활방식을 말해준다. 고래가 이런 이상한 융기를 갖고 있는 데는 이유가 있다. 앞에서 설명하면서 모든 포유류에서 머리 양쪽에 있는 이 동굴 같은 뼈가 노이즈 캔슬링 헤드폰처럼 작용해서 달팽이관, 그리고 이어서 뇌로 소리를 전달하는 귓

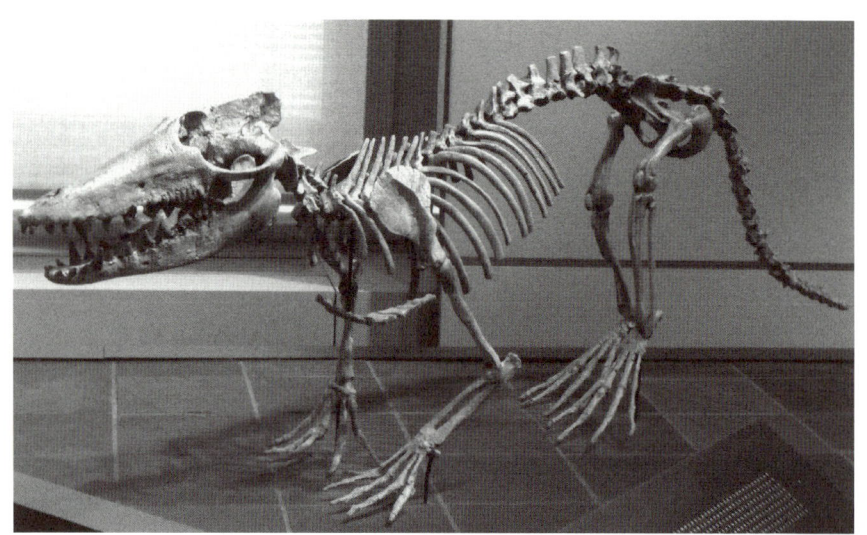

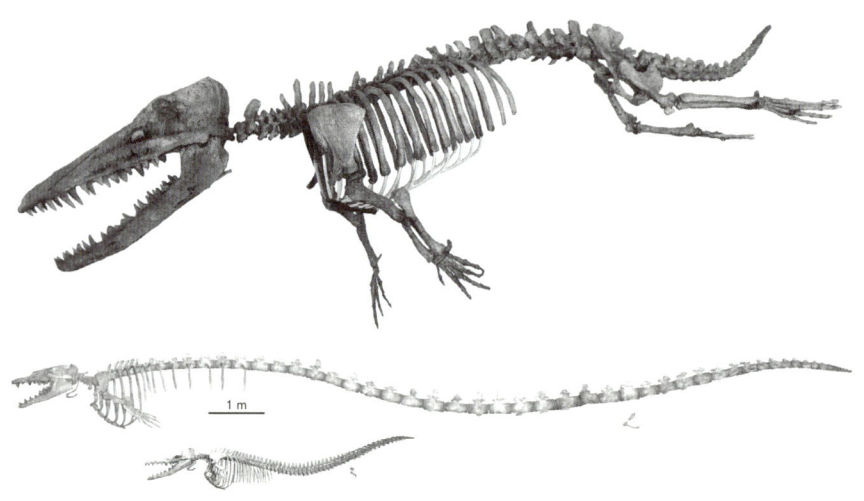

• 육상동물에서 수중동물로 변해가는 과정을 보여주는 고래 골격 화석. 위쪽부터 순서대로 파키케투스, 암불로케투스, 바실로사우루스, 도루돈(1미터 기준 자는 아래 두 사진에만 적용된다).

속뼈를 보호한다고 했던 것을 기억하자. 고래는 물속에서 소리를 들어야 하는데 물은 공기보다 소리를 듣기에 까다로운 매질이다. 그래서 고래에게는 청각보조장치가 필요하다. 융기의 두꺼운 껍데기와 휘어진 형태가 소리 감지를 강화하는 청각보조장치 역할을 한다. 그럼 인도히우스도 똑같은 청각보조장치를 갖고 있었으니 마찬가지로 물속에서 분명 소리를 잘 들을 수 있었을 것이다. 이것은 라오의 화석에서 보였던 다른 특이한 점과도 일맥상통한다. 인도히우스의 사지 뼈는 대단히 치밀해서 벽이 두텁고 골수강marrow cavity은 작았다. 이것은 부력을 줄여 물속에 머물기 위해서는 밸러스트ballast(선박의 안정을 위해 배의 밑바닥에 싣는 짐 - 옮긴이)가 필요한 수중동물의 전형적인 특성이다. 그리고 작은 머리, 탄탄한 몸통, 잔가지처럼 가는 사지, 긴 앞발과 뒷발 등 인도히우스의 체구도 쥐사슴과 섬뜩할 정도로 비슷했다. 이 동물 역시 강과 개울의 물가에서 먹이를 찾아 먹다가 위협을 느끼면 물로 뛰어드는 비슷한 생활방식을 갖고 있었음을 암시한다.

모두 종합해보면 인도히우스가 물을 가지고 실험을 하던 육상 포유류였음이 분명해진다. 그 과정에서 이 동물은 기나긴 진화의 여정 중 첫 발걸음을 내딛었다. 이 여정은 운명으로 결정돼 있던 것이 아니었다. 자연은 애초에 고래를 만들겠다는 계획이 없었다. 자연은 그런 식으로 일하지 않는다. 미리 계획을 세우지 않고 그때그때 생명체를 당면한 과제에 적응시키는 식으로 작동한다. 인도히우스가 물속으로 달아난 것은 그냥 포식자로부터 탈출하거나 먹이를 찾을 목적이었다. 인도히우스는 자기 후손이 바다의 거대 생명체가 되리라는 것은 꿈에도 생각해본 적이 없었다. 하지만 그 동물은 돌아올 수 없는 루비콘강을 건넜고, 이제 이 앙증맞은 우제류가 물속에 발굽을 담근 이상, 자연선택에는 이 동물을 더 뛰어난 수영 선수로 만들 기회가 열렸다.

그다음 과제는 앞발과 뒷발을 어떻게 처리할 것이냐는 문제였다. 인도히우스의 이쑤시개처럼 가는 다리와 발굽이 달린 발은 물속에서 추진력을 제대로 발휘할 수 없었다. 인터넷에서 어쩌다 풀장에 빠져 허우적거리게 된 사슴의 동영상을 본 적이 있는 사람이면 내가 무슨 말을 하는지 이해할 것이다. 여기에 진화가 내놓은 해답이 파키케투스^{Pakicetus}였다. 이 동물은 육상동물에서 수중동물로 이어지는 사슬에서 그다음 연결고리로, 테비센의 박사학위 지도교수였던 필립 진저리치가 보고했다. 지난 장에서 PETM 지구온난화에 관한 전문가로 이미 만나보았던 사람이다. 진저리치는 초기 고래 전문가로도 잘 알려져 있고, 파키케투스는 그가 받은 가장 큰 상이었다. 이것은 체구가 큰 개만 하고, 늑대처럼 긴 주둥이와 날카로운 이빨을 드러내고 으르렁거리던 동물이었다. 이것은 이 동물의 식습관이 초식에서 육식으로 바뀌었음을 말해주는 신호다. 하지만 가장 두드러진 변화는 다리였다. 이들의 다리는 인도히우스보다 더 튼튼했고, 발은 스쿠버다이버의 오리발처럼 보이기 시작했다. 파키케투스는 두 세상에서 여전히 걷기를 주요 이동수단으로 삼고 있었다. 이 동물은 도르래 구조의 발목을 이용해서 육상에서도 잘 걸어 다녔지만, 테티스해로 흘러드는 얕은 민물 개울 바닥에서도 걸을 수 있었다. 그리고 다리로 노를 젓고, 몸통도 조금씩 꿈틀거리며 움직일 수 있었다. 여러 가지 방식으로 이동할 수 있는 다용도 수륙양용 자동차와 비슷했다.

하지만 파키케투스는 수영 실력이 우아하지는 못해서 육지와 개울을 오가는 이중생활을 했다. 테비센이 보고한 진화의 사슬 그다음 연결고리인 암불로케투스^{Ambulocetus}는 인도 섬 대륙을 떠나 테티스해 연안의 바닷가로 진출했다. 크기가 큰 바다사자 정도였던 이 동물은 더 길고 튜브 모양으로 생긴 몸체, 짧아진 다리, 노처럼 생긴 더 넓은 발바닥 등 파키케투스보다는 분명 수중동물에 더 가까웠다. 이 동물은 두 가지 방식으로 연안의 해류를 뚫고 나갈 수 있었다. 하나는 낡은 방식이고, 하나는 새로운 방식이었다. 육상동물 선조로부터 물려받은 발을 이용한 노질, 그리고 물속에서 새로 고안한 재주인 척추의 위아래 진동 운동이었다. 또한 이 동물은 또 다른 청각보조장치를 진화시켰다. 융기 뼈와 이어지는 아래턱 속의 지방패드 fat pad다. 이것은 수중 진동을 모아 귀로 보내주는 역할을 한다. 암불로케투스는 오늘날의 고래와 같이 말 그대로 턱을 통해 소리를 들었다. 이것은 물속에서는 지상 포유류의 고막이 효과가 없다는 사실을 피해 가는 진화의 묘수였다. 풀장 물속에서 대화를 나누어보면 알겠지만, 물속에서는 지상 포유류의 고막이 별로 쓸모가 없다. 암불로케투스처럼 수영과 감각에 재주가 있는 동물은 육상에 머무는 시간이 길지 않았다. 적어도 멈칫거리면서 여전히 걸을 수는 있었겠지만 이 동물은 악어와 비슷하게 얕은 물에서 어정거리면서 날카로운 이빨로 지나가던 물고기를 낚아채는 매복형 포식자로 살았다.

   이 시점에서 진화는 소형 사슴처럼 보이는 동물을 데려다가 몸집도 적당히 크고, 물갈퀴로 헤엄도 치고, 수중에서 소리도 들을 수 있는 포유류를 만들어놓았다. 이 동물은 육지와 민물과의 관계를 모두 청산하고 지금은 인도 섬 대륙 가장자리를 두르고 있는 연안의 얕은 바다에서 물갈퀴로 노질을 하고 몸을 비틀어 움직이며 매복으로 사냥을 하는 존재가 됐다. 이제 뒤로 돌아갈 수는 없었다. 육지는 백미러에 비치고 있을 뿐, 앞에는 드넓은 바다가 기다리고 있었다. 그저 한 섬의 가장자리를 두른 얕은 바다만이 아니라 지구 표면의 70퍼센트를 덮고 있는 탁 트인 바다와 어두운 심연까지 말이다.

처음으로 전 세계로 퍼져나간 고래는 프로토케투스과^{protocetids}였다. 프로토케투스과의 전형적인 사례가 진저리치가 명명한 또 다른 종인 로드호케투스^{Rodhocetus}다. 이들의 앞발, 그리고 특히 뒷발은 우스꽝스러울 정도로 커져 있었다. 하지만 이것은 달리기를 위한 것이 아니었다. 수영을 위한 도구였다. 프로토케투스과가 육상에서도 몸을 지탱할 수 있었던 것은 사실이지만, 오리발을 낀 채로 달리기를 하는 스쿠버 다이버처럼 움직임이 서툴렀을 것이다. 이들은 물개처럼 대부분의 시간을 물에서 보내다가 햇빛을 쬐며 쉬거나, 짝짓기를 하거나, 출산을 하거나, 새끼를 기르기 위해서만 가끔씩 바위 위로 올라오며 살았을 가능성이 높다. 그게 아니면 이들에게 육지는 쓸모없는 공간이었다. 선조들이 살던 고향 육지를 거의 버리고 나자 탁 트인 넓은 바다로 눈을 돌렸다. 인도대륙이 아시아대륙으로 밀고 들어가던 약 4000만 년 전 즈음에는 아시아대륙, 아프리카대륙, 유럽대륙, 북아메리카대륙의 앞바다에 프로토케투스과가 퍼져 있었고, 페레고케투스^{Peregocetus}라는 한 종은 저 멀리 남아메리카대륙의 태평양 연안까지 퍼졌다. 프로토케투스과와 같은 시대에 모여들던 아프로테리아상목의 매너티들은 박쥐의 뒤를 이어 두 번째로 전 세계적인 태반 포유류가 됐다. 박쥐는 날기를 통해서 지리적 속박에서 벗어난 반면, 프로토케투스과는 물갈퀴가 달린 커다란 발로 추진력을 내며 수영을 통해 벗어났다.

그리디 이 걸어 디니는 고래들이 걷기를 멈추었다. 그리고 이로써 육지와 완전히 결별했다. 이집트 와디 알히탄에서 나온 골격, 특히 바실로사우루스의 골격은 고래 진화의 이 결정적인 순간을 잘 포착하고 있다. 이때야 이들은 비로소 완전한 수중생물에 올인하면서 처음으로 우리 눈에도 고래로 보일 존재가 됐다.

바실로사우루스는 몇 가지 점에서 프로토케투스과와 차이가 있다. 우선 크기가 어마어마했다. 길이는 17미터에 무게는 5톤이 넘어서, 대부분의 프로토케투스과와는 자릿수 자체가 달랐다. 이 거대한 몸뚱이를 물속에서 움직이기 위해 바실로사우루스는 새로운 수영 장치를 발명했다. 넓어진 척추로 지탱하는 꼬리였다. 이 꼬리를 위아래로 움직여 추진력을 발생시켰다. 이런 채찍질 같은 동작이 가능했던 것은 골반과 뒷다리가 더 작아지면서 척추와 분리되어 꼬리에 더 큰 유연성을 부여했기 때문이다. 바실로사우루스의 다리는 딱해 보일 정도로 작았다. 사람의 것보다 작은 다리가 요트를 여러 대 줄 세운 것보다도 긴 몸통에 붙어 있었으니까 말이다. 다리는 여전히 몸통에서 튀어나와 있었지만 나중에 고래들은 이 외부의 흔적마저도 모두 잃고 몸속에 작아진 몇 개의 골반 뼈와 사지 뼈만 남게 된다. 하지만 이들은 생식기 근육을 고정하는 역할을 한 덕분에 사형 선고를 면하게 된다. 반면 바실로사우루스의 앞다리는 여전히 눈에 잘 띄는 형태로 남아 있었다. 이 다리들은 넓은 노처럼 납작해져서 방향을 조절하는 역할을 하게 됐지만, 육상에서 5톤의 체중을 지탱하기에는 분명 역부족이었다. 목은 짧아져 몸통과 하나로 합쳐지면서 이음매 없이 하나의 어뢰 모양을 하게 된다. 그리고 부비강은 귀 주변의 뼈 속으로 침범해 들어와 잠수를 하는 동안에 압력을 조절하게 됐고, 콧구멍은 뒤로 움직이기 시작해서 결국 분수공 blowhole이 됐다. 이 모든 것이 바실로사우루스가 수영 챔피언이 되는 데 도움을 주었다. 그리고 그저 그런 수영 선수가 아니라 모두가 두려워할 존재가 됐다. 이 동물은 다른 고래를 잡아먹는 최상위 포식자였다. 이는 한 바실로사우루스 골격의 위에서 발견된 도루돈의 뼈를 통해 입증됐다.

에오세가 끝날 즈음에는 걸어 다니는 고래는 모두 사라지고 없었다. 전이가 완전히 마무리되면서 육상동물이 수영밖에 할 수 없는 동물이 되어 이제는 포식자를 피하기 위해서든, 먹기 위해서든, 출산을 위해서든, 수면을 위해서든, 그 어떤 목적으로도 땅으로 되돌아갈 수 없게 됐다. 이 시점부터 고래는 모든 활동을 물에서만 하게 됐다. 하지만 진화는 조금씩 손보는 일을 멈추지 않았다. 진화는 절대로 멈추지 않는다. 약 3400만 년 전 에오세 - 올리고세 경계 즈음해서 고래 이야기의 다음 단계가 시작됐다. 이제 물에 사는 이 고래들을 최고의 수중 동물로 만들 시간이 찾아온 것이다.

이 시점에서 고래는 두 가지 경로로 나뉘어 현대 고래에서 나타나는 두 유형으로 이어지게 됐다. 이빨고래$^{toothed\ whale}$와 수염고래$^{baleen\ whale}$였다. 각각의 유형 모두 바닷속 생활에 정교하게 적응된 다양한 해부학적 특성과 행동을 갖고 있었다. 에오세 - 올리고세 경계 즈음해서 양쪽 집단의 화석들이 모두 나타나기 시작한다. 여기서부터는 현대적인 스타일의 고래들이 위도도 제일 높고 춥기도 제일 추운 바다로 영역을 확장하면서 프로토케투스과와 바실로사우루스의 한계를 벗어나게 된다. 이제 이들은 연안과 근해, 극지와 열대, 얕은 바다와 깊은 바다까지 광범위하게 퍼져나가고, 심지어 민물로도 진출해서 강돌고래$^{river\ dolphin}$(그렇다. 돌고래도 고래의 한 유형이다)와 다른 종들도 인도히우스와 파키케투스가 살았던 강가의 환경으로 되짚어 올라간다. 모든 면에서 고래는 전 세계를 아우르는 제국으로 성장했다.

공식 명칭으로는 이빨고래류^{odontocetes}라고 하는 이빨고래는 오늘날

향유고래sperm whale, 범고래killer whale, 일각고래narwhal, 돌고래dolphin, 쇠돌고래porpoise 등을 포함하고 있다. 해양 먹이그물의 정상을 차지한 무서운 포식자들이다. 이들에게는 세 가지 핵심 무기가 있다.

첫 번째 무기는 날카로운 치아다. 이들의 치아는 더는 포유류로 보이지 않을 정도로 큰 변화를 겪었다. 치아에서 복잡한 교두와 융선들이 모두 사라지고, 앞니, 송곳니, 작은어금니, 큰어금니 등의 구성도 사라졌다. 그리고 유치가 영구치로 대체되는 것도 사라지고, 씹는 능

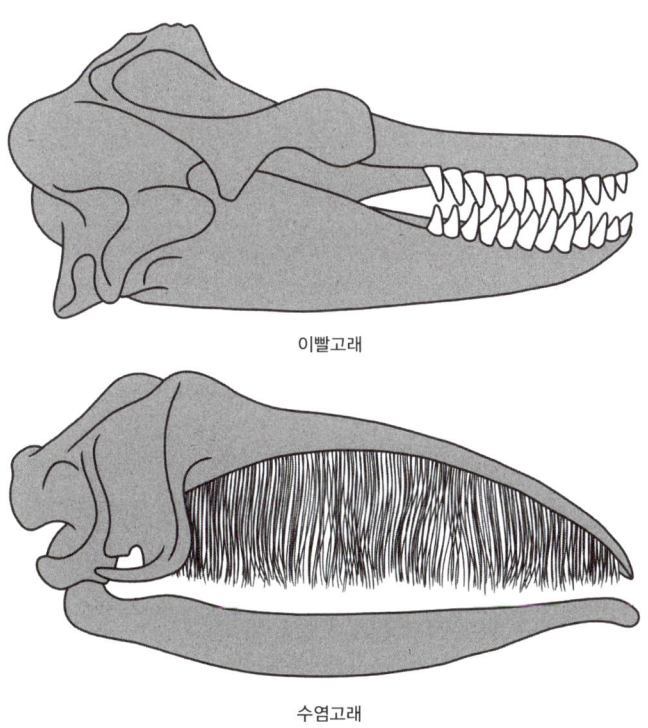

이빨고래

수염고래

• 이빨고래와 수염고래의 두개골.

력도 사라졌다. 그 대신 모든 치아가 원뿔 모양의 못처럼 변했다. 이 치아는 물고기나 다른 고래의 고기를 그냥 잘라내는 역할을 한다. 이빨고래류는 고기를 씹지 않고 삼킨다. 어떤 이빨고래류는 먹이를 먹을 때 치아를 거의 사용하지 않고 게으르게 그냥 통째로 삼킨다.

두 번째 무기는 분명 독립적으로 진화해 나온 것이겠지만 놀랍게도 박쥐와 공유하는 능력이다. 바로 반향정위다. 이빨고래류는 분수공 바로 아래 비강에 있는 살로 된 협착부인 음순$^{phonic\ lips}$을 통해 공기를 밀어내어 고주파수의 클릭음과 휘파람 소리를 만든다. 이마에서 불룩 튀어나와 있는 멜론^{melon}이라는 지방 덩어리가 음향 렌즈 역할을 해서 소리를 집중시키면, 이 소리가 반향과 메아리를 만들어내고, 귓속에 있는 특수한 달팽이관에서 이 소리를 감지한다. 박쥐는 반향정위를 이용해서 곤충을 낚아채거나 피를 빨아 먹을 희생자를 찾아내는 반면, 이빨고래류는 음파탐지기를 이용해 어둡고 탁한 심해에서 물고기나 오징어의 떼를 찾아낸다. 이 감각이 워낙 예민해서 이런 고래들은 더는 냄새를 맡을 필요가 없다. 사실 더는 냄새를 맡을 수도 없다.

마지막으로 이빨고래류는 엄청난 크기의 뇌를 가졌다. 향유고래는 지구에 사는 동물 가운데 뇌가 가장 크다. 아마 역사상 가장 큰 뇌일 것이다. 10킬로그램 정도 나가는 이들의 뇌는 사람의 뇌보다 다섯 배 이상 무겁고, 그 어떤 코끼리 뇌보다도 크다. 뇌의 크기를 체구로 나누어 지능을 대략적으로 상대평가를 해보면 동물 중에서 사람의 뒤를 이어 2등을 차지한다. 향유고래는 먹잇감을 머리로 압도할 수 있을 정도로 똑똑하며, 도구를 사용하고, 거울 속에 비친 자신의 모습을 알아볼 수도 있다.

포식자로서의 이런 능력들은 모두 현대의 향유고래와 그 친척 종들이 생겨나기 오래전인 에오세–올리고세 경계 즈음부터 진화했다. 사우스캐롤라이나에서 나온 코틸로카라^{Cotylocara}와 에코베나토르^{Echovenator} 같은 가장 오래된 이빨고래류 화석은 원뿔 모양의 치아, 큰 뇌, 그리고 멜론을 수용하는 그릇 모양의 함몰과 그것을 통제하는 근육 등 고주파 소리를 만들고 감지하는 것과 관련된 두개골의 특성, 그리고 밑면이 확장된 달팽이관을 가지고 있다. 따라서 이빨고래류는 수염고래로부터 갈라져 나오면서 큰 뇌와 반향정위를 발달시켜 자기만의 맞춤형 사냥 방식과 인지 방식을 빠르게 구축해나갔다. 올리고세를 거쳐 오늘날까지도 이들은 소리를 만들어내는 안면근육과 그 소리를 방출하는 멜론의 크기를 키우며 더욱 훌륭한 음파탐지 전문가가 됐다.

일부 고대 이빨고래류는 현대의 이빨고래, 심지어 향유고래도 부끄럽게 만들 수준이었다. 소설《모비 딕》의 작가 허먼 멜빌$^{Herman\ Melville}$에게 경의를 표하는 의미로 명명된 마이오세의 리비아탄 멜빌레이$^{Livyatan\ melvillei}$는 1200만 년 전 즈음에 남아메리카대륙의 태평양 연안을 돌아다녔다. 이것은 지구 역사상 가장 큰 포식자 중 하나였고, 몸의 길이는 18미터, 머리의 길이는 3미터로 안에 사람 한 명이 어렵지 않게 들어갈 수 있는 크기였다. 물론 그 안이 편안한 자리는 아니겠지만 말이다. 이 동물의 입은 워낙 커서 역사상 최대의 육상 포유류, 즉 티라노사우루스 렉스의 두개골도 어렵지 않게 삼킬 수 있었다. 그리고 사람의 발 길이만 한 치아는 철도 스파이크보다 두꺼워서 먹잇감의 뼈를 부수기에 안성맞춤이었다. 이들의 먹잇감은 수염고래 품종의 다른 고래들이었다. 무슨 B급 괴물 영화의 감독이 꾼 꿈인 것처럼 리비아탄은 아주 유명한 슈퍼 상어인 메갈로돈^{Megalodon}과 같은 바다에 살았다. 분명 이 상어도 이 고래를 두려워했을 것이다.

리비아탄과 화석으로 남은 다른 이빨고래류가 크기는 했지만 감히 가장 큰 수염고래의 크기를 넘볼 수 있는 것은 없었다. 공식적으로는 수염고래류^{mysticetes}라고 부르는 수염고래에는 대왕고래, 긴수염고래$^{right\ whale}$, 밍크고래^{minke}, 혹등고래^{humpback} 등이 있다. 이들의 골격을 보면 머리는 크게 부풀어 올라 있고, 치아가 없는 날씬한 턱뼈가 쓰레기통의 입구 테두리나 농구 골대 림처럼 바깥쪽으로 멀리 휘어지며 나와 있어 꼭 만화처럼 생겼다. 이 큰 턱뼈를 아무리 둘러봐도 치아의 흔적은 보이지 않을 것이다. 수염고래류는 선조들이 갖고 있던 못같이 생긴 치아를 잃고 수염^{baleen}으로 대체했기 때문이다. 수염고래라는 이름도 그래서 생겼다. 이 수염은 손톱의 성분인 케라틴으로 만들어진 커튼 같은 판이 입천장에 촘촘하게 매달려 있는 것이다. 수염 덕분에 수염고래류는 다른 그 어떤 포유류도 하지 못하는 것을 할 수 있다. 바로 물에서 작은 먹잇감들을 걸러 먹는 여과섭식$^{filter\ feeding}$이다. 일부 종이 먹이를 먹는 모습은 한 판의 춤이라 할 만한 장관이다. 이들은 아래턱을 내리고 거대한 입을 벌린 후에 지독할 정도로 엄청난 양의 물을 삼킨다. 그리고 혀와 목구멍의 근육을 이용해서 물을 수염에 통과시켜 입 밖으로 짜낸다. 그럼 한 번에 수천 마리나 그 이상의 플랑크톤을 잡아먹을 수 있다. 참 역설적인 일이다. 역사상 가장 큰 동물이 가장 작은 먹이를 대식가 같은 식탐으로 잡아먹으며 근근이 살고 있으니 말이다. 이들은 반향정위를 이용해서 먹이를 찾거나, 사냥을 위해 뇌를 키울 필요도 없다. 그저 물속을 돌아다니면서 가끔씩 아가리만 크게 벌려주면 된다.

화석 기록을 보면 수염고래류의 진화에 있었던 반전이 드러난다. 에오세 시대에 살았던 페루의 미스타코돈^{Mystacodon}과 남극의 라노케투스*Llanocetus* 같은 최초의 수염고래류는 아직 치아를 갖고 있었다. 그중에는 이빨고래류의 원뿔 모양 치아처럼 생긴 것도 있었고, 교두가 중앙 봉우리에서 바깥쪽으로 섬세하게 부채꼴 모양으로 퍼져나가는 치아도 있었다. 이들은 수염이 없어서 여과섭식을 할 수 없었지만 이미 당시 다른 고래들보다 몸집이 훨씬 커지고 있었다. 예를 들어 라노케투스의 경우 길이가 적어도 8미터에 달해서 마이오세에 들어 몸집이 거대해진 리비아탄 등의 다른 이빨고래류나 수염고래류가 등장하기 전까지는 가장 거대한 고래 중 하나였다. 따라서 수염과 여과섭식은 수염고래류가 이빨고래류로부터 갈라져 나온 이후에 진화한 것이고, 적어도 초반까지는 여과섭식이 수염고래류의 몸집이 커지게 된 비밀은 아니었다. 오히려 화석을 보면 치아가 달린 최초의 수염고래류는 물어뜯는 동물이었음을 알 수 있다. 그랬다가 치아를 잃고 먹이를 빨아들여서 먹는 흡입섭식 suction feeding 동물이 되었다가 치아가 없는 턱에 수염이 추가되면서 여과섭식이라는 새로운 재주를 익히게 됐다. 고대의 고래가 걷기에서 수영으로 전이하는 과정이 그랬던 것처럼, 치아에서 수염으로, 먹이를 무는 동물에서 여과섭식을 하는 동물로 전이하는 과정도 단계를 거치며 이루어진 점진적 과정이었다.

하지만 일단 진화를 통해 수염을 이용한 여과섭식을 할 수 있게 됨으로써, 수염고래류는 몸집을 점점 더 키울 수단을 확보하게 됐다. 자신의 먹이인 오징어, 물고기 혹은 다른 고래가 풍부해야만 살아갈 수 있는 이빨고래류와 달리 수염고래들은 큰 에너지를 들이지 않고도 포식할 수 있는 플랑크톤이 거의 무한히 공급된다. 이들은 할 일 없이 시간을 보내다가도 뷔페처럼 차려진 해산물들을 잔뜩 먹어치울 수 있다. 계절에 따라 플랑크톤이 폭발적으로 증가하는 기간이나 심해에서 솟아오른 영양분이 크릴 떼에 영양을 공급해주는 용천지대^{upwelling zone}에서는 특히나 먹이가 풍부하다. 현존하는 고래 중에서 제일 크고, 지금까지 살았던 고래 중에서도 제일 큰 대왕고래는 수염고래류다. 이들은 에오세-올리고세 경계 즈음에 시작해서 지금까지 조금도 약화하지 않고 이어지는 장기적 추세의 정점이라 할 수 있다. 바로 대형화 추세다. 이것은 육상 포유류의 진화에서는 불가능한 이야기다. 이 장의 앞부분에서 살펴보았듯이 코끼리와 코뿔소는 에오세-올리고세 경계 즈음에 몸집이 최대치에 도달한 후로는 전혀 커지지 않았다.

그렇다면 언젠가는 대왕고래보다도 거대한 초거대 생명체가 진화할 수 있다는 말일까? 이미 극단적인 이 포유류들이 훨씬 더 극단적으로 변할 수 있다는 말인가? 가능한 이야기 같다. 다만 대왕고래와 그 수염고래류 사촌들이 지금 미친 듯이 진행되고 있는 기후와 환경의 변화에서 살아남아 멸종을 피하고 미래의 바다에서 충분히 많은 양의 플랑크톤을 확보할 수만 있다면 말이다.

8

풀이 말을 낳은 이야기

텔레오케라스 *Teleoceras*

사바나의 검은 눈보라

1200만 년 전 즈음 마이오세의 아메리카 사바나, 이른 봄의 어느 따듯한 아침이었다. 겨울은 길고 지루했다. 특별히 춥거나 눈이 많지는 않았지만 건조하고 무료했고, 석 달 넘게 공기가 정체되고 짧은 낮이 계속됐다. 그러다 몇 주 전에 드디어 비가 돌아왔고, 사바나가 탈바꿈을 시작하고 있었다.

 지평선 위로 태양이 솟아오르면서 가장 가까운 바다와도 족히 1600킬로미터는 떨어져 있을 깊은 내륙의 넓고 평평한 땅 위로 햇살이 쏟아졌다. 풀이 땅을 뒤덮었다. 겨울 동안 죽어 있던 풀이지만 완전히 죽어서 사라진 것은 아니었다. 이제 물이 흥건한 흙에서 풀들이 하늘로 뻗는 작은 손가락처럼 수없이 싹을 내밀었다. 나무들이 하늘을 제대로 가리지도 못할 정도로 듬성듬성 흩어져 있었다. 위에서 보면 풀의 바다에 점점이 섬이 박혀 있는 것처럼 보였다. 나무들이 잠에서 깨어나면서 나뭇가지 끝에서 여린 이파리와 향기로운 꽃을 피우고 있었다.

지난밤 내린 비가 얽힌 실타래처럼 물줄기를 이루며 호수로 흘러들고 있었다. 호수는 물웅덩이였고, 여기가 바로 아메리카 사바나의 동물들이 모이는 곳이었다. 이들은 이곳에 모여 물을 마시고, 몸을 씻고, 서로 어울리고, 나무 사이에 숨어 있는 위협으로부터 자신을 보호하기 위해 무리 지었다. 그 위협은 바로 불쑥 튀어나온 턱과 뼈를 으스러뜨릴 수 있는 강한 턱 힘을 가진, 크기가 곰만 한 개다. 가히 지옥에서 찾아온 개라 할 만했다.

그날 아침 물가에는 동물 무리가 잡다하게 뒤섞여 어정거리고 있었다. 우선 앙증맞은 발에 발가락이 세 개씩 달려 있는 소형 말에서부터 단거리 달리기에 적합한 튼튼한 다리에 발굽이 하나씩만 달려 있는 종마에 이르기까지 몇몇 유형의 말들이 있었다. 작은 녀석들은 호숫가에 튀어나와 있는 잎이 많이 달린 덤불을 우적우적 씹어 먹고 있었고, 큰 녀석들은 호수 가장자리를 따라 흙을 튀기며 달리다가 가끔씩 멈춰서 한입 가득 풀을 뜯어 먹었다.

이 무리에 사슴, 그리고 낙타가 합류했다. 낙타 중 일부는 긴 다리에 얼빠진 미소를 짓고 있고, 등에 작은 혹들이 달린 전형적인 종이었다. 하지만 한 마리는 전혀 낙타처럼 보이지 않았다. 이 동물은 마치 기린 같은 실루엣을 갖고 있었는데, 몸통 위 3미터 높이로 국수 면발처럼 긴 목이 뻗어 나와 있어서 높은 가지에 달린 제일 맛있는 이파리를 뜯어 먹기에 안성맞춤이었다. 평소 같으면 이 기린 낙타는 아침이면 나무 섬에서 이파리를 씹어 먹고 있었을 것이다. 하지만 오늘은 아니었다. 세찬 비가 내린 다음 날 새벽이 늘 그렇듯이 지옥에서 온 개의 공격을 받을 위험이 너무 컸기 때문에 기린 낙타는 아침식사를 건너뛰고 집단 속에서 안전을 도모하기 위해 물구덩이를 찾았다.

그리고 그다음에는 코뿔소, 그것도 엄청나게 많은 코뿔소가 있었다. 적어도 300마리, 어쩌면 그보다 더 많은 코뿔소가 몇 개 무리로 나뉘어 있었다. 목이 긴 낙타처럼 코뿔소 중에도 익숙한 모습과 그렇지 않은 모습이 모두 있었다. 코에서 원뿔 모양의 뿔이 돋아 있는 이들은 분명 코뿔소가 맞았다. 하지만 불룩한 배, 땅딸막한 다리, 부풀어 오른 듯한 머리, 그리고 거의 없다시피 한 목을 보면 꼭 하마 같은 분위기가 났다. 어떤 코뿔소는 햇살이 점점 더 눈부시게 내리쬐는 아침에 시원함을 즐기며 얕은 물에서 철벅거리고 있었다. 하지만 한가하게 물놀이나 할 기분이 아닌 코뿔소들도 있었다. 배고픔에 배에서 자꾸 꼬르륵거리는 소리가 나서 이들은 먹는 일에 집중했다. 몸집을 유지하려면 풀을 매일 수십 킬로그램씩 먹어치워야 했다. 그래서 식사는 일찍 시작할수록 좋았다.

아름다운 아침이었지만 팽팽한 긴장감이 돌았다. 지옥에서 온 개에 대한 두려움만은 아니었다. 다른 무언가가 있었다. 어떤 신기한 것이 코뿔소 무리 내부, 그리고 무리와 무리 사이에서 태동하고 있었다. 코뿔소 자신들 말고는 낌새를 알아차리기 힘든 경쟁이 펼쳐지고 있었다. 각 무리에는 확실한 지도자가 있었다. 수컷이지만 그냥 수컷이 아니라 무리에서 제일 큰 앞니 상아를 가진 육중한 수컷이었다. 그 수컷은 주변에 암컷들을 거느리고 있어서 각각의 무리는 사실상 하렘harem(번식을 위해 한 마리의 수컷을 공유하는 암컷들 - 옮긴이)에 가까웠다. 암컷들은 거의 모두가 임신하고 있었고, 출산일이 빠른 속도로 다가오고 있었다. 한편 그중 다수는 여전히 지난해에 낳은 새끼들을 돌보고 있었다. 이 새끼들은 장난기 많은 청소년기에 진입해 있었지만 여전히 어미로부터의 돌봄과 영양 공급이 필요한 나이였다.

이런 가족 구조 때문에 덩치가 작은 여러 마리 성체 수컷들에게는 다른 선택지가 거의 없었다. 그들 중 일부는 무리에 끼지 못한 억울함과 테스토스테론이 지배하는 독신 무리에 끼었다. 그러다 가끔 이 독신 수컷 중 한 마리가 용기를 내어 하렘의 지배권을 두고 우두머리 수컷에게 도전장을 내밀지만, 도전자에게 좋은 결말로 끝나는 경우는 드물었다. 외톨이 수컷은 더 불쌍했다. 운도 지지리 없는 이 수컷들은 무리 주변을 좀비처럼 겉돌았다. 이 부적응자 중 한 마리가 암컷 무리와 너무 가까워질 때마다 우두머리 수컷은 하렘을 지키기 위해서라면 어떤 짓도 서슴지 않았다. 보통은 뿔과 상아로 싸우지만 싸움이 오래 지속되는 일은 없었다.

수컷 중 한 마리가 외톨이 수컷이 자신의 하렘에 다가오는 것을 노려보고 있고, 코뿔소 새끼들은 물속에서 신나게 뛰어놀고 있고, 말들은 풀을 뜯고, 기린 낙타는 이제 나무 쪽으로 가도 괜찮을지 가늠하고 있는데, 갑자기 사바나 저 멀리서 큰 폭발음이 들려왔다.

물구덩이 근처에 있던 동물들 모두 그 자리에 얼어붙었다.

한 번도 들어본 적이 없었던 큰 소리였다. 앞으로도 들을 일이 없는 큰 소리였다. 이것은 대재앙이 다가올 것을 알리는 분명한 메시지였기 때문이다.

코끼리, 말, 낙타들은 목을 길게 빼고 파란 하늘 너머로 구름이 피어오르는 것을 보았다. 사바나 동물들은 몰랐겠지만 이 구름은 북서쪽으로 약 1600킬로미터 거리에서 연기처럼 보이는 구름 기둥으로 시작됐다. 구름이 하늘로 점점 더 솟아오르다가 대기권 상층에 도달하자 버섯 모양으로 퍼져나갔다. 정체가 무엇이든 간에 구름은 아주 멀리 있었다. 지금 시점에서는 수백 킬로미터는 떨어져 있을 것이었다. 동물들의 반응으로 보아서는 별로 걱정할 일 같지는 않았다. 소는 다시 자신의 잠재적인 라이벌에게로 시선을 돌렸고, 새끼들은 다시 물을 튀기며 놀았고, 말들도 계속해서 풀을 뜯었다. 그리고 기린 낙타는 이만하면 기다릴 만큼 기다렸다고 생각했다. 더는 지옥의 개가 무섭다고 이파리도 못 먹고 굶고 있을 수 없었다.

하지만 구름이 움직임을 멈추지 않았다. 뿌연 안개가 서풍을 타고 슬로모션처럼 조금씩 지평선을 가로질러 퍼졌다. 그리고 사바나 쪽으로 가까이 흘러들며 크기도 점점 커졌다.

태양은 동쪽에서 떠오르고 구름은 서쪽에서 몰려왔다. 서로 경쟁하는 이 두 힘이 사바나 머리 위에서 충돌했다. 구름이 태양과 땅 사이로 지나가면서 낮이 밤으로 바뀌고 사방이 캄캄해졌다.

하지만 고요한 어둠이 아니라 격렬한 어둠이었다. 사바나의 동물들에게는 이것이 이상한 눈보라처럼 느껴졌다. 무언가가 하늘에서 내려오고 있었다. 연기 구름을 이루고 있는 물질들이 그냥 지나쳐 가는 것이 아니라 펄럭이며 하늘에서 떨어지고 있었다. 대부분은 먼지 조각만 한 크기지만 모래 크기도 있는 작은 입자들이 어둠을 뚫고 내려오고 있었다. 눈보라가 평야를 가로지르며 울부짖듯 몰아치고 있었지만 눈은 아니었다. 차갑지 않고 미적지근했다. 그리고 하얀색이 아니라 어두운 회색이었다. 게다가 축축하지 않고 까칠했고, 이 작은 유리 총알이 떨어지면서 사바나 포유류의 가죽을 긁는 바람에 전에는 한 번도 가려워본 적이 없던 곳이 간지러웠다. 악취도 났다. 거기서 흘러나오는 유황 냄새와 불 냄새가 공기를 독성으로 바꾸어놓았다.

하늘에서 새가 떨어지기 시작했다. 축 늘어진 새의 사체들이 비 오듯 땅으로 쏟아졌고, 가끔은 코뿔소의 등에 떨어져 튕겨 나가기도 했다. 코뿔소는 무슨 일이 일어나고 있는 것인지 확인할 수 없었다. 그들의 눈으로는 칠흑 같은 어둠을 뚫고 볼 수 없었다. 게다가 그들의 눈에는 눈물이 차오르고 있었다. 구름에 들어 있던 모래 같은 성분이 눈, 귀, 코, 입 등 가릴 것 없이 모두 다 틀어막았다. 귀가 오물로 막히는 동안에도 코뿔소들은 사바나의 소리를 들을 수 있었다. 소름 끼치는 소리였다. 쉭 하고 불어 가는 바람 소리, 무리의 동물들이 불협화음처럼 내뱉는 기침 소리, 그리고 죽은 새들이 풀밭에 후드득 내리꽂히는 소리. 하늘에서 우박 대신 죽은 새들이 떨어지는 폭풍이었다.

구름은 바람을 타고 움직였고, 결국 그 바람이 사바나를 훑고 지나갔다. 칠흑 같은 눈보라는 몇 시간 지속되었을 뿐이지만 동물들에겐 영원처럼 길게 느껴졌다. 마침내 연기 사이로 햇살이 내리쬐고, 구름이 동쪽으로 물러가자 코끼리, 말, 낙타가 다시 눈을 뜨며 정신을 차렸다. 진물이 고여 충혈된 눈으로 바라본 주변은 완전히 다른 세상이 되어 있었다.

그들의 사바나가 지금은 15센티미터 정도 두께의 회색 담요로 완전히 덮여 있었다. 그 회색 물질은 화산재였다.

화산재가 모든 것을 뒤덮었다. 땅 위에는 풀잎 하나 보이지 않았고, 나무에 달린 꽃과 이파리도 어느 하나 깨끗하게 남아 있는 것이 없었다. 물구덩이는 여전히 그곳에 있었지만 수면 위로 화산재가 회오리처럼 돌며 물을 반죽으로 바꾸어놓고 있었다.

충격을 받아 혼미해 있던 동물들이 패닉에 빠지기 시작했다. 코뿔소들이 하나의 거대한 무리로 모이면서 하렘과 하렘이 합쳐지고, 독신자 수컷 무리와 외톨이들이 암컷 무리, 우두머리 수컷과 함께 뒤섞였다. 1톤짜리 거대한 핀볼처럼 몸과 몸을 부딪치며 이 무리들은 죽은 새들을 납작하게 밟아 뭉개며 화산재로 뒤덮인 평야를 우르르 몰려다녔다. 그러다 힘이 떨어져 그들이 항상 안전하다고 느끼는 장소였던 물구덩이로 돌아왔다. 다만 그곳은 더는 안전하지 않았고, 이제는 물구덩이가 아니라 실리카 진흙 구덩이였다.

그 후 며칠은 가혹했다. 마실 물이 없어서 코끼리, 낙타, 말 들은 목이 바짝바짝 타들어가고, 입술도 텄다. 한때 물구덩이였던 진흙에서 물을 빨아먹어 보려고도 했지만 헛수고였다. 진흙 구덩이로 너무 깊숙이 들어갔다가 걸쭉한 화산재 반죽으로 빨려 들어간 동물도 있었지만, 그들에겐 탈출할 힘이 남아 있지 않았다.

모든 동물이 배고픔에 괴로워했다. 그들이 할 수 있는 것이라고는 발과 혀를 이용해 풀에서 화산재를 닦아내려 애쓰는 것이 고작이었다. 하지만 소용없는 일이었다. 풀들은 대부분 제초제처럼 작용하는 화산재의 독에 이미 죽거나 시들어 있었다. 설상가상으로 동물들이 땅의 화산재를 닦아내려 할 때마다 그들이 차올린 화산재가 공기 중으로 퍼졌고, 다시 이 공기를 들이마셨다.

숨을 쉴 때마다 점점 더 많은 화산재가 몸속으로 들어왔다. 그 입자는 폐 깊숙한 곳에 들어가 박힐 정도로 작았기 때문에 숨을 들이쉴 때마다 샌드백에 모래를 채우듯 폐 속이 조금씩 화산재로 채워졌다. 처음에는 가슴에서 조금 묵직한 느낌만 났지만, 며칠이 지나면서 숨을 쉴 때마다 속이 석화하며 숨 쉬기가 어려워졌다. 핏속에 흐르는 산소의 양이 너무 적어지자 의식이 혼미해지고 발이 부어오르기 시작했다. 부어오른 다리에 머리까지 어지러워 비틀거리던 코뿔소, 말, 낙타들은 하나씩, 하나씩 피할 수 없는 결과를 받아들일 수밖에 없었다. 배고프고, 지치고, 목마르고, 숨도 쉴 수 없었던 그들은 하나둘 화산재 위로 쓰러졌다. 물구덩이와 평원 곳곳에 끔찍한 전쟁터처럼 사체들이 쌓였다.

저 멀리 나무 섬 중 하나에서 고독한 짐승 한 마리가 나타나 즐비한 사체들 사이로 발자국을 남기며 잿더미를 헤치고 다녔다. 지옥의 개였다. 며칠 전까지만 해도 이 짐승은 사바나에 사는 모든 코뿔소, 말, 낙타에게 가장 큰 두려움의 대상이었다. 이제 그 동물들은 모두 죽었고, 지옥의 개 역시 거의 죽은 것이나 다름없었다. 굶주림으로 초췌해진 이 짐승이 이제 다 포기하려고 할 무렵, 호숫가를 따라 썩어가는 고기들이 널려 있는 것을 보았다. 짐승은 코뿔소에게로 걸어가 그 옆구리에서 내키지 않는 듯 고기를 몇 점 뜯어 먹었다. 고기를 물어뜯을 때마다 화산재가 날렸다. 이것이 마지막 식사였다. 그 짐승 역시 자신의 먹잇감 옆에 쓰러졌다.

다시 바람이 일면서 텅 빈 풍경 속에 음산한 메아리가 퍼졌다. 눈처럼 공중으로 날려 올라간 화산재가 물구덩이 위로 날리며 그 물구덩이와 주변의 동물들을 모두 뒤덮었다.

애시폴, 선사시대의 폼페이

마이오세 중기였던 약 1200만 년 전에 지금의 아이다호 지역에서 화산이 폭발했다. 이 화산은 오늘날의 옐로스톤 국립공원 아래 머물면서 올드 페이스풀 Old Faithful과 다른 유명한 간헐천에 동력을 공급하고 있는 것과 동일한 열과 마그마 시스템이었다. 화산재가 탁월풍$^{prevailing\ wind}$(해당 지역에서 발생하는 바람 중 발생빈도가 가장 높은 방향의 바람 - 옮긴이)을 타고 동쪽으로 날려 북아메리카대륙의 상당 부분으로 퍼져나갔다. 그로부터 바람이 부는 방향으로 1600킬로미터 정도 떨어진 지금의 네브래스카 지역에는 고약한 유황 냄새가 나는 유리 같은 성분이 땅을 15센티미터 정도 두께로 눈처럼 뒤덮었다. 그곳에 사는 동물들 중 상당수가 그 자리에서 바로 죽었다. 특히 새들은 무심코 하늘을 날다가 화산재에 질식해서 더 많이 죽었다. 지상에 살던 많은 포유류를 비롯해서 다른 동물들은 배고픔, 목마름, 질병, 탈진을 견디며 며칠 또는 몇 주를 버티다 결국 쓰러졌다. 그리고 치욕스럽게도 그 동물들의 폐를 막고, 물을 오염시키고, 먹거리를 독으로 망쳐놓았던 바로 그 화산재에 파묻히고 말았다.

　이 디스토피아 이야기는 사실이다. 화산의 대학살이 돌 속에 그대로 담겨 있다. 마치 선사시대의 폼페이처럼 새, 코뿔소, 낙타, 말 들이 죽으면서 그 자리에 그대로 굳어서 보존되어 있다. 이런 게 있으리라고는 생각지도 못할, 세상에서 가장 놀라운 박물관에 가면 이 골격들을 직접 두 눈으로 볼 수 있다. 인구 6600명 정도의 시골 지역인 앤털로프 카운티$^{Antelope\ County}$의 '라이노 반$^{Rhino\ Barn}$(코뿔소 헛간)'은 지금은 애시폴 화석층 주립 역사공원$^{Ashfall\ State\ Historical\ Park}$으로 불리고 있는데, 밖에서 보면 미국의 내륙 도로에 점점이 자리 잡은 트럭 수송 유통 창고처럼 생겼다. 아주 낮은 건물 형태 때문에 완만한 기복이 있는 네브래스카주 북동부의 농장과 합쳐져 있는 것처럼 보인다. 겉모습만 보아서는 짐작도 못 하겠지만 그 안에 들어가면 100개가 넘는 현장 골격 화석이 있고, 지금도 그 수가 늘고 있다.

첫 화석 뼈는 1971년에 고생물학자 마이크 부어하이스Mike Voorhies가 옥수수밭 가장자리에 있는 한 작은 골짜기에서 아내 제인 부어하이스Jane Voorhies와 탐사를 하다가 발견했다. 부어하이스의 눈에 부드러운 회색 화산재에서 튀어나와 있는 반짝이는 치아가 들어왔다. 치아는 턱뼈에 박혀 있었고, 그 턱뼈는 두개골과 연결되어 있었고, 그 두개골은 다시 전신 골격으로 이어졌다. 나중에 불도저를 동원해서 600제곱미터의 표토를 걷어내니 골격이 수십 개 드러났다. 대부분 코뿔소였지만 말, 낙타, 사슴, 그리고 수없이 많은 새가 코뿔소의 발굽 자국 옆에 흩어져 있었다. 고생물학자들이 수십 년에 걸쳐 발굴을 하는 과정에서 수십 마리였던 것이 수백 마리로 늘어났다. 라이노 반의 평평한 지붕 밑에서 지금도 작업은 계속 이어지고 있다. 이곳에 찾아가면 과학자와 자원봉사자들이 1200만 년 된 뼈에서 화산재를 털어내는 모습을 실시간으로 관찰할 수 있다.

화석 발굴은 작업이 까다롭기로도 악명이 높다. 고작해야 뼈 몇 개 찾는 것이 전부인 경우가 다반사다. 그것도 운이 좋을 때 얘기다. 우리 뉴멕시코 현장 발굴 대원들은 너무도 잘 알고 있겠지만, 대개 포유류의 화석을 찾아냈다는 것은 화석 치아를 찾아냈다는 의미인 경우가 많다. 가끔 턱뼈에 치아 몇 개가 박혀 있는 것을 찾기도 하지만 보통은 치아 하나인 경우가 많고, 그마저도 깨져 있거나, 닳아 있거나, 조각으로 나뉘어 있다. 그리고 보통 이런 치아나 뼈는 그 동물이 죽었을 때의 위치에 있지 않고 진흙이나 모래로 덮여 화석으로 경화되기 전에 강물에 씻겨 내려가거나, 바람에 움직이거나, 사체 처리 동물 때문에 흩어져버리는 경우가 많다. 고생물학자가 형사라면, 우리는 항상 시간의 흐름과 주변 환경으로 망가진 범죄 현장에서 일하고 있는 셈이다.

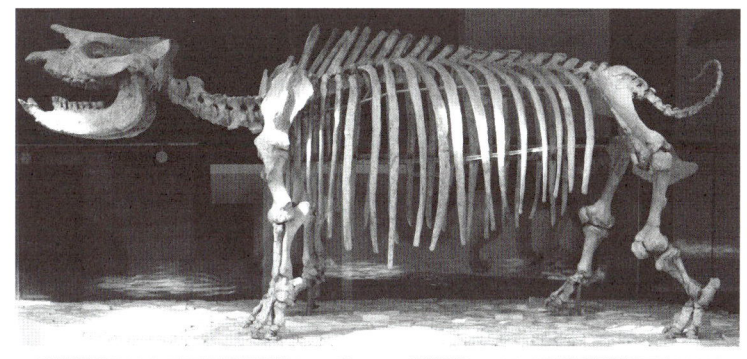

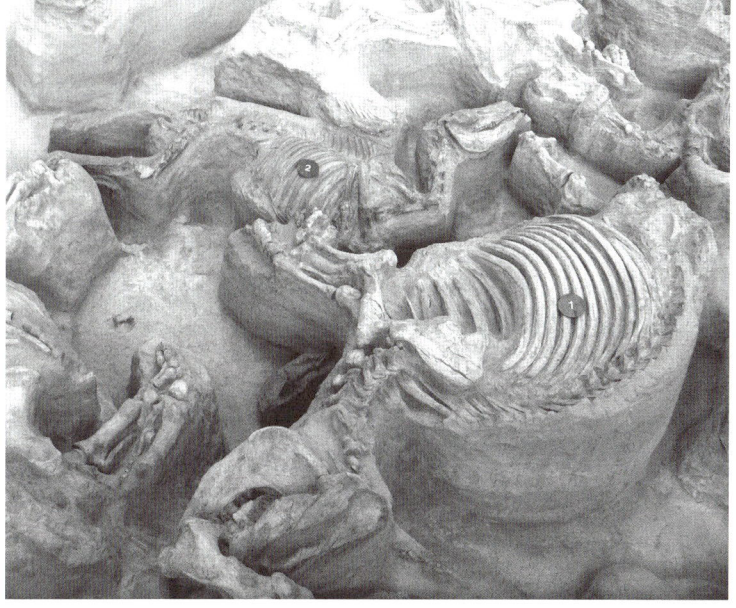

• 코뿔소 텔레오케라스의 골격(위) 그리고 애시폴 화석층의 화산재 속에 보존되어 있는 텔레오케라스와 말 코르모히파리온*Cormohipparion*(아래).

그런데 애시폴 화석층Ashfall Fossil Beds은 그렇지 않았다. 옐로스톤의 거대화산이 모든 것을 파괴하는 와중에도 마이오세의 한 동물 공동체만큼은 스냅사진 촬영처럼 고스란히 보존해놓은 것이다. 물론 대단히 비극적인 장면이다. 새들은 화산재 더미 제일 바닥에 있다. 화산 폭발과 함께 바로 희생당했다는 의미다. 그리고 그 위로 포유류의 골격이 쌓여 있다. 이는 코뿔소, 말, 낙타가 적어도 며칠 정도는 버티다가 죽었다는 뜻이다. 코뿔소의 새끼들은 어미에게 마지막으로 간절히 매달리듯 안겨 있고, 그 흉곽 속에는 마지막 만찬으로 먹은 식물의 곤죽이 담겨 있다. 일부 코뿔소 골격은 발, 발목 등의 사지 말단이 부풀어 있다. 이는 질식 상태에 있었음을 보여주는 표지다. 어떤 골격에는 폐부전$^{lung\ failure}$으로 뼈 질환이 생겼음을 말해주는 흔적, 사체 처리 동물들이 물어뜯어서 홈처럼 파인 흔적들이 마맛자국처럼 새겨져 있다. 이 사체 처리 동물은 지옥의 개였을 가능성이 크다. 이 개의 학명은 에피키온^{Epicyon}으로, 체장은 1.5미터, 체중은 90킬로그램 정도로 뼈를 부숴 먹을 수 있는 야수였다. 앨프리드 히치콕처럼 생각이 뒤틀린 영화감독이라도 이런 야만적인 장면을 화면에 담으려면 적잖이 고생할 것이다.

이 스냅사진은 고생물학자들에게는 이루 말로 할 수 없을 정도로 귀한 존재다. 마이오세 포유류, 특히 텔레오케라스^{Teleoceras}라는 종에 속한 코뿔소의 생활과 행동에 대해 대단히 많은 이야기를 들려주기 때문이다. 그렇게 많은 코뿔소가 함께 죽었다면 사회적 무리를 이루어 함께 살았던 것이 분명하다. 이들의 골격을 통계적으로 연구해보면 선사시대 개체군의 인구통계^{demographics}를 알 수 있다. 일부 코뿔소는 아직도 유치를 갖고 있었고, 한 살, 두 살, 세 살로 깔끔하게 나뉘는 세 가지 체격군으로 나뉘었다. 따라서 번식은 1년에 한 번씩 일어났던 것으로 보인다. 영구치열을 갖고 있는 나머지 코뿔소는 두 가지 집단으로 나뉜다. 입 앞쪽으로 작은 앞니 상아를 가진 개체군과 큰 상아를 가진 개체군이다. 태아는 작은 상아를 가진 개체의 몸속에서 발견된다. 이들이 암컷이었다는 의미이고, 따라서 상아가 큰 개체는 수컷이었음을 암시한다. 이것을 통해 놀라운 사실이 밝혀졌다. 코뿔소의 무덤에는 수컷 한 마리당 암컷이 다섯 마리 정도 있었다. 인간 집단이었다면 말이 안 됐을 이 왜곡된 성비는 하렘을 형성하는 현대 포유류 종의 전형적인 특징이다. 이 경우 우두머리 수컷이 여러 마리의 암컷 무리를 거느리며 번식한다.

하렘 구조로 보면 이 1200만 년 된 코뿔소들은 현대의 포유류와 거의 비슷했던 것으로 보인다. 실제로 외모와 생물학의 여러 측면을 살펴봐도 애시폴 포유류들은 우리가 즉각적으로 알아볼 수 있는 동물들이었다. 코뿔소가 하마와 비슷하게 생기기도 했고, 낙타 중 일부는 기린처럼 긴 목을 갖고 있었던 것은 사실이지만 이 동물들의 정체를 착각하는 일은 없었을 것이다. 이들은 분명 코뿔소고, 기린이고, 말이었다. 앞선 두 장에서 살펴보았듯이 현존하는 태반 포유류의 주요 집단인 영장류, 기제류와 우제류 등의 발굽 달린 포유류, 갯과와 고양잇과 같은 식육류, 코끼리, 박쥐, 고래 등은 약 5600만 년 전 에오세 동안에 번성하기 시작했다. 하지만 현대 동물 집단의 최초 구성원들은 지금 살고 있는 후손들과는 생김새가 딴판이었다. 걸어 다니는 고래, 크기가 강아지만 한 원시 코끼리, 메셀 호수에 빠졌던 작은 말 같은 것만 봐도 자명하게 알 수 있다. 하지만 애시폴은 다른 이야기를 전하고 있다. 이 화산 폭발의 희생자들은 유치원생이 봐도 알 수 있는, 오늘날 우리가 동물원에서 보는 것과 같은 종류의 포유류였다. 마이오세 즈음해서 현대의 동물 집단은 거의 완전하게 현대적인 모습을 갖추고 있었다.

하지만 이 애시폴 포유류들이 발견된 장소가 엉뚱해 보인다. 우리는 코끼리 하면 아프리카, 낙타 하면 중동을 떠올리지, 미국 땅덩어리 한복판을 떠올리지는 않는다. 요즘에 네브래스카의 농장 지대를 지나가다 코뿔소를 본 것 같다는 생각이 들었다면 아마도 육우로 키우는 덩치 큰 수소를 잘못 본 것일 테다. 아니면 환각에 빠져 있었거나. 낙타도 마찬가지다. 네브래스카에 낙타가 있다면 그 이유는 딱 하나, 동물원에서 탈출한 낙타가 머리가 나빠 돌아가는 길을 못 찾은 경우뿐이다.

그럼 마이오세에는 코뿔소와 낙타가 대체 왜 네브래스카에 있었을까? 애시폴에서 나온 다른 화석에 그 답이 있다. 이 화석들은 포유류 골격처럼 박물관 중앙에서 조명을 독차지하는 대상이 아니라 표본으로만 있는 훨씬 초라한 존재들이다. 코뿔소의 치아 속에 박혀 있거나, 구강과 목구멍 그리고 흉곽 속에 들어 있는 아주 작은 풀씨들을 말한다. 이 씨앗들은 오늘날 아메리카 중부 대초원에서 바람에 쓸리는 풀의 씨앗이 아니었을 것이다. 오히려 반대로 이들은 현대의 중앙아메리카 지역에서 자라고 있는 것과 비슷한 아열대 종에 속한다. 거기에 더해서 애시폴에서 나온 다른 식물 화석들을 보면 호두나무와 팽나무(hackberry) 숲이 듬성듬성 존재했다는 힌트가 있다. 따라서 마이오세에 네브래스카는 사바나였다. 이곳은 풀로 뒤덮여 가끔씩 나무들이 무리 지어 있고, 찔끔 내리는 비로 근근이 버티던 땅이었던 것이다. 이곳은 사자, 코끼리, 누영양이 뛰노는 요즘의 아프리카 사바나와 비슷하게 보였을 것이다.

웃기는 얘기겠지만, 우리가 마이오세에 살고 있었다면 네브래스카로 사파리 여행을 갔을지도 모른다.

아메리카 사바나는 오늘날의 환경하고만 다른 것이 아니라 그 이전인 팔레오세와 에오세의 환경과도 달랐다. 6600만 년 전 소행성이 공룡을 쓰러뜨린 이후의 팔레오세 세계는 온실과 같았다는 점을 기억하자. 북아메리카대륙의 상당 부분을 정글이 덮고 있었고, 극지에는 얼음이 없었다. 그러다 5600만 년 전 팔레오세-에오세 경계에는 발작적으로 지구온난화가 일어나면서 온실이 더 끓어올랐다. 에오세의 나머지 기간 동안에는 기온이 어느 정도 내려갔지만, 그래도 여전히 온실이었다. 정글은 계속 남아 있었고, 극지에는 얼음이 없었다. 그러다가 3400만 년 전에 에오세가 올리고세로 넘어가면서 세상이 바뀌었다. 온실이 냉장실로 갑자기 바뀌더니 결국에는 냉동실이 됐다.

마치 수도꼭지에서 뜨거운 물이 갑자기 끊기고 차가운 물만 나오는 것처럼 변화가 갑작스러웠다. 종합적으로 볼 때 지구의 온도가 떨어지는 데 기껏해야 30만 년 정도가 걸렸다. 고위도 지역은 평균 섭씨 5도 정도 떨어졌지만 장차 아메리카 사바나가 될 지역처럼 대륙 안쪽의 깊은 내륙에서는 그 영향이 훨씬 두드러져서, 이곳에서는 온도가 섭씨 8도 정도 떨어졌다. 대지와 바다가 냉각됨에 따라 좀 더 계절을 타며 기후가 더 다양해지고, 예측하기도 더욱 어려워졌다. 이것은 소행성 충돌 이후로 가장 심하고, 가장 오랫동안 이어진 기온 변화였다. 지금 일어나고 있는 지구온난화가 반대 방향으로 이것을 뛰어넘을지도 모르지만, 그것은 두고 볼 문제다.

이 모든 대소동의 원인은 우연히 동시에 일어난 세 가지 사건이었다. 첫 번째 사건은 대기 중의 이산화탄소가 점진적으로 감소한 것이다. 그래서 지구를 단열해서 따듯하게 유지해줄 온실가스가 점점 줄어들었다. 두 번째 사건은 여름이 평소보다 더 시원해진 것이다. 이것은 아마도 태양 주위를 도는 지구궤도가 요동을 친 때문이었을 것이다. 그리고 아마도 가장 결정적인 역할을 했을 세 번째 사건은 대륙이 여전히 움직이고 있었다는 것이다. 판게아의 마지막 잔재였던 곤드와나대륙이 마침내 지저분하게 끌어오던 이혼 절차를 완전히 마무리하고 있었다.

팔레오세와 에오세 초기 온실 동안에는 남극대륙이 호주대륙, 남아메리카대륙 양쪽과 아주 가늘게나마 아직 이어져 있었다. 그러다 수백만 년에 걸친 지진 이후에 에오세 후기에는 남극대륙이 양쪽 대륙과 떨어져 나왔다. 바닷물이 밀려들어 그 간극을 채우면서 남극을 둘러싸고 흐르는 차가운 해류가 새로 만들어졌다. 그 때문에 따뜻한 바닷물이 남쪽 바다에 도달할 수 없게 됐다. 남극을 둘러싸고 흐르는 이 해류가 에어컨처럼 작동해서 남극대륙을 얼어붙게 만들고, 빙하를 공급해서 남극의 땅덩어리를 급속히 얼음으로 뒤덮었다. 포유류의 먼 선조가 살던 석탄기-페름기 이후 수억 년 만에 처음으로 커다란 빙상이 대륙 전체로 퍼져나갔다. 북극은 아직 얼음으로 뒤덮이지 않았다. 북극은 남극처럼 하나의 땅덩어리가 자리 잡고 있는 것이 아니어서 빙하가 자라나기 더 어려웠기 때문이다. 하지만 결국에는 뒤늦게 얼음이 자리를 잡으면서 매머드와 검치호 같은 동물이 함께 등장하게 된다. 이 이야기는 다음 장에서 다루겠다.

에오세-올리고세 냉각이 만들어낸 가장 두드러진 결과물은 남극의 빙하였지만, 기온 급강하의 효과는 범지구적으로 느껴졌다. 새로 생긴 얼음 벌판에서 수만 킬로미터 떨어져 있던 북아메리카 내륙지역도 마찬가지로 외상을 입었다. 이곳은 기온만 내려간 것이 아니라 공기도 더 건조해졌기 때문에, 성장 속도가 느린 나무들은 희생당하고 그 대신 목질이 별로 없고 생활주기가 짧은 식물들이 번성했다. 정글의 규모가 줄어들면서 처음에는 성긴 삼림지대로, 그다음에는 사바나, 그다음에는 탁 트인 초원으로 대체됐다. 이것은 올리고세 전반에 걸쳐 아주 느리게 진행된 과정이었고(3400만 년 전에서 2300만 년 전까지), 마이오세(2300만 년 전에서 500만 년 전), 애시폴 포유류가 살던 시기, 그리고 그 너머까지 계속 이어졌다. 이렇게 기온, 기후, 식물 생태가 통째로 변해버렸으니 포유류 역시 거기에 적응하는 것 말고는 달리 방법이 없었다.

포스트디스토피아에 적응하기

우리 아버지는 잔디 깎기를 싫어하신다. 몇 년 전에 내가 어린 시절에 살던 집에서 이사해 나오실 때, 부모님은 말로는 손자들이 많아져서 그 아이들과 더 가까이 있고 싶어 그런다고 했지만 내 생각에는 마당이 작은 집으로 가고 싶으셨던 것이 아닐까 의심스럽다. 나도 집을 소유하고 나서는 그런 마음이 이해됐다. 풀은 절대 성장을 멈추는 일이 없다. 겨울에는 잠깐 숨을 돌릴 수 있지만, 봄이 오면 그 망할 놈의 초록색 풀잎들이 미사일 쏘듯 사납게 땅을 뚫고 나온다. 잔디깎이 기계를 일주일만 놀려도 공포 영화에 나오는 버려진 집 같은 꼴이 된다. 거기서 끝이면 그나마 다행이다. 10대 사내아이가 수염을 깎을 때처럼 풀은 베어내면 베어낼수록 더 두껍고 무성하게 되자라 나온다.

  풀을 괜히 흉봤나 싶기도 하다. 풀이 없다면 이 세상은 인간이 살 수 없는 정말 낯선 세계가 될 테니까 말이다. 풀은 잔디밭, 공원, 골프장을 예쁘게 덮어주는 카펫 이상의 존재다. 현존하는 풀은 1만 7000종이 넘으며 사바나, 대초원, 풀밭, 특히 인간의 경작지 등의 형태로 지구 지표면의 40퍼센트 정도를 덮고 있다. 인간의 경작지에는 물론 잔디밭도 포함되지만, 더 중요한 것은 농경지다. 우리가 주식으로 삼는 것 중에는 풀이 많다. 밀, 옥수수, 쌀 등등이 모두 풀이다. 시골 농장지대에서 자란 나 같은 사람들은 여름에는 들판에서 숨바꼭질을 하고 가을에는 옥수수밭에서 미로 놀이를 하면서 보냈기 때문에 이런 작물과 풀들이 어떤 것인지 잘 안다. 이것은 특화된 형태의 현화식물로서, 곧고 가늘고 속이 비어 있는 줄기가 마음껏 자라도록 내버려두면 꽃을 피우고 사람이 먹을 수 있는 열매를 맺는다. 밀 낟알은 아주 이상한 열매이기는 하지만 그래도 열매다. 옥수수 알갱이도 마찬가지다.

풀은 우리 세상에서 없는 곳이 없기 때문에 마치 세상이 시작될 때부터 존재했던 것처럼 생각하기 쉽다. 그렇지 않다. 지구의 역사에서 처음 44억 3000만 년 동안은 풀이 존재하지 않았다. 하지만 일단 진화하자 풀은 모든 것을 바꾸어놓았다. 1940년대에 그 유명한 포유류 계통수를 만들었던 조지 게일로드 심슨도 이것을 깨달았다. 그는 풀밭의 발달이 그 풀을 먹고 사는 포유류, 특히나 그중에서도 말에서 심오한 변화를 촉발했다고 주장했다. 그는 이것을 '거대한 전환Great Transformation'이라고 불렀다. 그는 그 시대의 저명한 고생물학자였을 뿐 아니라 과학 저술 활동도 활발하게 해서 '풀이 말을 낳은 이야기'에 대한 책을 한 권 쓰기도 했다. 하지만 풀의 혁명이 어떻게 일어났는지 이해하게 된 것은 불과 지난 20년 동안의 일이다.

캐롤라인 스트룀베리Caroline Strömberg는 풀의 역사를 새로 썼다. 그녀는 스웨덴 룬드에서 자랐고, 어린 시절에는 스웨덴 본토 동쪽 발트해에 있는 쉼표 모양의 섬인 고틀란드Gotland의 바위투성이 해변에서 삼엽충의 화석을 수집했다. 그녀는 과학 일러스트레이터의 견습생으로 있는 동안에 지질학과 미술을 함께 공부해서 4억 2000만 년이 넘는 작은 화석 치아에 대한 석사 논문을 마무리했다. 그리고 박사학위를 따려고 캘리포니아로 왔다가 우연히 말의 진화에 대한 강의를 듣게 된다. 그녀는 의문이 생겼다. '거대한 전환'에 대해 심슨이 말했던 고전적인 이야기가 과연 옳은 것일까? 그냥 과장은 아닐까? 그것을 알아낼 방법은 한 가지, 시간의 흐름에 따른 풀과 포유류 화석의 구체적인 기록들을 정리해서 이 둘이 함께 어떤 변화를 거쳤는지 확인하는 수밖에 없었다. 이것이 그녀의 박사학위 논문 주제가 됐고, 이 논문으로 그녀는 2004년에 척추동물 고생물학회에서 최고의 학생 강연에 수여하는 명망 있는 로머상을 받게 됐다. 나는 순진한 학부생 신분으로 이때 처음 척추동물 고생물학회 모임에 참석했는데, 그 후로 캐롤라인의 연구를 존경하게 됐다.

  지구 역사를 크게 놓고 보면 풀은 최근에 일어난 현상이다. 브론토사우루스는 풀잎 한 장 먹어본 적도, 본 적도 없었을 것이다. 트리케라톱스는 풀을 보았을 수도 있지만, 그렇다 해도 잠깐 흘깃 보고 말았을 것이다. 풀은 공룡의 제국이 쇠약해지고 있고 포유류는 여전히 그늘 속에 숨어 살던 시절인 백악기 늦은 말기가 되어서야 나타났다. 증거는 빈약하다. 그리고 살짝 역겹기도 하다. 그 증거란 것이 식물석phytolith이라는, 인도에서 나온 목이 긴 공룡의 딱딱하게 굳은 똥에 파묻혀 있던, 현미경으로 확인해야 할 만큼 작은 실리카 방울이기 때문이다. 그것을 알아본 사람은 캐롤라인이었다. 그녀는 자기가 상을 받았던 2004년 그 학회에서 인도 동료들이 보여준 사진을 봤다. 그리고 그 백악기 방울이 현대의 식물석과 거의 동일하다는 것을 바로 알아차렸다. 식물석은 풀이 자신의 몸을 구조적으로 지탱하고 동물이 자신을 너무 많이 뜯어 먹지 못하게 보호하려고 조직 속에 축적하는 성분이다. 그녀는 좋아서 펄쩍펄쩍 뛰었다. 이것이 혁명적인 발견임을 알았기 때문이다. 약 1년 후에 그녀는 인도의 동료들과 힘을 합쳐 이 볼품없는 화석을 보고했다. 선구자라는 데서 예상할 수 있겠지만, 이 최초의 풀은 특별할 것이 없는 작고 미미한 존재였다. 풀밭에 공룡이 있는 그림을 본 적이 있다면 그건 잘못된 것이다.

소행성 충돌 이후에도 상황은 대부분 비슷했다. 초기의 풀들은 팔레오세와 에오세의 뜨거운 열기에서 에너지를 공급받아 무성하게 자란 정글의 나무 및 덩굴과 공간을 차지하려고 경쟁을 벌여야 했다. 풀들은 환경에 적응하기 위해 다양화했고, 대나무 같은 풀은 밀실공포증이 느껴지는 정글의 좁은 공간에서 사는 데 전문가가 됐다. 그럼에도 풀들이 넓게 퍼져나갈 수 있는 탁 트인 공간은 거의 없었고, 그나마 트인 공간이 있어도 그곳은 양치식물과 덤불로 가려져 있었다. 따라서 고대 태반류가 팔레오세 뉴멕시코에서 포유류가 지배하는 최초의 생태계를 구축할 때는 풀밭이 존재하지 않았다. 영장류, 기제류, 우제류 삼총사가 PETM 지구온난화와 발맞추어 북반구 대륙을 가로지르며 진출할 때도, 남아메리카대륙과 아프리카대륙의 이상하게 생긴 포유류들이 고립된 상황에서 진화를 시작하고 있을 때도 풀밭은 존재하지 않았다.

에오세가 올리고세로 넘어가는 동안 온실이 냉장실로 바뀌었다. 기후가 추워지고, 강수량이 적어지고, 목이 마른 정글은 규모가 줄어들고, 점점 탁 트인 풍경이 생겨났다. 풀은 이 기회를 놓치지 않았다. 성장 속도가 빠르고 가혹한 조건에서도 견디는 능력 덕분에 그들은 점

령군처럼 천천히 대지를 가로질러 행군하며 지나는 곳마다 자기 땅임을 선포하여 숲을 대체해갔다. 캐롤라인의 박사학위 연구를 보면 전이 과정의 화석 기록이 가장 완벽하게 보존되어 있는 북아메리카대륙에서는 탁 트인 서식지에서 사는 풀들이 올리고세에 자신의 존재감을 부각시키기 시작했음을 알 수 있다. 이들은 거의 1000만 년에 걸친 시간 동안 숲이 계속 사라지며 새로 열리는 땅덩어리를 집어삼키면서 점점 풍부해졌고, 약 2300만 년 전 마이오세 즈음에는 완전한 초원지대를 이루었다.

이것은 큰 사건이었다. 흙에서 쉬지 않고 자라나는 초록 이파리 덕분에 무엇이든 맘껏 먹을 수 있는 뷔페가 마련되어 완전히 새로운 생태계가 발명된 것이다. 풀은 나무 이파리처럼 위에서 아래로 자라지 않고 아래서 위로 자랐다. 그리고 뜯어 먹으면 뜯어 먹을수록 더 두껍고 빽빽하게 자라났다. 따라서 풀을 먹는 행위만으로도 초원의 확산을 돕는 셈이었다. 그것만이 아니다. 동물들에게 지속적으로 뜯겨 먹히다 보니 덤불이나 나무처럼 성장이 느린 식물들은 발판을 마련하는 데 어려움을 겪었다. 그렇게 해서 대륙의 내륙은 풀의 바다가 됐고, 말과 다른 포유류에게는 이것이 커다란 축복이었다. 성경에서 사막으로 탈출해 나온 이스라엘 백성들을 먹여 살리기 위해 하늘에서 만나^{manna}라는 빵을 내렸던 것처럼 말이다. 비유하자면 풀은 말을 먹여 살렸고, 지금도 그렇다.

딱 한 가지 문제가 있었다. 풀은 식감이 고약하다. 연한 나뭇잎, 열매, 꽃과 달리 풀은 거칠다. 풀은 원래 섬유질의 질감을 갖고 있어서 이파리보다 질긴 경우가 많지만, 두 가지 더 큰 어려움이 존재한다. 첫째는 식물석이다. 이것은 풀에서 분비하는 실리카 방울로, 화석으로 잘 보존되기 때문에 우리에게는 도움이 되지만 풀을 뜯어 먹는 동물에게는 대단히 성가신 존재다. 사실상 풀 샐러드에 작은 모래 알갱이를 뿌려놓은 것이나 마찬가지기 때문이다. 두 번째는 모래다. 풀은 탁 트인 공간에서 땅 근처에 자라기 때문에 흙, 먼지, 바람에 날려 온 입자 같은 것이 자석처럼 달라붙는다. 오늘날 풀을 뜯어 먹는 여러 동물들은 풀을 뜯어 먹는 동안에 엄청난 양의 모래와 흙을 함께 삼킨다. 평균적으로 가축으로 키우는 소는 먹는 것의 4~6퍼센트가 흙이다. 그에 반해 나뭇잎을 먹는 동물이 삼키는 흙의 비율은 2퍼센트 미만이다. 소보다 풀을 밑동까지 더 바짝 뜯어 먹는 양은 상황이 더 고약하다. 뉴질랜드에서는 양이 먹는 것 중 33퍼센트가 흙이었던 경우도 관찰된 적이 있다. 바꿔 말하면 풀을 2킬로그램 먹을 때마다 흙도 1킬로그램 먹는다는 얘기다.

  모래와 흙, 식물석은 사포처럼 작용해서 풀을 뜯어 먹는 포유류의 치아를 마모시킨다. 이것은 사소한 문제가 아니다. 풀을 뜯어 먹는 요즘의 동물들은 치아가 매년 3밀리미터 정도씩 닳는다. 내 큰어금니는 잇몸 위로 키가 1센티미터, 즉 10밀리미터 정도다. 내가 풀만 먹고 산다면 내 치아는 기껏해야 3년을 간신히 버틸 수 있다. 나는 포유류이기 때문에 치아가 새로 나지 않는다. 그래서 유치와 영구치가 사라지고 나면 목돈을 들여 치과에서 대공사를 해야 한다. 하지만 말과 양에게 틀니를 맞춰줄 수는 없다. 따라서 치아가 다 닳아 사라지고 나면 굶어 죽는 것 말고는 대안이 없다.

  올리고세와 마이오세의 포유류들은 독이 든 성배와 마주했다. 영양이 풍부한 풀이 누군가 먹어주기를 기다리며 천지에 널려 있다. 그리고 이 풀은 뜯어 먹으면 먹을수록 더 많이 자란다. 하지만 너무 많이

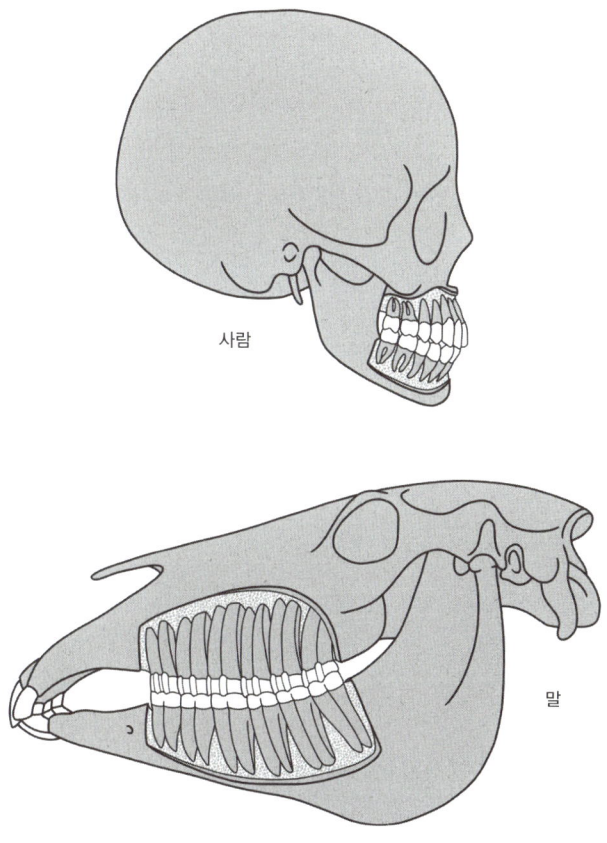

• 턱 속으로 치근이 깊이 뻗어 있는 말의 긴치아. 그에 반해 사람의 치근은 길이가 짧다. 치아가 잇몸선 위로 노출되어 있는 부분은 하얀색으로 표시했다.

먹었다가는 치명적인 결과가 생길 수 있다. 결국 진화는 해법을 찾아 냈다. 긴치아^{hypsodonty}다. 말 그대로 치아가 길다는 의미다. 그 덕분에 포유류가 그 치아를 가지고 씹을 수 있는 시간이 연장될 수 있다. 큰 어금니의 키가 2센티미터, 즉 20밀리미터라고 해보자. 그럼 나는 치아가 다 닳아서 사라지기 전에 풀, 그리고 거기에 묻어 있는 흙을 두 배나 더 오랫동안 뜯어 먹을 수 있다. 내 큰어금니가 수직으로 길어질수록 내가 풀을 실컷 뜯어 먹을 수 있는 시간의 창도 길어진다. 물론 인간에서는 이런 일이 일어나지 않았다. 인간의 식습관에서는 그럴 필요가 없기 때문이다. 하지만 풀을 뜯어 먹는 대부분의 포유류, 그리고 그중 가장 유명한 심슨의 말들은 이런 간단한 해결책을 독립적으로 우연히 찾아냈다. 이들은 진득하게 늘어나는 엿처럼 우스꽝스러울 정도로 길어진 큰어금니를(때로는 작은어금니도) 진화시켰다. 치아의 길이가 워낙 길어지다 보니 치아의 치관^{crown}(법랑질로 덮여 잇몸 위로 드러나 있는 부분)이 구강 내로 모두 나와 있기가 불가능할 정도로 너무 커졌다. 그래서 치아의 상당 부분은 잇몸과 턱뼈 안에 숨어 있다가 샤프펜슬의 심처럼 동물의 평생에 걸쳐 조금씩 맹출됐다. 심지어 일부 포유류에서는 계속 자라는 치아가 만들어지기도 했다.

  초원의 확산에 반응해서 긴치아가 발전해 나왔다는 것이 심슨의 거대한 전환 이야기 전개의 핵심이다. 숲에서 열매와 잎을 먹고 살던 이름 없는 동물을 진화시켜 우리가 오늘날 아끼는 속도와 우아함의 상징인 말로 바꾸어놓은 게 바로 긴치아의 발전이었다는 것이다. 하지만 캐롤라인과 많은 동료들의 연구는 이런 단순한 인과관계로 표현되는 이야기에 의문을 제기하고 있다. 물론 초원의 발달이 말과 다른 포유류의 진화를 촉진했음은 의심할 바가 아니다. 하지만 그 이야기는 심슨이 상상했던 것보다 더 미묘하고 풍부한 것이었다.

  알고 보니 말은 이 게임에서 후발주자였다. 말은 치관의 길어진 치아를 받아들이는 데도, 풍부한 풀을 먹이로 활용하는 데도 느렸다. 어찌나 느렸는지 사실은 다른 포유류들이 이런 점에서는 말보다 더 빨랐다. 올리고세에 탁 트인 풍경이 늘어나고 정글과 정글 사이의 땅을 풀들이 채워감에 따라 체구가 제일 작은 포유류들이 가장 먼저 적응했다. 출산율이 미친 듯이 높고 세대교체 속도도 빠른 설치류와 토끼들은 자연선택의 변화에 가장 유연하게 대처할 수 있었다. 이들은 말이 긴치아를 발달시키기 최소 1000만 년 전부터 치아의 길이를 늘려 풀을 뜯어 먹고, 흙에도 대처하기 시작했다. 그다음에는 발굽 달린 포유류들이 큰어금니의 길이를 늘이는 똑같은 비법을 찾아냈다. 하지만 이들은 발굽의 수가 짝수인 우제류였다. 그중에는 올리고세에 풀 뜯어 먹는 대형 동물로는 제일 수가 많았던 여러 가지 낙타도 포함되어 있었다. 한편 올리고세의 말들은 에오세의 선조가 갖고 있었던 짧은 치아를 그대로 유지하고 있었고, 법랑질의 마모도 별로 보이지 않았다. 이는 토끼, 설치류, 낙타가 탁 트인 공간에서 풀을 뜯어 먹는 생태적 지위를 장악해가는 동안 말은 여전히 부드러운 나뭇잎을 먹고 있었음을 말해준다.

2300만 년 전 마이오세가 시작될 시점에는 정글은 기억 속에서 잊혔고, 북아메리카대륙 전역에 초원이 자리를 잡았다. 규모가 줄어들고 있는 숲 사이에 섬처럼 존재하던 초원이 이렇게 풀의 바다로 바뀐 후에야 마침내 말도 그런 변화를 알아차렸다. 이들은 자신의 오래된 생활방식을 더는 지속할 수 없음을 깨닫고 먹이를 나뭇잎에서 풀로 마지못해 바꾸어야 했다. 치아가 마모하는 정도가 갑자기 심해졌고, 나뭇잎을 먹던 선조들의 뾰족하게 솟아 있던 교두가 식물석과 모래에 갈려서 뭉툭한 언덕으로 바뀌었다. 일단 이렇게 닳기 시작하자, 세대를 거치면서 치아가 점점 더 길어졌다. 하지만 그럼에도 긴치아는 늦게 찾아왔다. 자연선택은 그저 따라잡기에 급급했다. 치아가 심하게 닳아 있던 마이오세 초기의 첫 말과 오늘날의 말처럼 치관의 길이가 제대로 길어진 긴치아를 가진 마이오세 중반의 첫 말 사이에는 500만 년이라는 시차가 존재한다. 긴치아를 갖게 되면서 이 말들은 풀을 뜯어 먹는 수고로움을 덜어줄 또 다른 치아 도구를 발전시킨다. 치아의 씹는 면에 아주 얇은 법랑질 융기가 미로처럼 생겨나서 먹이를 분쇄하고 자르는 데 도움을 주었다. 이 법랑질 융기는 풀과 모래에 마모되면 더 날카로워졌다.

말들은 늦장을 부리기는 했지만 500만 년 전 마이오세 말기 즈음에는 풀 뜯어 먹기의 기술을 완벽하게 가다듬어 생명의 역사상 가장 뛰어난 풀 뜯어 먹기 선수 중 하나가 됐다. 이들만 그런 것은 아니었다. 화산재가 풀의 공급을 차단했을 때 네브래스카에 대량으로 매장된 배불뚝이 코끼리를 비롯해서 발굽이 있는 포유류 중 적어도 17개 집단이 독립적으로 긴치아를 발전시켰다. 아메리카 사바나의 동물들 역시 다른 방식으로 적응했다. 말, 낙타, 그리고 다른 발굽 달린 종들은 달리기 챔피언이 됐다. 이들은 다리가 죽마처럼 곧고 길게 늘어나서 탁 트인 드넓은 초원을 빠르게 달려 나갈 수 있었다. 말은 다리의 구조를 단순화시켜 발가락을 하나만 남겨놓았다. 그래서 이 발가락은 오로지 달리는 것만을 임무로 하는 지렛대 역할을 하게 됐다. 달리기를 주무기로 삼은 삶에서는 이편이 훨씬 나았다. 이제 더는 숲에 묶여 있지 않게 된 설치류와 토끼도 뒷다리나 네 다리로 깡충깡충 뛰는 등의 새로운 이동 방식을 실험했다. 그리고 땅에 굴을 파고 들어가서 숨는 등 스스로를 보호하는 방법도 실험했다. 땅에 굴을 파고 들어가면 위에 나 있는 풀 때문에 들키지 않을 수 있었다.

탁 트인 공간에서 풀을 뜯어 먹고 있는 이 초식동물들을 보면서 포식자들도 군침을 흘리지 않을 수 없었다. 원하는 것은 무엇이든 골라 먹을 수 있는 뷔페 식단이 눈앞에 펼쳐진 셈이었다. 물론 먹잇감을 잡을 수만 있다면 말이다. 올리고세와 마이오세는 무기 경쟁의 무대였다. 포식자와 먹잇감이 서로를 이기려고 나란히 다양화하면서 벌이는 한 판의 탱고였다. 곰과, 고양잇과, 갯과 등 크기와 모양이 수없이 다양한 새로운 식육류들이 아메리카 사바나를 공포에 떨게 만들었다. 어떤 것은 살을 발라 먹을 수 있는 검치를 갖고 있었고, 어떤 것은 뼈를 부숴 먹을 수 있는 피스톤 같은 큰어금니를 갖고 있었다. 어떤 것은 키 큰 풀이나 남아 있던 나무숲에 숨어 있다가 갑자기 튀어나와 먹잇감을 충격에 빠뜨리는 매복형 포식자였다. 어떤 것은 짧은 거리에서 먹잇감을 추격해서 덮칠 수 있도록 다리의 길이를 늘이기도 했다.

이 야생의 살상 동물들을 바라보고 있자니 어느 동물이 가장 무서운 포식자였을지 가늠하기가 쉽지 않다. 어쩌면 지금은 다행히도 멸종하고 없는 갯과 동물인 보로파구스아과^{borophagines}였는지도 모른다. 지옥의 개 에피키온도 여기에 속한다. 이들은 늑대의 탈을 쓴 하이에나처럼 먹잇감을 추격해 쓰러뜨린 다음 뼈를 부수는 강한 턱으로 갈가리 찢어 먹었다. 아니면 곰과 개를 섞어놓은 악몽 같은 동물이라며 '곰 개'라는 별명을 붙여준 멸종한 또 다른 갯과 동물인 암피키온과^{amphicyonids}였는지도 모른다. 집단명을 종명으로 갖고 있는 암피키온^{Amphicyon}은 체장 2.5미터에 체중은 600킬로그램이나 나가서 6600만 년 전 티라노사우루스 렉스의 멸종 이후로 북아메리카대륙에 살았던 가장 큰 육식동물 중 하나다.

하지만 나라면 엔텔로돈과^{entelodonts}에 돈을 걸겠다. '지옥의 돼지'라 불리는 이 동물은 필요하다면 지옥의 개를 해치우는 것쯤은 문제도 아니었다. 이들은 거대한 머리와 육중한 몸통, 굽은 등, 그리고 그

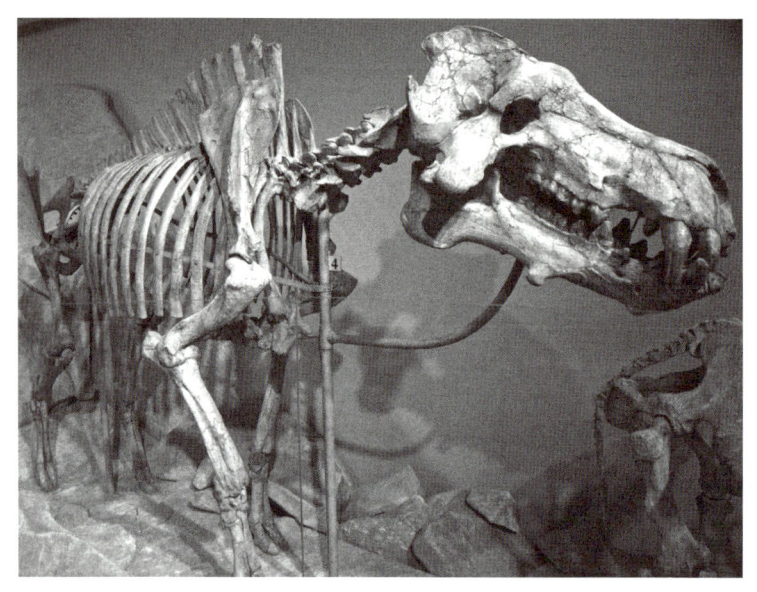

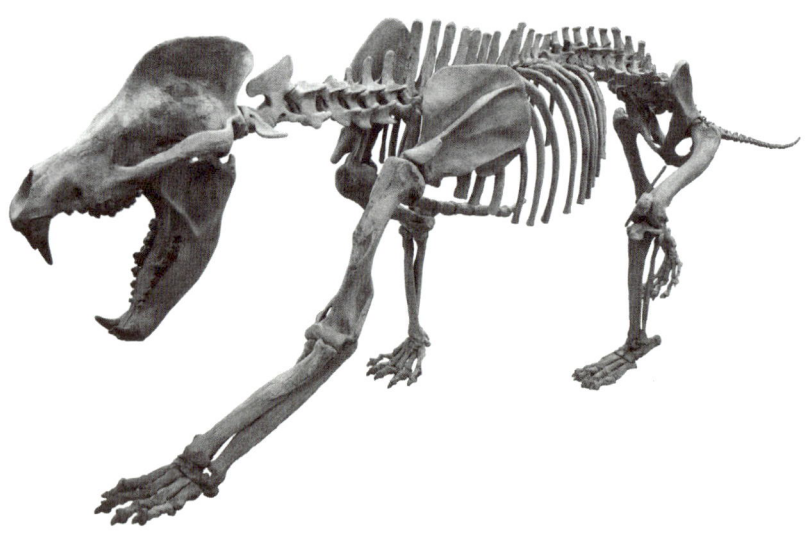

• 아메리카 사바나의 포식자들. '지옥의 돼지' 다에오돈(위)과 '곰 개' 암피키온(아래)이다.

와 어울리지 않게 발굽이 달린 날씬한 다리를 갖고 있는 흉측한 깡패 같은 짐승이었다. 힘에 속도까지 겸비한 무시무시한 존재였다. 그중에서도 가장 큰 종이었던 다에오돈^{Daeodon}은 어깨높이가 2.1미터에 몸무게는 450킬로그램에 육박했다. 이들의 송곳니 상아와 꽃병처럼 생긴 턱은 나뭇잎, 나무뿌리, 사체, 살아 있는 먹이 등 거의 모든 것을 다룰 수 있었다. 그나마 아메리카 사바나의 동물들에게 딱 하나 위안이라면 지옥의 돼지들이 다른 종을 사냥하기보다는 서로를 공격하며 보내는 시간이 더 많았으리라는 것이다. 이들의 머리에는 나무옹이처럼 생긴 혹과 덩어리들이 딱지처럼 앉아 있었다. 이것은 라이벌에게 싸움을 시작하기 전에 한 번 더 생각해보라는 흉측한 경고 신호였다. 이들의 두개골 화석에는 베인 상처나 물린 자국이 많이 나 있다. 이것은 짝짓기 상대나 영토를 두고 싸움을 벌이다 생긴 전투의 흔적이다.

아메리카 사바나를 조사해보면 심슨의 거대한 전환은 거대한 다양화$^{Great\ Diversification}$로도 보인다. 숲이 초원으로 바뀌면서 말과 코뿔소 같이 풀을 뜯어 먹는 동물, 지옥의 개와 지옥의 돼지 같은 초육식동물^{hypercarnivore}(70퍼센트 이상의 먹이를 동물성으로 섭취하는 동물 – 옮긴이), 달리기 선수, 뜀뛰기 선수 등 새로운 포유류 출연진이 들어왔다. 초원은 기존에 존재하던 숲의 생태적 지위에 더해서 새로운 생태적 지위를 낳았다. 서늘한 기온, 탁 트인 공간, 풀이 나란히 함께 작용해서 제한적이었던 포유류 출연진을 정글보다 더 크고, 더 다양하고, 더 전문화되고, 더 흥미로운 종으로 구성했다. 이것은 마치 1989년에 방영된 오리지널 〈심슨 가족〉을 각자 자기만의 역할이 있는 수백 명의 등장인물을 캐스팅한 요즘 프로그램과 비교하는 것과 비슷하다.

출연자가 많아질수록 이야기도 더 복잡해질 수 있다. 심슨의 '거대한 전환' 이야기에는 아직도 여러 가지 반전이 남아 있다.

말의 진화가 깔끔하게 진행된 이야기로 보일 수도 있다. 사바나가 확장되면서 나뭇잎을 따 먹던 동물이 풀을 뜯어 먹는 동물이 되고, 코끼리 같은 다른 동물들이 그것을 따라 하고, 이런 먹잇감들의 진화에 뒤처지지 않으려고 포식자들은 더 사나워지고 등등. 하지만 이것은 아메리카 사바나에서 펼쳐지던 여러 가지 뒤엉킨 이야기 중 한 줄거리일 뿐이다. 말이 초원에서 풀을 뜯어 먹으려고 치관의 길이가 긴 치아를 진화시켰을 때, 말들이 모두 그런 변화를 따라간 것은 아니었다. 마이오세의 말 중 상당수는 나뭇잎을 따 먹고 살아도 아무 문제가 없었기 때문에 숲에 그대로 머물렀다. 물론 숲이 완전히 사라진 것은 아니었기 때문이다. 숲은 처음에는 풀의 바다 안에서 거품처럼 군데군데 남아 있다가 변화하는 기후에 맞추어 더 따뜻한 열대와 아열대 지역으로 물러났다. 화산재가 쏟아지기 전 네브래스카의 그 물구덩이에 모여든 동물이 풀을 뜯어 먹는 발굽 하나짜리 종마들만 있었던 것은 아니었음을 기억하자. 체형이 달리기에는 적합하지 않고, 모래를 감당하기에는 부적절한 짧은 치아를 갖고 있던 작은 몸의 발굽 세 개짜리 말도 이파리를 갈아 먹는 데는 아무런 문제가 없었다.

마이오세는 말이 풀을 뜯어 먹는 형태로 질서정연하게 진화해간 과정이 아니라 다양한 말들이 어우러진 하나의 거대한 춤판이었다. 이때는 놀라울 정도로 다양한 말이 공존하던 호시절이었다. 풀을 뜯어 먹는 말과 같은 시기에 나뭇잎을 따 먹는 말들도 함께 번성하면서 숲과 초원을 여러 가지 생태적 지위로 나누었기 때문에 동시에 10여 종까지 다양한 말이 공존할 수 있었다. 초원 전문종 말 집단^{equine}과 나뭇잎을 따 먹는 안키테리이네스^{anchitheriines}라는 이 두 집단은 거의 2000만 년 동안 함께 번성했다. 시간여행으로 마이오세로 돌아간다면 풀을 뜯어 먹는 말과 나뭇잎을 먹는 말을 똑같이 볼 수 있었을 것이다.

초원이 전 세계로 번지면

불과 수백만 년 전까지도 계속 이어지던 이 영광스러운 나날들이 말 대하소설의 클라이맥스였다. 그 이후로는 상실, 그리고 전혀 뜻하지 않았던 구원의 성장 드라마가 펼쳐진다.

마이오세 다음에 찾아온 플라이오세^{Pliocene}에는 냉장실이 아예 냉동실로 변한다. 빙하가 북반구 대륙으로 번지면서 더 건조하고 탁 트인 초원이 더 넓게 퍼져나간다. 북아메리카대륙뿐 아니라 전 세계적으로 나뭇잎을 따 먹던 말이 모두 멸종하면서 풀을 뜯어 먹는 말들만 남는다. 이들이 약 400만 년에서 500만 년 사이에 기원해서 오늘날의 말이 된 말속^{Equus}이다. 그러다가 말속은 더욱 쇠퇴해서 약 1만 년 전에 북아메리카대륙에서 멸종했다. 이들은 기후 변화, 그리고 두 다리로 서는 무시무시한 새로운 포식자의 과도한 사냥에 희생물이 되고 말았다. 이 포식자는 그 어느 지옥의 개나 지옥의 돼지보다도 교활하고 치명적인 존재였다. 당시의 어떤 상황 덕분에 일부 말이 구세계로 탈출하게 됐고, 아시아에서 6000여 년 전 호미닌 사냥꾼 무리에 의해 가축화됐다. 이 아시아 말들이 유럽으로 퍼졌고, 몇백 년 전에 스페인이 잔인한 정복 활동을 벌이면서 이 말들을 다시 북아메리카대륙으로 데리고 들어왔다. 당신이 요즘에 아메리카대륙 평원에서 야생마 무리를 볼 일이 있다면, 이들은 마이오세에 아메리카 사바나에 맞추어 치아와 몸을 변화시켜 풀을 뜯어 먹던 그 말의 혈통이 끊이지 않고 이어져 내려온 토착종이 아니다. 이들은 스페인 말이 남긴 야생화된 후손이다.

　이것은 북아메리카대륙에만 초점을 맞추면 큰 그림을 놓치기 쉬움을 보여준다. 여기저기서 몇 번 기온의 급증이 있기는 했지만 어쨌거나 올리고세와 마이오세에는 전 세계가 식어가고 있었다. 초원이 전 세계로 퍼져나갔지만 장소마다 속도가 달랐다. 동아시아는 북아메리카와 시간을 같이해서 올리고세부터 변화가 일어나 마이오세에 급가속했던 것으로 보인다. 서아시아와 유럽에서는 말, 코끼리, 기린, 영양 등의 사바나 앙상블이 마이오세가 끝날 즈음에는 발칸부터 아프가니스탄까지 널리 퍼져 있었다. 마이오세가 끝날 무렵에는 아프리카에도 사자, 누영양, 얼룩말로 이루어진 오늘날의 사파리 생태계의 창시자인 초원이 있었다. 적도 밑으로 떨어져 나온 남아메리카대륙은 진행이 느렸다. 다윈의 유제류를 비롯한 일부 포유류는 멀리 북아메리카대륙의 사촌들이 발명하기 오래전에 이미 긴치아를 만들었다. 하지만 캐롤라인의 연구가 보여주듯 이것은 솟아오르는 안데스산맥에서 나오는 화산재에 대처하기 위한 것이었지, 마이오세의 막판에 가서야 대륙의 비열대 지역으로 퍼진 풀에 대처하기 위한 것이 아니었다.

　그리고 다음으로는 호주대륙이 있다. 호주대륙은 에오세-올리고세 경계 즈음에 남극대륙과 갈라진 후에 세상의 아래쪽에 고립된 외딴섬이 됐다. 호주의 아웃백 초원은 다른 곳에서 일어나던 모습과는 완전히 다른 마이오세의 장관을 연출한 후에 훨씬 뒤늦게 찾아왔다.

캥거루는 어떻게 호주로 들어왔을까?

매년 일주일 정도씩 마이크 아처Mike Archer는 호주 아웃백의 일부 작은 지역들을 찾아가 폭파시킨다. 그곳에는 주로 헬기로 간다. 군용 헬기를 사용할 때도 있지만 보통은 소몰이꾼이나 공중에서 사슴을 총으로 쏘아 잡는 사냥꾼들에게 빌린 헬기를 이용한다. 한 미치광이 기사가 모는 헬기를 타고 다닌 경우도 있었다. 그 헬기 조종사는 살짝 맛이 가서 영화 〈지옥의 묵시록Apocalypse Now〉에 나오는 유명한 장면을 흉내 냈다. 미군 헬기 편대 기관총 사수들이 베트남의 한 마을을 기습 공격하던 장면이다. 확신할 수는 없었지만 마이크는 이 남자가 베트남에서 복무했는지도 모른다고 생각했다. 이 헬기 조종사는 퀸즐랜드 북서부의 메마른 황무지를 흐르는 그레고리강을 따라 내려오고는 했다. 그는 회전 날개의 소음을 최대한 조용하게 유지하며 1미터 정도의 높이로 수면 위에 바짝 붙어 있다가 아무 생각 없이 다가오는 배를 발견하면 스피커로 〈발키리의 기행Ride of the Valkyries〉(앞에 나온 영화 〈지옥의 묵시록〉에서 헬기 편대가 베트남 마을을 습격할 때 헬기에서 크게 틀던 배경음악 – 옮긴이)을 요란하게 틀면서 수직 상승했다. 그러고는 아래에서 펼쳐지는 혼돈을 구경하며 크게 웃었다.

우리가 코로나19 팬데믹으로 시드니와 에든버러 사이의 11시간 시차를 극복하고 채팅을 하던 중에 마이크가 빙그레 웃으며 이렇게 말했다. "몇 년 지났을 때였나, 문득 그 조종사가 아직도 살아 있을까 궁금해지더라구요."

헬기를 조종하는 사람이 누구든, 마이크는 보조석에 앉아 카키색 풀밭에 튀어나와 있는 백악질의 회색 석회암 조각을 찾아 덤불숲 위

8. 풀이 말을 낳은 이야기

를 돌았다. 그는 평소에는 스피니펙스속^{Spinifex} 풀의 날카로운 줄기와 가끔씩 있는 나무가 멋대로 자라, 보이지 않았던 바위 민둥산이 최근 불에 그슬려 드러나 있는 곳을 찾는다. 그런 바위를 찾아내면 그는 조종사에게 하강해서 내려달라고 한다. 그럼 화물 출입구에서 학생과 동료 한 무리가 그를 따라 내린다. 이들은 진짜 군대처럼 막강한 화력으로 무장한 과학 부대다. 이들이 선택한 무기는 도화선, 그리고 약한 폭발물로 채워진, 컴퓨터 케이블을 닮은 얇은 플라스틱 튜브다. 여기에 불을 붙이면 칼로 케이크를 자르듯 바위가 조각난다. 바위가 쪼개지면서 폭발음이 나기는 하지만 조용하게 울리는 정도다. 하지만 항상 이런 식이었던 것은 아니다.

처음에 폭약으로 화석을 발굴하려고 시도했을 때 마이크는 아일랜드 공화국군이 즐겨 사용했던 다이너마이트 비슷한 물질인 중고 젤리그나이트^{gelignite}를 사용했다. 폭약의 용량을 4분의 1로 줄인 제품이었다. "도화선이 터지자 바위가 그냥 증발해버렸어요." 그의 말로는 거의 증발하다시피 했다고 한다. "컴퓨터 크기만 한 큰 바위 조각 하나가 하늘 위로 곧장 날아올라서 우리가 타고 온 차량 하나를 거의 날릴 뻔했죠." 호주의 포유류 화석을 찾는 사람이 거의 없었고, 그것을 수집할 방법을 아는 사람은 더욱 없었던 1970년대의 험난했던 시절을 회상하며 마이크가 어깨를 으쓱했다. "그 당시에 우리는 불멸의 존재가 아니었나 싶어요." 하지만 거기서 배운 교훈이 있었다. 화석을 연구하고 싶다면 깨진 바위 조각보다는 두개골과 골격에서 훨씬 많은 정보를 얻을 수 있다는 것이었다.

상황이 다르게 흘렀다면 마이크는 재치 있는 교수가 아니라 그 미친 헬기 조종사가 되었을지도 모른다. 호주 시드니에서 태어났지만 미국에서 자란 그는 1년짜리 풀브라이트 장학금을 받게 됐다. 그는 학부시절 교수님 한 분의 조언을 듣고 그 장학금을 이용해서 호주로 넘어왔다. 그 교수님은 마이크에게 누군가 찾아보려고만 하면 호주 아웃백 오지에서 포유류 화석을 발견할 수 있을 것이라 말했다. 이때는 1967년으로, 미국이 베트남전이라는 절망의 수렁에 빠져 헤어나지 못하고 있을 시점이었다. 마이크는 뉴욕 징병위원회에 별다른 명령이 없으면 미국을 떠나고 싶다고 말했다. 전쟁에서 보여준 무능함에 걸맞게 그들은 마이크를 무시했다. 그러니까 그가 호주에 도착하고 두 달이 지나서야 다시 돌아와 신체검사를 받으라는 입영통지서를 보낸 것이다. 풀브라이트 장학금 위원회에서는 마이크의 항공료 지불을 거부했고, 그는 입영을 모면할 수 있었다. 하지만 그것도 고작 몇 달에 불과했다. 그가 장학금을 받는 기간이 끝나가고 있었고, 위원회는 파산 직전이었기 때문이다. 여기에는 전설이 하나 있다. 그리고 마이크는 그 전설이 사실이라 믿고 있다. 장학금 관리자가 얼마 남지 않은 돈을 가져다가 경마에 모두 걸어서 큰돈을 벌었고, 그래서 갑자기 마이크가 호주의 화석과 현존 육식동물에 대해 박사학위 공부를 계속할 수 있는 1년 치 연구비가 더 생겼다는 이야기다. 머지않아 이 로또 당첨 같은 이야기가 마이크를 구제해주었고, 전쟁은 끝이 났다. 하지만 그즈음 마이크는 호주에 흠뻑 빠져 있었다. 그는 아버지에게 편지를 보내 이곳 생활이 재미있었고, 미국으로 돌아갈 생각이 없다고 했다. 그리고 그 후로 쭉 호주에 살았다.

　1970년대 중반에 마이크는 퀸즐랜드 북서부에 있는 텅 빈 공간인 리버슬레이역Riversleigh Station에 찾아갔다. 그 지역에서 포유류 화석이 발견된 적이 있었는데 신경 쓰는 사람이 거의 없는 것 같았다. 적어도

• 호주 리버슬레이에서의 화석 채집. 대원들이 포유류 화석이 든 석회암 덩어리를 캐내고 있고 (위). 마이크 아처는 사용한 폭약 상자 위에 앉아 있다(아래). 그리고 헬기가 보급품을 나르고 있다(423쪽).

극단적인 더위와 그런 외진 곳에서 일하는 데 따르는 외로움을 각오할 만큼 신경 쓰는 사람은 없었다. 마이크도 그곳에서 화석을 발견했고, 매년 찾아갈 때마다 더 많은 화석을 찾았다. 그가 가장 큰 성과를 거둔 때는 1983년이었다. 그는 자신이 '개그 사이트Gag Site'라고 별명 붙인 장소에서 이런 결실을 맺었다. "발밑을 내려다봤는데 바위에 두개골과 턱뼈들이 빽빽하게 튀어나와 있는 거예요. 진짜 굉장했죠. 호주에서 찾고 싶다고 꿈꾸었던 모든 것이 거기에 있었어요." 그의 회상이다. 다만 한 가지 문제가 있었다. 바위가 콘크리트처럼 단단했기 때문에 망치, 붓, 치과 도구를 사용하는 전통적인 방식으로는 꺼낼 수 없었다. 마이크의 탐사대는 폭약을 이용해서 바위를 더 편히 다룰 수 있는 크기의 덩어리로 쪼갠 다음 연구실로 가지고 와야 했다. 그러면 연구실에서 석회암을 아세트산, 그러니까 물에 희석한 식초로 천천히 녹여 뼈만 남길 수 있었다. 이런 두개골은 원형이 잘 보존되어 있어 치아가 반짝이고, 뼈는 표백을 한 것 같은 하얀색이다. 그래서 요즘에 로드킬로 죽는 동물들의 뼈보다 더 신선해 보인다.

중간에 빈 간극이 존재하기는 하지만 리버슬레이 화석의 연대는 올리고세 늦은 말기인 약 2500만 년 전부터 플라이스토세^{Pleistocene}(홍적세) 초기까지 걸쳐 있다. 간격이 2400만 년 정도다. 마이크가 1970년대에 화석 수집을 시작했을 때만 해도 모두들 호주가 마이오세 중반부터는 북아메리카대륙이나 지구의 나머지 지역과 마찬가지로 초원으로 뒤덮여 있었을 것이라 생각했다. 하지만 더 많은 화석을 발견할수록 마이크는 의심이 들었다. "내 앞에 있는 초식동물 중에서 초원에서 살아남을 수 있는 것은 하나도 없다는 사실이 너무도 명확했어요." 마이크가 이렇게 말하면서 그들의 치아 법랑질이 종잇장처럼 얇고 큰어금니 치관의 길이도 너무 짧아서 말, 코뿔소, 그리고 아메리카 사바나의 다른 풀 뜯어 먹는 동물이 갖고 있는 터무니없이 길어진 긴치아와 달랐다고 지적했다. 이들의 치아는 그보다는 열대우림의 나뭇잎, 꽃, 열매 등 더 연하고 무성하게 우거진 식물을 먹는 데 적합해 보였다. 마이크가 발견한 포유류가 말, 코끼리, 낙타, 지옥의 개, 지옥의 돼지 또는 북아메리카대륙 마이오세 사바나에 살던 구성원이 아니었다는 것 역시 실망스러울 정도로 명확했다. 그리고 유럽대륙, 아시아대륙, 아프리카대륙, 남아메리카대륙에서 올리고세에서 마이오세까지 살았던 어떤 동물하고도 닮지 않았다.

마이크가 발견한 올리고세와 마이오세의 포유류들은 알을 낳는 몇몇 단공류와 여러 가지 박쥐를 제외하면 모두 유대류였다. 육아낭이 있던 부위에 새끼가 보존된 골격도 있었다. 혼자 독립할 수 없는 무기력한 단계의 새끼가 어미와 마지막으로 비극적 포옹을 한 채로, 어미의 젖꼭지에 영원히 매달린 상태로 함께 화석이 된 것이다.

사실 요즘의 호주는 온통 유대류 천지니까 이것이 놀랄 일은 아니다. 호주와 뉴질랜드에서 제일 카리스마 넘치는 포유류 중에는 유대류가 많다. 총 250종 정도에서 꼽아보자면 코알라, 캥거루, 왈라비, 반디쿠트^{bandicoot}, 주머니쥐, 태즈메이니아데블 등이 있다. 여기에 두 가지 예외가 있다. 첫째, 오리너구리와 바늘두더지 같은 몇몇 단공류다. 앞에서 살펴보았듯이 이들은 백악기부터 지금까지 살아남은 동물들이다. 둘째, 제한적이기는 했지만 일부 태반류도 있었다. 태반류로는 우선 박쥐가 있다. 이들은 에오세에 전 세계로 퍼져나가던 시절에 처음 호주로 날아와서 여러 종으로 다양화됐다. 그리고 불과 몇백만 년 전에 뉴기니와 인도네시아에서 뗏목을 타고 남쪽으로 넘어온 설치류가 있다. 그리고 야생 들개 딩고^{dingo}와 토끼 같은 침입종이 있다. 이 침입종들은 훨씬 최근에 역사상 가장 독한 태반류 침입종인 호모 사피엔스가 데리고 들어온 것들이다.

유대류는 어떻게 호주로 들어왔을까? 이 질문이 마이크가 그동안 가르쳤던 여러 학생 중 한 명인 로빈 벡$^{Robin Beck}$을 괴롭혀왔다. 나는 로빈이 미국 자연사박물관에서 박사후 과정 연구자로 있을 때 금요일 밤에 함께 술잔을 기울이는 친구가 됐다. 당시 나는 박사학위 과정을 밟고 있었다. 로빈은 뉴욕으로 오기 전에 자신의 스승인 마이크처럼 지구를 반 바퀴 도는 긴 여정을 해야 했다. 물론 마이크처럼 전쟁의 위협은 없었지만 말이다. 로빈은 잉글랜드 북부 출신이다. 그는 국제 장학금을 따내서 그것으로 박사학위 과정을 마쳤고, 마이크가 '팅고돈타^{Thingodonta}'라 부르는 것을 비롯해 기이한 유대류 화석 발굴 프로젝트를 같이해보자고 꾀어서 호주로 오게 됐다. 로빈과 그 가족에게 멸종된 기이한 유대류를 연구하자고 수천 킬로미터 떨어진 머나먼 타향으로 떠나는 것은 정말 믿을 구석도 없이 저지르는 순전한 모험이었다. 로빈이 시드니로 떠나기 전날 밤, 어머니가 그의 여행 가방을 보고 한숨을 쉬며 말했다. "진짜 가려고?"

유대류도 마찬가지였다고 할 수 있다. 로빈의 연구를 보면 알 수 있듯이 호주대륙은 수백만 년에 걸쳐 전 세계를 떠돌던 그들의 모험에서 마지막 종착지였다. 백악기에는 유대류의 후수류 선조들이 북반구 대륙 전체에서 번성하고 있었음을 기억하자. 세상을 지배하려던 이들의 꿈이 소행성 충돌로 산산조각 나고 이들도 하마터면 티라노사우루스 렉스나 트리케라톱스의 길을 갈 뻔했다. 하지만 일부가 남아메리카대륙으로 달아날 수 있었고, 그곳에서 그들은 다윈의 유제류, 그리고 나무늘보나 아르마딜로 같은 빈치류와 뒤섞여 섬 대륙의 앙상블을 형성할 수 있었다. 한 장소에 고립되는 것에 만족할 수 없었던 후수류는 남아메리카대륙을 남극대륙과, 그리고 다시 호주대륙과 연결해주던 가느다란 육로를 고속도로로 이용해 여정을 이어갔다. 이유는 알 수 없지만 남아메리카대륙의 태반류도 남극으로 침입해 들어갔고, 적어도 한 집단은 호주에도 도달했던 것으로 보인다. 하지만 그곳에서 확실한 발판을 확보하지 못했다. 그래서 후수류만 토종 단공류 동물들과 뒤섞이게 됐다. 에오세에 호주가 다른 대륙과의 연결이 끊어지면서 이곳은 유대류가 원하는 것은 무엇이든 해볼 수 있는 거대한 실험실이 됐다. 많은 동물이 태반류와 비슷하게 수렴진화했다. 그래서 유대류 버전의 개미핥기, 두더지, 사자, 마멋이 모두 존재했다. 그리고 뒤에서 보겠지만 독자적으로 진화한 종도 있었다.

호주 유대류의 확산은 약 5500만 년 전 에오세 이른 초기에 시작됐다. 가장 오래된 호주 후수류 화석이 발견된 연대다. 하지만 리버슬레이에서 캥거루와 코알라 같은 현대 혈통의 첫 화석에 기록되어 있듯이 이들이 제대로 퍼지기 시작한 것은 올리고세다. 그리고 이어서 마이오세에 정점을 찍었다. 올리고세와 마이오세를 거치면서 기후와 기온이 요동치고, 숲도 빽빽한 정글과 그보다는 트여 있던 삼림지대 사이를 오갔지만 전체적인 환경은 비슷하게 남아 있었다. 이것은 풀의 왕국이 아니라 우림의 왕국이었다. 이곳은 높은 습도 속에서 하늘 높이 치솟은 나무의 거대한 이파리와 화려한 색상의 열매로 생동감이 돌고, 자두 같은 잘 익은 과일의 향기로 가득 채워져 있었을 것이다. 실제로 이런 것들이 리버슬레이에서 화석으로 발견된 바 있다. 하지만 마이크의 꿈의 보물이었던 포유류의 화석이 훨씬 더 흔하다. 이 화석들은 동물이 숲 속 호수에 빠지거나 동굴로 떨어진 후에 석회암에 둘러싸여 만들어졌다.

그것을 보여주는 최고의 사례 중 하나가 님바돈*Nimbadon*이다. 웜뱃*wombat*의 사촌인 이 동물이 20마리 넘게 오래된 동굴 안에 뒤섞여 있는 것이 발견됐다. 아마도 숲 바닥에 가려져 있던 구덩이 속으로 굴러 떨어졌을 것이다. 현대의 웜뱃은 다부지고 귀엽게 생긴 털북숭이다. 이들은 네 발로 어슬렁어슬렁 기어 다니며 자주 멈춰 서서 신기한 정육면체 모양의 똥을 싼다. 님바돈은 생김새가 완전히 달랐다. 이들의 앞다리는 뒷다리보다 길고 근육질이며 휘어진 큰 발톱이 달려 있다. 이들은 나무를 집으로 삼아 사는 나무타기의 명수였다. 마이크는 님바돈이 어쩌면 아이젠 같은 발톱을 이용해서 나무늘보처럼 거꾸로 매달렸을지도 모른다고 생각한다. 성체의 체중은 70킬로그램 정도로, 이 시기는 물론이고 다른 시기로 따져봐도 호주에서 나무에 살던 포유류 중 가장 컸다. 나무 꼭대기의 나뭇잎과 새싹이 통통하게 몸을 살찌울 영양을 공급해주었고, 이들은 아마도 집단으로 무리를 이루어 다녔을 것이다.

님바돈을 나뭇가지에서 낚아채 잡을 수만 있다면 님바돈의 고기는 분명 아주 맛있었을 것이다. 이런 사냥이 가능한 포식자는 두 가지 유형이 존재했다. 첫째는 개 비슷한 사냥꾼 주머니늑대^{thylacines}다. 이들은 지금은 멸종됐지만 1936년까지 살아 있었다. 등에 줄무늬가 있는 이 마지막 '유대류 늑대$^{marsupial\ wolf}$'는 1936년에 태즈메이니아의 한 동물원에서 마지막 숨을 거두었다. 리버슬레이에서는 여러 종류의 주머니늑대 화석이 발견됐다. 그중에는 그 님바돈들과 같은 동굴에 묻혀 있던 여우만 한 크기의 님바키누스^{Nimbacinus}도 있다. 이 동물의 근육질 머리와 강력한 교합력이면 자기보다 훨씬 큰 먹잇감도 찢어발길 수 있었을 것이다. 어쩌면 건장한 님바돈도 물어 죽였을지 모른다. 하지만 주머니늑대들이 모두 피에 굶주린 존재는 아니었다. 이들의 진화 역사를 전반적으로 살펴보면 일반적인 육식 종에서 뼈를 전문적으로 부셔 먹는 종, 잡식 종, 식충동물 종에 이르기까지 다양하게 존재한다.

두 번째 포식자는 훨씬 사나웠다. 이들의 이름은 틸라콜레오과^{thylacoleonids}로 주머니늑대의 영문 이름인 'thylacine(틸라신)'과 비슷해서

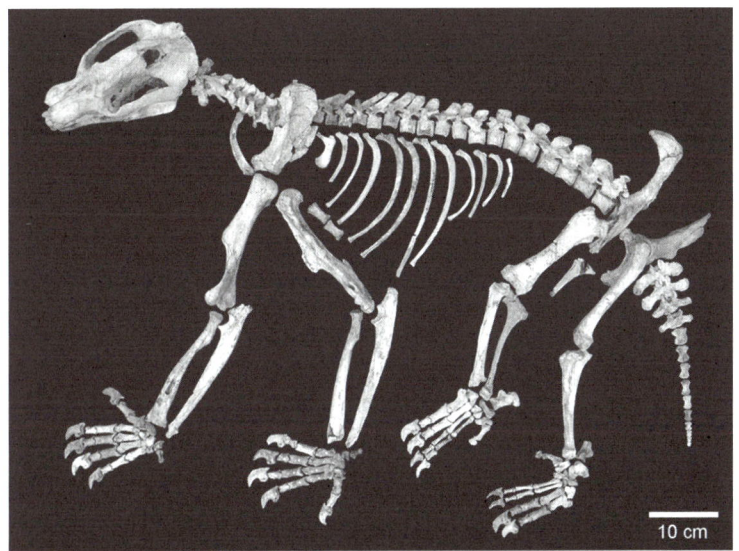

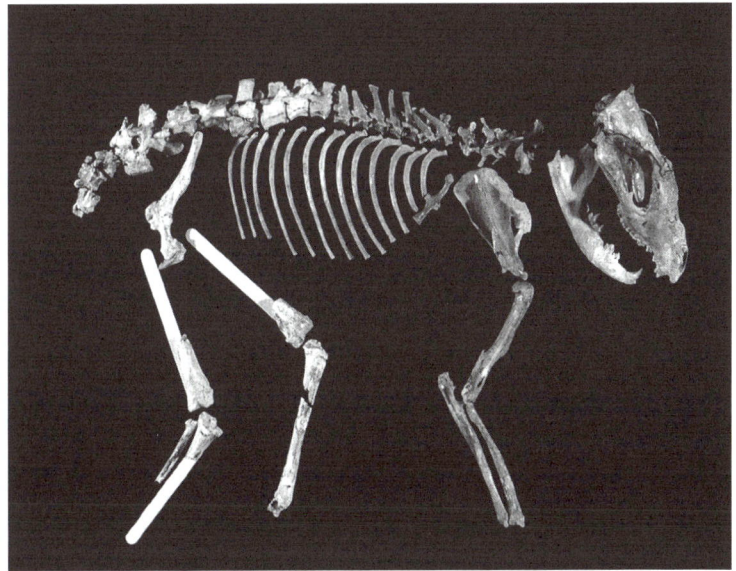

• 리버슬레이의 유대류 화석. 웜뱃의 사촌인 님바돈(위)과 '유대류 늑대'의 사촌 님바키누스(아래)다.

햇갈리지만 더 이상하고 독특한 유산을 갖고 있는 동물이다. 이들은 웜뱃과 코알라처럼 굼뜬 초식동물 집단의 일원이었는데 초육식 생활 방식을 진화시키면서 악당 같은 존재가 됐다. '유대류 사자$^{marsupial\ lion}$'라는 별명이 붙은 이들은 마지막에 나 있는 작은어금니의 형태를 거대한 면도날처럼 바꾸어 포유류 역사에서 가장 소름끼치는 킬러가 됐다. 위아래 턱을 다물면 이 작은어금니가 위아래로 마주 보는 단두대처럼 작동해서 살덩어리를 발라낼 수 있다. 님바돈이 나무 위로 달아나봤자 헛수고였다. 이 유대류 사자도 유연한 앞발과 어깨를 이용해서 나무를 오를 수 있었기 때문이다. 이 괴물은 이제 멸종되고 없지만 최초의 토착 호주 원주민은 이들 중 가장 크고 가장 무서운 종인 틸라콜레오^{Thylacoleo}를 만나보았을 것이다. 이 동물은 체격이 진짜 태반류 사자와 비슷해서 체중은 160킬로그램 정도 나가고, 작은어금니 단두대가 엄청나게 강력해서 고기를 발라내는 역할만이 아니라 뼈를 부수는 역할까지 이중으로 도맡았다. 마치 볼트 절단기 같았다.

  수십 가지 동물 종에 속하는 수천 개의 다른 화석이 리버슬레이 유대류 목록을 완성하고 있다. 그중 일부는 오늘날 존재하는 유대류의 선조다. 이들은 현재 호주만의 독특한 포유류로 인식되는 동물들 대부분이 이 오래전 사라진 우림에 뿌리를 두고 있음을 떠올리게 해준다. 캥거루도 있었는데, 그 가운데는 지금의 캥거루처럼 두 발로 깡충깡충 뛰지 않고 말처럼 내달리던 것이 많았다. 그리고 그와 가까운 친척관계인 에칼타데타^{Ekaltadeta}라는 동물이 있었는데, 이 동물은 자르는 용도로 사용하는 큰 작은어금니를 식물과 작은 사냥감을 모두 먹을 수 있는 형태로 새로 정비했다. 그 덕에 이 동물은 '킬러 캥거루$^{killer\ kangaroo}$'라는 별명을 얻었다. 나무 꼭대기에 함께 사는 여러 종류의 코

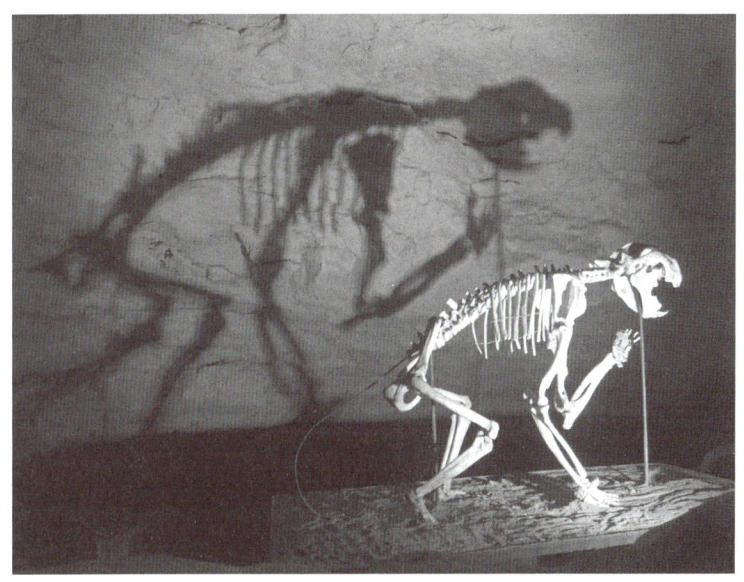

• '유대류 사자' 틸라콜레오.

알라도 있었다. 아마도 아직 현존하는 종과 닮아서 게으르고 시끄러웠겠지만, 전반적으로 체구가 더 작고, 일부 행동에서는 원숭이와 더 닮았을 것이다. 충격적이게도 마이크의 연구진은 유대류 두더지의 섬세한 뼈도 찾아냈다. 이 동물은 우림 바닥의 낙엽층과 이끼에 굴을 파고 살았다. 요즘의 유대류 두더지는 사막의 모래 속을 뚫고 다니는데, 이 화석들을 보면 우리가 전반적으로 평평하고 건조한 땅으로 알고 있는 호주대륙이 환경의 변화에 적응하던 열대우림 생명체들이 살던 곳임을 떠올리게 된다.

그리고 진짜 이상한 리버슬레이 유대류도 있다. 이들은 현존하는 어느 종과도 닮지 않은 동물로서, 호주대륙에 훨씬 다양한 육아낭 포유류가 있던 시절이 남긴 흔적이다. 태즈메이니아데블의 아주 먼 친척인 말레오덱테스^{Malleodectes}는 위쪽 작은어금니 중 하나를 부풀어 오른 망치 모양의 치아로 바꾸었다. 마치 볼링공을 반으로 잘라놓은 것처럼 생겼다. 이들은 이것을 이용해 달팽이의 껍데기를 부수어 그 안의 육즙을 빨아 먹었다. 그럼 마이크가 로빈을 호주로 꾀려고 이용했던 수수께끼인 팅고돈타류는 어땠을까? 팅고돈타류의 공식 명칭은 이알카파리돈^{Yalkaparidon}이다. 이 동물은 평생 자라는 거대한 앞니와 부메랑 모양의 능선이 있는 작은 큰어금니를 갖고 있었다. 이 두 치아 파트너를 이용해서 나무에 홈을 파고 곤충의 연한 유충을 잡아먹었다. 육아낭 포유류가 새로 수렴한 유대류 딱따구리인 셈이다!

이렇게 신록이 우거진 서식처에 살고 있던 그 놀라운 동물들이 영원히 지속될 수는 없었다. 결국 약 500만 년 전 플라이오세 동안에는 호주대륙에도 초원이 찾아왔다. 풀들이 세력을 넓혀갔고, 웜뱃과 캥거루는 식물석과 모래에 대처하기 위해 길게 늘어난 긴치아를 진화시켜 풀을 뜯어 먹는 동물이 되었다. 숲의 규모가 줄어들면서 코알라도 건조해진 환경에 적응해서 한 종류의 나무, 즉 유칼립투스 나무에만 의지해서 살아가는 종 하나만 남게 됐다.

이번에도 역시 이 모든 혼란의 원인은 기후 변화였다. 북아메리카 대륙의 말과 코뿔소의 운명에 저주를 내리고 아메리카 사바나의 왕국에 종말을 고했던 바로 그 기후 변화다. 올리고세와 마이오세의 비교적 안정적으로 유지되던 냉장실이 무너지며 냉동실로 변했다. 빙하기의 도래였다. 북쪽과 남쪽 양방향에서 빙하가 침입해 들어와 플라이오세, 그리고 이이지는 플라이스토세 동안에는 지구의 상당 부분이 얼어붙어 춥고, 건조하고, 바람 많은 환경이 계속되었다. 늘 그래왔던 것처럼 포유류도 이런 변화에 반응했다. 이번에는 몸집을 키운 종도 있었고, 털북숭이가 된 종도 있었다. 그리고 나무에서 뛰어내려 두 발로 걷기 시작하면서 뇌의 크기를 키운 종도 있었다.

9

빙하기를 견딘 웅장한 동물

메갈로닉스 *Megalonyx*

북아메리카의 정치적 위상을 건 화석 탐구

최초의 포유류 화석을 발견한 사람은 누구일까? 단순한 질문이지만 답을 알 수는 없다. 사람들은 수천 년 동안 화석을 접하고 살았지만, 자기가 무엇을 언제 찾아냈는지 자세하게 기록으로 남긴 사람은 최근까지도 거의 없었다. 그리고 '발견'이라는 말의 의미가 정확히 무엇이냐는 문제도 있다. 처음 발견한 사람이라는 영예는 누구에게 돌아가야 할까? 화석을 처음으로 찾아낸 사람? 화석을 처음으로 수집한 사람? 아니면 그 화석의 정체를 처음으로 정확하게 알아내어 그것이 머나먼 시대에 살았던 특정 유형의 동물군에 속한다는 것을 이해한 사람?

우리가 현재 알고 있는 내용은 다음과 같다. 북아메리카에서 포유류 화석을 찾아내고, 그 정체를 정확하게 밝히고, 자신이 받은 인상을 글로 기록한 최초의 사람은 아프리카 노예들이었다. 미국의 척추동물

고생물학이라는 학술 분야 전체의 기원을 추적하면 일군의 강제 노동자로 거슬러 올라간다. 이들은 현재의 앙골라나 콩고 지역에서 살다가 납치되어 와서 말라리아가 창궐하는 사우스캐롤라이나 해안의 습지에서 힘들게 노동을 했지만 역사 그 어디에도 이름을 남기지 못한 이들이다.

이들의 화석 발견은 1725년 즈음 찰스턴 외곽에 있는 스토노Stono라는 농장에서 일어났다. 그로부터 10여 년 후에 스토노라는 이름은 미국 식민지에서 제일 피비린내 나는 노예 반란이 일어난 자리로 악명을 떨치게 됐다. 이 사건으로 50명이 넘는 사람이 목숨을 잃었고, 그렇지 않아도 아프리카 흑인들에게 부여된 집회와 교육의 권리는 이미 빈약한 상태였는데, 이를 계기로 그것마저도 강력한 탄압 대상이 되고 말았다. 나중에 미국 독립전쟁 동안에 이곳에서 작은 접전이 일어났다. 그리고 전투(1779년 스토노 페리 전투-옮긴이) 도중 훗날 미국 대통령이 될 앤드루 잭슨Andrew Jackson의 형이 사망하는 당혹스러운 손실이 있기도 했다. 이 지역의 역사가 늘 그랬듯이 남북전쟁에서도 스토노에서 전투가 벌어졌다. 남부군은 스토노강에서 연합군의 증기선을 나포했다. 이것은 연이어지던 남군의 승리 중 일부였다. 그러다가 결국 전세가 역전되어, 노예들은 해방됐다.

전투가 벌어지기 오래전에 한 무리의 스토노 노예들이 습지에서 땅을 파고 있었다. 아마도 면화나 쌀을 심고 있었을 것이다. 모기가 윙윙거리는 습한 곳에서 진흙탕으로 손을 뻗었을 때 무언가 단단한 것이 만져졌다. 그리고 그런 것이 더 많이 나왔다. 거기서 나온 것은 크기가 각각 벽돌 하나 정도였고, 반짝이는 법랑질로 덮여 있었다. 그 법랑질에는 치아의 표면 중 하나와 평행하게 배열된 물결 모양의 능선들이

나 있었다. 우리 같으면 이 무늬를 보고 운동화 밑창이 생각났겠지만 이 노예들에게 그런 비유 따위는 필요하지 않았다. 그들은 이것이 무엇인지 정확히 알고 있었다.

농장 주인들에게 자기들이 발견한 것을 보여주었다. 그것을 보고 너무 놀란 주인들은 커다란 생명체의 것임을 깨달았다. 하지만 어떤 생명체? 그들은 당시 땅에서 이상한 생명체의 흔적을 발견했을 때 많은 사람들이 기대던 설명에 매달렸다. 성경에서 노아의 홍수가 일어났을 때 죽어간 짐승들의 신체 부위가 분명하다고 말이다. 노예들이 답답해하는 장면이 상상이 된다. 노예들은 그게 아니라고, 그것이 무엇인지 안다고 주장했다.

그 물체는 치아였다. 코끼리의 치아 말이다.

더 정확히는 큰어금니였다. 코끼리는 이 치아를 사용해서 풀잎과 나뭇잎을 갈아 먹는다. 노예들은 아프리카에서 살 적에 코끼리들과 함께 지냈기 때문에 코끼리에 대해서는 잘 알고 있었다. 하지만 당시 사람들이 알고 있는 바로는 캘리포니아의 습지, 혹은 아메리카대륙 다른 그 어디에도 코끼리는 존재하지 않았다. 이들에게 코끼리는 이국적인 동물이었다. 농장주인 얼굴의 표정에 얼마나 불신이 가득했을지는 안 봐도 뻔하다. 말도 안 돼! 노예들이 분명 잘못 알고 있는 거야!

하지만 노예들이 옳았다. 그리고 머지않아 모든 사람이 그것을 깨달았다. 미국 식민지의 북쪽과 동쪽 구간 여기저기서 코끼리 큰어금니가 나타나기 시작했고, 길게 휘어진 아이보리색 상아가 함께 나오는 경우가 많았다. 큰어금니에는 두 종류가 있다는 것이 분명해졌다. 하나는 스토노 표본처럼 물결 모양의 능선을 갖고 있는 유형이고, 다른 하나는 피라미드 모양으로 뾰족한 교두가 줄지어 나 있는 유형이었다. 한동안은 시베리아 영구동토층이 녹으면서 뼈가 드러나고 있던 코끼리 비슷한 맹수를 지칭해서 이 화석들을 모두 '매머드'로 통칭했다. 하지만 나중에 해부학자들은 두 가지 서로 다른 종류의 아메리카코끼리가 존재한다는 것을 깨달았다. 풀을 뜯어 먹기 적합하게 융선이 나 있는 치아를 가진 진짜 매머드, 그리고 이파리를 잘라서 갈아 먹기에 적합한 교두 달린 치아를 가진 마스토돈이었다.

미국 식민지 주민 한 사람이 이 매머드에 집착하게 됐다. 1700년대 말에 토머스 제퍼슨Thomas Jefferson의 머릿속에는 많은 생각이 자리하고 있었다. 미국 독립선언서도 써야 하고, 독립전쟁에서도 이겨야 하고, 새로운 조국이 분열되는 것도 막아야 하고, 미국 역사상 가장 논쟁이 많았던 대통령 선거운동 두 건을 진행해야 했고, 두 명의 가족을 키우거나, 아니면 적어도 낳기라도 해야 했다. 그 모든 일을 하면서도 그는 머릿속에 계속 매머드를 담아두고 있었다. 그리고 매머드에 대한 글도 쓰고, 사람들에게 매머드 뼈를 보내달라고 사정하기도 하고, 장군들에게 매머드 골격을 입수해 오라고 명령도 했다. 어떤 면에서 보면 그에게 이것은 일종의 현실도피였다. 제퍼슨은 자연을 사랑했다. 그의 말을 빌리자면 제퍼슨은 정치라는 싸움판보다는 "평온한 과학적 탐구"를 더 좋아했다. 하지만 그에게는 더 웅대한 이유도 있었다. 프랑스 귀족 출신 박물학자 르클레르 드 뷔퐁Comte de Buffon은 베스트셀러가 된 자신의 책에서 '아메리카 퇴보론Theory of American Degeneracy'을 제시했다. 구세계는 장엄한 위엄을 갖추고 있는 반면, 북아메리카대륙은 기후가 춥고 습한 탓에 동물이 허약해지고 사람들은 쌀쌀맞고 냉정해졌다고 주장하는 이론이었다. 애국심으로 끓어오른 제퍼슨은 이런 주장에 대해 아프리카코끼리나 아시아코끼리보다도 더 큰 코끼리인 매머드를 들어 응수했다. 매머드는 아메리카대륙이 후미진 벽지가 아니라 밝고 성공적인 미래가 기다리는 생명의 땅이라는 증거였다.

뷔퐁이 틀렸음을 입증하기 위해 제퍼슨은 다른 거대한 뼈로도 무장하게 됐다. 1797년 3월 10일에 제퍼슨은 필라델피아에서 개최된 미국철학학회에서 강연을 하려고 연단에 섰다. 불과 6일 전에 그는 조지 워싱턴 George Washington의 뒤를 잇는 대통령 자리를 건 선거에서 존 애덤스 John Adams에게 뼈아픈 패배를 당한 후 미국의 두 번째 부통령으로 취임했다. 그럼에도 그는 이 자리에 서서 버지니아의 한 동굴 바닥에서 발견된 한 무리의 다리뼈에 대해 강연을 하고 있었다. 그중 세 개는 발톱이 달려 있었다. 크고, 날카롭고, 무서운 발톱이었다. 제퍼슨은 타고난 언변을 동원해서 이것들을 "사자 종류에 속하지만 크기가 대단히 과장된 동물"의 발톱이라 밝혔다. 그는 이것이 구세계에서 우월한 고양잇과 동물이라 주장하는 것들보다도 세 배나 더 큰 거대한 아메리카사자 American lion라고 생각했다. 그래서 그 사나움에 어울리는 이름이 필요하다고 생각한 제퍼슨은 이 동물을 '위대한 발톱'이라는 뜻의 메갈로닉스 Megalonyx라고 불렀다. 그런데 이 동물은 제퍼슨이 생각했던 것보다 훨씬 더 기이한 동물로 밝혀졌다. 늘 책에 파묻혀 살았던 제퍼슨은 몇 달 후에 파라과이에서 나온 애매한 보고서를 우연히 읽게 됐다. 발톱이 달린 거대한 동물에 관한 보고서였다. 이 동물은 메갈로닉스와 동일한 발톱을 갖고 있었지만, 나머지 골격은 거대한 크기의 나무늘보와 일치했다. 나중에 박물학자들의 의견이 모아져서 메갈로닉스는 거대한 땅늘보 ground sloth의 한 종으로 정식 명명됐다. 그리고 제퍼슨에게 경의를 표하는 의미로 메갈로닉스 제페르소니 Megalonyx jeffersoni라는 별칭도 갖게 됐다.

9. 빙하기를 견딘 웅장한 동물   441

한 가지 제퍼슨이 받아들일 수 없었던 것은 매머드와 거대한 사자(혹은 늘보)가 멸종됐다는 사실이었다. 그에게 멸종은 불가능한 것이었다. 멸종은 존재의 연쇄적인 사슬에서 연결고리를 제거함으로써 자연의 질서를 어지럽히고 모든 창조를 혼란에 빠뜨리게 된다. 그는 목소리 높여 이런 관점을 주장하다가 또 다른 라이벌을 끌어들이게 된다. 이번에도 역시 프랑스인인 조르주 퀴비에Georges Cuvier였다. 그는 무척 건방진 해부학의 거장으로, 매머드와 마스토돈의 차이를 공식적으로 확인한 사람이기도 했다. 퀴비에는 두 종 모두 잘 알려진 아프리카코끼리와 인도코끼리와는 너무 다르기 때문에 별개의 종이 분명하다고 주장했다. 하지만 매머드나 마스토돈을 실물로 본 사람은 아무도 없었고, 본 것이라고는 뼈와 치아, 그리고 가끔씩 발굴되는 꽁꽁 언 사체밖에 없었다. 퀴비에가 보기에는 이 거대 포유류가 한때는 생존했지만 이제 더는 살아 있지 않다고 설명하는 것이 가장 간단했다. 하지만 제퍼슨은 이런 주장을 받아들이지 않았다. 그는 1797년 연설에서 미국 서부 탐사가 더 진행되면 언젠가는 이 살아 있는 거대 포유류가 눈앞에 등장하리라는 희망을 피력하며 이렇게 말했다. "현재 우리 대륙의 내륙에는 코끼리와 사자, 매머드와 메갈로닉스가 살 수 있는 충분한 공간이 존재합니다."

몇 년 후에 제퍼슨은 마침내 이 부분에 대해 어떤 조치를 내릴 수 있었다. 그는 1800년에 다시 대통령 선거에 나가서 지금은 숙적이 된 존 애덤스와 다시 일전을 벌였다. 하지만 선거인단 투표에서 세부조항 때문에 이 선거는 제퍼슨, 그리고 그의 부통령 러닝메이트가 될 사람이었던 애런 버Aaron Burr(그는 나중에 결투를 통해 알렉산더 해밀튼Alexander Hamilton을 죽인다) 간의 경쟁으로 좁혀졌다. 수도 워싱턴에는 정치적 음

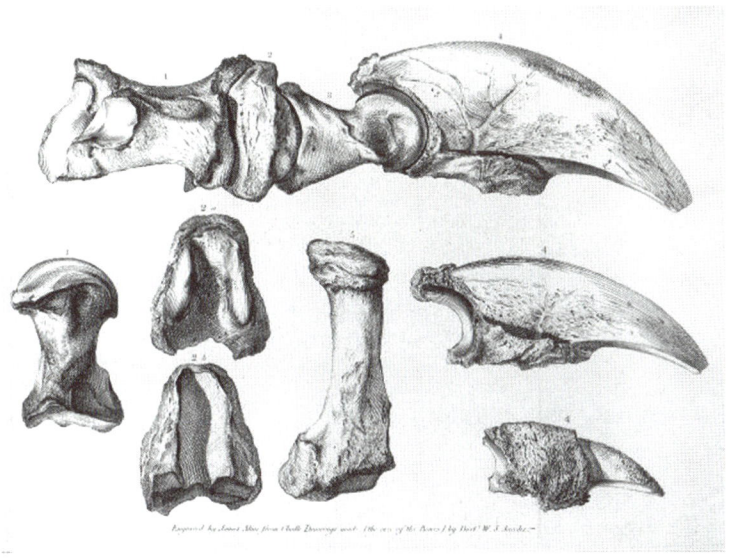

- 토머스 제퍼슨의 땅늘보, 메갈로닉스. 1797년에 발표된 제퍼슨의 연구 논문에서 가져온 서문과 초기에 그린 뼈 삽화. 그리고 현대에 들어 이를 해석해서 구성해본 전체적인 골격.

Nº. XXX.

A Memoir on the Diſcovery of certain Bones of a Quadruped of the Clawed Kind in the Weſtern Parts of Virginia. By THOMAS JEFFERSON, *Eſq.*

Read March 10, 1797.

IN a letter of July 3d, I informed our late moſt worthy preſident that ſome bones of a very large animal of the clawed kind had been recently diſcovered within this ſtate, and promiſed a communication on the ſubject as ſoon as we could recover what were ſtill recoverable of them.

모가 만연하고 그의 정치적 미래가 아직 결정되지 않았던 1801년 2월에 제퍼슨은 한 의사와 서신을 주고받으며 더 많은 매머드의 뼈를 구하려 노력 중이었다. 이번에는 뉴욕에서 찾고 있었다. 한편 선거는 의회로 넘어갔고 36번째 투표에서 제퍼슨은 마침내 대통령으로 당선됐다. 나라의 지갑을 주무를 수 있는 권력을 확보한 그는 1803년에 프랑스로부터 북아메리카 서쪽의 거대한 땅을 사들였다(루이지애나 매입Louisiana Purchase). 그리고 정치인 한 명과 군인 한 명, 즉 메리웨더 루이스Meriwether Lewis와 윌리엄 클라크William Clark에게 그 땅을 탐사할 것을 명령한다. 이들은 많은 과제를 맡았지만 제퍼슨이 그들에게 개인적으로 부탁한 것이 하나 있었다. 희귀하거나 멸종된 것으로 여겨지는 동물을 찾아내서 퀴비에가 틀렸음을 증명하라는 것이었다.

하지만 미시시피강에서 태평양까지 가는 여정 동안 루이스와 클라크는 살아 있는 매머드, 거대한 늘보나 사자, 혹은 다른 거대동물을 한 마리도 보지 못했다. 하지만 제퍼슨은 쉽게 꺾이지 않았다. 클라크는 서부 탐사에서 돌아온 지 얼마 되지 않아 대통령으로부터 또 다른 임무를 부여받았다. 켄터키주 북부 오하이오강 근처에 있는 빅 본 릭Big Bone Lick이라는 곳에 가서 거대동물의 뼈를 수집해 오는 일이었다. 여기서 아메리카 원주민들이 수없이 많은 골격을 발견했는데, 그들은 이것을 '엄청난 동물'에게 죽임을 당한 거대한 버펄로나 다른 맛난 먹잇감들의 골격이라 생각했다. 이 엄청난 동물은 그 결과로 하늘에 있는 '위대한 사람Great Man'이 내리친 벼락을 맞아 죽었다. 땅을 파서 화석을 찾는 일은 살아 있는 매머드를 찾아내는 것에 비하면 쉬운 임무였고, 클라크는 큰 성공을 거두었다. 그는 300개가 넘는 뼈를 가지고 돌아왔고 제퍼슨은 이 뼈들을 백악관 이스트룸East Room 바닥에 펼쳐놓았다. 국사를 돌보다가 쉬고 싶어지면 대통령은 뼈를 모아놓은 방에 들러 거대한 퍼즐을 맞추듯 넓적다리뼈, 정강이뼈, 척추뼈를 연결해서 골격을 조립했다.

그의 두 번째 대통령 임기가 끝날 즈음 제퍼슨은 피해 갈 수 없는 결론이 가까워졌음을 분명 느끼고 있었다. 시간이 갈수록 미국 서부 탐사가 더 꼼꼼히 이루어지고 있었지만, 아무도 살아 있는 매머드나 마스토돈을 찾아내지 못했다. 하루하루 지날수록 가능성은 희박해지고, 퀴비에가 이 논란의 승자가 될 가능성이 높아졌다. 제퍼슨은 백악관을 떠나면서 뼈 수집품 중 일부를 직접 설계한 사저인 몬티첼로로 가지고 갔다. 이곳에 아직도 몇몇 표본이 남아 있다. 어떤 표본은 필라델피아에 있는 자연과학 아카데미로 갔다. 나는 박사학위 학생으로 공룡을 연구하기 위해 이곳에 찾아갔다가 내 인생에서 가장 비현실적인 순간을 경험하게 됐다. 한때 마이클 잭슨Michael Jackson이 꼈던 것과 비슷한 멋진 하얀색 장갑을 끼고 캐비닛을 열어 메갈로닉스의 발톱을 꺼내어 든 것이다. 제퍼슨 자신이 직접 만지며 조사해 약 225년 전 그날에 강인한 아메리카사자라 공표했던 바로 그 화석이다.

1823년에 노년의 제퍼슨은 자신의 오랜 숙적이었지만 지금은 다시 친구가 된 존 애덤스에게 편지를 썼다. 제퍼슨은 사색적인 글에서 이렇게 마지못해 인정했다. "어떤 동물 종은 멸종했습니다." 제퍼슨의 인정으로 논란은 종결됐다. 이것이 끼칠 영향력은 엄청난 것이었고, 결국 널리 받아들여졌다.

북아메리카대륙에는 한때 다양한 거대 포유류들이 살았다. 그중에는 비버 같은 현존 동물의 더 큰 버전도 있었다. 늘보나 코끼리같이 현존 동물의 변종이었지만 더는 북아메리카대륙에는 살지 않는 동물도 있었다. 그리고 현대 포유류와는 거의 끈이 닿지 않는 기이한 생명체도 있었다. 거대 포유류는 세상 다른 곳에서도 살았고, 불과 몇만 년 전까지 살았던 동물도 있다. 이 중에는 약 1만 년 전까지 살아남았던 종이 많다. 이때는 인류가 중동에서 사원과 도시를 구축하고, 소를 가축으로 만들고, 곡물을 경작하던 시절이다. 지금은 거대 포유류가 죽고 없지만, 우리 선조들은 그들과 함께 살았을 것이다.

평평한 지구

내가 자란 일리노이주 북부에서 아주 오랜 시간을 살다보면 어떤 음모론을 믿게 되는 수가 있다. 바로 '지구는 평평하다!'다. 그곳의 평평한 땅에서 살다보면 감각이 무뎌져서 우리가 3차원 구체의 행성에서 살고 있다는 사실을 까먹게 된다. 그곳에는 옥수수밭과 콩밭이 무한히 펼쳐져 있고 저 멀리 어디쯤 시카고가 자리 잡고 있다. 도로는 수십 킬로미터씩 자로 잰 듯 곧게 뻗어 있고, 외롭게 우뚝 선 곡물 저장 사일로가 단조로운 풍경을 배경으로 유일하게 보이는 거대 구조물이다. 이것은 마치 누군가가 거대한 다리미로 풍경을 다림질해놓은 것처럼 부자연스러운 평평함이다. 어떻게 보면 실제로 그런 일이 일어났다고도 할 수 있다.

어린 시절 주변 환경은 내게 영감을 불어넣어 주지 못했다. 나는 불모지에서 땅을 파서 공룡 화석을 찾고, 사막을 횡단하고, 산을 오르고 싶었다. 그러다 고등학교 2학년 때 지질학 수업을 들었다. 그리고 관점이 완전히 바뀌었다. 이런 변화를 이끌어낸 특별한 교사 자쿱칵 선생님은 내게 주변의 지리만 이해할 것이 아니라 그 지리를 읽고 미묘한 차이를 이해하게 만들어주었다. 그렇다. 일리노이주 북부는 평평하다. 이곳은 수만 년 전에 빙하로 덮여 있었다. 일시적으로 전 세계에 추위가 밀려와 꽁꽁 얼어붙었던 빙하기에 북극에서 기어 내려온 빙하였다. 이 빙하는 두께가 1킬로미터가 넘었고, 오르고 내리는 기온의 박동에 따라 확장과 수축을 반복하면서 아주 진득한 액체처럼 움직였다. 빙하는 움직이는 동안 바위와 흙을 갈가리 찢어 계곡은 메워놓고, 언덕은 납작하게 밀면서 땅을 평평하게 문질러 폈다. 다리미보다는 차라리 철 수세미처럼 작용한 셈이다. 빙하는 지형을 완전히 파괴해서 평평하게 만들어놓았다.

물론 완전히 평평한 것은 아니었다. 이 대륙의 빙하도 케이크에 입힌 당의처럼 완전히 매끈한 것은 아니었으니까 말이다. 빙하는 베인 상처 같은 크레바스 균열이 나 있고, 터널처럼 속이 빈 곳으로는 정맥을 흐르는 피처럼 액체 상태의 물이 흘렀다. 고르지 못한 땅을 얼음이 가로지를 때는 지각판처럼 우르릉거렸고 단층을 만나 산산조각이 나기도 했다. 그리고 이 빙하는 아주, 아주 더러웠다. 빙하의 전면은 소프트아이스크림에 흙에서 긁어낸 모래, 자갈, 흙을 섞어놓은 것 같은 덩어리였을 것이다. 제설차가 도로 옆으로 치워놓은 눈의 거대 버전이라 할 수 있다. 이런 복잡한 구조가 풍경 위에 흔적을 남겼다. 빙하는 녹으면서 공공기물 파괴 범죄 현장을 고스란히 남겨놓았다. 전체적으로는 평평했지만 군데군데 마맛자국처럼 긁히고 딱지가 앉은 자국과 미묘한 상처들을 남긴 것이다. 지형을 읽을 줄 아는 지질학자의 눈에는 이것이 빙하기가 남긴 뚜렷한 흔적으로 보인다.

현장학습 겸 여름 소풍으로 그의 차를 타고 화석을 수집하러 가는 길에 자쿱칵 선생님은 나에게 단서를 찾는 법을 가르쳐주었다. 눈이 점점 트이기 시작하니 따분해 보이던 농장의 지형에서 빙하의 흔적이 보이기 시작했다. 마치 보이지 않다가 빛을 비추면 드러나는 잉크처럼 겉으로는 따분해 보이는 지역이 빙하가 남긴 흔적으로 엮은 양탄자처럼 바뀌었다. 오타와의 내 고향에서 남쪽으로 16킬로미터 정도 떨어진 곳에는 1만 9000년 전에 빙하가 녹으면서 홍수가 밀려들었던 계곡의 가장자리에, 휘어진 긴 흙무더기가 평원 위로 60미터 정도 솟아올라 있다. 이것은 동심원을 이루고 있는 빙퇴석 몇 개 중 하나다. 지도에서 보면 이 빙퇴석들이 마치 물 위에 던진 돌멩이 때문에 생긴 잔물결처럼 미시간호에서 바깥쪽으로 퍼져 나오는 듯이 보인다. 사실 이것은 파동이 안쪽으로 후퇴하면서 남긴 흔적이다. 각각의 흔적은 빙하가 움직이다가 정지해서 자기가 갖고 있던 침전물을 쏟아내고 기온이 따듯해졌을 때 북동쪽으로 더 물러나면서 만들어진 것이다. 다른 지형은 훨씬 알아차리기 힘들다. 내가 농장 폐수라 생각했던 것이 알고 보니 빙하가 후퇴하면서 따로 떨어져 나온 얼음 덩어리가 녹아서 생긴 '케틀^{kettle}' 호수였다. 작고 구불구불한 '에스커^{esker}' 융기는 빙하 속에서 구불구불 흐르던 개울의 모래 바닥이다. 그리고 원뿔 모양의 '케임^{kame}' 더미는 빙하 표면의 움푹 파인 곳에 축적되어 있던 자갈과 모래다.

오타와 지역에 있는 빙퇴석, 융기, 더미 중 상당수에서 채석이 이루어졌다. 농장과 농장을 연결하는, 자로 잰 듯 뻗어 있는 도로에 사용할 콘크리트에 넣을 돌을 구하기 위해서였다. 어린 시절에 우리는 그 채석장을 자갈 구덩이라고 불렀지만 거기에는 자갈만 들어 있는 게 아니었다. 그 안에는 빙하 안에서 얼어붙었다가 얼음이 녹으면서 떨어져 나온 온갖 것이 들어 있었다. 모래, 그리고 바람에 날려 와 일리노이주의 농토를 기름지게 만드는 먼지처럼 미세한 물질도 있고, 자갈이나 바위 등 그보다 큰 것도 있다. 그리고 가끔은…… 화석도 있다. 뒤죽박죽 섞여 있는 빙하 쓰레기 안에는 매머드, 마스토돈, 거대한 땅늘보, 그리고 기이하게 생긴 거대한 비버, 들소, 사향소, 무스 수컷 등 토머스 제퍼슨이 좋아할 만한 모든 것의 뼈와 치아가 파묻혀 있다. 빙하기를 버텨낸 동물이었다. 이들은 마천루보다 높이 솟아오른 얼음 절벽을 넋이 나가서 바라보기도 하고, 눈 속에서 먹이를 찾으며 추위에 몸을 떨기도 하고, 빙하의 전면에서 채찍처럼 불어오는 뼛속까지 시린 바람을 느끼기도 했을 것이다.

생각해보면 참 놀라운 일이다. 불과 1만 년 전까지만 해도 북아메리카대륙의 절반 정도가 꽁꽁 얼어붙은 불모지였다니 말이다. 현재 시카고, 뉴욕, 디트로이트, 토론토, 몬트리올은 수백, 수천 미터 두께의 얼음을 지붕처럼 이고 있었다. 이것이 비단 아메리카대륙만의 현상도 아니었다. 유라시아대륙 북부도 상당 부분 얼음에 뒤덮여 있었고, 빙하가 더블린, 베를린, 스톡홀름, 그리고 내가 지금 살고 있는 에든버러를 덮고 있었다. 적도 이남에서는 남극대륙의 빙하가 적도 방향으로 뻗어 나와 대륙을 뒤덮을 수 없었다. 하지만 이것은 그저 빙하가 도달하기에는 대륙이 너무 멀었기 때문이다. 하지만 안데스산맥 위로는 빙하가 자라서 파타고니아의 일부 지역까지 진출했다. 그리고 남반구의 나머지 지역은 상당 부분 얼음이 없었지만, 많은 지역이 시원하면서 건조한 이상한 형태의 사막이 됐다.

더 놀라운 점은 약 13만 년 전에 시작되어 2만 6000년 전에 추위의 정점을 찍고, 1만 1000년 전에 끝난 이 전 지구적인 동결이 빙하기가 아니었다는 점이다. 이것은 빙하기의 한 단계, 즉 빙하가 지난 270만 년에 걸쳐(대부분 플라이스토세라는 시간 동안 진행) 전진과 후퇴를 반복했던 수십 번의 주기 중 하나에 지나지 않았다. 이 주기를 모두 통틀어 빙하기The Ice Age라고 부른다. 빙하기는 오랜 시간에 걸쳐 쭉 모든 것이 얼어붙어 있던 지옥이 아니라, 일시적으로 추워져 빙하가 극지방에서 대륙 먼 곳까지 진출하는 시기(빙기glacial) 그리고 빙하가 다시 녹아서 물러나는 따뜻한 시기(간빙기interglacial)가 롤러코스터처럼 번갈아 찾아오는 시간이었다. 그것도 극단적으로 다양한 기후가 냉탕과 온탕을 격렬하게 오가며 출렁거리는 아주 끔찍한 롤러코스터였다. 지난 13만 년만 살펴보아도 영국이 몇 킬로미터 두께의 얼음에 파묻혀 있던 시기도 있었고, 사자가 사슴을 사냥하고, 하마가 템스강에서 먹을 감을 수 있을 만큼 따뜻한 시기도 있었다. 이런 양극단을 오가는 변화의 속도가 아주 빨라서 수십 년이나 수백 년 만에 일어나는 경우도 있었다. 사실 사람의 수명에 해당하는 짧은 시간 내에 일어나기도 했다.

    진짜 놀라운 사실은 따로 있다. 우리가 아직도 빙하기에 있다는 점이다. 우리는 지금 간빙기에 있어서 빙하의 성장이 중단된 상태다. 머지않아 지구는 다시 빙기로 들어가서 얼음이 시카고와 에든버러를 다시 뒤덮어 질식시킬 것이다. 하지만 우리가 대기 중으로 열심히 내뿜고 있는 온실가스가 빙기의 도래를 억누르게 될 것이다. 이것은 지구온난화가 갖고 있는 뜻밖의 긍정적 부작용이 아닌가 싶다.

    지구의 역사에서 극지를 덮고 있는 빙하가 큰 야심을 품고 저위도 지역 대륙의 내륙 깊은 곳으로 진출했던 진정한 빙하기라 할 수 있는 시기는 손에 꼽을 정도로 적다. 이런 일이 일어나려면 기후계에 놀라운 변화가 생겨야 한다. 우리가 현재 들어와 있는 빙하기의 뿌리는 우리가 지난 장에서 살펴보았던, 약 3400만 년 전 에오세–올리고세 경계로 거슬러 올라간다. 이때는 기후의 임계점을 넘어서고 남극대륙이 남극 위에 발이 묶여 빙하로 얼어붙으면서 온실이 냉장실로 바뀌었다. 이것이 지구의 온도가 냉각되는 밑바탕이 되었고, 330만 년 전과 270만 년 전 사이의 플라이오세에는 훨씬 더 추워졌다. 그리고 임계점을 다시 한번 넘어서면서 북극에서 빙결핵 주위로 커다란 빙원이 얼어붙었다. 이렇게 양쪽 극 모두에 성장하고 이동하고 싶어 안달이 난 얼음이 생겨나면서 지구는 공식적으로 빙하기에 접어들었다.

플라이오세에는 무엇 때문에 기온이 더 떨어졌을까? 두 가지 중요한 요소가 작용한 것으로 보인다. 첫째 요인은 지난 장에 힌트가 나와 있다. 지구의 기온을 조절하는 핵심 온도 조절 장치인 대기 중 이산화탄소의 양이 오랜 기간에 걸쳐 줄어든 것이다. 여기에는 아마도 히말라야산맥, 안데스산맥, 로키산맥이 지난 수천만 년의 세월 동안 솟아오른 게 간접적으로 영향을 미쳤을 것이다. 높아진 산은 필연적으로 침식에 의해 깎여나간다. 바위는 침식되면서 이산화탄소를 녹이고 반응해서 새로운 광물질을 형성한다. 사실상 이산화탄소를 가두어 대기의 온도를 올리지 못하게 막는 역할을 하게 된다. 산이 높아진다는 것은 침식이 더 많아진다는 얘기고, 따라서 대기에서 격리되는 이산화탄소의 양도 많아져 온실효과가 약해지고, 지구의 온도도 내려간다는 얘기다.

그리고 두 번째 요인이 있었다. 이런 장기적인 추세에 덧붙여 뜻하지 않았던 지리적 사건이 발생한다. 이방인과의 우연한 만남이 세상을 새로운 길로 이끌게 된 것이다. 공룡을 죽인 소행성 충돌이 있기 전부터 남아메리카대륙은 홀로 존재하고 있었다. 유대류는 풍부하지만 늘보나 다윈의 유제류 같은 토착종, 그리고 아프리카에서 뗏목을 타고 대서양을 건너온 설치류와 영장류를 제외한 다른 태반류는 존재하지 않는 독특한 동물상을 가진 섬 대륙이었다. 그런데 270만 년 전 즈음에는 남아메리카대륙의 독신 생활도 막을 내리게 된다. 파나마 지협이 형성되면서 북아메리카대륙과 남아메리카대륙이 합쳐진다. 미켈란젤로의 시스티나 성당 천장 벽화에서 신의 손과 아담의 손이 서로 만나는 것처럼 두 대륙에서 가는 지각 덩어리가 뻗어 나와 이어진 것이다. 북아메리카대륙과 남아메리카대륙이 가볍게 접촉하면서 중앙아메리카에 새로 생긴 이 다리가, 멕시코만을 관통해 흐르며 태평양과 대서양을 이어주던 해류를 막아버린다. 그래서 해류의 경로가 바뀌면서 더 많은 대서양 바닷물이 북쪽으로 향하게 됐고, 따라서 더 많은 습기가 북극에 제공되었다. 습기가 많아진다는 것은 얼음으로 얼어붙을 재료가 많아진다는 의미다. 결국 빙하가 더 부풀어 오르게 된다.

북아메리카대륙과 남아메리카대륙의 결혼으로 포유류는 더욱 즉각적인 영향을 받게 된다. 1억 년 넘게 분리되어 있던 두 세계가 이제 초특급 고속도로로 서로 연결되면서 포유류들이 양방향으로 물밀듯이 쏟아져 들어와 뒤섞였다. 마치 베를린 장벽이 무너지는 순간에 동독 사람들과 서독 사람들이 미친 듯이 서로 뒤섞였던 것처럼 말이다. 이것은 포유류의 역사에서 굉장히 중요한 사건이기 때문에 '아메리카 대교환Great American Interchange'이라는 거창한 이름도 붙여주었다. 섬 대륙에 오랫동안 안락하게 자리를 잡고 있던 남아메리카대륙 생물 종들에게 이것은 탈옥이나 마찬가지였다. 하지만 감옥에서 탈출한 범죄자들이 일반적으로 그렇듯이 이들 역시 사정이 그리 좋게 돌아가지 못했다. 북아메리카대륙에서 안정적으로 발판을 마련한 종은 아르마딜로, 나무늘보, 주머니쥐 등 몇몇 종뿐이다. 주머니쥐는 그보다 수백만 년 전에 북쪽에서 완전히 멸살된 이후로 북아메리카대륙에서 처음으로 육아낭에 새끼를 키운 유대류가 됐다. 다윈의 유제류도 이주를 시도해서 믹소톡소돈^{Mixotoxodon}이라는 한 종은 텍사스에서 잠시 살기도 했지만, 결국 버티지 못하고 빙하기 말에는 남북을 잇는 육로 양쪽에서 완전히 멸종했다.

북아메리카대륙 포유류의 경우는 아주 다른 이야기가 펼쳐졌다. 그들에게 이것은 적대적 인수 합병의 기회였고, 이들은 새로운 지역으로 진출해서 토착종들을 몰아내고 남아메리카대륙의 우림과 초원지대를 차지했다. 낙타, 맥, 사슴, 말 등 다양한 발굽 달린 포유류들이 남쪽으로 떼를 지어 진출했다. 이 침입자들은 라마^{llama}와 알파카^{alpaca} 같은 후손을 남겼다. 이 둘은 오늘날 남아메리카대륙 포유류라 하면 떠오르는 가장 상징적인 동물이다. 다윈의 유제류가 종말을 맞이하게 된 데는 이 침입자들의 압력도 한몫했을 것이다. 여러 포식자들도 마찬가지로 남쪽으로 향했다. 이들이 오늘날의 재규어와 쿠거, 남방 늑대와 곰의 선조가 됐다. 그리고 기존에 자리 잡고 있던 최상위 포식자 포유류인 '유대류 검치호' 틸라코스밀루스 같은 스파라소돈타류의 종말을 불러왔는지도 모른다. 하지만 어쨌거나 한때 남아메리카대륙을 지배했던 이 육아낭 달린 사냥꾼들은 그러지 않아도 퇴출 중이었던 것으로 보인다.

한편, 포유류가 남북을 오가며 뒤섞이고 있는 동안 해류는 북쪽으로 계속 더 많은 습기를 실어 날랐고, 빙원은 성장했다. 그러다 얼음이 맥동하기 시작했다. 오르고 내리는 기온을 따라 확장과 수축을 시작한 것이다. 여기서 페이스메이커 역할을 한 것은 천체의 주기였다. 우리 행성이 받는 햇빛의 양을 통제하는 지구 운동의 작고 반복적인 변화가 그런 역할을 했다. 지구의 궤도는 온전한 원형이 아니라 타원형이다. 그리고 타원의 모양은 시간의 흐름에 따라 늘어나고 압축된다. 지구는 기울어진 축을 중심으로 자전하는데, 이 기울기도 시간에 따라 변한다. 그리고 지구를 팽이라 생각하면 회전축 역시 동요하며, 그 동요의 양도 마찬가지로 시간에 따라 변화한다. 이 세 가지 주기가 펼쳐지는 동안 지구, 또는 그 일부가 태양에 더 가까워져 햇살을 더 많이 받거나, 태양과 멀어져 햇살을 덜 받는 시간이 생긴다.

이 세 가지 주기는 실력이 형편없는 고등학생 밴드의 세 연주자처럼 서로 동조가 안 되는 경우가 많다. 하지만 가끔은 이 세 주기가 조화를 이룰 때가 있다. 베이스 연주를 중심으로 드럼과 기타 연주가 합류하면서 아름다운 음악을 만들어내는 것처럼 말이다. 그와 마찬가지로 세 주기의 추운 단계가 우연히 맞아떨어져 합심이라도 한 듯이 기온을 낮출 때가 있다. 기온이 떨어지면 얼음이 늘어나고, 이 늘어난 얼음이 대륙으로 진출한다. 이것이 빙기다. 그러다가 세 주기가 다시 서로 어긋나면 기온이 올라가면서 얼음이 녹아 빙하가 뒤로 후퇴한다. 이것이 간빙기다. 이 주기들은 항상 작동 중이다. 우리가 대화를 나누고 있는 동안에도 작동한다. 하지만 이들이 세상을 황폐화시키고 빙하기를 불러올 수 있으려면 갖고 놀 얼음이 충분히 많아야 한다.

킬로미터 단위 두께의 얼음판이 대륙으로 진출하면 그 영향은 실로 극적이다. 가장 최근에 빙하가 진출했던 사례를 집중적으로 조명해보면 이것이 분명하게 드러난다. 이 빙기는 2만 6000년 전에 정점을 찍은 후에 뒤로 물러나면서 일리노이주 북부 시골에 빙퇴석과 매머드의 뼈를 흩뿌려 놓고 갔다. 천체의 주기가 동조되면서 전 지구적으로 기온이 간빙기 절정 기온보다 섭씨 12도 이상 급락했다. 차가운 공기는 습기를 덜 머금기 때문에 세상은 추워지는 데서 그치지 않고 건조해지기까지 했다. 북반구의 빙원이 몸집을 불리면서 바다로부터 물을 빨아들여 더 많은 얼음을 만들어냈다. 그리고 그 과정에서 해수면 높이가 100미터 이상 낮아졌다. 광활한 대륙붕 지역이 연결되면서 지금까지 서로 분리되어 있던 땅덩어리들이 연결됐다. 예를 들면 아시아 대륙은 베링해협을 통해 북아메리카와 연결되었고, 호주대륙은 뉴기니와 연결됐다. 빙원 남쪽으로 영국과 스페인에서 시작해서 아시아대륙 전체를 지나 베링육교Bering Land Bridge를 거쳐 북아메리카대륙까지 가로지르며 이어지는 거대한 벨트가 만들어졌다. 이것을 이른바 매머드 대초원Mammoth Steppe이라고 하는데, 이곳은 빙하를 스치고 내려온 살을 에는 바람에 차가워진 건조한 초원이었기 때문에 강하디강한 풀, 키 작은 덤불, 야생화, 소형 허브 같은 것만 자랄 수 있었다. 나무는 설사 있다 해도 빙하의 전면에서 흘러나오는 얼음장처럼 차가운 강 가장자리에만 국한해 존재했다. 겨울철 평균기온은 영하 30도였고, 어쩌면 그보다 훨씬 더 추웠을 수도 있다.

    매머드 대초원은 빙하기 지구에서 가장 거대한 생물군계였고, 정착하기 쉬운 곳이 아니었다. 하지만 늘 그렇듯이 일부 포유류는 방법을 찾아냈다. 이들 중 상당수는 몸집이 거대하고 털이 유독 많았다. 전형적인 거대동물이었고, 그중에는 토머스 제퍼슨에게 큰 영감을 주었던 그 거대동물들도 포함되어 있었다. 가장 눈에 띄는 것은 뭐니 뭐니 해도 자신이 속한 생태계의 이름에 제 이름까지 박아 넣은 매머드였다. 이들은 털코뿔소woolly rhino와 함께 살았다. 털코뿔소는 엄청나게 큰 뿔

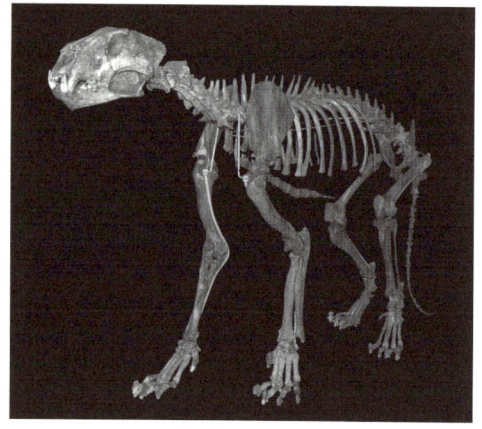

- 카리스마 넘치는 빙하기 거대동물의 몽타주. 큰뿔사슴(왼쪽 위), 동굴사자(오른쪽 위), 다이어울 프(457쪽 오른쪽 위), 글립토돈아과(457쪽 왼쪽 위), 텔코뿔소(457쪽 아래)다.

이 코에 돋아 있고, 털이 없어서 거의 파충류 피부처럼 보이는 오늘날의 코뿔소와 달리 덥수룩한 털로 뒤덮여 있던 2톤짜리 짐승이다. 그리고 괴물 같은 크기의 물소도 있었고, 여러 포식동물의 먹잇감이었던 아메리카대륙의 마지막 말도 있었다. 이런 포식동물로는 현대의 그 어느 사자보다도 몸집이 크고 근육질이었던 동굴사자$^{\text{cave lion}}$, 동굴에 숨어 살던, 뼈를 먹는 하이에나 등이 있었다. 덥수룩한 털가죽과 두둑한 뱃살이 이 거대 포유류를 추위로부터 막아주는 역할을 했다는 점은 어렵지 않게 이해할 수 있을 것이다.

빙하에서 더 남쪽으로 더 온화한 환경에서도 마찬가지로 놀라운 동물상이 자리 잡고 있었다. 일어선 키가 3.5미터에 체중은 1톤으로 지금까지 살았던 곰 중 제일 크고, 제일 무서운 얼굴 짧은 곰도 있었고, 사람보다 큰, 끌 같은 치아를 가진 비버도 있었다. 그리고 제퍼슨의 메갈로닉스 같은 땅늘보도 있었다. 이 동물은 뒷다리로 일어서면 키가 건

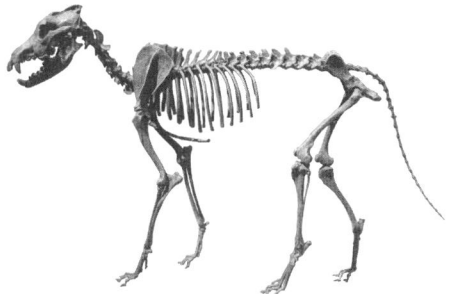
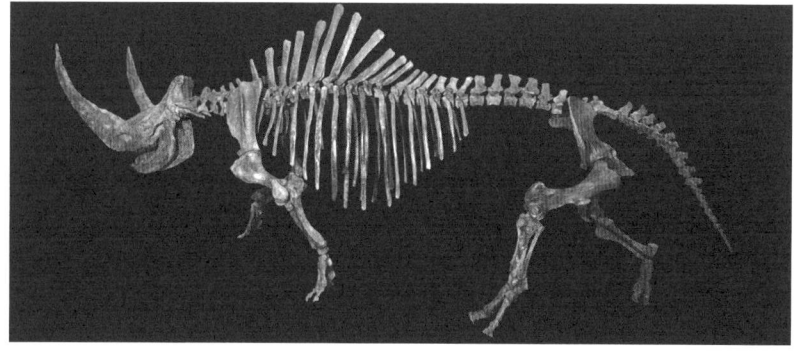

물 1층 높이였기 때문에 뛰지 않아도 덩크슛을 할 수 있었다. 그리고 치타의 아메리카 버전인 검치를 가진 고양잇과 동물, 다이어울프, 그리고 큰뿔사슴Irish elk도 있었다. 큰뿔사슴은 미친 성형외과 의사가 디자인한 게 아닌가 싶을 정도로 터무니없이 큰 뿔을 가진 사슴이었다.

얼음장 같은 빙하의 손길에서 멀리 벗어난 다른 곳에 사는 남반구 포유류도 춥고 건조한 기후에서 살아남아야 하기는 마찬가지였다. 이들 중에도 거대한 동물이 많았다. 호주대륙에는 엄청난 크기를 가진 유대류들이 살았다. 디프로토돈 Diprotodon처럼 3톤이나 나가는 웜뱃도 있었다. 역사상 가장 큰 육아낭 포유류였다. 그리고 체중이 225킬로그램이나 나가고 퍼그 얼굴을 한 캥거루는 몸이 너무 무거워서 깡충깡

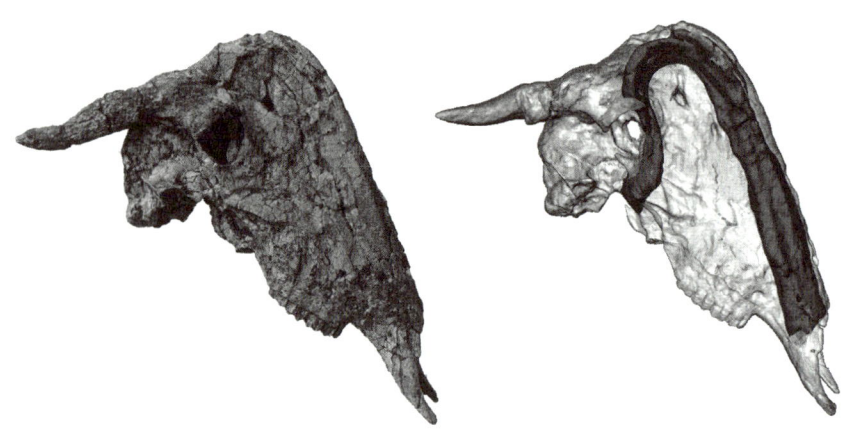

• 아프리카 누영양 루싱고릭스. 두개골의 사진과 CAT 스캔 사진이다. 속이 비어 있는 내부 구조와 고리 모양으로 구부러진 비강을 볼 수 있다.

충 뛸 수 없었다. 그리고 지난 장에서 만나보았던 '유대류 사자'도 있다. 이 동물은 오늘날의 진짜 태반류 사자와 몸집이 비슷했고, 볼트 절단기 같은 작은어금니는 사자와 하이에나를 섞어놓은 것처럼 먹잇감을 죽여 살을 발라내고 뼈를 부술 수도 있었다.

남아메리카대륙에는 폭스바겐 비틀만 한 크기와 모양을 가진 글립토돈아과glyptodonts라는 아르마딜로가 있었다. 이 동물은 파나마육교 건너편에 살던 제퍼슨의 메갈로닉스보다 더 큰 땅늘보와 함께 살았다. 게다가 다윈의 유제류 중 제일 마지막까지 살아남았고, 제일 통통했던 1.5톤짜리 톡소돈(앞에서 보았듯이 이 종은 운 좋게도 단백질이 보존되어 있었다)은 다윈을 정말 당혹스럽게 만들었던 이 남반구의 발굽 달린 포유류들이 말과 코끼리의 친척임을 증명해주었다.

아프리카 역시 남부럽지 않은 멋진 동물들을 자랑하고 있었다. 우선 체중 2톤으로 역사상 가장 거대한 소인 펠로로비스^{Pelorovis}가 있었다. 이 동물은 팔자수염처럼 휘어진 뿔을 갖고 있었다. 하지만 루싱고릭스^{Rusingoryx}보다 이상한 동물은 없었다. 돔처럼 불룩 튀어나오고 속은 비어 있는 주둥이를 갖고 있는 누영양이다. 헤일리 오브라이언$^{Haley\ O'Brien}$은 이 돔의 내부를 보고 기능을 이해하기 위해 이 동물의 두개골을 CAT 촬영해보았다. 그녀가 내게 묘사하기를 "얼굴로 방귀 소리를 낼 수 있는 영양"이라고 했다. 물론 서로 소통하려고 내는 소리다.

빙하기 동안에는 어디에 있었든, 빙하와 얼마나 가까이 있었든, 기이하고, 털이 텁수룩한 초거대 포유류를 볼 수 있었다. 이때는 포유류가 웅장함을 자랑했던 시간이었다. 그리고 지구 역사라는 시계에서는 기껏해야 째깍 소리 몇 번에 불과한 시간이기도 했다.

매머드

빙하기의 모든 거대동물 중에서 가장 이목을 끄는 두 종이 있다. 매머드와 검치호다. 이들은 슈퍼스타다. 박물관 전시실에서도 가장 인기가 많고, 이름 그 자체가 하나의 비유이자, 상징으로 자리 잡았고('매머드'라는 단어를 크다는 것과 같은 의미로 대중화시킨 인물이 바로 제퍼슨이었다) 말 그대로 할리우드의 스타 자리도 꿰찼다. 애니메이션 영화 〈아이스 에이지$^{Ice\ Age}$〉 프랜차이즈의 주인공을 매머드 매니와 검치호 디에고가 차지한 것도 놀랍지 않다. 그럼 빙하기의 상징과도 같은 이 두 동물의 전기를 제대로 한번 살펴보고 넘어가자.

매머드는 아마도 멸종된 동물 중에서 가장 잘 이해되어 있는 종

• 컬럼비아매머드.

일 것이다. 티라노사우루스 렉스나 브론토사우루스, 또는 이 책 곳곳에 나온 거의 모든 선사시대 포유류와 달리 우리는 매머드의 실제 모습이 어땠는지 알고 있다. 그것은 우리 호모 사피엔스의 선조와 사촌인 네안데르탈인이 그들의 살아 있는 모습을 직접 보고 동굴 벽에 꾸준히 그렸기 때문이다. 프랑스와 스페인의 동굴은 매머드의 그림으로 도배되어 있다. 인간이 그린 낙서의 가장 초기 형태라 할 수 있다. 아무래도 우리 선조들은 제퍼슨만큼이나 매머드에 집착했나 보다.

그들의 미술 작품은 놀라울 정도로 정확하다. 이 그림이 정확하다는 것을 알고 있는 이유는 시베리아와 알래스카에서 발굴된 매머드의 실제 사체와 교차 비교해볼 수 있기 때문이다. 수만 년 동안 얼음 깊숙한 곳에 얼어 있던 이 사체는 그냥 골격이 아니라 냉동 미라다. 그래서 피부는 털로 덮여 있고, 근육도 여전히 뼈에 붙어 있고, 심장과 폐 같은 내부 장기도 그 안에 고스란히 남아 있으며, 안구도 안와 속에서 밖을 쳐다보고 있고, 성기도 노출되어 있고, 마지막으로 먹은 식사도 내장 속에 그대로 보존되어 있다. 이런 사체가 생각처럼 드물지도 않다. 북극에는 수만 마리 혹은 그 이상의 매머드가 잠들어 있고, 녹아내린 아이스크림 속 호두 토핑처럼 영구동토층이 녹으면서 떨어져 나온다. 이것은 지구온난화가 가져온 또 하나의 뜻하지 않았던 부작용이고, 이 부작용 덕에 툰드라 지역에서 매머드 상아를 공급해줄 사람을 찾아 상아 암시장에 내다 파는 사람들이 짭짤한 수익을 올리기도 한다.

당신이 지금 이 글을 읽는 동안에도 수많은 러시아의 매머드 화석 사냥꾼들이 매머드 화석을 추적하고 있다. 그 옛날 금광 광부들처럼 머리가 희끗희끗한 사람들이 보드카 한 잔으로 몸을 녹이며 공산주

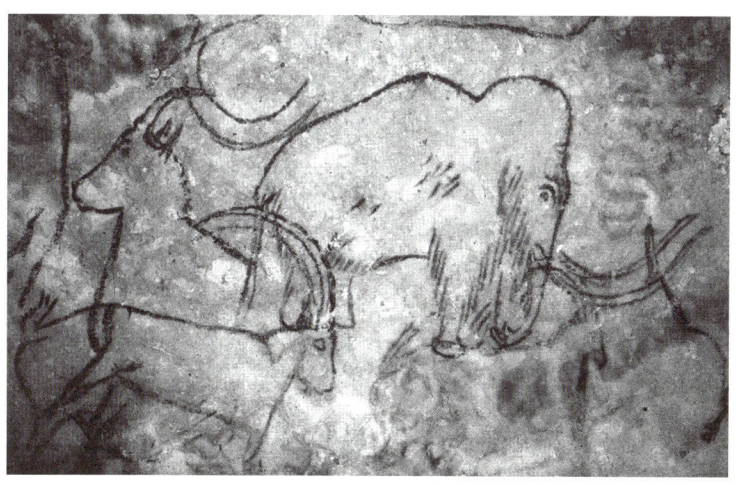

• 1만 3000년 전에서 1만 년 전, 프랑스 루피냐크 동굴 Rouffignac Cave에 석기시대 인류가 그려놓은 매머드와 아이벡스.

의 이후의 지긋지긋한 가난에서 구원해줄 대박을 쫓고 있다. 이것은 아주 복잡하고 성가신 작업이다. 사냥꾼들은 소방용 장비를 이용해서 강에서 물을 뽑아내고, 영구동토층을 폭파해서 날리고, 강둑을 무너뜨리면서 환경을 오염시킨다. 이것은 위험한 일이기도 하다. 사냥꾼들은 상아를 찾기 위해 영구동토층 깊숙한 곳까지 임시 터널을 만든다. 언제 무너질지 알 수 없는 일이다. 부상을 입었다고? 행운을 빈다. 아마 제일 가까운 병원도 수백 킬로미터 떨어져 있어서 가는 데만 여러 날이 걸릴 테니까 말이다. 그리고 분명히 말하지만 이것은 엄연한 불법 행위다.

동굴벽화와 북극의 냉동 미라를 통해 털매머드의 실제 이미지를 구축할 수 있다. 매머드의 크기는 현대의 아프리카코끼리와 비슷해서 수컷은 어깨높이에서 키가 3미터 정도이고 체중은 6톤까지 나갔다. 초원에서 암컷은 이보다 살짝 작았다. 혹처럼 솟아 있는 머리, 굽은 어깨, 경사진 등, 볼록한 배, 억센 다리를 가진 키 크고 탄탄한 체구의 이 매머드를 보고 다른 동물로 착각하는 일은 없었을 것이다. 이들에게 중요한 구조물은 주로 앞쪽에 있었다. 길게 휘어진 두 개의 상아는 얼굴에서 앞쪽으로 채찍질하듯 뻗어 나와 있었지만, 동상을 면하기 위해 꼬리는 국수 면발처럼 작은 부속물로 남겨놓았다. 마찬가지 이유로 귀도 작았다. 요즘 코끼리의 위성안테나 같은 귀와 비교하면 정말 작다. 요즘 코끼리는 정반대 이유로 크기가 커졌다. 끓는 듯 더운 사바나에서 체열을 배출하기 위해 커진 것이다.

코끼리와 매머드 사이에서 드러나는 가장 확연한 차이는 당연히 털이다. 털매머드는 털을 망토처럼 두르고 있었다. 바깥층에는 90센티미터까지 자라는 보호용 털이 지저분하게 나 있고, 안층에는 길이가 짧고 더 보슬보슬한 털이 둘러져 있었다. 털이 있는 곳에는 엄청나게 큰 기름샘sebaceous gland이 함께 있어서, 거기서 분비되는 액체가 물을 튕겨내어 단열을 향상시켰다. 영화나 책에서는 매머드가 갈색이나 주황색의 단색으로 묘사되는 경우가 많지만 사실은 사람처럼 다양한 털 색깔을 갖고 있었다. 이들의 털은 금발에서 주황색, 갈색, 검은색까지 다채로웠다. 어떤 털은 너무 밝아서 사실상 투명하게 보인 반면, 어떤 털은 한 가닥의 털에 다양한 색조가 뒤엉켜 있기도 했다. 한 동물에 밝은색의 털과 어두운색의 털이 공존해서, 안층은 밝거나 색이 없는 털이 특히 흔했고, 바깥층에는 더 짙은 색이 흔했다. 어떤 매머드는 소금과 후추를 섞어놓은 것 같은 점박이 무늬였다. 또 어떤 매머드는 서로 대비되는 색으로 구성된 얼룩덜룩한 무늬를 갖고 있었다. 전체적으로 보면 어두운 털색을 가진 매머드보다는 밝은 털색을 가진 매머드가 훨씬 희귀했다. 이것이 좀 특이해 보일 수도 있다. 북극곰 같은 요즘의 북극 포유류들은 눈 속에서 보호색을 띠려고 아주 새하얀 털을 갖고 있는데 말이다. 하지만 사실 이것은 놀랄 일이 아니다. 매머드는 빙하가 아니라 초원 위에서 살았기 때문이다. 이 초원은 아마도 겨울에만 눈이 덮여 있었을 것이다.

이런 것을 다 어떻게 알아냈는지 궁금한 사람이 있을 것 같다. 털이 보존된 미라가 있어서 직접 관찰할 수 있었던 경우도 있다. 하지만 털 색깔과 매머드의 다양한 생물학적 측면과 관련해서 중요한 또 다른 단서가 존재한다. 바로 유전자다. 이 미라는 보존 상태가 너무 훌륭해서 유전물질이 들어 있다. 죽은 표본에서 DNA를 채취할 수 있는 것이다! 유전학자들은 2015년에 털매머드의 전체 유전체 지도를 작성했다. 이것은 현대과학의 가장 놀라운 성과 중 하나다. 이로써 30억 개가 넘는 염기쌍 목록이 제작됐다. A, C, T, G의 네 글자로 적힌 유전암호가 매머드라는 종을 구축하고, 작동시키고, 영속시켰다. 우리는 현존하는 대부분의 포유류보다 멸종한 매머드의 DNA에 대해 더 많은 것을 알고 있다. 충격적인 일이지만 사실이다.

매머드의 유전체는 많은 비밀을 보여주었다. DNA 친자검사를 해서 계통수를 구축해보았더니 매머드가 실제로 코끼리라는 것이 확인됐다. 사실 이들은 대단히 발전된 코끼리로서, 코끼리 가족 앨범 깊은 곳에 자리 잡고 있으며 오늘날의 코끼리 중에는 아프리카코끼리보다 인도코끼리와 더 가까운 친척이다. 제퍼슨이 뭉뚱그려 매머드라고 불렀던 빙하기의 또 다른 유명한 후피동물^{pachyderm} 집단인 마스토돈은 친척 관계가 멀어서 진성 코끼리라기보다는 고대의 사촌 격이다. 한 연구에서는 털매머드의 DNA가 아프리카코끼리와 98.55퍼센트나 일치하는 것으로 나왔다. 둘 사이의 차이점 중에는 매머드가 추위 속에서 살아남을 수 있게 해준 특별한 특성과 관련된 것이 많다. 유전학자들은 매머드에서 귀와 꼬리의 크기는 줄여주고, 기름샘 크기는 키워주고, 털은 덥수룩하게 만들고, 지방으로 단열이 더 잘 되게 해준 유전자가 어느 것인지 확인했다. 매머드의 일주기 리듬$^{circadian\ rhythm}$을 바꾸어 어두운 고위도의 긴 겨울에도 잘 살 수 있게 해준 유전자, 얼어 죽지 않도록 온도 감각 수용체를 수정해준 유전자, 추운 기온에서도 피가 충분한 양의 산소를 실어 나를 수 있도록 헤모글로빈을 수정해준 유전자도 있었다.

매머드는 따뜻한 기후에서 넘어온 코끼리로부터 진화했기 때문에 이런 유전자 돌연변이는 적응에 필수적인 부분이었다. 털매머드의 학술명은 '*Mammuthus primigenius*(맘무투스 프리미게니우스)'다. 매머드가 이것만 있는 것은 아니었다. 한때는 만족을 모르는 방랑벽을 갖고 있는 구성원 수가 많은 집단이었지만 이 매머드가 마지막으로 남은 것이다. 매머드는 북극의 빙원이 아직 대륙으로 올라오기 전인 약 500만 년 전 즈음 플라이오세 동안에 아프리카에서 기원했다. 그로부터 약 200만 년 후에 북쪽으로 뛰어넘어 가서 유럽과 아시아로 퍼져나갔다. 그리고 영토를 넓히는 과정에서 새로운 종들이 탄생했다. 약 150만 년 전 즈음에 이 매머드 종 중 하나가 빙하 때문에 해수면이 낮아진 시기에 베링육교를 건너 북아메리카대륙으로 갔다. 그리고 이곳에서 컬럼비아매머드Columbian mammoth가 됐다. 그리고 100만 년이 조금 더 지난 후에 동일한 아시아의 선조 무리가 다시 해수면이 낮아진 기간 동안 북아메리카대륙으로 흘러들었다. 털매머드가 이미 그곳에 자리를 잡고 있던 컬럼비아매머드와 만났고, 이 둘은 서로 합의를 보았다. 털매머드는 빙하 가장자리의 초원 지역에 주로 머문 반면, 컬럼비아매머드는 남쪽의 더 따뜻한 초원지대를 선호했다. 때때로 북아메리카 중부 지방에서 함께 뒤섞이기도 했다. 이들이 여전히 충분히 많은 공통의 DNA를 갖고 있었기 때문에 상호교배가 성공적으로 이루어졌다. 양쪽 종에 보존되어 있는 유전 물질만 봐도 이 사실을 알 수 있다.

몸집이 크고 대사가 빠른 매머드가 더운 고향 아프리카에서 멀찍이 떨어진 추운 곳에서 체온을 따뜻하게 유지하려다 보니 식욕이 왕성해졌다. 현대의 코끼리가 하루에 135킬로그램의 식물을 먹을 수 있으니 분명 매머드도 최소한 그 정도는 먹었을 것이다. 이들은 초원에서 기회가 닿는 식물은 무엇이든 뜯어 먹었다. 냉동 미라의 내장 속에 든 내용물을 보면 특히나 식물의 성장기인 긴 여름 동안에는 풀, 그리고 미나리아재비buttercup 같은 꽃을 좋아했고, 겨울에는 나뭇잎, 잔가지,

나무껍질 같은 것으로 보충했음을 알 수 있다.

이들에게는 자기가 좋아하는 먹이를 구해서 먹을 수 있는 몇 가지 도구가 있었다. 첫째는 상아다. 상아는 위협적으로 생겼지만 무기라기보다는 풀밭을 헤치며 가는 용도, 그리고 덩이줄기와 뿌리를 파낼 때 사용하는 삽에 더 가까웠다. 위턱의 첫 번째 앞니가 변형되어 만들어진 상아는 아주 거대해서 4.2미터까지 길어졌고, 멋들어진 소용돌이 모양으로 바깥쪽, 위쪽으로 휘어졌다. 그리고 평생 1년에 몇 센티미터씩 자랐다. 어떤 면에서 보면 상아는 우리 손과 비슷한 점이 있다. 상아는 크기나 모양이 매머드 개체군 안에서도 대단히 다양하고, 왼쪽과 오른쪽이 비대칭이다. 이는 코끼리도 왼손잡이와 오른손잡이가 있었을지 모른다는 것을 암시한다.

일단 상아로 먹이를 모으면, 그것을 가는 것은 큰어금니 몫이었다. 큰어금니는 거대했다. 제일 큰 것은 길이가 30센티미터, 무게는 2킬로그램 정도 된다. 그리고 형태도 복잡해서 식물을 가는 용도로 평행하게 나 있는 법랑질 융기가 물결 모양으로 주름이 잡혀 있었다. 스토노의 노예들이 습지에서 가는 용도의 매머드 치아를 찾아내어 코끼리임을 바로 알아보고 북아메리카대륙의 포유류 화석을 처음 기록으로 남길 수 있었던 것도 크기, 융기 등 치아의 이런 전형적인 형태 덕분이었다. 오늘날의 코끼리처럼 이들도 입안에 큰어금니가 턱뼈마다 하나씩 한 번에 총 네 개씩밖에 없었다. 그리고 컨베이어벨트처럼 새로운 큰어금니는 뒤에서 맹출萌出했다. 매머드의 큰어금니와 관련해서는 흥미로운 점이 있었다. 이들은 키가 컸다. 지난 장에서 이런 상태를 지칭하는 단어와 만난 적이 있다. '긴치아'다. 따라서 매머드는 마이오세에 아메리카 사바나에 살던 말과 같은 일을 했다. 치아를 아주 길게 만들어서 천천히 닳게 한 것이다. 풀처럼 마찰이 심한 식물을 먹기 위한 적응이었다.

매머드는 사회적 동물이었기 때문에 적어도 어느 정도는 집단을 이루어 함께 풀을 뜯어 먹으며 시간을 보냈다. 캐나다 앨버타의 한 장소에는 매머드 무리가 남긴, 정찬용 큰 접시 크기의 발자국이 보존되어 있다. 이들은 빙하의 전면에서 울부짖으며 부는 바람에 날려 온 먼지로 만들어진 모래 사구를 걷고 있었다. 큰 성체, 중간 크기의 준성체, 그리고 그보다 작은 어린 개체의 발자국이 거의 비슷한 비율로 뒤엉켜 있다. 이 발자국이 대부분 암컷의 것이라 믿는 이유가 있다. 오늘날의 코끼리들은 어미와 그 새끼들로 작은 무리를 이루는 모계사회다. 수컷도 어릴 때는 무리에 속해 있지만 청소년기가 되면 무리에서 나와 혼자 살거나 독신 수컷들과 함께 산다. 동굴벽화를 보면 전형적인 암컷의 특징을 가진 더 작은 체구의 매머드들이 한데 모여 무리를 이룬 모습이 묘사되어 있다. 이것은 인간이 동물의 사회생활을 기록한 최초의 사례 중 하나다.

매머드가 어미와 새끼로 살아가는 것이 쉽지는 않았다. 2007년에 야말반도에서 발견된 생후 1개월짜리 새끼의 놀랍도록 잘 보존된 냉동 미라를 보고 이 사실을 알 수 있었다. 야말반도는 시베리아에서 북극해로 튀어나와 있는 동토의 반도다. 큰 개만 한 이 새끼의 사체는 네네츠족Nenets의 순록 목부 유리 쿠디Yuri Khudi에게 발견되었다가 잠시 도둑질을 당해 스노모빌 두 개에 팔려 들개에게 물어 뜯기다가 구조되어 박물관에 전시됐다. 그리고 유리의 아내 이름을 따서 리우바Lyuba라고 이름 지어졌다. 약 4만 1800년 전에 이 새끼는 강을 건너다가 강둑의 진창에 빠져 차갑고 축축한 진흙을 들이마시고 질식해 죽었다. 매머드 대초원의 가혹한 환경에 희생당한 짧고 고단한 삶이었다. 하지만 이렇게 죽음으로 해서 이 새끼는 매머드의 성장과 발달에 관한 정보를 담은 타임캡슐이 됐다. 역설적이게도 이 죽음이 매머드라는 종 전체의 부활을 돕게 될지도 모른다. 행여 매머드의 복제가 성공한다면 말이다.

리우바는 작다. 견종 세인트버나드 크기인 새끼로, 태어날 때 체중이 90킬로그램 정도였을 것이다. 불행한 사고를 잘 피했다면 아마도 60년쯤 살면서 무게가 약 4톤이 되는 성체로 자랐을 것이다. 이 수명은 매머드 성체의 뼈와 상아에 남은 나이테를 세서 나온 수치다. 나무에 생기는 나이테처럼 매머드의 나이테도 1년에 하나씩 새겨졌다. 매머드의 임신 기간은 1년을 훌쩍 넘겨, 현대의 코끼리처럼 21개월에서 22개월이었을 것이다. 짝짓기 계절은 아마도 여름이나 가을이고, 출산은 봄이나 여름에 이루어졌을 것이다. 리우바가 죽은 연중 시기를 보면 짐작할 수 있다. 그때는 리우바가 세상에 나온 지 몇 주밖에 안 됐을 때였다. 리우바는 배가 부른 상태였지만 아직 젖을 빠는 시기였기 때문에 매머드 성체처럼 어마어마한 양의 풀로 배를 채운 것은 아니었다. 리우바는 아마도 몇 년 더 어미의 젖에 의존했을 것이고, 두 살이나 세 살이 되어서야 풀을 먹기 시작했을 것이다. 다른 어린 매머드 화석에는 이렇게 젖을 떼는 순간이 기록되어 있다. 뼈와 치아의 동위원소 조성에 변화가 보이기 때문이다. 요즘 코끼리는 더 일찍 젖을 뗀다. 매머드에서 젖떼기가 늦어진 이유는 서식지가 더 춥고 해가 짧기 때문에 먹이의 질이 떨어지고 양이 감소했기 때문일 가능성이 높다. 하지만 리우바가 젖만 먹은 것은 아니었다. 리우바의 내장에서 대변의 잔재가 발견됐다. 아마도 어미의 똥을 먹었을 것이다. 역겹게 들

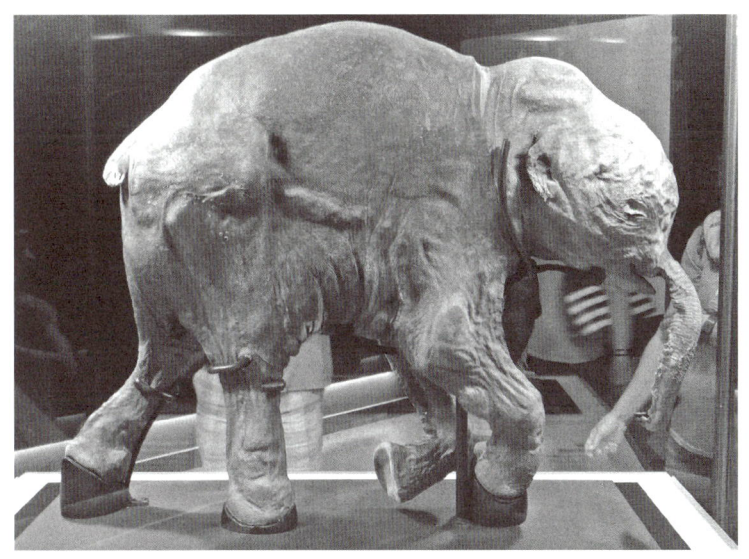

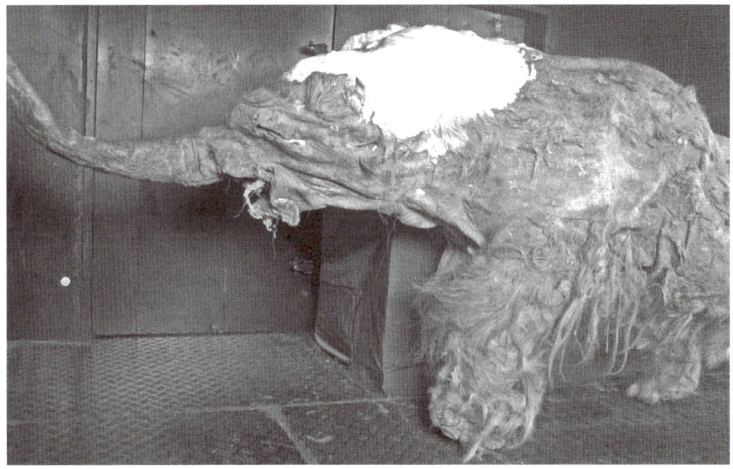

- 시베리아 영구동토층에서 꽁꽁 얼어붙은 채로 발견된 털매머드의 미라. 리우바(위)와 유카(아래)다.

릴 수 있지만 사실 많은 포유류에서 정상적으로 나타나는 일이다. 이것은 새끼의 장내세균을 발달시키는 역할을 한다.

자연이 리우바를 괴롭히긴 했지만 리우바가 강둑에 빠져 죽지 않았다고 해도 결국에는 포식자에게 잡아먹혔을지도 모른다. 매머드 대초원에는 동굴사자, 하이에나, 늑대, 곰 등의 육식동물이 많았다. 그리고 매머드는 아주 맛있는 먹잇감이었을 것이다. 건강한 매머드 성체라면 가장 사나운 포식자라도 감히 엄두를 낼 수 없을 크기다. 그래서 포식자들은 어리거나 병약한 개체를 노렸다. 다만 어쩌면, 정말로 어쩌면 완전히 성체로 자란 매머드도 사냥할 수 있는, 고기에 환장한 괴물이 하나 있었는지도 모른다.

검치호

화석이라고 하면, 그리고 화석을 찾는 장소라고 하면 아마도 디스커버리 채널의 전형적인 장면이 바로 떠오를 것이다. 어느 이름 없는 오지의 불모지에서 인디아나 존스처럼 생긴 한 남자가 뼈에 묻은 먼지를 붓으로 살살 털어내며 종종 이마에 흐르는 땀방울을 닦아내는 장면 말이다. 아마도 로스앤젤레스 중심부를 떠올리는 사람은 없을 것이다. 하지만 할리우드 남쪽, 그리고 베벌리힐스 바로 동쪽으로 조금만 차를 몰면 세계에서 제일 놀라운 화석 무덤 중 하나가 자리 잡고 있다.

빙하기 동안에는 야수들이 샌 페르난도 밸리와 할리우드힐스에 어슬렁거렸다. 톰 페티 Tom Petty에게 양해를 구하지 않아 미안하지만(톰 페티의 노래 〈자유낙하 Free Fallin〉에서 계곡을 따라 걷는 모든 뱀파이어가 '벤투라 대로'를 따라서 서쪽으로 움직인다는 가사가 등장한다 - 옮긴이) 뱀파이어를 닮은 포유류들이 계곡을 지나 지금의 벤투라 대로를 따라 아마도 서쪽으로 움직이고, 멀홀랜드 드라이브의 바위투성이 지역을 미끄러지듯 나아갔을 것이다. 아니면 적어도 매복했다가 먹잇감을 공격하거나. 이들은 큰 고양잇과 동물이었다. 그리고 송곳니가 턱 아래로 돌출되어 섬뜩한 과개교합^{overbite}(윗니가 아랫니를 깊게 덮고 있는 교합)을 이루고 있었다.

검치호다.

4만 년 전에서 1만 년 전 사이 마지막 빙하 전진기에 이들 중 다수가 덫에 빠져들고 말았다. 지금의 라 브레아 지역에서 아스팔트 성분이 지표면으로 스미어 올라와 마치 파리잡이 끈끈이에 달라붙은 파리

• 검치호 스밀로돈.

9. 빙하기를 견딘 웅장한 동물 **471**

처럼 매머드, 물소, 낙타, 제퍼슨의 거대한 늘보 등이 꼼짝 못 하고 거기에 붙잡혀버렸다. 이것을 보고 공짜 점심이 생겼다고 생각한 많은 검치호가 따라 들어갔다가 타르에 함께 붙잡히고 말았다. 라 브레아 타르 구덩이$^{La\ Brea\ Tar\ Pits}$에서 이미 수집된 골격의 수로 보아 적어도 2000마리의 검치호가 바로 그 위로 '자유낙하'를 한 것으로 보인다. 이곳은 현재 인기 있는 관광지가 됐다. 아스팔트 성분이 이들의 뼈를 방부 처리해준 덕분에 부패에 저항할 수 있었고, 이 가장 유명한 빙하기 포식자에 대해 비할 데 없이 훌륭한 기록이 남게 됐다.

검치호. 그 이름만 들어도 무의식에서 스멀스멀 올라오는 어떤 불안과 두려움이 느껴진다. 우리는 이런 심리를 아마도 우리 선조들로부터 물려받았을 것이다. 사냥을 나가고, 딸기 채집을 나가고, 빙하기의 가십거리를 즐길 때마다 우리 선조들은 정글도를 입에 달고 다니는 이 악마가 어딘가에 도사리고 있음을 알았을 것이다. 분명 도발적인 이름이기는 하지만, 사실 이 이름을 절반은 진실이고, 절반은 거짓이다. 검치호가 말 그대로 치아에 검이 달려 있었다는 것은 사실이다. 위쪽 송곳니 하나의 길이만 30센티미터였으니 말이다. 라 브레아 검치호의 공식 이름은 스밀로돈^{Smilodon}이다. '메스 치아$^{scalpel\ tooth}$'라는 뜻인데, 그렇게 부를 만한 이유가 있었다. 이 송곳니는 크고, 날카로우면서도 수술용 칼처럼 가늘었으니까 말이다. 하지만 스밀로돈이 호랑이는 아니었다. 라 브레아 검치호의 뼈, 그리고 스밀로돈이 살았던 북아메리카와 남아메리카 지역에서 발견된 화석 뼈 골격에서 추출한 DNA를 보면 검치호가 고양잇과라는 사실은 확인할 수 있다. 하지만 1500만 년도 더 된 시기에 계통수에서 갈라져 나온 고대의 과라서 오늘날의 시베리아호랑이와 벵골호랑이와는 먼 친척이다.

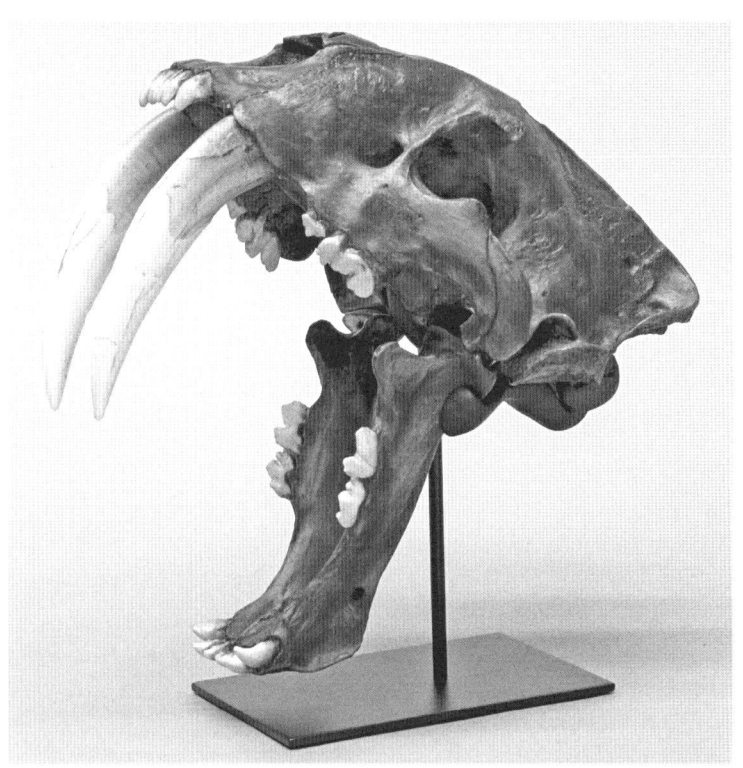

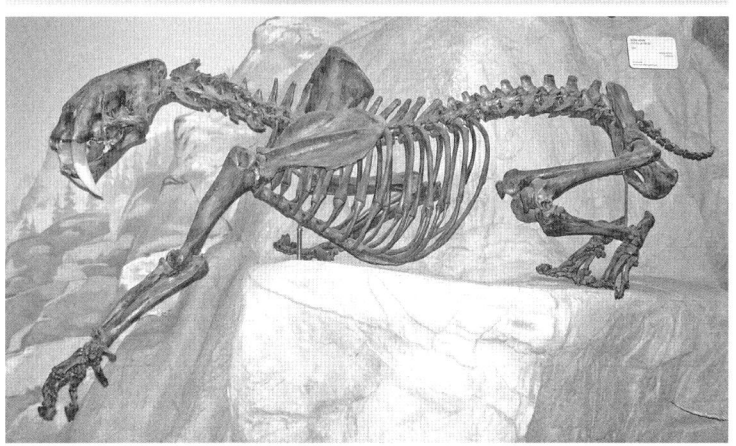

• 스밀로돈의 골격과 두개골.

스밀로돈은 마지막 검치호였다. 검치호과는 마이오세에 뿌리를 둔 하나의 왕조였고, 기나긴 진화의 시간을 통치하는 동안 수십 가지 종을 낳았다. 초기에는 유럽과 아시아에 살았지만 빙하가 춤을 추기 시작하기 전인 플라이오세에 그중 한 종이 북아메리카대륙으로 넘어갔다. 이렇게 옮겨 간 동물들은 몸집이 더욱 커졌고, 영토에 대한 갈망도 더 커졌다. 그리고 빙원이 자라남에 따라 이들은 두 종으로 나뉘었다. 라 브레아를 위협하던 존재인 스밀로돈 파탈리스$^{Smilodon\ fatalis}$, 그리고 100만 년 전 즈음에 아메리카 대교환에 합류해서 파나마육교를 건너 남아메리카로 간 스밀로돈 포풀라토르$^{Smilodon\ populator}$였다. 크기는 현대의 아프리카 사자 정도였지만 몸집은 더 커서 체중이 400킬로그램까지 나갔던 스밀로돈 포풀라토르는 역사상 가장 큰 고양잇과 동물 중 하나였다. 이 동물에게는 그에 걸맞은 호적수가 있었다. 바로 스밀로돈 파탈리스였다. 이 라 브레아의 검치호도 마찬가지로 중앙아메리카를 건너갔다. 이것은 남아메리카대륙의 늘보, 아르마딜로, 다윈의 유제류, 그리고 유대류를 수세로 몰아넣은 이중의 침입이었다. 두 종의 검치호는 불편한 휴전 상태에 도달했다. 파탈리스는 안데스산 서쪽 태평양 해안을 차지하고, 포풀라토르는 남아메리카대륙의 동쪽을 차지했다. 둘이 가끔 만나는 경우도 있었는데, 그 결과는 당신도 상상할 수 있을 것이다. 하지만 북아메리카대륙의 스밀로돈 파탈리스는 그런 걱정을 할 필요가 없었다. 그들은 북아메리카대륙을 고스란히 독차지했다.

스밀로돈 파탈리스는 호들갑을 떨 만하다 싶을 정도로 무서운 동물이었다. 남아메리카대륙의 사촌 스밀로돈 포풀라토르보다 몸집이 작았던 것은 사실이지만 그 차이가 크지는 않았다. 약 280킬로그램의 파탈리스는 현대의 시베리아호랑이와 체중이 비슷했지만 뼈는 더 단단하고, 체격도 더 좋고 근육질이었다. 그리고 다리도 더 튼튼했다. 호랑이가 스테로이드로 몸을 만들었다고 생각하면 그것이 바로 스밀로돈 파탈리스다. 한가로이 걸을 때 등 뒤로 드높이 솟아오른 올라온 어깨는 수면 위로 튀어나온 백상아리의 지느러미처럼 경고의 상징이 됐을 것이다. 이들의 털 색깔은 모두 짐작만 할 뿐이다. 호랑이처럼 줄무늬가 있었을까? 아니면 표범의 물방울무늬, 혹은 사자처럼 전체가 칙칙한 색깔? 털매머드와 달리 스밀로돈의 경우는 털이 좋은 상태로 보존된 냉동 미라가 전혀 없다. 찾기도 어려울 것이다. 스밀로돈은 매머드 대초원에 살던 동물이 아니어서 얼음장같이 차가운 강이나 눈 더미에 떨어져 얼어붙었을 가능성이 낮다. 이들의 활동 영역은 빙하보다 훨씬 남쪽, 더 따듯하고 쾌적한 초원과 숲이었다.

그렇다면 좀 실망스러운 이야기지만 검치호와 털매머드가 서로 적수로 만나는 일은 없었을 것이라는 의미다. 각자의 활동 영역이 만나는 가장자리, 매머드 대초원이 더 온대지역의 생물군계로 넘어가는 지역에서 어쩌다 만났을 수도 있다. 하지만 이들이 배트맨과 조커, 또는 셜록 홈스와 모리아티 교수, 또는 티라노사우루스 렉스와 트리케라톱스 같은 관계는 아니었다. 하지만 적어도 일부 검치호가 실제로 일부 매머드를 잡아먹기는 했다. 텍사스에 굴이 하나 있다. 이곳은 한때 스밀로돈의 검치호 친척인 호모테리움*Homotherium*이 살았던 소굴이다. 이곳에는 어린 컬럼비아매머드의 뼈가 잔뜩 들어 있고, 그 뼈들에는 패이고 긁힌 선사시대의 물린 자국이 나 있다. 컬럼비아매머드는 털매머드보다 크고, 호모테리움은 스밀로돈보다 작기 때문에 이 싸움은 그만큼 더 볼만했을 것이다.

스밀로돈은 큰 먹잇감 전문 사냥꾼이었다. 스밀로돈은 사슴, 맥, 삼림지대 들소 등 숲에 사는 먹잇감을 선호했다. 기회가 닿는다면 말이나 낙타를 마다할 일은 없었겠지만, 풀을 뜯어 먹는 이 빠른 먹잇감들은 라 브레아 타르 구덩이에서 많이 발견된 다른 육식동물이 주로 잡아먹었다. 바로 미국 드라마 〈왕좌의 게임Game of Thrones〉에 나왔던 다이어울프다. 이들은 오늘날의 늑대보다 살짝 몸집이 더 큰 길들여지지 않은 개로, 교합력이 더 강했다. 다이어울프는 진정한 추격형 포식자였다. 장거리에 걸쳐 먹잇감을 추격하는 전략을 사용했다. 이들의 다리는 속도를 내는 데에는 최적화되어 있었지만 대상을 움켜쥐거나 덮칠 수는 없었기 때문에, 대상을 낚아채서 죽이는 일을 오로지 턱의 힘으로만 해내야 했다. 이런 강인한 체력을 가진 포식자는 지구의 역사에서 늦은 시간인 플라이오세가 되어서야 등장했다. 마이오세 아메리카 사바나 초원에서도 늑대 계열의 진정한 추격형 포식자는 존재하지 않았다. 이것은 포유류 육식의 역사에서 가장 최근에 나온 발명품이다.

스밀로돈도 분명 단거리는 달릴 수 있었을 테지만 추격형 포식자는 아니었다. 이들은 나무나 풀 속에 위장 상태로 기다리고 있다가 아무 의심 없이 지나가던 먹잇감을 덮치는 매복형 포식자였다. 먹잇감을 덮칠 때는 검치를 썼다. 그리고 그 사용 방식은 대단히 신중했다. 턱에서 너무 길게 튀어나와 있는 것은 쉽게 부러질 수 있고, 포유류인 스밀로돈은 깨진 송곳니가 새로 나지 않기 때문이다. 그래서 미친 듯이 칼을 휘두르는 사람처럼 행동할 수는 없었다. 그렇다고 완력으로 상대를 제압하는 스타일도 아니었고, 사자처럼 목을 물어서 먹잇감을 질식시킬 수도 없었다. 그 대신 스밀로돈은 아주 정교한 킬러였다. 은

신처에 숨어 있다가 폭풍처럼 튀어나와 근육질의 앞발로 먹잇감을 제압한 다음 입을 크게 벌려 검치로 목을 정확하게 조준해서 구멍을 냈다. 그리고 그다음에는 뒤로 물러서서 먹잇감이 피를 흘리다 죽는 것을 지켜보았다.

따라서 검치는 칼보다는 송곳에 가까웠다. 그리고 이 검치로는 최후의 일격만 날렸다. 소설 같은 얘기로 들리겠지만, 스밀로돈 두개골의 컴퓨터 시뮬레이션도 이것을 뒷받침한다. 시뮬레이션에 따르면 이런 유형의 사냥이 그저 개연성으로 그치지 않고 필연적이었음을 알 수 있다. 스밀로돈은 여러 가지 장점을 가졌음에도 전체 치열 중 송곳니 뒤쪽 부분에서는 교합력이 약했기 때문에 힘을 검치에 집중시켰다. 하지만 스밀로돈은 턱관절이 느슨해서 터무니없이 넓게 벌릴 수 있었기 때문에 물소처럼 자기보다 더 큰 먹잇감의 목도 찌를 수 있었다. 어쩌면 컬럼비아매머드도 여기에 해당할지 모른다. 특히 타르 구덩이에 빠져 꼼짝 못 하는 매머드였다면 말이다. 이 매머드는 쉬운 사냥감이라는 독이 묻은 사과를 흔들며 유혹하는 사이렌siren(바다에서 여자의 모습을 하고 아름다운 노래로 뱃사람을 유혹해 위험에 빠뜨렸다는 그리스 신화 속의 존재 - 옮긴이) 같은 존재였을 것이다.

타르에 빨려 들어가 죽는 것이 기분 내키는 방식은 아니다. 하지만 최후의 순간 전에도 라 브레아 검치호들은 팍팍한 삶을 살았다. 이들의 골격을 보면 여기저기 상처가 가득하다. 라 브레아 화석들을 분류하는 고생물학자들은 상처 나고, 깨지고, 다른 부상 흔적이 남아 있는 스밀로돈의 뼈를 5000개 정도 찾아냈다. 이것은 그들의 라이벌인 다이어울프보다 거의 두 배나 많은 양이다. 매복형 생활방식이 추격형 사냥보다 더 위험했다는 것도 한몫했을 가능성이 있다. 먹잇감에게 달려들어 몸싸움을 벌이는 과정에서 어깨나 척추 같은 뼈에 부상을 입을 확률이 높기 때문이다.

이런 흉터가 남은 또 다른 이유가 있을지도 모른다. 스밀로돈은 사회적 동물이었을 가능성이 높다. 오늘날의 대형 고양잇과 동물보다 사회성이 더 강해서 짝과 영토를 놓고 격렬히 충돌했을지도 모른다. 스밀로돈이 사회적 동물이었다는 증거는 제한적이지만 그만큼 매혹적이다. 첫째, 우선 단독생활을 하는 종이라면 그렇게 많은 개체가 똑같은 타르 구덩이에 빠졌다는 것이 너무 이상하다. 둘째, 스밀로돈의 후두에 있는 목뿔뼈는 후두의 근육과 인대를 고정하는 역할을 하는데, 이것이 포효하는 현대의 고양잇과 동물에서 보이는 전형적인 형태를 갖고 있다. 상대방을 위협하는 소리와 더불어 포효roaring는 사회적인 고양잇과 동물의 소통 방식이다. 이들은 이런 소리를 이용해 힘을 과시하고, 무리에게 위험을 경고한다. 스밀로돈 한 마리가 매복해 있다가 먹잇감에 달려들어 검치로 찌르는 장면만 생각해도 무서운데, 이런 놈들이 떼로 달려들어 사냥감을 죽여 함께 잡아먹는다고 생각하니 더 무섭다.

거친 스밀로돈의 삶에도 그런 흉악한 장면만 있는 것은 아니어서 다정한 순간들도 존재했다. 검치호들은 새끼를 따뜻하게 보살피는 부모였다. 에콰도르의 한 화석 발굴지에서 그 증거가 나왔다. 이곳에서 어미 한 마리와 새끼 두 마리의 뼈가 함께 발견됐다. 이 남반구 스밀로돈 파탈리스 가족은 파나마육교를 두 번째로 건너 이주한 스밀로돈의 후손으로, 연안 수로에 휩쓸려 가서 조개껍질, 상어 치아와 함께 매장됐다. 새끼들은 최소 두 살로, 이들이 태어난 지 오래도록 어미와 함께 있었음을 말해준다. 이런 점에서는 사자와 비슷했다. 사자는 세

살 정도에 독립한다. 하지만 호랑이와는 다르다. 호랑이는 그보다 훨씬 이른 생후 18개월 즈음에 부모를 떠난다. 하지만 성장 속도를 보면 스밀로돈의 새끼는 사자처럼 느리지 않고 호랑이처럼 빨리 성숙했다. 따라서 이들은 호랑이의 빠른 성장 속도와 사자의 긴 아동기를 결합한 독특한 방식을 발전시켰던 것으로 보인다.

어째서 어미에게 달라붙어 그렇게 오랜 청소년기를 보냈을까? 스밀로돈의 새끼들은 성체처럼 튼튼한 근육질의 체격을 갖고 태어난다. 따라서 다 자랄 때까지 기다릴 필요가 없었다. 하지만 이들은 검치를 갖고 태어나지는 않았다. 사실 유치 송곳니가 완전히 맹출하는 데만 해도 꼬박 1년이 걸렸다. 그리고 일단 유치가 빠지고 나면 두 번째로 나는 영구치 송곳니가 그 자리를 대신했다. 하지만 이 성체의 치아는 생후 3년 정도까지는 제대로 자리 잡지 못했고, 그보다 오래 걸릴 때도 있었다. 완전히 성숙한 송곳니가 없는 상태에서 어쩌면 어린 스밀로돈은 매복했다가 신속하게 먹잇감을 덮쳐 정교하게 목에 구멍을 내는 사냥을 제대로 수행할 수 없었는지도 모른다. 그리고 어쩌면 이것은 대단히 전문화된 사냥 방식이기 때문에 직접 시도해보기 전에 오랫동안 어미를 따라다니며 보고 배워야 했는지도 모른다.

어쨌든 일단 만으로 세 살, 길어야 네 살이면 새끼도 다 자랐다. 그들의 검치는 30센티미터의 무기가 되어 들소, 사슴, 어쩌면 컬럼비아 매머드나 빙하기의 다른 거대동물의 살도 발라낼 수 있었을 것이다. 사냥이 본격적으로 시작되는 것이다.

슈퍼스타들의 딱한 결말

1만 년 전 즈음에는 매머드와 검치호가 급속도로 희귀해졌다. 일부 매머드는 간신히 랭겔섬Wrangel Island으로 탈출했다. 랭겔섬은 시베리아 북쪽 북극권Arctic Circle 위에 있는, 자메이카보다 살짝 작은 얼어붙은 땅덩어리다. 그곳에서 이들은 적어도 공룡의 시기부터 포유류가 섬에 들어갔을 때 종종 하던 일을 했다. 몸집이 작아진 것이다. 랭겔섬 매머드는 간신히 몇천 년 더 버텼지만 잘 살지는 못했다. 그 섬이 감당할 수 있는 매머드 개체는 겨우 몇백 마리 수준에 불과했다. 아마 기껏해야 1000마리 정도였을 것이다. 이들에게는 유전자 결함이 축적됐고, 이런 결함이 작은 공동체 안에서 들풀처럼 빨리 퍼져나갔다. 후각 능력이 퇴화했고, 털은 윤기를 잃고 칙칙해졌다. 파라오가 피라미드를 짓고 나일강을 따라 경작지에 물을 대던 때인 약 4000년 전에 랭겔 돌연변이 종의 마지막 개체가 죽었다. 그리고 그것이 그대로 털매머드의 멸종이었다. 그보다 몇천 년 앞서 사라진 검치호의 뒤를 따른 것이다.

  거대동물들이 이런 딱한 결말을 맞이하기 전, 빙하기 한창 때에는 세계 어디서나 당신은 털매머드와 검치호 같은 거대 포유류를 보았을 것이다. 여기서 '당신'이라는 단어는 일부러 사용한 것이다. 그냥 문장을 만들려다 보니 주어가 필요해서 가져다 붙인 단어가 아니라는 소리다. 우리는 빙하기의 산물이고, 우리 종의 구성원인 호모 사피엔스는 수많은 이 거대 포유류를 보고, 만나고, 그들로부터 숨고, 그들과 어떻게든 엮였을 것이다. 그로부터 겨우 수만 년 후인 오늘날에는 이 거대동물들이 거의 사라지고 없다. 현재 진정한 거대동물이라 부를 수 있는 육상 포유류는 코뿔소, 물소, 무스, 그리고 매머드와 검치호의 친척 중 가장 가까운 멸종 위기의 코끼리와 대형 고양잇과 동물 등 소수만 남았다. 현재의 추세가 이어진다면 한때는 그 수를 자랑하고 다양성을 선보이며 전 세계를 지배했던 이 집단의 마지막 흔적이 될지도 모른다.

지금 세상이 조금 허전해 보이는 것은 실제로 그렇기 때문이다. 거대동물들이 지금 여기 있어야 했다. 그리고 먹이사슬은 아직 그들의 부재에 완전히 적응하지도 못했다. 툰드라에는 털매머드 크기의 구멍이 나 있고, 로스앤젤레스에도 검치호 모양의 구멍이 나 있다. 그 자리에는 아직도 그들의 유령이 맴돌고 있다. 그들의 자리는 어째서 비어 있는 것일까?

10

자신의 기원을 고민하는 유일한 종

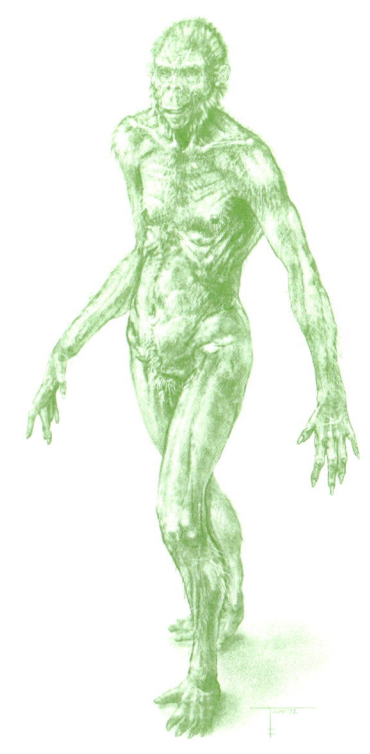

아르디피테쿠스 *Ardipithecus*

매머드 사냥꾼들

1만 2500년 전, 위스콘신 빙하의 가장자리.

앙갚음이라도 하려는 듯 겨울이 돌아왔다. 빙퇴석 마루에 매머드 한 마리가 홀로 서 있다. 그 매머드의 2미터가 넘는 상아가 반항하듯 위로 치솟아 있다. 북동쪽에서 불어온 칼바람이 매머드의 주황색 털가죽을 눈발로 두드린다. 해는 낮게 걸려 있고 저녁의 어둠이 다가온다. 거기에 굴하지 않고 매머드가 털이 난 코를 하늘을 향해 들어 올리며 트럼펫 같은 소리로 포효한다. 마치 폭풍우에 도발하듯이. 그가 내쉰 숨은 바로 연기로 변한다.

짝이 없는 털매머드 수컷으로 살아가기에는 고단한 시간이었다. 암컷 무리들은 모두 새끼들을 따듯하게 지키기 위해 한데 모여 웅크리고 있어서 수컷들은 미나리아재비가 꽃을 피워 짝짓기 시즌의 시작을 알리기 전까지 그 후로 여섯 달 동안 할 일이 거의 없었다. 일부 수컷은 임시로 무리를 이루었지만, 이 매머드는 혼자 있는 쪽을 좋아했다. 서른여섯 살이 된 이 수컷은 인생의 절정기에 있었다. 일이 모두 잘 풀린다면 그 후로도 20년, 혹은 그 이상 살 수 있을 것이다. 그는 항상 혼자 지냈고, 그런 삶의 방식이 맞았다. 대초원, 그리고 시카고 호수 근처 가문비나무 숲에 있는 수십 마리의 매머드 새끼들은 그의 자식이었다.

빙하는 이제 물리적으로 더는 이 지역을 뒤덮고 있지 않았다. 빙하는 규모가 조금씩 줄어들며 북극권으로 물러나고 있었지만, 그저 곱게 물러나는 것은 아니었다. 북쪽으로 걸어서 하루 정도의 거리에는 빙하가 도사리고 있었다. 빙하는 여전히 계절을 지배하고 있었다. 빙하의 전면에서 불어오는 미풍이 여름은 시원하게, 겨울은 지옥처럼 춥게 만들고 있어서 새로 등장한 가문비나무 숲이 툰드라 초원지대를 완전히 차지하지 못하고 있었다. 빙하는 지형도 지배했다. 그 매머드가 서 있는 빙퇴석은 덧붙여진 풍경이었다. 이것은 얼음이 뒤로 물러나면서 떨구고 간 자갈, 흙, 나무, 뼈의 쓰레기 하치장이었다.

어스름을 뚫고 달이 뜨자 바람이 더욱 거세졌다. 이것은 보통 눈보라가 아니었다. 회오리 모래폭풍이 비명 같은 울음소리를 내며 한기를 뚫고 불어댔고, 얼음은 남쪽으로 전진하면서 갈아낸 바위의 미세한 입자들을 그 바람에 날려 보냈다. 그 먼지가 눈과 뒤섞여 더럽고 질척거리는 진창을 만들어냈다. 빙하가 성이 난 것처럼 보였다. 평평한 지형 중에 자리 잡은 제일 높은 곳은 이제 있을 데가 못 됐다. 매머드가 북쪽을 바라보았다. 몇 킬로미터 두께의 얼음이 깔려 있는 금단의 구역이었다. 시카고 호수가 꽁꽁 얼어붙은 동쪽도 나을 것이 없었다. 그곳은 여름이면 빙하에서 빙산이 떨어져 나왔지만 지금은 판처럼 꽁꽁 얼어 있다. 그나마 남쪽이 기댈 만한 곳이었지만, 매머드가 그곳으로 고개를 돌려보니 호수의 윤곽을 따라 밀려든 바람의 날카로운 한기가 느껴졌다.

그렇다면 남은 선택은 서쪽밖에 없었다.

상아부터 눈밭에 처박히지 않게 조심하면서 매머드가 털북숭이 발을 한 발, 한 발 내딛으며 조심스럽게 빙퇴석에서 내려왔다. 한 걸음씩 나아갈수록 더 위험해졌다. 검게 더러워진 눈이 매머드의 6톤 체중을 간신히 버티고 있었다. 하지만 끝까지 버티지는 못했다. 한 발이 미끄러지더니, 다른 발들도 내리 미끄러지기 시작했다. 그리고 매머드는 몸이 뒤집히면서 등성이를 따라 굴러 떨어졌다.

우아한 낙하는 아니었지만 다행히도 빙퇴석은 그리 높지 않았다. 다치고 아픈 것보다는 민망함이 더 큰 사고였다. 매머드가 몸을 추스르고 일어나 코로 얼굴에 묻은 눈을 털고, 멍든 갈비 깊숙이 숨을 들이마셨다. 잠시 멈출 시간이다. 날씨가 좋아지기를 기다리자. 매머드는 그곳에서 밤을 지내야 할 상황이었다.

빙하기의 저녁을 보내기에 이보다 더 고약한 장소들도 있었다. 매머드는 미끄러지면서 얼음으로 뒤덮인 한 연못 가장자리에 떨어졌다. 이 연못은 두 개의 빙퇴석 사이 계곡에 자리 잡고 있어서 바람과 회오리 모래폭풍을 막아주는 보금자리 역할을 했다. 눈더미 사이로 간간이 가문비나무가 올라와 있고, 그 초록색 침엽수 이파리가 땅을 덮고 있어 매머드가 누워서 폭풍이 지나갈 때까지 잠을 청할 공간을 마련해주고 있었다.

하지만 무언가 이상했다.

매머드가 한기를 느꼈다. 하지만 추워서 느끼는 한기가 아니었다. 이것은 다이어울프나 동굴사자가 근처에 있을 때 느껴지는 그런 종류의 본능이었다. 한 포식자가 이파리와 지저분한 눈, 그리고 어둠으로 위장을 하고 나무 사이에 숨어 있었다. 매머드는 나뭇가지가 부스럭거리는 소리를 들었다. 그러고 나서 이상한 소리가 들렸다. 포효 소리도, 짖는 소리도, 으르렁거리는 소리도 아니었다. 훨씬 복잡한 소리였다. 처음에는 고음이었다가 멜로디를 따라 오르내렸다. 노래였다. 격렬하고 긴급한 노래였다. 그 순간 다른 누군가가 그 소리를 흉내 내고, 곧이어 합창 소리로 커졌다. 수많은 괴물이 한 몸처럼 동시에 고함을 지르고, 소통하면서 제 사냥감을 놀리고 있었다. 그들이 전쟁을 위해 행진을 시작했다.

가문비나무 숲을 뚫고 달빛이 내려오자 매머드의 눈에도 드디어 그 정체가 드러났다. 사냥꾼의 그림자 하나가 앞으로 달려 나왔다. 늑대나 사자처럼 네 발이 아니라, 두 발로 달리고 있었다. 그리고 근사한 치아가 달린 긴 주둥이 대신 어깨 위에 커다란 둥근 머리가 있었다. 그리고 손에는 발톱이 아니라 창을 들었다. 그것은 혼자가 아니라 무리의 일부였다. 그들은 공격하면서 고함과 함성을 질렀다.

리더 사냥꾼이 창을 던졌다. 그리고 창이 공중을 가르는 짧은 찰나에 포식자의 눈과 사냥감의 눈이 마주쳤다. 큰 뇌와 사회성을 갖춘 매머드는 대초원에서 가장 똑똑한 동물로 살아가는 데 오래도록 익숙해져 있었다. 늑대와 사자는 잔인하지만 자기보다 체구도 작았고, 별로 똑똑하지도 않았다. 적어도 매머드에 비해서는 그랬다. 창이 목으로 날아와 꽂히는 순간, 매머드는 거칠게 숨을 헐떡였고, 마지막 생각이 머리를 스쳐갔다. 이 새로운 포식자는 달랐다. 더 명민하고, 상황 판단이 빠르고, 치명적이었다.

사냥꾼들이 자신의 전리품 주변에 모여들었다. 매머드가 죽었음을 확인한 후에 그들은 작업에 들어갔다. 매머드의 가죽으로 만든 옷에서 그들은 날, 긁는 도구, 두드리는 도구 등 다양한 도구를 꺼냈다. 모두 반짝이는 단단한 규질암chert으로 만들어져 있었다. 규질암은 그들이 빙하가 남긴 자갈 더미에서 구해 온 재료다. 깊어가는 어둠과 폭풍우에 쫓기며 그들은 목적의식을 가지고 정확하게 매머드를 도살했다. 먼저 도구로 발과 다리를 잘라내고, 이어서 어깨와 옆구리의 고기를 발라냈다. 작업이 모두 끝났을 때는 뒤죽박죽 섞인 거대한 뼈 무더기밖에 남지 않았다. 이들은 매머드 고기를 어깨에 짊어지고 석기들을 챙겼다. 날이 아직 살아 있는 도구를 버리고 갈 이유는 없었다. 하지만 서두르는 과정에서 이들은 뼈 무더기 속 매머드의 골반 뼈 아래 가려져 있던 도구 두 개를 깜박했다.

눈보라를 뚫고 승리의 고함을 지르며 사냥꾼 무리는 빙퇴석을 지나 시카고 호수 근처에 있는 야영지를 향해 움직였다. 모래바람과 눈보라가 가라앉으면서 하늘이 밝아졌고, 여름 짝짓기 계절이 찾아왔다. 다만 우두머리 수컷 매머드 한 마리는 보이지 않았다. 빙하가 계속해서 녹아내리고 있었고, 거기서 흘러나와 빙퇴석 사이 연못으로 흘러든 물이 매머드의 뼈와 석기를 덮었다.

영장류

이것은 인간에 관한 책이 아니다. 우리 호모 사피엔스는 오늘날 살아 있는 6000종 이상의 포유류 중 하나에 지나지 않는다. 포유류 진화라는 긴 틀에서 보면 우리는 2억 년이 넘는 시간 동안 나타났던 수백만 종 중 한 점일 뿐이다.

우리가 주인공이 아니다. 이 책에서 들려주었던, 대멸종과 공룡, 그리고 가혹한 기후를 이겨냈던 석탄늪의 그 비늘 달린 생명체까지 거슬러 올라가는 포유류의 역사는 인간이 필연적으로 왕좌의 자리에 오르게 되는 이야기의 배경에 불과한 것이 아니다. 잠수함 크기의 고래, 털매머드와 검치호, 뗏목을 타고 바다를 건넌 원숭이, 반향정위를 하는 박쥐 등이 모두 그 자체로 특별한 존재다. 물론 우리 역시 그렇다. 인간은 큰 뇌와 민첩한 손을 갖고 있고, 두 다리로 걷고, 포유류 중에서도 지능과 파괴 능력에서는 따를 존재가 없는 영장류다. 게다가 자신의 기원에 대해 고민할 수 있는 종도 인간밖에 없다.

내가 아는 가장 매력적인 인간 중 한 명은 학부생 시절에 시카고의 하이드 파크 주변을 걷고 있는 모습이 자주 보이던 한 남성이었다. 내가 할 수 있는 가장 고상하면서도 정직한 방식으로 말하자면, 그 사람은 방랑자처럼 보였다. 그는 굽은 등으로 헐렁한 빨간색 낚시 모자를 마맛자국이 있는 얼굴 위에 걸치고 아무 데도 갈 곳이 없는 사람처럼 느릿느릿 움직였다. 보통 그는 혼잣말로 무언가 중얼거리고 있었는데, 간달프 스타일의 길고 하얀 수염 때문에 소리가 죽어서 잘 들리지 않았다. 아니, 신 같은 수염이라고 해야 하나? 그리고 펜과 깨알 글씨 가득한 메모지가 잔뜩 든 보호용 주머니_pocket protector_(셔츠의 가슴 주머니에 필기구를 담을 때 그것 때문에 셔츠가 망가지지 않도록 필기구를 담아서 넣을 수 있게 만든 것 - 옮긴이)가 색이 바랜 셔츠 가슴 주머니에 들어 있었다. 가끔 우리 둘의 시선이 마주치는 일도 있었다. 그럼 잠시 나는 그의 눈을 응시했다. 그의 눈은 상냥하고 조금 슬퍼 보였지만 천재성이 번득이고 있었다. 그의 눈은 아주 큰 렌즈에 테도 엄청나게 두꺼운 안경 뒤에 가려져 있었다. 아무리 최첨단 유행을 타는 사람이라도 이런 안경으로 멋을 부릴 생각은 절대로 못 할 것이다.

그의 이름은 리 밴 베일런Leigh Van Valen이었다. 그런 겉모습에도 불구하고('그런 겉모습에 어울리게'라고 말할 사람도 있을 것이다) 그는 교수였다. 천재성과 광기를 가르는 경계에서 아주 살짝 천재성 쪽에 걸쳐 있는 사람이었다. 그는 명목상으로는 진화생물학자였지만 수학과 철학도 살짝살짝 건드리고 있었다. 캠퍼스를 돌아다니지 않을 때 그는 자기 사무실에 처박혀 있었다. 들리는 얘기로 그의 사무실에는 책이 3만 권 있다고 했다. 그곳에 들어갈 때는 물리적 안전을 보장받을 수 없었다. 복사한 논문들이 그의 키보다 더 높이 젠가 탑처럼 쌓여 있었기 때문이다. 리와 친한 대학원생 중에는 그 논문 무더기 중 하나가 넘어져서 그를 덮치지 않을까 걱정하는 사람도 있었다. 그냥 하는 소리가 아니라 진짜 걱정이었다. 그의 학생들은 그를 아꼈다.

"그분은 그냥 괴팍한 괴짜가 아니라 진정한 의미에서 개성이 넘치는 기인이었습니다. 개성이 있다는 소리를 듣는 학계 인물 중에는 사실 개성이 있는 게 아니라 괴팍한 사람이 많죠." 크리스티안 캐머러가 이메일 채팅에서 내게 이렇게 그를 회상했다. 크리스티안은 앞에서 포유류 계통의 기원에 대한 전문가로 이미 만나보았던 사람이다. 시카고대학교에서 박사학위 견습 과정의 일환으로 그는 리의 떠들썩한 진화론 강의를 들었다. 이 강의의 필독서에는 공룡의 성교에 관한 외설적인 작품 등 리가 쓴 시도 포함되어 있었다. 공룡의 성교에 관한 이 시는 그가 2010년에 세상을 떴을 때 《뉴욕타임스》 사망 기사에도

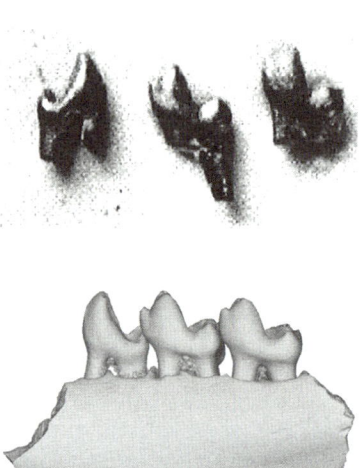

- 책으로 가득한 시카고대학교 사무실에서 촬영한 리 밴 베일런(왼쪽), 그가 자비로 출판한 학술지에 인쇄된 푸르가토리우스의 치아 이미지(오른쪽 위), 그리고 푸르가토리우스의 치아를 CAT 스캔으로 렌더링한 이미지다.

인용됐다.

  리에 관한 이야기들은 전설적이다. 소문에 따르면 그의 점심은 우유 4분의 1통과 썩은 바나나였다고 한다. 그는 얼굴에 생긴 암을 잘라내고 엉덩이 피부로 피부 이식을 받았다. 나는 그가 초청 연사에게 두서없는 질문을 던져서 세미나를 가로채는 모습을 여러 번 목격했다. 그는 적어도 3분 이상 길게 질문을 이어갔고, 말하는 중간중간에 고음의 쌕쌕거리는 소리를 내기도 했다. 대학원생들은 이 소리를 '플로피 디스크 돌아가는 소리^{gronks}'라고 불렀다. 긴 질문이 끝나고 나면 연사는 원래 질문이 무엇이었는지 잊어버리기 일쑤였지만 감히 질문을 다시 해달라는 부탁을 하지 못했다. 심지어 리는 출판사업에도 뛰어들었다. 동료 교수들보다 훨씬 수준 높은 자신의 이론 논문을 툭하면 거부하는 학술지에 짜증이 나서, 자체적으로 학술지를 발간하기 시작했다. 리는 이 논문의 조판과 인쇄를 직접 담당했다. '형식보다는 내용Substance over form'이 그의 모토였다. 자신의 학술지가 솔직히 볼품없다는 것을 인정하는 자기만의 방식이었다.

그 모든 관심사와 집착 중에 리의 진정한 전문 분야는 화석 포유류였다. 리가 집에서 자비로 학술지를 인쇄하기 약 10년 전인 1965년에 《사이언스》에 발표된 그의 가장 위대한 발견은 큰 이목을 끌지는 못했지만 그 함축적 의미는 엄청난 것이었다. 그것은 우리 인간의 가장 심오한 기원을 밝혀주었다.

1년 앞서 미네소타대학교의 로버트 슬론Robert Sloan이 이끄는 현장 연구진이 몬태나주 퍼가토리 힐Purgatory Hill이라는 불모지에서 치아 여섯 개를 수집했다. 이 치아를 눈으로 보고 찾아냈다는 것 자체가 놀라웠다. 아주 작았는데 제일 큰 큰어금니도 뿌리부터 치관까지 3밀리미터가 될까 말까 했다. 그리고 팔레오세 초기에 침전된 바위에서 나온 거라 아주 오래된 것이었다. 이때가 백악기 말기의 소행성 충돌로 공룡이 죽고 불과 몇십만 년 후였다는 것을 지금은 알고 있다. 이 시기와 백악기 초기에 살았던 대부분의 소형 포유류 치아는 곤충을 잘라 먹기 좋게 키 크고 높은 교두를 가지고 있었다. 이때는 곤충을 섭취하는 것이 깃털처럼 가벼운 포유류가 먹고 살아가기 가장 편한 방법이었다. 하지만 리가 보기에 이 여섯 개 치아는 미묘하게 차이가 있었다. 현미경으로 보니 더 완만하고 둥근 교두가 보였다. 이것은 과일처럼 부드러운 식물을 먹기에 적합한 치아였다. 그는 그 상관관계를 파악할 수 있었다. 그가 언덕의 이름을 따서 푸르가토리우스Purgatorius라고 이름 붙인 이 동물의 작은 치아는 식충동물이었던 선조와 오늘날의 영장류 사이를 잇는 연결고리였다. 그가 치아 교두와 법랑질 융선에 관한 온갖 어려운 전문용어를 잔뜩 동원해서 슬론과 함께 1965년에 발표한 논문의 제목이 모든 것을 말해준다. "최초의 영장류The Earliest Primates".

내가 오늘날 영장류의 기원에 관한 한 최고의 전문가라 생각하는 토론토대학교의 동료 메리 실콕스Mary Silcox에게 리 밴 베일런의 깨달음은 하나의 혁명이었다. 코로나19 팬데믹 기간 동안 에든버러의 내 학생들에게 그녀가 마련해준 온라인 세미나의 묻고 답하기 시간에 메리는 내게 이렇게 말했다. "푸르가토리우스가 영장류임을 이해했다는 것이 정말 천재적이었어요! 전혀 영장류처럼 생기지 않았지만 우리는 이제 그것이 영장류의 출발점이었다는 걸 알고 있죠." 이것은 내가 던진 간단한 질문에 대한 대답으로 나온 말이었다. 물론 이 질문은 리가 연자에게 물었던 그 어떤 질문보다도 짧았다. '제가 쓰는 책에 반드시 담아야 할 영장류 발견 이야기를 딱 하나만 들라면 뭐가 있을까요?' 메리에게 이것은 두 번 생각해볼 필요도 없는 질문이었다. 그녀는 원래 도널드 요한슨Donald Johanson이 루시Lucy(인류의 선조인 오스트랄로피테쿠스 아파렌시스 화석을 부르는 애칭 - 옮긴이)와 다른 인류 화석에 대해 쓴 책을 읽고 고영장류학자paleoprimatologist가 되고 싶다고 생각했지만 푸르가토리우스에 완전히 빠져들어 가장 오래된 이 영장류에 연구의 초점을 맞췄다.

푸르가토리우스는 플레시아다피스형류plesiadapiform다. 발음하려면 혀부터 꼬이는 이 이름의 주인공은 영장류 진화의 기원이 된 고대 동물이다. 메리 같은 일부 과학자가 리의 뒤를 이어 그 동물을 영장류라 불렀고, 어떤 과학자는 '줄기 영장류$^{stem\ primate}$'라고 부르며 영장류라는 칭호는 현존하는 종과 그 가장 최근의 선조로부터 나온 모든 후손으로 이루어진 크라운 집단에만 국한해서 사용했다(이것이 앞에서 얘기했던 진성 영장류$^{true\ primate}$다. 이들은 팔라오세–에오세 경계에 발생했던 지구 온난화 시기에 널리 퍼져나갔다). 어쨌거나 이런 것은 이름을 어떻게 붙일 것인지에 관한 학계의 갑론을박일 뿐, 중요한 문제가 아니다. 정말 중요한 것은 푸르가토리우스가 영장류 혈통이 다른 주요 포유류 집단에서 갈라져 나온 이후로 알려진 동물 중 가장 오래됐다는 사실이다. 이들은 새로운 생활방식에 적응했음을 말해주는 식습관과 행동의 핵심적인 변화를 처음으로 보여주고 있다.

이 최초의 영장류는 변형된 큰어금니를 이용해 더 많은 식물을 더 많이 먹었을 뿐 아니라 땅에서 나무로 올라갔다. 나무 위는 혼란과 요동치는 기후, 그리고 공룡 이후에 등장한 포식자들을 피할 수 있는 안식처였다. 리가 논문을 발표하고 50년이 지난 후에 스티븐 체스터$^{Stephen\ Chester}$는 푸르가토리우스에서 나온, 깎은 손톱조각보다도 작은 발목뼈에 대해 보고했다. 이 뼈에는 움직임이 대단히 자유로운 관절면이 있어서 오늘날 나무에 사는 포유류들과 마찬가지로 매달리고 기어오르는 다양한 동작이 가능했을 것이다. 그리고 몇 년 후에 스티븐은 좀 더 완벽한 화석에 대해 보고하면서 자신의 추론이 옳았음을 확인했다. 이것은 톰 윌리엄슨이 뉴멕시코의 6200만 년 된 바위에서 수집한 토레요니아^{Torrejonia}라는 플레시아다피스형류의 가장 오래된 상태 좋은 골격 화석이었다. 이들은 발목뿐 아니라 어깨와 골반도 움직임이 대단히 자유로워서, 팔과 다리가 여러 방향으로 미끄러지고 회전할 수 있었다.

이런 식습관과 서식지 바꾸기는 공룡 멸종 직후에 아주 빠른 속도로 일어났다. 메리는 이렇게 설명한다. "이 영장류들은 제우스신처럼 땅에서 솟아난 듯 보여요." 현재 가장 오래된 푸르가토리우스 화석은 몬태나에서 멸종 직후에 형성된 좁은 암석 지대에서 발견된 것이다. 소행성 충돌 후 20만 년도 지나지 않았을 때였다. 더 오래된 화석이 있다는 소문도 있다. 리 자신도 몬태나에서 트리케라톱스 골격과 함께 나온 일곱 번째 치아에 대해 보고했다. 그는 이게 백악기의 것이라 생각했다. 그 후로 이것은 고대의 강 때문에 팔레오세의 치아가 백악기 공룡의 골격과 함께 뒤섞여 고생물학자들이 깜박 속아 넘어갔던 것이라고 해석됐다. 하지만 포유류의 DNA 계통수를 보면 영장류가 백악기에 기원했음을 암시하고 있다. 따라서 어쩌면 우리의 영장류 선조는 소행성 충돌을 기회 삼아 등장한 것이 아니라 사실은 소행성 충돌에서 살아남은 것일 수도 있다.

팔레오세가 펼쳐지다 결국 에오세로 넘어가면서 플레시아다피스형류가 푸르가토리우스의 기원으로부터 다양화된다. 이들은 알려진 종만 150종이 넘는 크게 성공한 집단이 되어, 북아메리카대륙, 유럽대륙, 아시아대륙에 살았다. 이들은 북쪽으로는 북극권 위에 있는 엘즈미어섬^{Ellesmere}까지 진출한다. 인간이 출현하기 전까지는 극지에 가장 가깝게 진출했던 영장류였던 것이다. 체격, 식습관, 행동에서 놀라운 다양성을 보여주었던 이들은 오늘날까지 이어지는 태반 포유류 아집단의 첫 번째 거대한 확산 중 하나였다. 그중 가장 작은 것은 무게가 포도 알갱이 하나보다 간신히 더 나가는 정도로 역사상 가장 온순한 영장류였으며, 어떤 것은 손풍금 연주자와 함께 다니며 길거리에서 재주를 부리는 꼬리감는원숭이$^{capuchin\ monkey}$만큼 커졌다. 이들의 먹이를 보면 과일, 나무 수지, 씨앗, 꽃가루, 나뭇잎, 그리고 푸르가토리우스 이전의 선조들이 좋아했던 일부 곤충 등이 있었다. 이들 모두 나무 위에서 살았지만 능력의 차이는 있었다. 가장 큰 종은 아마도 나무의 큰 몸통만 고수하면서 느리게 움직였을 것이고, 어떤 것은 나무 꼭대기를 넘나들었을 것이다. 카르폴레스테스 *Carpolestes* 라는 종은 긴 손가락과 맞닿는 발가락 *opposable toes* 이 있어서 나뭇가지를 단단하게 움켜잡을 수 있었다.

팔레오세 동안에 이루어진 플레시아다피스형류의 진화를 추적해 보면 어떤 추세가 드러난다. 채식만 하거나 과일만 먹는 식습관을 발전시키기 전, 그리고 뇌가 커지기 전에 푸르가토리우스 같은 동물이 제일 먼저 나무로 올라갔다. 심지어 좀 더 배타적으로 과일만 먹기 시작한 후에도 이들의 뇌는 작은 상태로 남아 있었다. 메리는 다양한 플레시아다피스형류의 두개골을 CAT 스캔하고 디지털로 뇌를 재구축해서 이런 사실을 보여주었다. 이들의 시각 역시 제한되어 있었다. 뇌에서 시각을 담당하는 영역이 변변치 않았고, 눈도 양옆을 향하고 있어서 정교한 3D 입체시각이나 거리 인지가 불가능했다. 따라서 큰 뇌와 높은 지능은 영장류가 나무 위 생활을 개시하는 데 필수적인 부분이 아니었다. 과일을 먹기 시작한 것도 마찬가지다. 하지만 나무 위 서식지와 과일을 주로 먹는 식습관이 뇌의 크기를 키우기 위한 전제조건이었는지도 모른다. 과일은 대부분의 다른 포유류는 접근할 수 없는 고칼로리 식사를 제공해주기 때문이다.

하지만 움켜쥐기의 진화와 과일 먹기 사이에는 실제로 연결고리가 있는 것으로 보인다. 나뭇가지를 더 잘 움켜쥘 수 있게 해주는 손과 발의 특성들은 과일을 더 잘 씹을 수 있게 해주는 치아적 특성과 나란

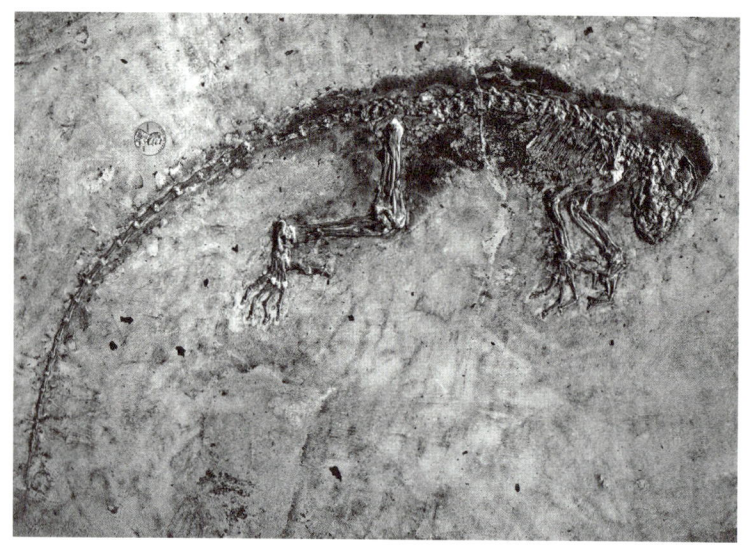

• 독일 메셀에서 나온 초기 포유류 다위니우스의 화석. 가냘픈 손가락과 발가락, 그리고 움켜쥘 수 있는 엄지손가락과 엄지발가락이 보인다.

히 함께 진화했다. 메리가 보기에 이것은 영장류의 초기 진화가 '가지 끝에 달린 먹이 먹기terminal branch feeding'에 의해 주도되었음을 암시하는 것이었다. 영장류는 과일과 이파리를 따기 위해 조금씩 더 가지 끝으로 이동했다. 긴 손가락이 달린 손, 유연한 손목과 발목, 교두가 둥글둥글한 큰어금니 등 사람의 청사진을 구성하는 근본 요소 중 일부는 우리 선조들이 나무에서 먹이를 찾아 돌진하던 이 시기에 생긴 흔적이다.

팔레오세가 에오세로 넘어가고 약 5600만 년 전에 PETM 지구온난화로 온도가 치솟자 일부 플레시아다피스형류는 나무 기어오르기와 감각의 레퍼토리를 더 높은 수준으로 끌어올렸다. 그리고 그 과정에서 이들은 진성 영장류, 즉 모든 사람이 영장류라고 부를 만하다고 고개를 끄덕일 크라운 집단이 됐다. 앞에서도 만나보았지만, 와이오밍의 빅혼 분지에서, 그리고 바로 뒤이어서 북반구 대륙의 나머지 지역에서 살았던 테일라르디나는 이 최초의 정통 영장류의 원형이다.

이들은 푸르가토리우스 유형의 선조들과 두 가지 중요한 측면에서 차이가 있었다. 첫째, 이들은 가지와 가지 사이를 뛰어다닐 수 있을 정도로 나무 위 생활에 뛰어났다. 그러기 위해 이들은 뾰족한 발톱을 납작한 손톱으로 바꾸고, 선조들이 갖고 있던 맞닿는 엄지발가락과 긴 손가락에 맞닿는 엄지손가락과 긴 발가락을 보탰다. 그리고 발목의 움직임을 조금 제약해서 여전히 여러 방향으로 움직일 수 있지만 이제는 점프를 한 후에 잘 착지할 수 있을 만큼 안정적인 발목을 갖게 됐다. 둘째, 이들은 더 똑똑해지고, 시력도 날카로워졌다. 뇌가 크기만 커진 것이 아니라 훨씬 짜임새를 갖추게 되었고, 감각을 통합할 수 있게 신겉질이 커졌고, 뇌에서 후각 담당 영역이 줄어들면서 시각 담당 영역은 더욱 커졌다. 이것은 시각을 위해 후각을 어느 정도 포기했음을 말해준다. 이들의 눈도 얼굴 앞쪽으로 크게 튀어나온 덕분에 3D 입체로 볼 수 있게 됐고, 일부는 총천연색을 볼 수 있게 됐다. 눈과 뇌가 커지고, 코가 위축되면서 주둥이는 짧아지고 얼굴은 더 납작해졌다. 튀어나온 눈, 들창코 얼굴, 엄지손가락을 치켜세우고 손으로 사물을 잡을 수 있는 능력, 손톱과 발톱, 무지개의 아름다운 색조나 신호등의 색을 볼 수 있는 능력, 그리고 지능의 뿌리 등 사람의 청사진에 담겨 있는 많은 측면들이 세상이 펄펄 끓고 우리 선조들이 나무와 나무 사이로 뛰어다니던 이 시기에 만들어진 흔적이다.

이런 새로운 적응을 바탕으로 영장류는 에오세의 극단적인 기온에 버금갈 만큼 격렬하게 확산하고, 다양화했다. 그리고 신속하게 아라비아와 아프리카로 뛰어넘어 갔다. 이들의 계통수가 확장되면서 앞니와 송곳니의 키가 낮아져 치아로 빗처럼 털 고르기를 할 수 있는 여우원숭이^{lemur}가 생겨났고, 그다음에는 아프리카대륙에서 남아메리카대륙으로 터무니없는 대양 횡단 여행을 감행한 신세계원숭이가 생겨났다. 적어도 한 번, 어쩌면 두 번 정도는 여우원숭이도 파도에 몸을 맡겨 모잠비크 앞바다를 흐르는 해류를 타고 동쪽으로 이동해서 그들의 놀이터이자 나중에는 유일한 안식처가 될 한 섬에 상륙했다. 바로 마다가스카르다. 오늘날 마다가스카르에는 여우원숭이가 100종쯤 살지만 불과 몇백 년 전까지만 해도 훨씬 많았고, 또 장엄한 모습이었다. 사람 크기만 한 코알라여우원숭이$^{koala\ lemur}$, 가는 다리로 나무에 거꾸로 매달려 있던 나무늘보여우원숭이$^{sloth\ lemur}$, 그리고 그중에서도 과연 실존한 것이 맞나 싶은 것은 고릴라만큼 거대한 여우원숭이 아르카이오인드리스^{Archaeoindris}였다. 이 여우원숭이는 200킬로그램 정도의 체중으로 땅을 질주하며 이파리를 뜯어 먹고 살았다. 이들은 털매머드, 검치호, 그리고 대륙에 살던 다른 빙하기 거대동물의 몰살에 뒤이어 전 세계 섬에서 일어난 연쇄적인 멸종 속에서 거의 동시에 사라졌다.

에오세의 온실이 영장류의 다양화를 촉진했다면 올리고세에 들어 기온이 떨어진 것은 정반대 작용을 했다. 남극대륙이 남극 위에 고아로 혼자 떨어져 남게 되고 남반구의 빙하들이 결빙되면서 유럽대륙에서는 영장류가 대량으로 죽어나갔고, 북아메리카대륙에서는 씨가 말랐다. 정확한 이유는 알 수 없지만 이렇게 생긴 빈자리가 남아메리카대륙의 신세계원숭이들로 대체되지는 않았다. 상상하기도 힘든 대서양 횡단의 긴 여정 이후에 갑자기 방랑에 지친 탓인지 신세계원숭이들은 북쪽으로 중앙아메리카까지만 진출하고 그 이상은 가지 않았다.

그래서 사람, 동물원에 사는 동물들, 그리고 도망쳐 나와서 떠돌아다니며 사는 플로리다의 일부 원숭이를 제외하면 오늘날 미국과 캐나다에는 영장류가 살지 않는다. 하지만 올리고세에 좀 더 따듯했던 지역은 상황이 더 나았다. 아시아의 영장류들은 고생스럽기는 했지만 군데군데 존재하는 열대지역에서 일부가 계속 삶을 이어갔다. 이들은 대부분 형태가 여우원숭이와 비슷하고, 체구가 작은 원숭이 친척들이었다.

하지만 진정한 성공 이야기는 아프리카에서 펼쳐졌다. 고위도 지역이 더 춥고 건조해지는 동안에도 아프리카와 중동 지역의 우림에는 햇빛이 밝게 비추고 있었다. 그리하여 영장류 진화의 중심지가 그곳으로 바뀌었다. 올리고세 동안 아프리카 영장류들은 번영을 누렸고, 이것은 이집트 파이윰^{Fayum}, 고래 골격이 가득 들어 있던 그 에오세 암석 위에서 나온 풍부한 화석에 기록되어 있다. 이 영장류 중 일부는 구세계원숭이가 됐고, 일부는 유인원^{ape}이 됐다. 그리고 그 유인원으로부터…….

호미닌의 진화

가다 하메드$^{Gada\ Hamed}$는 홍해가 아덴만과 만나는 아프리카 동부 모퉁이 근처의 에티오피아 아와시^{Awash} 지역에 살던 아파르^{Afar} 부족민이었다. 그는 가디라는 별명으로 통했지만 미국의 고인류학자들은 그를 지퍼맨^{Zipperman}이라고 불렀다. 처음 이들이 우연히 만난 것은 1990년대 초였다. 캘리포니아대학교의 연구원들이 화석을 찾다가 고개를 들어보니 키 작고 등이 굽은 남자가 가슴에는 탄창을 차고 손에는 소총을 든 채 자기네를 노려보고 있었다. 그의 앞니는 뾰족하게 갈려 있었고, 목에는 지퍼 사슬이 둘러져 있었다. 이 사슬은 10년 동안 이어진 내전에서 부족이 공산당 군사정권과 싸우는 동안 모은 트로피$^{\text{kill trophy}}$였다.

이런 사내와는 얽히지 않는 것이 신상에 좋다. 탐사대에 소속된 에티오피아 사람들은 그것을 잘 알고 있었다. 이들 역시 전쟁의 상처를 입었기 때문이다. 그중 한 명인 베르하네 아스파$^{\text{Berhane Asfaw}}$는 공산주의자들에게 거꾸로 매달려 고문을 받다가 간신히 죽지 않고 살아남아 지리학 학위를 받고 인류의 기원 분야에서 에티오피아 최고의 전문가가 됐다. 그와 다른 에티오피아 연구원들은 탐험대의 리더였던 저명한 미국의 고인류학자 팀 화이트$^{\text{Tim White}}$에게 캠프를 철수해야 한다고 애원했다. 싸움을 마다하지 않는 완벽주의자이고 인류 기원의 흔적을 추적하는 데서는 누구보다도 집요한 인물인 화이트는 보통 호락호락 물러설 사람이 아니었다. 하지만 이번만큼은 그도 어쩔 수 없었다.

화이트의 연구진은 그다음 해에 돌아왔고, 다시 지퍼맨과 만났다. 이번에는 서로 계약을 맺고 가디가 아예 연구진에 합류했다. 그는 경비요원, 가이드, 집행인, 노동자, 화석 수집가로 멀티태스킹을 하면서 머지않아 이 작전에서 핵심 인력으로 자리 잡았다. 화이트는 늘 지역 사람들과 협력해서 작업하는 것을 중요하게 여겼지만 가디와는 특별한 유대감을 쌓았다. 지퍼맨은 화이트의 자동차에 올라타는 단골손님이 됐다. 자신의 보스가 화석 사냥을 위해 사막을 질주하는 동안 가디는 그 옆에서 말없이 그냥 보란 듯이 총을 들고 그를 호위했다. 1993년 12월 말의 어느 날 화이트는 무언가 느낌이 와서 노출되어 있는 어느 암석 근처에 차를 멈추었다. 이 안 어울리는 듯 어울리는 한 쌍은 차에서 내려 주변을 살펴보았다.

가디가 소리쳤다. "팀 박사님, 여기로 좀 와보세요."

돌무더기 속에서 그가 탈색된 작은 치아를 하나 찾아냈다. 인간 계통의 초기 구성원인 호미닌의 큰어금니였다. 지퍼맨에게는 또 하나의 인간 트로피였지만, 무려 440만 년이나 된 어마어마하게 오래된 빈티지 트로피였다.

화이트는 자신의 대원들을 소집했고, 전투와 낙타 몰이는 훈련을 받았지만 정식으로 학교에서 과학 교육은 한 번도 받아본 적이 없는 아르파족 전사가 호미닌 치아를 발견한 장소로 모든 박사들이 집결해서 그 지역을 샅샅이 뒤졌다. 연구진은 계속해서 더 많은 화석을 찾아냈다. 제일 먼저 나온 것은 송곳니였다. 그리고 다른 치아들이 발견되면서 한 사람에서 나온 치아 10개를 찾아냈다. 화이트, 아스파, 그리고 일본 동료 스와 젠$^{Suwa\ Gen}$은 나중에 이것을 새로운 종으로 보고했다. 종의 이름은 아르디피테쿠스 라미두스$^{Ardipithecus\ ramidus}$. 아파르족 언어에서 'ardi'는 '땅'을, 'ramidus'는 뿌리를 의미한다. 이 종이 인간의 계통이라는 것은 의심할 여지가 없었다. 위턱 송곳니가 침팬지와 고릴라의 단검 같은 형태가 아니라 인간의 전형적인 특성인 작은 다이아몬드 형태였다. 침팬지와 고릴라의 위턱 송곳니는 아래턱 작은 어금니와 비벼지면서 날카로워진다. 그 외로는 거의 모든 것이 불확실했다. 사람처럼 뒷다리로 서서 걸었을까, 아니면 유인원처럼 나무를 기어올랐을까? 손은 무슨 용도로 사용했을까? 우리처럼 커다란 뇌를 갖고 있었을까, 침팬지처럼 작은 뇌를 갖고 있었을까? 이런 의문에 답하려면 더 완벽한 화석이 나올 때까지 기다려야 했다.

이들은 다음 현장 연구 시즌에 돌아왔다. 1994년 11월에 화이트는 다시 에티오피아로 돌아와 탐사를 시작하면서 연구진을 가디가 치아를 발견했던 곳으로 데리고 갔다. 기대가 크지는 않았다. 전해에 살을 깨끗이 발라 먹듯 샅샅이 찾아보았다고 생각했기 때문이다. 하지만 놀랍게도 더 많은 뼈가 나왔다. 화이트에게 훈련을 받은 또 한 사람의 에티오피아의 고인류학자 요하네스 하일레셀라시에(Yohannes Haile-Selassie)가 가디의 치아 발견 장소에서 북쪽으로 50미터 정도 떨어진 곳에서 손뼈를 두 개 찾아냈다. 이 발견을 시작으로 다시 게임이 시작됐다. 연구진은 그냥 지표면만 빗질해보는 데서 그치지 않고 더 작은 화석을 찾으려고 침전물을 체로 치고, 땅을 파고 들어갔다. 이번 현장 연구 시

• 팀 화이트와 그 동료들의 에티오피아 - 미국 연합팀이 에티오피아 아라미스에서 호미닌 화석을 찾고 있다.

즌의 나머지 기간과 그다음 시즌에 걸쳐 이들은 한 여성의 골격에서 나온 뼈를 100개 넘게 수집했다. 이 여성은 체중은 50킬로그램 정도, 키는 120센티미터 정도 됐을 것이다.

연구진이 작업을 진행하는 동안 가디는 어깨 위에 장총을 메고 융선 위에서 발굴지를 지켜보며 보초를 섰다. 슬프게도 그는 프로젝트의 마무리를 보지 못했다. 1998년에 그는 라이벌 부족과 총격전에 휘말려 다리에 총을 맞았고, 그 상처가 감염되어 사망했다. 화이트는 지퍼맨을 기리기 위해 그의 사진을 액자에 담아 버클리에 있는 자신의 책상에 올려놓았다. 그리고 15년간 철저히 연구한 끝에 2009년에 그 결과를 발표해 국제적으로 환호를 받았다. 이 이른바 아르디 골격은 학술지 《사이언스》에서도 특별호를 발간해 독립적으로 다루었고, 디스커버리 채널에서도 다큐멘터리를 제작했다. 호들갑을 떨 만한 화석이 세상에 있다면 바로 이것이었다. 일부는 인간이고 일부는 유인원으로 보이는 동물, 뒷다리로 서서 인간의 전형적인 초능력에 해당하는 이족보행을 할 수 있지만 맞닿는 발가락과 긴 팔과 손을 그대로 유지하고 있어서 나무를 탈 수 있는 동물이었으니 말이다. 얼굴은 인간처럼 작고, 뇌는 침팬지처럼 작았다.

아르디피테쿠스는 우리가 유인원 친척으로부터 갈라져 나온 후에 계통수에서 아주 살짝 우리 편에 걸쳐 있는 호미닌이다. 다윈의 시대 이후로 인간이 침팬지, 고릴라, 오랑우탄과 가까운 친척이라는 것은 인정되고 있었고, 최근에는 DNA 친자검사를 통해 사실로 확인됐다. 침팬지는 우리의 가장 가까운 사촌이다. 우리는 유전자의 98퍼센트를 침팬지와 공유한다. 계통수의 진화 분기점, 즉 호미닌과 침팬지가 각자의 길로 갈라지며 나온 인류의 출발점이 어디인지 찍을 수 있다.

그 분기점은 최근에 있었고, 아주 지저분하다. 이것의 시작은 마이오세 늦은 말기인 적어도 500만 년 전에서 700만 년 전 사이였다. 하지만 신속하게 분리되지 않고 오랜 기간에 걸쳐 이별이 이루어졌다. 플라이오세 초기인 약 400만 년 전까지는 인간의 가지와 침팬지의 가지 사이에서 유전자 교환이 계속 이루어진 것으로 보인다. 이때가 아르디피테쿠스가 있던 시절이다. 하지만 아르디피테쿠스가 침팬지에서 진화해 나왔다거나 침팬지처럼 생긴 선조로부터 진화해 나왔다고 생각하면 안 된다. 오늘날의 침팬지는 대단히 전문화된 동물로, 인간과는 별개로 일어난 400만 년 이상의 진화가 만들어낸 산물이다. 오늘날의 인간이 침팬지 혈통과 별개로 400만 년을 보내면서 고도로 전문화된 동물이 된 것과 마찬가지다.

이런 진화적 변화는 기후와 환경의 변화를 배경으로 일어나고 있었다. 서로 갈라져 나오기 전에 침팬지와 인류는 마이오세에 번성했던 더 먼 유인원 선조를 갖고 있었다. 이때는 영화 〈혹성탈출 Planet of the Apes〉처럼 진짜 유인원의 행성이었다. 적어도 구세계는 그랬다. 유인원들이 아프리카와 아시아 전역에 퍼져 있었고, 올리고세에 기온이 내려가는 동안 아프리카와 아시아에서 영장류가 거의 멸종된 이후에는 유럽으로 다시 침략해 들어갔다. 마이오세에는 초원이 확산되고 있었지만 여전히 숲이 남아 있었고, 유인원들은 긴 팔과 행동반경이 넓은 어깨가 발달하고, 거추장스러운 꼬리가 사라지면서 나무에 매달려 사는 삶에 적응했다. 마이오세의 이 호시절에 아프리카의 일부 유인원은 고릴라가 됐고, 한 개체군은 동남아시아로 가서 오랑우탄이 됐다. 다양화하는 과정에서 유인원들은 나무에서 이동하는 새로운 방식들을 실험해보았다. 어떤 것은 머리 위에 드리운 나뭇가지를 손으로 붙잡아 몸을 지탱하면서 두 발로 가지를 따라 걸어 다녔다. 아마도 걷는 법을 배우긴 배웠는데 완전하지는 않아서 가구를 잡고 옆으로 발을 끌며 걸음마를 하는 아기처럼 보였을 것이다. 하지만 그래도 이것이 시작이었다.

플라이오세에서도 춥고 건조해지는 추세는 계속 이어졌다. 그래서 전 세계 몇 곳에서만 일어나던 일들이 이제는 아프리카를 정통으로 직격했다. 이제는 오히려 열대우림이 군데군데 섬처럼 남고 많은 지역이 초원으로 변하게 됐다. 아프리카의 유인원들은 여기에 적응했다. 그레이트 리프트 밸리Great Rift Valley에서 나온 믿기 어려운 순서의 화석들이 이 이야기를 전하고 있다. 그레이트 리프트 밸리는 에티오피아에 있는 가디의 부족 땅에서 시작해서 케냐와 탄자니아를 거치며 남쪽으로 흉터처럼 나 있는 지형이다. 이곳은 아프리카가 천천히 찢어지는 동안 땅이 내려앉으면서 그 안에 마이오세부터 침전물과 화석이 축적되어왔다. 고릴라와 침팬지 같은 일부 유인원은 규모가 줄어들고 있는 숲에 계속 남았다. 하지만 호미닌은 다른 길을 걸었다. 숲에서 나와 탁 트인 초원으로 나간 것이다. 그러려면 제대로 걷는 법을 배워야 했다.

두 발로 일어서고 걷는 것은 쉬운 일이 아니다. 생각해보면 동물계에서 이렇게 걷는 경우는 극히 드물다. 플라톤이 인간을 '깃털이 없는 두 발 동물featherless bipeds'이라고 부른 데는 이유가 있다. 새(그리고 그들의 공룡 선조)를 제외하면 우리는 습관적으로 두 발로 이동하며 자유로워진 손으로 다른 일을 하는 유일한 동물이다. 플라톤은 인간의 전형적인 다른 특성도 언급했다. 거대한 뇌와 지능, 여러 가지 다른 방식으로 사물을 쥘 수 있는 재주 많은 손, 도구 사용 능력, 불을 다루는 능력, 그리고 문화적 집단을 이루어 함께 무리 짓는 능력이었다. 이것은 인간을 침팬지나 고릴라, 원숭이가 아닌 인간으로 만들어주는 특성들이다. 이런 요소들이 어떻게 한데 모이게 됐는지에 관해 오랫동안 논란이 있었다. 이런 특성들은 단번에 동시에 진화해 나왔을까, 아니면 하나씩 하나씩 점진적으로 진화했을까? 어느 하나가 다른 것들의 진화를 촉발한 것인가? 이제 우리는 그 특성 중에는 리 밴 베일런이 연구했던 그 최초의 영장류로부터 물려받은 유산도 있지만, 다른 많은 특성들은 호미닌 계통이 침팬지와 갈라져 나온 이후에야 만들어진 것임을 알고 있다.

우리를 인간답게 만들어주는 것 중에도 가장 핵심은 두 발 직립보행으로 보인다. 가디의 아르디피테쿠스는 두 발 직립보행이 제일 처음에 어떻게 진화해 나왔는지 엿볼 수 있게 해준다. 아르디는 뒷다리로 걸을 수 있었다. 두 발 보행에 필요한 강력한 대퇴사두근^{quadriceps}을 고정하는 두드러진 근육부착부가 골반에 있었고, 발꿈치가 떨어지고 $^{heel-off}$, 발가락이 떨어지는$^{toe-off}$ 동작으로 땅을 밀며 걸을 수 있는 강력하고 넓은 발이 있었다. 하지만 아르디가 보행만 한 것은 아니었다. 맞닿는 엄지발가락과 여윈 팔은 나무를 기어오르는 데 사용하는 도구였다. 아르디는 초기 호미닌이 단번에 나무 기어오르기를 버리고 땅에서 걷기로 넘어간 것이 아니라, 걷기도 하고 나무를 기어오르기도 할 수 있어서 나무 꼭대기와 초원 모두에서 시간을 보내는 단계를 거쳤음을 보여준다. 이렇게 이들은 다방면에 조금씩 재주가 있는 존재였지만 분명 새로운 영역을 탐구하고 있었다. 그들이 어째서 탁 트인 공간으로 진출하고 있었는지는 분명하지 않다. 포식자를 피해 달아났을까? 새로운 유형의 먹이를 갈망했나? 아니면 숲의 규모가 줄어들자 살아남으려 노력하고 있던 것일까? 우리가 알고 있는 것은 이 초기 호미닌들이 뇌가 커지고, 돌로 도구를 만드는 법을 배우기 전에 두 다리로 걷기 시작했다는 것이다. 직립보행을 하는 덕분에 다른 인간의 혁신이 가능했던 것으로 보인다. 아마도 더는 손을 이동수단으로 사용할 필요가 없어지고, 칼로리가 풍부한 새로운 음식을 먹을 수 있어 그 칼로리를 뇌 조직으로 바꿀 수 있게 되면서 가능해졌을 것이다.

약간의 시간과 자연선택의 인도하는 손길이 보태지면서 반은 걷고, 반은 나무를 타던 이 동물은 거의 땅에서만 이동하고 사는 습관성 두 발 보행 동물이 됐다. 이런 변화를 마무리하면서 이 호미닌은 몸 전체를 혁신했다. 머리는 어깨 앞으로 튀어나오는 대신 목 위에 얹혀 놓은 듯한 위치로 갔고, 지면과는 수평을 이루고, 말, 생쥐, 고래, 그리고 기본적으로 다른 모든 포유류에서 뒷다리와 수직을 이루었던 척추가 회전하면서 다리와 평행해지고 휘어진 형태를 띠게 됐다. 목이나 허리가 아파서 고생하는 사람은 우리 선조들이 거친 해부학적 재구성 때문이라 생각하면 된다.

키가 크고 우아하며, 다리와 척추, 목과 머리가 나란히 정렬되고 아치가 있는 두 발로 균형을 잡고 서는 이 새로운 인간적 특성은 오스트랄로피테쿠스*Australopithecus*에서 찾아볼 수 있다. 오스트랄로피테쿠스는 아르디피테쿠스보다 조금 후에 살았던 초기 유형의 호미닌이다. 오스트랄로피테쿠스는 인간의 선조 중에서 가장 유명하다. 지금까지 발견된 것 중 가장 유명한 화석 중 하나가 그 대표로 있기 때문이다. 바로 '루시' 골격이다. 이 골격은 1974년에 에티오피아에서 발견되어 비틀스의 노래 〈다이아몬드와 함께 하늘에 떠 있는 루시Lucy in the Sky with Diamonds〉에서 이름을 따왔다. 이 골격을 발굴하는 동안 이 노래가 반복 재생되고 있었다고 한다. 루시의 공동 발견자 도널드 요한슨은 팀 화이트와 그 골격에 대한 초기 과학적 기술을 작성한 후에 책과 다큐멘터리를 통해 루시를 대중화하면서 경력을 쌓았다. 이때의 팀 화이트는 가디와 알고 지내고 아르디피테쿠스를 발견하기 한참 전의 젊은 화이트였다.

오스트랄로피테쿠스는 직립보행을 했다. 이것만큼은 확실하다. 이것은 뼈의 형태만을 바탕으로 추측한 것이 아니다. 360만 년 전쯤에

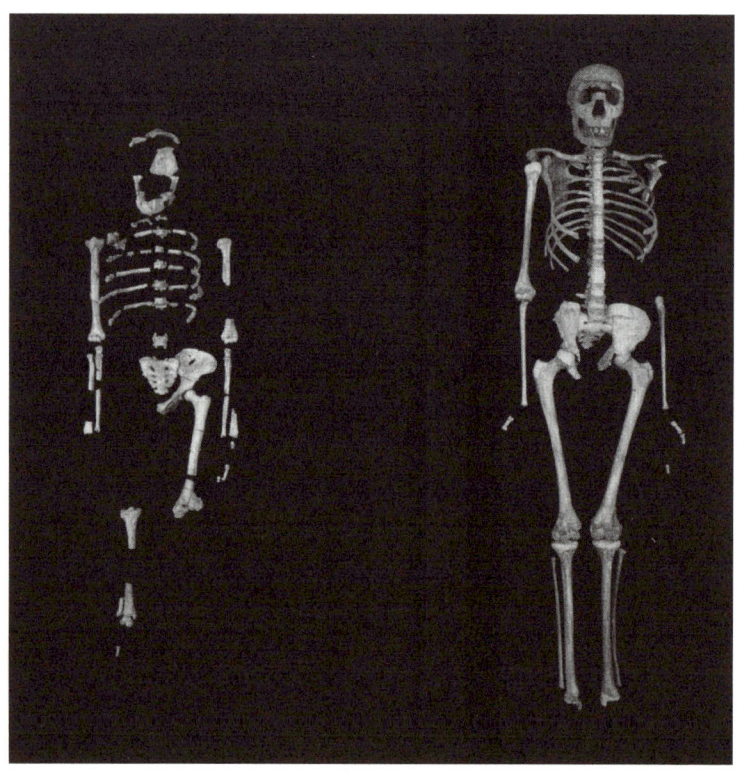

• 우리가 속한 사람속의 초기 구성원인 오스트랄로피테쿠스(루시)와 투르카나 소년 Turkana Boy의 골격.

한 무리, 또는 두세 명의 이 호미닌(또는 아주 가까운 친척)이 눈처럼 땅을 뒤덮었다가 젖은 시멘트로 변한 화산재 층에 발자국을 남겼기 때문이다. 이 발자국은 우리가 바닷가 모래사장에 남긴 것과 비슷하게 생겼다. 여기에는 발자국만 있을 뿐 손자국은 없었고, 발꿈치와 발가락 부분은 깊게 눌려 있고, 그 사이 아치 부분은 미약하게 눌려 있었다. 이것은 두 발로 자신 있게 성큼성큼 걸었다는 흔적이다. 하지만 그 발자국을 남긴 존재가 그리 똑똑하지는 못했다. 오스트랄로피테쿠스는 짜임새가 침팬지와 비슷한 작은 뇌를 가지고 있었다. 하지만 긴 성장기에 걸쳐서 천천히 발달했다. 바꿔 말하면 루시와 그 친척들은 우리처럼 유년기가 길었다는 것이다. 이는 인간의 또 다른 전형적인 특성이다.

아르디피테쿠스와 오스트랄로피테쿠스부터 호미닌의 계통수가 풍요롭게 꽃을 피웠다. 이것은 아르디피테쿠스가 오스트랄로피테쿠스로 진화하고, 오스트랄로피테쿠스가 다시 현대 인류를 낳는, 할머니 – 딸 – 손녀 같은 깔끔한 순서로 이어진 단순한 사다리 같은 계통수가 아니었다. 우리의 계통수를 보면 선조와 사촌들이 가시덤불처럼 무성하게 얽혀 있다. 이 덤불은 우리의 역사 첫 몇백만 년 동안 인류의 고향인 아프리카에 확고하게 뿌리를 내렸다. 처음에 인류는 아프리카에 국한된 토착 집단이었다. 이곳에서 두 발 보행, 똑똑해진 머리, 도구 사용 등 인류의 모든 위대한 발명이 일어났다. 우리는 사자, 코끼리, 가젤 같은 사바나 토착종과 마찬가지로 아프리카를 집으로 삼아 그 구조의 일부가 됐다. 약 350만 년 전 적어도 플라이오세 중기 즈음에는 여러 호미닌 종이 아프리카 동부와 남부 전역에서 함께 살고 있었다. 사실 이것은 논리적으로 당연한 일이다. 갯과 동물과 고양잇과 동

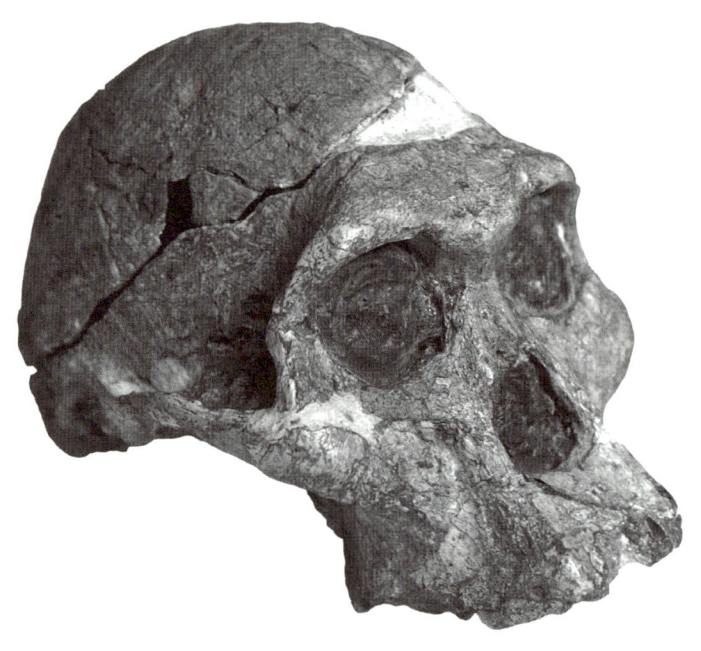

• 초기 호미닌이자 인간의 가까운 사촌인 오스트랄로피테쿠스의 두개골.

물이 여러 유형이 존재하듯 인간도 많은 유형이 존재했다. 인류에게 이런 다양성은 정상적인 것이었고, 아주 최근까지도 이어져왔다. 지금에 와서 현대 인류가 호모 사피엔스만 남은 것은 인류 다양성의 최저점이며, 역사적 기준에서 보면 정상이 아니라 예외적인 상황이다.

초기 인류의 이런 믿기 어려운 다양성은 모두 식습관 때문에 가능한 것이었다. 호미닌 종은 종류별로 다른 먹이를 전문적으로 먹었고, 먹이를 서로 다른 방식으로 확보하고 가공했다. 최초의 호미닌은 아마도 다른 유인원과 비슷해서 다양한 열매, 이파리, 곤충을 먹었을 것이다. 이들이 숲에서 숲이 군데군데 존재하는 서식지로, 그다음에는 초원으로 이동했고, 그에 따라 그중 일부는 단단한 먹이를 먹는 종으로 변화했다. 그래서 뿌리와 덩이줄기 같은 거친 먹이를 갈아 먹을 수 있도록 커다란 작은어금니와 큰어금니가 박힌 깊은 턱뼈를 발달시켰

• 약 370만 년 전 탄자니아에 자신의 발자국을 남기고 있는 두 명의 오스트랄로피테쿠스.

다. 어떻게 보면 이들은 아메리카 사바나에 살던 긴치아를 가진 말의 인간 버전이라 할 수 있다. 일부는 식습관에서 더 심오한 변화를 겪었다. 고기를 먹기 시작한 것이다. 이 최초의 육식 인간은 자신의 명함을 남겼다. 340만 년 전에 석기를 이용해서 자른 흔적이 남은 도살된 동물의 뼈가 처음 등장했고, 머지않아 석기 자체가 나타났다. 이것이 고고학 기록의 시작이다. 이제 인류의 존재에 대한 기록이 그저 우리의 화석 뼈와 치아, 발자국만이 아니라 우리가 만든 물건을 통해서도 남게 된 것이다.

고기를 먹는 것은 게임 체인저였다. 고기는 이파리나 벌레보다 칼로리가 훨씬 더 많고, 이 칼로리를 바탕으로 뇌가 커졌다. 식탐과 에너지 풍부한 고기가 합쳐지니 이 인류는 먹이를 찾는 데 보내는 시간이 줄고, 뿌리와 나뭇잎을 갈아 영양분을 추출하는 데 드는 시간과 에너지를 줄일 수 있었다. 그 덕에 치아와 씹는 근육의 크기가 작아져 인류가 지금처럼 여윈 얼굴로 따듯한 미소를 지을 수 있게 됐다. 한가한 시간이 늘어나자 서로 어울리며 소통하고, 가르치고, 학습할 수 있는 기회가 많아졌다. 이것이 우리 문화의 기원이다. 한편 도구 제작 역시 게임 체인저였다. 인류는 자연선택이 치아, 발톱 같은 새로운 도구를 만들어줄 때까지 기다리지 않아도 되는 최초의 존재가 됐다. 우리는 자르는 도구, 긁는 도구, 두드리는 도구를 직접 만들 수 있게 됐다. 유연하고 점점 범위를 넓혀가는 식욕과 함께 무기가 다양해짐에 따라 인간은 놀라운 적응 능력을 갖게 됐다. 약 200만 년 전에 인류는 목초지, 삼림지대, 호숫가, 초원, 건조한 스텝 지역 등 만화경처럼 다양한 아프리카 환경 속에서 살고 있었다.

선조들의 뒤엉킨 계통수 가지로부터 새로운 유형의 인간이 나왔다.

- 다양한 인간 종이 만든 도구들. 약 200만 년 전 탄자니아에서 원시적인 사람속 종이 만든 것으로 보이는 몸돌^{core}과 찍개^{chopper}(왼쪽), 약 4만 2000년 전 이란에서 네안데르탈인이 만든 것으로 보이는 도구들(가운데), 중기 석기시대에 아프리카에서 호모 사피엔스가 만든 도구와 무늬가 새겨진 오커 조각(오른쪽)이다.

이들은 약 280만 년 전 화석 기록에서 처음 등장했다. 우리가 속한 속인 호모*Homo*, 즉 사람속屬이다. 이들, 아니 우리는 기후가 더 건조하고, 변덕스러운 상태로 요동치고 풀밭과 트인 공간이 더 많아지면서 등장했다. 초기 사람속에는 종이 많았고, 우리와 제일 가까운 친척들의 분류는 대단히 복잡하게 뒤엉켜 있다. 이런 복잡한 수렁으로부터 호모 에렉투스*Homo erectus*, 즉 직립원인이 등장했다. 이들은 키가 더 크고, 긴 다리로 더 꼿꼿하게 섰으며, 팔 길이가 짧아졌다. 이는 나무 위 생활과 완전히 결별했음을 말해준다. 그리고 그 전의 호미닌보다 얼굴이 더 납작해지고 뇌가 훨씬 커졌다. 이들은 달리기 전문가로, 달아나는 먹잇감을 먼 거리를 뒤쫓아 공격해 잡았다. 그늘진 숲에서 벗어나 직사광선에 노출된 이들은 아마도 포유류의 털을 처음으로 벗어버린 인류 중 하나일 것이다. 이들은 사회적이었던 것으로 보이고, 아마도 불을 이용해 먹이를 익혀 먹었을 것이다. 그리고 특히나 폭력적이었다. 이들은 석공 전문가의 손길로 정교하게 빚어진 서양배 모양의 손도끼 등 아름다운 도구를 만들었다. 이런 석기는 도구를 제작한 최초의 인간이 단순히 돌을 쪼개 만들었던 박편석기^{flake}보다 훨씬 발전된 형태였다.

호모 에렉투스는 넓은 지역으로 이동한 최초의 호미닌이기도 했다. 그리고 현재 알고 있는 바로는 아프리카를 떠난 최초의 인류였다.

오랜 기간에 걸쳐 복잡하고 점점 더 야심차게 이루어진 인류의 이동은 처음에는 아프리카 안에서 호모 에렉투스와 함께 시작됐다. 약 200만 년 전 즈음 호모 에렉투스는 아프리카 북동부의 열곡$^{\text{rift valley}}$에서 출발해서 아프리카대륙 남쪽 끝까지 세력을 확장했다. 그리고 이곳에서 호모 에렉투스는 마지막 남은 오스트랄로피테쿠스와 뒤섞였고, 오스트랄로피테쿠스는 북쪽에서 멸종하고 50만 년 후에는 아프리카 남쪽 끝으로 밀려났다. 호모 에렉투스는 그곳에서 멈추지 않았다. 남쪽으로의 진출이 바다에 막히자 북쪽으로 방향을 틀었다. 그래서 아프리카를 벗어나 중동, 그다음에는 유럽과 아시아로 흘러들었다. 이렇게 글로 쓰고 나니 마치 영웅적인 십자군 원정이라도 떠난 이야기처럼 들리지만, 사실 이 호모 에렉투스 집단은 요동치는 빙하기 기후를 따라 먹을 것과 살 만한 서식지를 쫓아다녔을 뿐이다. 이들은 약 200만 년 전 즈음에 아시아에 도착해서 빙하 먼지로 만들어진 절벽에 묻힌 석기를 남겼다. 아시아의 호모 에렉투스 중에는 베이징원인^{Peking}

Man이 있다. 이들은 약 75만 년 전에 살았던 인구집단으로, 베이징 외곽의 동굴 안에서 골격이 발견된다.

호모 에렉투스는 아시아로 퍼져나가다가 다시 한번 벽에 부딪힌다. 동남아시아의 가장자리에 도달한 그들은 쉼 없이 요동치는 파란 바다와 만난다. 대륙의 끝에 새롭게 자리 잡은 그들은 이제 거기서 한 발 더 나아간다. 바다를 건넌 것이다. 이것이야말로 진정 영웅적인 여정이었을 것이다. 이들에게 이것은 우리가 달로 날아간 것에 비견할 만한 일이었다. 기후 변화와 보조를 맞추어 이동 경로를 따라 확산하는 동물의 이동과는 차원이 다른 일이었다. 이것은 계획 능력, 미래를 내다보는 능력, 그리고 팀워크가 필요한 여정이었다. 호모 에렉투스 부족은 배를 만들어 알 수 없는 바다를 항해해야 했을 것이다. 그리고 성공하려면 일종의 언어가 필요했을 것이다. 어떻게 해냈든 이들은 결국 이 일을 해냈다. 그것도 여러 번에 걸쳐서.

서로 다른 사람속 개체군이 서로 다른 섬에 도착해서 적어도 두 가지 새로운 종으로 분화했다. 루손섬Luzon(현재는 필리핀의 일부)에서 진화한 호모 루소넨시스Homo luzonensis와 플로레스섬Flores(지금은 인도네시아)에서 진화한 호모 플로레시엔시스Homo floresiensis다. 섬에 정착한 이 인류는 포유류들이 고립됐을 때 종종 하는 일을 했다. 왜소화된 것이다. 플로레스섬의 난쟁이들은 호빗이라는 별명을 갖고 있다. 그럴 만한 이유도 있다. 성인이 되어서도 키가 고작 1미터였고, 체중은 25킬로그램에 불과했다. 그리고 뇌의 크기가 작아져서 침팬지 뇌 크기로 되돌아갔다. 하지만 이런 변화가 환경과 잘 맞아떨어졌기 때문에 이들은 수십만 년 동안 그곳에서 고립되어 살아가다가 약 5만 년 전에야 멸종했다. 이때는 떠돌아다니던 또 다른 인간 종이 호주대륙으로 가는 길에 동남아시아를 거쳐 갔던 시기와 겹친다.

호모 에렉투스가 탐험을 이어가는 동안 사람속도 아프리카 안에서 계속 진화를 이어갔다. 이 사람속 개체군 중 일부는 지중해 해안, 중동, 캅카스, 발칸, 그리고 유럽 전역으로 퍼져나갔다. 그리고 일부는 적어도 당분간은 아프리카에 머물고 있었다. 약 30만 년 전 지금의 모로코 지역에서 호모 사피엔스의 바스러진 뼈가 처음으로 화석 기록으로 나왔다. 이들의 얼굴을 바라보면 거울을 마주 보는 느낌을 받을 것이다. 이 중 한 명에게 정장과 넥타이를 입혀서 뉴욕 지하철에 태워도 아무도 이상하게 여기지 않을 것이다. 하지만 이 최초의 사피엔스가 우리와 완전히 똑같지는 않았다. 우리처럼 납작하고 작은 얼굴을 갖고 있었지만, 커진 뇌를 수용하는 둥근 두개골은 갖고 있지 않았다. 우리의 두개골은 모든 인간 종 중 가장 크다(다만 한 가지 예외의 가능성이 있다. 이 부분은 뒤에서 알아보겠다).

그 후로 수십만 년에 걸쳐 아프리카대륙 곳곳에서 다른 호모 사피엔스들이 화석이 됐고 그 구성도 다양했다. 어떤 것은 얼굴이 평평했지만, 그렇지 않은 것도 있었다. 어떤 것은 턱이 튀어나와 있고, 어떤 것은 작았다. 어떤 것은 눈 위 뼈 융기가 튀어나와 있는 반면, 어떤 것은 그렇지 않았다. 어떤 것은 공처럼 둥근 뇌로 채워진 큰 머리를 갖고 있었던 반면, 어떤 것은 그렇지 않았다. 호모 사피엔스는 다른 사람속과 깨끗하게 헤어진 뒤에 아프리카 어느 한 구석에서 진화한 것이 아니라 아프리카 전체에서 모자이크 패턴에 가까운 탄생 과정을 거친 것으로 보인다. 아프리카 전여에 걸쳐 초기 사피엔스 인구집단이 무리를 이루고 있었고, 이들이 대륙 크기의 거대한 페트리 접시에서 짝을 짓고 이동을 하면서 해부학적 특성들을 뒤섞다가 10만 년 전에서

4만 년 전 사이에 우리의 전형적인 현대 인류의 체제body plan가 고정됐다. 작고 평평한 얼굴, 뾰족한 턱, 코로 분리된 왼쪽 눈과 오른쪽 눈, 작은 눈 위 뼈 융기, 풍선 같은 두개골 안을 채우고 있는 엄청난 크기의 뇌 등의 특성이 우리가 호미닌, 영장류, 포유류 선조들로부터 물려받은 다른 수많은 특성에 덧붙었다.

우리의 현대적 스타일의 사피엔스 체형이 자리를 잡을 즈음에 두 가지 놀라운 일이 일어났다.

첫째, 인구집단의 크기가 커지면서 기술적, 인지적 혁신이 확산했다. 우리 몸에 일어난 변화와 마찬가지로 이런 변화 역시 단번에 일어나지 않고, 시간이 흐르는 가운데 서로 다른 사피엔스가 새로운 도구와 사고방식을 발전시키고, 이어서 서로 접촉하게 되면서 이런 혁신들이 합쳐졌다. 5만 년 전 즈음에는 도구와 다른 공예품이 더욱 정교해졌다. 인간은 다양한 장신구와 미술작품을 생산하고, 죽은 사람을 묻을 때 더욱 복잡한 매장 의식을 수행하고, 활과 창 등 끝이 뾰족한 발사체 무기에서 구멍을 뚫는 드릴, 무늬를 새기는 도구에서 칼날에 이르기까지 구체적인 용도가 있는 온갖 도구를 제작하고, 오늘날까지 고고학 유물로 살아남을 만큼 내구성이 좋고 복잡한 구조를 가진 주택과 다른 구조물들을 만들었다. 대략 이 시기가 현대적인 인류가 된 때로 보인다. 그냥 외모만이 아니라 생각하고, 소통하고, 숭배하고, 자기 주변 세상에서 의미를 추구하는 등의 방식에서 말이다. 이들은 곧 우리였다.

둘째, 이 인류, 즉 우리 호모 사피엔스가 다시 움직이기 시작했다는 것이다. 사실 우리는 지중해, 아시아 등으로 지그재그로 움직이며 내내 이동하고 있었을 것이다. 하지만 빙원 때문에 아주 북쪽으로는 가지 못하고 있었다. 2019년에 그리스의 한 동굴에서 나온 대략 21만 년 된 사피엔스 두개골이 이런 초기 이동을 보여주는 증거일지 모른다. 이런 진출이 드문드문 일어나다가 5만 년 전에서 6만 년 전 사이에 사피엔스가 아프리카 밖으로 나가기 시작하면서 쓰나미처럼 규모가 커진다. 이들은 기존의 그 어떤 호모 사피엔스나 호모 에렉투스보다 더 멀리 진출해서 5만 년 전 즈음에는 호주에 도달하고, 3만 년 전에서 1만 5000년 전 사이 빙기 동안에 물 밖으로 드러난 베링육교를 따라 북아메리카대륙으로 건너갔고, 다시 빠른 속도로 남아메리카대륙으로 넘어가서 나중에는 제일 멀리 떨어져 있는 태평양 섬에도 진출하고, 남극대륙의 빙원에도 발을 내딛고, 1969년에는 달까지 갔다.

사피엔스의 파도가 아프리카를 떠나 처음 유럽과 아시아로 진출해 보니, 그곳은 다른 인류가 차지하지 않은 미개척지가 아니었다. 이들은 적어도 다른 두 종의 인류와 만났을 것이다. 두 종 모두 사람속으로 분류되는 사피엔스의 가까운 친척이었다. 유럽의 네안데르탈인과

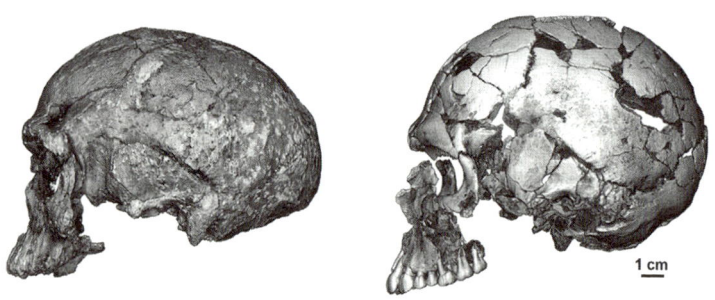

• 호모 사피엔스 뇌 영역의 진화. 북아프리카에서 나온 약 30만 년 된 두개골은 좀 더 납작한 형태인 반면, 레반트Levant에서 나온 약 9만 5000년 된 화석에서는 좀 더 둥그스름한 형태를 보인다.

아시아의 데니소바인Denisovans이었다. 이 인류는 호모 사피엔스가 하나의 종으로 고정되어 전형적인 체제를 갖추기 전에 돌아다니던 사람 속 방랑자들이 남긴 새로운 가지였다.

당신이 직접 우리의 먼 친척 사피엔스 동포의 매머드 가죽으로 만든 모카신(부드러운 가죽으로 만든 신-옮긴이)을 신고 나서보자. 따듯한 아프리카를 떠나 털매머드가 돌아다니고 몇 킬로미터 두께의 얼음이 북쪽에서 내려오고 있는 유럽의 초원지대에 정착한 당신은 살을 에는 찬 바람을 피해 동굴을 안식처로 삼았다. 동굴 벽에서 깜박거리며 일렁이는 불빛이 붉은 오커ocher로 그려놓은 사슴과 말의 형상을 드러내고 있다. 불빛에 가까이 다가서자 한 동물의 그림자가 그림을 가로질러 뛰어간다. 당신은 겁을 먹고 몸을 숙인다. 당신과 비슷하게 생겼지만 좀 더 다부지고, 팔다리가 짧고, 코가 뭉툭하고, 머리가 헝클어진 어떤 존재가 당신 앞에 있다.

사피엔스와 네안데르탈인의 만남이다. 우리 선조들이 접촉한 이 유럽의 원주민은 우리가 원시인이라면 떠올리는, 어딘가 덜떨어진 모습으로 입을 벌리고 숨을 쉬면서 침을 줄줄 흘리던 야만인이 아니었다. 네안데르탈인은 많은 면에서 우리와 비슷했다. 그들의 뇌 크기는 우리와 유사했고, 세련되고 사회성이 있었다. 이들은 아마도 그림을 그리고, 죽은 자를 매장하고, 식물로 약을 만들어 아픈 사람을 돌보았을 것이다. 보석을 착용하고 어쩌면 화장도 했을 수 있다. 불을 사용하고, 의식을 수행하고, 종유석과 석순으로 구조물을 지었다. 이 구조물은 아마도 종교적인 성지였을 것이다. 그리고 아마도 말을 할 수 있었을 것이다.

동쪽 아시아에서 나온 데니소바인에 대해서는 아는 것이 훨씬 적다. 사실 2008년에 시베리아의 동굴에서 외로이 남아 있던 한 젊은 여성의 손가락 뼈 하나가 발견될 때까지는 그들에 대해 아는 것이 전혀 없었다. 2010년에 그 유전체의 염기서열을 분석해보았더니 사피엔스, 네안데르탈인과는 다른, 대단히 특이한 유전암호를 갖고 있었다. 이것은 새로운 종을 암시하는 것이어서 전 세계 고인류학자들이 충격을 받았다. 흩어져 있던 소량의 뼈를 통해서만 존재가 알려진 이 유령 같은 종은 외모나 행동에 대한 지식보다는 DNA에 대한 지식이 훨씬 많다. 이들이 시베리아 동굴 화석 중 가장 오래된 화석의 나이인 적어도 19만 5000년 전부터 시작해서 아시아의 넓은 지역에 퍼져 있었다는 것은 알고 있다. 심지어 이들은 티베트까지도 진출했다. 그리고 세상의 지붕의 살인적인 고도에서 살아남기 위해 산소를 더 많이 취할 수 있도록 핏속의 헤모글로빈까지 바꾸었다. 하지만 데니소바인은 대체 어떻게 생겼을까? 우리가 그들의 얼굴을 알아볼 수 있었을까? 그들의 뇌는 얼마나 컸을까? 그들도 문화가 있고, 예술을 하고, 종교 활동을 했을까? 내가 보기에 데니소바인의 골격이 발견된다면 그것은 고인류학의 가장 위대한 발견이 될 것이고, 아르디나 루시 못지않게 유명해질 것이라 생각한다.

아프리카의 사피엔스가 유럽의 네안데르탈인, 아시아의 데니소바인과 만났을 때 무슨 일이 있었을까? 우리는 수만 년 동안 대륙과 대륙 간에 흥청망청 광란의 파티라도 벌인 듯이 모두 함께 어울려 번식했다.

서로 다른 세 종이었지만 우리는 유전자 교환이 가능할 정도로 가까운 친척관계였고, 실제로 그런 교환이 일어났다. 네안데르탈인과 데니소바인이 짝짓기를 해서 다양한 자손을 만들어낼 수 있었고, 이것

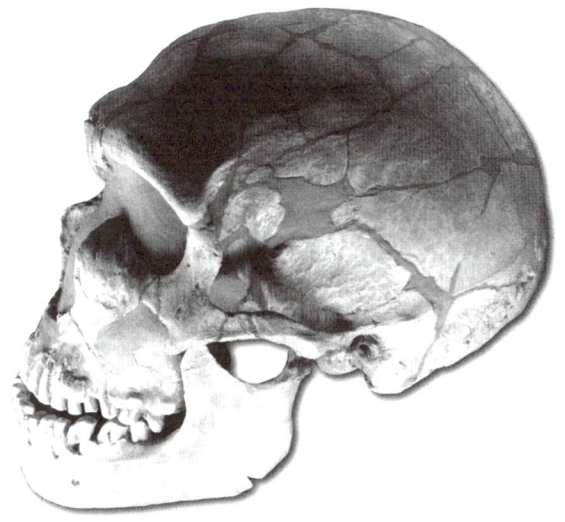

• 네안데르탈인. 매장지일 가능성이 있는 프랑스 샤펠로생Chapelle-aux-saints 유적지의 재구성(위)과 프랑스 라페라시La Ferrassie에서 나온 두개골(아래)이다.

은 같은 시베리아 동굴에서 발견되어 2018년에 발표된 믿기 어려운 뼈 하나를 통해 증명됐다. 뼈를 발견했을 때 보통은 전신의 골격을 발견했을 경우에만 입에 착 감기는 별명을 지어준다. 사지 뼈 하나만 찾았을 땐 별명을 붙여주지 않는다. 하지만 데니^{Denny}는 그런 명성을 얻을 자격이 있다. 이 뼛조각의 주인인 13세 소녀는 네안데르탈인 엄마와 데니소바인 아빠 사이에서 태어난 1세대 혼혈아였다. 우리의 사피엔스 선조 역시 네안데르탈인, 데니소바인과 짝짓기를 했고, 고대에 있었던 이 난교들 모두 우리의 유전체에 기여했다. 오늘날 동아시아와 오세아니아의 사람들은 0.3~5.6퍼센트의 유전자를 데니소바인과 공유하고 있고, 나를 비롯해서 비아프리카계 사람들 모두 네안데르탈인과 1.5~2.8퍼센트를 공유하고 있다. 따라서 우리의 계통수는 사다리 형식도 아니고, 사실 덤불 하나도 아니다. 그보다는 여러 덤불이 얽히고 뒤엉켜 함께 자라는 생울타리에 더 가깝다.

  호모 사피엔스가 아프리카를 넘어 더 넓은 세상으로 나가자 세상은 그 전과 같을 수 없었다. 우리는 전진하면서 사냥을 하고, 불을 놓았다. 우리는 다른 동물도 함께 데리고 갔다. 침입종으로 이루어진 미니 생태계가 이동해 다니는 셈이며, 그중에서도 인간 자신이 가장 지독한 침입종이었다. 우리는 정복하고, 식민지로 삼고, 죽였다. 많은 네안데르탈인과 데니소바인이 아마도 사피엔스의 창끝에 운명을 달리했을 것이다. 그리고 나머지는 기본적으로 우리에게 흡수됐다. 우리 유전체 안에 살고 있는 셈이다. 어쩌면 그들이 우리에게 가르쳐준 고등한 행동과 의식 속에도 살아 있을지 모른다. 약 4만 년 전 이 모든 것이 끝났을 즈음에는 네안데르탈인과 데니소바인은 더는 존재하지 않았고, 플로레스섬의 호빗처럼 섬에 남아 있던 마지막 호모 에렉투스도 사라지고 없었다.

  가지를 뻗어가던 인류의 계통수는 한 종만 남기고 모두 가지치기되어 사라졌다. 그렇게 홀로 남아 우리의 기원을 궁금해하며 생각에 잠겼다.

거대동물들의 멸종이 인간과 관계가 있을까?

호모 사피엔스가 아프리카를 떠나 전 세계로 퍼졌을 때 우리는 다른 종류의 인류만 만난 것이 아니라 여러 낯선 동물도 만났다. 북아메리카대륙에서는 털매머드, 검치호, 토머스 제퍼슨의 땅늘보와 만났다. 그리고 남아메리카대륙에서는 다른 대형 늘보들, 자동차 크기의 아르마딜로, 찰스 다윈의 이상하게 생긴 유제류를 만났다. 그리고 호주대륙에서는 몇 톤이나 나가는 웜뱃과 퍼그 같은 얼굴을 한 캥거루 등 괴물 같은 유대류를 만났다. 우리는 빙하기의 거대동물과 만났고, 그들 중 많은 수가 멸종했다.

  이 멸종은 '근시 멸종 Near Time Extinction'으로 불리며, 지난 5만 년 동안에 걸쳐서 일어났다. 이것은 모든 생명체에게 동일한 확률로 일어난 멸종이 아니었다. 멸종은 거의 대부분 육상에서 일어났고, 바다에서는 일어나지 않았다. 그리고 멸종의 희생자들은 대형 동물이 주를 이루었고, 포유류가 많았다.

  북아메리카대륙에 빙하기가 맹위를 떨치고 있던 동안에는 44킬로그램(100파운드)이 넘는 포유류 종이 40종 정도 있었다. 지금은 10여 종이 남았다. 무게가 1톤이 넘는 것들은 모두 멸종했고, 1톤과 32킬로그램 사이의 모든 포유류 가운데 절반 정도가 멸종했다. 이렇게 멸종한 종 중에는 북아메리카대륙의 마지막 코끼리(매머드와 마스토돈)와 홀수 발굽 기제류(말)가 있었다. 남아메리카대륙은 상황이 더 안 좋았다. 대형 포유류 중 50종 이상, 거대동물 중에는 80퍼센트 이상이 멸종했고, 그중에는 다윈의 유제류와 모든 거대 늘보와 아르마딜로도 포함된다. 지금은 보잘것없는 그 사촌들만 남았다. 한편 호주대륙에서는 거대 웜뱃과 유대류 사자 등 44킬로그램이 넘는 것들은 모두 사라졌다. 그래도 구세계는 사정이 나았다. 유럽과 아시아 북부에서는 대형 포유류의 35퍼센트가 멸종한 반면, 동남아시아와 아프리카에서는 그런 상실의 고통을 거의 느끼지 못했다. 오늘날 2톤이 넘는 초거대동물, 즉 코끼리와 코뿔소가 남아 있는 곳은 아프리카 사바나와 아시아 열대우림, 이 두 곳밖에 없다.

이 모든 멸종은 정상적인 멸종이 아니었다. 근시 멸종은 6600만 년 전 소행성 충돌이 공룡을 멸종시킨 이후로 규모가 가장 큰 대멸종 중 하나다. 이것은 절정에 이르렀던 PETM 지구온난화와 갑작스럽게 찾아온 빙하기보다 훨씬 더 많은 생명체를 멸종에 이르게 했고, 이 기간 동안 일어난 유일한 포유류 멸종으로서 체구가 큰 종에만 집중적으로 일어났다. 논리적으로 따지면 어째서 체구가 큰 포유류가 멸종한 것인지 직관적으로 이해할 수 있다. 큰 동물은 작은 동물에 비해 번식 속도가 느리고, 낳는 새끼의 숫자도 적고, 새끼가 발달하는 데도 오랜 시간이 걸린다. 개체군 구조를 교란하고 어린 개체의 사망률을 높이는 힘이 작용한다면 체구가 크고 번식 속도가 느린 이 대형 동물들을 쓰러뜨릴 수 있다. 그럼 무엇이 그런 힘으로 작용했던 것일까? 이 의문은 격렬한 논란을 불러일으켰고, 여전히 이어지고 있다.

가장 분명한 답은 우리 인간이다. 우리를 범인으로 지목하는 몇 가지 불편한 단서들이 있다. 최근에 호모 사피엔스가 들어가기 전까지 어떤 유형의 인류의 손길도 닿지 않았던 땅인 북아메리카대륙, 남아메리카대륙, 호주대륙의 카리스마 넘치는 거대동물들이 거의 모두 우리가 도착한 후에 멸종됐다. 우리는 인간이 종 전체를 쓸어버릴 수 있다는 것도 알고 있다. 지난 긴 세월 동안 우리는 섬에서 섬으로 뛰어다니며 모리셔스에서는 도도새^{dodos}를, 포클랜드 제도에서는 여우를, 태즈메이니아에서는 유대류 늑대를, 마다가스카르에서는 여우원숭이를, 그리고 지나는 길에 다른 많은 동물을 멸종시켰다. 역사 기록 이후에는 섬의 동물들을 멸종시켰다면, 그 전에는 대륙 전체의 동물을 멸종시켰는지도 모른다. 그래서 고생물학자 폴 마틴$^{Paul\ Martin}$은 빙하기 거대동물 멸종에 대한 전격전 가설$^{blitzkrieg\ hypothesis}$(전격전은 신속한 기동과 기습으로 적진을 일거에 돌파하는 기동작전을 말한다 - 옮긴이)을 제안했다. 새로운 대륙에 발을 디딘 우리 호모 사피엔스가 해일처럼 몰려든 킬러가 되어 대륙을 가로지르며 대형 포유류를 한 마리도 남지 않을 때까지 닥치는 대로 사냥하고 죽였다는 가설이다.

불필요하게 폭력적이고 너무도 슬픈 개념이지만, 한편으로는 자극적인 개념이다. 하지만 전격전 이론에도 허점은 있다. 가장 큰 허점은 그 사체들은 모두 어디에 갔느냐는 것이다. 우리가 수십 종의 대형 포유류를 죽음으로 몰아넣었다면 근시 화석 기록에 찔린 상처가 난 도살된 매머드와 검치호의 사체가 가득했을 것이다. 몇 곳에 사례는 있다. 이 장의 첫 부분에 실은 이야기는 위스콘신에서 훼손된 상태로 발견된 매머드 두 마리를 바탕으로 지어낸 것이다. 이 화석에서 그 사체를 해체하는 데 사용된 석기도 함께 발견됐다. 하지만 이런 경우는 드물고, 북아메리카의 또 다른 대형 포유류인 들소^{bison}가 뼈에 도구 사용의 흔적이 남은 상태에서 발견된 수에 비하면 아주 적다. 게다가 들소는 지금까지 살아 있는 종이다! 그와 비슷하게 남아메리카대륙에서도 도살된 땅늘보와 거대 아르마딜로의 사례가 알려져 있기는 하지만, 전면적인 도살이 일어났다고 보기에는 그 수가 너무 적다. 그리고 호주를 보면 지금까지는 인간에 의해 거대동물 유대류가 살해됐다고 확신할 수 있는 사례가 단 한 건도 나오지 않았다.

범죄 현장이 남지 않았다는 것은 좀 더 교활한 다른 킬러가 존재했을지도 모른다는 것을 가리키고 있다. 기후 변화를 유력한 용의자로 지목하는 고생물학자가 많다. 거대동물들은 결국 빙하기에 살고 있었고, 지난 5만 년 동안 기후, 기온, 강수량이 극적으로 변했다. 고작 2만 6000년 전에도 북아메리카대륙의 상당 부분은 얼음에 덮여 있었고, 약 1만 1000년 전에는 빙하가 뒤로 물러났다. 호주대륙은 얼음에 덮여 있지 않았지만 극단적인 기온 강하와 건조를 경험했다. 바로 이 기후 변화 덕분에 인간이 그곳으로 이동할 수 있었던 것이겠지만, 어쩌면 이런 변화가 거대동물에게는 정반대 영향을 미쳤을지도 모른다. 그들은 추운 기후에서 뜨거운 기후로, 건조한 기후에서 습한 기후로의 변덕스러운 변화를 감당하지 못하고 죽었을 것이다. 하지만 이 가설에도 역시 확연히 드러나는 문제점이 있다. 빙하의 마지막 진출과 후퇴는 빙하기 동안에 수십 번 있었던 사례 중 하나일 뿐이라는 것이다. 이 거대동물들은 그 전에도 롤러코스터처럼 오고 가는 빙기와 간빙기에 완벽하게 적응해 살았다. 그렇다면 200만 년이 넘는 빙하기 동안에 잘 버텨놓고, 지난 5만 년 동안만 버티지 못했을 이유가 무엇인가?

바로 인간 때문이다. 전체 빙하기 중 호모 사피엔스가 전 세계에 살았던 때는 마지막 빙기 - 간빙기 주기밖에 없다.

거대동물 멸종에 대한 논란이 이어지는 동안 아마도 인간과 기후가 함께 작용해서 이 거대동물들에게 파멸을 가져왔을 것이라는 인식이 커졌다. 우리가 일부 거대동물을 사냥한 것은 분명한 사실이지만, 전격전을 통해 그들을 파괴하지는 않았을 것이다. 우리는 전장에 널린 사체에 아무런 물리적 흔적을 남기지 않으면서 다양한 방식으로 그 동물들을 죽일 수 있다. 그들을 대놓고 대량으로 학살하는 대신 여러 세대에 걸쳐 그들의 먹이 종을 남획해서 씨를 말려버릴 수도 있고, 생태계를 교란하는 새로운 침입종을 도입할 수도 있고, 불을 놓아 풍경을 깨끗하게 밀어버리는 식으로 환경을 파괴할 수도 있다. 여기에 기후 변화까지 더해지면 엎친 데 덮친 격이 될 수 있다. 이것은 현대의 세계가 직면하고 있는 참혹한 전망이기도 하다.

인간과 기후는 대체 어떻게 공모해서 거대동물들을 멸종으로 내몰았을까? 아직 모르는 것이 많지만 북아메리카대륙과 유라시아 북부 거대동물상에 대한 한 흥미로운 연구가 한 가지 잠재적인 메커니즘을 보여준다. 지난 5만 년 동안 대형 포유류의 멸종은 기온이 신속하게 올라가는 기간에 집중됐다. 이런 신속한 기온 상승은 안정적이었던 기후를 뒤흔들어 놓았다. 이들의 뼈에서 추출한 DNA를 보면 이렇게 온도가 올라가는 구간에서는 거대동물 개체군의 규모가 작아졌지만 시간이 지나면서 서로 다른 개체군들을 뒤섞는 확산을 통해 정상적으로 회복되었음을 알 수 있다. 이 모든 것을 기후로 설명할 수 있다. 하지만 인간이 주변에 존재해서 이런 개체군들 사이의 연결을 방해한다면, 여기저기 흩어져 있는 거대동물 소집단의 규모 축소가 대륙 전체에서 일어나면서, 기후에 의해 유발된 국소적인 규모 축소가 인간에 의해 유발된 완전한 멸종으로 바뀔 수 있다.

궁극적으로는 기후와 사람이 이런 정확한 순서에 따라 영향력을 미쳤다는 것으로는 모든 거대동물의 멸종을 설명할 수 없을지도 모른다. 여기에는 분명 다양한 차이가 있었을 테다. 포유류에 따라 서로 다른 이유로 멸종했을 수도 있고, 장소에 따라 그 진행 속도로 달랐을 것이다. 대부분의 대형 포유류가 인간이 도착하고 몇천 년 만에 사라진 아메리카대륙의 경우에는 멸종이 전광석화와 같은 속도로 이루어졌지만, 인간이 먼저 도착한 호주대륙에서는 더 느리게 이루어졌다. 호주의 경우에는 춥고 건조한 기후가 북아메리카대륙의 빙기-간빙기 변화와는 다른 고통을 안겨주었을 수도 있다. 그리고 아프리카와 동남아시아에서 멸종이 일어나지 않았다는 문제도 해결해야 한다. 하지만 어쩌면 이것은 간단한 문제인지도 모른다. 이 포유류들은 수백만 년 동안 인간(호모 사피엔스와 다른 많은 종)과 함께 살면서 우리와 공진화했기 때문에 인간이 쓰는 수에 이미 적응이 되어 있었는지도 모른다.

결국은 다음과 같이 귀결된다. 우리 인간 종이 전 세계로 퍼지지 않았더라면 많은 대형 동물이 아직도 살아 있었을 것이다. 전부는 아닐지언정 대부분 살아남았을 것이다. 티라노사우루스 렉스와 트리케라톱스 같은 공룡은 소행성 충돌로 쓰러졌지만, 매머드와 검치호에게는 우리 인간이 그 소행성이었다.

포유류를 길들이다

우리가 거대동물을 죽이고 있는 동안, 인간은 이전에 어떤 포유류도 해본 적이 없었던 일을 시작했다. 포유류를 길들이기 시작한 것이다.

가장 최근의 빙기가 정점을 찍었던 약 2만 3000년 전 시베리아에서 호모 사피엔스와 늑대 모두 빙상의 지형 때문에 고립되어 있었다. 우리는 늑대와 교류하기 시작했다. 처음에는 이런 교류가 잠깐씩만 일어났을 것이다. 우리에게 늑대는 피해야 할 사나운 포식자였지만, 매머드 굽는 냄새가 너무 좋아서 참을 수 없었던 일부 늑대가 인간의 야영지 근처를 맴돌기 시작했다. 하지만 인간은 그에 대해 해줄 수 있는 일이 거의 없었다. 늑대가 찾아오는 일이 점점 많아졌고, 주변에 얼씬거리면서 남은 고기 조각을 주워 먹었고, 어쩌면 우리가 매머드의 뼈를 가끔씩 던져 주었을지도 모른다. 그들은 우리와 함께 살면서 사냥을 돕는 법을 배웠고, 결국 초원에서 서로 없어서는 안 될 동반자가 됐다. 늑대들은 그냥 우리와 함께 살기만 한 것이 아니었다. 우리는 그들을 돌보고, 번식을 통제하고, 그들의 유전자도 바꾸어 더 유순하게 만들었다. 늑대가 개가 된 것이다. 개는 처음으로 가축화된 포유류 종이다. 시베리아의 사피엔스는 베링육교를 넘어 북아메리카대륙으로 진출할 때 개를 함께 데리고 갔다. 이들은 개를 유럽으로도 데려갔고, 결국 전 세계로 퍼뜨렸다. 당신이 키우는 닥스훈트, 퍼그, 골든 리트리버 모두 빙하기에 처음으로 가축화된 늑대에서 나온 후손들이다. 그리고 오늘날에는 거의 10억 마리의 개가 살고 있다.

우리는 늑대에서 그치지 않았다. 우리는 세상을 돌아다니며 먹이와 안전을 제공하는 대신 우리의 필요에 맞추어 개조할 수 있는 다른 동물들을 찾아다녔다. 상호 파트너십 관계를 형성한 것이다. 우리는 음식이 되거나, 음식을 확보하는 데 도움이 될 동물, 이동과 운송의 수단이 되어줄 동물, 반려가 되어줄 동물을 찾아 나섰다. 우리는 25번도 넘게 야생 포유류를 데려다가 길들여 선택적 교배를 통해 통제할 수 있는 존재로 만들었다. 이것은 무작위 돌연변이의 변덕에 기대지 않고 인간의 의도 아래 일어나는 인간 버전의 자연선택이라 할 수 있다. 이런 교배 실험을 통해 수십 억 마리의 돼지, 양, 소, 그리고 우리 세계의 필수적인 요소이자, 오늘날 지구 총 생물량^{biomass}에서 막대한 부분을 차지하고 있는 수많은 다른 포유류가 생겨났다. 이렇게 길들여진 포유류의 근육, 피부, 뼈의 순수한 무게를 계산해보면 모든 야생 포유류의 무게를 합친 것보다 14배 정도 크다.

이런 가축화는 1만 2000년 전에서 1만 년 전 사이에 미친 듯이 시작됐다. 이때는 석기시대의 마지막 부분인 신석기시대였고, 그보다 4만 년 정도 앞서 일어났던 사피엔스의 체제 발달과 인지기능 발전 이후로 인류의 역사에서 그다음 큰 발걸음이었다. 신석기시대 동안 우리는 식물을 길들이는 법도 알게 되어 농업혁명을 이끌어내는 원동력이 됐다. 우리의 생활방식이 떠돌면서 사냥과 수렵을 하던 방식에서 한곳에 머물러 사는 방식으로 신속하게 변하면서 많은 사람이 도시와 마을에 정착했다. 인간의 경작지와 관개용수로, 건물이 풍경을 바꾸어놓으면서 거대동물에게 했던 것을 훨씬 뛰어넘는 환경 파괴로 이어졌다. 언제든 먹을 수 있는 식량 공급원이 마련되면서 인구가 기하급수적으로 늘어났다. 그리고 식량 생산은 일부 사람들만 투입하면 족했기 때문에 새로 태어나는 사람들은 거기서 자유로워져 다른 과제를 담당하고, 노동을 분업하고, 사회를 창조할 수 있게 됐다. 그래서 일부는 의사, 사제,

건축설계사, 배달원, 건설노동자, 교사, 정치인이 될 수 있었다.

그리고 과학자도 생겼다. 약 사반세기 전에 내가 교편을 잡고 있는 이곳 에든버러대학교에서 한 과학자가 오랫동안 불가능하리라 여겨 왔던 일을 해냈다. 이언 윌머트^{Ian Wilmut}가 신석기시대 동안에 가축으로 만든 종에서 나온 수없이 많은 후손 중 하나인 성체 양을 데려다가 복제 양을 만들어낸 것이다. 바로 최초의 포유류 복제 동물 돌리^{Dolly} 였다. 지금은 복제가 좀 흔한 일이 돼서 수만 달러쯤 돈만 지불하면 자기가 사랑하던 반려 고양이나 개도 복제할 수 있는 시대가 됐다. 물론 이 고양이와 개도 가축화된 포유류다.

동물 복제 기술은 빠른 속도로 발전하고 있고, 이는 결국 필연적인 수수께끼로 이어진다. '과연 인간이 자기 자신을 복제할 수 있느냐, 또는 복제하는 것이 맞느냐'라는 난제 말이다. 완전히 멸종한 털매머드 같은 동물을 복제 기술을 이용해 되살리는 것에 대한 얘기도 끊임없이 흘러나오고 있다. 시베리아에서 활동하는 매머드 화석 사냥꾼들이 유전물질이 보존된 냉동 미라를 실제로 발견하고 있다. 지금은 매머드의 유전체 염기서열이 완전하게 분석되어 있고, 매머드는 현대의 인도코끼리와 대단히 가까운 친척임이 밝혀졌다. 그래서 이 인도코끼리가 복제 매머드의 잠재적 어미 종이 될 수 있다. 매머드를 만드는 일이 분명 쉽지는 않을 것이다. 그리고 그것이 과연 윤리적이고, 도덕적으로 받아들일 수 있는 일인지에 대한 논란도 있다(우리가 대기 중으로 뿜어내는 이산화탄소 때문에 머지않아 그 어떤 매머드도 경험해보지 못했던 더운 기후가 찾아올 것이다). 하지만 나는 그 일이 일어나리라고 생각한다. 그리고 그 일을 하는 사람에게는 노벨상이 기다리고 있을 것이다.

그리고 그런 일이 실제로 일어나면 우리는 귀하디귀한 기회를 잡게 될 것이다. 우리가 없었다면 아직도 살아 있었을 무언가를 되살려 우리가 지은 죗값을 갚을 기회 말이다.

후기

우리의 선택

아프리카사자 African lion

지금은 7월 말, 나는 시카고에 와 있다. 뉴멕시코에서 포유류 화석을 발굴하는 현장 연구가 마무리돼서 모처럼 부모님, 형제들과 시간을 보낼 시간을 얻었다. 이후에는 다시 스코틀랜드로 비행기를 타고 돌아가야 한다. 도로에서 여름의 뜨거운 열기가 후끈 달아오르고, 공기는 습기로 눅눅하고, 뇌운이 몰려드는 오늘 같은 날이면 1만 년 전만 해도 이 지역이 만년빙으로 덮여 있었다는 사실을 도무지 믿을 수 없다. 이제 그 얼음은 사라졌지만, 자신의 일부를 남겼다. 바람의 도시 시카고로 바람을 보내는 미시간호는 빙하 녹은 물이 고인 거대한 물웅덩이다.

    우리는 호수에서 서쪽으로 150미터 정도 떨어져 있는 링컨파크 동물원에 와 있다. 한때는 매머드 사냥꾼들이 이곳에서 야영을 했다. 그들이 베링육교를 건너 신세계로 들어온 지 그리 오래지 않았을 때였다. 그들의 후계자인 여러 아메리카 원주민 부족이 그 뒤를 이어 그곳에 영구적으로 정착했다. 유럽인들이 1600년대에 무례하게 이곳을 찾아와 포타와토미족^{Potawatomi} 사람들과 마주쳤을 때 호수의 물가는 야생 양파$^{wild\ onion}$의 악취가 가득한 질척거리는 늪지였다. 야생 양파를 원주민들은 시카아콰^{shikaakwa}라고 불렀는데, 이것을 프랑스인들이 시카고라고 적은 것이 이곳 지명의 유래다. 유럽인 몇 명이 그대로 그곳에 머물렀고, 미군에서는 요새를 구축했는데, 이 요새는 1812년 전쟁 동안 영국과 연합을 한 포타와토미족에게 약탈당하기도 했다. 하지만 시카고는 1830년대에 들어서야 도시로 자리 잡았다. 채 200년도 안 된다!

주민이 몇백 명으로 늘어난 이후로는 상황이 빠르게 전개됐다. 고층빌딩이 발명된 곳도 여기다. 지금은 고층빌딩들이 호숫가에서 인간이 만든 산처럼 솟아 있다. 철도도 다운타운에서 촉수처럼 뻗어 나와 미국 전역을 가로지르며 대륙을 연결하고 있다. 나중에는 호모 사피엔스가 전 세계를 여행하는 종이 되어 하루 만에 대륙과 대륙을 넘나들 수 있게 되면서 세계에서 제일 분주한 공항 중 하나인 공포의 오헤어 국제공항이 들어섰다. 한동안 시카고는 세계 그 어느 도시보다도 빠르게 성장했다. 인구가 너무 많아지자 그들은 한때는 빙하에 의해 이동했던 모래를 가져다 얼음이 남기고 간 구덩이를 메워 호수를 사람이 살 수 있는 땅으로 만들었다. 그리고 각각의 자동차들은 소리 없이 이산화탄소를 뿜어내어, 그 이산화탄소가 한 번에 한 분자씩 대기 중으로 보이지 않게 스며들고 있다.

한 포효 소리가 오후의 적막을 뚫고 퍼져나간다. 우리 주변 사람들이 모두 가던 길을 멈추고 사자 우리 쪽으로 고개를 돌렸다.

갈기가 가득한 우두머리 수컷이 바위 절벽 위에서 발코니에 나온 독재자처럼 거들먹거리며 발아래 백성들을 향해 으르렁거리고 있다. 시카고는 베어, 즉 곰의 도시다. 시카고의 미식축구팀 이름이 시카고 베어스다. 하지만 내가 사랑하고, 또 나를 항상 화나게 만드는 미식축구팀 이름이 1870년대에 유럽 정착민들이 일리노이주에서 몰아낸 동물의 이름을 따서 지어졌다는 게 참 이상하다. 하지만 요즘에는 사자가 그 자리를 차지하고 있다. 사자는 한때 아프리카, 남부 유럽, 아시아 전역에 퍼져 살았지만, 이제는 야생 사자 수만 마리 정도만이 군데군데 남은 초원에서 살아가고 있다. 현재 이들의 운명은 사형 집행유예 상태에 있다. 수천 마리의 사자가 동물원이라는 지옥에 갇혀 안절부절못하는 상태이기 때문이다. 미국 중서부의 대도시는 아무래도 대형 고양잇과 동물이 있을 곳이 아닌 듯 보이지만, 빙하기에는 이곳에 아메리카사자도 살고, 검치호도 살았을 것이다.

이 성질 고약한 사자는 링컨파크 동물원에 사는 여러 포유류 중 하나다. 이 털북숭이 생명체들은 45억 년 지구의 역사와 지금까지 존재했던 수백만 종 중에서 우리에게는 가장 소중한 사촌이다. 각각의 포유류들은 석탄늪에서 파충류 계통으로부터 갈라져 나온 그 비늘 뒤덮인 생명체부터 시작해서 지난 3억 2500만 년에 걸쳐 하나씩 하나씩 진화해 나온 전형적인 포유류다움을 간직하고 있다. 털, 큰 뇌, 놀라운 후각과 청각, 앞니, 송곳니, 작은어금니, 큰어금니, 그리고 속도가 빠른 온혈대사, 젖을 먹여 새끼 키우기 등등. 우리를 비롯해서 이 모든 포유류는 대멸종을 견디고, 공룡의 그림자 밑에서 숨어 살고, 소행성 충돌과 거대한 얼음에 직면해서 살아남은 선조들의 후손이다.

아내 앤과 내가 울타리와 우리들을 지나 천천히 걸어가고 있으니 우리 앞에 과거, 현재, 미래로 포유류 진화의 이야기가 펼쳐진다. 이곳에 있는 대부분의 포유류는 태반류지만, 호주에서 대여해 온 붉은캥거루red kangaroo도 있다. 육아낭에 새끼를 담고 다니는 유대류다. 초원이 퍼져나가면서 번성했던 여러 가지 발굽 달린 포유류에 해당하는 기린과 얼룩말이 먼 우리에 갇혀 있는 사자들을 유혹하고 있다. 아프로테리아상목(땅돼지) 한 마리와 빈치류(나무늘보) 한 마리도 고립 속에서 자체적으로 기이한 포유류들을 길러내던 아프리카와 남아메리카의 섬 대륙 시절을 떠올려준다. 박쥐도 있다. 이들은 팔을 날개로 바꾸어 하늘로 날아올라 스스로를 재발명한 포유류다. 다행히도 이 좁은 도시 동물원에 고래는 없다. 하지만 물개는 있다. 이들은 육상 생활에 적합한 몸을 수중 생활에 적합한 몸으로 바꾼 또 다른 종류의 포유류다. 그리고 이국적인 맛이 훨씬 덜한 소, 돼지, 염소, 토끼도 있다. 이들은 우리가 식용이나 반려동물로 키우는 잘 알려진 포유류이며, 우리가 도시와 문명을 건설하면서 가축화한 포유류이기도 하다.

 포유류들이 모두 잘 지내는 것은 아니다. 사자와 마찬가지로 많은 포유류가 불쾌한 현재를 피해 불확실한 미래를 기다리며 버티고 있다. 동물원 북쪽 가장자리에는 북극곰이 있다. 오늘날 육상에 남아 있는 가장 큰 육식동물인 이 새하얀 북극곰처럼 상실을 상징적으로 보여주는 동물은 없다. 얼음이 녹으면서 이들은 사냥터를 잃고 있다. 빙하기에는 북위 42도인 이곳도 북극의 얼음으로 뒤덮여 있었다. 다가오는 세기에는 빙원 자체가 모두 사라질지도 모른다. 조금만 더 걸어가면 낙타가 있다. 이들은 위태로운 상황과는 거리가 멀지만, 낙타들이 북아메리카에서 기원했고, 그곳에서 수천만 년 동안 살다가 거대동물들과 함께 사라졌음을 잊어서는 안 된다. 그래서 이 동물원에도 아시아 낙타는 있지만 북아메리카 낙타는 없다. 그리고 당연히 털매머드나 거대 늘보도 없다. 검은코뿔소$^{\text{black rhinoceros}}$는 한 마리 있다. 마지막 남은 초거대동물 생존자 중 하나지만 이들에게 시간이 과연 얼마나 남아 있을까? 이런 생각에 잠겨 있는데 인간에 더 가깝지만 인간은 아닌 무언가의 수다 소리가 들려온다. 침팬지와 고릴라다. 우리와 제일 가까운 유인원 친척인 이들 또한 위험에 처해 있다.

지금은 포유류로 살기 좋은 시절이 아니다. 우리 선조가 티라노사우루스 렉스의 발을 피해 다니던 소심하고 하찮은 존재였던 시절, 백악기 말기 소행성 충돌이 우리를 거의 쓸어버렸을 때 이후로 우리 포유류가 이렇게까지 위협을 받은 때는 없었다.

빙하기 말기에 호모 사피엔스가 돌아다니기 시작한 이후로 350종 이상의 포유류가 멸종했다. 그리고 그중 80퍼센트는 지난 500년 동안 사라졌다. 즉 인간이 역사를 기록해온 짧은 시간 동안 모든 포유류 종의 대략 1.5퍼센트가 멸종했다는 의미다. 별것 아닌 듯 들릴 수도 있겠지만, 이런 멸종 속도는 인간 이전 시대의 배경 속도$^{\text{background rate}}$보다 20배나 빠른 것이다. 이 맹렬한 속도가 계속 이어진다면 2100년이 되기 전에 550종의 포유류가 멸종을 향해 가게 될 것이다. 이는 포유류 다양성의 거의 10퍼센트에 해당한다. 그리고 현재 위험에 처한 모든 포유류가 멸종한다면, 불과 12만 5000년 전과 비교해도 절반 정도의 종만 남게 된다. 심지어 지금 상태에서 모든 것이 그대로 멈춰 멸종이 중단되고 포유류에게 새로 회복할 기회가 주어진다고 해도, 잃어버린 다양성을 회복하기까지는 수천 년이 걸릴 것이다.

GDP만으로 한 국가의 경제를 말할 수 없듯이, 멸종하는 종의 총 숫자만으로 현 상황을 말할 수도 없다. 포유류의 분포도 빠르게 변하고, 개체 수가 불안정한 상태다. 거대동물이 죽을 때 가장 큰 포유류들은 멸종했고, 오늘날에도 여전히 멸종 가능성이 높다. 하지만 지금은 모든 크기의 종들이 죽어가고 있다. 이런 추세가 이어진다면 몇백 년 안으로 코뿔소와 코끼리는 사라질 테고, 가축으로 키우는 소가 가장 큰 포유류라는 타이틀을 차지하게 될 것이다. 포유류 공동체는 규모만 축소되는 것이 아니라 더 균일해지고 있다. 이러다가 가까운 미래에는 유인원과 사자는 없고 설치류만 득실거리게 될지도 모른다. 한편 포유류들은 안식처를 찾아 필사적으로 이동하고 있다. 한때 실제로 시카고에 살았던 곰 같은 대형 포유류들은 농업과 도시가 장악한 기후대에서 쫓겨나 더 춥고 건조한 지역으로 내몰리고 있다. 소형 포유류의 경우 현재는 농장과 도시 근교로 몰려들어 자리를 잡고 있지만 이들이 얼마나 갈지는 확실치 않다.

내 입으로 나쁜 소식을 전하기는 정말 싫지만, 이 모든 것은 우리 때문에 일어나는 일이다.

인구가 늘어나면서 우리는 더 많은 자원이 필요해지고, 그에 따라 우리의 여러 활동과 식량 생산을 위한 공간으로 활용하는 땅도 점점 더 늘어나고 있다. 그만큼 다른 포유류들이 살 공간은 점점 좁아진다. 우리는 열대우림을 밀어내고 사바나를 쟁기질해서 농장으로 만든다. 우리는 환경을 오염시키고, 불태우고, 사냥하고, 밀렵을 한다. 하지만 가장 중요한 것은 우리가 기후를 변화시키고 있다는 점이다.

기온이 오르고 있다. 이것은 분명한 사실이다. 이 책에서도 보았듯이 예전에도 기온이 오른 적은 있었지만, 지금은 그 속도가 다르다. 페름기 말과 트라이아스기 말기에 수만 년에 걸쳐서 진행됐던 기온 급상승이 지금은 인간의 몇 세대 만에 일어나고 있다. 페름기 말기와 트라이아스기 말기에 대멸종이 있었음을 잊지 말자! 머지않은 시기에,

아무리 늦어도 다음 세기에는 빙하기 이전의 플라이오세와 비슷한 기후 상태에 도달할 것으로 예상된다. 우리가 계속해서 온실가스를 방출한다면 몇 세기 안으로 에오세의 기후에 도달할 것이다. 그때가 열대우림이 북극을 뒤덮고, 지금 빙원이 덮여 있는 곳에서 악어가 돌아다니던 온실 세계였음을 기억하자. 바꿔 말하면 몇 세기 동안에 이루어진 인간의 활동이 시계를 5000만 년 거꾸로 돌려서, 포유류가 지배하던 거의 대부분의 시간 동안에 이어지던 기온 하강의 추세가 역전된다는 소리다.

어떤 미래가 기다리고 있는지도 나도 모르겠다. 지나친 추측은 하지 않으련다. 기후 변화 속도가 너무 빨라 전례가 없던 세상으로 들어가고 있기 때문이다. 하지만 우리 인간 종이 난처한 상황에 빠졌다는 것만큼은 분명하다고 생각한다. 새로 찾아올 높은 기온은 우리가 진화해온 온도 범위를 벗어나게 될 것이다. 우리는 안락한 간빙기에서 내몰리게 될 것이다. 간빙기는 전 세계 호모 사피엔스의 역사가 펼쳐진 무대였다. 기온은 쾌적하고, 극지의 얼음이 해류를 지휘해서 따듯한 바닷물을 고위도 지역으로 끌어올려 주고, 빙하기의 토양으로 뒤덮인 땅에서 작물들을 경작하기도 쉬웠다. 종종 그랬듯이 해수면도 상승하고 있다. 하지만 바닷물이 우리가 사는 도시까지 잠식해 들어오는 건 이번이 처음이 될 것이다. 오늘날 수많은 도시들이 육지와 바다가 만나는 곳에 자리 잡고 있기 때문이다. 우리는 멸종할 수도 있고, 적응할 수도 있다. 이것은 선택의 문제다. 우리는 큰 뇌와 도구, 기술, 그리고 범지구적인 영향력을 가진 지각 있는 존재이기 때문이다. 이것은 진정 선택의 문제다.

그럼 다른 포유류들은 어떨까? 어떤 형태로든 멸종이 계속 이어질 것은 분명하다. 6차 대멸종에 대한 이야기가 많이 나온다. 이는 지구 역사에서 일어났던 다섯 번의 대멸종에 버금가는, 인간에 의해 일어난 대멸종을 말한다. 이 다섯 번의 대멸종 중 세 가지는 이 책에서 다루었다(페름기 말, 트라이아스기 말, 백악기 말). 우리가 현재 처한 곤경이 더욱 커져 선사시대 때 있었던 이 대소멸, 혹은 그보다 더 안 좋은 상황으로 치닫게 될까? 현대에 들어 지금까지 일어난 멸종의 규모는 과거의 대멸종을 거치며 치러야 했던 재앙 같은 경우보다는 한참 아래다. 따라서 너무 호들갑을 떨 필요는 없다. 게다가 우리에게는 대책이 있다. 위기에 처한 종이 우리와 함께할 수 있도록 그들을 보존하는 선택을 할 수 있다! 하지만 오늘날의 멸종 추세가 계속 도미노처럼 이어진다면 생태계가 사상누각처럼 무너져 내리고, 전력망이 무너지면서 차례차례 불이 꺼지듯 지구촌 전체가 붕괴하지 않을까 하는 두려움이 있다. 만약 그렇게 진행된다면 미래의 고생물학자는 빙하기 거대동물의 멸종, 최근의 역사에서 일어났던 유대류 늑대와 포클랜드 제도 여우의 멸종, 미래에 일어날 사자와 고릴라의 멸종을 모두 하나로 묶어서 분류할 것이다. 바위 지층에 응축되어 남은 하나의 가느다란 선으로 말이다. 그 선 아래로는 수많은 포유류의 화석이 남아 있겠지만, 그 위로는 포유류의 화석이 있다고 해도 미미한 수준일 것이다. 이 구분은 공룡의 시대와 포유류의 시대를 가르는 선만큼이나 적나라할 것이다.

여기까지 생각이 미치면 마음이 불편해진다. 북극곰이 있는 곳 너머 미시간호 위로 어둠이 내리는 하늘을 바라보며 이런 암울한 생각에 젖어 있는데, 한 비명 소리가 나를 깨운다.

짖는원숭이가 짖는 소리다.

나는 아내를 돌아보며 미소를 짓는다. 이 원숭이들은 에오세에 파도에 몸을 싣고 대서양을 횡단하는 여정에서 버티고 살아남은 동물들의 후손이다. 이들은 망설이며 아프리카를 떠났지만 남아메리카대륙의 새로운 풍경과 기후에 적응했다. 오래전 이 뗏목을 탄 동물들에게는 세 번의 대멸종에서 살아남은 선조들이 있었다. 포유류 원숭이들은 회복력이 강하다.

  나도 이 사실을 알고 있다. 진화는 호모 사피엔스, 홀로 남았지만 탁월한 이 포유류 종에게 큰 뇌와 단체로 협동할 수 있는 능력을 부여해주었다. 우리는 우리가 지금 이 지구에게 무슨 짓을 하고 있는지 잘 알고 있고, 함께 머리를 맞대고 해법을 찾아낼 수 있다. 매머드와 검치호, 그리고 멸종한 수백만 종의 다른 포유류 사촌들에게는 이런 능력이 없었다. 세상을 변화시킬 능력도, 세상을 개선할 수 있는 능력도 말이다. 하지만 우리에겐 있다.

  인간의 왕국 앞에, 그리고 우리 포유류 앞에 무엇이 기다리는지는 나도 모르겠지만, 부디 포유류의 왕국이 계속되기를 희망한다.

감사의 말

코로나19 팬데믹으로 1년 동안 봉쇄가 이어지는 가운데 집에서 갓난아이를 키우고, 모든 강의와 연구실 관리, 학생 관리를 온라인으로 전환하면서 이 책을 쓰는 것은 제가 경력을 시작한 후로 한 일 중에서 가장 어려운 일이었습니다. 매일 집필 작업에 전념할 시간을 따로 마련해주고, 부모 노릇이 힘들다는 것을 함께 배우고, 가정과 직장의 일로 받는 스트레스와 싸우고, 부모, 형제, 일리노이주에 있는 친척들과 멀리 떨어져 실의에 빠져 있는 동안에도 지속적으로 사랑과 정서적 지지를 보내준 아내 앤에게 정말 깊은 감사의 마음을 전합니다. 이런 헌신적인 배우자를 만나고, 아내가 제대로 된 출산 휴가를 받을 수 있는 나라에 살고 있는 것을 보면 나는 정말 운이 좋은 사람입니다. 물론 팬데믹 기간에 받은 출산 휴가는 그녀의 이상과 큰 차이가 있었지만 말입니다.

앤서니에게 아빠 노릇을 하며 보낸 시간에도 감사한 마음입니다. 앤서니는 내게 책을 써야겠다는 영감을 불어넣어 주었을 뿐 아니라 희망과 낙관, 젖을 먹여 아기를 키우고, 젖을 떼고, 이가 새로 나는 것

등 포유류가 된다는 의미에 관해 믿기 어려운 통찰을 제공해주었습니다. 코로나로 끔찍한 몇 달이 지나고 첫 번째로 진행된 엄격한 봉쇄 조치가 끝났을 때 장인어른 피트와 장모님 메리가 육아를 도와주었고 나중엔 처제 세라도 함께 거들어주었는데, 이분들이 없었다면 책을 마무리하는 것은 고사하고 제정신을 온전히 유지할 수도 없었을 것입니다. 그리고 내 박사후 과정 연구원, 학생, 동료에게도 감사의 마음을 전합니다. 제가 써야 할 책도 있고, 돌보아야 할 아이가 있고, 사랑해야 할 아내가 있고, 고향에는 매일 영상통화로 만나야 할 가족이 있다 보니 여러분이 원하는 만큼 공부를 지도하고, 연구실 회의를 하고, 박사후 과정을 돌볼 시간을 내기가 어려웠습니다. 그런 것들을 모두 이해해주어 고맙습니다. 마지막으로 영국의 국민보건서비스NHS와 의료 종사자 여러분, 백신을 개발하는 과학자 여러분, 그리고 팬데믹에서 벗어날 수 있도록 우리를 안전하게 보호하고 인도해주고 있는 모든 분들께 진심으로 감사드립니다!

저는 공룡을 전공하다가 포유류에 관심을 갖게 됐습니다. 그것은 거의 전적으로 뉴멕시코에 있는 내 친구이자 동료 톰 윌리엄슨 덕분입니다. 그는 내가 대학원생일 때부터 나를 개종시키기 시작했습니다. 톰과 함께 저에게는 존 위블, 뤼저시, 멩진, 존 플린, 미셸 스폴딩, 로스 시코드 등 훌륭한 포유류학의 스승들이 있었습니다. 좀 더 최근에 나는 학생들을 지도할 기회가 생겼는데, 그들에게서도 아주 많은 것을 배웠습니다. 세라 셸리는 내가 에든버러에서 경력을 시작한 후에 처음으로 위험을 무릅쓰고 내 연구실에 합류한 사람입니다. 이제 막 박사학위를 마치고 온 사람한테 박사학위 지도를 받고, 그것도 공룡을 연구하다가 이제 막 포유류를 연구하기 시작한 사람한테 포유류를 배우다니 정말 얼마나 미친 짓이었나 싶습니다. 이제 저는 대단히 환상적이고, 국제적이고, 다양한 학생 및 박사후 과정 연구원들과 함께 포유류 역사의 다양한 측면들을 연구하고 있습니다. 이들은 저보다 포유류에 대해 더 많이 알고 있으며, 새로운 아이디어와 통찰로 제게 영감을 불어넣어 줍니다. 그리고 이들은 세라, 톰, 존 위블과 함께 이 책 원고를 모두 읽어 오류를 지적해주고, 개선에 대한 조언도 해주고, 내가 어리석은 짓을 할 때도 지적해주고, 친절한 말로 동기를 계속 불어넣어 주었습니다. 오르넬라 베르트랑, 그레그 펀스턴, 페이지 드폴로, 소피아 홀핀, 조이 키니고풀루, 한스 퓌첼, 이분들에게 감사드립니다.

포유류 말고 다른 것을 연구하는 다른 놀라운 학생들도 참 많습니다. 제가 항상 정신을 똑바로 차릴 수 있게 도와주고, 에든버러대학교에서 서로를 돌보는 환경을 조성하는 데 기여한 이 학생들에게 감사의 마음을 전합니다. 특히 내 박사 과정 학생 다비데 포파, 나탈리아 야기엘스카, 미셸라 존슨, 줄리아 슈왑에게 감사드립니다. 에든버러대학교의 제 동료들도 항상 저를 응원해주었습니다. 여기서 함께 일하는 교수진과 가까운 연구 동료 레이철 우드, 제 상사 피터 매티슨, 사이먼 켈리, 브린 응웨냐, 마크 채프먼, 그리고 동료 고생물학자 딕 크룬, 션 맥마혼, 샌디 헤더링턴, 톰 챌린즈, 마크 영에게 큰 목소리로 감사의 마음을 전합니다.

많은 동료들이 제 질문에 답하고, 정보를 제공하고, 줌 인터뷰에 응하고, 글을 읽어주었습니다. 마이크 아처, 로빈 벡, 엘리자 캘더, 스티븐 체스터, 데이브 그로스니클, 휴 그루컷, 톰 홀랜드, 애덤 후텐로커, 조 야쿱착, 크리스티안 캐머러, 에이드리엔 메이어, 로버트 파탈라노, 마이클 페트라글리아, 엘리너 셰리, 메리 실콕스, 이슬라 시몬스, 앤

웨일, 그리고 다른 많은 분들에게 감사드립니다. 2020학년과 2021학년에 제게 3학년 고생물학과 퇴적학 강의를 수강한 학생들에게도 감사드립니다. 이들은 학사 과정의 일부로 고래 섹션에 대한 원고를 읽고 피드백을 제공해주었습니다. 하지만 물론 그래도 남아 있는 오류는 모두 제 탓입니다. 그리고 제가 이 책에서 반드시 다루어야 할 것들에 대해 제안을 해준 트위터의 많은 친구들에게도 감사드립니다. 모두가 부탁한 내용을 이 안에 전부 담지는 못했지만 저로서는 최선을 다했습니다!

포유류에 대한 제 과학적 연구가 적어도 지금까지는 미미했습니다. 포유류의 세계로 저를 환영해주고, 저와 제 학생들과 공동으로 프로젝트를 진행하고, 데이터를 공유하고, 공동 현장 연구에 참여해주신 모든 분들께 감사드립니다. 분명히 제가 빼먹은 분이 있을 테지만 위에 언급한 분들에 더해서 특별히 다음 여러분께 감사드립니다. 소피아 앤더슨, 조 캐머런, 스티븐 체스터, 이언 코프, 졸탄 시키사바, 닉 프레이저, 루크 홀브룩, 마리나 히메네스, 타일러 라이슨, 제임스 나폴리, 마이크 노바체크, 엘사 판치롤리, 댄 페페, 켄 로즈, 헬레나 스컬리언, 티에리 스미스, 칼린 수테우, 라두 토토아누, 카를 판헨트, 스티그 월시, 그레그 윌슨 만틸라, 그리고 그 외 많은 분들에게 고마움을 전합니다. 이 동료들이 적당한 이미지를 찾는 데도 큰 도움을 주었습니다.

이 책을 준비하는 동안 여기 등장하는 세 명의 인물이 세상을 떠났습니다. 그분들에게 진정 감사드리며 아울러 명복을 빕니다. 루마니아의 사랑하는 친구 마차시 브레미르(리토보이의 발견자이자 우리가 현장에서 어떤 상황에 얽혀들더라도 항상 믿고 곁에 두었던 친구), 내 중국인 공룡친구 뤼준창(랴오닝성의 그 미스터리 포유류를 보여준 사람), 그리고 위대한 백악기와 팔레오세 포유류 전문가 빌 클레멘스(언제나 나와 젊은 학자들에게 친절한 신사였던 사람).

겉장에는 내 이름이 적혀 있지만 사실 이 책은 많은 사람의 노력이 투입된 결과물입니다. 제가 과학출판계에서 최고의 팀과 함께 일하고 있다는 것을 잘 압니다. 저의 에이전트인 제인 폰 메렌은 이 책이 생겨나게 했고, 그 전에는 이 책을 가능하게 만들어준 공룡 책을 생겨나게 했습니다. 그녀는 끝없이 나를 놀라게 하고 에스먼드 헴스워스, 첼시 헬러, 셔넬 에키치몰링, 에린 파일스, 낸 손튼, 앨리슨 워런 등 에이비타스Aevitas에 있는 그녀의 동료들도 자주 도움을 줍니다. 저는 가장 열정적이고, 힘을 주고, 능력 있는 편집자 피터 허바드와 함께 일하고 있습니다. 그는 공룡, 그다음에는 포유류 속에 담긴 이야기를 보고 항상 도움이 될 말을 해주며, 제 나쁜 버릇도 다림질하듯 매끈하게 다듬어줍니다. 내 영국인 편집자 라비 미르찬다니도 마찬가지로 놀라운 사람입니다. 운이 좋게도 저를 뒷받침해주는 출판계의 다른 많은 분들을 두었습니다. 그중에 가장 중요한 사람은 모린 콜, 몰리 겐델, 켈 윌슨입니다. 지루한 산문으로 엮은 이 책에 생기를 불어넣는 멋진 그림을 그려준 두 명의 화가 토드 마셜과 세라 셸리에게도 큰 감사를 드립니다. 문자만으로는 매머드와 검치호의 웅장함을 결코 전할 수 없었을 것입니다. 그리고 제게서 창조의 에너지가 흘러나오게 해준 콜린 트레버로, 케빈 젠킨스, 마크 고든, 샌디 자렐, 캐리로즈 메노칼, 에린 더햄, 캐시 베이셀, 마크 매누치, 존 헬퍼린, 필립 왓슨에게도 감사드립니다. 마지막으로 내 글을 전 세계 독자들에게 전달할 수 있게 도와준 수많은 편집자와 번역가 여러분, 특히 실뱅 콜레트, 튀르베데르트 프리스카, 메이 양, 루카스 지오시, 엘리사 몬타누치에게 감사드립니다.

좋든 나쁘든 지금 제 작문 실력은 두 곳에서 다듬어진 것입니다. 첫째는 제가 10대와 대학생 시절 여름 방학 기간에 일했던 내 고향 일리노이주 오타와의 《타임스》 신문 뉴스룸입니다. 마감 시간에 맞추어 다양한 글들을 쓰다 보니 어떻게 하면 빨리 생각하고 수많은 정보에서 풀어헤쳐서 올바른 가닥을 뽑아낼 수 있는지 배울 수 있었던 것 같습니다. 아마도 제가 지금까지 배운 것 중 가장 유용한 능력이 아닐까 싶습니다. 이것이 없었다면 봉쇄 기간 동안에 이런 책을 쓰기는 불가능했을 것입니다. 로니 케인, 마이크 머피, 데이브 위슈노프스키에게 감사드립니다. 여러분은 제 최고의 글쓰기 선생님이셨습니다. 그리고 둘째는 내가 화석에 꽂혀 있던 10대 시절 형성기에 아마추어 고생물학 웹사이트와 잡지에 많은(많아도 너무 많은) 글을 올렸던 경험입니다. 그 어린 나이의 저를 상대해주었을 뿐 아니라, 피드백을 제공해주고, 제가 낙서를 할 수 있는 플랫폼을 제공해준 프레드 버보츠, 린 클로스, 앨런 디버스, 마이크 프레데릭스에게 감사드립니다.

　내 연구비를 지원해준 기관에도 감사의 마음을 전하고 싶습니다. 제 현장 연구와 실험실 연구를 가능하게 해준 재정적 지원에 유럽연구이사회European Research Council, 미국국립과학재단National Science Foundation, 미국토지관리국US Bureau of Land Management, 리버흄재단Leverhulme Trust, 내셔널지오그래픽National Geographic, 블라바트닉가족재단Blavatnik Family Foundation, 왕립학회Royal Society에 깊이 감사드립니다. 그리고 이런 기관에서 저처럼 운이 좋은 과학자와 학생에게 지원할 수 있는 진짜 돈을 제공해주신 세금 납세자와 후원자에게도 감사드립니다.

　이 글을 쓰고 있는 지금은 얼굴을 본 지도 아주 오랜 시간이 지났지만 일리노이주에 있는 제 가족에게도 감사드립니다. 정말 가족 여러

분이 보고 싶고 오랜 기간 든든히 나를 응원해주신 것에 감사드리고 있습니다. 제 부모님 짐과 록산느, 제 형제 마이크와 크리스, 마이크의 아내 스테파니, 그리고 그들의 가족 롤라, 루카, 조르지에게 감사드립니다. 그리고 바다 건너 내 친구들, 특히 이 모든 것이 있게 한 바로 그 한 사람, 자쿱칵 선생님께도 감사드립니다.

그리고 마지막으로, 제가 쓴 공룡 책의 감사의 말에서도 언급했지만 저는 이름 없는 모든 영웅들에게 큰 감사의 빚을 지고 있습니다. 이들은 보통 익명으로 남지만, 이들이 없었다면 우리 학술 분야가 멸종되고 말았을 것입니다. 여기에 해당하는 분들은 화석 준비 작업자, 현장 기술자, 학부 조교, 대학교 비서와 행정가, 그리고 박물관을 찾아와 주고 대학에 기부하는 후원자들, 과학부 기자와 특별기사 전문 기고가, 화가와 사진가, 학술지 편집자, 동료 심사위원, 그리고 좋은 일도 하고 화석을 박물관에 기증도 하는 아마추어 수집가, 공공 토지를 관리하고 허가 서류를 처리하는 사람들(특히 토지관리국, 스코틀랜드 자연문화유산국, 스코틀랜드 정부에 있는 내 친구들), 과학을 지원하는 정치인과 정부 기관, 그리고 모든 과학 교사 등을 꼽을 수 있을 것입니다. 이들에게도 감사의 마음을 전합니다.

참고 문헌

여기 소개하는 참고 문헌은 내가 사용했던 보조 자료와 출처에 대해 언급한 것이다. 각각의 장에서 다루는 주제에 대해 추가 정보를 원하는 독자는 참고하기 바란다.

전반적으로 몇몇 훌륭한 책에 크게 의존했다. 그 책들은 다음과 같다. 톰 켐프(Tom Kemp)의 *The Origin and Evolution of Mammals*(Oxford University Press, 2005), 리암 드루(Liam Drew)의 *I, Mammal*(Bloomsbury, 2017), 데이비드 레인스 월리스(David Rains Wallace)의 *Beasts of Eden*(University of California Press, 2004), 도널드 프로테로(Donald Prothero)의 *Princeton Field Guide to Prehistoric Mammals*(Princeton University Press, 2017), 도널드 프로테로와 로버트 쇼흐(Robert Schoch)의 *Horns, Tusks, and Flippers*(The Johns Hopkins University Press, 2002), 케네스 로즈(Kenneth Rose)의 *The Beginning of the Age of Mammals*(The Johns Hopkins University Press, 2006), 조피아 키엘란야보로프스카(Zofia Kielan-Jaworowska)의 *In Pursuit of Early Mammals*(Indiana University Press, 2012), 로스 맥피(Ross MacPhee)의 *End of the Megafauna*(W.W. Norton & Company, 2019). 고대 지구의 고지리에 대해 묘사할 때는 업계를 선도하고 있는 론 블레이키(Ron Blakey)의 지도(https://deeptimemaps.com/)를 이용했다.

1. 비늘로 뒤덮인 생명체와 석탄늪

'비늘로 뒤덮인 생명체'는 석탄기의 석탄늪을 무대로 한다. 세계의 일부 지역에서는 석탄기가 약 3억 5900만 년 전부터 2억 9900만 년 전 사이에 있던 한 덩어리의 지질학적 시기지만, 다른 지역, 그중 북아메리카대륙에서는 미시시피기(3억 5900만 년 전~3억 2300만 년 전), 펜실베이니아기(3억 2300만 년 전~2억 9900만 년 전)라는 별개의 시기로 나뉜다. 석탄늪을 생생하게 표현하기 위해 일리노이주의 메이즌크리크에 대해 묘사한 내용을 참고했다. 그중 가장 중요한 것은 다음과 같다. 클레멘츠 등의 리뷰 논문(*Journal of the Geological Society*, 2019, 176: 1-11), 샤비카와 헤이의 영향력 있는 책 *Richardson's Guide to the Fossil Fauna of Mazon Creek*(Northeastern Illinois University Press, 1997), 잭 휘트리(Jack Whitry)의 책 *The Mazon Creek Fossil Fauna*(2012)와 *The Mazon Creek Fossil Flora*(2006)(두 책 모두 노던일리노이 지구과학클럽에서 출판). 여기에 그와 비슷한 또 다른 석탄늪 화석지인 노바스코샤의 조긴스(Joggins)에서 얻은 정보를 보충했다. 그 내용은 다음의 자료에 요약되어 있다. Falcon-Lang et al., *Journal of the Geological Society*, 2006, 163: 561-76.

내가 묘사한 가상의 '비늘로 뒤덮인 생명체'는 단궁류와 이궁류의 가장 가까운 공통 선조를 나타내는 것으로, 힐로노무스(*Hylonomus*, 화석 기록으로 남은 확실한 이궁류 화석 중 가장 오래된 것)와 아르카이오티리스(*Archaeothyris*, 상당히 온전하게 보존된 확실한 단궁류 화석 중 가장 오래된 것)를 바탕으로 만들어냈다. 단궁류-이궁류 분리 시기를 DNA 분자시계로 추정해보면 평균 3억 2600만 년 전이 나온다(오차 범위 3억 5400만 년 전~3억 1100만 년 전). 그 참고 자료는 다음과 같다. Blair and Hedges, *Molecular Biology and Evolution*, 2005, 22: 2275-84. 포드와 벤슨의 연구(*Nature Ecology & Evolution*, 2020, 4: 57-65)에서도 멸종된 양막류의 형태학적 시계(morphological clock)를 이용해서 측정한 결과 아주 비슷한 분리 시기 추정치가 나왔다(평균 3억 2451만 년 전, 오차 범위 3억 3100만 년 전~3억 1900만 년 전). 나는 포드와 벤슨의 연구에서 보고한 계통분류학적 관계를 틀로 이용해서 양막류의 관계에 대해 논의했다. 포괄적인 데이터를 바탕으로 다양한 방법을 이용해서 분석한 이 흥미진진한 새로운 연구는 초기 양막류 가계도에 대한 오랜 관점에 비해 일부 새로운 관계를 보여주고 있다. 그중에서 가장 주목할 만한 부분은 오랫동안 초기 단궁류로 여겨져왔던 바라노피드(varanopids)가 이궁류와 하나의 집단으로 묶인다는 것이다. 내가 바라노피드를 초기 단궁류 진화에 대한 이야기에 포함시키지 않은 것도 이 때문이다. 기존 자료에서는 포함시키는 경우가 종종 있었다.

석탄늪 세계의 기후, 그리고 석탄기 열대우림 붕괴 기간 동안의 기후에 관한 추가적인 정보는 이사벨 몬타네스(Isabel Montañez)와 동료들의 두 훌륭한 논문을 참고하라. Montañez et al., *Science*, 2007, 315: 87-91; Montañez and Poulsen, *Annual Review of Earth and Planetary Sciences*, 2013, 41: 629-56. 지구의 역사에서 산소가 어떻게 변화했는지, 그리고 지질학자들이 과거의 산소 농도를 어떻게 계산했는지에 관한 정보는 다음의 자료를 참고하라. 데이비드 비어링(David Beerling)의 책 *The Emerald Planet*(Oxford University Press; Berner, *Geochimica et Cosmochimica Acta*, 2006, 70: 5653-64).

네발동물의 기원과 양막류의 초기 진화에 관한 문헌은 엄청나게 많이 나와 있다. 그중 단연 최고의 자료는 어류-네발동물 전환에 관한 세계적 전문가인 제니퍼 클랙(Jennifer Clack)의 책 *Gaining Ground*(Indiana University Press, 2012)다. 슬프게도 그는 내가 이 책을 쓰고 있던 2020년 봄에 세상을 떠났다. 그리고 이 주제를 다룬 두 권의 훌륭한 대중과학 서적도 나와 있다. 이 책들은 내가 아는 가장 훌륭한 과학저술가 두 명이 쓴 책이다. 닐 슈빈(Neil Shubin)의 《내 안의 물고기(Your Inner Fish)》(김영사, 2009), 칼 짐머(Carl Zimmer)의 *At the Water's Edge*(Free Press, 1998).

플로렌스의 단궁류 아르카이오티리스와 에키네르페톤은 1972년 논문에서 로버트 라이스(Robert Reisz)가 보고했다(*Bulletin of the Museum of Comparative Zoology*, 144: 27-61). 좀 더 최근 들어서 에키네르페톤은 만과 패터슨이 다시 보고했다(*Journal of Systematic Palaeontology*, 2020, 18: 529-39). 골격이 들어 있는 나무 그루터기의 발견 이야기를 비롯한 로머의 노바스코샤 원정 이야기는 다음의 자료에 설명되어 있다. Sues et al., *Atlantic*

Geology, 2013, 49: 90-103. 로버트 라이스의 경력은 다음의 감동적인 전기 글에 소개되어 있다. Laurin and Sues, *Comptes Rendus Palevol*, 2013, 12: 393-404.

석탄기 열대우림 붕괴에 대한 엠마 던(Emma Dunne)의 논문은 *Proceedings of the Royal Society, Series B*(2018: 20172730)에 발표됐다. 이 자료는 사르다 사니(Sarda Sahney)와 동료들의 초기 연구(*Geology*, 2010, 38: 1079-82)를 추적하며 일부 사례에서는 업데이트를 하고, 일부 사례에서는 대비되는 내용을 다루고 있다. 석탄기-페름기 전환기에 걸쳐 일어난 기후 변화, 그리고 그것이 척추동물의 진화 및 분포에 미친 영향에 관한 또 다른 흥미로운 논문이 최근에 다음의 자료에 발표됐다. Jason Pardo and colleagues, *Nature Ecology & Evolution*(2019, 3: 200-206). 두 번의 대멸종 사건밖에 없었다는 발견을 비롯해서 식물 화석 기록에 나타난 멸종과 다양화에 대해서는 다음의 자료에서 다루고 있다. Cascales-Miñana and Cleal, *Terra Nova*, 2014, 26: 195-200. 석탄기와 페름기의 빙원에 대해, 그리고 그것이 형성된 이유에 대한 추가적인 정보는 다음의 논문과 거기에 수록된 참고 문헌을 참고하라. Georg Feulner, *Proceedings of the National Academy of Sciences USA*, 2017, 114: 11333-37.

고생물학자들은 펠리코사우르스류(반룡류)를 종의 '그레이드(grade)'라고 부른다. 이들은 공통 선조와 거기서 비롯된 모든 후손을 포함하는 집단으로 정의되는 '클레이드(clade, 계통군)'를 형성하지 않는다. 그 대신 그레이드는 클레이드로 향해 나가는 계통에서 출현하는 일련의 종을 말한다. 따라서 내가 말하는 펠리코사우르스류는 좀 더 발전된 수궁류 클레이드(포유류 포함)를 향해 나아가는 계통에서 연속적으로 나타나는 종을 의미하는 것이다. 일반적으로 나는 그레이드에 대해 이야기하거나 그런 이름을 부여하는 것을 좋아하지 않지만, 이 경우에서는 이 개념이 편리한 측면이 있다. 펠리코사우르스류는 일반적으로 해부학과 생물학이 유사하고, 수궁류가 진화해 나온 기원 동물이기 때문이다. 사실상 수궁류 클레이드는 펠리코사우르스류 그레이드의 일부였던 하나의 공통 선조에서 진화해 나왔다. 디메트로돈과 다른 펠리코사우르스류에 관한 문헌은 대단히 많이 나와 있고, 그중에는 19세기와 20세기 초반에 고생물학을 주도하던 학자인 코프, 케이스, 매슈, 올슨, 스턴버그, 로머, 본 등이 쓴 논문도 포함되어 있다. 톰 켐프가 자신의 책 *The Origin and Evolution of Mammals*에서 이런 내용들을 전문가다운 솜씨로 요약해놓았다. 나도 이 책을 많이 참고했다.

디메트로돈이 공룡보다 우리와 더 가까운 친척이라는 사실이 여전히 의심스럽다면 초기 단궁류 진화에 관한 세계적 전문가 중 한 명인 켄 안젤치크(Ken Angielczyk)가 이해하기 쉽게 잘 쓴 에세이를 참고하라(*Evolution: Education and Outreach*, 2009, 2: 257-71). 이 에세이는 고생물학자들이 계통수를 구성하고 그에 대해 대화하는 방법을 말하는 '계통수식 사고(tree thinking)'에 대한 입문서로서도 훌륭하다. 켄의 에세이를 읽고 나면 그레이드와 클레이드에 대한 사안이 훨씬 명확하게 이해되고, 펠리코사우르스류에서 수궁류를 거쳐 포유류에 이르기까지 포유류 줄기 혈통 전반에서 일어난 단계적, 순차적 변화도 이해할 수 있을 것이다.

페름기 초기-중기 경계 즈음에 발생한 펠리코사우르스류의 붕괴는 이것에 처음 주목한 고생물학자 E. C. 올슨(*Geological Society of America Special Papers*, 1982, 190: 501-12)의 이름을 따서 올슨의 멸종(Olson's Extinction)이라 불리는 멸종 사건의 일부다. 몇십 년 선배이기는 하지만 나와 시카고대학교 지질학과 동문이기도 한 올슨은 페름기 단궁류에 대해 많은 자료를 남긴 연구자이고, 북아메리카대륙과 러시아의 종들을 비교한 1962년 논문(*Transactions of the American Philosophical Society*, 52: 1-224)과 같이 이정표가 될 만한 논문도 발표했다. 편향되고 균일하지 못하게 표본 수집된 화석 기록 때문에(이것은 벤슨과 업처치가 *Geology*, 2013, 41: 43-46에서 주장한 관점이다) 올슨의 멸종이 실제로 일어났던 사건인지, 신기루인지를 두고 논란이 있어왔다. 근래 들어 엠마 던과 같은 세대의 젊고 통계학적 마인드를 가진 또 다른 고생물학자 닐 브로클허스트(Neil Brocklehurst)가 빅데이터베이스와 통계 분석을 이용해서 이 논란에 대해 다루는 연구진을 이끌어 그 멸종이 실제로 일어났던 사건임을 밝혀냈다(*Proceedings of the Royal Society, Series B*, 2017, 284: 20170231).

이 장에서 내가 분명하게 전달하려고 노력한 핵심 개념은 오늘날 포유류를 새, 도마뱀, 양서류 등의 네발동물과 다른 독특한 존재로 만들어주는 특성들이 모두 한 번에 진화한 것이 아니라 포유류 줄기 혈통, 즉 펠리코사우르스류, 수궁류, 견치류를 포함해서 포유류에 이르는 계통에서 출현한 일련의 단궁류 집단을 따라 수백만 년에 걸쳐 조금씩 진화해 나온 것이라는 점이다(수궁류와 견치류는 모두 클레이드라는 점에 주목하자. 따라서 포유류는 엄밀하게 따지면 이 각각의 집단에 속한다!). 늘 그렇듯이 톰 켐프는 이 주제를 다루는 길고 심도 깊은 문헌들을 요약하는 일을 아주 제대로 해냈다. 그의 책 *The Origin and Evolution of Mammals*, 특히 그중에서도 3, 4장은 이 주제에 관심이 있는 사람들이 필독해야 할 내용이다. 그리고 그와 더불어 그가 쓴 에세이 스타일의 두 리뷰 논문(*Journal of Evolutionary Biology*, 2006, 19: 1231-47; *Acta Zoologica*, 2007, 88: 3-22)과 2012년에 나온 서적 *The Forerunners of Mammals*에서 그가 쓴 장도 일독을 권한다. 브루스 루비지(Bruce Rubidge)와 크리스 사이더(Chris Sidor)도 영향력 있는 리뷰 논문을 썼고(*Annual Review of Ecology and Systematics*, 2001, 32: 449-80), 좀 더 최근에는 켄 안젤치크(Ken Angielczyk)와 크리스티안 캐머러(Christian Kammerer)가 현재까지 증거를 통해 밝혀진 내용을 요약하는 과제를 훌륭하게 수행했다(다음의 자료에 그들이 맡아 쓴 장이 있다. *Handbook of Zoology: Mammalian Evolution, Diversity and Systematics*, DeGruyter, 2018). 이 주제와 관련해 좀 더 전문적인 관점을 만나고 싶은 사람은 다음의 자료를 참고하라. Sidor and Hopson, *Paleobiology*, 1998, 24: 254-73.

남아프리카공화국의 카루 분지는 페름기 수궁류의 화석이 전 세계에서 제일 잘 보존되어 있는 지역이다. 이 분지와 그곳의 암석 및 화석에 대한 리뷰가 2012년 책 *The Forerunners of Mammals*(Indiana University Press)에서 로저 스미스(Roger Smith)와 동료들이 담당한 장에 나와 있다. 앤드루 게디스 베인(Andrew Geddes Bain)의 첫 수궁류 발견 이야기와 이 '포유류 비슷한 파충류(이런 용어를 사용하는 것에 대해 용서를 바란다)'에 대한 리처드 오언의 초기 연구에 대한 내용은 데이비드 레인스 월리스가 그의 책 *Beasts of Eden*에서 다루고 있다. 내가 언급했던 오언의 가장 중요한 수궁류 연구 두 편은 1845년(*Transactions of the Geological Society of London*, 7: 59-84)과 1876년(*Descriptive and Illustrated Catalogue of the Fossil Reptilia of South Africa in the Collection of the British Museum*, Taylor & Francis, London)에 발표됐다. 에드워드 드링커 코프(Edward Drinker Cope)가 1884년에 카루 화석 같은 파충류 선조, 펠리코사우르스류, 포유류 사이의 상관관계에 대해 개요를 서술한 바 있다. 이것은 헨리 페어필드 오스본(Henry Fairfield Osborn)의 연구(*The American Naturalist*, 1898, 32: 309-34), 그리고 안젤치크와 캐머러가 위에 인용한 리뷰 장에서 설명한 내용을 다룬 것이다.

D. M. S. 왓슨의 사망 부고 기사(*Obituary Notices of Fellows of the Royal Society*, 1952, 8: 36-70)와 브룸의 가장 생산적이었던 농부 겸 수집가 시드니 루비지의 손자 브루스 루비지의 리뷰 에세이(*Transactions of the Royal Society of South Africa*, 2013, 68: 41-52)에서 로버트 브룸의 인생과 연구에 대해서 감동적으로 회상하고 있다. 펠리코사우르스류와 수궁류를 연관 짓고 있는 브룸의 1910년 논문은 그의 대표작으로, *Bulletin of the American Museum of Natural History*(28: 197-234)에 발표됐다. 이 시점에서 브룸의 연구가 포유류 기원을 밝히는 토대를 마련하는 데 기여한 것은 사실이지만 브룸 자신은 짜증 나는 인물이었음을 인정하지 않을 수 없다. 그는 정령이 자신을 화석으로 인도했다고 주장하고, 또 동물 안에 있는 정령들이 자신의 염색체에 작용해서 진화적 변화를 일으킨다고 주장했다. 또한 가장 문제가 되는 부분은 그가 인종차별적 개념을 옹호하고, 무덤 도굴에도 관여했다는 점이다(포유류의 기원에 더해서 그는 인류의 기원도 연구했다). 브룸의 연구를 비롯해 인류의 기원에 대한 연구에서 인종차별주의가 남긴 유산에 대해서는 크리스타 쿨지안(Christa Kuljian)의 책 *Darwin's Hunch: Science, Race and the Search for Human Origins*(Jacana Media, 2016)을 참고하라.

디키노돈류, 디노케팔리아류, 고르고놉스류에 대해 내가 묘사한 내용들은 많은 경우 톰 켐프의 *The Origin and Evolution of Mammals*에 나오는 꼼꼼한 내용에 영감을 받은 것이다. 수궁류의 공통 선조에 대한 나의 설명은 위에 인용한 켐프의 2006년 논문에서 가져왔다. 크리스티안 캐머러가 디키노돈에 대해 수정한 내용은 2011년에 발표됐다(*Society of Vertebrate Paleontology Memoir*, 11: 1-158). 이 논문은 디키노돈 연구에 대한 역사적 리뷰가 담겨 있고, 또 크리스티안과 동료들이 2013년에 업데이트했고(*PLoS ONE*, 8: e64203), 계속 업데이트하고 있는 디키노돈류에 대한 포괄적인 계통학적 분석이 2021년에 발표된 가장 최근 버전의 업데이트(Kammerer and Ordoñez, *Journal of South American Earth Sciences*, 108: 103171)와 함께 나와 있다. G. M. 킹이 디키노돈류에 대해 다음의 두 가지 연구를 발표했다. *Handbuch der Paläoherpetologie*(Gustav Fischer Verlag, 1988)에 들어 있는 리뷰 논문, 그리고 책 *The Dicynodonts: A Study in Palaeobiology*(Chapman & Hall, 1990). 디노케팔리아류의 박치기는 바르후센이 제안했고(*Paleobiology*, 1975, 1: 295-311), 근래에 싱크로트론 스캔으로 모스콥스(*Moschops*) 두개골의 내부 해부학을 조사해 더 자세한 연구가 이루어졌다. 그에 따르면 모스콥스의 뇌와 다른 신경 구조물들은 박치기의 충격으로부터 보호하기 위해 엄청나게 두터운 뼈로 둘러싸여 있었다(Benoit et al., *PeerJ*, 2017, 5: e3496). 거대한 안테오사우루스에 대한 정보는 분스트라, *Annals of the South African Museum*, 1954, 42: 108-48와 반 발켄버그 및 젠킨스, *Paleontological Society Papers*, 2002, 8: 267-88에서 얻었다.

고르고놉스류의 턱 메커니즘에 대한 논란이 있다. 입 크게 벌리기 가설을 뒷받침하는 연구로는 톰 켐프의 글(*Philosophical Transactions of the Royal Society of London, Series B*, 1969, 256: 1-83)과 L. P. 타타리노프의 글(*Russian Journal of Herpetology*, 2000, 7: 29-40)이 있다. 이것에 반대하는 의견은 다음과 같다. Michel Laurin, *Journal of Vertebrate Paleontology*, 1998, 18: 765-76. 고르고놉스류의 뇌 해부학과 감각계에 대해서는 최근에 CT 스캔을 이용한 다음의 연구에서 보고되었다. Ricardo Araújo and colleagues, *PeerJ*, 2017, 5: e3119.

수궁류에서의 더 고등한 대사와 섬세해진 온도 조절의 기원에 관한 리뷰, 이런 일이 일어난 이유에 대한 가설, 그리고 이 주제에 대한 다양한 문헌에 관한 포괄적인 리뷰는 2012년에 발표된 다음의 논문을 참고하라. James Hopson, *Fieldiana*, 5: 126-48.

아누스야 친사미투란은 2005년에 발표한 책 *The Microstructure of Dinosaur Bone*(Johns Hopkins University Press)에서 얇은 뼛조각을 만들고 연구하는 방법에 대해 설명했다. 그녀는 2012년에 자신이 편집한 책 *The Forerunners of Mammals*에서 포유류 선조들의 뼈의 질감, 성장, 대사에 대한 장 몇 개를 직접 저술하거나 공동 저술했다. 이 주제에 대한 다른 핵심 논문으로는 다음의 자료들이 있다. 아누스야 친사미투란이 상하미트라 레이(Sanghamitra Ray) 및 제니퍼 보타(Jennifer Botha)와 공동 저술한 연구(*Journal of Vertebrate Paleontology*, 2004, 24: 634-48), 후텐로커와 보타브링크의 연구(*PeerJ*, 2014, 2: e325), Olivier et al., *Biological Journal of the Linnean Society*, 2017, 121: 409-19; Rey et al., *eLife*, 2017, 6: e28589. 아누스야의 삶과 경력에 대한 구체적인 내용은 온라인으로 공개된 그녀의 인터뷰에서 가져왔다(https://scibraai.co.za/anusuya-chinsamy-turan-breathing-life-bones-extinct-animals/).

수궁류에서 좀 더 직립에 가까운 이동방식이 진화한 것에 대해 블롭의 연구(*Paleobiology*, 2001, 27: 14-38)에서 논의하고 있고, 디키노돈류에 대한 연구는 위에 인용한 킹의 연구에서 논의하고 있다. 또 한 명의 총명한 박사학위 학생 재클린 룽머스(Jacqueline Lungmus)와 그녀의 지도교수 켄 안젤치크의 최근 연구에서는 수궁류가 어떻게 대단히 다양한 앞다리 형태와 운동을 발전시켜 생태학적으로 다양화할 수 있었는지 보여주고 있다(*Proceedings of the National Academy of Sciences*, 2019, 116: 6903-07). 리암 드루의 책 *I, Mammal*에는 털의 기원에 대해 다루는 환상적인 장이 있다. 이 장에서는 털의 감각, 과시, 방수 가설에 대한 구체적인 설명과 함께 털이 어떻게 생리적 이유로 활용되게 되었는지에 대해서도 다루고 있다. 털 같은 구조물이 들어 있던 페름기 똥 화석에 대한 설명은 다음의 자료에 나와 있다. Bajdek et al., *Lethaia*, 2016, 49: 455-77; Smith, Botha-Brink, *Palaeogeography, Palaeoclimatology, Palaeoecology*, 2011, 312: 40-53. 털을 신경지배하는 두개골 속 혈관과 신경에 대해서는 다음의 자료에서 리뷰하고 있다. Benoit et al., *Scientific Reports*, 2016, 6: 25604. 현재는 초기 수궁류의 얼굴뼈가 털이 존재했다는 모호한 증거로 보이지만, 나중에 견치류와 그 가까운 친척 같은 수궁류가 수염과 털을 진화시켰다는 데는 의심의 여지가 없다.

2. 털북숭이 네발동물의 새로운 턱

땅굴을 파고 들어가 건기를 버티다가 비가 오자 먹고 짝짓기를 하기 시작한 트리낙소돈의 이야기는 페름기-트라이아스기 경계의 카루 분지 화석과 암석 기록을 바탕으로 작성한 것이다. 주로 참고한 자료는 다음과 같다. Smith and Botha-Brink, *Palaeogeography, Palaeoclimatology, Palaeoecology*, 2014, 396: 40-53; Botha et al., *Palaeogeography, Palaeoclimatology, Palaeoecology*, 2020, 540: 109467; Peter Ward and colleagues, *Science*, 2000, 289: 1740-43; *Science*, 2005, 307: 709-14.

대멸종에 관한 최고의 대중과학 서적은 피터 브래넌(Peter Brannen)의 《대멸종 연대기(The Ends of the World)》(흐름출판, 2019)다. 나는 피터가 현역으로 활동하고 있는 최고의 과학저술가 중 한 명이며, 그의 과학 글쓰기 실력은 내가 시대를 초월해서 좋아하는 작가 존 맥피(John McPhee)와 동급 수준이라 생각한다. 페름기 말 대멸종에 관한 훌륭한 대중과학 서적이 두 권 있다. 하나는 내 석사학위 지도교수님이었던 마이클 벤튼(Michael Benton)이 썼고(*When Life Nearly Died*, Thames & Hudson, 2003), 하나는 더글러스 어윈(Douglas Erwin)이 쓴 책이다(*Extinction: How Life on Earth Nearly Ended 250 Million Years Ago*, Princeton University Press, 2006). 첸 종장(Chen Zhong-Qiang)과 마이클 벤튼은 멸종과 거기에 뒤따른 회복에 관한 리뷰 논문을 썼다(*Nature Geoscience*, 2012, 5: 375-83). 멸종을 야기한 화산폭발의 시기와 특성에 대한 업데이트된 정보는 다음의 자료를 통해 발표됐다. Seth Burgess and colleagues, *Proceedings of the National Academy of Sciences USA*, 2014, 11: 3316-21; *Science Advances*, 2015, 1: e1500470.

피터 루프나린(Peter Roopnarine), 켄 안젤치크와 동료들은 카루 생태계의 붕괴와 지연된 회복에 대해 생태계 먹이그물 모델링(ecological food web modeling)을 사용해서 연구했다(*Proceedings of the Royal Society, Series B*, 2007, 274: 2077-86; *Science*, 2015, 350: 90-93; *EarthScience Reviews*, 2019, 189: 244-63). 릴리풋 효과에 대한 애넘 우텐보거의 연구는 *PLoS ONE*(2014, 9: e87553)에 발표됐고, 애덤은 제니퍼 보타브링크가 이끈 연구진의 일원이었다. 이 연구는 페름기 말 견치류의 생존에 대한 폭넓은 의문을 다루면서 젊어지는 것과 빨리 번식하는 것이 핵심이라는 가설을 제안했다(*Scientific Reports*, 2016, 6: 24053).

초기 단궁류의 체격 진화에 관한 다른 중요한 연구로는 롤랜드 수키아스(Roland Sookias)와 동료들의 논문이 있다(*Proceedings of the Royal Society, Series B*, 2012, 279: 2180-87; *Biology Letters*, 2012, 8: 674-77). 크리스 사이더(Chris Sidor)와 동료들은 페름기-트라이아스기 전환기 동안 판게아대륙의 종 분포에 관한 중요한 연구를 발표했다(*Proceedings of the National Academy of Sciences USA*, 2013, 110: 8129-33).

이 장에서 영웅 견치류인 트리낙소돈에 대한 문헌은 굉장히 풍부하다. 늘 그렇듯이 이번에도 톰 켐프가 자신의 책 *The Origin and Evolution of Mammals*에서 세심하게 요약해놓았다. 리처드 에스테스(Richard Estes)의 글은 핵심적인 묘사를 해놓은 논문 중 하나이고(*Bulletin of the Museum of Comparative Zoology*, Harvard University, 1961, 125: 165-80), A. W. 퍼즈 크롬턴(A. W. "Fuzz" Crompton)이 발표한 트리낙소돈의 치아에 관한 중요한 연구도 있다(*Annals of the South African Museum*, 1963, 46: 479-521). 로버트 브룸 자신은 1938년 논문(*Annals of the Transvaal Museum*, 19: 263-69)에서 트리낙소돈의 두개골 해부학에 대해 설명했다. 그는 앞에서 뒤쪽으로 두개골을 18개 절편으로 잘라서 연구했다. 그는 그보다 더 얇게 더 많은 절편으로 나누고 싶었지만 의학종사자는 덜 완벽한 단순한 기법에 그냥 만족하고 만다고 투덜거렸다. 참 아이러니다. 요즘 고생물학자들은 CAT 스캐너를 이용해서 화석 두개골의 디지털 엑스레이 절편을 만드는데, 그럼 의사나 병원에 스캐너를 좀 쓰자고 사정을 해야 하기 때문이다!

트리낙소돈 골격이 안에 들어 있던 중요한 굴에 대해서는 다음의 자료에서 설명되어 있다. Damiani et al., *Proceedings of the Royal Society, Series B*, 2003, 270: 1747-51; Fernandez et al., *PLoS ONE*, 2013, 8: e64978. 후자의 논문은 한 좁은 굴에 함께 들어가 있던 트리낙소돈 한 마리와 양서류 한 마리의 놀라운 화석에 대해 설명하고 있다. 패리시 젠킨스(Farish Jenkins)는 트리낙소돈과 다른 견치류들의 자세에 대해 전문적으로 연구를 진행했고, 그의 가장 중요한 연구 두 가지는 그의 1971년 논문, "The Postcranial Skeleton of African Cynodonts"(*Peabody Museum of Natural History Bulletin*, 36: 1-216)과 *Evolution*(1970, 24: 230-52)에 발표한 리뷰 논문이다. 견치류의 자세에 대한 추가적인 정보는 위에 인용한 블롭의 2001년 논문에 나와 있다. 트리낙소돈의 뼈 조직학과 성장에 대해서는 제니퍼 보타와 아누스야 친사미가 *Palaeontology*(2005, 48: 385-94)에서 다루고 있다. 트리낙소돈의 치아, 턱뼈, 턱 폐쇄근, 그리고 이들이 성장 과정에서 어떻게 변하는지에 대해서는 다음의 자료에서 집중적으로 다루고 있다. Sandra Jasinoski, Fernando Abdala, Vincent Fernandez, *Journal of Vertebrate Paleontology*, 2013, 33: 1408-31; *The Anatomical Record*, 2015, 298: 1440-64. 자시노스키와 압달라는 다음의 논문에서 트리낙소돈의 사회적 교류와 새끼 돌봄에 대해 다루고 있다. *PeerJ*, 2017, 5: e2875. 트리낙소돈의 남극 화석에 대해서는 다음의 자료에서 설명하고 있다. James Kitching(1장에 나온 도로를 건설하는 카루 화석 수집가 크루니 키칭의 아들) and colleagues, *Science*, 1972, 175: 524-27; *American Museum Novitates*, 1977, 2611: 1-30).

나는 발터 퀴네(Walter Kühne)의 놀라운 삶에 관심을 갖게 해준 크리스티안 캐머러와 그의 트위터 피드에 감사드린다. 올리고키푸스에 관한 퀴네의 1956년 논문은 영국 자연사박물관(British Museum of Natural History)에서 발표됐고, 온라인에서 무료로 만나볼 수 있다(https://www.biodiversitylibrary.org/item/206348#page/5/mode/1up). 퀴네의 구체적인 삶과 투옥에 대해서는 그 논문에 대략적으로 설명되어 있지만, 다음의 자료에서 더 많은 정보를 가져올 수 있었다. 조피아 키엘란야보로프스카의 *In Pursuit of Early Mammals*(Indiana University Press, 2012), *Quarterly Review of Biology*에 발표한 앨프리드 로머(Alfred Romer)의 퀴네의 논문에 대한 리뷰, 렉스 패링턴(Rex Parrington)이 쓴 영국 트라이아스기 포유류에 대한 논문. 렉스 패링턴의 논문은 모르가누코돈, 쿠에네오테리움, 에오조스트로돈 등 동굴에서 있었던 많은 발견에 대한 전반적인 내용을 살펴볼 수 있는 훌륭한 자료다(*Philosophical Transactions of the Royal Society, Series B*, 261: 231-72). 영국박물관 큐레이터의 경멸적인 인용문은 로머의 리뷰에 나온 내용을 표현을 바꾸어 가져온 것이다.

견치류의 계통분류학적 관계에 대해서는 지난 수십 년 동안 광범위한 분석과 재분석이 이루어지고, 논란도 있었다. 올리고키푸스 같은 트릴로돈과는 트리테레돈티드(tritheledontids), 브라질로돈티드(brasilodontids)와 함께 포유류의 가장 가까운 친척으로 인식되고 있다. 이들은 모두 트라이아스기 말기 비슷한 시기에 꽃을 피운 견치류의 발전된 집단이다. 견치류의 계보에 대한 나의 개념은 마르첼로 루타(Marcello Ruta)와 동료들의 최근 연구에 바탕을 두고 있다. 이 연구에 나도 동료 심사위원으로 참가했다(*Proceedings of the Royal Society, Series B*, 2013, 280: 20131865). 근래에 또 다른 중요한 연구도 발표된 바 있다. Liu Jun, Paul Olsen, *Journal of Mammalian Evolution*, 2010, 17: 151-76.

트리낙소돈을 올리고키푸르와 포유류로 이어주는 견치류 계통에서 일어난 변화는 톰 켐프의 책에서 전문적으로 다루고 있다. 퍼즈 크롬턴(Fuzz Crompton)과 패리시 젠킨스가 *Annual Review of Earth and Planetary Sciences*(1호, 1973, 1: 131-55)에서 이 주제에 대해 영향력 있는 리뷰를 썼다. 견치류의 척추에서 일어난 변화에 대해서는 애덤 후텐로커 다음 해인 2014년에 로머상을 수상한 카트리나 존스(Katrina Jones)와 동료들이 자세히 조사했다(*Science*, 2018, 361: 1249-52; *Nature Communications*, 2019, 10: 5071). 위에서 인용한 패리시 젠킨스와 리처드 블롭의 논문에서는 자세와 이동방식의 변화에 대해, 특히 절반의 다리 벌리기 단계를 거쳐 완전한 포유류 스타일의 곧게 일어선 스타일의 걷기 방식이 발달된 과정에 대해 더 자세히 논의하고 있다.

공룡의 기원과 초기 진화에 대한 이야기는 내 책 《완전히 새로운 공룡의 역사》(웅진지식하우스, 2020)와 이 주제에 대해 내 동료 스털링 네스빗(Sterling Nesbitt), 랜디 어미스(Randy Irmis), 리처드 버틀러(Richard Butler), 마이크 벤튼(Mike Benton), 마크 노렐(Mark Norell)과 함께 쓴 리뷰 논문을 참고하기 바란다(*EarthScience Reviews*, 2010, 101: 68-100). 내 책에서는 판게아와 판게아의 기후에 대해 더 구체적으로 설명하고 있고, 가장 중요한 참고 자료들도 대략적으로 소개하고 있다.

초기 포유류 진화에서 있었던 야행성 병목현상(nocturnal bottleneck)에 대해 여러 저자가 의견을 제시했는데, 그중 어떤 사람은 이 단계를 트라이아스기 포유류의 기원으로 보고, 어떤 사람은 공룡 멸종에서 우선적으로 살아남았을지 모르는 야행성 소형 포유류를 지칭하는 용어로 사용한다. 켄 안기엘치크(Ken Angielczyk)와 라스 슈미츠(Lars Schmitz)의 눈 측정을 이용한 연구는 야행성 행동이 단궁류 계통 초기, 그리고 밤에 살았던 다양한 펠리코사우르스류, 수궁류, 견치류에서 제일 처음 진화했을 가능성이 있다는 것을 보여주었다(*Proceedings of the Royal Society, Series B*, 2014, 281: 20141642). 다음의 논문들도 고려해볼 만하다. Margaret Hall and colleagues, *Proceedings of the Royal Society, Series B*, 2012, 279: 4962-68; Wu Jiaqi and colleagues, *Current Biology*, 2017, 27: 3025-33; Roi Maor and colleagues, *Nature Ecology & Evolution*, 2017, 1: 1889-95. 내가 포유류가 냄새와 촉각에 올인했다고 한 말은 내 박사학위 지도교수님이신 마크 노렐의 인터뷰에서 영감을 받았다. 이 인터뷰는 다른 곳도 아니고 2019년에 '마블 코믹스(Marvel Comics)'에 발표됐다.

온혈대사(내온대사)에 대한 논의는 톰 켐프의 *The Origin and Evolution of Mammals* 그리고 위에 인용했듯이 카트리나 존스와 동료들이 포유류 척추의 진화에 대해 쓴 *Nature Communications* 논문을 많이 참고했다. 온혈동물이 도마뱀보다 여덟 배 빨리 달릴 수 있다는 수치는 후자의 논문을 인용한 것으로, 켐프의 글(*Zoological Journal of the Linnean Society*, 2006, 147: 473-88)과 베셋, 루벤의 글(*Science*, 1979, 206: 649-54)을 근거로 하고 있다. 견치류에서 섬유층판뼈가 점점 더 많이 나타나게 됐다는 내용은 *The Forerunners of Mammals*의 두 장에서 다루고 있다. 한 장은 제니퍼 보타브링크와 동료들이 쓴 9장이고, 또 하나는 요른 후룸(Jørn Hurum)과 아누스야 친사미가 쓴 10장이다. 뼈세포, 더 나아가 적혈구의 크기가 감소하는 현상은 애덤 후텐로커와 콜린 파머(*Current Biology*, 2017, 27: 48-54)가 주목했던 부분이다. 케빈 레이(Kévin Rey)와 그 연구진은 *eLife*(2017, 6: e28589)에 산소 동위원소에 관한 연구를 발표했다. '캐리어의 제약'은 이 현상에 대해 처음 상세히 기술한 과학자인 데이비드 캐리어(David Carrier)의 이름을 따서 리처드 코웬(Richard Cowen)이 명명했다(*Paleobiology*, 1987, 13: 326-41). 비갑개의 진화에 관해서는 다음의 논문을 참고했다. Crompton and colleagues, *Journal of Vertebrate Paleontology*, 2017, e1269116. 혈관으로 덮인 호흡기 비갑개가 정확히 언제 처음 진화했는지에 대해서는 불확실한 면이 있다. 일부 비포유류 견치류가 이런 비갑개를 갖고 있었을지도 모르지만 이것은 뼈가 아니라 연골로 만들어졌을 수 있다. 뼈로 만들어진 비갑개를 보여주는 가장 오래된 확실한 증거는 초기 포유류에서 나온다. 이 섬세한 구조물의 크기, 형태, 혈관 분포를 화석만으로 판단하기는 무척 어렵다.

세 부분으로 구성된 포유류 턱 근육 시스템의 진화에 대해서는 다음의 자료에서 해당 주제와 관련된 역사적 문헌을 풍부히 참고해 포괄적으로 리뷰하고 있다. 같은 연구진에서 *Nature*(2018, 561: 533-37)에 발표한 중요한 논문의 후속 연구를 진행해서 엔지니어링

소프트웨어를 이용해 일련의 화석 종에서 턱의 기능을 검증해보았다. 그리고 그 결과 새로운 치골-인상골 턱관절의 진화에서는 소형화가 일차적인 동력이었다고 주장했다. 포유류 선조들의 체구가 더 작아짐에 따라 턱이 함께 작아지는 데 따르는 절대적인 교합력의 손실 대비 작아진 체구 덕분에 응력 및 변형도가 낮아지는 이점이 조화를 이루는 최적의 지점이 등장했다. 크리스 사이더는 *Evolution*(2001, 55: 1419-42)에 연구 내용을 발표해서 포유류 선조의 위쪽 두개골이 어떻게 단순화되었는지(뼈들의 융합) 보여주었다.

이 책에서 나는 포유류의 정의를 튼튼한 치골-인상골 턱관절을 최초로 발전시킨 견치류의 후손이라 내리고 있다. 이런 정의는 역사 문헌에서도 널리 사용되고 있다. 이것은 조피아 키엘란야보로프스카, 리처드 시펠리, 뤄저시(Luo Zhe-Xi)가 초기 포유류에 대해 쓴 *Mammals from the Age of Dinosaurs*의 정의와 거의 일치한다[엄밀히 말하면 그들은 포유류를 다음과 같이 정의했다. "시노코노돈*Sinoconodon*, 모르가누코돈(morganucodontans), 도코돈류(docodontans), 단공류, 유대류, 태반류의 공통 선조로 정의되는 클레이드 더하기 이 클레이드 안에 자리 잡고 있는 것으로 밝혀진 멸종 분류군." 이것은 기본적으로 계통수에서 치골-인상골 관절을 발전시킨 집단과 동일하다]. 내가 '포유류'로 부르고 있는 이 집단을 포유류의 '크라운 집단' 정의를 선호하는 연구자들은 포유형류(Mammaliaformes)라고 부른다. 크라운 집단 정의는 포유류라는 명칭의 범위를 계통수에서 현대 포유류(단공류, 유대류, 태반류)와 그들의 가장 최근의 공통선조로부터 나온 모든 후손을 포함하는 집단으로 제한한다. 제일 먼저 크라운 집단을 바탕으로 하는 포유류의 정의를 제시하고, 치골-인상골 턱관절을 가진 더 큰 집단에는 포유형류라는 새로운 이름을 붙여준 것은 티모시 로우(Timothy Rowe)의 1988년 논문(*Journal of Vertebrate Paleontology*, 8: 241-64)이었다. 과학보다는 의미론적인 담론에 가까운 분류학에 대한 이야기는 여기까지만 하고, 여기서 포유류의 크라운 정의를 사용하지 않은 것에 대해 동료들에게 용서를 구하고 싶다.

포유류의 씹기에 대해서는 문헌이 많이 나와 있고, 이번에도 역시 톰 켐프의 *The Origin and Evolution of Mammals*와 조피아 키엘란야보로프스카 등의 *Mammals from the Age of Dinosaurs*가 소중한 자료가 되어주었다. 해당 주제에 관심이 있는 사람이라면 꼭 읽어보아야 할 필독서다. 카이 예거(Kai Jäger)와 동료들이 최근에 모르가누코돈의 씹기와 교합에 관한 핵심적인 논문을 빌표했다(*Journal of Vertebrate Paleontology*, 2019, 39. e1635135). 바트안잔 불라르(Bhart-Anjan Bhullar)와 아르미타 마나프자데흐(Armita Manafzadeh)가 발표한 한 흥미로운 연구에서는(*Nature*, 2019, 566: 528-32) 엑스레이 분석을 이용해 실제 살아 있는 유대류가 먹이를 씹는 것을 분석해 치골-인상골 턱관절과 비슷한 시기에 진화한, 아래턱의 회전 동작이 씹는 동작에서 핵심이라 주장했다. 데이비드 그로스니클(David Grossnickle)은 이 논문에 답글을 써서 발표했다(*Nature*, 2020, 582: E6-E8). 이 논문은 대부분 논문의 다른 측면에 대해 언급하고 있다. 데이비드와 논의한 것이 내가 포유류 씹기의 진화를 이해하는 데 큰 도움이 됐다. 그리고 안잔 불라르는 한 인터뷰에서 내온대사에 대해 설명하면서 '내부의 용광로'라는 용어를 사용했다. 이 자리를 빌려 이 장에서 사용한 그 표현이 그에게서 빌려온 것임을 밝힌다.

초기 포유류의 표본이라 할 수 있는 모르가누코돈에 대한 문헌은 풍부하다. 이것을 처음으로 보고하고 이름 붙인 사람은 발터 퀴네다(Proceedings of the Zoological Society of London, 119: 345-50). 그리고 나중에는 케네스 커맥, 프랜시스 머셋(Frances Mussett), 해럴드 리그니(Harold Rigney)가 두 편의 논문에서 좀 더 완벽한 화석에 대해 보고했다(Zoological Journal of the Linnean Society, 1973, 53: 86-175; 1981, 71: 1-158). 리그니는 많은 문제의 원흉이었던 중국 모르가누코돈 두개골에 대해 보고했다(Nature, 1963, 197: 1122-23). 그의 자서전인《붉은 지옥에서의 4년(Four Years in a Red Hell)》이 시카고 헨리 레너리(Henry Renery)에 의해 출판됐다. 모르가누코돈 디피오돈트형(2세대에 걸쳐 치아를 교체하는 것)은 렉스 패링턴(Rex Parrington)이 보고했고(Philosophical Transactions of the Royal Society, Series B, 261: 231-72), 두개골 뒤쪽 나머지 골격에 대한 보고는 젠킨슨과 패링턴이 했다(Philosophical Transactions of the Royal Society, Series B, 1976, 273: 387-431).

팀 로우는 후각망울과 신겉질의 발달을 비롯해서 초기 포유류의 뇌 진화에 관해 두 가지 중요한 연구를 발표했다. 첫 번째는 Science(1996, 273: 651-54)의 글이고, 두 번째는 테드 마크리니(Ted Macrini), 뤄저시와 공동 저술한 Science(2011, 332: 955-57)의 글이다. 이 논문에는 트리낙소돈, 모르가누코돈, 그리고 견치류-포유류 계통의 다른 핵심 종의 CT 스캔이 실려 있다.

모르가누코돈 외의 다른 초기 포유류에 관한 관련 자료로는 패링턴의 에오조스트로돈에 대한 보고(Annals and Magazine of Natural History, 1941, 11: 140-44), 다이앤 커맥의 쿠에네오테리움에 대한 보고[Journal of the Linnean Society (Zoology), 1968, 47: 407-23], 크롬턴과 젠킨스의 아이오네 루드너(Ione Rudner)의 메가조스트로돈에 대한 보고(Biological Reviews, 1968, 43: 427-58), 뤄저시 등의 하드로코디움에 대한 보고(Science, 2001, 292: 1535-40) 등이 있다. 팸 길(Pam Gill)과 연구진은 모르가누코돈과 쿠에네오테리움의 식습관에 대한 연구를 발표했다(Nature, 2014, 512: 303-5). 이들은 치아 마모만이 아니라 턱의 엔지니어링 모형도 함께 사용했다. 이 종들 간의 섭식 차이를 뒷받침하는 또 다른 관련 논문도 나와 있다. Conith et al., Journal of the Royal Society Interface, 2016, 13: 20160713.

패리시 젠킨스는 우리 분야에서 전설적인 인물이다. 개인적으로는 그를 잘 알지 못하지만 그가 암과 싸우고 있던 2009년에 척추고생물학 학회에서 로머-심슨 메달을 받을 때 그 자리에 참석했던 것을 나는 언제나 기억할 것이다. 그는 그로부터 3년 후인 2012년에 세상을 떴다. 전하는 말로는 그가 친구에게 자기는 고생물학자로서 멸종에는 익숙한 사람이라 마음이 평화롭다고 말했다 한다. 나는《뉴욕타임스》《이코노미스트》《보스턴 글로브》《네이처》에 나온 그의 부고 기사에서 전기에 나오는 다른 구체적인 내용과 함께 이 인용문을 보았다. 그가 얼마나 저명한 사람인지 보여주는 일화다. 메가조스트로돈의 유명한 그림은 위에서 언급한 젠킨스와 패링턴의 논문에 발표됐다. 감사의 말에서 그들은 이 최종 삽화가 라즐로 메졸리(Laszlo Meszoly)의 것이라 밝혔다. 라즐로 메졸리는 하버드대학 비교동물학 박물관에서 일하는 화가로, 2003년 《하버드 가제트(Harvard Gazette)》에 소개된 바 있다.

새로운 주요 포유류 집단의 다양화가 체구 작은 식충동물의 생태적 지위에서 시작되는 경우가 많다는 개념은 데이브 그로스니클(Dave Grossnickle)과 동료들의 2019년 리뷰 논문(*Trends in Ecology and Evolution*, 2019, 34: 936-49)에 나와 있다.

3. 거대한 공룡이 가지 않은 길

윌리엄 버클랜드(William Buckland)의 놀라운 삶은 고생물학 초기 역사에 대해 다루는 많은 책에서 찾아볼 수 있다. 그중에는 내가 좋아하는 책인 데버라 캐드버리(Deborah Cadbury)의 *The Dinosaur Hunters*(Fourth Estate, 2000)도 있다. 이 책은 *Terrible Lizard*라는 제목의 국제판으로 출판됐다. 초기 포유류 연구에서 버클랜드가 맡은 역할에 대해서는 월리스의 *Beasts of Eden*에서 다루고 있고, 옥스퍼드대학교 온라인 '러닝 모어(Learning More)' 시리즈에 나온 전기, 그리고 *Guardian*에 나온 버클랜드의 미식가적 기질에 대해 다룬 기사("The Man Who Ate Everything", February 2008)에서 구체적인 내용을 참고했다. 버클랜드는 지질학회 연설의 활자 버전(*Transactions of the Geological Society of London*, 1824, 2: 390-96)에서 메갈로사우루스와 작은 포유류 턱뼈에 대해 보고했다. 수십 년 후에 리처드 오언이 당시 알려진 중생대 포유류에 관한 기념비적인 리뷰 서적을 발표했다(*Monograph of the Fossil Mammalia of the Mesozoic Formations*, Monographs of the Palaeontographical Society, 1871).

중생대 포유류는 작고 칙칙한 색깔의 일반종이었다는 고정관념에 대해서는 20세기 초반에 나온 가장 중요한 두 편의 리뷰에 자세하게 나와 있다. 두 편 모두 저명한 포유류 전문가 겸 진화생물학자 조지 게일로드 심슨(George Gaylord Simpson)이 썼다(*A Catalogue of the Mesozoic Mammalia in the Geological Department of the British Museum*, Oxford University Press, 1928; *American Mesozoic Mammalia*, Memoirs of the Peabody Museum, 1929, 3: 1-235).

트라이아스기 말 대멸종에 대한 추가적인 정보는 내 책 《완전히 새로운 공룡의 역사》와 그 안에 제공된 참고 문헌을 참고하기 바란다. 니컬러스 프레이저(Nicholas Fraser)와 한스 디터 수스(Hans-Dieter Sues)가 쓴 책 *Triassic Life on Land: The Great Transition*(Columbia University Press, 2010)은 트라이아스기의 세계, 그 당시 살던 생물들, 그때의 물리적 지리, 멸종을 훌륭하게 요약한 책이다. 트라이아스기 말기에 분출되어 나온 용암이 오늘날 네 개의 대륙을 덮고 있는 막대한 양의 현무암을 만들어냈다. 이것을 중앙 대서양 마그마 분포영역(Central Atlantic Magmatic Province, CAMP)이라고 한다. 이것에 대해서는 마졸리와 동료들의 글(*Science*, 1999, 284: 616-18)에 잘 설명되어 있다. CAMP 화산분출의 시기에 대한 연구는 블랙번과 동료들의 글(*Science*, 2013, 340: 941-45)을 참고하라. 이 연구에서는 화산분출이 60만 년에 걸쳐 네 번의 큰 파동을 거치며 일어났음을 보여준다. 제시카 화이트사이드(Jessica Whiteside), 폴 올슨(Paul Olsen)의 연구는 육상과 바다에서의 멸종이 트라이아스기 말에 동시에 일어났고, 멸종의 첫 조짐이 나타난 시기가 모로코에서 처음 용암이 흐른 것과 때를 같이한다는 것을 보여주었다(*Proceedings of the National Academy of Sciences USA*, 2010, 107: 6721-25). 트라이아스기-쥐라기 경계에 걸쳐 대기 중 이산화탄소, 글로벌 기온, 식물계에서 일어난 변화를 다루는 연구는 다음의 자료를 참고하라. *Science*, 1999, 285: 1386-90; *Paleobiology*, 2007, 33: 547-73; Belcher et al., *Nature Geoscience*, 2010, 3: 426-29.

쥐라기-백악기 포유류가 다양하고, 역동적이고, 흥미로웠다는 새로운 이미지는 뤄저시에 의해 처음 자세히 다루어졌다(*Nature*, 2007, 450: 1011-19). 이 논문은 랴오닝성에서 첫 10년 동안 이루어진 발견에 대해 요약하고 있다. 2014년에 멍진(Meng Jin)은 중국 화석에 대해 업데이트된 리뷰를 써서 뜻하지 않았던 다양성을 추가적으로 보여주었다(*National Science Review*, 1: 521-42). 로저 클로즈(Roger Close)와 동료들은 포유류의 계통수에 다양한 통계적 방식을 적용해서 이들이 쥐라기 중기에 빠른 속도로 진화가 이루어졌음을 입증했다(*Current Biology*, 2015, 25: 2137-42). 이 방법 중 하나는 골격 진화의 속도를 계산하는 방법으로, 내가 내 동료 그레엄 로이드(Graeme Lloyd), 스티브 왕(Steve Wang)과 함께 개발을 도왔던 방법이다(*Evolution*, 2012, 66: 330-48). 클로즈 등은 판게아가 쪼개진 것이 이렇게 진화의 속도를 촉진하고, 쥐라기 중기에 포유류 다양성의 폭발적 증가를 가져왔을지도 모른다는 가설을 제시했다.

랴오닝성에서 처음 보고된 포유류 화석은 장헤오테리움(*Zhangheotherium*)이라고 부르며 1997년에 뤄저시와 그 동료 후야오밍(Hu Yaoming)과 왕위안칭(Wang Yuanqing) 등이 보고했다(*Nature*, 390: 137-42). 2년 후에 뤄저시, 치앙지(Qiang Ji), 슈안지(Shu-an Ji)가 마찬가지로 《네이처》에 제홀로덴에 대해 보고했다(*Nature*, 1999, 398: 326-30). 공룡을 잡아먹던 레페노마무스는 2005년에 멍진 그리고 제1저자 후야오밍이 이끄는 연구팀이 보고했다(*Nature*, 433: 149-52).

도코돈류와 하라미야비아류는 켐프의 *The Origin and Evolution of Mammals*, 키엘란야보로프스카 등의 *Mammals from the Age of Dinosaurs* 같은 책에 리뷰되어 있지만 중국에서 새로운 발견이 쏟아져 나오는 바람에 지금은 낡은 정보가 되고 말았다. 이것은 2000대 초 중반에 쓴 책인데, 두 집단을 조각난 화석밖에 나오지 않아 여전히 풀리지 않는 미스터리라며 한탄하고 있는 구절을 읽으면 참 재미있다. 지금은 상황이 변했다! 본문에서 언급하고 있는 종들에 대한 더욱 많은 정보는 이 종에 대해 기술하고 있는 다음의 논문에서 찾을 수 있다. 미크로도코돈(Zhou et al., *Science*, 2019, 365: 276-79), 아길로도코돈(Meng et al., *Science*, 2015, 347: 764-68), 도코포소르(*Docofossor*, Luo et al., *Science*, 2015, 347: 760-64), 카스트로카우다(*Castorocauda*, Ji et al., *Science*, 2006, 311: 1123-27), 빌레볼로돈(Luo et al., *Nature*, 2017, 548: 326-29), 마이오파타기움(*Maiopatagium*, Meng et al.,

Nature, 2017, 548: 291-96) 아르보로하라미야(Zheng et al., 203, *Nature*, 500: 199-202; Han et al., *Nature*, 2017, 551: 451-56). 최근에 보고된, 북아메리카대륙의 백악기에 마지막까지 살아남았던 하라미야비아류인 시펠리오돈(*Cifelliodon*)도 있다. 이 이름은 저명한 포유류 화석 전문가 리치 시펠리(Rich Cifelli)를 기려 애덤 후텐로커와 동료들이 명명한 것이다.

현재 포유류 계통수에서 하라미야비아류를 어디에 놓을 것이냐에 대해 큰 논란이 있다. 여기에 관해서는 두 개의 진영으로 나뉘어 있다. 뤄지시의 진영에서는 모르가누코돈에서 그리 멀지 않은 계통수 줄기에 존재하는 원시 포유류가 있다고 주장한다. 멩진의 진영에서는 백악기에 다양하게 존재했던 초식 포유류 그룹인 다구치류의 자매 집단으로서 포유류의 크라운 집단(현대의 모든 종과 가장 최근의 공통 선조에서 나온 모든 후손을 포함하는 집단) 내에, 훨씬 더 파생적인 위치에 놓아야 한다고 주장한다. 나는 양쪽 모두에 대해 확실한 의견을 갖고 있지 않다. 순수하게 학술적인 논란으로 보일 수도 있겠지만 이 논란은 한 가지 광범위한 포괄적 의미를 갖고 있다. 하라미야비아류는 트라이아스기에 처음 등장했기 때문에 이들이 크라운 포유류라면 그것은 현대적 유형의 포유류의 기원이 약 2억 800만 년 전 즈음으로 훨씬 더 거슬러 올라간다는 의미다. 이들이 초기 줄기 포유류라면 크라운 집단은 약 1억 7800만 년 전 쥐라기 초기에 처음 등장했을 가능성이 높다.

스카이섬에서 발견한 공룡에 대해 일련의 논문에서 기술한 바 있다[Brusatte and Clark, *Scottish Journal of Geology*, 2015, 51: 157-64; Brusatte et al., *Scottish Journal of Geology*, 2016, 52: 1-9; dePolo et al, *Scottish Journal of Geology*, 2018, 54: 1-12; Young et al., *Scottish Journal of Geology*, 2019, 55: 7-19; dePolo et al., *PLoS ONE*, 2020, 15(3), e0229640]. 스카이섬에서의 나의 연구는 톰 챌랜즈(Tom Challands), 마크 윌킨슨(Mark Wilkinson), 듀걸드 로스(Dugald Ross), 페이지 드폴로(Paige dePolo), 다비데 포파(Davide Foffa), 닐 클락(Neil Clark) 그리고 그 외로 많은 훌륭한 팀 동료와 학생들과 함께 진행했다. 닐 클락은 스카이섬 공룡에 대해 중요한 논문을 몇 편 발표했고, 듀걸드 로스는 가장 중요한 화석들을 여러 개 발견했다.

휴 밀러의 책 *The Cruise of the Betsey*는 1858년에 에든버러에서 출판됐고, 온라인으로 받을 수 있다(https://minorvictorianwriters.org.uk/miller/b_betsey.htm). 밀러에 대한 전기는 스코틀랜드 자연사박물관에 있는 내 동료 고생물학자 마이클 테일러(Michael Taylor)가 출간했다(*Hugh Miller: Stonemason, Geologist, Writer*, National Museum of Scotland, 2007). 월드먼과 새비지는 1972년에 보레알레스테스에 대해 보고했다(*Journal of the Geological Society*, 128: 119-25). 보레알레스테스에 대한 엘사의 보고는 2021년에 발표됐다(Panciroli et al., *Zoological Journal of the Linnean Society*, zla144). 그녀는 턱뼈와 치아에 관해서도 별도로 논문을 발표했고(*Journal of Vertebrate Paleontology*, 2019, 39: e1621884), 달팽이관을 담고 있는 바위뼈에 대해서도 논문을 썼다(*Papers in Palaeontology*, 2018, 5: 139-56). 그녀는 또한 스카이섬 포유류에 대한 다른 논문도 썼다. 이 포유류는 상당히 다양했

던 것으로 밝혀졌다. 그리고 트릴로돈과인 스테레오그나투스(*Stereognathus*)도 있다. 이것은 올리고키푸스와 카이엔타테리움을 비롯해서 완전하지 않은 포유류 집단의 일원이다. 이것은 월드먼과 새비지가 1972년 논문에서 보고했고, 엘사와 나, 그리고 동료들이 2017년 논문에서 다시 보고했다(*Journal of Vertebrate Paleontology*, e1351448). 모르가누코돈 형식의 원시 포유류인 와레올레스테스(*Wareolestes*, Panciroli et al., *Papers in Palaeontology*, 2017, 3: 373-86) 그리고 수아강(태반류와 유대류)과 가까운 친척인 좀 더 파생된 포유류 팔레옥소노돈(*Palaeoxonodon*)도 있다(Panciroli et al., *Acta Paleontologica Polonica*, 2018, 63: 197-206).

리암 드루는 그의 책 *I, Mammal*에서 수유의 기원에 대해 훌륭하게 논의하고 있다. 이 부분을 쓰는 과정에서 나는 젖샘과 수유에 관해 올라브 오페달(Olav Oftedal)이 2002년에 쓴 리뷰에 크게 도움을 받았다(*Journal of Mammary Gland Biology and Neoplasia*, 7: 225-52). 에바 호프먼(Eva Hoffman)과 팀 로우는 카이엔타테리움 가족 화석에 대해 다음의 자료에 보고했다(*Nature*, 2018, 561: 104-8). 위에서 인용한 저우 등의 미크로도코돈에 관한 논문은 목뿔뼈와 후두의 근육 진화에 관한 최고의 자료다.

포유류의 귓속뼈에 대한 문헌이 많이 나와 있다. 네 편의 논문을 일독할 것을 권한다. 첫째, 뤼저시가 2011년에 귀의 진화에 관해 쓴 리뷰 논문이 있다(*Annual Review of Ecology, Evolution, and Systematics*, 42: 355-80). 이 논문은 귀의 해부학, 귓속뼈들의 상동관계, 여러 개의 턱뼈를 갖고 있었던 견치류와 포유류 사이의 진화 순서, 귀가 어떻게 진화했는지 이해하는 데 도움이 될 유전, 발달, 배아 관련 데이터 등을 담고 있다. 둘째, 닐 앤트월(Neal Anthwal)과 동료들이 포유류의 귀, 그리고 귀 진화의 해부학적, 유전학적, 발생학적 증거에 관한 중요한 연구들을 결합해서 역사적으로 고찰하는 리뷰를 발표했다(*Journal of Anatomy*, 2012, 222: 147-60). 셋째, 볼프강 마이어(Wolfgang Maier)와 이리나 루프(Irina Ruf)가 17세기부터 연구자들이 포유류의 귓속뼈를 어떻게 연구했고, 그들의 기원과 진화 경로를 어떻게 이해하게 됐는지 역사적으로 설명하는 글을 썼다(*Journal of Anatomy*, 2015, 228: 270-83). 마지막으로 에드거 앨린(Edgar Allin)의 기념비적인 논문이 있다. 이 논문은 포유류 귀 진화의 순서를 잘 설명하고 있어 읽어볼 만한 가치가 있다(*Journal of Morphology*, 1975, 147: 403-38).

내가 본문에서 언급한 종들에 대한 내용을 확장해줄 다른 중요한 논문은 다음과 같다. 멩진 등이 과도기 가운뎃귀를 가진 포유류인 리아오코노돈에 대해 보고한 논문(*Nature*, 2011, 472: 181-85), 마오 등이 띠 같은 뼈에서 분리된 가운뎃귀를 가진 포유류인 오리골레스테스에 대해 보고한 논문(*Science*, 2019, 367: 305-8. 뤼저시는 연골의 분리는 사실 실제로 분리된 것이 아니라 화석에서 골절이 일어난 것이라는 다른 설명을 제시했다), 왕 등이 다구치류인 제홀바타르(*Jeholbaatar*)에 대해 보고한 논문. 이 논문은 귀 관절은 그것이 턱관절이었을 당시의 고대 씹기 동작 형태를 반영한다는 것을 밝혀주었다(*Nature*, 2019, 576: 102-5). 리치 등이 초기 단공류의 귀와 턱뼈에 대해 보고한 논문. 이 논문은 이들이 유대류, 태반류와 독립적으로 분리된 가운데귀를 진화시켰음을 보여준다(*Science*, 2005, 307: 910-14). 그리고 한 등이 아르보로하라미야 알린홉소니(*Arboroharamiya allinhopsoni*)에 대해 보고한 논문. 아르보로하라미야 알린홉소니는 턱뼈에서 귓속뼈가 분리된 아라미이단이다(*Nature*, 2017, 551: 451-56). 이 논문 중에는 비전문가(또는 원래 공룡을 연구하도록 훈련을 받은 고생물학자)가 보기에는 이해하기 어려운 것도 있다. 그래서 나는 이 《네이처》 논문들 중 일부에 함께 실어놓은 다구치류 포유류에 관한 최고의 전문가 앤 웨일(Anne Weil)의 해설이 무척 반가웠다.

이 장의 초고를 작성하고 몇 달 후에 내 예전 박사학위 학생 세라 셸리와 내 동료 겸 스승인 존 위블(John Wible)이 동료들과 하라미야비아류 귀에 관해 중요한 논문을 발표했다는 것을 알게 됐다. 이 논문은 포유류 역사에서 다중의 귓속뼈가 분리된 것을 이해하는 데 중요한 의미를 갖고 있다(Wang et al., *Nature*, 2021, 590: 279-83). 이들은 역사적 앙금으로 남아 있던 일부 용어를 새로 정의했고, 나는 이 책에서 그들의 용어를 따랐다. 가장 중요한 점은 그들이 '분리된 가운데귀'를 귓속뼈가 턱과 뼈나 연골로 이루어진 부착부가 전혀 없음을 지칭하는 의미로 사용했다는 점이다. 이것은 많은 기존의 연구자들이 최종 포유류 가운데귀(Definitive Mammalian Middle Ear, DMME)라 불렀던 것이다. 마지막으로 왕 등은 2021년 논문에서 새로운 가설을 제시했다. 이 가설은 단공류 집단과 유대류 더하기 태반류 집단이 서로 다른 형태의 중간 턱관절을 갖게 된 이유를 설명한다. 이런 차이는 선조 턱뼈들의 씹기 동작이 위에서 인용한 왕 등의 2019년 논문에서 제안했고, 내가 3장에서 설명했던 것처럼 서로 다른 것을 반영해서 형태가 다른 것이 아니며, 단공류의 겹치는 형태의 관절은 우리가 갖고 있는 더 정교하게 맞물린 관절의 진화적 전구체였다고 주장한다. 여기에 대해서는 활발한 논쟁이 이루어지고 있다!

발생학자와 고생물학자로 구성된 동일한 연구진에서 진행한 근래의 두 연구는 현존 포유류의 귀뼈에서 메켈연골(Meckel's cartilage)을 잘라내는 것이 얼마나 간단한지 보여준다. 앤트월 등은 생쥐(태반 포유류)의 연골파괴세포(chondroclast)에 초점을 맞추고 있고(*Nature Ecology & Evolution*, 2017, 1: 0093), 어반 등은 주머니쥐(유대 포유류)의 세포사(cell death)에 초점을 맞추었다(*Proceedings of the Royal Society, Series B*, 2017, 284: 20162416). 본문에서는 이런 내용을 다루지 않았지만 턱-귀 이야기에는 또 다른 흥미진진한 측면이 존재한다. 파충류의 턱에서 발현되는 것과 동일한 유전자 일부가 포유류의 귀에서도 발현된다는 것이다(예를 들면 *Bapx1* 유전자). 이것은 턱뼈가 귀뼈로 진화했다는 좀 더 분명한 증거다. 이 연구는 2004년에 애비게일 터커(Abigail Tucker)와 내 에든버러대학교 동료이자 전설적인 유전학자 밥 힐(Bob Hill)이 포함된 연구진이 발표했다(*Development*, 131: 1235-45).

4. 백악기 육상 혁명의 영웅들

조피아 키엘란야보로프스카는 *In Pursuit of Early Mammals*(Indiana University Press, 2012)

라는 책에서 자신의 인생 이야기를 들려주었다. 이 책에서는 포유류의 기원, 견치류-포유류 전환, 그리고 중생대 포유류 집단에 대한 간략한 개괄도 다루고 있다. 조피아의 전기에 담긴 다른 측면들은 내 현장 노트에 기록해두었던, 2010년 그날 여름 오후에 그녀와 나눈 대화에서 나온 것이다. 그녀는 1969년에 나온 *Hunting for Dinosaurs*(MIT Press)에서 폴란드-몽고 탐사에 대해 직접 글을 쓰기도 했다. 폴란드-몽고 탐사의 발견에 대해서는 수많은 논문에서 얘기하고 있는데, 조피아의 2012년 책에서 이런 논문들을 광범위하게 인용하고 있다. 이 논문 중 다수가 *Palaeontologia Polonica*에 올라왔다. 이 학술지의 이월 카탈로그를 온라인이나 도서관에서 빠르게 훑어보면 풍부한 정보를 찾을 수 있다. 그중에는 다구치류에 관한 그녀의 1970년 논문과 1974년 논문도 있다.

로이 채프먼 앤드루스(Roy Chapman Andrews)의 삶, 그리고 그의 중앙아시아 탐사에 대해서는 찰스 갤런캠프(Charles Gallenkamp)의 책 *Dragon Hunter*(Viking, 2001)에서 다루고 있다. 1990년대 초에 이루어진 미국 자연사박물관-몽고과학아카데미 탐사에 대한 연대기는 마이크 노바체크(Mike Novacek)의 책 *Dinosaurs of the Flaming Cliffs*(Anchor Books, 1996)에 나와 있다. 이 책은 내가 고등학생 화석 애호가였을 때 좋아했던 책 중 하나다. 수많은 다구치류 화석이 발견된 오하 털거트에 대해서 처음 보고한 자료는 대시제베그, 노바체크, 노렐과 동료들의 글(*Nature*, 1995, 374: 446-49)이다. 이 지역의 지리에 관한 정보, 그리고 홍수로 무너진 모래 둔덕에서 형성된 화석에 대한 자세한 법의학적 증거에 대한 정보는 다음의 자료에서 찾을 수 있다. Loope et al., *Geology*, 1998, 26: 27-30; Dingus, *American Museum Novitates*, 2008, 3616: 1-40.

쥐라기-백악기 과도기에 대한 구체적인 내용은 내 책《완전히 새로운 공룡의 역사》에서 관련 참고 자료와 함께 다루고 있다. 기후와 환경의 변화에 대해 전반적으로 설명한 가장 유용한 자료는 다음과 같다. Jon Tennant and colleagues, *Biological Reviews*, 2017, 92: 776-814. 젊은 고생물학자이자 개방 과학, 개방형 논문 발표의 옹호자인 존은 내가 이 장을 쓰고 있던 2020년 봄에 오토바이 사고로 비극적인 죽음을 맞이했다.

다구치류에 대해 잘 다루고 있는 일반적 자료는 조피아의 2012년 책(위에 인용), 톰 켐프의 *The Origin and Evolution of Mammals*, 그리고 조피아가 뤄저시, 리처드 시펠리와 함께 편찬한 훌륭한 백과사전(위에 인용된 *Mammals from the Age of Dinosaurs*)에서 찾아볼 수 있다. 다구치류가 고비 포유류 동물상의 70퍼센트를 구성한다고 인용한 수치는 초기 포유류의 뼈 조직 미세구조와 성장에 대해 다룬 친사미와 후룸의 논문에서 가져왔다(*Acta Palaeontologica Polonica*, 2006, 51: 325-38).

다구치류의 섭식에 관한 중요한 연구는 다음의 자료를 통해 발표됐다. 필립 진저리치(Philip Gingerich)는 1977년에 *Patterns of Evolution*(Elsevier)이라는 책의 한 챕터에서 후방 씹기 스트로크의 증거를 제시했다. 조피아와 그 동료 페트로 감바리안(Peter Gambaryan)은 두개부 근육에 대해 설명했다(*Acta Palaeontologica Polonica*, 1995, 40: 45-108). 그리고 데이비드 크라우스, *Paleobiology*, 1982, 8: 265-313도 참고하라. 다구치류의 이동방식에 관해서는 다음의 자료들을 참고하라. 패리시 젠킨스(Farish Jenkins), 크라우스는 뒤집을 수 있는 발목과 나무를 오르는 능력에 대해 설명했다(*Science*, 1983, 220: 712-15; *Bulletin of the Museum of Comparative Zoology*, 1983, 150: 199-246); 내 학부시절 지도교수님이었던 폴 세레노(Paul Sereno)와 맬컴 맥케나(Malcolm McKenna)는 더 진화된 신속 이동 능력에 대해 설명했다(*Nature*, 1995, 377: 144-47); 그리고 조피아와 감바리안은 다른 중요한 연구들을 발표했다(*Fossils and Strata*, 1996, 36; *Acta Palaeontologica Polonica*, 1997, 42: 13-44).

쥐라기의 다구치류 루고소돈(*Rugosodon*)은 현재 이 집단의 잘 보존된 화석 중 가장 오래된 것인데, 위안총시(Yuan Chong-Xi), 뤄 그리고 그들의 연구진이 보고했다(*Science*, 2013, 341: 779-83). 다구치류 치아 진화에 관한 그레그 윌슨의 연구는 *Nature*, 2012, 483: 457-60에 발표됐다. 그리고 데이비드 그로스니클(David Grossnickle)과 데이비드 폴리(David Polly)의 또 다른 연구에서도 다른 데이터 세트를 가지고 치아 다양성이 진화하는 유사한 패턴을 발견했다(*Proceedings of the Royal Society, Series B*, 2013, 280: 20132110). 졸탄 치키사바(Zoltán Csiki-Sava), 마차시 브레미르(Mátyás Vremir), 멩진, 마크 노렐, 그리고 나로 구성된 우리 연구진은 2018년에 리토보이에 대해 보고했다(*Proceedings of the National Academy of Sciences USA*, 115: 4857-62). 이 논문은 루마니아 섬에 살던 코가이오온과에 대해서도 더욱 폭넓게 리뷰하고 있다. 2021년에 당시 박사 과정 학생이었던 루크 위버(Luke Weaver)가 팀을 이끌고 몬태나에서 다구치류의 사회적 집단이 발견된 것에 대해 보고했다(*Nature Ecology & Evolution*, 5: 32-37). 이 연구로 그는 척추동물고생물학회로부터 로머상을 받았다.

속씨식물의 기원과 진화에 대한 전반적인 정보는 프리스, 크레인, 페데르센, *Early Flowers and Angiosperm Evolution*(Cambridge University Press, 2011)을 참고하라. 가장 오래된 속씨식물 화석인 아르카이프룩투스(*Archaefructus*)는 랴오닝성에서 선 등이 보고했다(*Science*, 2002, 296: 899-904). 초기 속씨식물, 그리고 그들이 결국 그렇게도 적응력이 뛰어났던 이유에 대해 내가 참고한 중요 참고 문헌은 다음과 같다. Wing and Boucher, *Annual Review of Earth and Planetary Sciences*, 1998, 26: 379-421; Boyce et al., *Proceedings of the Royal Society, Series B*, 2009, 276: 1771-76; Feild et al., *Proceedings of the National Academy of Sciences USA*, 2011, 108: 8363-66; Coiffard et al., *Proceedings of the National Academy of Sciences USA*, 2012, 109: 20955-59; deBoer et al., *Nature Communications*, 2012, 3: 1221; Chaboureau et al., *Proceedings of the National Academy of Sciences USA*, 2014, 111: 14066-70. 이 고식물학자들 중 한 명인 케빈 보이스(Kevin Boyce)는 시카고대학교에서 나를 가르친 학부생 조교였다. 내가 그의 강의를 듣고 몇 년 후에 그는 맥아더 천재 장학금(MacArthur Genius Grant)을 받았다!

'백악기 육상 혁명'이라는 용어는 이 분야에서 내 가장 가까운 친구이자 동료들인 그레엄 로이드(Graeme Lloyd), 마르첼로 루타(Marcello Ruta), 마이크 벤튼과 동료들이 2008년에 공룡의 진화에 관한 논문(*Proceedings of the Royal Society, Series B*, 275: 2483-90)에서 지은 이름이다. 마이크 벤튼과의 논의를 통해 백악기 육상 혁명에 대해, 특히 곤충의 진화에 관해 추가적인 정보를 얻을 수 있었다.

수아강 트리보스페닉 큰어금니의 해부학, 기능, 진화에 대해서는 방대한 문헌이 나와 있다. 이것은 워낙에 복잡한 주제이기 때문에 큰어금니 교두에 대해 장황하게 설명하다 보면 지겨워질 수밖에 없다. 그래서 어쩔 수 없이 본문에서는 내용을 축약해야 했다(사실 초고에서는 이렇게 장황하게 설명했지만 편집자와 아내의 빨간펜 덕분에 생각을 바꾸었다). 고전적인 연구 두 편이 있다. *Fieldiana*(13, 1-105)에서 발행한 브라이언 패터슨(Bryan Patterson)의 1956년 논문 "Early Cretaceous mammals and the evolution of mammalian molar teeth"와 *Zoological Journal of the Linnean Society*(50, supplement 1: 65-87)에 발표된 퍼즈 크롬턴(Fuzz Crompton)의 1971년 논문 "The Origin of the Tribosphenic Molar"이다. 좀 더 최근에는 브라이언 데이비스(Brian Davis)가 트리보스페닉 큰어금니의 기원과 기능에 관한 핵심 논문을 발표했다. 이 논문 역시 남반구 오스트랄로스페니다류의 '트리보스페닉 비슷한 큰어금니'에서 나타나는 다른 마모 패턴에 대해 얘기하고 있다(*Journal of Mammalian Evolution*, 2011, 18: 227-44). 그리고 줄리아 슐츠(Julia Schultz)와 토머스 마틴(Thomas Martin)은 3D 모형을 이용해서 트리보스페닉 큰어금니로 어떻게 씹는지 구체적으로 보여주었다(*Naturwissenchaften*, 2014, 101: 771-871). 본문에서는 구체적으로 들어가지 않았지만 트리보스페닉 큰어금니는 교합면이 복잡하게 서로 맞물려 있기 때문에 제대로 기능하려면 아주 정교한 씹기 동작이 필요했을 것이다. 초기 트리보스페닉 수아강의 턱 운동 메커니즘에 대해서는 현재 논란이 있고, 이들은 회전 운동을 강화했거나(Bhullar et al., *Nature*, 2019, 566: 528-32), 아니면 편주 운동(yaw motion)을 강화했거나(Grossnickle, *Scientific Reports*, 2017, 7: 45094), 둘 다 했을 수도 있다. 현재 알려진 것 중 가장 오래된 트리보스페닉 수아강인 쥐라마이아에 대한 보고는 2011년에 뤼저시와 동료들이 2011년에 발표한 글이다(*Nature*, 476: 442-45).

데이비드 그로스니클은 트리보스페닉 큰어금니의 진화가 수아강의 진화, 그리고 더 포괄적으로는 포유류의 진화에 어떻게 영향을 미쳤는지에 대해 몇 가지 중요한 연구를 발표했다. 여기에 해당하는 것은 포유류의 혁신이 작은 체구의 식충동물이라는 생태적 지위에서 기원하는 경우가 많다고 주장하는 그의 리뷰 논문(스테파니 스미스, 그레그 윌슨과 공저)(*Trends in Ecology and Evolution*, 2019, 34: 936-49), 그리고 시간의 흐름에 따른 포유류의 치아와 턱 모양의 진화에 관해 데이비드 폴리(David Polly)와 함께 쓴 논문(*Proceedings of the Royal Society, Series B*, 2013, 280: 20132110), 그리고 백악기 육상 혁명 동안, 그리고 그 이후에 일어난 트리보스페닉 수아강의 다양화에 관해 엘리스 뉴엄(Elis Newham)과 함께 진행한 연구(*Proceedings of the Royal Society, Series B*, 2016, 283: 20160256. 이들이 이런 다양화가 대부분 혁명 이후에 일어났으며 꼭 혁명 동안에 일어났어야 한 것이 아니라고 주장하고 있다는 점에 주목하자)가 있다. 내가 데이비드와 처음 만난 것은 그가 다구치류 전문가인 앤 웨일의 초대로 2013년에 우리의 뉴멕시코 현장 연구 대원으로 합류했을 때였다. 데이비드는 이어서 시카고대학교에서 뤄저시와 함께 박사 과정을 밟고 머지않아 쥐라기와 백악기 동안의 포유류 진화에 관한 선도적인 전문가가 됐다. 그는 또한 이 분야에서 제일 웃기고, 제일 반체제적인(좋은 의미에서) 인물 중 한 명이기도 하다. 수아강의 트리보스페닉 치아에서 보이는 다재다능함의 유전적 토대에 대해서는 많은 발생생물학자와 고생물학자가 연구했다. 핵심적 논문들은 다음과 같다. Jernvall et al., *Proceedings of the National Academy of Sciences USA*, 2000, 97: 14444-48; Kavanagh et al., *Nature*, 2007, 432: 211-14; Salazar-Ciudad et al., *Nature*, 2010, 464: 583-86; Harjunmaa et al., *Nature*, 2014, 512: 44-48.

트리보스페닉 큰어금니의 진화와 다른 많은 포유류 혁신이 공동체 구조와 생태계에 미친 영향은 최근에 나온 다음의 논문에서 다루고 있다. Chen Meng, Caroline Strömberg, Greg Wilson, *Proceedings of the National Academy of Sciences USA*, 2019, 116: 9931-40.

근래 들어 랴오닝성의 멋진 골격에서 북아메리카대륙에서 나온, 파편뿐이지만 아주 중요한 치아(그중 다수가 리처드 시펠리, 브라이언 데이비스와 동료들에 의해 연구가 이루어짐)에 이르기까지 많은 백악기 진수류와 후수류에 대한 보고가 이루어졌다. 랴오닝성에서 나온 문제 많은 시노델피스는 뤄저시와 동료들에 의해 가장 오래된 후수류로 보고됐지만(*Science*, 2003, 302: 1934-1940), 근래에는 암볼레스테스(*Ambolestes*)라는 랴오닝성의 새로운 후수류를 보고하는 과정에서 비순동(Bi Shundong)과 동료들에 의해 기저 후수류(basal eutherian)로 재해석됐다(*Nature*, 2018, 558: 390-95). 초기 후수류의 진화에 관한 핵심 자료는 나도 참여한 바 있고, 톰 윌리엄슨이 주도하고, 그레그 윌슨도 저자로 포함하고 있는 리뷰 논문이다(*ZooKeys*, 2014, 465: 1-76). 이것은 톰과 내가 더 큰 연구진과 함께 발표했던 백악기-팔레오세 후수류에 대한 계통학적 분석의 후속 연구다(*Journal of Systematic Palaeontology*, 2012, 10: 625-51). 위에서 인용했던 *Mammals from the Age of Dinosaurs*와 *In Pursuit of Early Mammals*는 중요한 역사적 문헌들을 모두 참고해서 고비사막의 진수류와 후수류에 대해 훌륭하게 요약하고 있다. 좀 더 최근에는 미국 자연사박물관에서 중요하고 새로운 델타테리디움 표본 몇 개를 발표하면서 이들과 후수류와의 관계를 확인해주었다(Rougier et al., *Nature*, 1998, 396: 459-63). 최근에 나온 또 하나의 흥미로운 논문은 북아메리카대륙 백악기 말기의 후수류인 디델포돈과 작은 체구의 생태적 지위를 차지하는 사나운 사냥꾼에 대해 초점을 맞추고 있다(Wilson et al., *Nature Communications*, 2017, 7: 13738).

호주대륙에서 인간과 단공류(오리너구리와 바늘두더지)와의 첫 만남은 역사에 기록되지 않았고 호주 원주민들은 수천 년 동안 이 기이한 동물과 접촉한 경험이 있었다. 하지만 유럽인들이 이 동물들을 처음에 어떻게 대했는지에 대해서는 여러 이야기로 전해진다. 나는 브라이언 홀(Brian Hall)이 오리너구리에 대해 쓴 1999년 논문(*BioScience*, 49: 211-18)과 리암 드루의 *I, Mammal*에 담긴 이야기를 바탕으로 이야기를 구성했다. 그리고 존

헌터(John Hunter)에 관한 정보는 위키피디아 전기를 비롯한 여러 온라인 소스에서 가져왔다(그렇다. 과학자들도 가끔은 위키피디아를 찾는다. 특히 자기 전문 분야 외의 주제에 대해 출발점을 찾고 있을 때 그렇다). 좀 더 철저한 참고 문헌은 2009년에 로버트 반스(Robert Barnes)가 쓴 헌터의 전기가 있다(*An Unlikely Leader: The Life and Times of Captain John Hunter*, Sydney University Press).

단공류와 단공류 계통 오스트랄로스페니다류 화석에 관한 핵심 참고 문헌은 다음과 같다. 오브두로돈에 관한 논문(Woodburne and Tedford, *American Museum Novitates*, 1975, 2588: 1-11; Archer et al., *Australian Zoologist*, 1978, 20: 9-27; Archer et al., *Platypus and Echidnas*, 1992, Royal Zoological Society of New South Wales; Musser and Archer, *Philosophical Transactions of the Royal Society of London, Series B*, 1998, 353: 1063-79), 그리고 스테로포돈에 관한 논문(Archer et al., *Nature*, 1985, 318: 363-66; Rowe et al., *Proceedings of the National Academy of Sciences USA*, 2008, 105: 1238-42), 아우스트리보스페노스에 관한 논문(Rich et al., *Science*, 1997, 278: 1438-42), 암본드로에 관한 논문(Flynn et al., *Nature*, 1999, 401: 57-60), 아스팔토밀로스에 관한 논문(Rauhut et al., *Nature*, 2002, 416: 165-68). 본문에서 언급하지 않은 또 다른 중요한 것이 있다. 1999년에 리치와 비커스리치 연구진에 의해 명명되고(*Records of the Queen Victoria Museum*, 106: 1-34) 좀 더 최근에 구체적으로 보고된(*Alcheringa*, 2016, 40: 475-501) 테이놀로포스(*Teinolophos*)다.

뤄저시, 조피아 키엘란야보로프스카, 리처드 시펠리는 계통 분석을 통해 북반구의 트리보스페닉 수아강과 남반구의 가짜-트리보스페닉 스트랄로스페니단스의 별개 집단을 찾아내어 발표했다(*Nature*, 2001, 409: 53-57). 모든 포유류 연구자가 이런 계통학을 받아들이는 것은 아니다. 리치와 비커스리치 연구진에서는 남반구 종 중 일부는 후수류와 가까운 친척이며 진성의 트리보스페닉 치아를 갖고 있다고 주장한다. 내가 본문에서 언급하지 않은 일부 놀라운 화석들은 트리보스페닉 비슷한 큰어금니가 독립적으로 기원했음을 뒷받침하고 있다. 그 예는 슈오테리움(*Shuotherium*, Chow and Rich, *Australian Mammalogy*, 1982, 5: 127-42)과 슈도트리보스(*Pseudotribos*, Luo et al., *Nature*, 2007, 450: 93-97) 같은 이른바 의사트리보스페닉(pseudotribosphenic) 포유류다. 슈도트리보스의 경우 탈로니드 능선 앞에 탈로니즈 분지가 있는 트리보스페닉과 비슷한 치아를 갖고 있다. 계통수에서 남반구 오스트랄로스페니다류와 집단을 이룰 수도 있는 이 이상한 포유류들은 서로 다른 포유류 집단이 아마도 여러 번에 걸쳐 독립적으로 트리보스페닉과 비슷한 치아를 진화시키고 있었음을 보여주는 강력한 증거다. 이것은 비슷한 생태 압력이나 다른 선택압에 의해 비슷하게 보이는 해부학적 구조물(치아 등)이 서로 친척관계가 먼 집단에서 독립적으로 진화하는 수렴진화의 전형적인 사례다.

빈타나의 두개골은 2014년에 크라우스와 동료들이 보고했다(*Nature*, 515: 512-17). 그리고 이후에 여러 저자의 기고를 받아 2014년에 척추동물 고생물학회 회고록의 형태로 발간된 일련의 논문에서 대단히 자세하게 논문으로 발표됐다. 나중에 크라우스의 연구진은 짧은 보고서를 통해 아달라테리움을 보고하고(*Nature*, 2020, 581: 421-27), 2020년에 발표된 또 다른 척추동물 고생물학회 회고록에서도 아달라테리움에 대한 일련의 논문을 발표했다. 고완아테리안(gonwanatherians)에 대한 더 폭넓은 정보는 *Mammals from the Age of Dinosaurs*와 *In Pursuit of Early Mammals*에서 찾아볼 수 있다. 아르헨티나의 드리올레스테스상과인 크로노피오에 대해서는 루지어와 동료들이 보고했다(*Nature*, 2011, 479: 98-102).

이번 장의 마지막 문단에서 나는 백악기 말기에는 서로 다른 집단의 포유류들이 서로 다른 먹이를 먹었다고 진술했다(예를 들면 곤충을 잡아먹던 진수류와 채식을 하던 다구치류). 이것은 사실이지만 예를 들어 모든 진수류가 식충동물이었던 것은 아니다. 여기서 언급하고 있는 대부분의 집단은 적어도 어느 정도는 식습관의 다양성을 보여주고 있다.

5. 지구 역사 속 최악의 하루

우리는 캐리사 레이먼드(Carissa Raymond)가 발견한 새로운 다구치류 종인 킴베톱살리스를 2016년에 보고했다(Williamson et al., *Zoological Journal of the Linnean Society*, 177: 183-208). 내가 이 장에서 사용한 인용문들은 내 현장 노트와 기록, 네브래스카대학교의 대언론 공식 발표, 캐리사와 톰의 미국 공영 라디오(National Public Radio) 인터뷰에서 가져온 것이다. 뉴멕시코 화석에 대한 추가적인 정보는 이 섹션 뒤에 나와 있다.

백악기 말 대멸종에 대해서는 방대한 문헌이 나와 있다. 소행성 충돌이 북아메리카대륙의 공룡과 포유류에게 어떤 영향을 미쳤는지에 대해서는 《완전히 새로운 공룡의 역사》에서 설명했고, 그 안에 여러 참고 문헌도 수록해놓았다. 소행성 충돌이 멸종을 일으켰다는 가설은 아버지와 아들로 이루어진 루이스 앨버레즈(Luis Alvarez)와 월터 앨버레즈(Walter Alvarez) 연구팀, 그리고 동료들이 처음 제안했다(*Science*, 1980, 208: 1095-1108). 그리고 그와 비슷한 시기에 네덜란드의 지질학자 얀 스미트(Jan Smit)도 독립적으로 비슷한 주장을 펼쳤다. 월터 앨버레즈는 *T. rex and the Crater of Doom*(Princeton University Press, 1997)이라는 환상적인 대중과학서적을 썼다. 이 책은 백악기 말기 바위에서 소행성 충돌을 암시하는 이리듐의 화학적 지문을 어떻게 찾아냈는지에 관한 이야기, 그리고 그 후로 10년에 걸쳐 자신의 이론을 뒷받침하는 증거들이 축적되다가 결국 멕시코에서 칙술루브 운석공의 발견으로 약 6600만 년 전에 소행성 또는 혜성이 지구와 충돌했음이 명확하게 증명된 이야기를 풀어내고 있다. 월터의 책은 그 책이 쓰일 시점까지 발표된 모든 핵심 자료에 대한 참고 문헌을 담고 있다.

소행성 충돌이 실제로 백악기 말기에 비조류 공룡(non-bird dinosaurs)과 다른 동물들의 멸종을 일으켰는지 여부에 대해서는 논란이 남아 있다. 소행성 충돌 이론의 비판자들은 그 대신 인도의 데칸 화산 폭발을 원인으로 지목한다. 데칸 화산 폭발은 페름기 말기와 트라이아스기 말기에 대멸종을 초래했던 화산 폭발과 규모가 비슷했다. 공룡에 관해서는 나도 고생물학자 연구진을 이끌고 모든 증거들을 검토해보았다. 그리고 그 결과 소행성 충돌이 주범이었다는 결론을 내렸다(*Biological Reviews*, 2015, 90: 628-42). 이 리뷰는 《사이언티픽 아메리칸(Scientific American)》에 투고한 글을 통해서도 상세히 설명한 바 있다(Dec. 2015, 313: 54-59). 핀첼리 헐(Pincelli Hull)과 동료들의 최근 연구에서는 전체적인 멸종 사건을 일으킨 것은 소행성이었으며 인도의 화산활동은 역할을 해도 미미한 수준에 불과했다고 강력하게 주장하고 있다(*Science*, 2020, 367: 266-72). 그리고 에일 치아렌자(Ale Chiarenza)와 동료들도 기후 모델링과 생태계 모델링을 바탕으로 유사한 주장을 펼치고 있다(*Proceedings of the National Academy of Sciences USA*, 2020, 117: 17084-93). 이것으로 이 주제에 대해 분명한 결론이 내려졌다고 생각하지는 않지만 나로서는 화산활동이 멸종을 더 악화시켰거나, 회복을 지연시켰을 수는 있을지언정 소행성 충돌이 없었다면 멸종도 일어나지 않았으리라는 것을 의심하지 않는다. 내가 이 챕터를 쓰고 있는 동안에 발표된 또 다른 최신 연구에서는 소행성이 지구와 충돌한 각도 때문에 피해가 더욱 심각했음을 밝혀냈다(Collins et al., *Nature Communications*, 2020, 11: 1480).

빌 클레멘스는 따뜻하고 친절한 신사였다. 나는 척추동물 고생물학회 모임에서 그와 여러 번 즐거운 대화를 나누면서 그를 알게 됐다. 그는 내 박사 과정 학생 세라 셸리가 자기 논문을 쓰고 있을 때 시간을 내어 함께 교류도 해주었다. 빌은 몬태나의 헬크리크와 포트 유니언 지층에서 나온 포유류에 대해 논문을 여러 편 발표했다. 그중 가장 중요한 것은 2002년 개정판 *The Hell Creek Formation and the Cretaceous Tertiary Boundary in the Northern Great Plains*(Geological Society of America Special Paper, 361: 217-45)의 한 장이다. 빌과 조셉 하트먼은 헬크리크 지층에서의 화석 수집 역사에 관한 리뷰 글을 썼다. 이것은 2014년 개정판 *Through the End of the Cretaceous in the Type Locality of the Hell Creek Formation in Montana and Adjacent Areas*(Geological Society of America Special Paper, 503: 1-87)의 일부였다. 경력 초기에 빌은 와이오밍 백악기 말기 랜스 지층(Lance Formation)의 포유류에 대해 3부로 구성된 대표작을 썼다. 랜스 지층은 헬크리크 지층과 연대가 대략 비슷하다. 이 글은 *University of California Publications in Geological Sciences*(1964, 1966, and 1973)에 발표됐다. 빌이 어떻게 하다가 이상하게 유나버머와 얽히게 되었는지에 관한 자세한 이야기는 앤 웨일과의 얘기에서 가져왔다. 앤은 자기의 박사학위 지도교수님에 대한 존경심이 대단히 깊다. 앤은 이상하게 폭력과 얽혔던 또 다른 이야기도 들려주었다. 앤과 빌이 화석을 수집했던 몬태나의 한 목장은 카지노계의 거물 테드 비니언(Ted Binion)의 소유였는데, 그는 슬프게도 1998년에 한 유명한 사건에서 살해당했다.

그레그 윌슨 만틸라(Greg Wilson Mantilla)와 그의 학생 및 동료들은 몬태나의 백악기 말 대멸종 기간에 걸쳐 일어난 포유류의 진화에 대해 중요한 논문을 여러 편 썼다. 이 논문들은 무엇이 죽고, 무엇이 살아남았으며, 그 이유는 무엇인지 밝히고 있다. 여기에 해당하는 자료로는 *Journal of Mammalian Evolution*(2005, 12: 53-75)과 *Paleobiology*(2013, 39: 429-69)에 단독으로 발표한 논문, 그리고 위에서 인용한 2014년 개정판 *Paleobiology*,

2013, 39: 429-69)이 있다. 그레그와 동료들은 2016년에 디델포돈의 놀라운 새로운 화석에 대해 보고했다(*Nature Communications*, 7: 13734). 가장 최근에 그레그와 빌은 그레그의 박사 과정 학생 스테파니 스미스(Stephanie Smith)가 이끄는 연구진의 일원이었다. 스테파니 스미스는 오늘날 선도적인 젊은 포유류 고생물학자 중 한 명이다. 이 연구진은 2018년에 Z-라인 채석장과 멸종 직후의 다른 팔레오세 지역에 대해 보고했다. 이런 곳들은 소행성 충돌 이후에 살았던 포유류 공동체를 엿볼 수 있는 가장 좋은 사례다(*Geological Society of America Bulletin*, 130: 2000-2014). 이와는 무관한 연구에서 롱리치와 동료들은 북아메리카대륙 서부의 백악기와 팔레오세 포유류들을 살펴보았다(*Journal of Evolutionary Biology*, 2016, 29: 1495-512). 그리고 피레스와 동료들은 북아메리카대륙에서의 다구치류, 후수류, 진수류의 멸종 속도를 살펴보았다(*Biology Letters*, 2018, 14: 20180458).

《완전히 새로운 공룡의 역사》에는 백악기 말기에 공룡이 죽은 이유에 대해 더 구체적으로 다루고 있다. '데드 맨스 핸드'라는 용어는 내 동료 그레그 에릭슨이 소행성이 충돌했을 때 공룡이 처했던 불행을 설명하려고 사용했던 것으로 생각된다.

코프, 휠러 조사, 볼드윈, 그리고 산후안 분지에서의 다른 발견에 관한 역사적 이야기는 톰 윌리엄슨과 세라 셸리와의 논의, 그리고 저명한 포유류 전문가 겸 작가 조지 게일로드 심슨이 쓴 흥미진진한 논문들을 바탕으로 했다. 대부분 에오세 시대의 포유류에 초점을 맞추었지만, 게일로드 심슨도 뉴멕시코에서 현장 연구를 진행했다. 여기에 해당하는 연구로는 1948년 연구(*American Journal of Science*, 246: 257-82), 1951년 연구(*Proceedings of the Academy of Natural Sciences of Philadelphia*, 103: 1-21), 1959년 연구(*American Museum Novitates*, 57: 1-22), 1981년 연구(*Advances in San Juan Basin Paleontology*, University of New Mexico Press에서 한 장) 등이 있다. 코프와 마시 간의 '뼈 전쟁' 경쟁에 대한 이야기는 《완전히 새로운 공룡의 역사》에서 다루고 있다. 그 책에는 존 포스터(John Foster)의 훌륭한 책 *Jurassic West: The Dinosaurs of the Morrison Formation and Their World*(Indiana University Press, 2007)에 대한 추가적인 정보도 풍부하게 들어 있다.

코프는 '푸에르토 이회토'에서 나온 포유류에 대해 너무 많은 논문을 발표해서 그것을 여기서 모두 인용하기는 불가능하다. 톰 윌리엄슨의 박사학위 논문 주제로 1996년에 발표된 나시미엔토 지층 포유류 연구(*New Mexico Museum of Natural History and Science Bulletin*, 8: 1-141)는 이 중요한 역사적 문헌 모두를 참고 문헌에 담고 있다. 핵심적인 논문으로는 코프가 1875년에 발표했고, '푸에르토 이회토'에 대해 처음으로 지적한 휠러 조사 보고서(Wheeler Survey report)(*Annual Report of the Chief of Engineers*, 1875, pp. 61-97), 그가 1880년대에 *The American Naturalist*에 발표한 짧은 논문들, 그리고 1884년에 발표된 그의 두꺼운 서적들이 있다(*The Vertebrata of the Tertiary Formations of the West*, Book 1. Report of the U.S. Geological Survey of the Territories *Hayden Survey*, pp. 1-1009). 뉴멕시코 포유류에 대한 또 다른 중요한 연구로는 1937년에 W. D. 매슈가 발표한 논문이 있다(*Transactions of the American Philosophical Society*, 30: 1-510).

콘딜라스, 타이니오돈타류, 판토돈타류 같은 팔레오세 포유류의 정보와 관련한 일반적 참고 자료로 가장 좋은 것은 저명한 포유류 고생물학자 케네스 로즈가 쓴 *The Beginning of the Age of Mammals*(Johns Hopkins University Press, 2016)가 있다. 세라 셀리는 2017년에 에든버러대학교에서 박사학위를 마무리했고, 2018년에는 마찬가지로 뉴멕시코에서 나온 엑토코누스의 가까운 친척 콘딜라스인 페리프티쿠스(*Periptychus*)에 대해 발표했다[*PLoS ONE*, 13(7): e0200132]. 다른 챕터들도 곧 발표될 것이다! 타이니오돈타류는 로버트 쇼흐(*Bulletin of the Peabody Museum of Natural History*, Yale University, 1986, 42: 1-307)에 의해 포괄적으로 연구됐고, 톰 윌리엄슨과 나는 뉴멕시코에서 나온 워르트마니아의 화석에 대해 2013년에 보고했다[*PLoS ONE*, 8(9): e75886]. 판토돈타류는 엘윈 사이먼스(Elwyn Simons)가 포괄적으로 연구했다(*Transactions of the American Philosophical Society*, 1960, 50: 1-99). 나는 지금의 박사 과정 학생들에게는 콘딜라스(Sofia Holpin, Hans Püschel), 타이니오돈타류(Zoi Kynigopoulou), 판토돈타류(Paige dePolo)에 대해 연구하도록 했다. 이들과 그들의 발표를 관심 있게 지켜봐주기 바란다!

태반 포유류는 매력적이고 복잡한 존재라 내가 이 장에서 할애한 것보다 더 많은 지면을 할애할 만한 가치가 있다. 이들이 어떤 식으로 작동하고 어떤 식으로 진화해왔는지에 배우기 가장 좋은 출발점은 리암 드루의 책 *I, Mammal*이다. *Some Assembly Required*라는 책에서 닐 슈빈은 태반류가 자신의 어미로부터 내쫓기는 것을 막기 위해 어떻게 바이러스를 끌어들였는지, 그리고 어미의 자궁 세포가 어떻게 태반이 말 그대로 자궁 벽으로 침입해 들어오는 것을 허용할 방법을 발전시켰는지에 대해 흥미진진하게 이야기를 끌어가고 있다. 태반의 진화에 관한 흥미로운 논문은 다음과 같다. Chavan et al., *Placenta*, 2016, 40: 40-51; Wildman et al., *Proceedings of the National Academy of Sciences USA*, 2006, 103: 3203-08; Roberts et al., *Reproduction*, 2016, 152: R179-R189. 조피아 키엘란야보로프스카는 자신의 연구팀이 백악기 진수류인 바룬레스테스(*Barunlestes*)와 잘람브달레스테스의 골반에서 상치골과의 관절 홈을 발견한 것을 바탕으로 진수류에 상치골이 존재했을 가능성이 있다고 처음 보고했다(*Nature*, 1975, 255: 698-99). 실제 상치골은 나중에 고비사막의 진수류 우카테리움(*Ukhaatherium*)과 잘람브달레스테스일 가능성이 대단히 높은 한 종에서 노바체크 등에 의해 발견됐다(*Nature*, 1997, 389: 483-86). 알을 '돌봄 꾸러미'로, 태반을 멀티태스킹 전문가로 묘사한 것은 연구자 켈시 쿨라한(Kelsey Coolahan)이 펄스(Pulse) 라디오 프로그램에서 2020년 1월에 인터뷰한 인용문에서 영감을 받은 것이다.

우리 연구진은 팔레오세 포유류의 뇌와 감각에 대해서 최근에 논문을 몇 편 발표했다. 이 연구를 이끈 사람은 우리 연구실에 박사후 과정 연구원으로 있었던 오르넬라 베르트랑(*Journal of Anatomy*, 2020, 236: 21-49), 우리 연구실에 석사 과정 학생으로 있었던 조 캐머런(*The Anatomical Record*, 2019, 302: 306-24), 우리 연구실에 학부생으로 있었던 제임스 나폴리(*Journal of Mammalian Evolution*, 2018, 25: 179-95) 등이다. 이 책의 출간에 때맞춰 초기 태반포유류의 뇌 진화에 관한 오르넬라의 석사학위 연구가 《사이언스》

에 발표 승인이 났다! 포유류의 뇌 진화에 관한 가장 중요한 연구 중에는 해리 제리슨(Harry Jerison)의 선구적인 연구, 그중에서도 1973년에 나온 책 *Evolution of the Brain and Intelligence*(Academic Press)가 있다.

팔레오세 포유류의 체격 진화에 대해 중요한 연구가 몇 편 있었다. 이 연구는 백악기 말 대멸종 이후에 체격이 급속히 폭발적으로 늘어났음을 보여준다. 가장 영향력 있는 논문을 두 편 소개하자면, 걸출한 팔레오세 통계학자 존 앨로이(John Alroy)의 논문(*Systematic Biology*, 1999, 48: 107-18)과 통계적 방법론을 이용해서 진화의 추세를 연구하는 그레이엄 슬레이터(Graham Slater)의 논문(*Methods in Ecology and Evolution*, 2013, 4: 734-44)이 있다. 일군의 젊은 고생물학자들이 근래에 백악기-팔레오세 멸종 경계를 거치면서 포유류의 생물학이 갖고 있는 다양한 측면이 어떻게 변화했는지 연구했다. 데이비드 그로스니클과 엘리스 뉴엄(Elis Newham)은 큰어금니의 형태를 연구해서 식습관의 변화를 추적했고(*Proceedings of the Royal Society, Series B*, 2016, 283: 20160256), 젬마 베네벤토(Gemma Benevento) 역시 턱의 형태를 통해 식습관의 변화를 추적했다(*Proceedings of the Royal Society, Series B*, 2019, 286: 20190347). 그리고 토머스 할리데이(Thomas Halliday)는 골격적 특성을 연구해 전체적인 해부학의 변화를 추적했다(*Biological Journal of the Linnean Society*, 2016, 118: 152-68).

6. '화려한 고립'과 진화의 실험

내 이야기에서 언급하고 있는 모든 동물은 메셀 화석지에서 나온 것이고, 암말의 배 속에 있었던 새끼, 동물의 해부학적 특징, 동물이 먹은 먹이 등 구체적인 내용들은 상당 부분 실제 화석에서 나온 정보를 바탕으로 한 것이다. 이 이야기를 쓰면서 나는 메셀에 관한 정보가 담겨 있는 최고의 자료인 크리스터 스미스(Krister Smith), 스테판 샬(Stephan Schall), 요르그 하버세처(Jörg Habersetzer) 편집, *Messel: An Ancient Greenhouse Ecosystem*(Senckenberg Museum, Frankfurt, 2018)을 참고했다. 이 책에는 모든 포유류 집단에 더해서 다른 동물(새, 악어, 거북이 등), 식물, 환경, 화산분출로부터 호수가 형성되는 과정, 화석이 된 수많은 동물을 죽였을 가능성이 제일 높은 가스 등에 대한 챕터가 마련되어 있다. 다른 중요한 자료로는 UNESCO의 웹사이트(https://whc.unesco.org/en/list/720/), 게르하르트 슈토르히(Gerhard Storch)의 《사이언티픽 아메리칸》 기사[1992, 266(2): 64-69], 켄 로즈(Ken Rose)의 메셀 포유류에 대한 짧은 리뷰(*Palaeobiodiversity and Palaeoenvironments*, 2012, 92: 631-47) 등이 있다.

우리의 영웅 에우로히푸스 암말에 관한 훌륭한 논문들이 몇 편 나와 있다. 이 이름은 메셀 연구의 최고참 중 한 명이었던 젠즈 로렌츠 프란첸(Jenz Lorenz Franzen)이 2006년에 명명했다(*Senckenbergiana Lethaea*, 86: 97-102). 프란첸의 논문이 나오기까지 여러 해 동안은 에우로히푸스가 메셀의 또 다른 말인 프로팔레오테리움(*Propalaeotherium*)과 같은 것인 줄 알았다. 프란첸과 동료들은 일련의 논문에서 배 속에 새끼가 들어 있던 에우로히루스의 멋진 골격에 대해 보고했다[*PLoS ONE*, 2015, 10(10): e0137985; *Palaeobiodiversity and Palaeoenvironments*, 2017, 97: 807-32]. 프란첸, 그리고 이 장 뒤쪽에서 만나보았던 필립 진저리치를 비롯한 그의 동료들은 2009년에 영장류 다위니우스를 보고해 국제적으로 환호를 받았다[*PLoS ONE*, 4(5): e5723].

포유류의 계통수를 구축하는 포유류 계통학은 아주 길고 굴곡진 역사를 갖고 있다. 현재 어디까지 알고 있는지에 대한 전반적인 개괄과 수십 년의 논란을 통해 어떻게 거기까지 도달했는지에 관해서는 리암 드루의 책 *I, Mammal*에 나와 있는 관련 섹션들, 그리고 니콜 폴리(Nicole Foley)와 동료들의 포유류 계통학에 대한 전반적 개괄(*Philosophical Transactions of the Royal Society, Series B*, 2016, 371: 20150140), 그리고 초기 포유류 진화의 전문가이자 환상적인 작가이기도 한 로버트 애셔(Robert Asher)가 쓴 포유류의 관계에 대한 좀 더 구체적인 요약을 참고하기 바란다(*Handbook of Zoology: Mammalian Evolution, Diversity and Systematics*, DeGruyter, 2018). 조지 게일로드 심슨의 유명한 1945년 계통수는 *Bulletin of the American Museum of Natural History*, 85: 1-350에 발표됐고, 그 후에 나온 마이클 노바체크(Michael Novacek)의 계통수는 *Nature*, 1992, 356: 121-25에 발표됐다. 심슨의 삶에 관한 이야기는 데이비드 레인스 윌리스의 *Beasts of Eden*에서 가져왔고, 심슨에 관한 더 많은 이야기는 레오 라포르테(Léo Laporte)가 쓴 그의 전기에서 찾아볼 수 있다(*George Gaylord Simpson: Paleontologist and Evolutionist*, Columbia University Press, 2000).

지난 25년 동안 DNA 기반의 포유류 계통수가 많이 나왔다. 어떤 것은 포유류 전체를 조사했고, 어떤 것은 영장류나 설치류 등 개별 집단의 종 수준에서의 구체적인 관계에 초점을 맞추었다. 포유류의 DNA 계통수를 확립하고 아프로테리아상목, 빈치류, 영장상목, 로라시테리아상목의 네 가지 주요 집단을 확인한 핵심적인 초기 논문은 마크 스프링거(Mark Springer), 그리고 올레 매드슨(Ole Madsen), 마이클 스탠호프(Michael Stanhope), 윌리엄 머피(William Murphy), 스티븐 오브라이언(Stephen O'Brien), 엠마 틸링(Emma Teeling) 등을 비롯한 그의 동료들이 발표했다. 그중 가장 중요한 것들은 다음과 같다. Springer et al., *Nature*, 1997, 388: 61-64; Stanhope et al., *Proceedings of the National Academy of Sciences USA*, 1998, 95: 9967-72; Madsen et al., *Nature*, 2001, 409: 610-14; Murphy et al., *Nature*, 2001, 409: 614-18; Murphy et al., *Science*, 2001, 294: 2348-51. 좀 더 최근의 연구자들은 DNA 분석을 해부학적 특성과 결합해서 '전체 증거(total evidence)' 계통수를 구축하기 시작했다. 그중 가장 중요한 것으로는 모린 오리어리(Maureen O'Leary)가 *NSF-funded Mammal Tree of Life project*에 발표한 태반류 계통학이다(*Science*, 2013, 339: 662-67). DNA 계통수에서 뜻하지 않게 한 무리로 묶이는 경우에 대해 언급하면서 내가 이렇게 말한 바 있다. "해부학만으로는 누구도 예상하지 못했던 특이하기 짝이 없는 조합." 이 말은 사실이지만 에드워드 코프 자신도 1800년대 후반에 해부학적 특성만을 이용해서 황금두더지(지금은 코끼리, 텐렉과 함께 아프로테리아상목의 일원으로 알려짐)가 유럽의 두더지와 아주 다르다고 주장한 일이 있음을 지적하고 넘어가야겠다.

해부학만을 이용한 계통수는 점점 찾아보기 힘들어지고 있다. 근래에 토머스 할리데이와 동료들이 그런 계통수를 하나 발표했다. 이 계통수는 팔레오세에 살았던 고대 태반류의 관계를 풀어헤쳐 보려는 시도였다(*Biological Reviews*, 2017, 92: 521-50). 유럽연구이사회의 후원을 받는 우리 연구진은 해부학과 DNA를 이용해서 이런 관계를 더 명확하게 밝히는 일을 독립적으로 시도하고 있다. 특히 이 고대 종들이 현대 종들과 어떻게 맞물리는지를 연구하고 있다. 현재까지는 초록으로 1차 연구 결과를 발표한 상황이지만, 이 글을 쓰고 있는 중에도 연구는 계속 진행되고 있다. 여기서 자리를 빌려 존 위블과 톰 윌리엄슨에게 감사드린다. 이들 또한 미국국립과학재단을 통해 우리의 대형 프로젝트에 필요한 자금을 받아왔다. 부디 우리의 발표를 기다려주시라!

DNA 시계를 이용해서 태반 포유류 전체와 그 하위집단이 기원한 시간을 예측하는 것에 관해서 방대한 문헌이 나와 있다. 태반류 자체는 공룡의 시대였던 백악기에 기원했고, 일부 하위집단 역시 그랬을 가능성이 점점 높아지는 것 같다. 하지만 이들의 진화가 가장 폭발적으로 일어났던 시기는 소행성 충돌 이후인 팔레오세였다. 하지만 이것은 모두 DNA 시계만을 바탕으로 했을 뿐, 아직은 그 어디에서도 백악기 태반류라고 확신할 만한 화석이 발견되지 않았다. 어쩌면 그들이 당시에는 희귀해서 특정 지역에만 분포하고 있었거나, 흔했지만 그들이 태반류임을 우리가 제대로 알아보지 못하고 있거나, 아니면 DNA 시계가 틀린 것일 수도 있다. 이런 논란에 대한 개괄은 다음의 리뷰 논문들을 참고하라. Archibald, Deutschmann, *Journal of Mammalian Evolution*, 2001, 8: 107-24; Goswami, *EvoDevo*, 2012, 3: 18.

약 5600만 년 전에 지구온난화가 정점을 찍었던 사건인 팔레오세-에오세 최대온난기(PETM)는 지질학자, 기후학자, 생물학자, 그리고 다른 많은 과학자들의 뜨거운 연구 주제였다. PETM의 원인, 지속기간 등에 대해 전반적으로 제일 잘 요약해놓은 자료는 프란체스카 맥이너니(Francesca McInerney), 스콧 윙(Scott Wing)이 쓴 리뷰 논문이다(*Annual Review of Earth and Planetary Sciences*, 2011, 39: 489-516). 이 논문에는 2011년까지 PETM과 관련해시 나온 주요 연구들을 모두 인용하고 있다. 좀 더 최근에도 지질학적, 기후학적 연구가 나왔고, 내가 보기에는 이 연구를 통해 북대서양 화산폭발과 그 마그마가 주범이었음이 확인된 것으로 보인다(Gutjahr et al., *Nature*, 2017, 548: 573-77; Jones et al., 2019, *Nature Communications*, 10: 5547). 이 새로운 연구들은 사실상 PETM이 북대서양을 화산이 찢고 나오던 것과 시점을 같이해서 일어났다고 지적한 스벤슨 등(*Nature*, 2004, 429: 542-45)과 스토리 등(*Science*, 2007, 316: 587-89)의 가설을 확인해주었다. PETM에 대한 좀 더 대중적이고 시적인 시각에 관심이 있는 사람이라면 탁월한 과학 저술가 피터 브래넌이 *Atlantic* 2018년 8월호에 올린 글을 참고하라.

PETM은 환경에 무수히 많은 영향을 미쳤다. 전 지구적으로는 터무니없이 높은 고위도 북극의 육지 온도는 바이어스 등, *Earth and Planetary Science Letters*, 2007, 261: 230-38; 에버렐 등, *Earth and Planetary Science Letters*, 2010, 296: 481-86에 의해 확인됐다. 중위도 지역의 기온은 나프스 등이 측정했다(*Nature Geoscience*, 2018, 11: 766-71). 그리고 끓어 오르던 열대지역의 기온은 아제 등이 연구했다(*Geology*, 2014, 42: 739-42). 지역적으로는 와이오밍 빅혼 분지에서 크라우스와 리긴스가 일시적으로 건조화됐었다는 증거를 제시했다(*Palaeogeography, Palaeoclimatology, Palaeoecology*, 2007, 245: 444-61). 로스 시코드와 동료들은 기온 상승에 대해 구체적으로 설명했고(*Nature*, 2010, 467: 955-58), 스콧 윙과 동료들은 식물상의 변화에 대해 설명했다(*Science*, 2005, 310: 993-96).

빅혼 분지 포유류의 기록, 그리고 그 포유류들이 PETM에 반응한 방식은 필립 진저리치가 평생을 바친 연구 주제였고, 그의 제자 중에도 이것을 연구한 사람이 많다. 메노파교도로서 아이오와에서 진저리치가 어떻게 자랐는지 등 그의 배경에 대한 자료는 톰 뮬러(Tom Mueller)의 *National Geographic* 2020년 8월호 기사를 참고하라. 2006년에 진저리치는 이 주제에 대해 개괄한 자료를 발표했다(*Trends in Ecology and Evolution*, 21: 246-53). 그리고 뒤이어 PETM 기간 동안 포유류의 다양성과 체격이 어떻게 변했는지에 대해 자세히 다룬 두 편의 좀 더 기술적인 논문이 나왔다. 하나는 그의 대학원생 윌리엄 클라이드(William Clyde)가 주도한 논문이고(Clyde and Gingerich, *Geology*, 1998, 26: 1011-14), 하나는 진저리치가 작성한 논문이다(*Geological Society of America Special Papers*, 2003, 369: 463-78). 진저리치는 또한 빅혼 분지의 지질학과 고생물학에 관한 두 권의 중요한 책을 편집했다(*University of Michigan Papers on Paleontology*, 1980, 24; *University of Michigan Papers on Paleontology*, 2001, 33).

PETM과 포유류의 반응을 기록한 빅혼 분지 노출에 관해 발표된 핵심 논문은 다음과 같다. Gingerich, *University of Michigan Papers on Paleontology*, 1989, 28; Gingerich and his Belgian colleague Thierry Smith, *Contributions from the Museum of Paleontology*, The University of Michigan, 2006, 31: 245-303; Kenneth Rose and colleagues, *University of Michigan Papers on Paleontology*, 2012, 24. 로스 시코드는 PETM 기간 말의 왜소화에 관한 탁월한 연구를 《사이언스》에 발표했고(*Science*, 2012, 335: 959-62), 나중에는 애비게일 담브로시아(Abigail D'Ambrosia)와 그 연구진의 연구를 통해 뒤에 나타난 지구온난화 사건 동안에도 비슷한 방식으로 포유류의 왜소화가 일어났음이 밝혀졌다(*Science Advances*, 2017, 3: e1601430). 다른 중요한 논문으로는 에오세 빅혼 분지의 숲 환경에 관한 논문(Secord et al., *Paleobiology*, 2008, 34: 282-300)과 그 지역의 에오세 포유류에 관한 에이미 추(Amy Chew)의 장기 연구(*Paleobiology*, 2009, 35: 13-31)가 있다.

기온 급상승 동안에 일어난 PETM 삼총사인 영장류, 우제류, 기제류의 이동은 화석 기록으로 분명하게 남아 있다. 이 동물들은 북반구 대륙들 전체에서 사실상 동시에 나타난다. 영장류에 관해서는 티에리 스미스(Thierry Smith)와 동료들(*Proceedings of the National Academy of Sciences USA*, 2006, 103: 11223-27)과 크리스 비어드(Chris Beard, *Proceedings* of the National Academy of Sciences USA, 2008, 105: 3815-18)가 연구했다. 아시아와 다른 대륙에서의 전반적인 분산에 관해서는 보웬 등(Science, 2002, 295: 2062-65)과 바이 등(Communications Biology, 2018, 1: 115)이 평가했고, 유럽의 동물상에 관해서는 스미스 등[PLoS ONE, 2014, 9(1): e86229]이 논의했다.

전 세계로 퍼진 PETM 삼총사의 실제 구성원들에 대한 추가적인 정보는 다음의 자료들을 추천한다.

영장류: 초기 영장류 진화와 관련해서 가장 재미있고 접근하기 쉬운 안내서 중 하나는 저명한 고생물학자이자 맥아더 천재 장학금 수상자인 크리스 비어드의 책이다(The Hunt for the Dawn Monkey, University of California Press, 2004). PETM기의 영장류인 테일라르디나는 니 등(Nature, 2004, 427: 65-68), 로즈 등(American Journal of Physical Anthropology, 2011, 146: 281-305), 모스 등(Journal of Human Evolution, 2019, 128: 103-31)이 보고했다. 비슷한 시기에 등장한 다른 흥미로운 영장류로는 칸티우스(Cantius, Gingerich, Nature, 1986, 319: 319-21)와 아르키케부스(Archicebus, Ni et al., Nature, 2013, 498: 60-64) 등이 있다.

우제류: 개척자 우제류인 디아코덱시스의 이름은 코프가 명명했고, 보고는 초기 포유류의 해부학 및 진화에 관한 한 세계에서 가장 존경받는 전문가 중 한 명인 켄 로즈가 했다(Science, 1982, 216: 621-23). 두개골 뒤쪽 나머지 골격의 해부학에 대한 추가적인 보고는 테위센, 후세인(Anatomia, Histologia, Embryologia, 1990, 19: 37-48)에 의해 이루어졌다. 마에바 올리악(Maëva Orliac)과 동료들은 CT 스캔을 이용해서 그 뇌(Proceedings of the Royal Society, Series B, 2012, 279: 3670-77)와 속귀(Journal of Anatomy, 2012, 221: 417-26)에 대해 보고했다.

기제류: 오래된 많은 문헌에서는 시프립푸스를 히라코테리움(Hyracotherium)으로 지칭하고 있다. 히라코테리움은 잘 알려진 초기 말의 속(屬)으로, 서로 다른 여러 개의 종을 한 집단으로 묶어놓는 쓰레기통이 됐다. 이 부분은 데이비드 프뢸리히(David Froehlich)에 의해 명확하게 밝혀졌다. 시프립푸스라는 이름을 만든 사람이 그였다(Zoological Journal of the Linnean Society, 2002, 134: 141-256). 히라코테리움이라는 이름 아래 시프립푸스의 해부학을 기술한 사람은 우드 등(Journal of Mammalian Evolution, 2011, 18: 1-32)이다. 켄 로즈와 동료들은 기제류가 인도대륙에서 기원한 다음, 인도대륙과 아시아대륙이 에오세에 충돌했을 때 아시아로 퍼져나갔다는 도발적인 이론을 제안했다(Nature Communications, 2011, 5: 5570; Society of Vertebrate Paleontology Memoir, 2020, 20: 1-147). 인도대륙이 노아의 방주 역할을 했다는 개념이 흥미롭기는 하지만, 기제류의 조상들이 백악기나 팔레오세 당시 섬이었던 인도대륙에 어떻게 갔는지가 분명하지 않다.

에오세 영장류, 기제류, 우제류, 기타 포유류 전반에 관한 정보를 얻을 수 있는 최고의 자료 중 하나는 도널드 프로테로의 Princeton Field Guide to Prehistoric Mammals(Princeton University Press, 2017)이다. 나도 이 책을 많이 참고했다. 발굽 동물과 관련해서 유용한 또 한 권의 책으로는 도널드 프로테로가 로버트 쇼흐와 쓴 책, *Horns, Tusks, and Flippers*(The Johns Hopkins University Press, 2002)이 있다. 두 책 모두 기이한 브론토테리움과와 칼리코테리움과에 관해 방대한 정보를 담고 있다. 브론토테리움과에 대한 최고의 보고 자료는 매슈 밀바클러(Matthew Mihlbachler)의 논문이다(*Bulletin of the American Museum of Natural History*, 2008, 311: 1-475). 이 논문은 한 세기 동안 느슨하게 이루어지던 보고와 분류학 연구를 말끔하게 정리하고 업데이트된 분류를 제시했다.

역사가 에이드리엔 메이어(Adrienne Mayor)는 천둥의 야수와 다른 북아메리카 토종 생물 화석의 발견 이야기를 2005년에 *Fossil Legends of the First Americans*(Princeton University Press)라는 책과 2007년 기사(*Geological Society of London, Special Publications*, 273: 245-61)로 펴냈다.

설치류가 정말로 다구치류와의 경쟁에서 승리해서 그들을 멸종시켰을까? 아니면 그냥 운이 좋아서 그 자리를 대신한 것일까? 젊은 고생물학자 닐 애덤스(Neil Adams)는 석사 과정 학생 시절에 똑똑한 생물역학적(biomechanical) 접근 방식을 이용해서 이것을 평가한 다음 2019년에 발표했다(*Royal Society Open Science*, 6: 181536). 이 논문에서 나온 최종 평결은 '그럴지도'였다. 설치류는 무언가를 물었을 때 다구치류에 비해 두개골 뼈에 가해지는 스트레스가 컸지만 교합력을 최적화할 수 있었다. 즉 두 집단의 씹는 방식이 정확히 똑같지 않았고, 어느 한쪽이 다른 쪽보다 우월했는지는 사실 불분명하다는 의미다.

찰스 다윈의 비글호 여행에 관한 정보와 실제 사실을 찾아볼 수 있는 최고의 자료는 다윈 자신이 직접 쓴 책인《비글호 항해기(The Voyage of the Beagle)》(1839)와《종의 기원(The Origin of Species)》(1859)이다. 다윈의 포유류 발견에 대해서는 고생물학자 후안 페르니콜라(Juan Fernicola)와 동료들이 리뷰했고(*Revista de la Asociación Geológica Argentina*, 2009, 64: 147-59), 데이비드 쾀멘(David Quammen)이 *National Geographic*(2009년 2월)에서 더 대중적으로 다루고 있다. 페르니콜라의 논문 또한 남아메리카대륙 토착민들이 거대한 화석뼈와 접촉하게 된 이야기를 다루고 있다.

다윈의 남아메리카 유제류에 대해서 근래에 다룬 크로프트(Darin Croft)와 동료들이 리뷰했고(*Annual Review of Earth and Planetary Sciences*, 2020, 48: 11.1-11.32), 위에서 인용한 도널드 프로테로의 책 두 권에서도 이 내용을 다루고 있다. 리처드 오언과 아메히노 형제에 대한 정보는 데이비드 레인스 윌리스의 *Beasts of Eden*에서 가져왔다. 이들을 기제류와 연관 짓는 친자검사 연구는 단백질(Welker et al., *Nature*, 2015, 522: 81-84; Buckley, *Proceedings of the Royal Society, Series B*, 2015, 282: 20142671)과 DNA(Westbury et al., *Nature Communications*, 2017, 8: 15951)를 바탕으로 이루어졌다. 다윈의 유제류 중 친자검사를 해본 것은 두 개의 하위 집단, 즉 리톱테른(litopterns, 마크라우케니아 집단)과 노토운귤레이트(notoungulates, 톡소돈 집단)밖에 없다는 점을 지적해야겠다. 따라서 나머지 하위집단도 기제류와 연관이 있는지는 아직 불분명하다. 다윈의 유제류가 남아메리카대륙에서 남극대륙으로 확산된 것에 대해서는 레게로 등의 연구(*Global and Planetary*

Change, 2014, 123: 400-413)에서 검토하고 있다.

남아메리카 섬 대륙의 포유류 동물상에 대해서는 다린 크로프트(Darin Croft)가 *Horned Armadillos and Rafting Monkeys*(Indiana University Press, 2016)라는 책에서 전문적으로 소개하고 있다. 조지 게일로드 심슨은 자신의 관점을 *Splendid Isolation*(Yale University Press, 1980)이라는 책에서 소개하고 있다. 스파라소돈타류에 관한 중요한 논문들은 다음과 같다. Argot, *Zoological Journal of the Linnean Society*, 2004, 140: 487-521; Forasiepi, *Monografías del Museo Argentino de Ciencias Naturales*, 2009, 6: 1-174; Goswami et al., *Proceedings of the Royal Society, Series B*, 2011, 278: 1831-39; Prevosti et al., *Journal of Mammalian Evolution*, 2013, 20: 3-21; Croft et al., *Proceedings of the Royal Society, Series B*, 2017, 285: 20172012; Muizon et al., *Geodiversitas*, 2018, 40: 363-459; Janis et al., *PeerJ*, 2020, 8: e9346. 후자의 논문은 생물역학적 분석을 이용해서 '유대류 검치호' 틸라코스밀루스가 진짜 고양잇과 검치호와는 다른 방식으로 송곳니를 사용했다고 주장하고 있다. 이 경우는 목에 구멍을 내는 용도보다는 배를 여는 도구로 사용되었다고 한다. 다윈의 유제류 뼈에 남은 스파라소돈타류의 물린 자국에 대해서는 토마시니 등의 연구(*Journal of South American Earth Sciences*, 2017, 73: 33-41)에서 보고하고 있다.

도저히 있을 것 같지 않지만 진짜로 있었던, 아프리카대륙에서 남아메리카대륙으로 뗏목을 타고 넘어간 영장류와 설치류의 이야기는 몇 편의 주요 논문에서 다루고 있다. 마리아노 본드(Mariano Bond)와 동료들은 남아메리카대륙 에오세의 가장 오래된 신세계원숭이 페루피테쿠스(*Perupithecus*)에 대해 보고했다(*Nature*, 2015, 520: 538-41). 놀랍게도 세이퍼트와 동료들은 근래에 남아메리카대륙 영장류의 두 번째 혈통에 대해 보고했다. 이들 역시 아프리카 집단 안에 자리 잡고 있으며 신세계원숭이들과는 독립적으로 뗏목을 타고 서쪽으로 향했는지도 모른다(*Science*, 2020, 368: 194-97). 천축서소목 설치류의 뗏목 여행에 대해서는 앙투안 등의 연구(*Proceedings of the Royal Society, Series B*, 2012, 279: 1319-26)에서 다루고 있다. 소만 한 크기의 거대한 설치류 요세포아르티가시에 대해서는(기니피그처럼 생긴 동물이 자동차만큼 크다고 상상해보라!) 린드크네호트, 블랑코의 연구(*Proceedings of the Royal Society, Series B*, 2008, 275: 923-28)와 밀리언의 글(*Proceedings of the Royal Society, Series B*, 2008, 275: 1953-55)에서 다루고 있다. 설치류와 영장류는 아프리카에서 남아메리카로 이동하기 전에 먼저 아시아 또는 유럽에서 아프리카로 이동해 들어와야 했다. 이것에 대해서는 살람 등(*Proceedings of the National Academy of Sciences USA*, 2009, 106: 16722-27), 예거 등(*Nature*, 2010, 467: 1095-98), 그리고 위에서 인용한 크리스 비어드의 책에서 다루고 있다.

7. 걷는 고래와 하늘을 나는 포유류

이 장의 주제인 '극단적인 포유류'는 동일한 이름의 전시회에서 영감을 받은 것이다. 이 전시회는 원래 미국 자연사박물관에서 개최됐고, 내 박사학위 심사위원회 위원이자 스승이었으며 폭넓은 존경을 받고 있는 포유류 전문가 존 플린(John Flynn)이 큐레이터를 맡았다.

이 장은 코끼리, 박쥐, 고래를 중점적으로 다룬다. 각 집단에 대한 추가 자료는 아래 소개하고 있다. 이 세 집단 모두의 진화를 전반적으로 다루고 있는 가장 흥미진진한 자료는 도널드 프로테로의 *Princeton Field Guide to Prehistoric Mammals*(Princeton University Press, 2017)이다. 각각의 집단의 진화 역사와 상호관계에 대한 정보는 위에서 인용한 *Handbook of Zoology: Mammalian Evolution, Diversity and Systematics*(DeGruyter, 2018) 중 로버트 애서가 쓴 장에 훌륭하게 요약되어 있다.

코끼리: 에마뉘엘 기에브랑(Emmanuel Gheerbrant)과 동료들은 과도기를 거치는 코끼리 화석에 대한 몇 편의 논문을 통해 이들이 시간의 흐름에 따라 어떻게 체격이 거대해졌는지 보여주었다. 여기에 해당하는 연구로는 에리테리움에 관한 연구(*Proceedings of the National Academy of Sciences USA*, 2009, 106: 10717-21), 포스파테리움에 대한 연구(*Nature*, 1996, 383: 68-70), 다오우이테리움에 대한 연구(*Acta Palaeontologica Polonica*, 2002, 47: 493-506) 등이 있다. 기에브랑은 또한 오세페이아(*Ocepia*)를 비롯해서 코끼리와 다른 현대 종으로 이어지는 고대 혈통에 대해서(*PLoS ONE*, 2014, 9: e89739), 그리고 압두노두스(*Abdounodus*)에 대해서(*PLoS ONE*, 2016, 11: e0157556) 등 원시 아프로테리아상목 화석에 대해서도 보고했다. 그리고 그는 거대한 뿔이 달린 기이한 동물인 아르시노테리움(*Arsinotherium*)을 포함하는 멸종 집단인 엠브리토포드(embrithopods)의 기원에 대해서도 중요한 연구를 진행했다(*Current Biology*, 2018, 28: 2167-73). 다른 멸종 아프테리아상목과 관련해서는 세 편의 논문이 선사시대 바위너구리의 이상한 체형과 체격에 대해 잘 담아내고 있다(Schwartz et al., *Journal of Mammalogy*, 1995, 76: 1088-99; Rasmussen and Simmons, *Journal of Vertebrate Paleontology*, 2000, 20: 167-76; Tabuce, *Palaeovertebrata*, 2016, 40: e1-12). 마지막으로 아프로테리아상목에 대해 한 가지 분명하게 지적할 것이 있다. 이들은 아프리카 고유종으로 보이지만 그 선조가 백악기 말기나 팔레오세 초기에 다른 곳에서 넘어 왔을 수도 있으며, 따라서 이 최초의 아프로테리아상목 동물들이 사실은 아프리카에 국한되기 전에 다른 대륙에 존재했거나 널리 퍼져 있었을 가능성도 있다.

개별 종에 대한 체격 추정치를 비롯해서 시간의 흐름에 따른 코끼리 체격에 대한 논의는 아시에르 라라멘디(Asier Larramendi)의 중요한 논문에서 가져왔다(*Acta Palaeontologica Polonica*, 2016, 61: 537-74). 이 논문은 팔라이올록소돈의 거대한 체격 추정치에 대한 증거를 검토하고 있다. 이 추정치는 솔직히 파편으로 남은 화석에서 추론한 내용을 기반으로 하고 있다. 이 논문에서는 파라케라테리움 같은 에오세-올리고세 코뿔소의 체격에 대해서, 그리고 이런 동물들이 가장 큰 코끼리와 비교해서 얼마나 컸는지에 대해서도 얘기하고 있다. 이 글과 다른 문헌들을 읽으면서 나는 사상 최대의 육상 포유류라는 타이틀을 팔라이올록소돈 같은 코기리가 차지할지, 파라케라테리움 같은 코뿔소가 차지할지에 대해 확신할 수 없을 거라는 생각이 들었다. 하지만 이것은 그리 중요한 문제가 아니다. 이 동물들은 대략 비슷한 크기였고, 모두 크기가 어마어마했다.

시간의 흐름에 따른 포유류 체격의 진화, 그리고 어떻게 체격이 에오세-올리고세 경계 즈음에 절정에 도달하게 됐는지에 대한 논의는 다음의 두 핵심 논문에 담긴 정보를 바탕으로 했다. 펠리사 스미스(Felisa Smith, *Science*, 2010, 330: 1216-19)와 유하 사리넨(Juha Saarinen, *Proceedings of the Royal Society of London, Series B*, 2014, 281: 20132049) 그리고 거기에 더해서 첫 번째 논문에 대해 반박하는 내용이 담긴 롤랜드 수키아스(Roland Sookias)와 동료들의 논문도 참고했다(*Biology Letters*, 2012, 8: 674-77).

공룡이 어떻게 거대한 체격으로 자라났고, 어떤 해부학적 특성 때문에 그것이 가능했는지에 관한 추가적인 정보는 내 책 《완전히 새로운 공룡의 역사》와 그 안에 인용된 참고 문헌을 참고하기 바란다. 그 참고 문헌 중에는 마틴 샌더(Martin Sander)와 동료들의 중요한 연구도 포함되어 있다(*Biological Reviews*, 2011, 86: 117-55). 코끼리의 뇌, 그리고 그것이 시간의 흐름에 따라 어떻게 커졌는지에 관한 정보는 줄리앙 베누아(Julien Benoit)와 그 연구진(*Scientific Reports*, 2019, 9: 9323)의 연구를 참고하라.

박쥐: 박쥐와 관련해서는 낸시 시몬스(Nancy Simmons)와 동료들이 가장 오래되고 가장 원시적인 박쥐 화석인 오니코닉테리스에 대해 보고해 《네이처》 커버를 장식했다(*Nature*, 2008, 451: 818-21). 이들은 나중에 이 동물의 후두와 귀에 대한 구체적인 내용을 발표했고(*Nature*, 2010, 466: E8-E9, 아래 인용한 베셀카 등의 논문에 대한 반응으로), 루실라 아마도르(Lucila Amador)가 주도한 논문에서는 날개와 비행 스타일에 대해 다루었다(*Biology Letters*, 2019, 15: 20180857). 낸시는 동료 그레그 거넬(Gregg Gunnell)이 이끈, 박쥐의 기원에 관한 리뷰 논문에도 참여했고(*Journal of Mammalian Evolution*, 2005, 12: 209-46), 낸시와 조너선 가이슬러(Jonathan Geisler)는 박쥐의 계통학에 관해 이정표가 될 만한 논문을 발표했다(*Bulletin of the American Museum of Natural History*, 1998, 235: 1-182).

그 밖에 중요한 에오세 박쥐 화석으로는 미국 서부에서 나온 이카로닉테리스(*Icaronycteris*, Jepsen, *Science*, 1966, 1333-39), 호주에서 나온 오스트랄로닉테리스(*Australonycteris*, Iland et al., *Journal of Vertebrate Paleontology*, 1994, 14: 375 81), 탄자니아에서 나온 탄자니크테리스(*Tanzanycteris*)[Gunnell et al., *Palaeontologica Electronica*, 2003, 5(3): 1-10], 알제리에서 나온 초에 에오세 표본(Ravel et al., *Naturwissenschaften*, 2011, 98: 397-405), 인도에서 나온 몇몇 표본(Smith et al., *Naturwissenschaften*, 2007, 94: 1003-09), 포르투갈에서 나온 표본(Tabuce et al., *Journal of Vertebrate Paleontology*, 2009, 29: 627-30) 등이 있다. 독일에서 나온 메셀 박쥐는 위에서 인용한 *Messel: An Ancient Greenhouse Ecosystem*, 그리고 외르크 하버세처(Jörg Habersetzer)와 동료들이 쓴 두 편의 논문(*Naturwissenschaften*, 1992, 79: 462-66; *Historical Biology*, 1994, 8: 235-60)에 기술되어 있다.

박쥐의 비행에 대해서는 문헌이 풍부하게 나와 있다. 박쥐의 비행방식, 그리고 그들의 골격과 날개 형태 때문에 이것이 가능해진 이유에 관한 최고의 자료 중 하나는 노르베리, 레이너(*Philosophical Transactions of the Royal Society, Series B*, 1987, 316: 335-427)의 연구다. 내가 언급한 시속 160킬로미터는 맥크래켄과 동료들이 기록한 값이다(*Royal Society Open Science*, 2016, 3: 160398). 캐런 시어스(Karen Sears)와 동료들은 태아에서 박쥐의 날개가 어떻게 발달하는지, 그리고 이것이 그들의 진화 방식에서 무엇을 의미하는지에 관해 중요한 논문을 발표했다(*Proceedings of the National Academy of Sciences USA*, 2006, 103: 6581-86).

박쥐의 반향정위에 관한 문헌도 풍부하다. 접근 가능한 리뷰 논문으로는 아리타, 펜턴(*Trends in Ecology and Evolution*, 1997, 12: 53-58), 스피크맨(*Mammal Review*, 2001, 31: 111-30), 존스, 틸링(*Trends in Ecology and Evolution*, 2006, 21: 149-56) 등이 있다. 마이크 노바체크는 달팽이관의 크기가 반향정위와 관련이 있음을 보여주었다(*Nature*, 1985, 315: 140-41). 그리고 니나 베셀카(Nina Veselka)의 연구진은 후두와 귓속뼈 사이의 관계가 반향정위와 어떤 관계가 있는지 보여주었다(*Nature*, 2010, 463: 939-42). 어떤 저자들은 현대 박쥐 종의 계통수와 현대 종 사이에서 나타나는 서로 다른 종류의 반향정위가 어떻게 분포되어 있는지를 바탕으로 박쥐에서 어떻게 반향정위가 진화했는지에 초점을 맞추었다. 그중에서 참고할 만한 논문으로는 엠마 틸링과 동료들(*Nature*, 2000, 403: 188-92), 그리고 마크 스프링거와 연구진(*Proceedings of the National Academy of Sciences USA*, 2001, 98: 6241-46)이 있다. 낸시 시몬스와 마찬가지로 박쥐에 관한 선도적 전문가로 널리 인정받고 있는 틸링은 DNA 친자검사를 이용해서 오늘날 존재하는 박쥐들의 계통학적 관계를 살펴본 기념비적인 연구를 이끌었다(*Science*, 2005, 307: 508-84).

나는 그뢰거, 바이그레베(*BMC Biology*, 2006, 4: 18)와 슈미트 등(*Journal of Comparative Physiology A*, 1991, 168: 45-51)을 통해 흡혈박쥐, 특히 그들의 사냥 방식과 그들의 뇌가 어떻게 호흡 리듬에 맞춰져 있는지에 대해 많은 것을 배웠다. 흡혈박쥐 한 무리가 한 해에 얼마나 많은 소의 피를 마시는지에 관한 내용은 내셔널 지오그래픽에서 가져왔다 (https://www.nationalgeographic.com/animals/mammals/c/common-vampire-bat/).

고래: 고래에 대해서는 고래가 걸어 다니던 선조로부터 어떻게 진화했고, 이 가장 극단적인 포유류가 오늘날 어떻게 움직이고, 섭식하고, 번식하고, 소통하는지에 대해 다루는 방대하고, 폭넓고, 깊이 있는 문헌들이 나와 있다. 고래의 과거, 현재, 미래에 대한 1인칭 시점의 빠른 이야기를 원하는 사람에게는 닉 펜슨(Nick Pyenson)의 대중과학서 *Spying on Whales*(Viking, 2018)를 강력하게 추천한다. 닉은 스미스소니언의 큐레이터이고 고래의 화석 발굴과 보고에서 현대 고래의 해부, 이동 패턴과 잠수 패턴을 연구하기 위해 살아 있는 고래에 꼬리표 붙이기까지 고래생물학 분야에서 안 해본 일이 없는 것 같다. 타의 추종을 불허하는 과학저술가 칼 짐머(Carl Zimmer)는 걸어 다니던 고래가 어떻게 헤엄을 치게 되었는지에 대해서도 부분적으로 초점을 맞추어 진행하는 대중과학서적인 *At the*

Water's Edge(Simon & Schuster, 1999)을 썼다. 좀 더 최근에는 한스 테위센이 고래의 진화와 자신이 발견한 고래 이야기에 대해 반쯤은 기술적이고, 반쯤은 개인적인 *The Walking Whales*(University of California Press, 2019)를 썼고, 안나리사 베르타(Annalisa Berta)는 모든 해양 포유류에 대해 더욱 전반적으로 다루는 서적인 *Return to the Sea*(University of California Press, 2012)를 썼다. 고생물학자 펠릭스 막스(Felix Marx), 올리비에 램버트(Olivier Lambert), 마크 우헨(Mark Uhen)은 함께 팀을 이루어 고래의 진화와 역사에 대한 환상적인 책 *Cetacean Paleobiology*(Wiley-Blackwell, 2016)을 썼다.

고래에 대해 더 깊이 파고들기 전에 잠깐 여담을 하려고 한다. 특이한 읽을거리를 원하는 사람이라면 디트리히 클렘(Dietrich Klemm)과 로즈마리 클렘(Rosemary Klemm)의 *The Stones of the Pyramids*(De Gruyter, 2010)를 읽어보기 바란다. 이 책은 기자 피라미드와 다른 이집트 기념물들이 어떤 바위로 만들어졌는지 설명하고 있다.

걸어 다니던 동물이 어떻게 헤엄을 치는 동물이 되었는지에 관한 고래의 진화 이야기에 관해서는 그 이야기를 잘 담아내고 있는 몇 편의 리뷰 논문이 나와 있다. 그중에서도 으뜸은 다음과 같다. Hans Thewissen and E. M. Williams, *Annual Review of Ecology, Evolution, and Systematics*, 2002, 33: 73-90; Hans Thewissen, Lisa Noelle Cooper and colleagues, *Evolution: Education and Outreach*, 2009, 2: 272-88; Sunil Bajpai and colleagues, *Journal of Biosciences*, 2009, 34: 673-86; Mark Uhen, *Annual Review of Earth and Planetary Sciences*, 2010, 38: 189-219; John Gatesy and colleagues, *Molecular Phylogenetics and Evolution*, 2013, 66: 479-506; Nick Pyenson, *Current Biology*, 2017, 27: R558-R564. 이 리뷰들은 또한 고래와 우제류를 이어주는 DNA와 다른 분자적 증거, 이런 연구의 역사에 대해서도 다루며 관련 핵심자료들도 인용하고 있다. 내가 만든 표현이면 정말 좋겠지만 "아기 사슴 밤비가 어떻게 고래 모비 딕이 되었느냐"라는 표현은 이안 샘플(Ian Sample)이 인도히우스의 발견에 대해 *Guardian*에 투고한 글의 헤드라인에서 영감을 받은 것이다(나는 이 글에서 인도히우스 화석 발견에 대한 구체적인 정보도 수집했다).

두 편의 논문이 거의 동시에 에오세 고래에서 우제류의 전형적인 특성인 이중 도르래 복사뼈의 발견을 공표했다. 하나는 테위센과 동료들의 글(*Nature*, 2001, 413: 277-81)이고, 하나는 필립 진저리치와 동료들의 글(*Science*, 2001, 293: 2239-42)이다.

내 화법이 갖고 있는 잠재적 함정에 대해 분명하게 밝히고 싶다. 과도기적 고래에 대해 얘기하면서 인도히우스 한 마리가 물속으로 도망쳤고, 이 한 마리 개체가 고래의 선조가 됐다는 인상을 심어줄 수 있다. 그와 비슷하게 인도히우스가 파키케투스로 진화하고, 이것이 다시 암불로케투스로, 이것이 다시 로드호케투스, 이것이 다시 오늘날의 고래로 진화했다는 인상을 심어줄 수 있다. 엄밀하게 따지면 그렇지는 않다. 우선 첫 번째 사안에 관해 얘기하자면, 인도의 섬 대륙에 살던 한 인도히우스 개체군(그리고 가까운 친척 종)이 물속에서 살아가는 실험을 시작했을 것이다. 그리고 두 번째 사안의 경우, 내가 본문에서 언급한 화석들은 고래로 이어지는 계통수 혈통에서 연속적인 가지를 형성하고 있다.

엄밀하게 따지면 이 종들이 서로에게 선조인 것은 아니다. 다만 고생물학자들이 우연히 지금까지 발견하게 된 화석일 뿐이다. 이 종들은 우리가 아직 찾아내지 못한 다른 많은 종을 포함하고 있는 훨씬 큰 사슬에서 한 고리씩 자리를 차지하고 있을 것이다. 또한 내가 강조한 특정 종들은 더 큰 집단의 구성원이다. 인도히우스는 라오엘리대(Raoellidae)의 일부고, 로드호케투스는 프로토케투스과(Protocetidae)의 일부고, 바실로사우루스는 바실로사우루스과(Basilosauridae)의 일부다. 고래로 이어지는 계통에서 선조들로 이루어진 일련의 단계를 형성하는 이 집단들, 그리고 레밍톤케투스과(Remingtonocetidae)라는 또 하나의 집단에 대해서는 본문에서 언급하지 않았다. 내가 본문에서 얘기한 종들은 이 집단을 가장 잘 대표하는 종들이다. 이들은 최고의 화석을 통해 세상에 알려졌고, 가장 집중적으로 연구가 이루어진 대상이기 때문에 특성을 열거하기도 제일 쉽다. 따라서 내가 언급한 화석들은 사슴과 비슷하게 생겼던 고래의 선조들이 점점 더 헤엄을 잘 치게 되면서 변화해가는 점진적인 단계를 대표해서 보여준다. 각각의 화석은 이야기의 일부를 밝혀주는 단서가 되어준다. 이런 특정 종들이 엄격하게 선조-후손 사슬을 형성하는 것은 아니지만 고래로 이어지는 계통수에서 이들이 이루는 단계적 배열이 이야기에 방향성을 제공해준다. 이 사슬에서 다른 연결고리들이 발견될 날을 기다리고 있을지 누가 알겠는가?

여기 고래로 이어지는 계통에서 사슬처럼 이어진 과도기 종들에 대한 필수 자료들을 소개한다.

인도히우스: A. 랑가 라오가 1971년에 이 포유류의 단편적인 화석에 대해 처음으로 보고했다(*Journal of the Geological Society of India*, 12: 124-34). 그리고 나중에 한스 테위센과 동료들이 고래와의 연관성을 밝혀준 새로운 화석에 대해 보고했다(*Nature*, 2007, 250: 1190-94). 그리고 이어서 이 화석들을 2012년에 리사 노엘 쿠퍼, 테위센이 더 포괄적이고 구체적으로 보고했다(*Historical Biology*, 24: 279-310). 테위센의 연구진에는 인도인 동료 수닐 바즈파이와 B. N. 티와리도 포함됐다.

파키케투스: 필 진저리치와 동료들이 처음으로 파키케투스에 대해 보고했다(*Science*, 1983, 220: 403-6). S. I. 마다르는 파키케투스와 다른 파키케티드(pakicetids)의 골격에 대해 더 자세하게 보고했다(*Journal of Paleontology*, 2007, 81: 176-200).

암불로케투스: 한스 테위센과 동료들이 암불로케투스에 대해 처음으로 보고했다(*Science*, 1994, 263: 210-12). 그리고 나중에 이 골격에 대해 포괄적으로 기술하는 논문을 발표했다(*Courier Forsch.Inst. Senckenberg*, 1996, 191: 1-86). 2016년에는 안도 코나미(Konami Ando)와 후지와라 신이치(Shin-ichi Fujiwara)가 중요한 연구를 발표하며, 두개골 뒤쪽의 해부학을 바탕으로 암불로케투스가 수영을 잘하고 걷기는 잘 못해서 대부분의 시간을 물속에서 보냈을 것이라 주장했다(*Journal of Anatomy*, 229: 768-77). 수닐 바즈파이와 진저리치는 또 다른 중요한 암불로케티드(ambulocetid)인 히말라야케투스(*Himalayacetus*)에 대해 보고했다. 약 5250만 년 정도 되어 현재 알려진 화석 기록 중에는 가장 오래된 고래인 히말라야케투스는 육상에서 물로의 전이가 그즈음에 일어났음을 보여준다(*Proceedings of the National Academy of Sciences USA*, 1998, 95: 15464-68).

프로토케투스과: 진저리치와 동료들이 1994년에 로드호케투스에 대해 보고했다(*Nature*, 368: 844-47). 벨기에의 고래 전문가 올리비에 램버트(나는 그와 몇 년 동안 학술지 *Acta Palaeontologica Polonica*를 공동 편집했다)는 2019년 논문에서 페루의 파키케티드(pakicetid)인 페레고케투스에 대해 보고했다(*Current Biology*, 29: 1352-59). 이 논문은 고래의 초기 분포와 이동에 대해 좀 더 전반적으로 논의하고 있다. 그는 이 논문에서 페루, 이탈리아, 프랑스 출신의 몇몇 공동저자와 힘을 합쳤다. 그래서 최초의 전 지구적 고래를 연구하는 국제 연구진이 결성됐다. 계통수에서 파키케티드-암불로케티드-프로토케투스과에 속하는 고래의 청각 능력에 대해서도 상당히 많은 연구가 나와 있다. 그중에서 가장 중요한 논문은 다음과 같다. Thewissen and Hussain, *Nature*, 1993, 361: 444-45; Nummella et al., *Nature*, 2004, 430: 776-78; Mourlam and Orliac, *Current Biology*, 2017, 27: 1776-81.

바실로사우루스와 와디 알히탄 고래: 바실로사우루스는 화려한 역사를 갖고 있다. 이 동물은 1830년대에 미국 남부에서 처음 발견되어 이름을 갖게 됐다. 이 이름은 '왕 도마뱀(king lizard)'이라는 의미로, 바다의 뱀처럼 생겼다고 해서 붙여진 이름이다. 이 동물이 파충류가 아니라 초기 고래임을 처음 깨달은 사람은 계속해서 등장하는 악당 리처드 오언이었다. 하지만 동물 명명학의 규칙에 따라 바실로사우루스라는 이름을 그대로 사용해야 했다. 이 역사는 위에서 인용한 데이비드 레인스 월리스의 *Beasts of Eden*과 도널드 프로테로와 로버트 쇼흐의 *Horns, Tusks, and Flippers*에 연대순으로 정리되어 있다. 진저리치가 이끄는 연구진은 1990년에 바실로사우루스의 이집트 표본에서 나온 다리와 발에 대해 보고했다(*Science*, 249: 154-57). 1992년에 진저리치는 알히탄 고래와 다른 이집트 에오세 고래에 대한 논문을 발표해서 개별 표본이 지리적으로, 또 에오세 바위 지층 순서 중 어디에서 발견됐는지를 꼼꼼하게 기록했다(*University of Michigan Papers on Paleontology*, 30: 1-84). 만자 보스(Manja Voss)가 이끄는 팀(진저리치와 이집트 동료들도 포함)은 바실로사우루스 안에 있던 도루돈의 놀라운 화석에 대해 보고했다(*PLoS ONE*, 2019, 14: e0209021). *National Geographic* 2010년 8월 호에 나온 톰 뮬러의 글은 알히탄 고래와 진지리치의 연구에 대해 대중적으로 접근해서 설명했다.

이빨고래류의 초기 진화에 관한 중요한 참고 문헌으로는 본문에서 이름으로 언급한 세 가지 종에 대한 논문들이 있다. 코틸로카라(Geisler et al., *Nature*, 2004, 508: 383-86), 에코베나토르(Churchill et al., *Current Biology*, 2016, 26: 2144-49), 리비아탄(Lambert et al., *Nature*, 2010, 466: 105-8). 거기에 더해서 이빨고래류의 생물학적 측면에 관한 다른 중요한 연구로는 고생물학자 트래비스 파크(Travis Park)가 반향정위의 기원과 초기 진화에 대해 연구한 논문(*Biology Letters*, 2016, 12: 20160060), 그리고 로리 마리노(Lori Marino)와 동료들이 이빨고래류의 거대한 뇌 진화에 대해 쓴 논문(*The Anatomical Record*, 2004, 281A: 1247-55; *PLoS Biology*, 2007, 5: e139)이 있다.

수염고래류의 초기 진화에 관한 중요한 참고 문헌으로는 본문에서 이름으로 언급한 두 종에 대한 논문들이 있다. 마스타코돈(Lambert et al., *Current Biology*, 2017, 27: 1535-41)과 라노케투스(Mitchell, *Canadian Journal of Fisheries and Aquatic Sciences*, 1989, 46: 2219-35; Fordyce and Marx, *Current Biology*, 2018, 28: 1670-76). 거기에 더해서 턱에 치아도 수염도 없는 주요 종인 마이아발레나(*Maiabalaena*)에 관한 논문이 있다(Peredo et al., *Current Biology*, 2018, 28: 3992-4000). 수염고래 생물학의 여러 측면에 관한 다른 중요한 연구로는 수염의 기원과 초기 진화에 관한 논문들이 있다(Peredo et al., *Frontiers in Marine Science*, 2017, 4: 67; Hocking et al., *Biology Letters*, 2017, 13: 20170348). 다음에 나오는 다른 가설들도 참고하기 바란다. Demere et al., *Systematic Biology*, 2008, 57: 15-37; Geisler et al., *Current Biology*, 2017, 27: 2036-42. 그리고 그들의 청각 능력에 대한 논문도 참고하라(Park et al., *Proceedings of the Royal Society, Series B*, 2017, 284: 20162528).

대왕고래의 생물학적 재능과 수염고래 대형화의 진화에 대한 주요 참고 자료는 다음과 같다. Lockyer, *FAO Fisheries Series*, 1981, 3: 379-487; Mizroch et al., *Marine Fisheries Review*, 1984, 46: 15-19. 크릴의 섭식에 관한 자료는 Goldbogen et al., *Journal of Experimental Biology*, 2011, 214: 131-46; Fossette et al., *Ecology and Evolution*, 2017, 7: 9085-97 등이 있으며, 체격의 진화에 관한 자료는 Slater et al., *Proceedings of the Royal Society, Series B*, 2017, 284: 20170546; Goldbogen et al., *Science*, 2019, 366: 1367-72 등이 있다. 닉 펜슨의 책 *Spying on Whales*과 위에서 인용한 2017년 *Current Biology* 리뷰 논문은 수염고래류의 크기 진화에 대해 명확하고 이해하기 쉽게 설명하고 있다.

8. 풀이 말을 낳은 이야기

아메리카 사바나에서 일어난 화산재 대재앙을 다룬 내 허구의 이야기는 애시폴 화석층에 보존되어 있는 화석(다양한 동물종, 그들의 골격이 화산재 속에서 취하고 있던 위치, 뼈에서 관찰할 수 있는 질병 등), 현장의 지질학(서로 다른 화산재층, 화산재층의 두께와 속성, 그리고 이것이 사건이 일어난 순서에서 함축하는 의미 등), 그리고 에든버러대학교에 있는 두 명의 화산학 동료, 엘리자 콜더(Eliza Calder)와 이슬라 시몬스(Isla Simmons)와의 재미있는 대화를 바탕으로 지어낸 것이다.

화산재 현장에 대한 최고의 정보는 그것을 발견한 과학자 마이크 부어하이스(Mike Voorhies)가 쓴 글이다. 특히 다음의 자료에 많은 정보가 들어 있다. 그의 1985년 논문(*Research Reports of the National Geographic Society*, 1985, 19: 671-88), 코뿔소의 구강과 흉곽 안에 보존되어 있는 풀 화석에 대해 조지프 토마슨(Joseph Thomasson)과 함께 쓴 논문(*Science*, 1979, 206: 331-33), *University of Nebraska State Museum, Museum Notes*(1992, 81: 1-4)에 올라간 인기 있는 글, 그리고 그가 *Geologic Field Trips along the Boundary between the Central Lowlands and Great Plains*(*Geological Society of America Field Guide*, 2014, 36)에서 S. T. 터커와 함께 쓴 한 챕터 등. 애시폴 화석층 웹사이트에도 많은 정보가 들어 있고

(https://ashfall.unl.edu/), 테리 쿡(Terri Cook)이 2017년에 *Earth Magazine*에 투고한 기사도 유용하다. 애시폴 침전물의 연대, 그리고 이들의 근원을 아이다호의 옐로스톤 화산 분출로 추적해 올라간 지질학적 연구에 관한 이야기는 스미스 등의 글(*PLoS ONE*, 2018, 13: e0207103)에 설명되어 있다.

애시폴 코뿔소의 생물학, 행동, 식습관, 무리 구조에 살을 붙이기 위해 몇 가지 참고 자료를 이용했다. 그중 중요한 것은 다음과 같다. Alfred Mead, *Paleobiology*, 2000, 26: 689-706; Matthew Mihlbachler, *Paleobiology*, 2003, 29: 412-28; Nicholas Famoso and Darren Pagnac, *Transactions of the Nebraska Academy of Sciences*, 2011, 32: 98-107, 그리고 뉴멕시코 현장 연구 동료인 비안 왕(Bian Wang)과 로스 시코드의 *Palaeogeography, Palaeoclimatology, Palaeoecology*, 2020, 542: 109411. 애시폴 코끼리들이 화산재 중독으로 생긴 병에 대해 D. K. 벡이 쓴 초록도 있다(*Geological Society of America Abstracts with Programs*, 1995, 27: 38).

에오세-올리고세 경계에 있었던 온실에서 냉장실로의 변화와 그것을 야기한 원인, 그리고 그것이 전 세계 지역별로 얼마나 심각했는지, 그리고 기온 변화가 강수량과 기후의 다른 측면에 어떻게 영향을 미쳤는지에 대해서는 문헌이 풍부하게 나와 있다. 소행성 충돌 이후 지난 6600만 년 동안 지구의 기후가 어떻게 변화해왔는지에 대한 최고의 참고 자료는 토머스 웨스터홀드(Thomas Westerhold)와 에든버러의 딕 크룬(Dick Kroon)을 포함하는 동료들이 2020년에 《사이언스》에 발표한 글이다(369: 1383-87). 이 논문에는 시간에 따른 기온 변화에 관해 쉽게 따라 잡을 수 있는 줄거리를 담고 있으며, 지구가 온실, 냉장실, 냉동실 단계로 바뀌는 주요 단계를 설명하고 있다(이 논문에서는 내가 온실이라 부르는 단계를 뜨거운 온실 단계와 따듯한 온실 단계로 나누고 있다). 에오세-올리고세에 대한 다른 핵심 참고 자료는 다음과 같다. DeConto and Pollard, *Nature*, 2003, 421: 246-49; Cox et al., *Nature*, 2005, 433: 53-57; Scher and Martin, *Science*, 2006, 312: 428-30; Zanazzi et al., *Nature*, 2007, 445: 639-42; Liu et al., *Science*, 2009, 323: 1187-90; Katz et al., *Science*, 2011, 332: 1076-79; Spray et al., *Paleoceanography and Paleoclimatology*, 2019, 34: 1124-38.

올리고세와 마이오세 동안의 초원 확산에 관해서는 많은 문헌이 나와 있고, 그중 상당 부분이 캐롤라인 스트룀베리와 동료들의 것이다. 가장 유용하고 읽기 좋은 전반적 리뷰 두 편을 들면 캐롤라인이 *Annual Review of Earth and Planetary Sciences*에 발표한 논문(2011, 39: 517-44)과 에리카 에드워즈(Erika Edwards)의 주도 아래 그녀가 《사이언스》에 투고한 논문(2010, 328: 587-91)이다. 북아메리카대륙의 초원과 포유류 공진화에 관한 캐롤라인의 박사학위 연구는 몇몇 핵심 논문을 통해 발표됐다(*Palaeogeography, Palaeoclimatology, Palaeoecology*, 2004, 207: 239-75; *Proceedings of the National Academy of Sciences USA*, 2005, 102: 11980-84; *Paleobiology*, 2006, 32: 236-58). 그리고 동료들과 함께 그녀는 터키의 초원(*Palaeogeography, Palaeoclimatology, Palaeoecology*, 2007, 250: 18-49), 남아메리카의 초원(*Nature Communications*, 2013, 4: 1478)에 대해서도 연구했다. 그

중에는 그녀의 박사 과정 학생인 리건 던(Regan Dunn)이 이끌었던 남아메리카에 대한 연구도 있다(*Science*, 2015, 347: 258-61). 캐롤라인과 그녀의 인도인 공동연구자들은 반다나 프라사드(Vandana Prasad)의 주도 아래 백악기 말기 풀의 식물석에 대해 보고했다(*Science*, 2005, 310: 1177-80). 캐롤라인의 경력과 초기 연구에 대한 일부 구체적인 내용은 그녀의 로머상 수상을 발표한 척추동물고생물학회 전기에서 가져왔다.

초원의 진화가 포유류에 미친 영향, 그리고 그에 따른 긴치아의 발달에 대해서는 저명한 고생물학자 크리스틴 재니스(Christine Janis)와 그 연구진이 여러 해 동안 연구해왔다. 해당 주제에 대해 가장 포괄적으로 잘 검토하고 있는 리뷰는 크리스틴 대머스(Christine Damuth)와 존 대머스(John Damuth)의 논문으로, 내가 사용한 샤프펜슬 비유, 그리고 현대의 풀 뜯어 먹는 동물이 얼마나 많은 모래를 섭취하고, 치아가 얼마나 빨리 닳는지에 관한 통계도 이 논문에서 가져온 것이다(*Biological Reviews*, 2011, 86: 733-58). 여러 면에서 볼 때 이 논문은 크리스틴이 미카엘 포텔리우스(Mikael Fortelius)와 함께 같은 학술지에 1988년에 발표한 이정표 같은 리뷰 논문(63: 197-230)의 후속 논문이라 할 수 있다. 크리스틴은 또한 보르하 피게이리도(Borja Figueirido)가 이끄는 연구진의 일원이기도 했다. 이 연구진은 지난 6600만 년 동안 포유류의 진화와 기후가 어떤 관계였는지 폭넓게 검토하고 있다(*Proceedings of the National Academy of Sciences USA*, 2019, 116: 12698-03). 그리고 필립 자딘(Phillip Jardine)이 이끄는 또 다른 연구진에서는 아메리카 사바나의 말과 치아가 긴 다른 포유류의 긴치아 진화 패턴에 대해 평가했다(*Palaeogeography, Palaeoclimatology, Palaeoecology*, 2012, 365-66: 1-10). 남아메리카대륙 포유류의 긴치아 진화에 대해서는 로드리게스 등이 다루었다(*Proceedings of the National Academy of Sciences USA*, 2014, 114: 1069-74). 긴치아와 치아 마모 사이의 관계, 그리고 풀 뜯어 먹기와 관련된 치아마모가 긴치아가 등장하기 오래전부터 말에서 나타났다는 놀라운 발견은 2011년에 매슈 밀바클러(Matthew Mihlbachler)와 동료들이 《사이언스》에 발표한 재치 있는 논문의 주제였다(331: 1178-81). 풀 뜯어 먹기, 긴치아, 치아 법랑질 복잡성 사이의 관계는 니컬러스 파모소(Nicholas Famoso)와 공동연구자들이 조명해보았고(*Journal of Mammalian Evolution*, 2016, 23: 43-47), 사바나에서 달리기에 적합한 포유류의 진화에 관해서는 데이비드 레버링(David Levering)과 그 연구진이 살펴보았다(*Palaeogeography, Palaeoclimatology, Palaeoecology*, 2017, 466: 279-86).

조지 게일로드 심슨은 1951년에 발표한 책 *Horses: The Story of the Horse Family in the Modern World and through Sixty Million Years of History*(Oxford University Press, 1951)에서 '거대한 전환'의 이야기를 펼쳐보였다. 북아메리카대륙 말 연구의 거장은 플로리다대학교의 브루스 맥패든이다. 그는 말의 진화에 대해 자세히 다룬 책 *Fossil Horses: Systematics, Paleobiology, and Evolution of the Family Equinae*(Cambridge University Press, 1992)와 함께 수많은 논문을 발표했다. 그중에는 2005년에 《사이언스》에 발표한 짧지만 영향력 있는 논문도 있었다(307: 1728-20). 다른 핵심 연구로는 마이오세와 플라이오세의 말에 대한

1984년 논문(307: 1728-20), 리처드 헐버트(Richard Hulbert)와 함께 초기 말의 계통학과 마이오세 풀 뜯는 동물의 폭발적 확산에 관해 쓴 1988년 논문(Nature, 336: 466-68), 마이오세 늦은 말기와 플라이오세 초기 그들의 영광이 시들어가던 기간 동안 말의 식습관과 생태에 대한 연구(Science, 1999, 283: 824-27), 풀을 뜯는 포유류의 진화에 관한 리뷰 논문(Trends in Ecology and Evolution, 1997, 12: 182-87; Annual Review of Ecology and Systematics, 2000, 31: 33-59) 등이 있다.

마이오세에 번성한 것이 풀 뜯어 먹는 동물만 있었던 것은 아니다! 크리스틴 재니스, 존 대머스, 제시카 시어도어(Jessica Theodor)는 나뭇잎을 먹던 동물들 역시 여전히 다양화하고 있었으며 사실 오늘날 비슷한 환경에서보다 훨씬 다양했음을 보여주는 일련의 도발적인 논문을 썼다(Proceedings of the National Academy of Sciences USA, 2000, 97: 7899-904; Palaeogeography, Palaeoclimatology, Palaeoecology, 2004, 207: 371-98). 풀과 나뭇잎을 먹는 이 모든 동물들을 잡아먹는 포식자와 관련해서 핵심적으로 참고한 자료는 저명한 식육류 전문가 블레어 밴 발켄버그(Blaire van Valkenburgh)의 리뷰 논문이었다(Annual Review of Earth and Planetary Sciences, 1999, 27: 463-93; Paleontological Society Papers, 2002, 8: 267-88). 피게이리도와 연구진의 한 흥미로운 연구에서는 아메리카 사바나 시절 동안에는 고기를 먹는 포유류들이 여전히 대부분 매복형 포식자이거나 먹잇감을 짧은 거리에 걸쳐 추격할 수 있는 덮치기 위주의 포식자였으며, 순수하게 장거리 추격형 포식자가 진화해 나온 것은 아주 최근에 들어 빙하기 동안이었음을 보여주었다(Nature Communications, 2015, 6: 7976). 그리고 소형 포유류도 빼먹을 수 없다! 조슈아 새뮤얼스(Joshua Samuels)와 서맨사 홉킨스(Samantha Hopkins)는 2017년의 한 논문에서 초원 위에서 이루어진 그들의 진화에 관해 아름답게 요약해놓았다(Global and Planetary Change, 149: 36-52).

리버슬레이와 호주대륙 유대류 동물상의 진화에 관한 섹션은 여러 문헌 및 마이크 아처(Mike Archer), 로빈 벡(Robin Beck)과의 논의를 바탕으로 했다. 마이크와 동료 수 핸드(Sue Hand), 행크 갓헬프(Hank Godthelp)는 1994년에 리버슬레이에 관한 책을 썼다(Riversleigh: The Story of Animals in Ancient Rainforests of Inland Australia, Reed Books). 그리고 이들은 최근에 이루어진 모든 발견 내용을 업데이트하기 위해서라도 또 한 권의 책을 쓸 필요가 있다! 다른 중요한 전체적 리뷰로는 2012년에 나온 책, Earth and Life(edited by John Talent, published by Springer)에서 마이크의 여러 박사학위 학생 중 한 명인 캐런 블랙이 주도해서 쓴 호주 유대류의 등장에 관한 장, 그리고 롭이 2017년 Handbook of Australasian Biogeography(329-66)에 쓴 장이 있다. 롭은 또한 에오세 최초의 호주대륙 유대류에 관한 중요한 논문 두 편도 주도했다(PLoS ONE, 2008, 3: e1858; Naturwissenschaften, 2012, 99: 715-29). 또한 리버슬레이에서의 발견과 유대류 진화에 대한 전반적인 이야기를 다룬 마이크의 흥미진진하고 재미있는 《네이처 오스트레일리아(Nature Australia)》 기사도 언급하지 않을 수 없다. 그는 이 내용들을 업데이트하고 결합해서 대중과학 서적을 쓸 필요가 있다.

마이크, 수, 행크, 롭, 그리고 여러 명의 리버슬레이 동포(데릭 아레나, 마리 아타드, 팀 플래너리, 줄리앙 루이스, 안나 질레스피, 케니 트라부용, 스티브 브로우 등)가 리버슬레이에 대해 수십 편의 연구 논문을 발표했다. 내가 이 챕터를 쓰면서 참고한 논문들은 다음과 같다. 리버슬레이 우림의 환경에 대하여[Travouillon et al., *Palaeogeography, Palaeoclimatology, Palaeoecology*, 2009, 276: 24-37; Travouillon et al, *Geology*, 2012, 40(6): e273]; 리버슬레이 동물상의 연대, 그리고 올리고세와 마이오세에 걸쳐 나뉘는 네 개의 시간대에 대하여(Arena et al., *Lethaia*, 2016, 49: 43-60; Woodhead et al., *Gondwana Research*, 2016, 29: 153-67); 동굴 환경에서의 리버슬레이 화석의 보존에 대하여(Arena et al., *Sedimentary Geology*, 2014, 304: 28-43); 리버슬레이 포유류의 전체적 다양성에 대하여(Archer et al., *Alcheringa*, 2006, 30:S1: 1-17); 리버슬레이에서 나온 자두(Burdekin Plum) 화석에 대하여(Rozefelds et al., *Alcheringa*, 2015, 39: 24-39).

내가 본문에서 언급한 특정 리버슬레이 포유류에 대한 정보는 다음의 자료들을 참고하라. 웜뱃과 친척관계인 거대한 나무 타기 동물 님바돈(Black et al., *Journal of Vertebrate Paleontology*, 2010, 30: 993-1011), 육식성 주머니늑대 님바키누스[Attard et al., *PLoS ONE*, 2014, 9(4): e93088], 사나운 유대류 사자(Gillespie et al., *Journal of Systematic Palaeontology*, 2019, 17: 59-89), 원시 캥거루[Kear et al., *Journal of Paleontology*, 2007, 81: 1147-67; Black et al., *PLoS ONE*, 2014, 9(11): e112705], 잠재적 육식동물인 쥐-캥거루 에칼타데타(Archer and Flannery, *Journal of Paleontology*, 1985, 59: 1331-49; Wroe et al., *Journal of Paleontology*, 1998, 72: 738-51), 원시 코알라(Louys et al., *Journal of Vertebrate Paleontology*, 2009, 29: 981-92; Black et al., *Gondwana Research*, 2014, 25: 1186-201), 우림의 유대류 두더지 나라보록테스(*Naraborytes*, Archer et al., *Proceedings of the Royal Society, Series B*, 2011, 278: 1498-506; Beck et al., *Memoirs of Museum Victoria*, 2016, 74: 151-71), 망치 같은 이빨로 달팽이를 잡아먹던 말레오덱테스(Arena et al., *Proceedings of the Royal Society, Series B*, 2011, 278: 3529-33; Archer et al., *Scientific Reports*, 2016, 6: 26911), 이알카파리돈이라는 과학명으로 통하는 '팅고돈타류(Archer et al., *Science*, 1988, 239: 1528-31; Beck, *Biological Journal of the Linnean Society*, 2009, 97: 1-17)'.

9. 빙하기를 견딘 웅장한 동물

스토노 노예와 매머드 발견의 이야기는 고대 원주민과 화석의 만남을 연구하는 선도적 역사가인 에이드리엔 메이어가 자신의 책 *Fossil Legends of the First Americans*(Princeton University Press, 2005)와 2014년에 《원더스 앤드 마블스(Wonders & Marvels)》 잡지에 실었던 이야기에서 가져왔다. 그녀는 이메일 채팅을 통해 추가적인 정보도 제공해주었다. 그녀의 책은 대단히 뛰어나며 아메리카 원주민의 화석 발견에 대해, 그리고 그들이 빅 본 릭을 비롯해서 자신이 발견한 거대한 뼈를 어떻게 해석했는지에 대해 풍부한 정보를 다루고 있다.

토머스 제퍼슨의 매머드에 대한 집착은 여러 편의 역사적, 과학적 연구를 통해 잘 밝혀져 있다. 제퍼슨이 메갈로닉스에 대해 1797년에 연설한 내용은 연구 논문으로 발표되어 있어서 읽어볼 수 있다(Transactions of the American Philosophical Society, 1799, 4: 246-60). 2021년 1월 중순에 이 문단을 쓰고 있는 지금, 이제 물러나려는 부통령 마이크 펜스가 동료심사를 거치는 과학 논문을 발표한다고 상상해보니 무슨 말도 안 되는 얘기인가 싶다. 그러고 보면 미국이 퇴보하고 있다고 한 뷔퐁의 말이 옳았는지도 모르겠다. 제퍼슨에 관한 다른 중요한 자료로는 20세기 초반의 고생물학자 헨리 페어필드 오스본의 논문 두 편이 있다(Science, 1929, 69: 410-13; Science, 1935, 82: 533-38). 오스본은 노골적인 백인 우월주의자였기 때문에 그의 연구에서는 스토노 노예들에 대한 언급을 찾아볼 수 없다. 제퍼슨, 뷔퐁, 루이스와 클라크, 매머드에 관한 정보는 《스미스소니언》의 리처드 코니프(Richard Conniff), 《아틀라스 옵스큐라(Atlas Obscura)》의 카라 지아이모(Cara Giaimo), 《복스(Vox)》의 필 에드워즈(Phil Edwards), 《멘털 플로스(Mental Floss)》의 에밀리 페츠코(Emily Petsko), 《아메리칸 사이언티스트(American Scientist)》의 키스 톰슨(Keith Thomson) 등이 쓴 몇몇 글에서 얻었다. 그리고 제퍼슨의 화석 수집에 관한 정보가 담겨 있는 'Monticello' 웹사이트도 참고했다. 마지막으로 대학원생이었던 나에게 메갈로닉스의 뼈를 보여준 필라델피아의 테드 대슐러(Ted Daeschler)에게 큰 감사를 드린다.

일리노이주 빙하 지형에 관한 내 지식 중 상당 부분은 고등학교 시절 조 야쿱칵(Joe Jakupcak) 선생님의 수업에서 배운 것이고, 여러 해에 걸쳐 선생님과 수없이 많이 나누었던 대화에서도 도움을 받았다. 일리노이주 지질 조사국에서는 웹사이트(https://isgs.illinois.edu/outreach/geology-resources)에서 현장 학습 가이드북에 이르기까지 빙하기 일리노이주에 대해 다양한 자료를 가지고 있다. 현장 학습 가이드북에서 여기서 말하고 있는 이야기와 가장 관련이 깊은 것은 1986B(내 고향 오타와에 관한 내용), 1995C(오타와 남쪽 스트리터-폰티악 지역에 관한 내용), 2002A(오타와 동쪽 헤너핀 지역. 나는 고등학교 졸업반 때 자쿱칵 선생님과 이곳에 현장 학습을 다녀왔다)다. 이 섹션에 담긴 나머지 사실과 수치는 Geology and Mineral Resources of the Marseilles, Ottawa, and Streator Quadrangles의 1942 ISGS Bulletin(number 66), 그리고 United States Geological Survey report on the hydrogeology of LaSalle County(Scientific Investigations Report 2016-5154)에서 가져왔다. 그건 그렇고 오타와 남쪽의 빙퇴석은 팜 리지 빙퇴석(Farm Ridge Moraine)이다. 그랜드 리지의 농업 마을이 그 위에 자리 잡고 난 이후에는 그랜드 리지 빙퇴석(Grand Ridge Moraine)이라 부를 때도 있다.

빙하기와 당시의 거대동물에 대해 제일 이해하기 쉽고 화려하게 요약해놓은 자료 중 하나는 로스 맥피의 책 End of the Megafauna(W.W. Norton & Company, 2019)다. 자신의 환경 속에서 살아가는 거대동물들을 그려놓은 피터 샤우텐(Peter Schouten)의 삽화가 포함되어 있는 이 책은 마지막 빙하 진출 동안에(북아메리카대륙 위스콘신 빙하 전진이라고 한다. 이때 빙하는 일리노이주 중앙부까지 남쪽으로 멀리 뻗어 있었지만 빙기 초반에는 빙원이 훨씬 더 남쪽까지 도달했었다) 빙하에 덮여 있던 땅의 지도, 매머드 대초원과 다른 빙하기 생물군의 지도, 그리고 시간의 흐름에 따른 기온과 얼음 크기의 변화를 보여주는 도표도 포함되어 있다.

빙하기 기후에 관한 중요한 자료로는 시간의 흐름에 따른 이산화탄소 수치를 다룬 장 등의 연구(*Philosophical Transactions of the Royal Society, Series A*, 2013, 371: 20130096), 대서양 순환의 변화가 어떻게 빙원의 크기를 키웠는지에 대해 다룬 사란트인 등의 연구(*Climate of the Past*, 2009, 5: 269-83), 북극의 빙원이 북아메리카대륙으로 진출하기 시작한 것에 대한 베일리 등의 연구(*Quaternary Science Reviews*, 2013, 75: 181-94), 북반구 빙원 형성의 타이밍에 관한 스프레이 등의 연구(*Paleoceanography and Paleoclimatology*, 2019, 34: 1124-38) 등이 있다. 천체 주기와 이 주기가 어떻게 빙하의 리듬을 어떻게 조절했는지에 대한 최신의 연구는(내가 본문에서 든 음악의 비유보다 조금 더 복잡하다) 바조 등의 2020년 논문(*Science*, 367: 1235-39)에서 찾아볼 수 있다. 천체의 주기에는 세 가지가 있는데 전문 용어로는 밀란코비치 주기(Milankovitch Cycles)라고 부른다. 여기에 해당하는 것으로는 이심률(eccentricity, 태양 주위를 도는 지구 궤도의 형태), 기울기(obliquity, 지구 자전축의 기울어진 정도), 세차운동(precession, 지구 자전축의 흔들림)이 있다. 바조 등은 그중에서도 특히 기울기가 빙하 작용의 개시와 지속의 주요 동력이며, 여기에 다른 주기들이 기여하고 있다는 것을 알아냈다.

아프리카의 돔 모양 머리를 가진 누영양 루싱고릭스에 관한 헤일리 오브라이언의 논문은 *Current Biology*(2016, 26: 503-6)에 발표됐고, 추가적인 정보는 타일러 페이스(Tyler Faith)와 동료들의 연구(*Quaternary Research*, 2011, 75: 697-707)에서 찾아볼 수 있다. 크리스틴 재니스와 동료들은 거대한 호주대륙 빙하기 캥거루의 깡충 뛰기 능력에 대해 흥미로운 논문을 썼다[*PLoS ONE*, 2014, 9(10): e109888].

매머드는 무한한 매력의 원천이라서 그에 관한 문헌도 끝이 없다. 전반적인 리뷰는 에이드리언 리스터(Adrian Lister)와 폴 반(Paul Bahn)의 책 *Mammoths: Giants of the Ice Age*(University of California Press, 2007)와 비슷한 제목으로 리스터가 단독으로 쓴 *Mammoths: Ice Age Giants*(Natural History Museum, 2014)가 있다. 읽어볼 만한 다른 자료로는 호르디 아구스티(Jordi Agustí)와 마우리시오 안톤(Mauricio Antón)의 *Mammoths, Sabertooths, and Hominids*(Columbia University Press, 2002), 그리고 위에서 인용했던 도널드 프로테로의 *Princeton Field Guide to Prehistoric Mammals*, 도널드 프로테로와 로버트 쇼흐의 *Horns, Tusks, and Flippers*가 있다.

미친 시베리아의 매머드 화석 사냥꾼의 이야기는 헬렌 필처(Helen Pilcher)의 책 *Bring Back the King*(Bloomsbury, 2016)과 'BBC Science Focus'에 실린 그녀의 기사, 《와이어드(Wired)》에 실린 사브리나 와이즈(Sabrina Weiss)의 기사, 라디오 프리 유럽(Radio Free Europe) 폭로기사 등에서 소개되고 있다. 라디오 프리 유럽 폭로기사의 경우 사진작가 에이머스 채플(Amos Chapple)이 상아 추적에 나선 팀을 함께 따라갔다. 행여 요즘에 이루어지는 매머드 화석 사냥이 낭만적으로 느껴진다면 그런 생각을 당장 멈추라고 말하고 싶다. 이것은 대단히 위험한 일이고, 환경을 오염시키며, 불법적인 활동이다. 게다가 매머드의 상아를 내다 파는 행위가 상아 시장을 유지시켜 마지막 남아 있는 아프리카코끼리와 인도코끼리의 밀렵을 부추기고 있다는 주장이 있다. 나도 이런 주장에 공감한다.

털매머드의 완벽한 유전체 염기서열 분석 내용은 엘레프테리아 팔코풀루(Eleftheria Palkopoulou)와 동료들에 의해 *Current Biology*(2015, 25: 1395-1400)에 발표됐다. 그해 말에 빈센트 린치(Vincent Lynch)와 동료들은 두 개의 추가적인 매머드 유전체에 대해 기술하는 논문을 발표했다. 이들은 이것을 이용해서 매머드의 추운 서식지와 생활방식과 관련해서 생긴 유전적 변화를 확인했다(217-28). 그리고 내가 이 챕터를 마무리할 즈음에 톰 반 데르 발크(Tom van der Valk) 등이 놀라운 연구를 통해 100만 년이 넘은 매머드의 DNA를 보고했다(*Nature*, 2021, 591: 265-69). 이것은 고대 DNA 신기록이다! 이 유전학 연구는 매머드 DNA에 대한 10여 년의 연구 끝에 나온 것이다. 앞선 연구를 바탕으로 순차적으로 나온 다른 핵심 연구들은 다음과 같다. Poinar et al., *Science*, 2006, 311: 392-94; Krause et al., *Nature*, 2006, 439: 724-27; Rogaev et al., *PLoS Biology*, 2006, 4(3): e73; Gilbert et al., *Proceedings of the National Academy of Sciences USA*, 2008, 105: 8327-32; Miller et al., *Nature*, 2008, 456: 387-90; Debruyne et al., *Current Biology*, 2008, 18: 1320-26; Campbell et al., Nature Genetics, 2010, 42: 536-40(이 논문은 추위에 적응한 헤모글로빈 돌연변이에 대해 보고하고 있다); Rohland et al., *PLoS Biology*, 2011, 8(12): e1000564(이 논문 또한 마스토돈 DNA에 대해 보고하고 있다); Enk et al., *Genome Biology*, 2011, 12: R51(이 논문은 털매머드와 컬럼비아매머드 간의 교배가 일어났던 증거를 제시하고 있다).

매머드의 털은 기술적인 측면과 유전적 측면 모두에서 연구 대상이 되어왔다. 2006년에 룜플러와 동료들은 서로 다른 털 색깔을 만들어내는 세포핵 유전자를 확인했다(*Science*, 313: 62). 나중에 클레어 워크맨(Claire Workman)과 그녀의 연구진은 47마리의 매머드를 조사하고 그들의 DNA를 표본 채취해 털 색깔을 더 밝게 만드는 유전자 조합이 대단히 드물다는 것을 발견했다(*Quaternary Science Reviews*, 2011, 30: 2304-08). 2014년에는 실바나 트리디코(Silvana Tridico)와 동료들이 다른 접근방법을 이용해서 다양한 매머드 미라에서 채취한 400개 이상의 털을 현미경으로 조사했고, 보호용 바깥 털과 안쪽 털 사이의 색깔 차이를 비롯해서 그 다양한 색상의 차이를 보고했다(*Quaternary Science Reviews*, 2014, 68-75).

런던 자연사박물관의 매머드 전문가 에이드리언 리스터는 털매머드의 진화와 이동에 관한 논문의 카탈로그를 발표했다. 이 장을 쓰면서 특히나 유용했던 두 논문은 그가 2005년에 공동으로 저술한 유라시아대륙 매머드 진화에 대한 리뷰(*Quaternary International*, 126-128: 49-64), 그리고 매머드가 여러 번에 걸쳐 북아메리카대륙으로 이동한 것에 대해 다룬 2015년 《사이언스》 논문이었다(350: 805-9).

매머드의 무리와 사회생활이라는 주제와 관련해서는 본문에서 얘기한 캐나다 발자국 화석에 대해 맥닐 등의 연구(*Quaternary Science Reviews*, 2005, 24: 1253-59)에서 보고하고 있다. 매머드의 성장과 육아라는 주제와 관련해서는 메트칼프 등이 치아와 뼈의 동위원소 연구를 이용해서 매머드의 어미가 적어도 3년 동안 새끼에게 젖을 먹인다는 사실을 밝혔다(*Palaeogeography, Palaeoclimatology, Palaeoecology*, 2010, 298: 257-70). 우리가 매머드의 번식, 유년기, 육아에 대해 알고 있는 내용 중 상당 부분이 리우바라는 시베리아에서 발견된 생후 1개월짜리 냉동 미라에서 나왔다. 리우바의 발견에 관한 자세한 내용은 톰 뮬러(Tom Mueller)의 2009년 5월호 *National Geographic* 표제기사에서 열정적으로 다루고 있다. 리우바에 대한 핵심적인 연구 논문을 살펴보면, 리우바의 식습관과 위 속 내용물에 대해서는 반 겔 등의 연구(*Quaternary Science Reviews*, 2011, 30: 3935-46), 리우바의 죽음과 보존에 대해서는 피셔 등의 연구(*Quaternary International*, 2012, 255: 94-105), 리우바의 발달과 출생 계절에 대해서는 라운트리 등의 연구(*Quaternary International*, 2012, 255: 106-205)에서 다루고 있다.

스밀로돈과 다른 검치호들 역시 매머드와 마찬가지로 끝없는 매력과 연구의 대상이다. 가장 뛰어난 전반적 리뷰 세 편을 골라보면, 앨런 터너(Alan Turner)와 마우리시오 안톤(Mauricio Antón)의 책 *The Big Cats and Their Fossil Relatives*(Columbia University Press, 1997), 안톤의 책 *Sabertooth*(Indiana University Press, 2013), *Smilodon: The Iconic Sabertooth*(Johns Hopkins University Press, 2018)이 있다. 이 책은 라스 베르델린(Lars Werdelin), 그레고리 맥도널드(Gregory McDonald), 크리스토퍼 쇼(Christopher Shaw)가 전문적 논문들을 엮어 만든 논문집이다. 로스앤젤레스의 라 브레아 침전물에 대해 잘 요약한 자료는 존 해리스(John Harris)가 편집한 논문집 *La Brea and Beyond: The Paleontology of Asphalt-Preserved Biotas*(Natural History Museum of Los Angeles County Science Series, 2015, 42: 1-174)가 있다. 스밀로돈의 체격에 대해 내가 사용한 통계치는 크리스티안센과 해리스의 연구(*Journal of Morphology*, 2005, 266: 369-84)에서 가져왔다.

내 이야기는 스밀로돈 자체에 초점을 맞추고 있지만, 이것은 더 넓은 검치호 집단인 마카이로두스아과(Machairodontinae)의 일부다. 이 과가 현대의 고양잇과와 이루는 관계는 스밀로돈과 다른 마카이로두스아과에 대한 일련의 유전학적 연구로 명확해졌다. 여기에 해당하는 논문은 다음과 같다. Janczewski et al., *Proceedings of the National Academy of Sciences USA*, 1992, 89: 9769-73; Paijmans et al., *Current Biology*, 2017, 27: 3330-36; Ross Barnett and colleagues, *Current Biology*, 2005, 15: R589-R590; *Current Biology*, 2020, 30: 1-8. 바넷은 영국 거대동물의 진화와 멸종에 대해 *Britain: The Missing Lynx*(Bloomsbury, 2019)라는 매력적인 책을 썼다. 이 중 침입 이후에 남아메리카대륙에서 스밀로돈의 진화의 분포에 대해서는 만주티 등의 연구(*Quaternary Science Reviews*, 2018, 180: 57-62)에서 다루고 있다.

검치호는 송곳니를 어떻게 사용해서 사냥하고 죽였을까? 이런 의문이 여러 세대의 고생물학자들을 매료시켜 수많은 문헌을 낳았다. 제일 중요한 것부터 다루자. 검치호의 은 신처에 매머드의 뼈가 있던 텍사스 동굴에 대해서는 마레안과 에르하르트가 보고했다 (*Journal of Human Evolution*, 1995, 29: 515-47). 좀 더 전반적인 내용에 관해서는 블레어 밴 발켄버그가 흥미로운 연구를 주도했다. 이 연구 논문에서는 스밀로돈 같은 빙하기의 대형 포식자가 매머드처럼 가장 큰 거대동물의 어린 개체들을 잡아먹을 수 있었으리라 주장했다(*Proceedings of the National Academy of Sciences USA*, 2016, 113: 862-67). 스밀로돈은 숲에 사는 종을 선호했고, 다이어울프는 초원에 사는 종을 좋아했다는 동위원소 증거는 라리사 드산티스(Larisa DeSantis)와 동료들의 연구(*Current Biology*, 2019, 29: 2488-95)에서 제시했다. 드산티스는 동위원소 분석을 이용해서 화석 척추동물의 식습관과 서식지를 연구하는 선두주자다. 나는 고생물학과 화학을 결합한 그녀의 연구를 오랫동안 존경해왔다.

두 편의 흥미로운 논문에서는 컴퓨터 모델링을 이용해 스밀로돈의 물기를 연구했다. 맥헨리 등의 연구는 공학자들이 채용하는 방법을 이용해서 진행했고(*Proceedings of the National Academy of Sciences USA*, 2007, 104: 16010-15), 좀 더 최근의 연구는 피게이리도 등이 진행했다(*Current Biology*, 2018, 28: 3260-66). 이 두 연구는 일부 구체적인 사안에서 차이를 보인다. 예를 들면 전자의 연구에서는 스밀로돈의 물기와 두개골이 대단히 약하다고 주장하고 있는 반면, 후자의 연구에서는 더 큰 스트레스에도 견딜 수 있는 강한 두개골이었다고 주장한다. 그럼에도 두 연구 모두 검치호의 구멍 뚫기(전문용어로는 송곳니 저단 물기)가 스밀로돈이 동물을 죽일 때 사용한 방법일 가능성이 제일 높다는 데는 의견을 같이하고 있다. 줄리 미첸새뮤얼스(Julie Meachen-Samuels)와 블레어 밴 발켄버그의 논문에서도 스밀로돈의 앞다리가 특히나 강하고 튼튼했다는 증거를 서술하고 있었다. 이것은 검치호가 최후의 일격을 가하기 전 먹잇감과 몸싸움을 벌일 때 다리를 사용했었다는 증거다[*PLoS ONE*, 2010, 5(7): e11412].

스밀로돈의 고단한 삶, 병에 걸린 뼈, 부러진 치아에 대한 이야기는 다음의 자료에 기록됐다. Van Valkenburgh and Hertel, *Science*, 1993, 261: 456-59; Rothschild and Martin, *The Other SaberTooths*, Naples, Martin, Babiarz ed., Johns Hopkins University Press, 2011; Brown et al., *Nature Ecology & Evolution*, 2017, 1: 0131. 크리스 카본(Chris Carbone)과 동료들은 2009년 논문에서 스밀로돈의 사회성을 보여주는 증거에 대해 보고했다(*Biology Letters*, 5: 81-85). 이 논문 발표를 계기로 이것이 강한 증거냐 아니냐를 두고 일련의 공방이 있었다. 스밀로돈의 목뿔뼈와 포효에 관한 정보는 존 피크렐(John Pickrell)의 《사이언티픽 아메리칸》 원고에서 가져왔다. 그 원고에서 존 피크렐은 크리스토퍼 쇼가 2018년 척추동물 고생물학회 연례모임에서 자신이 진행 중이던 연구 내용을 발표하고 초록으로 제출한 내용을 인용했다.

어미와 두 마리 새끼로 구성된 화석화된 스밀로돈 가족의 이야기는 애슐리 레이놀즈(Ashley Reynolds), 케빈 시모어(Kevin Seymour), 데이비드 에반스(David Evans)에 의해

서술됐다(*iScience*, 2021, 101916). 나처럼 이들도 명목상으로는 공룡 연구자이지만 여러 가지 주제를 만지작거리는 사람들이다. 스밀로돈 치아 성장의 시기와 패턴에 대해서는 와이소키 등이 연구했고[*PLoS ONE*, 2015, 10(7): e0129847], 어린 스밀로돈의 튼튼한 골격에 대해서는 롱 등이 서술했다[*PLoS ONE*, 2017, 12(9): e0183175].

이 책을 소화할 만한 분량으로 편집하는 과정에서 내가 제일 후회스러운 부분은 다이어울프에 더 많은 관심을 기울이지 못한 점이다. 다이어울프는 드라마 〈왕좌의 게임(Game of Thrones)〉 덕분에 유명해진 상징적인 개 화석이다. 내가 분명히 장담하건대 다이어울프는 실존 동물이었다. 이 장에서는 라 브레아 걸치호와의 비교를 위해 다이어울프에 대해 잠깐만 언급했다. 사실 로스앤젤레스 타르 구덩이에서는 다이어울프의 뼈가 스밀로돈의 뼈보다 훨씬 많다. 다이어울프는 최초로 성공한 추격형 포식자 중 하나로, 이 주제에 대해서는 지난 장과 위의 8장 참고 문헌에서 인용한 블레어 밴 발켄버그와 보르하 피게이리도의 논문에서 다루고 있다. 이 장을 쓰고 있는 동안 다이어울프의 유전학에 대해 놀라운 연구가 새로 발표됐다. 이들은 오늘날 북아메리카대륙에 살고 있는 회색늑대(gray wolf)와 코요테의 가까운 친척이 아니라 집에서 키운 북아메리카 늑대의 고대 집단으로 밝혀졌다. 회색늑대와 코요테의 선조들은 좀 더 최근에 들어서야 북아메리카대륙에 진출했다(Perri et al., *Nature*, 2021, 591: 87-91).

멸종된 거대동물 중 마지막이자 가장 이상한 종이었던 랭겔섬의 난쟁이 매머드와 그들의 유전체에 대한 연구는 다음과 같다. Nyström et al., *Proceedings of the Royal Society, Series B*, 2010, 277: 2331-37; Rogers and Slatkin, *PLoS Genetics*, 2017, 13(3): e1006601; Arppe et al., *Quaternary Science Reviews*, 2019, 222: 105884.

10. 자신의 기원을 고민하는 유일한 종

이 장의 도입부에 올린 매머드 사냥 이야기는 완전한 허구가 아니라 위스콘신 케노샤 근처 헤비오르(Hebior)와 셰퍼(Schaefer)에서 발견된 매머드 골격을 바탕으로 만든 것이다. 이 매머드 골격에는 석기를 이용해서 생긴 흔적이 남아 있었고, 일부 석기가 뼈 근처에서 발견되기도 했다. 이 장소, 그리고 그 장소의 연대와 환경, 매머드-인간 상호작용의 증거 등에 대해서는 다음의 자료에서 보고하고 있다. Overstreet and Kolb, *Geoarchaeology*, 2003, 18: 91-114; Joyce, *Quaternary International*, 2006, 142-143: 44-57.

리 밴 베일런의 놀라운 인생과 과학적 업적에 대한 구체적인 내용은 그의 전직 학생들이 학술지 《에볼루션(Evolution)》에 작성해서 올린 감동적인 부고기사에 요약되어 있다(Liow et al., 2011, doi:10.1111/j.1558-5646.2011.01242.x). 나는 시카고대학교에서 그와 함께했던 추억, 크리스티안 캐머러와의 대화, 그리고 《뉴욕타임스》와 시카고대학교에서 발표한 부고기사에서도 정보를 얻었다.

밴 베일런과 로버트 슬로언은 1965년 《사이언스》 논문에서 푸르가토리우스를 명명하고 보고했다(150: 743-45). 그리고 훨씬 뒤에 밴 베일런은 자비 출판한 또 하나의 학술지인

*Evolutionary Monographs*에 푸르가토리우스와 다른 플레시아다피스형류에 대해 구체적으로 보고하는 논문을 발표했다. 그가 교두의 형태를 바탕으로 푸르가토리우스와 다른 플레시아다피스형류를 초기 영장류로 확인한 이유에 대해 대략적으로 설명한 것은 이 후자의 논문이다. 그의 짧은 1965년 논문에서는 그렇게 확인한 근거가 분명하지 않았다. 적어도 나처럼 치아 교두와 융선에 대한 1960년대 용어에 익숙하지 않은 사람에게는 그랬다. 푸르가토리우스 자체에 대한 다른 중요한 연구로는 빌 클레멘스의 턱과 치아 재료에 관한 논문(*Science*, 1974, 184: 903-5; *Bulletin of Carnegie Museum of Natural History*, 2004, 36: 3-13), 리처드 폭스(Richard Fox)와 크레이그 스콧(Craig Scott)이 쓴, 이 장을 쓰기 시작했을 때만 해도 알려진 가장 오래된 표본이었던 서스캐처원(Saskatchewan) 표본에 대한 연구(*Journal of Paleontology*, 2011, 85: 537-48; *Canadian Journal of Earth Sciences*, 2016, 53: 343-54), 그레그 윌슨, 스티븐 체스터, 빌 클레멘스와 동료들이 쓴, 내가 이 장을 고칠 때 알려진 가장 오래된 표본이 된 몬태나 표본에 관한 연구(*Royal Society Open Science*, 2021, 8: 210050), 스티븐과 빌 클레멘스 등의 동료가 함께 쓴, 이 동물이 나무를 기어오를 수 있었음을 보여준 복사뼈를 보고한 논문(*Proceedings of the National Academy of Sciences USA*, 2015, 112: 1487-92)이 있다.

리의 위대한 통찰은 백악기 말 대멸종이 있고 머지않은 시기에 살았던 푸르가토리우스가 초기 플레시아다피스형류였으며, 따라서 초기 영장류였다는 것이었다. 제임스 기들리(*Proceedings of the US National Museum*, 1923, 63: 1-38), 그리고 반복적으로 등장하는 포유류 계통유전학자 조지 게일로드 심슨(*American Museum Novitates*, 1935, 817: 1-28; *United States National Museum Bulletin*, 1937, 169: 1-287; *Bulletin of the American Museum of Natural History*, 1940, LXXVII: 185-212) 등 초기 고생물학자들은 나중에 살았던 플레시아다피스형류와 영장류 사이의 상관관계를 깨닫고 있었다.

메리 실콕스(Mary Silcox)는 플레시아다피스형류와 초기 영장류에 대해 폭넓게 발표했다. 그녀가 존스홉킨스대학교에서 2001년에 딴 박사학위 논문에는 플레시아다피스형류가 영장류라는 밴 베일런, 기들리, 심슨의 초기 가설을 확증하는 대규모 계통발생학적 분석이 포함되어 있었다. 크리스토퍼 비어드와 니시쥔(Ni Xijun) 등의 일부 연구자들은 일부 플레시아다피스형류가 영장류보다는 피익류(가죽날개원숭이)와 더 가까운 친척일지도 모른다고 주장했다는 점을 여기서 지적해야겠다. 메리와 세르기 로페즈토레스(Sergi López-Torres)는 2017년에 *Annual Review of Earth and Planetary Sciences*(45: 113-37)에 발표한, 영장류의 기원과 초기 진화에 관한 걸작 리뷰 논문에서 이 논란에 대해 검토했다. 그녀는 또한 그레그 거넬(Gregg Gunnell)과 공동연구를 진행해서 플레시아다피스형류의 분류학, 해부학, 진화에 대해 더 구체적으로 검토하고, 그 내용을 2008년에 나온 책 *Evolution of Tertiary Mammals of North America: Volume 2*(Cambridge University Press)의 한 챕터로 발표하고, 나중에 2017년에 리뷰했다(*Evolutionary Anthropology*, 26: 74-94). 그녀는 플레시아다피스형류와 초기 영장류의 뇌진화에 대한 연구를 2009년에 *Proceedings*

of the National Academy of Sciences USA(106: 10987-92)에 발표했다. 그리고 이것에 뒤이어 플레시아다피스형류의 뇌에 대한 또 다른 연구가 나왔다. Maeva Orliac and colleagues, *Proceedings of the Royal Society, Series B*, 2014, 281: 20132792.
본문에서 넌지시 암시한 다른 중요한 플레시아다피스형류 연구로는 톰 윌리엄슨과 그의 아들 라이언 윌리엄슨(Ryan Williamson), 테일러 윌리엄슨(Taylor Williamson)이 발견한 토레요니아 골격에 대한 보고(Chester et al., *Royal Society Open Science*, 2017, 4: 170329), 조너선 블로흐(Jonathan Bloch)와 더그 보이어(Doug Boyer)가 긴 손가락과 맞닿는 발가락을 가진 에오세 카르폴레스테스를 보고한 연구(*Science*, 2002, 298: 1606-10), 블로흐가 메리, 더그 보이어, 에릭 사르기스(Eric Sargis)와 함께 팔레오세 플레시아다피스형류의 이동방식과 계통발생학에 대해 쓴 논문(*Proceedings of the National Academy of Sciences USA*, 2007, 104: 1159-64) 등이 있다. 모든 진성 플레시아다피스형류는 지금까지 팔레오세나 그 이후의 것들이었지만 영장류를 DNA 기반으로 계통분류해보면 그 기원이 백악기였음을 암시하고 있다[그 사례로는 Springer et al., *PLoS ONE*, 2012, 7(11): e49521을 참고하라].
여우원숭이의 진화, 다양화, 확산은 매력적인 소재다. 그레그 거넬(Gregg Gunnell)과 동료들은 마다가스카르로 여러 번에 걸쳐 확산이 일어났다는 증거를 제시했다(*Nature Communications*, 2018, 9: 3193). 알리와 후버는 당시의 해양 순환 모형이 암시하는 동쪽 방향 해류 때문에 이런 확산이 가능했음을 입증해보였다(*Nature*, 2010, 463: 653-56).
전 세계에 걸친 올리고세 영장류 진화에 대한 흥미로운 자료를 보면 유럽(Köhler, Moyà-Solà, *Proceedings of the National Academy of Sciences USA*, 1999, 96: 14664-67), 아시아(Marivaux et al., *Science*, 2001, 294: 587-91; Marivaux et al., *Proceedings of the National Academy of Sciences USA*, 2005, 102: 8436-41; Ni et al., *Science*, 2016, 352: 673-77), 아프리카(Stevens et al., *Nature*, 2013, 497: 611-14), 중동(Zalmout et al., *Nature*, 2010, 466: 360-64) 등이 있다. 신세계원숭이, 그리고 그들이 북쪽으로 확산되지 않은 것에 대한 이야기는 다음의 자료에서 다루고 있다. Bloch et al., *Nature*, 2016, 533: 243-46.
유인원과 그 가까운 친척의 초기 진화에 대해서는 윌리엄스 등이 리뷰했다(*Proceedings of the National Academy of Sciences USA*, 2010, 107: 4797-4804). 침팬지와 인간의 분리, 그리고 그 복잡한 속성과 타이밍에 대해서는 쿠마르 등의 연구(*Proceedings of the National Academy of Sciences USA*, 2005, 102: 18842-47), 패터슨 등의 연구(*Nature*, 2006, 441: 1103-08)에서 다루고 있다. 침팬지의 유전체는 2005년에 완전히 염기서열 분석이 마무리됐는데, 우리의 유전체와 굉장히 유사하다(Mikkelsen et al., *Nature*, 431: 69-87). 유인원들 사이에서 사람 스타일의 두 발 보행, 혹은 서툴더라도 그 첫 시작의 기원에 대해서는 깊은 논란이 있다. 소프 등의 연구(*Science*, 2007, 316: 1328-31)와 뵈메 등의 연구(*Nature*, 2019, 575: 489-93)를 읽어볼 것을 권한다.
이 책은 인간에 관한 책이 아니다! 인간을 포함한 모든 포유류에 관한 책이다. 우리와 우리의 호미닌 친척에 한 장만 할당한 이유도 그 때문이다. 초기 인류의 진화에 관해서는 엄청나게 많은 문헌이 나와 있기 때문에 이 부분에서는 이야기를 구성하는 데 도움을 주었던 핵심적인 서적과 논문만 다루겠다.

먼저 근래 들어 나온, 인간의 진화에 대해 다룬 훌륭한 책 몇 권을 소개하고 싶다. 커밋 패티슨(Kermit Pattison)의 《화석맨(Fossil Men)》(김영사, 2022). 이 책은 팀 화이트와 베르하네 아스파의 에티오피아에서의 연구를 다루고 있다. 나는 가디와 그의 아르디피테쿠스 발견 이야기를 이 책에서 가져왔다. 미브 리키(Meave Leakey)의 *Sediments of Time*(Houghton Mifflin Harcourt, 2020). 이 책은 한때는 위대한 고인류학 왕조의 자손이었다가 지금은 여가장이 된 인물의 자서전이다. 톰 하이엄(Tom Higham)이 쓴 *The World Before Us*(Viking, 2021). 이 책은 인류의 기원과 이동의 타이밍, 그리고 우리가 DNA 증거와 암석의 연대를 바탕으로 어떻게 이것을 알아냈는지에 대해 자세히 다루고 있다. 고인류학 대중화의 선구자인 자연사박물관의 크리스 스트링어(Chris Stringer)가 쓴 *The Origin of Our Species*(Allen Lane, 2011)와 *Lone Survivors*(Melia, 2012). 리 버거(Lee Berger)와 존 호크스(John Hawkes)가 쓴 *Almost Human*(National Geographic, 2017). 《네이처》의 편집자 겸 작가 헨리 지(Henry Gee)는 *A (Very) Short History of Life on Earth*(St. Martin's Press, 2021)라는 책에서 인간의 진화에 대해 경쾌하고 재미있게 검토하고 있다. 유인원과 인류의 초기 진화에 관해 살짝 우상 파괴적인 접근방식을 원하는 사람은 마들렌 뵈메(Madelaine Böhme)의 *Ancient Bones*(Greystone Books, 2020)를 확인하기 바란다. 그리고 《사이언티픽 아메리칸》의 케이트 웡이 쓴 글은 무엇이든 추천하고 싶다. 그녀는 인류의 기원에 관한 저널리즘의 대가이고 내가 좋아하는 편집자 중 한 명이다.

다음에 나오는 내용은 본문에서 언급했던 초기 호미닌, 그들의 생물학 및 진화, 그리고 그들의 세계에 대한 주요 참고 문헌들을 분석한 것이다.

아르디피테쿠스: 위에 인용한 커밋 패티슨의 책은 훌륭한 저널리즘이 녹아든 작품으로, 아르디피테쿠스의 발견과 중요성에 대해 자세히 설명하고 있다. 팀 화이트(Tim White), 젠 수와(Gen Suwa), 베르하네 아스파(Berhane Asfaw)는 가디가 처음에 발견한 치아를 바탕으로("1993년 12월 29일 수요일에 가다 하메드가 발견한 치아") '라미두스'라는 종명을 붙였다(*Nature*, 1994, 371: 306-12). 이들은 처음에는 라미두스를 오스트랄로피테쿠스속으로 분류했다가 다음 해에 이것을 새로운 속인 아르디피테쿠스로 분류했다(*Nature*, 375: 88). 가디가 처음에 발견한 치아와 가까운 곳에서 발견됐지만 다른 개체에 속하는 아르디피테쿠스의 골격이 2009년 10월 2일 《사이언스》 특별호(vol. 326)에서 자세히 기술됐다.

오스트랄로피테쿠스: 루시 골격의 발견에 대해서는 1981년에 첫 책이 나온 도널드 요한슨의 '루시(Lucy)' 시리즈에 잘 설명되어 있다. 요한슨과 팀 화이트는 1979년 《사이언스》 논문(203: 321-30)에서 루시의 골격에 대해 과학적으로 보고했다. 본문에서 언급한 발자국은 1970년대 중반에 저명한 메리 리키(Mary Leakey)가 발견한 라에톨리 발자국(Laetoli trackways)이다. 오스트랄로피테쿠스의 뇌에 대해서는 필립 건즈(Phillip Gunz)와 동료들이 2020년에 연구했다(*Science Advances*, 6: eaaz4729). 오스트랄로피테쿠스, 그들의 연대

와 기원, 그리고 거기에 속하는 여러 종에 대한 다른 중요한 논문은 다음과 같다. Leakey et al., *Nature*, 1995, 376: 565-71; *Nature*, 1998, 393: 62-66; Asfaw et al., *Science*, 1999, 284: 629-35; White et al., *Nature*, 2006, 440: 883-89; Berger et al., *Science*, 2010, 328: 195-204; Haile-Selassie et al., *Nature*, 2015, 521: 483-88; *Nature*, 2019, 573: 214-19.

사람속 이전의 다른 초기 호미닌: 플라이오세에 함께 공존했던 여러 사람 종에 대한 요약은 하일레셀라시에(Haile-Selassie) 등의 연구(*Proceedings of the National Academy of Sciences USA*, 2016, 113: 6364-71)와 위에 인용한 하일레셀라시에 등(2015)의 논문과 함께《네이처》에 실린 프레드 스푸어(Fred Spoor)의 해설에 잘 나와 있다. 두 글 모두 어떤 사람 종이 언제 살았었는지 보여주는 유용한 타임라인을 담고 있다. 이 초기 호미닌들이 살았던 환경, 그리고 숲이 줄어들고 초원이 확장되는 문제에 관해서는 셀링 등의 연구(*Nature*, 2011, 476: 51-56)에서 검토하고 있다. 본문에서 언급하고 있는 단단한 먹이를 먹는 호미닌 종은 '건장한 오스트랄로피테쿠스(robust australopithecines)'다. 이들은 보통 파란트로푸스(*Paranthropus*)속에 할당된다. 미브 리키(Meave Leakey)와 그 연구진은 2001년에 평평한 얼굴을 가진 케냔트로푸스(*Kenyanthropus*)에 대해 보고했다(*Nature*, 410: 433-40). 가장 오래된 석기가 이들 호미닌과 가까운 곳에서 발견됐지만 그 성공이 다른 초기 사람 종이 아니라 그들이었음을 증명하기는 힘들다(Harmand et al., *Nature*, 2015, 521: 310-15). 뼈에 도구를 사용해 자른 흔적 중 가장 오래된 것은 그보다 살짝 더 오래됐고, 맥페론 등의 연구(*Nature*, 2010, 466: 857-860)에 기술되어 있다. 인간이 도구를 이용해 자른 흔적과 동물이 물었던 자국을 구별하기가 어렵기 때문에 맥페론 등과 다른 이들이 보고했던 흔적에 대한 논란으로 이어졌다(예를 들면, Sahle et al., *Proceedings of the National Academy of Sciences USA*, 2017, 114: 13164-69). 육식의 기원, 그리고 그것이 호미닌에게 게임 체인저였던 이유에 대해서는 징크와 리버만이 설명하고 있다(*Nature*, 2016, 531: 500-503). 초기 호미닌이 정착했던 아프리카의 다양한 환경에 대해서는 메르카데르 등의 연구(*Nature Communications*, 2021, 12: 3)에서 설명하고 있다.

초기 사람속: 초기 사람속의 진화에 관해서는 안톤 등의 연구(*Science*, 2014, 345: 6192)에서 다루고 있다. 현재 우리가 속한 사람속에서 가장 오래된 화석은 에티오피아에서 나온 280만 년 전 화석이고, 그에 대해서는 브라이언 빌모어(Brian Villmoare)와 동료들이 보고했다(*Science*, 2015, 347: 1352-55). 하지만 가장 오래된 화석을 따지다 보면 한 종이 기원한 실제 연대를 과소평가하기 쉽다. 내 박사 과정 학생인 한스 퓌셸(Hans Püschel)이 주도한 연구에서는(이 연구에는 그의 형제이자 사람의 진화 전문가인 토머스, 내 박사후 과정 연구원 오르넬라 베르트랑도 참여했다) 통계기법을 이용해서 사람속이 약 330만 년 전, 어쩌면 430만 년 전에 갈라져 나왔을 가능성이 제일 높다고 예측했다(*Nature Ecology & Evolution*, 2021, 5: 808-19). 최초 사람속 화석이 살았던 환경에 대해서는 다음의 자료에서 설명하고 있다. Erin DiMaggio and team, *Science*, 2015, 347: 1355-59; Zeresenay Alemseged and colleagues, *Nature Communications*, 2020, 11: 2480.

호모 에렉투스: 초기 인류의 폭력적 속성이 고메즈 등의 흥미로운 논문 주제였다(*Nature*, 2016, 538: 233-37). 이 논문에서는 계통발생학적 방법을 이용해서 인류를 폭넓은 동물의 맥락 안에 넣어, 우리가 계통수에서 특히나 폭력적인 부분에서 기원했음을 보여주었다. 인간이 어떻게 불을 사용하기 시작했는지에 대한 정보는 고울렛의 글(*Philosophical Transactions of the Royal Society, Series B*, 2016, 371: 20150164)을 참고하라. 호모 에렉투스의 아름다운 석기는 아슐리안(Acheulian) 형태의 석기들이다. 호모 에렉투스의 이동방식과 사회성에 관한 정보는 하탈라 등의 연구(*Scientific Reports*, 2016, 6: 28766)에서 다루고 있다. 아프리카 남부에서 호모 에렉투스와 오스트랄로피테쿠스(파란트로푸스도!)와 섞였다는 증거는 해리스 등의 연구(*Science*, 2020, 368: eaaw7293)에서 다루고 있다. 가장 오래된 아시아 사람속에 대해서는 추 등의 연구(*Nature*, 2018, 559: 608-12)에서 보고하고 있다. 그리고 베이징에서 나온 75만 년 정도 된 베이징원인 화석은 셴 등의 연구(*Nature*, 2009, 458: 198-200)로 명확하게 밝혀졌다. 필리핀에서 나온 가장 오래된 사람속 화석은 잉기코 등(*Nature*, 2018, 557: 233-37)이, 호모 루소넨시스는 디트로이트 등(*Nature*, 2019, 568: 181-86)이 보고했다. 호모 플로레시엔시스는 브라운 등의 연구(*Nature*, 2004, 431: 1055-61)와 여러 편의 후속 논문을 통해 보고됐고, 그 연대는 수틱나 등의 연구(*Nature*, 2016, 532: 366-69)에 의해 정확하게 측정됐고, 약 70만 년 전 플로레스섬에서 나온 플로레시언시스와 비슷한 초기 화석은 반 덴 베르흐 등이 보고했다(*Nature*, 2016, 534: 245-48). 플로레스섬과 루손섬은 동남아시아 본토와 수심이 깊은 바다로 분리되어 멀리 떨어져 있었기 때문에 빙하기에 해수면이 낮았을 때라고 해도 물을 건너가는 여정이 필요했을 것이다. 내가 보기에는 초기의 사람속은 배를 만들었을 가능성이 높아 보이지만, 대서양을 건넌 신세계원숭이들처럼 폭풍우가 지나간 후에 식물이 엮여서 생긴 뗏목을 타고 수동적으로 떠다녔을 가능성도 있다.

현재의 증거로 볼 때 호모 에렉투스가 아프리카를 떠난 최초의 호미닌으로 보인다. 하지만 우리가 확보한 화석 증거는 빈약하며, 새로운 발견도 빠르게 이루어지고 있다. 어쩌면 초기 호미닌들이 아프리카를 떠나 아시아대륙 깊숙이 모험을 떠났는지도 모른다. 어떤 최신 발견이 이루어질지 누가 알겠는가?

호모 사피엔스: 우리가 속한 종인 호모 사피엔스의 알려진 화석 중 가장 오래된 것은 모로코에서 나왔고, 허블린 등이 보고했다(*Nature*, 2017, 546: 289-92). 그리고 그들의 연대는 리히터 등이 보고했다(*Nature*, 2017, 546: 293-96). 호모 사피엔스의 기원에 대한 개념이 정말 빠른 속도로 복잡해지고 있고, 우리 종이 다른 사람속으로부터 깔끔하게 분리되어 나왔다는 낡은 개념들이 범아프리카 네트워크 모형으로 대체되고 있다. 이 모형에서는 개체군들끼리 유전자와 특성을 교환하다가 현재와 같은 사피엔스의 체제가 고정되었다고 설명한다. 이것은 이해하기 어려울 수 있다. 나 역시도 그렇다. 나는 유전자 변이보다는 화석의 해부학적 특성에 대해 생각하는 것에 익숙해져 있기 때문이다. 추가적인 정보는 다음의 자료들을 참고하기 바란다. Eleanor Scerri and colleagues, *Trends in Ecology &*

Evolution, 2018, 33: 582-94; *Nature Ecology & Evolution*, 2019, 3: 1370-72; Chris Stringer, *Philosophical Transactions of the Royal Society, Series B*, 2016, 371: 20150237; 크리스 스트링어와 줄리아 갤웨이위덤의 논문 두 편(*Nature*, 2017, 546: 212-14; *Science*, 2018, 360: 1296-98); 지난 100만 년 동안 사람속의 진화를 리뷰한 갤웨이위덤, 스트링거, 제임스 콜의 연구(*Journal of Quaternary Science*, 2019, 34: 355-78); 그리고 내가 이 장을 쓰고 있는 동안에 발표된, 현대 인류의 기원에 대한 리뷰(Bergström et al., *Nature*, 2021, 590: 229-37).

초기 호모 사피엔스와 그들과 가까운 사람속 친척들은 아프리카와 지중해 지역(중동, 캅카스, 유럽의 일부)을 폭넓게 이동해 다녔다. 티머만과 프리드리히는 이런 이동이 기후에 의해 주도됐을 가능성에 대해 조사해보았다(*Nature*, 2016, 538: 92-95). 지금까지 보고된 유럽의 호모 사피엔스 화석 중 가장 오래된 것은 그리스에서 나왔고, 카테리나 하바티(Katerina Harvati)와 동료들이 보고했다(*Nature*, 2019, 571: 500-504). 내 동료 후 그루컷(Huw Groucutt)이 상기시켜주듯이 이런 화석들의 관련성은 언제나처럼 연대 측정에 달려 있으며, 약 21만 년 전으로 측정된 이 그리스 화석의 오래된 연대도 다른 발견을 통해 확인할 필요가 있다. 하지만 약 12만 년 전에서 10만 년 전 사이에 일부 호모 사피엔스가 아프리카를 떠나고 있었다는 점은 의심의 여지가 없다. 초기 유럽 호모 사피엔스 그리고 같은 시기에 이동하고 있던 가까운 사람속 친척들에 대한 다른 중요한 논문으로는 다음 두 개가 있다. Grun et al., *Nature*, 2020, 580: 372-75; Hublin et al., *Nature*, 2020, 581: 299-302. 네안데르탈인, 데니소바인, 호모 사피엔스는 공통의 사람속 선조로부터 갈라져 나왔고, 그 시기는 대략 55만 년 전과 76만 5000년 전 사이일 가능성이 높다(Prüfer et al., *Nature*, 2014, 505: 43-49; Meyer et al., *Nature*, 2016, 531: 504-7). 이 선조는 호모 안테세소르(*Homo antecessor*), 혹은 호모 하이델베르겐시스(*Homo heidelbergensis*), 혹은 아주 가까운 친척 같은 종이었는지도 모른다. 근래에는 호모 안테세소르, 호모 에렉투스, 호모 사피엔스, 네안데르탈인, 데니소바인의 고대 단백질을 비교해서 계통수를 구축해보았다(Welker et al., *Nature*, 2020, 580: 235-38). 우리 계통수에서 이 부분이 대단히 복잡하기는 하지만 한 가지 분명한 것은 다양한 사람속의 종들이 이동하고 상호작용하고 있었다는 점이다.

호모 사피엔스의 크고 둥근 형태의 뇌는 우리 종의 대표적 체제의 핵심 부분일 뿐만 아니라 도구 제작과 인지의 발전에도 도움을 주었던 것으로 보인다. 호모 사피엔스에서의 뇌 진화는 사이먼 노이바우어(Simon Neubauer)와 동료들의 연구(*Science Advances*, 2018, 4: eaao5961)에 정리되어 있다. 인간의 인지능력 진화에 관한 정보는 저명한 고인류학자 리처드 클라인(Richard Klein)의 연구(*Evolutionary Anthropology*, 2000, 28: 179-88) 그리고 맥브리티와 브룩스의 리뷰 논문(*Journal of Human Evolution*, 2000, 39: 453-563)에서 가져왔다. 내 고인류학 동료 후 그루컷, 밥 파탈라노, 엘리너 셰리는 한때 인기를 끌었던 갑작스러운 인지 혁명의 개념이 지금은 주로 유럽의 고인류학적 기록에 바탕을 둔 낡은 개

넘이 되었으며, 그 대신 아프리카의 기록을 보면 초기 호모 사피엔스의 서로 다른 집단에서 수만 년에 걸쳐 모자이크 형태로 기술과 두뇌 능력을 발전시켰고, 호모 사피엔스의 인구가 팽창하고, 이동하고, 뒤섞이면서 이런 것들이 하나로 합쳐진 것이라고 설명해주었다. 케냐의 상징적, 기술적 진보에 대한 아프리카 기록의 대표적인 사례는 십턴 등의 연구(*Nature Communications*, 2018, 9: 1832)에 나와 있다.

호모 사피엔스가 베링육교를 건넌 후에 북아메리카대륙과 남아메리카대륙에 언제, 어떻게 정착했는지에 관심이 있는 사람은 마이클 워터스(Michael Waters)의 최근 리뷰 에세이를 읽어볼 만하다(*Science*, 2019, 365: eeat5447). 전통적으로 사피엔스가 육교를 건넌 시간은 1만 5000년 전 즈음으로 여기고 있지만 아메리카대륙에 그보다 더 오래전에 사람이 살았었다는 몇 가지 감질 나는 단서가 화석과 유물의 형태로 존재한다. 인류의 도착을 2만 년 전에서 3만 년 전 사이로 앞당겨주는 두 가지 주요 후보감이 2020년에 발표됐다(Ardelean et al., *Nature*, 584: 87-92; Becerra-Valdivia and Higham, *Nature*, 584: 93-97). 활발히 진행 중인 이 논란은 인간이 거대동물 포유류의 멸종을 야기했느냐는 질문에 대단히 중요한 함축적 의미를 가진다. 논란이 상당 부분 인간의 이동과 정착의 타이밍 문제로 귀결되기 때문이다(아래 참고). 인류가 처음 호주대륙에 도착한 시기는 대략 6만 5000년 전으로 추정하고 있는데, 이 시기에 대한 최신의 논문 중 하나로 클락슨 등의 글(*Nature*, 2017, 547: 306-10)이 있다. 호모 사피엔스가 아시아대륙으로 이동한 것에 대한 리뷰, 그리고 5만 년 전~6만 년 전 사이에 아프리카 밖으로 대거 빠져나오기 전에 그들이 정처 없이 돌아다녔었다는 증거는 배 등의 연구(*Science*, 2017, 358: eaai9067)에서 다루고 있다.

네안데르탈인: 이 글을 쓰고 있는 동안에 네안데르탈인에 관한 환상적인 책이 출판됐다. 레베카 랙 사익스(Rebecca Wragg Sykes)의 《네안데르탈인(Kindred)》(생각의 힘, 2022)이다. 이 책은 인간과 상호교배가 일어났던 이 가까운 이 사람속 사촌들에 관해 알아야 할 모든 것이 담겨 있는 책이다. 본문에서 언급했던 구체적인 내용들과 관련된 다른 참고도서들은 다음과 같다. 네안데르탈인의 기원에 관한 논문(Arsuaga et al., *Science*, 2014, 344: 1358-63), 이들의 동굴 건설에 관한 논문(Jaubert et al., *Nature*, 2016, 534: 111-14), 이들의 동굴 미술과 색소 사용에 관한 논문(Roebroeks et al., *Proceedings of the National Academy of Sciences USA*, 2012, 109: 1889-1984; Hoffmann et al., *Science*, 2018, 359: 912-15; Hoffmann et al., *Science Advances*, 2018, 4: eaar5255).

데니소바인: 사피엔스에 가까운 이 친척의 존재는 2010년에 데이비드 라이히(David Reich), 스반테 파에보(Svante Pääbo)와 그 동료에 의해 확인됐다(*Nature*, 468: 1053-60). 고대 사람속 인구집단 유전학과 화석과 고고학 자료로부터 이런 정보를 뽑아내는 방법에 대한 저명한 전문가인 라이히는 이 주제로 2018년에 책을 썼다(*Who We Are and How We Got Here*, Pantheon). 데니소바인과 네안데르탈인의 혼혈인 데니는 2018년에 비비안 슬론(Viviane Slon), 파에보 그리고 연구진이 보고했다(*Nature*, 561: 113-16). 데니소바 동

굴 표본의 연대는 두카 등이 설명했다(*Nature*, 2019, 565: 640-44). 데니소바인의 DNA, 그들의 인구 구조, 그들의 유전자가 아시아 호모 사피엔스 인구집단에서 오늘날까지로 살아남은 이유에 대한 다른 중요한 논문들은 다음과 같다. Meyer et al., *Science*, 2012, 338: 222-26; Huerta-Sánchez et al., *Nature*, 2014, 512: 194-97; Malaspinas et al., *Nature*, 2016, 538: 207-14; Chen et al., *Nature*, 2019, 569: 409-12; Massilani et al., *Science*, 2020, 370: 579-83; Zhang et al., *Science*, 2020, 370: 584-87.

현대 호모 사피엔스의 유전학, 그리고 네안데르탈인과 데니소바인의 DNA가 우리의 유전체에 어떻게 남아 있게 되었는지에 관한 이정표가 될 연구들이 2016년에 사이먼스 게놈 다양성 프로젝트에 의해(Mallick et al., *Nature*, 538: 201-6) 그리고 파가니 등(*Nature*, 2016, 538: 238-42)에 의해 발표됐다. 시간에 따른 인류의 이동과 상호교배, 그리고 고대 DNA 분석을 통해 이것을 어떻게 추적했는지에 대해 읽어볼 만한 리뷰로는 《네이처》에 실린 라스무스 닐슨(Rasmus Nielsen)과 동료들의 에세이를 참고하라(2017, 541: 302-10). 호모 사피엔스의 역사에 대해 다시 한번 생각해보게 만드는 자료라면 유발 하라리의 《사피엔스(Sapiens)》(김영사, 2015)를 즐겁게 읽어보았다. 하지만 그 책에 담긴 초기 인류 고고학에 대한 논의들이 얼마나 정확하고 최신의 것인지 보장할 수 없어서 그 내용을 이 장의 참고 자료로 사용하지는 않았다.

거대동물의 멸종에 대해서는 로스 맥피가 *End of the Megafauna*(W.W. Norton & Company, 2019)에서 전문적으로 다루고 있다. 이 책은 해당주제에 관한 중요한 모든 문헌들을 인용하고 있다. 이 주제와 관련해서 이해하기 쉬운 뛰어난 리뷰 논문은 다음과 같다. Anthony Barnoskyand colleagues, *Science*, 2004, 306: 70-75; Paul Koch and Barnosky, *Annual Review of Ecology, Evolution, and Systematics* 2006, 37: 215-50.

폴 마틴(Paul Martin)은 전격전에 대한 자신의 개념을 1973년에 《사이언스》에 발표하고(179: 969-74), 대중과학서인 *Twilight of the Mammoths*(University of California Press, 2005)에서 온전히 살을 붙여 내놓았다. 일부 고생물학자와 생태학자들은 이런 주장에 반발해서 기후 변화를 멸종의 원인으로 지목하고 나섰다. 이 주장은 2013년에 스티븐 로(Stephen Wroe)와 동료들(8장에 나온 우리의 오랜 친구 마이클 아처도 포함)이 쓴 에세이(*Proceedings of the National Academy of Sciences USA*, 110: 8777-81)와 내가 이 챕터를 쓴 이후에 발표된 한 논문(Stewart et al., *Nature Communications*, 2021, 12: 965)에 잘 설명되어 있다. 해당 주제에 대해 균형 잡힌 비판적 리뷰를 원하면 데이비드 멜처(David Meltzer)의 글(*Proceedings of the National Academy of Sciences USA*, 2020, 117: 28555-63)을 참고하라.

가장 최근의 연구들은 전 지구적 관점에서 보면 인류가 멸종의 가장 중요한 원인이었으며, 일부 사례에서는 마지막 빙기-간빙기 과도기 동안의 기후 변화에 의해 이런 멸종이 악화되었다는 강력한 증거를 제시하고 있다(Sandom et al., *Proceedings of the Royal Society, Series B*, 2014, 281: 20133254; Bartlett et al., *Ecography*, 2016, 39: 152-61; Araujo et al., *Quaternary International*, 2017, 431: 216-22). 특정 대륙에 대해 좀 더 집중적으로 진행된 연구들 또한 인류가 멸종의 주요 원인이었음을 확인했다. 그 각각의 자료들은 다음과 같다. 호주대륙과 인접 지역(Rule et al., *Science*, 2012, 335: 1483-86; Johnson et al., *Proceedings of the Royal Society, Series B*, 2016, 283: 20152399; Saltré et al., *Nature Communications*, 2016, 7: 10511), 남아메리카대륙(Barnosky et al., *Quaternary International*, 2010, 217: 10-29; Metcalf et al., *Science Advances*, 2016, 2: e1501682; Polis et al., *Science Advances*, 2019, 5: eaau4546). 인류가 어떻게 전북구(northern Holarctic)의 온난화로 시작된 절멸을 가속했는지에 대한 재미있는 연구가 쿠퍼 등의 글(*Science*, 2015, 349: 602-6)에 나와 있다.

가축화라는 주제와 관련해서 과학자 겸 과학대중화 전문가 앨리스 로버츠(Alice Roberts)가 《세상을 바꾼 길들임의 역사(Tamed)》(푸른숲, 2019)라는 책을 썼다. 이 책은 개, 소, 말, 그리고 농업에 핵심적인 품종을 비롯해서 열 가지 주요 가축 종에 대해 소개하고 있다. 개의 가축화에 대한 중요한 연구로는 니 레슬로브헤르(Ní Leathlobhair) 등의 글(*Science*, 2018, 361: 81-85), 페리 등의 글(*Proceedings of the National Academy of Sciences USA*, 2021, 118: e2010083118)이 있다. 가축화된 포유류 생물량이 오늘날 지구에서 차지하는 비율에 대해 인용한 수치는 다음의 자료에서 가져왔다(Bar-On et al., *Proceedings of the National Academy of Sciences USA*, 2018, 115: 6506-11).

매머드 복제에 관한 주제로는 베스 샤피로(Beth Shapiro)의 책 *How to Clone a Mammoth* (Princeton University Press, 2015)와 헬렌 필처(Helen Pilcher)의 책 *Bring Back the King* (Bloomsbury, 2016), 그리고 위에서 인용한 로스 맥피의 책에서 클론 복제에 관한 부분을 추천한다.

후기

대략 지난 12만 5000년 동안에 걸쳐 일어난 포유류의 멸종, 그리고 미래에 있을 것으로 예상되는 멸종의 수치에 관한 자료는 토비아스 안데르만(Tobias Andermann)과 동료들의 연구(*Science Advances*, 2020, 6: eabb2313)에서 가져왔다. 포유류 멸종의 배경 속도와 현재 속도에 관한 수치는 제라르도 세발로스(Gerardo Ceballos)와 연구진의 글(*Science Advances*, 2015, 1: e1400253)에서 가져왔다. 현재 위협받고 있는 포유류가 모두 멸종된다면 12만 5000년 전보다 다양성이 절반으로 줄어들 것이라는 예측은 펠리사 스미스(Felisa Smith)와 동료들의 견해(*Science*, 2018, 360: 310-13)를 참고했다. 이 연구는 또한 포유류 멸종에서 나타나는 체격의 경향을 탐구해서 미래의 포유류 집단은 더 균일해지고, 설치류가 득실댈 것이며, 미래에 제일 큰 포유류는 가축화된 소가 되리라는 전망을 내놓고 있다. 멸종이 중단되었을 경우 포유류의 회복 속도에 관해서는 데이비스 등이 다루고 있고(*Proceedings of the National Academy of Sciences USA*, 2018, 115: 11262-67), 미래의 포유류 집단이 어떤 모습일지에 관한 예측(힌트: 설치류처럼 삶의 속도와 번식 속도가 빠르고 체구가 작으며 곤충을 잡아먹는 일반종)은 쿠크 등의 글(*Nature Communications*, 2019, 10: 2279)에서 가져왔다. 기후의 변화에 따른 포유류의 이동 패턴에 대해서는 실비아 피네다 무노즈(Silvia Pineda-Munoz)와 연구진의 글[*Proceedings of the National Academy of Sciences USA*, 2021, 118(2): e1922859118]에서 자세히 다루고 있다.

인류의 활동이 포유류 집단과 생태계에 어떻게 영향을 미쳤는지에 관한 유용하고 흥미로운 다른 연구들은 다음과 같다. Faurby and Svenning, *Diversity and Distributions*, 2015, 21: 1155-66; Boivin et al., *Proceedings of the National Academy of Sciences USA*, 2016, 113: 6388-96; Lyons et al., *Nature*, 2016, 529: 80-83; Smith et al., *Quaternary Science Reviews*, 2019, 211: 1-16; Tóth et al., *Science*, 2019, 365: 1305-08; Enquist et al., *Nature Communications*, 2020, 11: 699.

기후와 기온의 변화, 그리고 인류가 어떻게 그런 변화를 일으키고 있는가에 관해서는 방대한 문헌이 나와 있다. 관심이 있는 독자는 기후 변화에 관한 유엔 정부 간 패널 보고서(United Nations Intergovernmental Panel on Climate Change reports)를 참고하기 바란다. 이것은 https://www.ipcc.ch/에서 접할 수 있다. 다음 몇 세기에 걸친 기온 상승에 대한 예측과 플라이오세, 에오세 기후와의 비교는 버크(Burke) 등의 연구(*Proceedings of the National Academy of Sciences USA*, 2018, 115: 13288-93), 웨스터홀드 등의 연구(*Science*, 2020, 369: 1383-87)에서 가져왔다.

6차 대멸종은 퓰리처상을 수상한 엘리자베스 콜버트(Elizabeth Kolbert)의 책《여섯 번째 대멸종(The Sixth Extinction)》(쌤앤파커스, 2022), 그리고 앤서니 바노스키(Anthony Barnosky)의 리뷰 논문(*Nature*, 2011, 471: 51-57)에서 다루고 있다. 이 주제는 피터 브래넌의 《대멸종 연대기(The Ends of the World)》(흐름출판, 2019)에서도 자세히 다루고 있다. 전력망 붕괴의 비유는 이 책에서 가져온 것이다. 내 이야기에서 인류세(Anthropocene)라는 용어를 사용하지 않은 것을 눈치챈 사람도 있을 것이다. 이 공식 명칭은 인간이 지구에 막대한 영향을 미친 지질학적 시간 척도를 세분하기 위해 제안된 것이다. 하지만 모든 것을 고려할 때, 인류의 활동이 암석 기록에 큰 흔적을 남길 것 같지는 않다. 이런 확신을 갖게 된 데는 《애틀랜틱(Atlantic)》에 실린 브래넌의 기사, "The Arrogance of the Anthropocene"(2019)의 역할이 컸다.

마지막으로 정확성을 기하기 위해 내가 시카고 베어스(Chicago Bears)가 그렇게 이름이 지어진 이유를 알고 있다는 점을 말해야겠다. 그것은 초기에 등장한 프로 미식축구 팀 중 상당수가 같은 도시의 야구팀 이름을 따서 지어졌기 때문이다. 그래서 시카고 컵스(Chicago Cubs, 'cub'은 곰 같은 동물의 새끼를 의미한다-옮긴이)라는 이름을 참고해서 베어스라는 이름이 지어졌다. 사우스 사이드에서 학교를 다녔고, 대대로 남부 교외지역에서 살아온 집안의 화이트 삭스(White Sox) 팬으로서, 이것은 내게 무척 고통스러운 일이었다. 오랫동안 나는 컵스가 또 한 번 월드시리즈 우승을 하기 전에 인류라는 종이 멸종될 거라 생각했지만, 슬프게도 2016년에 컵스가 우승을 차지하고 말았다.

그림 출처

21쪽	Todd Marshall
26쪽	Tom Williamson
35쪽	Todd Marshall
50쪽	Todd Marshall
51쪽	Sarah Shelley
57쪽	(위) H. Zell (아래) Ryan Somma
58쪽	Sarah Shelley
67쪽	Christian Kammerer
74쪽	(위) H. Zell (아래) AMNH Library
78쪽	Anusuya Chinsamy-Turan
83쪽	Todd Marshall
96쪽	(위) Christian Kammerer (아래) Fernandez et al., 2013, *PLoS ONE*
100쪽	image modified from Kühne, 1956
111쪽	Sarah Shelley
117쪽	(위) Stephan Lautenschlager (아래) Pamela Gill
118쪽	Sarah Shelley
122쪽	Sarah Shelley
128쪽	image modified from Jenkins & Parrington, 1976
131쪽	Todd Marshall
139쪽	Steve Brusatte
146쪽	Zhe-Xi Luo
149쪽	Zhe-Xi Luo
151쪽	Meng Jin
155쪽	Steve Brusatte
169쪽	Sarah Shelley
175쪽	Todd Marshall
180쪽	(위) Tomasz Sulej (아래) Institute of Paleobiology Warsaw
184쪽	Institute of Paleobiology Warsaw

194쪽	Sarah Shelley
197쪽	(위) Shinya Akiko (아래) Steve Brusatte
198쪽	Mick Ellison
207쪽	Sarah Shelley
211쪽	Todd Marshall
216쪽	Klaus via Flickr
229쪽	Todd Marshall
235쪽	(위) Tom Williamson (아래) Steve Brusatte
238쪽	Steve Brusatte
248쪽	Diane Clemens-Knott and courtesy of Greg Wilson Mantilla
256쪽	AMNH Library
259쪽	AMNH Library
265쪽	Tom Williamson
266쪽	(위) Steve Brusatte (아래) Tom Williamson
273쪽	(위) University of Toronto Scarborough (아래) *Arctocyon* specimen curated at Royal Belgian Institute of Natural Sciences
275쪽	Todd Marshall
286쪽	Franzen et al., 2015, *PLoS ONE*
288쪽	(위) H. Zell (왼쪽 아래) Norbert Micklich (오른쪽 아래) Ghedoghedo
297쪽	Steve Brusatte
308쪽	AMNH Library
310쪽	Ornella Bertrand
312쪽	Sarah Shelley
316쪽	(왼쪽) Hans Püschel (오른쪽) William Scott's classic 1913 monograph
317쪽	(위) Hans Püschel (아래) William Scott's classic 1913 monograph
324쪽	(위) Jonathan Chen (아래) Ghedoghedo
329쪽	Todd Marshall
334쪽	Jan Beránek
335쪽	Travis Park
342쪽	Aram Dulyan
344쪽	Todd Marshall
347쪽	(위) Egyptian Geological Museum (아래) Alexxx 1979
353쪽	Matthew Dillon
356쪽	Sarah Shelley
364쪽	(위) Ahmed Mosaad (아래) Mohammed ali Moussa

369쪽	Todd Marshall
372쪽	Kevin Guertin, Notafly, and from Voss et al., 2019, *PLoS ONE*
379쪽	Sarah Shelley
385쪽	Todd Marshall
397쪽	(위) Ray Bouknight (아래) Ammodramus
409쪽	Sarah Shelley
414쪽	(위) James St. John (아래) Clemens v. Vogelsang
422쪽	Mike Archer
423쪽	Mike Archer
429쪽	(위) Black et al., 2012, *PLoS ONE* (아래) Mike Archer
431쪽	Karora
435쪽	Todd Marshall
443쪽	MCDinosaurhunter
456쪽	(왼쪽) Franco Atirador (오른쪽) Tommy from Arad
457쪽	(왼쪽 위) Mariomassone & Momotarou2012 (오른쪽 위) Ryan Somma (아래) Didier Descouens
458쪽	Haley O'Brien
460쪽	Todd Marshall
469쪽	(위) Ruth Hartnup (아래) Cyclonaut
471쪽	Todd Marshall
473쪽	Ninjatacoshell and Bone Clones
483쪽	Todd Marshall
492쪽	Wilson Mantilla et al., 2021, *Royal Society Open Science*
498쪽	Franzen et al., 2009, *PLoS ONE*
504쪽	Kermit Pattison
510쪽	AMNH Library
512쪽	José Braga and Didier Descouens
513쪽	AMNH Library
515쪽	Mercader et al., 2021, *Nature Communications*; Heydari-Guran et al., 2021, *PLoS ONE*; Scerri et al., 2018, *Trends in Ecology & Evolution*
520쪽	Scerri et al., 2018, *Trends in Ecology & Evolution*
523쪽	(위) Wikipedia 120 (아래) V. Mourre and Wikipedia 120
535쪽	Todd Marshall

찾아보기

ㄱ

갈레사우루스 66, 81
거대동물 480~481
거대화산 90
거미원숭이 326
검룡류 143, 153
검치호 29, 33, 45, 61, 75, 323, 402, 459, 472
겉씨식물 92
견치류 81, 92~93, 95~97, 104~105, 109, 111~112, 114, 119, 140, 158~159, 163, 170
계통망 48
계통수 28, 43, 48, 115, 192, 219, 290, 295~296, 339
고대의 창문 50
고르고놉스류 74~80, 88, 92~93
곡룡류 143
곤드와나대륙 43, 402
곤드와나테리움류 225, 227
공룡 65
광익류 39
근시 멸종 526
글로소프테리스 92
글립토돈아과 458
기반 포유형류 116

기제류 293, 296, 302, 305, 399

ㄴ

나무늘보 314, 321~323, 338, 426
네발동물 47~49, 53, 55, 88
네안데르탈인 521~522
누미도테리움 345
님바돈 427
님바키누스 428

ㄷ

다구치류 190~192, 204, 208, 210, 211, 234, 239, 249, 287
다에오돈 415
다오우이테리움 345
다위니우스 285, 287
다윈, 찰스 68, 314, 316, 319
다이어울프 29, 457
단공류 29, 115, 161, 174, 192, 218, 220, 223~224, 290, 426
단궁류 41, 48~49, 53, 55~56, 73~74
대왕고래 31, 334~336
데니소바인 521~522
데이노테리움 346
델타테리디움 210
도루돈 364, 368

도코돈류 143, 148, 152, 154, 158~159, 190,
　　194, 208, 224, 239, 148
동굴사자 456, 470
드리올레스테스상과 226~227
디노케팔리아류 73~74, 76, 88
디델포돈 248~249, 254
디메트로돈 52, 56, 59~63, 69~70
디아코덱시스 302
디키노돈 66~67, 71~72
디프로토돈 457
디플로도쿠스 137, 260
디피오돈트형 121, 162
땅늘보 441, 456, 458

ㄹ

라노케투스 382
랍토르 143, 272
레셈사우루스 104
레스메소돈 285
레페노마무스 147
레피도덴드론 38, 40, 44, 54, 92
로드호케투스 376
로라시아대륙 43~44
로라시테리아상목 294~295, 340, 355, 358
로머, 앨프리드 49
루시 494
루싱고링스 459
루이스, 어니 49
리비아탄 멜빌레이 381
리소위키아 142
리스트로사우루스 97~98
리아오코노돈 171
리토보이 198~200, 203

릴리풋 효과 94

ㅁ

마스토돈 337, 464
마이오세 408, 411
마이오파타기움 150
마크라우케니아 315, 318~320
마크로크라니온 286
말레오덱테스 432
매머드 45, 402, 455, 459, 460
메가네우라 39
메가몬순 106
메가조스트로돈 125~128
메갈로닉스 458
메갈로돈 381
메갈로사우루스 71, 135~136, 153
메셀로부노돈 286
메소닉스과 366
메소드마 250
멸종의 지평선 97
멸종층 95
모르가누코돈 115~116, 120, 123, 125~126,
　　140, 143, 158, 170~171, 204~205, 239
모스콥스 73
미스타코돈 382
미크로도코돈 148, 163
믹소톡소돈 453

ㅂ

바실로사우루스 363, 368, 377~378
박쥐 150, 286, 337, 352, 354, 357, 376
반룡 53
백악기 137, 140, 147, 148, 151, 173, 187,

188, 192, 194, 202, 224
백악기 육상 혁명 174
버클랜드, 윌리엄 133~135, 153
베르크만 법칙 304
벨로키랍토르 171, 196
보레알레스테스 154, 158
보로파구스아과 413
브론토사우루스 27, 29, 60, 62, 104, 136, 260
브론토테리움과 306~307
비아르모수쿠스류 92
비조류 공룡 240
빈치류 294, 321~322, 426
빈타나 225~226
빌레볼로돈 150

ㅅ
삼엽충 182
상관 진보 81, 106
생태적 지위 61, 73, 90, 143, 158, 194, 209, 322, 340
생흔화석 42
석탄기 열대우림 붕괴 53~54, 63~64, 92
석탄늪 44
설치류 287~288, 295, 309, 323
셔틀랜드 조랑말 27
속씨식물 201~204
수각류 143
수궁류 63, 70~71, 73, 76~81, 88, 91, 93, 95, 98, 105, 109, 114, 119, 129, 142, 158, 170
수렴진화 290~292, 322
수아강 161, 204, 208, 210~211, 223~224, 238
수염고래 378
수장룡류 153
스밀로돈 472, 474, 476
스테고사우루스 52, 152, 260
스테로포돈 220~221
스파라소돈타류 322~323
스피니펙스속 420
시길라리아 49, 54
시노델피스 209
시프립푸스 302~303
식물석 405~406, 408
식육류 285, 309, 311, 323, 355
식충동물 208, 227
식충류 290
신세계원숭이 326, 501
심슨, 조지 게일로드 289, 320
쌍아류 71

ㅇ
아길로도코돈 148
아달라테리움 226
아르디피테쿠스 506, 508, 511
아르마딜로 30, 314, 321~323, 338, 426, 458, 526
아르보로하라미야 150
아르시노이테리움 343
아르카이오인드리스 500
아르카이오티리스 49, 51~53, 59
아르트로플레우라 39
아스팔토밀로스 222
아우스트리보스페노스 221, 223
아일루라부스 285

아프로테리아상목 293, 295, 325, 338, 339, 341~343, 358, 376
아프리카덤불코끼리 337, 346
안키테리이네스 416
안테오사우루스 73
안틸로히락스 341
알라모사우루스 240
암본드로 222~223
암불로케투스 374
얀리아오 생물군 145, 147
양막란 88
양막류 47~48
양서류 49, 55, 110
양치식물 37
에다포사우루스 61~62
에리테리움 343
에오마니스 285
에오세 305, 325, 355, 402
에오조스트로돈 125
에오코노돈 265, 267, 311
에우로히푸스 285, 287
에칼타데타 430
에코베나토르 381
에키네르페톤 49, 52~53
에피키온 398
엑토코누스 237, 238, 240, 263, 264, 267~268
엔텔로돈과 413
영장류 260, 287~288, 295, 299, 498
영장상목 294
오니코닉테리스 352, 355~357
오리골레스테스 172
오리너구리 29, 215~217, 219, 224, 290

오브두로돈 219~220
오스트랄로스페니다류 223~224, 227
오스트랄로피테쿠스 509~510, 516
오언, 리처드 65~68, 136, 217~218, 315
올리고세 341, 408, 410
올리고키푸스 102~103, 115, 119, 161
요세포아르티가시아 327
요한슨, 도널드 494
용각류 104, 152, 158
우제류 203, 268, 296, 302, 305, 367~368, 370, 399
워르트마니아 267
윌리엄스, 톰 233~234, 236
유대류 29, 161, 174, 202, 209, 224, 251, 287, 247
유제류 317~318, 322, 452
윤회층 46
이구아노돈 71
이궁류 41, 48~49, 55~56
이노스트란케비아 75~76
이빨고래 378
이알카파리돈 432
익룡 244, 337
인도히우스 370~374

ㅈ
잘람브달레스테스 210
재앙종 97
전격전 가설 527
전이화석 365
젖샘 29, 160, 215
제퍼슨, 토머스 440
제홀로덴 144~145

제훌 생물군 145
종자식물 62, 91~92
줄기 영장류 495
줄기 포유류 59
쥐라기 137, 140, 142, 147, 151, 153, 156, 173, 189, 192, 194, 203, 224
쥐라마이아 208
지구온난화 91, 141, 302
진수류 209, 227, 239, 251, 268
진화적 전이 365
짖는원숭이 326

ㅊ
천둥의 야수 30
천산갑 285, 340
천축서소목 326
체화석 42
측두창 50, 112
칙술루브 운석공 241

ㅋ
카라소그나투스 92
카르폴레스테스 497
카세아과 62
카스트로카우다 148~149
카이엔타테리움 161
칼라미테스 38, 40, 44, 54
칼리코테리움과 30, 306~309, 318
캄브리아기 대폭발 89
캐리어의 제약 110
캐머러, 크리스티안 72
컬럼비아매머드 465
켐프, 톰 81, 106

코가이오논과 195
코틸로린쿠스 62
코틸로카라 381
코프, 에드워드 드링커 69
콘딜라스 263~264, 288, 295~296, 304, 311
쿠에네오테리움 125~126
퀴네, 발터 99~100, 115, 124, 161
크라운 집단 115~116
크로노피오 226
큰뿔사슴 457
키엘란야보로프스카, 조피아 179~188, 234
킴베톱살리스 236, 238, 240, 263

ㅌ
타르보사우루스 184
타에니올라비스 263
타이니오돈타류 267, 288, 295, 304
태반류 29, 115, 161, 174, 192, 209, 224, 287, 290, 323, 452
태반 포유류 269, 272
털매머드 33, 337, 462, 475, 521
털코뿔소 455
테일라르디나 302
텔레오케라스 398
토레요니아 495
토아테리움 318
톡소돈 315, 318~319
트라이아스기 91~93, 97~98, 104, 109, 114, 116, 119, 140, 159, 162, 173
트리낙소돈 85~89, 95, 98~99, 109
트리케라톱스 24, 136, 240, 272
트릴로돈 161
티라노사우루스 렉스 24, 27, 52, 60, 136,

찾아보기 **621**

152, 240, 352
티타노히락스 341
틸라코돈 250
틸라코스밀루스 322~323
틸라콜레오과 428
팅고돈타류 426

ㅍ

파라미스 309
파라케라테리움 348~349
파스콜로테리움 136
파키케투스 374
판게아 44~45, 62, 64, 92, 106, 140, 152, 203, 338
판토돈타류 267, 288, 295, 304
판토람다 27~28, 267
팔라이오마스토돈 346
팔라이올록소돈 348~349
팔레오세 268, 286, 402, 497
페레고케투스 376
페름기 53, 62, 64, 70, 73, 76, 90~91, 93, 96, 104, 109, 114, 129, 142, 159, 250, 304
페트롤라코사우루스 51
펜실베이니아기 41, 43, 46, 53~54
펠로로비스 459
펠리코사우르스류 52~53, 56, 59~60, 63, 69~71, 75~77, 80, 88, 105~106, 114, 119, 129, 158, 170
포스파테리움 345
푸르가토리우스 494~499
프로케르베루스 250
프로토케투스과 376, 378

플라이스토세 424
플라이오세 417, 432
플레시아다피스형류 495, 497, 499
플레시오사우루스 153, 244
피로테리움 318
PETM 298~302, 320
피익류 150, 353

ㅎ

하드로코디움 126, 143, 148, 150, 152, 159, 190, 194, 208, 239, 353
해우류 340
헤일메리 분산 326
현화식물 201~202
호말로도테리움 318
호모 루소넨시스 518
호모 사피엔스 490, 513, 521, 527
호모 에렉투스 516~518
호모테리움 475
호모 플로레시엔시스 518
호미닌 506, 509
화려한 고립 320
후수류 209~210, 239, 249, 287, 322, 426
후피동물 464

경이로운 생존자들

초판 1쇄 인쇄　2025년 6월 13일
초판 1쇄 발행　2025년 6월 25일

지은이　스티브 브루사테
옮긴이　김성훈
감수　박진영
펴낸이　최순영

출판2 본부장　박태근
지식교양 팀장　송두나
편집　김예지
교정교열　문용우
디자인　윤정아

펴낸곳　㈜위즈덤하우스　출판등록　2000년 5월 23일 제13-1071호
주소　서울특별시 마포구 양화로 19 합정오피스빌딩 17층
전화　02) 2179-5600　홈페이지　www.wisdomhouse.co.kr

ISBN 979-11-7171-442-1　03450

· 이 책의 전부 또는 일부 내용을 재사용하려면 반드시 사전에 저작권자와
　㈜위즈덤하우스의 동의를 받아야 합니다.
· 인쇄·제작 및 유통상의 파본 도서는 구입하신 서점에서 바꿔드립니다.
· 책값은 뒤표지에 있습니다.

· 이 책의 표지 그림은 인공지능 이미지 생성 도구를 활용해 제작되었습니다.